中国国家标准汇编

2008年修订-42

中国标准出版社　编

中国标准出版社

北京

图书在版编目（CIP）数据

中国国家标准汇编：2008年修订.42/中国标准出版社编.—北京：中国标准出版社，2009
ISBN 978-7-5066-5504-0

Ⅰ.中…　Ⅱ.中…　Ⅲ.国家标准-汇编-中国-2008
Ⅳ.T-652.1

中国版本图书馆CIP数据核字（2009）第183939号

中国标准出版社出版发行
北京复兴门外三里河北街16号
邮政编码:100045

网址 www.spc.net.cn
电话:68523946　68517548
中国标准出版社秦皇岛印刷厂印刷
各地新华书店经销
*
开本 880×1230　1/16　印张 38.25　字数 1 103 千字
2009年11月第一版　2009年11月第一次印刷
*
定价 200.00 元

ISBN 978-7-5066-5504-0

出 版 说 明

1.《中国国家标准汇编》是一部大型综合性国家标准全集。自1983年起，按国家标准顺序号以精装本、平装本两种装帧形式陆续分册汇编出版。它在一定程度上反映了我国建国以来标准化事业发展的基本情况和主要成就，是各级标准化管理机构，工矿企事业单位，农林牧副渔系统，科研、设计、教学等部门必不可少的工具书。

2.《中国国家标准汇编》收入我国每年正式发布的全部国家标准，分为"制定"卷和"修订"卷两种编辑版本。

"制定"卷收入上年度我国发布的、新制定的国家标准，顺延前年度标准编号分成若干分册，封面和书脊上注明"20××年制定"字样及分册号，分册号一直连续。各分册中的标准是按照标准编号顺序连续排列的，如有标准顺序号缺号的，除特殊情况注明外，暂为空号。

"修订"卷收入上年度我国发布的、被修订的国家标准，视篇幅分设若干分册，但与"制定"卷分册号无关联，仅在封面和书脊上注明"20××年修订-1,-2,-3,……"字样。"修订"卷各分册中的标准，仍按标准编号顺序排列（但不连续）；如有遗漏的，均在当年最后一分册中补齐。需提请读者注意的是，个别非顺延前年度标准编号的新制定的国家标准没有收入在"制定"卷中，而是收入在"修订"卷中。

读者配套购买《中国国家标准汇编》"制定"卷和"修订"卷则可收齐上一年度我国制定和修订的全部国家标准。

3. 由于读者需求的变化，自1996年起，《中国国家标准汇编》仅出版精装本。

4. 2008年制修订国家标准共5946项。本分册为"2008年修订-42"，收入新制修订的国家标准52项。

中国标准出版社

2009年10月

目　　录

ICS 65.060.99
B 92

中华人民共和国国家标准

GB 7681—2008
代替 GB 7681—1997

铡草机　安全技术要求

Safety technical requirements for choppers

2008-08-28 发布　　　　2009-10-01 实施

中华人民共和国国家质量监督检验检疫总局
中国国家标准化管理委员会　发布

前　言

本标准的全部技术内容为强制性。

本标准是对 GB 7681—1997《铡草机　安全技术要求》的修订。

本标准与 GB 7681—1997 相比，主要修改情况如下：

——重新确定了规范性引用文件的内容；

——调整了喂入辊与喂入口防护罩的水平距离要求；

——增加了对刀轮的要求。

本标准自实施之日起代替 GB 7681—1997。

本标准的附录 A 是资料性附录。

本标准由中国机械工业联合会提出。

本标准由全国农业机械标准化技术委员会归口。

本标准起草单位：中国农业机械化科学研究院呼和浩特分院、辽宁省凤城东风机械厂。

本标准主要起草人：杨铁军、王建平、李秀荣。

本标准所代替标准的历次版本发布情况为：

——GB 7681—1987、GB 7681—1997。

铡草机　安全技术要求

1　范围

本标准规定了铡草机设计、制造、使用等方面的安全技术要求。

本标准适用于盘式、筒式铡草机。

2　规范性引用文件

下列文件中的条款通过本标准的引用而成为本标准的条款。凡是注日期的引用文件，其随后所有的修改单(不包括勘误的内容)或修订版均不适用于本标准，然而，鼓励根据本标准达成协议的各方研究是否可使用这些文件的最新版本。凡是不注日期的引用文件，其最新版本适用于本标准。

GB/T 3098.1　紧固件机械性能　螺栓、螺钉和螺柱(GB/T 3098.1—2000,idt ISO 898-1:1999)

GB/T 3098.2　紧固件机械性能　螺母　粗牙螺纹(GB/T 3098.2—2000,idt ISO 898-2:1992)

GB/T 9239.1　机械振动　恒态(刚性)转子平衡品质要求　第1部分:规范与平衡允差的检验(GB/T 9239.1—2006,ISO 1940-1:2003,IDT)

GB 10395.1　农林拖拉机和机械　安全技术要求　第1部分:总则(GB 10395.1—2001,eqv ISO 4254-1:1989)

GB 10396　农林拖拉机和机械、草坪和园艺动力机械　安全标志和危险图形　总则(GB 10396—2006,ISO 11684:1995,MOD)

3　安全设计要求

3.1　铡草机的设计，必须符合本标准的规定。

3.2　铡草机应符合 GB 10395.1 的要求，各运转部件及喂入口处必须有牢固可靠的防护装置。

3.3　铡草机应有喂入辊。生产率大于 0.4 t/h 时，喂入机构应有离合装置。

3.4　铡草机喂入辊外边缘与喂入口防护罩的水平距离 L 应符合下列要求，见图1所示。

a)　生产率不大于 0.4 t/h 时，L 应不小于喂入口宽度的3倍；

b)　生产率大于 0.4 t/h 时，L 应不小于 550 mm；

c)　凡采用能满足喂入安全的其他机构时，L 不受限制。

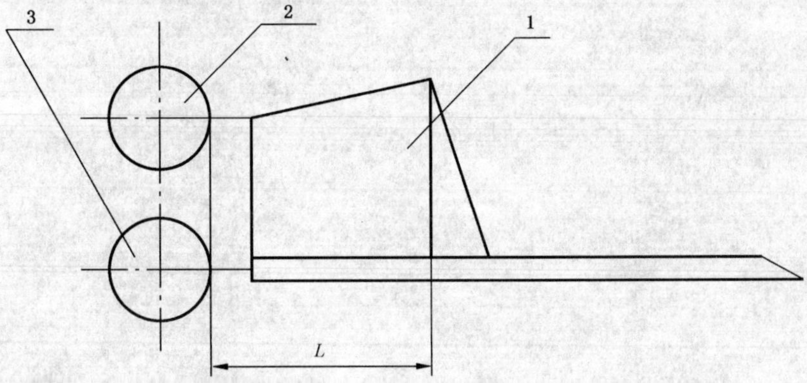

1——喂入口防护罩；

2——上喂入辊；

3——下喂入辊。

图 1

3.5 生产率大于 2.5 t/h 的铡草机，应设自动喂入机构。

3.6 上机壳应有锁紧装置，并牢固可靠。

3.7 动、定刀片紧固件的机械性能等级应符合 GB/T 3098.1 和 GB/T 3098.2 的规定，螺栓(钉)应不低于 8.8 级；螺母不低于 8 级；并有可靠的防松装置。

3.8 生产率大于 2.5 t/h 的铡草机，应设过载保护装置。

3.9 刀轮不得有裂纹，不得有影响强度和外观质量的气孔、缩松、沙眼等铸造缺陷。

3.10 刀轮组装后(不包括刀片)应按 GB/T 9239.1 进行平衡检验，精度不低于 G16。

4 制造及验收要求

铡草机必须按本标准的要求进行制造与验收。

在机壳和喂入口防护罩明显部位应有安全标志，安全标志应符合 GB 10396 的规定。

5 安全使用要求

5.1 开机前必须熟读使用说明书。

5.2 产品使用说明书中应有详细的安全使用规定，其内容包括：

a) 开机前按使用说明书的规定进行调整和保养；检查各紧固件是否拧紧，刀轮转向是否与规定的方向相同，上机壳是否锁住等。
b) 铡草机的工作场地应宽敞，并备有可靠的防火设施。
c) 应根据铡草机的铭牌规定选用电动机。不准随意提高主轴转速，不准随意拆掉各部位的防护装置。
d) 更换动、定刀片的紧固件时，不得用普通紧固件代替。
e) 作业时如发生异常声响应立即停机检查，禁止在机器运转时排除故障。
f) 未掌握铡草机安全使用规则的人不准单独作业。
g) 严禁未成年人及酒后、带病或过度疲劳人员开机作业。

附 录 A
（资料性附录）
动、定刀片紧固件扭紧力矩值及其测定方法

A.1 动、定刀片紧固件扭紧力矩应不低于表 A.1 的规定。

表 A.1

公称尺寸	扭紧力矩/(N·m)			扭紧力矩公差值
	8.8 级	10.9 级	12.9 级	
M6	11.5	13.5	18	±20%
M8	30	40	48	
M10	50	70	85	
M12	90	125	150	
M16	225	310	375	
M20	435	610	735	

A.2 扭紧力矩测定方法

测定紧固件扭紧力矩时，先在装配位置上打标记，然后放松约 1/4 圈，用扭矩扳手拧回到打标记位置，此时扭矩扳手测得的数值即为此时紧固件的扭紧力矩。

ICS 65.060.99
B 92

中华人民共和国国家标准

GB/T 7682—2008
代替 GB/T 7682—2005,GB/T 15374—1994

牛奶分离机

Milk separator

2008-06-03 发布　　2009-01-01 实施

中华人民共和国国家质量监督检验检疫总局
中国国家标准化管理委员会　发布

前　言

本标准是对 GB/T 15374—1994《牛奶分离机　术语》和 GB/T 7682—2005《牛奶分离机　型式与基本参数》的合并修订。

与 GB/T 15374—1994、GB/T 7682—2005 相比，本标准修改内容如下：

——将标准名称改为“牛奶分离机”；

——增加了第 6 章、第 7 章、第 8 章、第 9 章、第 10 章的内容；

——增加了附录 A。

本标准自实施之日起代替 GB/T 15374—1994、GB/T 7682—2005。

本标准的附录 A 为资料性附录。

本标准由中国机械工业联合会提出。

本标准由全国农业机械标准化技术委员会归口。

本标准起草单位：中国农业机械化科学研究院呼和浩特分院、甘肃省农业机械化技术推广站。

本标准主要起草人：李秀荣、康清华。

本标准所代替标准的历次版本发布情况为：

——GB/T 15374—1994；

——GB/T 7682—1987、GB/T 7682—2005。

牛奶分离机

1 范围

本标准规定了碟片离心式牛奶分离机的术语、型式与基本参数、技术要求、试验方法、检验规则、标志、包装、运输和贮存。

本标准适用于碟片离心式牛奶分离机(以下简称分离机)。

2 规范性引用文件

下列文件中的条款通过本标准的引用而成为本标准的条款。凡是注日期的引用文件,其随后所有的修改单(不包括勘误的内容)或修订版均不适用于本标准,然而,鼓励根据本标准达成协议的各方研究是否可使用这些文件的最新版本。凡是不注日期的引用文件,其最新版本适用于本标准。

GB/T 5409 牛乳检验方法

GB/T 9239.1—2006 机械振动 恒态(刚性)转子平衡品质要求 第1部分:规范与平衡允差的检验(ISO 1940-1:2003,IDT)

3 术语

3.1 一般性术语

3.1.1

牛奶分离机 milk separator

利用分离钵高速旋转产生的离心力将牛奶分离成乳脂和脱脂乳的一种机械设备。

3.1.2

碟片离心式分离机 disc milk separator

由一组碟形分离片从小到大组装成圆锥形塔状分离钵的分离机。按排渣方式分为人工排渣碟式分离机和自动排渣碟式分离机。

3.1.3

乳脂 milk fat

指牛奶经分离机或静置分离后,在得到脱脂乳的同时,获得含脂率较高的部分物质。含脂率一般在18%以上。

3.1.4

脱脂乳 skim milk

牛奶分离出乳脂后剩下的乳汁。

3.1.5

沉渣 sludge

牛奶沉降得到的固体浓缩物。

3.1.6

分离钵动平衡试验 dynamic balance test of bowl

为确定分离钵的质量分布状态是否符合规定的平衡要求而进行的试验。

3.1.7

分离钵强度试验 strength test of bowl

分离机在高速超载下,规定时间内,测定分离钵的强度是否符合要求而进行的试验。

3.1.8

不拆机清洗　cleaning in place

清洗分离机分离钵的一种方法。即清洗时分离钵不必拆开，由清洗装置中的清洗液在分离钵中循环流动，除去分离钵中的沉渣和污垢。

3.2　型式术语

3.2.1

敞开式分离机　open-type separator

牛奶的进入、乳脂和脱乳脂的排出都是敞开的分离机。

3.2.2

半封闭式分离机　semi-hermetic separator

牛奶的进入是敞开的，而乳脂和脱脂乳是在压力作用下沿管道排出的分离机。

3.2.3

全封闭式分离机　hermetic separator

牛奶、乳脂和脱脂乳都是在压力作用下沿管道进入、排出的分离机。

3.3　技术参数术语

3.3.1

分离因素　relative centrifugal force

离心加速度与重力加速度的比值。

3.3.2

沉渣室容积　capacity for sediment

碟片式分离机分离钵内壁与分离片外径之间的环状空间。

3.3.3

脱脂乳含乳率　fat content in skim milk

脱脂牛奶中残余脂肪含量的百分率。

3.3.4

乳脂与脱脂乳容积比的调节范围　adjusting range of volumetric ratio of milk fat and skim milk

即乳脂与脱脂乳最大容积比与最小容积比之间的变化区域。

3.3.5

分离钵额定转速　rated speed of bowl

分离钵在额定工况时的转速。

3.3.6

碟片半锥角　semi-coning of the disc

碟片母线与轴线间的夹角。

3.3.7

牛奶密度　milk density

为20℃牛奶与同容积4℃水的质量比值。

3.3.8

分离度　separating extent

最大的脂肪球不被分开的程度。

3.3.9

生产率　productivity of separator

单位时间内，分离机在额定工况下处理牛奶的体积或重量。

3.3.10

额定工况　rated work condition

分离机在额定转速下，以设计规定的物料状况、分离温度和进、出口压力条件下，达到设计规定的分离性能要求时的运行工况。

3.3.11

额定转速　rated rotating speed

设计规定的分离机的分离钵在 1 min 的回转次数。

3.4　主要零部件术语

3.4.1

分离钵　bowl

是牛奶分离机进行作业时用于容纳和对牛奶进行离心分离的旋转部件。

3.4.1.1

分离片　disc

装在分离钵中使牛奶分成薄层以强化分离过程的碟形零件。因结构不同，分上分离片、中分离片和下分离片。

3.4.1.2

分离片束　disc stack

由多片分离片叠装起来的盘塔。这种结构可成倍地增加分离机的分离效果。

3.4.1.3

分离片座　bottom disc

套在中央管上用于分离片束装配位置的定位，同时保证进入分离钵的牛奶均匀分配的零件。

3.4.2

盛奶盆　milk container

存放待分离牛奶的器皿。

3.4.3

浮子室　float chamber

用于保持室内的牛奶面高度不变的装置。

3.4.4

向心泵　centripetal pump

将旋转运动能转化为压力能的叶轮状装置。

4　型式

4.1　按牛奶的进入、乳脂和脱脂乳的排出方式分

a)　敞开式：牛奶的进入、乳脂和脱脂乳的排出都是敞开的；

b)　半封闭式：牛奶的进入是敞开的，而乳脂和脱脂乳是在压力下沿管道排出的；

c)　全封闭式：牛奶、乳脂和脱脂乳都是在压力作用下沿管道进入、排出的。

4.2　按排渣方式分

a)　人工排渣；

b)　自动排渣。

4.3　按驱动方式分

a)　电动式：适用于本标准规定的各种牛奶分离机；

b)　手摇电动式：适用于生产率为 500 L/h 及以下的牛奶分离机；

c)　手摇式：适用于生产率为 50 L/h 的牛奶分离机。

5 型号和基本参数

5.1 型号

产品型号由产品类别代号、特征代号和主参数组成。

示例：

生产率为 50 L/h 的牛奶分离机：9NL-50

5.2 主参数

主参数应符合表 1 的规定。

表 1 主参数

生产率/(L/h)	50	100	200	500	1 000	2 000	(3 000)	5 000	10 000	20 000
注：括号内的主参数尽可能不采用。										

5.3 其他参数

与主参数对应的其他参数应符合表 2 的规定。

表 2 其他参数

生产率/(L/h)	50	100	200	500	1 000
电动机功率/kW	≤0.09	≤0.12	≤0.25	≤0.55	≤1.5
沉渣室容积/cm^3	≥15	≥35	≥80	≥300	≥600
质量(不包括电动机)/kg	≤8	≤30	≤38	≤75	≤130

6 技术要求

6.1 一般技术要求

6.1.1 分离机应符合本标准的规定，并按规定程序批准的图样和技术文件制造。

6.1.2 凡与牛奶接触的零部件必须具有无毒、无味、防锈等性能。

6.1.3 分离机不与牛奶直接接触的非工作外表面(除选用抗腐蚀材料外)应涂漆。漆膜表面应平整、光滑、色泽鲜明。漆层应均匀、牢固。不得有漏涂区、色泽不同、流挂、起泡、起皱等缺陷，并具有一定的防腐能力。

6.1.4 分离机不与牛奶直接接触的非加工内表面(除选用抗腐蚀材料外)应涂防锈漆。

6.1.5 电线布置应绝缘、防水。

6.1.6 传动机构应安装在机座内或专门的防护罩内。

6.1.7 所有零部件必须检验合格，外购件、协作件必须有合格证，并经抽验合格后方可进行装配。

6.1.8 生产率大于 100 L/h 的分离机座和底板固定应稳固、可靠，并保证水平。

6.1.9 离心排渣分离机分离钵的结构和输奶槽，应不经拆卸就可进行循环清洗。

6.1.10 离心排渣时不应产生冲击现象。

6.1.11 生产率大于 50 L/h 的分离机分离钵零件之间必须有相互定位措施，以保证装配质量。

6.1.12 自动排渣型分离机应保证在不排渣的工况下分离钵的密封性。

6.1.13 生产率大于 2 000 L/h 的分离机应有制动机构。

6.2 主要技术性能指标

6.2.1 试验用鲜牛奶的酸度不高于20°T,含脂率不大于3.5%,乳脂的含脂率不大于40%,温度加热至40℃±5℃。分离机在额定转速时,其主要技术性能指标应符合表2和表3的规定。

表3 主要技术性能指标

项目		指标
脱脂乳含脂率/%		≤0.03
乳脂与脱脂乳容积比的调节范围		1:3~1:12
噪声/dB(A)		电动式≤85,手摇式≤70
振幅(分离钵室)/mm	50 L/h	≤0.015
	100 L/h~1 000 L/h	≤0.020
	2 000 L/h~5 000 L/h	≤0.040
	5 000 L/h 以上	≤0.055

6.2.2 首次无故障平均工作时间应符合表4的规定。

表4 首次无故障平均工作时间

生产率/(L/h)	首次无故障平均工作时间/h ≥
50~100	450
200	550
500~1 000	700
2 000~5 000	800
5 000 以上	1 000

6.3 装配技术要求

6.3.1 分离钵每组分离片的间隙应均匀,其边缘不得有相互接触现象。拧紧分离钵螺母,注水后5 min内不得渗漏。

6.3.2 分离钵每组防震弹簧的刚度综合偏差不大于5%。

6.3.3 生产率大于100 L/h的分离机装配后,分离钵应进行空载动平衡试验,其平衡精度应不低于GB/T 9239.1—2006规定的G6.3级。

6.3.4 分离机的传动机构应保证分离钵运转自如,加、减速平稳。

7 试验方法

7.1 试验物料和条件

7.1.1 试验物料

7.1.1.1 出厂检验,可靠性试验一般为常温清水。

7.1.1.2 性能试验,应为设计规定的物料(鲜牛奶)。

7.1.2 试验条件

7.1.2.1 试验文件的准备

试验前应按本标准第6章的相关规定交验有关技术文件,并准备好试验结果记录表。

7.1.2.2 试验前检查

试验前应按本标准第6章的相关规定对被试分离机进行检查,符合要求后才能进入整机试验。对于试验系统也应进行安全检查,凡旋转部位应有防护装置,电气设备接地应可靠。

7.1.2.3 **试样制备**

分离机分离性能试验中测定分离效果的试样应按 GB/T 5409 的规定制备。

7.1.2.4 **参数测量**

分离机所有参数的测量应在额定工况下进行，每个参数测量 3 次，取其算术平均值。

7.1.2.5 **试验要求**

a) 试验前应对试验用仪器、仪表、设备进行检查、校正，精度等级应符合有关标准规定；

b) 配套动力工作电压为 220 V 或 380 V，偏差不得大于 5%；

c) 试验用鲜牛奶需经四层纱布过滤，基本参数指标应符合 6.2.1 的规定，加热时不得破坏脂肪球的自然均匀度；

d) 试验用设备、仪器、仪表和试剂参见附录 A。

7.2 试验程序及方法

7.2.1 **主要零部件试验**

7.2.1.1 **分离钵动平衡试验**

将装配好的分离钵部件称其质量后，安装在动平衡试验机上，测出空运转时分离钵校正平面允许剩余不平衡量，按式(1)计算：

$$M=\frac{We}{10} \qquad \cdots\cdots(1)$$

式中：

M——允许剩余不平衡量，单位为克厘米(g · cm)；

W——零件(或部件)质量，单位为千克(kg)；

e——零件(部件)重心许用偏心距，单位为微米(μm)。

重心许用偏心距按式(2)计算：

$$e=\frac{1\ 000\ A}{\omega} \qquad \cdots\cdots(2)$$

式中：

A——动平衡精度，取≤6.3 mm/s；

ω——零件(部件)回转角速度，单位为弧度每秒(rad/s)。

分离钵部件回转角速度按式(3)计算：

$$\omega=\frac{\pi n}{30} \qquad \cdots\cdots(3)$$

式中：

n——零件(或部件)转速，单位为转每分(r/min)。

式(1)计算的 M 值为零部件重心处总的允许剩余不平衡量，用于生产时 M 值分成两部分，分别计算出两校正平面(见图 1)上的允许剩余不平衡量，按式(4)、式(5)计算。

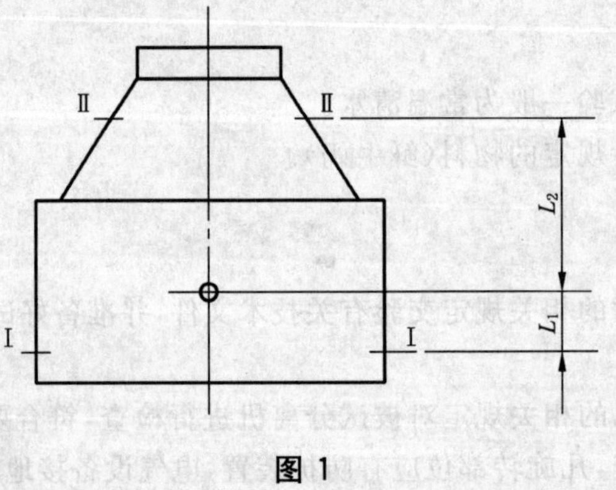

图 1

$$M_1 = M \frac{L_2}{L_1 + L_2} \quad \cdots\cdots (4)$$

$$M_2 = M \frac{L_1}{L_1 + L_2} \quad \cdots\cdots (5)$$

式中：

M_1——校正平面Ⅰ(见图1)上的允许剩余不平衡量，单位为克厘米(g·cm)；

M_2——校正平面Ⅱ(见图1)上的允许剩余不平衡量，单位为克厘米(g·cm)；

L_1——零部件重心至校正平面Ⅰ的距离，单位为毫米(mm)；

L_2——零部件重心至校正平面Ⅱ的距离，单位为毫米(mm)。

注：校正平面Ⅰ与Ⅱ应选择不影响平衡件强度及工作性能，并且在相互距离尽可能远的两个平面上。

记录上述测量、计算结果。

7.2.1.2 分离钵强度试验

a) 强度试验应在有专用设备的试验室内或在有保证工作人员绝对安全的试验装置上进行。

b) 试验前测量并记录分离钵(分离钵盖、分离钵底座)的主要尺寸，在测量处作好标记。

c) 强度试验应使用水或鲜牛奶进行，待分离机达到额定转速时，开始分离试验物，同时使分离钵转速匀速上升，其角速度应保证试验载荷大于额定载荷的20%(约提高转速10%)。

在待定条件下计算角速度，分离钵直径≤250 mm时，试验时间不少于5 min；直径>250 mm时，试验时间不少于30 min。记录试验结果。

d) 对于直径大于500 mm的分离钵，进行强度试验前对主要零件测量不少于3次(在两个方面)，测量所用的专用量具误差不大于0.01 mm。记录结果。

e) 试验完毕后，测量分离钵原标记处尺寸(分离钵盖、分离钵底座)。如发现残余变形，需再按c)条重做一次试验，试验后变形加大，零件作废。记录试验结果。

7.2.1.3 防震弹簧综合刚度偏差的测定

a) 防震弹簧刚度应在万能校准仪上试验，将一组防震弹簧，逐个在试验机上进行测定，试验时应有一定预压力。分别测定加载和卸载过程中相同压力 F_1、F_2……F_n 时的变形量。按式(6)计算每个弹簧的平均刚度。

$$Q_{ci} = \frac{1}{j} \sum_{j=1}^{j} \frac{2F_j}{H_j + H_j^1} \quad \cdots\cdots (6)$$

式中：

Q_{ci}——一个弹簧平均刚度，单位为牛每毫米(N/mm)；

F_j——各压力负荷值，单位为牛(N)；

H_j——加载过程中相应于各压力值的变形量，单位为毫米(mm)；

H_j^1——卸载过程中相应于各压力值的变形量，单位为毫米(mm)；

j——选定压力值的个数。

b) 一组弹簧的平均刚度

$$Q_c = \frac{1}{i} \sum_{i=1}^{i} Q_{ci} \quad \cdots\cdots (7)$$

式中：

Q_c——一组弹簧平均刚度，单位为牛每毫米(N/mm)；

i——弹簧个数。

c) 综合刚度偏差

$$Q_p = \frac{Q_{cx} - Q_c}{Q_c} \times 100\% \quad \cdots\cdots (8)$$

式中：

Q_p——综合刚度偏差；

Q_{cx}——与 Q_c 差值最大的弹簧的平均刚度，单位为牛每毫米(N/mm)。

记录试验结果。

7.2.2 性能试验

7.2.2.1 生产率

a) 分离机达额定工况时，同时接取乳脂与脱脂乳，称量出 t min 内分离出的乳脂与脱脂乳的总质量，并按式(9)计算出生产率。

$$Q=\frac{60G}{tr} \qquad \cdots\cdots(9)$$

式中：

Q——纯小时生产率，单位为升每小时(L/h)；

r——牛奶密度，单位为千克每升(kg/L)；

t——时间，单位为分钟(min)；

G——乳脂与脱脂乳总质量，单位为千克(kg)。

b) 大于 200 L/h 的分离机在测定生产率的同时记录电能消耗 E，按式(10)计算出度电产量值。

$$G_d=\frac{G}{rE} \qquad \cdots\cdots(10)$$

式中：

G_d——度电产量，单位为升每千瓦时[L/(kW·h)]；

E——电能消耗，单位为千瓦时(kW·h)。

7.2.2.2 脱脂乳含脂率的测定

a) 在分离机额定转速下，将试验用鲜牛奶进行分离，待机器运转 5 min 后取样。

b) 当乳脂与脱脂乳容积比分别为 1∶(2.5～3.5)，1∶(7～8)，1∶(11.5～12.5)时进行取样，每个容积比取两个 50 mL 脱脂乳试样，每组试样间隔 3 min。

c) 取样后按 GB/T 5409 测定其脱脂乳的含脂率。

记录试验结果。

7.2.2.3 乳脂与脱脂乳容积比测定

a) 测定时改变分离钵调节丝堵的位置，然后启动机器，当分离机达到额定转速时，打开奶开关 3 min 后，用量杯同时接取乳脂和脱脂乳(乳脂不得少于 5 mL)，待样品静置 3 min 后读出量杯刻度数，计算出容积比(脱脂乳的容积应包括泡沫体积的三分之一)。

b) 试验时应分别测出乳脂和脱脂乳最大和最小容积比。

记录试验结果。

7.2.3 振动试验

7.2.3.1 振动测试仪器要求

a) 振动测试仪应在 10 Hz～1 000 Hz 频率范围内，能直接显示分离机的机械振动速度的有效值。

b) 振动传感器必须按使用要求牢靠地固定在测点上，并使振动传感器不影响分离机的振动特性。

c) 电缆长度、型号应符合仪器使用要求。测试环境的温度、磁场、声场等环境条件须满足测试仪器使用环境的要求。

7.2.3.2 被测分离机的安装

a) 被测分离机应安装在设计要求的基础上或装在大于 10 倍被测分离机质量的基础或平台上，并保证被测分离机与平台或分离机之间的联接符合设计规定。

b) 空载测试时，被测分离机必须在额定转速下稳定运行时进行振动测试。

c) 加载测试时，被测分离机的载荷及物料应满足分离机额定工况的要求，待达到额定转速后进行振动测试。

7.2.3.3 **测点**

a) 生产率小于 200 L/h 的分离机测点的位置应选在分离钵室处，传感器安装后应保证不影响分离机的振动特性，见图 2。

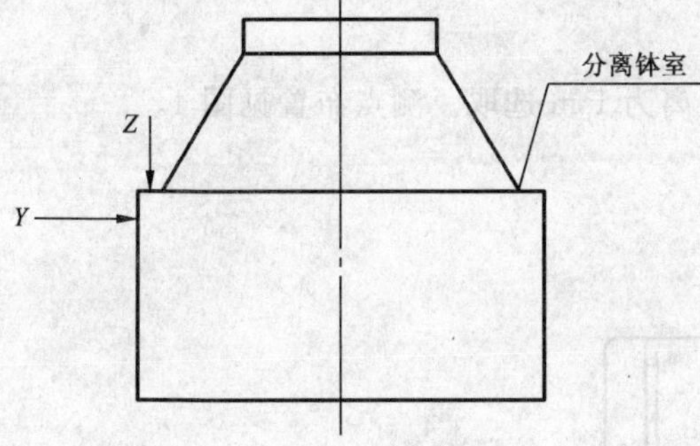

图 2

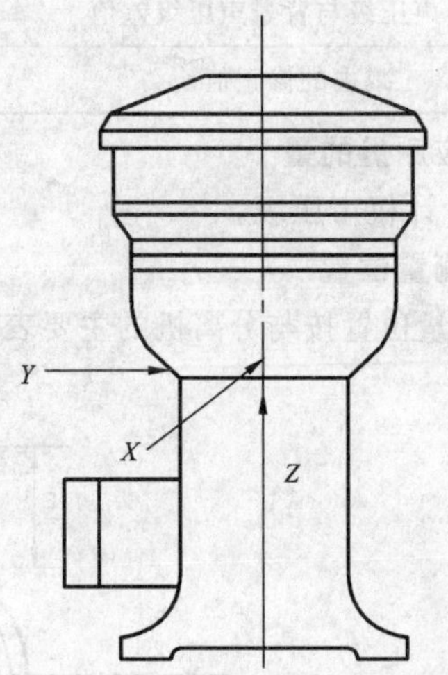

图 3

b) 生产率大于 200 L/h 的分离机测点应选在被测分离机的轴承部位，对不能直接在轴承部位安装传感器的测点，允许将传感器沿测点移至离轴承部位最近的坚实机体上。

c) 测点的标注分别为 X、Y、Z 标记，X 称为正向（与立轴相垂直），Z 称为轴向（与立轴平行），Y 称为侧向（与 X、Z 相垂直的方向），见图 3。

7.2.3.4 **测量**

a) 振动试验时，先检测由环境引起的分离机振动的振幅值（基础振幅值），其值应小于分离机运行时测得的最小振幅值的三分之一，否则应变换测试环境。

b) 测量时将传感器紧贴在被测部位（如图 2、图 3），分离机在额定转速下空运转时，在 X、Y、Z 三个方向上测定。若传感器在某一方向不能安装时，允许取消该测量方向。

c) 在规定测点上和规定方向上测得的最大振幅值，作为被测分离机的振动参数。

记录结果。

7.2.4 **噪声试验**

7.2.4.1 **仪器准备**

试验所用声级校准器、声级计及其他测试仪器应在检定期内，以保证检测数据的准确性。

7.2.4.2 **分离机的安装和运行**

a) 分离机应按 7.3 及相关技术文件的规定进行安装，所有附件都应安装完整，但不应额外增加隔声和吸声部件。

b) 一般分离机应直接放在地面上或试验平台上进行噪声测量，当需要在现场进行测量时，可根据实际安装位置进行测量，在测试报告中应说明。

c) 分离机应在额定转速下稳定运行时进行噪声测量。

7.2.4.3 **测量环境**

a) 分离机应在一个反射平面上方的自由声场中进行测量，被测声源周围 6 m 以内不得有其他反射物体。

b) 任何情况下，传声器附近 1 m 范围内不应有反射物，读数时操作者距离传声器应大于 0.5 m 以上。

c) 测量时测点附近的风速应小于 7 m/s(相当于四级风)，当风速大于 7 m/s 时，传声器应使用防风罩。

7.2.4.4 **背景噪声**

背景噪声应比被测分离机噪声低，其差值应大于 10 dB，若差值在 3 dB～10 dB，则按表 5 修正。

表 5 背景噪声修正 单位为分贝

测点声压级与背景声压级差值	<3	3	4.5	6～9	≥10
减去的修正值	测量无效	3	2	1	0

7.2.4.5 **应测量的量**

测量 A 计权声压级。

7.2.4.6 **测量位置**

a) 测量位置按与分离机的主要表面最接近的水平距离为 1 m 选取。测点布置见图 4。

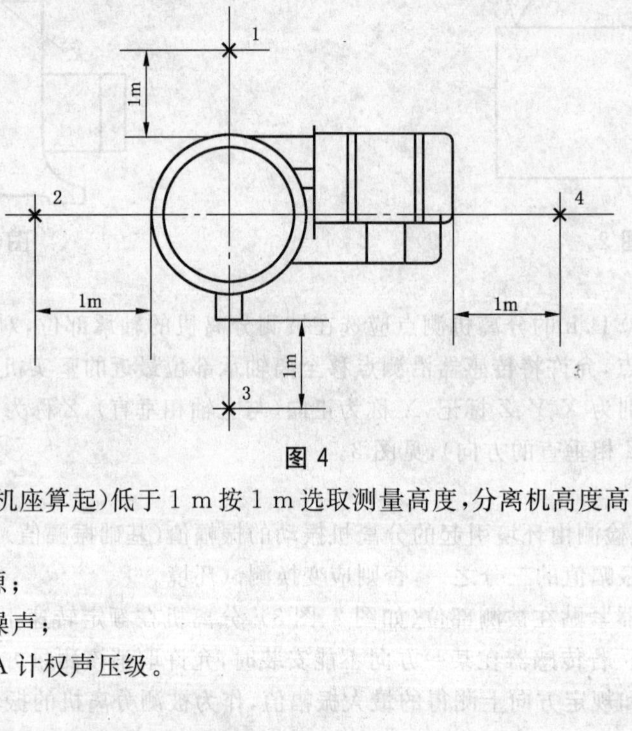

图 4

b) 分离机高度(以机座算起)低于 1 m 按 1 m 选取测量高度，分离机高度高于 1 m 按 1.5 m 选取。

7.2.4.7 **测量**

a) 传声器指向声源；

b) 测量测点背景噪声；

c) 测量各测点的 A 计权声压级。

7.2.4.8 **计算公式**

测量各点数据按式(11)计算平均声压级：

$$L_p = 10\lg(\frac{1}{N}\sum_{i-1}^{N}10^{0.1L_{pi}}) \qquad \cdots\cdots(11)$$

式中：

L_p——A 计权或倍频带平均声压级，单位为分贝(dB)；

L_{pi}——第 i 测点 A 计权或倍频带声压级，单位为分贝(dB)；

N——测点总数。

记录上述测量结果。

7.2.4.9 **其他要求**

在分离机噪声测量过程中，其排渣管应模拟实际工况接出室外或封闭管口。

7.2.5 **可靠性试验**

7.2.5.1 **试验要求**

a) 试验前，样机应根据使用说明书的要求进行安装、调整和试运转；

b) 试验平均负荷不得低于额定负荷的96%；

c) 试验期间应严格按使用说明书的规定进行正常的维修、保养和调整；

d) 试验前、后，应全面检验样机并做详细记录，以查明一切尚未记录的故障；

e) 试验前、后，做性能试验测定；

f) 可靠性性能试验必须采用鲜奶进行，可靠性运转试验可采用常温清水进行；

g) 试验人员必须受过可靠性知识的培训；

h) 做好运转记录。

7.2.5.2 试验项目

a) 分离机的主要性能参数

1) 空载性能：

主轴转速，r/min；

振幅，mm；

噪声，dB(A)。

2) 负载性能：

分离钵动平衡；

主轴转速，r/min；

生产率，L/h；

分离钵密封性；

噪声，dB(A)。

3) 作业质量：

脱脂乳含脂率；

乳脂与脱脂乳容积比。

b) 可靠性运转试验测定内容

1) 首次无故障平均运转时间；

2) 平均故障间隔时间。

7.3 试验报告

7.3.1 试验结束后，应及时整理汇总试验数据和资料，编写试验报告。

7.3.2 试验报告的主要内容：

a) 试验目的、试验要求和试验任务的由来、起止时间、地点、样机简介等；

b) 试验条件及分析；

c) 试验数据及结果；

d) 试验结果分析；

e) 结论意见。

根据试验数据及试验中发现的主要问题，结合试验条件、试验方法加以分析，并全面地对分离机性能稳定性、适应性、可靠性进行评定，提出新的建议及改进意见。

8 检验规则

8.1 出厂检验

8.1.1 每台分离机须经制造厂检验部门检验合格，并签发合格证后，方可出厂。

8.1.2 出厂前，每台分离机应在额定转速下进行空运转试验，时间应不少于30 min，并达到下列要求：

a) 运转平稳，无异常声响；

b) 各紧固部位无松动现象。

8.1.3 出厂检验的其他项目应包括本标准6.3.1和6.3.4条的内容。

8.2 型式检验

8.2.1 有下列情况之一时，一般应进行型式检验：

a) 新产品或老产品转厂生产的试制定型鉴定；

b) 正常生产时，每三年至少进行一次型式检验；

c) 正常生产时，如结构、材料、工艺有较大改变，可能影响产品性能时；

d) 产品停产三年后，恢复生产时；

e) 国家质量监督机构提出进行型式检验的要求时。

8.2.2 型式检验的项目应包括本标准第6章的内容。

8.2.3 抽样与组批，生产率为50 L/h～200 L/h，批量 N=16台～25台；生产率为500 L/h及其以上，N=2台～8台。均采用正常检验一次抽样方案。其检验项目分类见表6，抽样判定见表7。当用户有特殊要求时，抽样检验方案由供需双方商定。

8.2.4 判定规则

8.2.4.1 当被检类的不合格项目数小于或等于合格判定数Ac时，该类被判定为合格。

8.2.4.2 当被检类不合格项目数大于或等于不合格判定数Re时，该类被判为不合格。

8.2.4.3 当被检的产品在A、B、C三类都被判为合格时，则整批产品判为合格，否则判为不合格。

表6 检验项目分类表

类别	序号	项目名称
A	1	脱脂乳含乳率
	2	分离钵的动平衡
	3	分离钵的密封性
	4	电线布置
	5	传动防护
B	1	乳脂与脱脂乳的容积比
	2	首次无故障平均工作时间
	3	振幅
	4	噪声
	5	弹簧刚度综合偏差
	6	强度
	7	生产率
	8[a]	离心排渣时冲击现象
	9[a]	离心排渣式分离机循环清洗性
	10	分离钵运转平稳性
	11[b]	制动措施
C	1	分离片边缘间隙
	2	整机质量
	3	分离钵零件相互定位措施
	4	分离机的安装平稳性
	5	防锈质量
	6	涂漆质量
	7	标志
	8	包装

[a] 是生产率大于等于500 L/h的自动离心排渣式分离机的检验项目。

[b] 是生产率大于等于2 000 L/h的分离机的检验项目。

表 7　抽样判定表

<table>
<tr><td colspan="2">检验项目分类</td><td colspan="2">A</td><td colspan="2">B</td><td colspan="2">C</td></tr>
<tr><td colspan="2">样本数</td><td colspan="6">2</td></tr>
<tr><td rowspan="3">项目数</td><td>生产率 50 L/h～200 L/h</td><td colspan="2">5</td><td colspan="2">9</td><td colspan="2">8</td></tr>
<tr><td>生产率≥500 L/h</td><td colspan="2">5</td><td colspan="2">10</td><td colspan="2">8</td></tr>
<tr><td>生产率≥2 000 L/h</td><td colspan="2">5</td><td colspan="2">11</td><td colspan="2">8</td></tr>
<tr><td rowspan="2">检查水平</td><td>生产率 50 L/h～200 L/h</td><td colspan="6">S-1</td></tr>
<tr><td>生产率≥500 L/h</td><td colspan="6">Ⅱ</td></tr>
<tr><td rowspan="2">判定规则</td><td>AQL</td><td colspan="2">6.5</td><td colspan="2">40</td><td colspan="2">65</td></tr>
<tr><td>Ac　　Re</td><td>0</td><td>1</td><td>2</td><td>3</td><td>3</td><td>4</td></tr>
</table>

9　标志、包装、运输及贮存

9.1　标志

9.1.1　除分离片、密封件和定位销外，分离钵直径大于 100 mm 的分离机的其他零件都应编号。

9.1.2　用电机传动的分离机，必须在明显处标明电机旋转方向。

9.1.3　在分离机机座的明显处固定标牌。标牌应标明以下内容：

a)　产品名称；

b)　制造厂名称；

c)　产品型号及商标；

d)　分离钵转速；

e)　配套动力；

f)　出厂日期或出厂编号。

9.2　包装和运输

9.2.1　分离机为单台装箱。装箱时分离钵必须从主轴上取下来，所有零件均应在包装箱内固定。

9.2.2　随机技术文件必须齐全，并装在能防潮、防油污的袋内，技术文件包括：

a)　使用说明书；

b)　装箱单；

c)　产品检验合格证。

9.2.3　随机附件应齐全。随机附件应包括：

a)　防震弹簧；

b)　分离钵密封圈；

c)　专用工具；

d)　备用分离片。

上述附件应进行防腐保护，防腐期不少于 1 年。

9.2.4　包装箱应满足运输和贮存的要求。

9.3　贮存

装箱后的分离机应贮存于干燥、通风的室内。

附 录 A
（资料性附录）
试验用设备、仪器、仪表和试剂

标准中试验所用设备、仪器、仪表和试剂如表A.1所示。

表A.1 试验用设备、仪器、仪表和试剂

序号	名 称	精度和范围	数 量
01	乳脂离心机		1
02	立式动平衡试验机		1
03	弹簧试验机		1
04	排渣试验用沉渣槽		1
05	振动试验用平板		1
06	强度试验装置		1
07	台秤		1
08	各种盛奶用器具、器皿		1
09	精密声级计		1
10	测振动用仪器		1
11	强度试验用量具		1
12	天平	感量0.10 g	1
13	乳脂瓶	精度1/10 000	1
14	乳脂比重计		1
15	酒精温度计	0℃～100℃	1
16	烧杯	50 mL	1
17	量杯	10 mL，20 mL，500 mL	各1
18	三角瓶	1 000 mL	1
19	吸管	17.5 mL	1
20	转速表	0 r/min～3 000 r/min	1
21	电度表		1
22	秒表		1
23	流量计		1
24	压力表		1
25	硫酸	密度1.820 g/cm^3～1.825 g/cm^3	适量
26	工业用水	一定纯度	适量

ICS 71.040.40
G 04

GB

中华人民共和国国家标准

GB/T 7686—2008
代替 GB/T 7686—1987

化工产品中砷含量测定的通用方法

Chemical products for industrial use—General method for the determination of arsenic

(ISO 2590:1973,General method for the determination of arsenic—Silver diethyldithiocarbamate photometric method,MOD)

2008-06-18 发布 2009-02-01 实施

中华人民共和国国家质量监督检验检疫总局
中国国家标准化管理委员会 发布

前 言

本标准修改采用 ISO 2590:1973《砷含量测定的通用方法　二乙基二硫代氨基甲酸银光度法》。

本标准根据 ISO 2590:1973 重新起草。为了方便比较，在资料性附录 A 中列出了本标准章条编号和 ISO 2590:1973 章条编号的对照一览表。

本标准和 ISO 2590:1973 相比主要差异如下：

——将标准的名称改为“化工产品中砷含量测定的通用方法”；

——删除了国际标准的封面和前言；

——增加了规范性引用文件；

——将国际标准中的计量单位“N”修改为“mol/L”；

——在“结果计算”中增加了一种砷质量的计算方式；

——增加了资料性附录 A、资料性附录 C 和资料性附录 D。

本标准代替 GB/T 7686—1987《化工产品中砷含量测定的通用方法》。

本标准与 GB/T 7686—1987 相比主要变化如下：

——增加了规范性引用文件；

——增加了安全提示；

——在“结果计算”中增加了一种砷质量的计算方式；

——将原标准的附录 A 改为附录 C，附录 C 改为附录 D，增加了资料性附录 A；

——将干扰测定的含义修改为“系指某种离子对 10 μg 砷的测定所引起的误差超过±5%以上”。

本标准的附录 A、附录 B、附录 C、附录 D 均为资料性附录。

本标准由中国石油和化学工业协会提出。

本标准由全国化学标准化技术委员会硫和硫酸分技术委员会(SAC/TC 63/SC 7)归口。

本标准起草单位：南化集团研究院。

本标准主要起草人：冯俊婷、邹惠玲、邱爱玲、曾飞、曹文珠、张汝爱。

本标准所代替标准的历次版本发布情况为：

——GB/T 7686—1987。

化工产品中砷含量测定的通用方法

1 范围

本标准适用于测定砷含量在(1～20)μg 范围内的试液。

2 规范性引用文件

下列文件中的条款通过本标准的引用而成为本标准的条款。凡是注日期的引用文件,其随后所有的修改单(不包括勘误的内容)或修订版均不适用于本标准,然而,鼓励根据本标准达成协议的各方研究是否可使用这些文件的最新版本。凡是不注日期的引用文件,其最新版本适用于本标准。

GB/T 6682　分析实验室用水规格和试验方法(GB/T 6682—2008,ISO 3696:1987,MOD)

3 试验方法

安全提示——本标准中使用的部分试剂具有毒性或腐蚀性,部分操作具有危险性。本标准并未揭示所有可能的安全问题,使用者操作时应小心谨慎并有责任采取适当的安全和健康措施。

本标准中所用的试剂和水,在没有注明其他要求时,均指分析纯试剂和符合 GB/T 6682 规定的三级水。所有试剂,特别是锌粒,应不含砷或仅含极微量的砷。

3.1 原理

在盐酸介质中,用锌还原砷,生成砷化氢,导入二乙基二硫代氨基甲酸银[Ag(DDTC)]吡啶溶液中,生成紫红色的可溶性胶态银,在最大吸收波长 540 nm 处,对其进行吸光度的测量。

生成胶态银的反应式是:

$$AsH_3 + 6Ag(DDTC) = 6Ag + 3H(DDTC) + As(DDTC)_3$$

3.2 试剂和材料

3.2.1　盐酸。

3.2.2　锌粒:粒径为(0.5～1)mm。若用其他形状的锌,须经实验证明,在规定的检验条件下(参见附录 B)能给出相同的结果。

3.2.3　二乙基二硫代氨基甲酸银[Ag(DDTC)]吡啶溶液(二乙基二硫代氨基甲酸银的精制方法参见附录 C):5 g/L。

溶解 1 g 二乙基二硫代氨基甲酸银于吡啶(密度约 0.980 g/mL)中,并用吡啶稀释至 200 mL,贮于密闭棕色玻璃瓶中,避免光线照射,有效期为两周。

3.2.4　碘化钾溶液:150 g/L。

3.2.5　氯化亚锡盐酸溶液:400 g/L。

溶解 40 g 氯化亚锡($SnCl_2 \cdot 2H_2O$)于 25 mL 水和 75 mL 盐酸(3.2.1)的混合液中。

3.2.6　氢氧化钠溶液:50 g/L。

3.2.7　砷标准溶液:100 μg/mL。

准确称取 0.132 0 g 三氧化二砷(优级纯),置于 100 mL 烧杯中,用 2 mL 氢氧化钠溶液(3.2.6)溶解,转移至 1 000 mL 容量瓶中,用水稀释至刻度,摇匀。

3.2.8　砷标准溶液:2.50 μg/mL。

吸取 25.0 mL 砷标准溶液(3.2.7),置于 1 000 mL 容量瓶中,用水稀释至刻度,摇匀。此溶液使用时现配。

3.2.9　乙酸铅脱脂棉:溶解 50 g 乙酸铅[$Pb(C_2H_3O_2)_2 \cdot 3H_2O$]于 250 mL 水中,用此溶液将脱脂棉浸

透，取出在室温下晾干，保存在密闭容器中。

3.3 仪器

测定砷的所有玻璃仪器，必须用热的浓硫酸小心洗涤，再以水清洗干净，并完全干燥。

3.3.1 分光光度计：具有 540 nm 波长。

3.3.2 15 球定砷仪，如图 1 所示。

单位为毫米

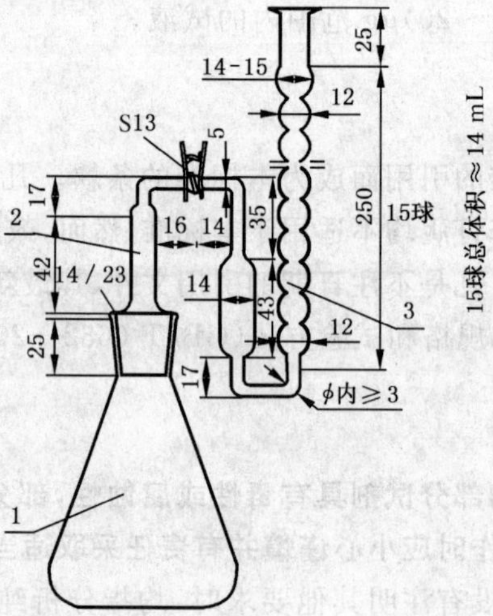

1——100 mL 锥形瓶，用于发生砷化氢；

2——连接管，用于捕集硫化氢，并将砷化氢导入吸收器；

3——15 球吸收器，吸收砷化氢用。

图 1 15 球定砷仪示意图

3.4 分析步骤

由于吡啶具有恶臭，应在通风柜中进行操作。

3.4.1 试液的制备

称样量和制备试液的方法，按有关产品标准中的规定处理。

取出适量上述的试液，使其中含砷量为(1～20)μg，加 10 mL 盐酸(3.2.1)和适量水，使其总体积为 40 mL。在添加碘化钾溶液之前，最终的酸度约为 3 mol/L。该试液必须无硝酸根离子。此外，有些元素(钴、汞、银、铜、钼、钯等)会降低砷化氢的发生，应加以注意和处理(参见附录 D)。

注：当试液为硫酸介质时，40 mL 试液的酸度应为(1.9～2)mol/L(含 10 mL 约 7.5 mol/L 的硫酸溶液)。

3.4.2 工作曲线的绘制

3.4.2.1 标准显色溶液的制备

于六个 100 mL 锥形瓶中，按表 1 所示，分别加入砷标准溶液(3.2.8)。

表 1

砷标准溶液体积/mL	相应的砷含量/μg
0[a]	0
1.00	2.5
2.00	5.0
4.00	10.0
6.00	15.0
8.00	20.0

[a] 空白溶液。

对每一锥形瓶中的溶液作下述处理：

加 10 mL 盐酸(3.2.1)和适量的水，使溶液的体积为 40 mL，再加 2 mL 碘化钾溶液(3.2.4)和 2 mL 氯化亚锡盐酸溶液(3.2.5)，摇匀，放置 15 min。

在每支连接管末端装入少量乙酸铅脱脂棉(3.2.9)，用于捕集反应时逸出的硫化氢。

在磨口玻璃接头处涂上不溶于吡啶的润滑脂，吸取 5.0 mL 二乙基二硫代氨基甲酸银吡啶溶液(3.2.3)于吸收器中，将连接管接在吸收器上。

放置 15 min 后，通过一漏斗往锥形瓶中加 5 g 锌粒(3.2.2)，并迅速按图 1 所示连接好仪器，使反应进行约 45 min，拆下吸收器，摇动，使底部生成的紫红色沉淀溶解，并和溶液完全混合。

注：当试液为硫酸介质时，须以 10 mL 约 7.5 mol/L 的硫酸溶液代替 10 mL 盐酸(3.2.1)。

3.4.2.2 吸光度的测量

在 540 nm 波长处，用 1 cm 吸收池，以水为参比，测出各标准显色溶液(3.4.2.1)的吸光度。

3.4.2.3 工作曲线的绘制

从每一标准显色溶液的吸光度值减去空白溶液的吸光度值，以所得的吸光度值差为纵坐标，相应的砷质量为横坐标绘制工作曲线。

每使用一批新的锌粒和配制一次新的二乙基二硫代氨基甲酸银吡啶溶液，均应重新绘制工作曲线。

3.4.3 测定

3.4.3.1 显色

往盛有 40 mL 试液(3.4.1)的锥形瓶中，加 2 mL 碘化钾溶液(3.2.4)和 2 mL 氯化亚锡盐酸溶液(3.2.5)，摇匀，放置 15 min。

然后按 3.4.2.1 中所述“在每支连接管末端装入少量乙酸铅脱脂棉……并和溶液完全混合”的步骤操作。

3.4.3.2 吸光度的测量

测定步骤同 3.4.2.2。

3.4.4 空白试验

在测定的同时做空白试验。

3.5 结果计算

从试液的吸光度值中减去空白试验的吸光度值，根据所得吸光度值差从工作曲线上查出相应的砷质量，或根据回归方程式计算出相应的砷质量。

最终的结果，按照与被测试样有关标准中的计算公式进行计算。

附 录 A
(资料性附录)
本标准章条编号与 ISO 2590:1973 章条编号对照

表 A.1 给出了本标准章条编号与 ISO 2590:1973 章条编号对照一览表。

表 A.1

本标准章条编号	对应的 ISO 2590:1973 章条编号
1	1
2	—
—	2
3	—
3.1	3
3.2	4
3.2.1	4.1
3.2.2	4.8
3.2.3	4.2
3.2.4	4.6
3.2.5	4.7
3.2.6	—
3.2.7	4.3
3.2.8	4.4
3.2.9	4.5
3.3	5
3.3.1	5.2～5.3
3.3.2	5.1
3.4	6
3.4.1	6.1
3.4.2	6.3
3.4.2.1	6.3.1
3.4.2.2	6.3.2
3.4.2.3	6.3.3
3.4.3 和 3.4.3.1	6.4
3.4.3.2	6.4.1
3.4.4	6.2
3.5	7
附录 A	—
附录 B	附录
附录 C	—
附录 D	—

附 录 B
（资料性附录）
针状锌的使用

由于某种原因，当需要用针状锌来代替锌粒时，应对此法作如下变动：

B.1 3.2.2 中变动内容为“锌：直径为(2～3)mm 的针状体”。

B.2 3.4.1 中第二段变动内容为“取出适量上述的试液，使其中含砷量为(1～20)μg，加 10 mL 盐酸(3.2.1)和适量水，使其总体积为 30 mL。在添加碘化钾溶液之前，最终的酸度约为 4 mol/L”。

B.3 3.4.2.1 中第三段变动内容为“加 10 mL 盐酸(3.2.1)和适量的水，使溶液的体积为 30 mL，再加 2 mL 碘化钾溶液(3.2.4)和 2 mL 氯化亚锡盐酸溶液(3.2.5)，摇匀，放置 15 min”。

B.4 3.4.2.1 中第六段变动内容为“使反应进行 1 h”。

附 录 C
（资料性附录）
二乙基二硫代氨基甲酸银的精制

基于二乙基二硫代氨基甲酸银有时需要精制，特提供精制方法，以供参考。

C.1 二乙基二硫代氨基甲酸钠的精制

溶解 10 g 二乙基二硫代氨基甲酸钠[$(C_2H_5)_2NCS_2Na \cdot 3H_2O$]于 35 mL 乙醇中，过滤，一边连续搅拌，一边往此溶液中添加 100 mL 乙醚，然后抽滤，用乙醚洗涤沉淀，并在空气中干燥。

C.2 试剂的制备

溶解 2.2 g 经精制的二乙基二硫代氨基甲酸钠于 100 mL 水中，另外溶解 1.7 g 硝酸银于 100 mL 水中。在不停搅拌下，慢慢混匀这两种溶液。保持混合液温度低于 10 ℃下倾析出清液，过滤，用水洗涤沉淀三次，在室温下真空干燥，避光保存于阴凉处。

附 录 D
（资料性附录）
干扰测定的离子

D.1 干扰测定的含义，系指某种离子对 10 μg 砷的测定所引起的误差超过±5%以上。

D.2 干扰测定的离子及最大允许限量见表 D.1。

表 D.1

编号	离子	加入形式	最大允许限量/mg	消除方法	采用消除方法时允许限量/mg
1	Ag^{+}	$AgNO_3$	0.5	—	—
2	Pt^{4+}	K_2PtCl_6	0.1	—	—
3	Co^{2+}	$CoCl_2 \cdot 6H_2O$	1.0	—	—
4	Cu^{2+}	$CuSO_4 \cdot 5H_2O$	5.0	—	—
5	Mo^{6+}	$(NH_4)_6Mo_7O_{24} \cdot 4H_2O$	0.5	在含有(1～20)μg 砷的试液中，加 10 mL 500 g/L 酒石酸溶液和 10 mL 盐酸(3.2.1)，使之总体积为 40 mL，且酸度为3 mol/L	3.0
6	Cd^{2+}	金属镉	5.0	—	—
7	Pb^{2+}	$Pb(CH_3COO)_2 \cdot 3H_2O$	5.0	—	—
8	Hg^{2+}	$Hg(CH_3COO)_2$	0.5	同编号 5 中 Mo^{6+} 的处理	1.0
9	Cr^{3+}	$CrCl_3 \cdot 6H_2O$	5.0	—	—
10	Cr^{6+}	$K_2Cr_2O_7$	5.0	—	—
11	Sb^{3+}	Sb_2O_3	0.1	3.4.3.1 中第一段变动内容为：加 5.0 mL 碘化钾溶液(3.2.4)和 3.0 mL 氯化亚锡盐酸溶液(3.2.5)	0.4
12	Se	金属硒	0.1	在含有(1～20)μg 砷的试液中，加 10 mL 盐酸(3.2.1)和适量水，使之总体积约 40 mL，然后加 0.1 g 硫酸联氨固体，使金属硒沉淀，用紧密滤纸干过滤，其清液作试液，然后加 2 mL 碘化钾溶液(3.2.4)	2.0
13	Ni^{2+}	$NiSO_4(NH_4)_2SO_4 \cdot 6H_2O$	1.0	—	—
14	Bi^{3+}	$Bi(NO_3)_3 \cdot 5H_2O$	1.0	—	—
15	Ge^{4+}	GeO_2	0.03	—	—

表 D.1（续）

编号	离子	加入形式	最大允许限量/mg	消除方法	采用消除方法时允许限量/mg
16	Fe^{3+}	$FeCl_3 \cdot 6H_2O$	5.0	同编号5中Mo^{6+}的处理	100
17	NO_3^-	HNO_3	—	在含有(1～20)μg砷的试液中，加5 mL硫酸，加热，充分冒白烟，赶尽硝酸根(切忌蒸干)，冷却后，加水至约40 mL，且酸度为3 mol/L	—
18	Sr^{2+}	$SrCl_2 \cdot 6H_2O$	15.0	—	—
19	V^{5+}	NH_4VO_3	1.5	—	—
20	Ti^{3+}	$TiCl_3$	40.0	—	—
21	W^{6+}	$Na_2WO_4 \cdot 2H_2O$	3.0	—	—
22	Mn^{2+}	$MnSO_4$	125.0	—	—
23	Mn^{7+}	$KMnO_4$	100	—	—
24	F^-	NaF	1 000	—	—
25	ClO_4^-	$HClO_4$	1 000	—	—

ICS 13.300
A 80

GB

中华人民共和国国家标准

GB/T 7694—2008
代替 GB/T 7694—1987

危险货物命名原则

The rule of nomenclature for dangerous goods

2008-08-04 发布　　　　2009-04-01 实施

中华人民共和国国家质量监督检验检疫总局
中国国家标准化管理委员会　发布

前言

本标准代替 GB/T 7694—1987《危险货物命名原则》。本标准与 GB/T 7694—1987 相比主要变化如下：

——增加引用文件；

——增加术语与定义部分，将原“2　危险货物命名原则”中的相关名词术语单独列出；

——增加了“混合物或溶液”命名原则；

——“危险货物的概括名称”增加了部分内容；

——“危险货物品名的附加条件”增加了部分内容；

——删除了原“4　对进口和出口的危险货物”内容；

——增加了参考文献。

本标准由全国危险化学品管理标准化技术委员会(SAC/TC 251)提出并归口。

本标准起草单位：北京交通大学。

本标准主要起草人：杨月芳、吴育俭、海涛、杨玉国、程志明、李振江、贾传峻、杨方、王海星、冯林祥。

本标准所代替标准的历次版本发布情况为：

——GB/T 7694—1987。

危险货物命名原则

1 范围

本标准规定了危险货物运输名称的选择和命名。

本标准适用于经铁路、公路、水运和民航等运输方式运输和贮存的危险货物的命名。

2 规范性引用文件

下列文件中的条款通过本标准的引用而成为本标准的条款。凡是注日期的引用文件，其随后所有的修改单(不包括勘误的内容)或修订版均不适用于本标准，然而，鼓励根据本标准达成协议的各方研究是否可使用这些文件的最新版本。凡是不注日期的引用文件，其最新版本适用于本标准。

联合国《关于危险货物运输的建议书》(第15版)

3 术语和定义

下列术语和定义适用于本标准。

3.1

正式运输名称 proper shipping name

联合国《关于危险货物运输的建议书》(第15版)危险货物品名表中最准确地描述货物的名称。

3.2

技术名称 technical name

科学技术手册、杂志和教科书中目前使用的公认的化学或其他名称。

3.3

别名 synonym

正式运输名称之外的商业名称、外文音译名称和俗称等。

3.4

概括名称 generic entry

使用同一联合国编号的若干种物质或物品的总名称。

4 危险货物命名原则

4.1 危险货物的正式运输名称

4.1.1 危险货物应以联合国《关于危险货物运输的建议书》(第15版)危险货物品名表中的英文正式运输名称所译成的中文名称作为正式运输名称，而品名表中未列出名称的化学物质危险货物的正式运输名称原则上应按中国化学会制订的《无机化学命名原则》和《有机化学命名原则》所确定的系统命名原则命名。

4.1.2 但属下列情况之一者，可采用一种国际或国内广泛使用的商业名称，或习惯名称作为运输中使用的正式名称。对于农药，仅可使用国际标准化组织的通用名称、《世界卫生组织建议的农药按危险性的分类和分类准则》中的其他名称、或有效成分物质的名称。

4.1.2.1 当按上述系统命名原则所确定的名称过于复杂时，可采用通用的商业名称作为运输中的正式名称。

例如：

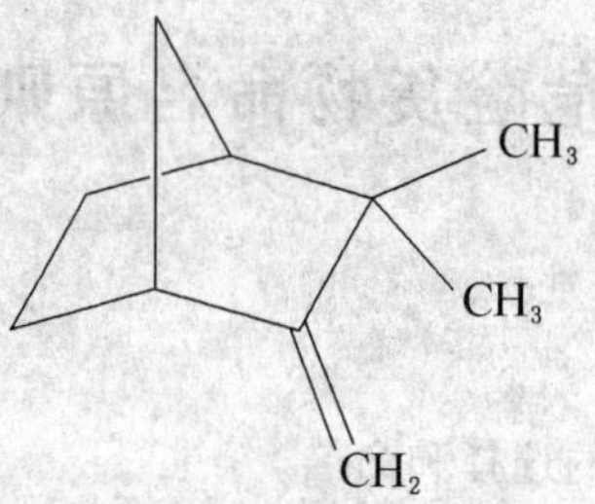

按系统命名原则，其名称应为：2,2-二甲基-3-亚甲基二环[2,2,1]庚烷，过于复杂。可采用通用名称“莰烯”作为运输名称。

4.1.2.2 当按上述系统命名原则所确定的名称，在习惯上不常使用时，可采用习惯名称作为正式运输名称。

例如：HCl 氢氯酸，可采用习惯名称“盐酸”作为正式运输名称。

4.1.2.3 对混合物或制成品，不能按上述系统命名原则确定名称，可采用通用的商业名称或习惯名称作为正式运输名称。

例如：黑火药、油纸、安全火柴、煤油等，可采用通用的商业或习惯名称，作为正式运输名称。

4.2 危险货物的概括名称

4.2.1 对性质相近，运输、贮存条件基本相同的一类物品，可采用概括名称。

例如：邻-乙氧基苯胺、间-乙氧基苯胺和对-乙氧基苯胺可采用概括名称：乙氧基苯胺。

4.2.2 为了避免概括名称与品名表中已列出物质的其他名称混淆，应在概括名称之后注明“未另列明的”，只有在不致混淆时，才可省去这一注释。

4.2.3 对于“未另列明的”一般条目，如果货物为纯物质，其正式运输名称必须附加纯物质的技术名称，但国家法律或国际公约禁止其透露的管制物质除外。纯物质的技术名称必须写在紧接着正式运输名称之后的圆括号内。

例 1：固态无机氰化物，未另列明的(氰化镁)；

例 2：液态农药，毒性，未另列明的(敌菌酮)。

注：“未另列明的”条目 not otherwise specified entry

“未另列明的”条目分为特定条目和一般条目。

“未另列明的”特定条目指一组具有某一特定化学性质或特定技术性质的物质或物品；

例 1：无机高氯酸盐，未另列明的；

例 2：酯类，未另列明的。

“未另列明的”一般条目指一组符合一个或多个类别或项别的标准的物质或物品；

例 1：无机易燃固体，未另列明的；

例 2：易燃液体，未另列明的。

4.3 混合物或溶液的名称

4.3.1 危险货物品名表中未列出的混合物或溶液，含有一个在危险货物品名表中列出的名称，如果混合物或溶液的危险类别或包装等级与该名称货物的危险类别或包装等级均相同，其运输名称为该危险货物的名称，加上定性词“混合物”或“溶液”，也可写明混合物或溶液的浓度。如果混合物或溶液的危险类别或包装等级均发生变化，须用最合适的泛指(未另列明的)名称表示。

例如：丙酮 75%溶液，或丙酮溶液。

4.3.2 对于“未另列明的”一般条目，如果货物为混合物或溶液，且含有一种危险货物时，须加上定性词“混合物”或“溶液”，也可写明混合物或溶液的浓度。混合物或溶液中含两种以上危险货物时，应在圆括号内标上至多两种构成主要危险性成分的物质名称。

例 1：易燃液体，未另列明的(甲醇溶液)；

例 2:易燃液体,未另列明的(二甲苯/苯)。

4.4 **危险货物别名**

对仅在个别地区使用的俗名、已废弃的别名及含混不清的笼统名称,不得作为危险货物的别名出现在各类运输文件(如运单或票据等)上。

例 1:氯酸钾($KClO_3$),应废弃个别地区的俗名“盐酸加里”;

例 2:硫酸(H_2SO_4),应废弃已被淘汰的俗称名“硫镪水”。

4.5 **危险货物品名的附加条件**

4.5.1 当危险货物的有效成分含量、溶液的浓度、含水量、稳定剂含量、状态及运输限定条件等,对其所在类、项有影响时,应在品名之后的括号内注明附加条件,该附加条件为名称的组成部分。

例 1:环三次甲基三硝胺(按质量至少含水 15%,或 10%稳定剂);

例 2:乙炔(溶于介质的);

例 3:油漆类(闭杯试验闪点在 23 ℃以下的),未另列明的。

4.5.2 固体的物质在熔融状态下提交运输时,应加上“熔融”或“液体”的定性词作为正式运输名称的一部分。

例 1:熔融萘;

例 2:液体萘。

4.5.3 不加稳定剂就会被禁止运输的自反应物质和有机过氧化物必须加入“稳定的”一词作为物质正式运输名称的一部分。

例 1:异戊二烯,稳定的。

参 考 文 献

［1］ 中国化学会.无机化学命名原则.北京:科学出版社,1980.

［2］ 中国化学会.有机化学命名原则.北京:科学出版社,1983.

［3］ 世界卫生组织《世界卫生组织建议的农药按危险性的分类和分类准则》(2004)

ICS 75.160.10
D 24

中华人民共和国国家标准

GB/T 7701.1—2008
代替 GB/T 7701.1—1997,GB/T 7701.2—1997,GB/T 7701.5—1997,GB/T 7701.6—1997

煤质颗粒活性炭
气相用煤质颗粒活性炭

Granular activated carbon from coal—
Granular activated carbon from coal for gas adsorption

2008-11-20 发布　　　　2009-05-01 实施

中华人民共和国国家质量监督检验检疫总局
中国国家标准化管理委员会　发布

前　言

GB/T 7701《煤质颗粒活性炭》分为：

——第1部分：气相用煤质颗粒活性炭；

——第2部分：净化水用煤质颗粒活性炭；

——第3部分：载体用煤质颗粒活性炭。

本部分为GB/T 7701的第1部分。

本部分代替GB/T 7701.1—1997《脱硫用煤质颗粒活性炭》，GB/T 7701.2—1997《回收溶剂用煤质颗粒活性炭》，GB/T 7701.5—1997《净化空气用煤质颗粒活性炭》，GB/T 7701.6—1997《防护用煤质颗粒活性炭》。与上述4个标准比较，主要差异如下：

——取消脱硫用煤质颗粒活性炭质量分级，取消穿透硫容量指标，饱和硫容量不做出厂检验，增加水容量项目；

——回收溶剂用煤质颗粒活性炭装填密度指标不用于区分质量级别；

——净化空气用煤质颗粒活性炭四氯化碳吸附率更改为不小于50%；

——孔容积与比表面积不再规定具体技术指标。

本部分由中国兵器工业集团公司提出并归口。

本部分起草单位：山西新华化工有限责任公司。

本部分主要起草人：张旭、庞惠生、李怀珠、李维冰、迟广秀、吴艳。

本部分所代替标准的历次版本发布情况为：

——GB/T 7701.1—1987、GB/T 7701.2—1987、GB/T 7701.5—1987、GB/T 7701.6—1987；

——GB/T 7701.1—1997、GB/T 7701.2—1997、GB/T 7701.5—1997、GB/T 7701.6—1997。

煤质颗粒活性炭
气相用煤质颗粒活性炭

1 范围

本部分规定了气相用煤质颗粒活性炭的要求、检验规则、检验方法、标志、包装、运输和贮存等内容。

本部分适用于气相用煤质颗粒活性炭,包括脱硫(硫化氢)、溶剂回收、空气净化和防护等领域使用的煤质颗粒活性炭。

2 规范性引用文件

下列文件中的条款通过GB/T 7701的本部分的引用而成为本部分的条款。凡是注日期的引用文件,其随后所有的修改单(不包括勘误的内容)或修订版均不适用于本部分,然而,鼓励根据本部分达成协议的各方研究是否可使用这些文件的最新版本。凡是不注日期的引用文件,其最新版本适用于本部分。

GB/T 7702.1 煤质颗粒活性炭试验方法 水分的测定
GB/T 7702.2 煤质颗粒活性炭试验方法 粒度的测定
GB/T 7702.3 煤质颗粒活性炭试验方法 强度的测定
GB/T 7702.4 煤质颗粒活性炭试验方法 装填密度的测定
GB/T 7702.5 煤质颗粒活性炭试验方法 水容量的测定
GB/T 7702.9 煤质颗粒活性炭试验方法 着火点的测定
GB/T 7702.10 煤质颗粒活性炭试验方法 苯蒸气 氯乙烷蒸气防护时间的测定
GB/T 7702.13 煤质颗粒活性炭试验方法 四氯化碳吸附率的测定
GB/T 7702.14 煤质颗粒活性炭试验方法 硫容量的测定
GB/T 7702.16 煤质颗粒活性炭试验方法 pH值的测定
GB/T 7702.19 煤质颗粒活性炭试验方法 四氯化碳脱附率的测定
GB/T 7702.20 煤质颗粒活性炭试验方法 孔容积和比表面积的测定

3 要求

3.1 外观

暗黑色炭素物质,呈颗粒状。

3.2 技术指标

3.2.1 脱硫用煤质颗粒活性炭

脱硫用煤质颗粒活性炭主要用于合成工业及其他工业生产中硫化氢的脱除。其技术指标应符合表1的规定。

3.2.2 溶剂回收用煤质颗粒活性炭

溶剂回收用煤质颗粒活性炭主要用于回收苯、甲苯、二甲苯、丙酮、醇、酯、醚、汽油、三氯甲烷、四氯化碳等有机溶剂。其技术指标应符合表2的规定。

3.2.3 空气净化用煤质颗粒活性炭

空气净化用煤质颗粒活性炭主要用于脱除空气中的污染物以及气体的分离、提纯和净化。其技术指标应符合表3的规定。

表 1　脱硫用煤质颗粒活性炭技术指标

项　　目		指　　标
水分/%		≤5.0
强度/%		≥90
装填密度/(g/L)		400～550
pH 值		8～10
水容量/%		≥62
饱和硫容量/(mg/g)		≥800
粒度/%	>5.60 mm	≤5
	2.50 mm～5.60 mm	≥79
	1.00 mm～2.50 mm	≤15
	<1.00 mm	≤1

表 2　溶剂回收用煤质颗粒活性炭技术指标

项　　目			指　　标		
			优级品	一级品	合格品
水分/%			≤5.0		
强度/%			≥90		
装填密度/(g/L)			≥350		
pH 值			8～10		
着火点/℃			≥350		
四氯化碳脱附率/%			≥80		
四氯化碳吸附率/%			≥70	60～69	54～59
粒度/%	ϕ4.0 mm	>6.30 mm	≤5		
		3.15 mm～6.30 mm	≥90		
		<3.15 mm	≤5		
	ϕ3.0 mm	>5.60 mm	≤5		
		2.50 mm～5.60 mm	≥79		
		1.00 mm～2.50 mm	≤15		
		<1.00 mm	≤1		

表 3　空气净化用煤质颗粒活性炭技术指标

项　　目		指　　标
水分/%		≤5.0
强度/%		≥90
装填密度/(g/L)		450～600
pH 值		8～10
四氯化碳吸附率/%		≥50
粒度/%	>6.30 mm	≤5
	3.15 mm～6.30 mm	≥90
	<3.15 mm	≤5

3.2.4 防护用煤质颗粒活性炭

防护用煤质颗粒活性炭用于装填各类滤毒罐以及制造各类浸渍炭。其技术指标应符合表4的规定。

3.3 孔容积和比表面积

需要时,供货方应提供分析报告,并说明测试方法。

表4 防护用煤质颗粒活性炭技术指标

项目		指标		
		优级品	一级品	合格品
水分/%		≤5.0		
强度/%		≥85		
装填密度/(g/L)		430～530		
pH值		6～10		
苯蒸气防护时间/min		≥50	45～49	40～44
氯乙烷蒸气防护时间/min		≥30	27～29	25～26
粒度/%	>2.50 mm	≤2		
	1.25 mm～2.50 mm	≥87		
	1.00 mm～1.25 mm	≤10		
	<1.00 mm	≤1		

4 检验规则

4.1 检验分类

产品检验分为型式检验和出厂检验。

4.2 型式检验

4.2.1 检验项目

检验项目见表5。

表5 检验项目

序号	检验项目	型式检验	出厂检验
1	外观	√	√
2	孔容积	√	—
3	比表面积	√	—
4	水分	√	√
5	强度	√	√
6	装填密度	√	√
7	pH值	√	—
8	粒度	√	√
9	水容量	√	√
10	饱和硫容量	√	—
11	着火点	√	—
12	四氯化碳脱附率	√	—

表 5（续）

序号	检验项目	型式检验	出厂检验
13	四氯化碳吸附率	√	√
14	苯蒸气防护时间	√	√
15	氯乙烷蒸气防护时间	√	√
注：“√”为检验项目，“—”为免检项目。			

4.2.2 组批

4.2.2.1 组批规则

在同一制造厂，同一生产条件下，生产出来的产品，组成批量。

4.2.2.2 批量

用户另有要求的除外，每批产品的质量为 5 t。

4.2.3 抽样

4.2.3.1 抽样方案

型式检验抽样方案见表 6。

表 6 取样包装件数的确定

每批包装件数	抽取样品的包装件数
1～14	全部
15～100	14
101～200	18
201～250	19

4.2.3.2 抽样方法

用清洁无锈的取样针插入包装件的深度约四分之三处，抽取样品。

4.2.3.3 样品要求

每包装件所抽取的样品不少于 200 g，当抽取样品的包装件数少于五件时，可增加每包装件的取样量，使抽取的总样品量大于 1 kg。将每包装件抽取的样品混合在一起，并充分混匀，以四分法缩分样品，取 500 g 装入清洁干燥的密闭容器中，进行检验，容器上粘贴标签，注明制造厂名、产品型号、批号、抽样日期。

4.2.4 判定规则

4.2.4.1 检验结果中有三项或三项以上不符合本部分规定的要求时，则判该批产品为不合格品。

4.2.4.2 检验结果中有一项或二项不符合相关标准规定的要求时，应按表 6 中的规定重新抽取样品，进行不合格项目检验，复检结果仍有不合格项，则判该批产品为不合格品。

4.3 出厂检验

4.3.1 质量保证

制造厂应保证所有出厂的产品都符合本标准的要求，产品应由制造厂的质检部门进行检验。每一批出厂的产品都应附有规定的质量合格证。

4.3.2 检验项目

检验项目见表 5。

4.3.3 组批

按 4.2.2 执行。

4.3.4 抽样

4.3.4.1 抽样方案

出厂检验抽样方案见表 7。

表 7 取样包装件数的确定

每批包装件数	抽取样品的包装件数
1～4	全部
5～40	4
41～80	6
81～120	8
121～160	9
161～200	10
201～240	11
241～280	12
281～320	13
321～360	14
361～400	15
401～500	16

4.3.4.2 抽样方法

按 4.2.3.2 执行。

4.3.4.3 样品要求

每包装件所抽取的样品量不少于 200 g，当抽取样品的包装件数少于五件时，可增加每包装件的取样量，使抽取的总样品量大于 1 kg。将每包装件抽取的样品混合在一起，并充分混匀，以四分法缩分样品，取两份 500 g，各装入清洁干燥的密闭容器中，一份进行检验，另一份留存备检，样品的保存期限为 1 年。容器上粘贴标签，注明产品型号、批号、抽样日期。

4.3.5 判定规则

4.3.5.1 除重新抽取的样品数量按表 7 外，其他内容按 4.2.4 执行。

4.3.5.2 供需双方对产品质量的判定有异议时，由仲裁方按本标准规定的检验方法和 4.3.5.1 规则进行仲裁检验和判定。

5 检验方法

5.1 外观检验

目视法。

5.2 水分的测定

水分的测定按 GB/T 7702.1 的规定。

5.3 粒度的测定

粒度的测定按 GB/T 7702.2 的规定。

5.4 强度的测定

强度的测定按 GB/T 7702.3 的规定。

5.5 装填密度的测定

装填密度的测定按 GB/T 7702.4 的规定。

5.6 着火点的测定

着火点的测定按 GB/T 7702.9 的规定。

5.7 pH 值的测定

pH 值的测定按 GB/T 7702.16 的规定。

5.8 水容量的测定

水容量的测定按 GB/T 7702.5 的规定。

5.9 四氯化碳脱附率的测定

四氯化碳脱附率的测定按 GB/T 7702.19 的规定。

5.10 四氯化碳吸附率的测定

四氯化碳吸附率的测定按 GB/T 7702.13 的规定。

5.11 饱和硫容量的测定

饱和硫容量的测定按 GB/T 7702.14 的规定。

5.12 孔容积的测定

孔容积的测定按 GB/T 7702.20 的规定。

5.13 比表面积的测定

比表面积的测定按 GB/T 7702.20 的规定。

5.14 苯蒸气防护时间的测定

苯蒸气防护时间的测定按 GB/T 7702.10 的规定。

5.15 氯乙烷蒸气防护时间的测定

氯乙烷蒸气防护时间的测定按 GB/T 7702.10 的规定。

6 标志、包装、运输、贮存

6.1 标志

6.1.1 产品包装件外表面上应标明产品型号、名称、商标、净重、批号、生产日期、生产厂名。

6.1.2 采用国际标准或国外先进标准生产的产品，包装件外表面上应有采标标志。

6.2 包装

用内衬塑料袋的编织袋、集装袋、铁桶、木桶包装，也可根据用户要求包装。每个包装件的净重系列为：20 kg、25 kg、50 kg、500 kg、1 000 kg。包装件应附有产品合格证，合格证注明产品型号、名称、批号、生产日期、生产厂名，并加盖质检部的检验印章。

6.3 运输

运输中应严格防潮、防止包装袋（桶）破损、严禁抛掷、严禁与其他化工产品特别是强氧化化工产品混装。

6.4 贮存

6.4.1 仓库贮存期间，应单独存放，同一建筑物或库房内不得存放其他化工产品，包装件分批存放，应下置垫板，库顶防漏。

6.4.2 室外临时存放，应下置垫板，防雨棚布覆盖，做到防潮防湿贮存。

ICS 75.160.10
D 24

中华人民共和国国家标准

GB/T 7701.2—2008
代替 GB/T 7701.4—1997

煤质颗粒活性炭 净化水用煤质颗粒活性炭

Granular activated carbon from coal—
Granular activated carbon from coal for water treatment

2008-11-20 发布　　2009-05-01 实施

中华人民共和国国家质量监督检验检疫总局
中国国家标准化管理委员会　发布

前　言

GB/T 7701《煤质颗粒活性炭》分为：

——第 1 部分：气相用煤质颗粒活性炭；

——第 2 部分：净化水用煤质颗粒活性炭；

——第 3 部分：载体用煤质颗粒活性炭。

本部分为 GB/T 7701 的第 2 部分，其附录 C 修改采用了 ASTM D 5029—1998《活性炭中水可溶物的标准试验方法》(2004 重新确认)，主要变化如下：

——取消了范围中的安全性条款；

——取消了引用文献、术语、试验方法简介、意义和用途、关键词章节；

——取消了结果计算中的举例；

——取消了精确度和偏差章节中重复性要求。

本部分代替 GB/T 7701.4—1997《净化水用煤质颗粒活性炭》，主要变化如下：

——取消了质量分级；

——制定了水溶物指标；

——出厂检验项目中亚甲蓝吸附值由检验项目更改为供需双方商定项目；

——碘值更改为≥800 mg/g；

——取消了灰分指标；

——孔容积与比表面积不再规定具体技术指标；

——增加附录 A 腐殖酸吸附值的测定；

——增加附录 B 丹宁酸吸附值的测定；

——增加附录 C 水溶物的测定。

本部分附录 A、附录 B、附录 C 为规范性附录。

本部分由中国兵器工业集团公司提出并归口。

本部分起草单位：山西新华化工有限责任公司。

本部分主要起草人：张旭、庞惠生、李怀珠、李维冰、吴艳。

本部分所代替标准的历次版本发布情况为：

——GB/T 7701.4—1987；

——GB/T 7701.4—1997。

煤质颗粒活性炭
净化水用煤质颗粒活性炭

1 范围

本部分规定了净化水用煤质颗粒活性炭的要求、检验规则、检验方法、标志、包装、运输和贮存等内容。

本部分适用于工业用水的脱氯、除油、净化，生活饮用水和污水的深度净化处理以及水源突发污染的净化处理用煤质颗粒活性炭。

2 规范性引用文件

下列文件中的条款通过 GB/T 7701 的本部分的引用而成为本部分的条款。凡是注日期的引用文件，其随后所有的修改单(不包括勘误的内容)或修订版均不适用于本部分，然而，鼓励根据本部分达成协议的各方研究是否可使用这些文件的最新版本。凡是不注日期的引用文件，其最新版本适用于本部分。

GB/T 1914 化学分析滤纸

GB/T 6682 分析实验室用水规格和试验方法(GB/T 6682—2008，ISO 3696:1987，MOD)

GB/T 7701.1—2008 煤质颗粒活性炭 气相用煤质颗粒活性炭

GB/T 7702.1 煤质颗粒活性炭试验方法 水分的测定

GB/T 7702.2 煤质颗粒活性炭试验方法 粒度的测定

GB/T 7702.3 煤质颗粒活性炭试验方法 强度的测定

GB/T 7702.4 煤质颗粒活性炭试验方法 装填密度的测定

GB/T 7702.6 煤质颗粒活性炭试验方法 亚甲蓝吸附值的测定

GB/T 7702.7 煤质颗粒活性炭试验方法 碘吸附值的测定

GB/T 7702.8 煤质颗粒活性炭试验方法 苯酚吸附值的测定

GB/T 7702.16 煤质颗粒活性炭试验方法 pH 值的测定

GB/T 7702.17 煤质颗粒活性炭试验方法 漂浮率的测定

GB/T 7702.20 煤质颗粒活性炭试验方法 孔容积和比表面积的测定

3 要求

3.1 外观

暗黑色炭素物质，呈颗粒状。

3.2 杂质

活性炭中不得含有足以影响人体健康的有毒、有害物质。

3.3 技术指标

净化水用煤质颗粒活性炭技术指标应符合表 1 的要求。

3.4 孔容积和比表面积

需要时，供货方应提供检测报告，并说明测试方法。

3.5 腐殖酸吸附值和丹宁酸吸附值

需要时，供货方应提供检测报告。

4 检验规则

4.1 检验分类

产品检验分为型式检验和出厂检验。

4.2 型式检验

4.2.1 检验项目

检验项目见表 2。

4.2.2 组批

按 GB/T 7701.1—2008 中 4.2.2 的规定。

表 1 净化水用煤质颗粒活性炭技术指标

项目			指标	
漂浮率/%			柱状煤质颗粒活性炭	≤2
			不规则状煤质颗粒活性炭	≤10
水分/%			≤5.0	
强度/%			≥85	
装填密度/(g/L)			≥380	
pH 值			6～10	
碘吸附值/(mg/g)			≥800	
亚甲蓝吸附值/(mg/g)			≥120	
苯酚吸附值/(mg/g)			≥140	
水溶物/%			≤0.4	
粒度/%	φ1.5 mm	>2.50 mm	≤2	
		1.25 mm～2.50 mm	≥83	
		1.00 mm～1.25 mm	≤14	
		<1.00 mm	≤1	
	8×30	>2.50 mm	≤5	
		0.6 mm～2.50 mm	≥90	
		<0.6 mm	≤5	
	12×40	>1.6 mm	≤5	
		0.45 mm～1.6 mm	≥90	
		<0.45 mm	≤5	

表 2 检验项目

序号	检验项目	型式检验	出厂检验
1	外观	√	√
2	孔容积	√	—
3	比表面积	√	—
4	水分	√	√
5	强度	√	√

表 2（续）

序号	检验项目	型式检验	出厂检验
6	漂浮率	√	—
7	pH 值	√	—
8	装填密度	√	√
9	碘吸附值	√	√
10	亚甲蓝吸附值	√	/
11	苯酚吸附值	√	—
12	腐殖酸吸附值	√	—
13	丹宁酸吸附值	√	—
14	水溶物	√	—
15	粒度	√	√
注：“√”为检验项目，“—”为免检验项目，“/”为商定项目。			

4.2.3 抽样

按 GB/T 7701.1—2008 中 4.2.3 的规定。

4.2.4 判定规则

按 GB/T 7701.1—2008 中 4.2.4 的规定。

4.3 出厂检验

4.3.1 质量保证

制造厂应保证所有出厂的产品都符合本标准的要求，产品应由制造厂的质检部门进行检验。每一批出厂的产品都应附有规定的质量合格证。

4.3.2 检验项目

检验项目见表 2。

4.3.3 组批

按 GB/T 7701.1—2008 中 4.2.2 的规定。

4.3.4 抽样

按 GB/T 7701.1—2008 中 4.3.4 的规定。

4.3.5 判定规则

按 GB/T 7701.1—2008 中 4.3.5 的规定。

5 检验方法

5.1 外观检验

目视法。

5.2 孔容积的测定

孔容积的测定按 GB/T 7702.20 的规定。

5.3 比表面积的测定

比表面积的测定按 GB/T 7702.20 的规定。

5.4 漂浮率的测定

漂浮率的测定按 GB/T 7702.17 的规定。

5.5 水分的测定

水分的测定按 GB/T 7702.1 的规定。

5.6 **强度的测定**

强度的测定按 GB/T 7702.3 的规定。

5.7 **装填密度的测定**

装填密度的测定按 GB/T 7702.4 的规定。

5.8 **pH 值的测定**

pH 值的测定按 GB/T 7702.16 的规定。

5.9 **碘吸附值的测定**

碘吸附值的测定按 GB/T 7702.7 的规定。

5.10 **亚甲蓝吸附值的测定**

亚甲蓝吸附值的测定按 GB/T 7702.6 的规定。

5.11 **苯酚吸附值的测定**

苯酚吸附值的测定按 GB/T 7702.8 的规定。

5.12 **腐殖酸吸附值的测定**

腐殖酸吸附值的测定按附录 A 的规定。

5.13 **丹宁酸吸附值的测定**

丹宁酸吸附值的测定按附录 B 的规定。

5.14 **水溶物的测定**

水溶物的测定按附录 C 的规定。

5.15 **粒度的测定**

粒度的测定按 GB/T 7702.2 的规定。

6 标志、包装、运输、贮存

按 GB/T 7701.1—2008 第 6 章的规定。

附 录 A
(规范性附录)
腐殖酸吸附值的测定

A.1 范围

本附录规定了净化水用煤质颗粒活性炭腐殖酸吸附值测定所需仪器、分析步骤及结果计算等内容。

本附录适用于净化水用煤质颗粒活性炭腐殖酸吸附值的测定。

A.2 原理

一定体积的腐殖酸溶液经过活性炭层,测定腐殖酸溶液的浓度变化,求出每克试样吸附腐殖酸的毫克数。

A.3 试剂与材料

A.3.1 水,GB/T 6682,三级。

A.3.2 硼酸钠,分析纯。

A.3.3 硼酸钠缓冲溶液,pH=9.18,称取 3.80 g 硼酸钠($Na_2B_4O_7 \cdot 10H_2O$),溶解于水中,稀释至 1 L。

A.3.4 腐殖酸,生化试剂。

A.3.5 20 mg/L 腐殖酸溶液

准确称取 20 mg(精确至 0.1 mg)腐殖酸,溶解在缓冲溶液中,稀释至 1 000 mL。

A.4 仪器和设备

A.4.1 腐殖酸吸附试验装置(见图 A.1)。主要由以下部件组成:

1——下口瓶;
2——流量计;
3——有机玻璃柱;
4——活性炭试料层;
5——三通管;
6——容量瓶。

图 A.1 腐殖酸吸附试验装置图

a) 有机玻璃柱，内径 30 mm，高度约为 300 mm，底部装有支承网板（在网板以上 120 mm 及 140 mm 处刻有横线，三通管的高度应控制在 140 mm 处）；

b) 流量计，6 mL/min～60 mL/min；

c) 下口瓶，5 000 mL；

d) 容量瓶，500 mL、1 000 mL、2 000 mL。

A.4.2 分析天平，感量 0.000 1 g。

A.4.3 电热恒温干燥箱，0 ℃～300 ℃。

A.4.4 干燥器，内装无水氯化钙或变色硅胶。

A.4.5 紫外分光光度计。

A.5 试验准备

A.5.1 试样准备

取约 200 mL 活性炭试样，置于 150 ℃±5 ℃电热恒温干燥箱内，干燥 2 h 后放入干燥器中，冷却至室温备用。

A.5.2 绘制标准曲线

分别量取 20 mg/L 腐殖酸溶液 20.00 mL，40.00 mL，60.00 mL，80.00 mL，100.00 mL 于 100 mL 容量瓶中，加硼酸钠缓冲溶液至刻度，混匀。用 10 mm 石英比色皿在 254 nm 波长处以缓冲溶液为参比液，测定各溶液的吸光度，根据吸光度值及对应溶液浓度绘制标准曲线。

A.6 测定步骤

A.6.1 量取 100 mL 已制备好的试样称量，精确至 0.000 1 g，置于 250 mL 烧杯中用水浸泡 24 h，用水洗去浮灰和浮炭（需收集浮炭），然后缓慢将试料加入已注入水的有机玻璃柱中，使试料层高度达到 120 mm 高位置（试料应完全浸泡在水中）。

A.6.2 剩余试料连同收集起来的浮炭滤去水，置于 150 ℃±5 ℃电热恒温干燥箱内，干燥 2 h 后放入干燥器中，冷却后称量，精确至 0.000 1 g。

A.6.3 在下口瓶内加入腐殖酸溶液 3.0 L～4.5 L。

A.6.4 开启流量计，腐殖酸溶液以 37.4 mL/min 的速度从上至下通过试料层，同时收集 2.5 L 滤出液。

A.6.5 将滤出液混匀，用 10 mm 石英比色皿在 254 nm 波长处，以缓冲溶液为参比，测定滤液的吸光度，从标准曲线上查出滤液腐殖酸的浓度。

A.7 结果计算

A.7.1 腐殖酸吸附值以 w 表示，单位为毫克每克（mg/g），按式（A.1）计算：

$$w=\frac{(\rho_0-\rho_1)V}{m_1-m_2} \qquad \text{(A.1)}$$

式中：

ρ_0——进水腐殖酸溶液浓度的数值，单位为毫克每升（mg/L）；

ρ_1——滤出液腐殖酸溶液浓度的数值，单位为毫克每升（mg/L）；

V——滤出液体积的数值，单位为升（L）；

m_1——100 mL 活性炭质量的数值，单位为克（g）；

m_2——剩余活性炭质量的数值，单位为克（g）。

A.7.2 每个样品做两份试料的平行测定，结果以算术平均值表示，计算结果精确至小数点后两位。

A.7.3 两次测定结果的差值不大于 0.03 mg/g。

A.8 试验报告

试验报告应包括以下几个方面的内容：

a) 试样编号；

b) 使用的标准；

c) 使用的方法；

d) 使用的腐殖酸试剂厂家及批号；

e) 试验项目；

f) 试验结果；

g) 试验人员；

h) 试验日期。

附 录 B
（规范性附录）
丹宁酸吸附值的测定

B.1 范围

本附录规定了净化水用煤质颗粒活性炭丹宁酸吸附值测定所需仪器、分析步骤及结果计算等内容。

本附录适用于净化水用煤质颗粒活性炭丹宁酸吸附值的测定。

B.2 原理

一定体积的丹宁酸溶液经过活性炭层，测定丹宁酸溶液的浓度变化，求出每克试样吸附丹宁酸的毫克数。

B.3 试剂和材料

B.3.1 水，GB/T 6682，三级。

B.3.2 丹宁酸，分析纯。

B.3.3 500 mg/L 丹宁酸溶液，称取约 1.0 g(精确到 0.000 1 g)丹宁酸，用水溶解，加入 2 000 mL 容量瓶中，加水至刻度，混匀。

B.4 仪器与设备

B.4.1 丹宁酸吸附试验装置(见图 B.1)，主要由以下部件组成：

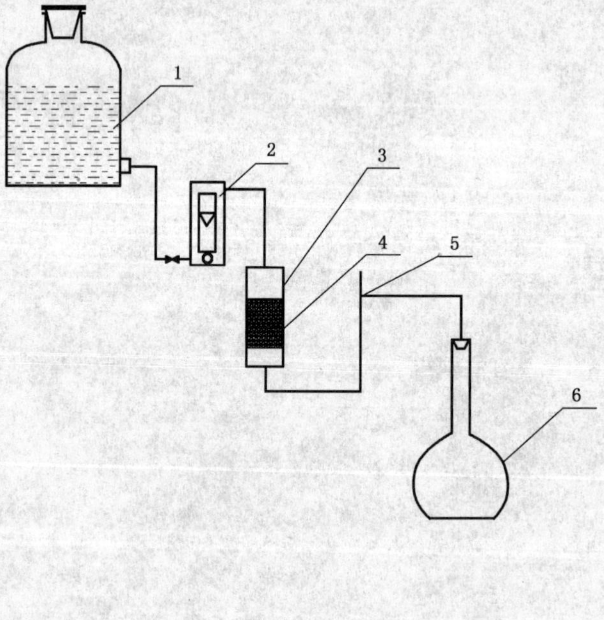

1——下口瓶；
2——流量计；
3——有机玻璃柱；
4——试料层；
5——三通管；
6——容量瓶。

图 B.1 丹宁酸吸附试验装置

a) 有机玻璃柱，内径 30 mm，高度约为 300 mm，底部装有支承网板。在网板 120 mm 及 140 mm

处刻有横线，三通管的高度应控制在 140 mm 处。

b) 流量计，6 mL/min～60 mL/min。

c) 下口瓶，5 000 mL。

d) 容量瓶，100 mL、500 mL、2 000 mL。

B.4.2 分析天平，感量 0.000 1 g。

B.4.3 电热恒温干燥箱，0 ℃～300 ℃。

B.4.4 干燥器，内装无水氯化钙或变色硅胶。

B.4.5 紫外分光光度计。

B.5 试验准备

B.5.1 试样准备

取约 200 mL 活性炭试样，置于 150 ℃±5 ℃电热恒温干燥箱内，干燥 2 h 后放入干燥器中，冷却至室温备用。

B.5.2 绘制标准曲线

从 500 mg/L 丹宁酸溶液取出 50 mL 移入 500 mL 容量瓶中，加水至刻度，混匀，此时溶液丹宁酸浓度为 50 mg/L。分别取 50 mg/L 丹宁酸溶液 10.00 mL，20.00 mL，30.00 mL，40.00 mL，50.00 mL，60.00 mL 于 100 mL 容量瓶中，加水至刻度，混匀，用 10 mm 石英比色皿在 275 nm 波长处以水为参比液，测定各溶液的吸光度，根据吸光度值及对应溶液浓度绘制丹宁酸标准曲线。

B.6 测定步骤

B.6.1 量取 100 mL 已制备好的试样称量，精确至 0.000 1 g，置于 250 mL 烧杯中加水浸泡 24 h，用水洗去浮灰和浮炭(需收集浮炭)，然后缓慢地将试料加入已注入水的有机玻璃柱中，使试料层高度达到 120 mm 高位置(试料应完全浸泡在水中)。

B.6.2 剩余试料连同收集起来的浮炭滤去水，置于 150 ℃±5 ℃电热恒温干燥箱内，干燥 2 h 后放入干燥器中，冷却后称量，精确至 0.000 1 g。

B.6.3 在下口瓶内加入 500 mg/L 丹宁酸溶液 3.0 L～4.5 L。

B.6.4 开启流量计，丹宁酸溶液以 37.4 mL/min 的速度，从上至下通过试料层，同时收集 2.5 L 滤出液，将滤出液混匀。

B.6.5 取 5 mL 滤出液加入 100 mL 容量瓶中，加水稀释到刻度，混匀。用 10 mm 石英比色皿在 275 nm 波长处，以水为参比，测定溶液的吸光度，从标准曲线上查出该溶液丹宁酸的浓度。

B.7 结果计算

B.7.1 丹宁酸吸附值以 w 表示，单位为毫克每克(mg/g)，按式(B.1)计算：

$$w=\frac{(\rho_0-B\rho_1)V}{m_1-m_2} \qquad \text{(B.1)}$$

式中：

ρ_0——进水丹宁酸溶液浓度的数值，单位为毫克每升(mg/L)；

ρ_1——滤出液稀释后丹宁酸溶液浓度的数值，单位为毫克每升(mg/L)；

B——稀释倍数，数值为 20；

V——滤出液体积的数值，单位为升(L)；

m_1——100 mL 活性炭质量的数值，单位为克(g)；

m_2——剩余活性炭质量的数值，单位为克(g)。

B.7.2 每个样品做两份试料的平行测定，结果以算术平均值表示，计算结果保留二位有效数字。

B.7.3 两次测定结果的差值不大于 0.03 mg/g。

B.8 试验报告

试验报告应包括以下几个方面的内容：

a) 试样编号；

b) 使用的标准；

c) 使用的方法；

d) 试验项目；

e) 试验结果；

f) 试验人员；

g) 试验日期。

附 录 C
（规范性附录）
水溶物的测定

C.1 范围

本附录规定了活性炭水溶物测定所需仪器、分析步骤、结果计算等内容。

本附录适用于粒状和粉状活性炭的水溶物的测定。

C.2 试剂和材料

C.2.1 水，GB/T 6682，三级。

C.2.2 定性滤纸，GB/T 1914，B等，中速(102)。

C.3 仪器和设备

C.3.1 磨口三角烧瓶，250 mL。

C.3.2 直管式回流冷凝管。

C.3.3 漏斗，直径为 ϕ90 mm～ϕ125 mm。

C.3.4 蒸发皿，容量为 100 mL。

C.3.5 分析天平，感量 0.000 1 g。

C.3.6 电热恒温干燥箱 0 ℃～300 ℃。

C.3.7 干燥器，内装无水氯化钙或变色硅胶。

C.3.8 电炉。

C.3.9 移液管，50 mL。

C.3.10 温度计，100 ℃。

C.3.11 烧杯，250 mL。

C.3.12 量筒，100 mL。

C.3.13 真空抽滤瓶，500 mL。

C.4 试样及其制备

对所送样品用四分法取出 30 g，置于 150 ℃±5 ℃电热恒温干燥箱内，干燥 2 h 后放入干燥器中，冷却至室温备用。

C.5 测定步骤

C.5.1 称量 10.00 g±0.01 g 的试料，精确至 0.000 1 g，置于 250 mL 磨口三角烧瓶中。

C.5.2 取 100.0 mL±0.5 mL 沸水，用其中 20 mL 润湿试料，用剩余部分水洗涤烧瓶四周。将烧瓶接到直管式回流冷凝管上并置于电炉上，加热至微沸，保留 15 min，加热过程中应保证炭不溅到烧瓶壁上。

C.5.3 取下磨口三角烧瓶，立即过滤(滤纸须先用水润湿)，滤液收集在 500 mL 真空抽滤瓶中并冷却至室温。

C.5.4 将蒸发皿在 150 ℃±5 ℃下预先干燥至恒量(两次称量相差不大于 0.001 g)。

C.5.5 用移液管吸取 50 mL 滤液，转移至已称量的蒸发皿中。

C.5.6 将蒸发皿置于 95 ℃～100 ℃电热恒温干燥箱内，待滤液蒸发干燥后(蒸发过程避免煮沸以防残渣损失)，再将电热恒温干燥箱温度调至 150 ℃±5 ℃，干燥残渣 2 h 后放入干燥器中，冷却至室温，称量。以后每 30 min 取出称量，直至两次称量相差不大于 0.001 g。

C.5.7 如果干燥残渣少于 0.01 g，往装有前一份滤液残渣的蒸发皿中按 C.5.5 加入一份滤液，重复 C.5.6 测定步骤。

C.6 结果计算

C.6.1 活性炭水溶物 w 表示，以%表示，按式(C.1)计算：

$$w = \frac{m_1 V_1}{m_2 V_2} \qquad \text{(C.1)}$$

式中：

m_1——残渣质量的数值，单位为克(g)；

m_2——试料质量的数值，单位为克(g)；

V_1——提取所用水总体积的数值，单位为毫升(mL)；

V_2——蒸发用滤液总体积的数值，单位为毫升(mL)。

C.6.2 每个样品做两份试料的平行测定，结果以算术平均值表示，计算结果精确至百分位。

C.6.3 两次测定相对误差不大于 20%。

C.7 试验报告

试验报告应包括以下几个方面的内容：

a) 试样编号；

b) 使用的标准；

c) 使用的方法；

d) 试验项目；

e) 试验结果；

f) 试验人员；

g) 试验日期。

ICS 75.160.10
D 24

中华人民共和国国家标准

GB/T 7701.3—2008
代替 GB/T 7701.3—1997

煤质颗粒活性炭
载体用煤质颗粒活性炭

**Granular activated carbon from coal—
Granular activated carbon from coal for catalyst carrier**

2008-11-20 发布　　　　2009-05-01 实施

中华人民共和国国家质量监督检验检疫总局
中国国家标准化管理委员会　发布

前　言

GB/T 7701《煤质颗粒活性炭》分为：

——第1部分：气相用煤质颗粒活性炭；

——第2部分：净化水用煤质颗粒活性炭；

——第3部分：载体用煤质颗粒活性炭。

本部分为GB/T 7701的第3部分。

本部分代替GB/T 7701.3—1997《触媒载体用煤质颗粒活性炭》。

本部分与GB/T 7701.3—1997比较，主要差异如下：

——装填密度范围更改为360 g/L～600 g/L；

——孔容积与比表面不再规定具体技术指标。

本部分由中国兵器工业集团公司提出并归口。

本部分起草单位：山西新华化工有限责任公司。

本部分主要起草人：庞惠生、张旭、李怀珠、李维冰、宋清华。

本部分所代替标准的历次版本发布情况为：

——GB/T 7701.3—1987；

——GB/T 7701.3—1997。

煤质颗粒活性炭
载体用煤质颗粒活性炭

1 范围

本部分规定了载体用煤质颗粒活性炭的要求、检验规则、检验方法、标志、包装、运输、贮存等内容。

本部分适用于合成工业中载体用煤质颗粒活性炭。

2 规范性引用文件

下列文件中的条款通过GB/T 7701的本部分的引用而成为本部分的条款。凡是注日期的引用文件，其随后所有的修改单(不包括勘误的内容)或修订版均不适用于本部分，然而，鼓励根据本部分达成协议的各方研究是否可使用这些文件的最新版本。凡是不注日期的引用文件，其最新版本适用于本部分。

GB/T 7701.1—2008 煤质颗粒活性炭 气相用煤质颗粒活性炭

GB/T 7702.1 煤质颗粒活性炭试验方法 水分的测定

GB/T 7702.2 煤质颗粒活性炭试验方法 粒度的测定

GB/T 7702.3 煤质颗粒活性炭试验方法 强度的测定

GB/T 7702.4 煤质颗粒活性炭试验方法 装填密度的测定

GB/T 7702.5 煤质颗粒活性炭试验方法 水容量的测定

GB/T 7702.13 煤质颗粒活性炭试验方法 四氯化碳吸附率的测定

GB/T 7702.16 煤质颗粒活性炭试验方法 pH值的测定

GB/T 7702.20 煤质颗粒活性炭试验方法 孔容积和比表面积的测定

3 要求

3.1 外观

暗黑色炭素物质，呈颗粒状。

3.2 技术指标

载体用煤质颗粒活性炭技术指标应符合表1的规定。

表1 载体用煤质颗粒活性炭技术指标

项目	性能指标		
	优级品	一级品	合格品
水分/%	≤5.0		
强度/%	≥90		
装填密度/(g/L)	360～600		
pH值	8～10		
水容量/%	≥75	70～74	66～69
四氯化碳吸附率/%	≥65	60～64	54～59

表 1（续）

项目		性能指标		
		优级品	一级品	合格品
粒度/%	>6.30 mm	≤5		
	3.15 mm～6.30 mm	≥80		
	2.50 mm～3.15 mm	<20		
	<2.50 mm	≤5		

3.3 孔容积和比表面积

需要时，供货方应提供分析报告，并说明测试方法。

4 检验规则

4.1 检验分类

产品检验分为型式检验和出厂检验。

4.2 型式检验

4.2.1 检验项目

检验项目见表 2。

表 2 检验项目

序号	检验项目	型式检验	出厂检验
1	外观	√	√
2	孔容积	√	—
3	比表面积	√	—
4	水分	√	√
5	强度	√	√
6	pH 值	√	—
7	装填密度	√	√
8	水容量	√	√
9	四氯化碳吸附率	√	√
10	粒度	√	√
注：“√”为检验项目，“—”为免检项目。			

4.2.2 组批

按 GB/T 7701.1—2008 中 4.2.2 的规定。

4.2.3 抽样

按 GB/T 7701.1—2008 中 4.2.3 的规定。

4.2.4 判定规则

按 GB/T 7701.1—2008 中 4.2.4 的规定。

4.3 出厂检验

4.3.1 质量保证

制造厂应保证所有出厂的产品都符合本标准的要求，产品应由制造厂的质检部门进行检验。每一批出厂的产品都应附有规定的质量合格证。

4.3.2 检验项目

检验项目见表 2。

4.3.3 组批

按 GB/T 7701.1—2008 中 4.2.2 的规定。

4.3.4 抽样

按 GB/T 7701.1—2008 中 4.3.4 的规定。

4.3.5 判定规则

按 GB/T 7701.1—2008 中 4.3.5 的规定。

5 检验方法

5.1 外观检验

目视法。

5.2 孔容积的测定

孔容积的测定按 GB/T 7702.20 的规定。

5.3 比表面积的测定

比表面积的测定按 GB/T 7702.20 的规定。

5.4 水分的测定

水分的测定按 GB/T 7702.1 的规定。

5.5 强度的测定

强度的测定按 GB/T 7702.3 的规定。

5.6 装填密度的测定

装填密度的测定按 GB/T 7702.4 的规定。

5.7 pH 值的测定

pH 值的测定按 GB/T 7702.16 的规定。

5.8 水容量的测定

水容量的测定按 GB/T 7702.5 的规定。

5.9 四氯化碳吸附率的测定

四氯化碳吸附率的测定按 GB/T 7702.13 的规定。

5.10 粒度的测定

粒度的测定按 GB/T 7702.2 的规定。

6 标志、包装、运输、贮存

按 GB/T 7701.1—2008 中第 6 章的规定。

ICS 75.160.10
D 24

中华人民共和国国家标准

GB/T 7702.3—2008
代替 GB/T 7702.3—1997

煤质颗粒活性炭试验方法 强度的测定

Test method for granular activated carbon from coal—Determination of hardness

2008-11-20 发布　　2009-05-01 实施

中华人民共和国国家质量监督检验检疫总局
中国国家标准化管理委员会　发布

前　言

GB/T 7702《煤质颗粒活性炭试验方法》分为：

——第 1 部分：水分的测定；

——第 2 部分：粒度的测定；

——第 3 部分：强度的测定；

——第 4 部分：装填密度的测定；

——第 5 部分：水容量的测定；

——第 6 部分：亚甲蓝吸附值的测定；

——第 7 部分：碘吸附值的测定；

——第 8 部分：苯酚吸附值的测定；

——第 9 部分：着火点的测定；

——第 10 部分：苯蒸气　氯乙烷蒸气防护时间的测定；

——第 13 部分：四氯化碳吸附率的测定；

——第 14 部分：硫容量的测定；

——第 15 部分：灰分的测定；

——第 16 部分：pH 值的测定；

——第 17 部分：漂浮率的测定；

——第 18 部分：焦糖脱色率的测定；

——第 19 部分：四氯化碳脱附率的测定；

——第 20 部分：孔容积和比表面积的测定。

本部分为 GB/T 7702 的第 3 部分。

本部分修改采用 ASTM D 3802：1979《活性炭球盘硬度的试验方法》(2005 年重新确认)，与 ASTM D 3802：1979 相比，主要技术性差异如下：

a) 试料体积调整为 50 mL；

b) 磨损试样的方法改为球磨法；

c) 增加强度测定仪的技术要求。

本部分代替 GB/T 7702.3—1997《煤质颗粒活性炭试验方法　强度的测定》。

本部分与 GB/T 7702.3—1997 相比，主要变化如下：

a) 标准结构按 GB/T 1.1—2000《标准化工作导则　第 1 部分：标准的结构和编写规则》及 GB/T 20001.4—2001《标准化工作导则　第 4 部分：化学分析方法》进行调整；

b) 本次修订将美国试验与材料协会标准 ASTM D 3802：1979《活性炭球盘硬度的试验方法》(2005 年重新确认)结合我国实际情况进行修订；

c) 试料体积调整为 50 mL；

d) 磨损试样的方法改为球磨法；

e) 增加强度测定仪的技术要求。

本部分由中国兵器工业集团公司提出并归口。

本部分起草单位：山西新华化工有限责任公司。

本部分主要起草人：张旭、李维冰、元以栋、赵洪海、赵继军、迟广秀、李若梅。

本部分所代替标准的历次版本发布情况为：

——GB/T 7702.3—1987，GB/T 7702.3—1997。

煤质颗粒活性炭试验方法
强度的测定

1 范围

本部分规定了煤质颗粒活性炭强度的测定原理、测定步骤及结果计算等内容。

本部分适用于煤质颗粒活性炭(以下简称活性炭)强度的测定。

2 原理

在规定的条件下,试料置于装有钢球的滚筒中,通过滚筒机械转动,试料被磨损。测定被破坏试料粒度的变化情况,用保留在试验筛上的试料质量占原试料的质量分数作为试料强度。

3 仪器和设备

3.1 强度测定仪(见图1),强度测定仪滚筒转速为 50 r/min±2 r/min。

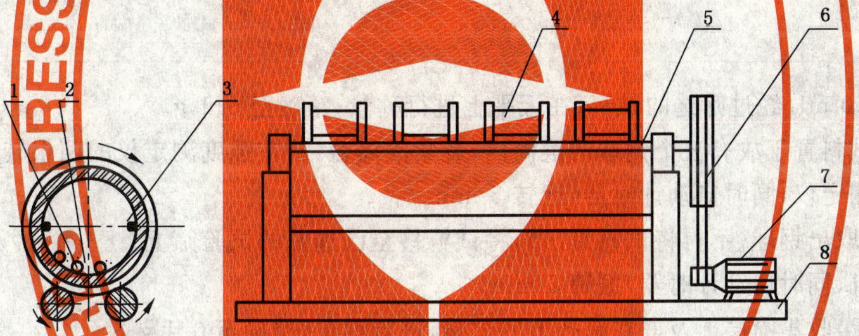

1——钢球;
2——试样;
3——滚筒纵筋;
4——滚筒;
5——滚轴;
6——传动轮;
7——电机;
8——底座。

图1 强度测定仪结构示意图

3.2 滚筒,内壁应对称分布两条纵筋并装有五个实心钢球,滚筒及钢球应符合下列要求:

a) 滚筒内径为 80 mm±0.2 mm;
b) 滚筒壁厚为 3 mm±0.3 mm;
c) 滚筒端盖外径为 120 mm+0.5 mm;
d) 滚筒内表面粗糙度为 *Ra*1.6~*Ra*6.3;
e) 滚筒深度为 126 mm±0.5 mm;
f) 滚筒内壁筋长为 120 mm±0.2 mm;

g) 滚筒内壁筋宽为 4 mm±0.1 mm；

h) 滚筒内壁筋高为 10 mm±0.1 mm；

i) 钢球直径为 14.3 mm±0.2 mm。

3.3 振筛机，转速 280 r/min～320 r/min；敲击 140 拍/min～160 拍/min。

3.4 试验筛，ϕ200×50—×/×方孔。

3.5 天平，感量 0.1 g。

3.6 计时器，分度值 5 s。

3.7 电热恒温干燥箱，0 ℃～300 ℃。

3.8 干燥器，内装无水氯化钙或变色硅胶。

3.9 量筒，50 mL。

3.10 刷子，普通鬃刷。

4 试样的制备

4.1 用四分法取约 200 mL 试样，置于 150 ℃±5 ℃的电热恒温干燥箱中，干燥 2 h(水分符合产品要求的试样不需干燥)，取出放入干燥器中冷却备用。

4.2 选用适宜的试验筛(标称值不小于 2.0 mm 的柱状活性炭选用 1.0 mm 的试验筛，小于 2.0 mm 的柱状及不规则活性炭选用该产品最小粒度筛层孔径 1/2 的试验筛)在振筛机上，振筛 1 min，除去粉尘。

5 测定步骤

5.1 用量筒取 50 mL 经过筛选的试料，在天平上进行称量，精确至 0.1 g。

5.2 将称好的试料置于放有五个钢球的滚筒内，旋紧滚筒盖，放在强度测定仪的两根转轴上。

5.3 启动强度测定仪，同时启动计时器，运转 5 min。

5.4 取下滚筒，取出钢球(不得将试料带出)，将试料移至已选好的试验筛上。

5.5 开启振筛机，同时启动计时器，振筛 5 min。

5.6 振筛结束后，收集筛层上及嵌在筛孔上的试料，进行称量，精确至 0.1 g。

6 结果计算

强度以质量分数 w 计，数值以%表示，按式(1)计算：

$$w = \frac{m_1}{m} \quad \cdots\cdots(1)$$

式中：

m_1——筛层上及嵌在筛孔上试料质量的数值，单位为克(g)；

m——试料质量的数值，单位为克(g)。

7 精密度

7.1 每个样品做两份试料的平行测定，结果以算术平均值表示，计算结果精确至整数位。

7.2 两次测定结果的差值不大于 2%。

8 试验报告

试验报告应包括以下几个方面的内容：

a) 试样编号；

b) 使用的标准；

c） 使用的方法；

d） 试验项目；

e） 试验结果；

f） 试验人员；

g） 试验日期。

ICS 75.160.10
D 24

中华人民共和国国家标准

GB/T 7702.6—2008
代替 GB/T 7702.6—1997

煤质颗粒活性炭试验方法 亚甲蓝吸附值的测定

Test method for granular activated carbon from coal
—Determination of methylene blue adsorption

2008-02-01 发布

2008-07-01 实施

中华人民共和国国家质量监督检验检疫总局
中国国家标准化管理委员会 发布

前　言

GB/T 7702《煤质颗粒活性炭试验方法》分为：

——第1部分：水分的测定；

——第2部分：粒度的测定；

——第3部分：强度的测定；

——第4部分：装填密度的测定；

——第5部分：水容量的测定；

——第6部分：亚甲蓝吸附值的测定；

——第7部分：碘吸附值的测定；

——第8部分：苯酚吸附值的测定；

——第9部分：着火点的测定；

——第10部分：苯蒸气　氯乙烷蒸气防护时间的测定；

——第13部分：四氯化碳吸附率的测定；

——第14部分：硫容量的测定；

——第15部分：灰分的测定；

——第16部分：pH值的测定；

——第17部分：漂浮率的测定；

——第18部分：焦糖脱色率的测定；

——第19部分：四氯化碳脱附率的测定；

——第20部分：孔容积　比表面积的测定。

本部分为GB/T 7702的第6部分。

本部分代替GB/T 7702.6—1997《煤质颗粒活性炭试验方法　亚甲蓝吸附值的测定》。

本部分与GB/T 7702.6—1997相比，主要变化如下：

a）规定了对实验室用水的要求；

b）规定了分析过程中滤纸的等级、规格；

c）增加了亚甲蓝试剂中水分的剔除方法；

d）将试料对亚甲蓝溶液振荡吸附时间由20 min修订为30 min；

e）规定了亚甲蓝溶液标定精密度；

f）规定了试料称量范围，提高了称量准确度；

g）增加第3章“术语和定义”。

本标准由中国兵器工业集团公司提出并归口。

本标准起草单位：山西新华化工有限责任公司。

本标准主要起草人：程清俊、迟广秀、元以栋、张旭、李维冰、赵继军、李若梅。

本标准于1987年首次发布，1997年第一次修订。

煤质颗粒活性炭试验方法
亚甲蓝吸附值的测定

1 范围

本部分规定了煤质颗粒活性炭亚甲蓝吸附值的测定原理、测定步骤和结果计算等内容。

本部分适用于煤质颗粒活性炭亚甲蓝吸附值的测定，也适用于粉状煤质活性炭。

2 规范性引用文件

下列文件中的条款通过GB/T 7702的本部分的引用而成为本部分的条款。凡是注日期的引用文件，其随后所有的修改单(不包括勘误的内容)或修订版均不适用于本部分，然而，鼓励根据本部分达成协议的各方研究是否可使用这些文件的最新版本。凡是不注日期的引用文件，其最新版本适用于本部分。

GB/T 601—2002 化学试剂 标准滴定溶液的制备

GB/T 625 化学试剂 硫酸(GB/T 625—2007,ISO 6353-2:1983,NEQ)

GB/T 665 化学试剂 五水合硫酸铜(Ⅱ)(硫酸铜)(GB/T 665—2007,ISO 6353-2:1983,NEQ)

GB/T 1263 化学试剂 十二水合磷酸氢二钠(磷酸氢二钠)(GB/T 1263—2006,ISO 6353-2:1983,NEQ)

GB/T 1272 化学试剂 碘化钾(GB/T 1272—2007,ISO 6353-2:1983,NEQ)

GB/T 1274 化学试剂 磷酸二氢钾(GB/T 1274—1993,neq ISO 6353-3:1987 R79)

GB/T 1914 化学分析滤纸

GB/T 6682 分析实验室用水规格和试验方法(GB/T 6682—1992,neq ISO 3696:1987)

3 术语和定义

下列术语和定义适用于GB/T 7702的本部分。

3.1

实验室样品 laboratory sample

为送往实验室供检验或测试而制备的样品。

3.2

试样 test sample

由实验室样品制备的从中抽取试料的样品。

3.3

试料 test portion

从试样中取得的(如试样与实验室样品两者相同，则从实验室样品中取得)，并用以进行检验或观测的一定量的物料。

3.4

亚甲蓝吸附值 methylene blue adsorption

在规定的试验条件下，活性炭与亚甲蓝溶液充分吸附后，亚甲蓝溶液剩余浓度达到规定范围时，每克活性炭吸附亚甲蓝的毫克数。

4 原理

试样与亚甲蓝溶液混合，充分吸附后，测定亚甲蓝溶液的剩余浓度，计算亚甲蓝吸附值。

5 试剂和材料

5.1 水，GB/T 6682，三级水。

5.2 定性滤纸，GB/T 1914，B等，中速(102)。

5.3 硫酸溶液，用硫酸(GB/T 625，分析纯)配制1+5的硫酸溶液。

5.4 碘化钾溶液，用碘化钾(GB/T 1272，分析纯)配制质量分数为10%的碘化钾溶液。

5.5 硫酸铜标准色溶液，用五水合硫酸铜(Ⅱ)(GB/T 665)分析纯，配制质量分数为0.4%的硫酸铜标准色溶液。

5.6 缓冲溶液，将以下a液与b液以1+1的体积比均匀混合，得到pH值约为7的缓冲溶液。

5.6.1 a液，称取9.08 g磷酸二氢钾(GB/T 1274，分析纯)，溶于1 L水中，混匀。

5.6.2 b液，称取23.9 g十二水合磷酸氢二钠(GB/T 1263，分析纯)，溶于1 L水中，混匀。

5.7 重铬酸钾标准滴定溶液，浓度 $c(1/6K_2Cr_2O_7)=0.1$ mol/L，按GB/T 601—2002中4.5的规定配制和标定。

5.8 硫代硫酸钠标准滴定溶液，浓度 $c(Na_2S_2O_3)=0.1$ mol/L，按GB/T 601—2002中4.6的规定配制和标定。

5.9 亚甲蓝溶液，浓度 $\rho(C_{16}H_{18}ClN_3S)=1.5$ g/L，按下述方法配制：

5.9.1 配制

由于亚甲蓝在干燥过程中性质会发生变化，应在未干燥情况下使用。因此先测定其水分(称取约1 g的亚甲蓝，精确至0.000 1 g，置于105℃±5℃的电热恒温干燥箱中干燥4 h)。

称取与1.5 g干燥的亚甲蓝相当的未干燥的亚甲蓝，精确至0.000 1 g[亚甲蓝未干燥品的取用量按式(1)计算]，将亚甲蓝溶于温度为60℃±10℃的缓冲溶液，待全部溶解后，冷却至室温，过滤至1 000 mL容量瓶中，用缓冲溶液洗涤滤渣，再用缓冲溶液稀释至刻度，混匀，静置1 d后标定。标定结果应在1.500 0 g/L±0.015 0 g/L范围内，否则，应调至规定范围。

亚甲蓝未干燥品的取用量以 m_i 计，数值以克(g)表示，按式(1)计算：

$$m_i=\frac{m}{A(100-w)} \quad\cdots\cdots(1)$$

式中：

m——干燥的亚甲蓝需要量的数值，单位为克(g)；

A——亚甲蓝纯度的数值，%；

w——亚甲蓝水分的质量分数，%。

5.9.2 标定

用移液管吸取亚甲蓝溶液50 mL置于200 mL烧杯中，加入重铬酸钾标准滴定溶液25.00 mL，放入水浴中加热至75℃±2℃，搅拌均匀并在75℃±2℃下保持20 min后冷却，过滤至300 mL具塞磨口锥形瓶中，加硫酸溶液25 mL和碘化钾溶液10 mL，盖紧瓶塞，摇匀，在暗处放置5 min后用硫代硫酸钠标准滴定溶液进行滴定，至溶液呈淡黄色时，加入淀粉指示液2 mL，滴定至蓝色消失。同时做空白试验。

5.9.3 亚甲蓝溶液的浓度计算

亚甲蓝溶液的浓度以 ρ 计，数值以毫克每毫升(mg/mL)表示，按式(2)计算：

$$\rho=\frac{c_0(V_2-V_1)M}{50} \quad\cdots\cdots(2)$$

式中：

c_0——硫代硫酸钠标准滴定溶液浓度的数值，单位为摩尔每升(mol/L)；

V_2——空白试验所消耗硫代硫酸钠标准滴定溶液体积的数值，单位为毫升(mL)；

V_1——试验消耗硫代硫酸钠标准滴定溶液体积的数值，单位为毫升(mL)；

M——亚甲蓝摩尔质量的数值[$M(1/3C_{16}H_{18}ClN_3S)=106.6$ g/mol]，单位为克每摩尔(g/mol)。

5.9.4 标定精密度

亚甲蓝标准溶液平行测定结果的相对偏差不大于1%。

5.10 淀粉指示液，配制质量分数为0.5%的淀粉指示液。

6 仪器和设备

6.1 电热恒温干燥箱，0℃～300℃。

6.2 干燥器，内装无水氯化钙或变色硅胶。

6.3 分析天平，感量0.000 1 g。

6.4 恒温水浴，75℃±2℃。

6.5 振荡器，频率(240±20)次/min，振幅36 mm±6 mm。

6.6 分光光度计。

6.7 具塞磨口锥形瓶，100 mL、300 mL。

6.8 移液管，50 mL。

6.9 烧杯，200 mL。

6.10 比色管，25 mL。

6.11 试验筛，ϕ200×50—0.045/0.032方孔。

6.12 玻璃漏斗，ϕ70 mm～ϕ90 mm。

7 试样的制备

对所送样品用四分法取出约10 g试样，磨细到90%以上能通过0.045 mm试验筛的程度，筛余试样与其混匀，在150℃±5℃电热恒温干燥箱内干燥2 h，置于干燥器中冷却，备用。

8 测定步骤

8.1 称取0.1 g±0.000 4 g试料，精确至0.000 1 g，置于100 mL具塞磨口锥形瓶中，用滴定管加入亚甲蓝溶液5 mL～15 mL(依被测产品而定)，盖紧瓶塞，放在振荡器上振荡30 min。

8.2 将上述试样吸附过的亚甲蓝溶液过滤至比色管中，混匀。

8.3 用10 mm比色皿在665 nm波长处，以水为参比液，测定滤液的吸光度值，该滤液的吸光度值应与硫酸铜标准溶液的吸光度读数差值在±0.020范围。

8.4 如超出上述范围应调整加入亚甲蓝溶液的毫升数，重复8.1～8.3操作直至符合要求。

9 结果计算

亚甲蓝吸附值以E计，数值以毫克每克(mg/g)表示，按式(3)计算：

$$E=\frac{\rho V}{m} \qquad \cdots\cdots(3)$$

式中：

ρ——亚甲蓝溶液浓度的数值，单位为毫克每毫升(mg/mL)；

V——测定试样所消耗亚甲蓝溶液体积的数值，单位为毫升(mL)；

m——试样质量的数值，单位为克(g)。

10 精密度

每个样品做两份试料的平行测定，其差值应不大于 8 mg/g，结果以算术平均值表示，计算结果精确至整数位。

11 试验报告

试验报告应包括以下几个方面的内容：

a） 试样编号；

b） 使用的标准；

c） 使用的方法；

d） 试验项目；

e） 试验结果；

f） 试验人员；

g） 试验日期。

ICS 75.160.10
D 24

中华人民共和国国家标准

GB/T 7702.7—2008
代替 GB/T 7702.7—1997

煤质颗粒活性炭试验方法 碘吸附值的测定

Test method for granular activated carbon from coal —Determination of iodine number

2008-02-01 发布 2008-07-01 实施

中华人民共和国国家质量监督检验检疫总局
中国国家标准化管理委员会 发布

前　言

GB/T 7702《煤质颗粒活性炭试验方法》分为：

——第1部分：水分的测定；

——第2部分：粒度的测定；

——第3部分：强度的测定；

——第4部分：装填密度的测定；

——第5部分：水容量的测定；

——第6部分：亚甲蓝吸附值的测定；

——第7部分：碘吸附值的测定；

——第8部分：苯酚吸附值的测定；

——第9部分：着火点的测定；

——第10部分：苯蒸气　氯乙烷蒸气防护时间的测定；

——第13部分：四氯化碳吸附率的测定；

——第14部分：硫容量的测定；

——第15部分：灰分的测定；

——第16部分：pH值的测定；

——第17部分：漂浮率的测定；

——第18部分：焦糖脱色率的测定；

——第19部分：四氯化碳脱附率的测定；

——第20部分：孔容积　比表面积的测定。

本部分为GB/T 7702第7部分。

本部分代替GB/T 7702.7—1997《煤质颗粒活性炭试验方法　碘吸附值的测定》。

本部分修改采用美国ASTM D 4607:1994(2006年重新确认)《活性炭碘值的标准测试方法》。本部分做了如下修改：

a) 按我国国家标准规定，对量的单位修改为我国法定计量单位；

b) 同实验室内测定的两个结果的差值：美国ASTM D 4607:1994规定不大于5.6%。本部分规定不大于2%；

c) 在两个不同实验室间测定结果的差值：美国ASTM D 4607:1994规定不大于10.2%。本部分规定不大于5%；

d) 增加了对试验报告的规定。

本部分与GB/T 7702.7—1997相比主要差异为：

a) 修改测定步骤与美国ASTM D 4607:1994(2006年重新确认)取得了一致；

b) 试验筛改为ϕ200×50—0.075/0.050方孔；

c) 增加第3章“术语和定义”。

本标准由中国兵器工业集团公司提出并归口。

本标准起草单位：山西新华化工有限责任公司。

本标准主要起草人：迟广秀、元以栋、程清俊、李维冰、赵继军、庞惠生、李若梅。

本标准于1987年首次发布，1997年第一次修订。

煤质颗粒活性炭试验方法
碘吸附值的测定

1 范围

本部分规定了煤质颗粒活性炭碘吸附值的测定原理、测定步骤和结果计算等内容。

本部分适用于煤质颗粒活性炭碘吸附值的测定，也适用于粉状煤质活性炭。

2 规范性引用文件

下列文件中的条款通过GB/T 7702的本部分的引用而成为本部分的条款。凡是注日期的引用文件，其随后所有的修改单(不包括勘误的内容)或修订版均不适用于本部分，然而，鼓励根据本部分达成协议的各方研究是否可使用这些文件的最新版本。凡是不注日期的引用文件，其最新版本适用于本部分。

GB/T 601—2002 化学试剂 标准滴定溶液的制备

GB/T 603—2002 化学试剂 试验方法中所用制剂及制品的制备(ISO 6353-1:1982,NEQ)

GB/T 622 化学试剂 盐酸(GB/T 622—2006,ISO 6353-2:1983,NEQ)

GB/T 675 化学试剂 碘(GB/T 675—1993,neq ISO 6353-3:1987 R68)

GB/T 1272 化学试剂 碘化钾(GB/T 1272—2007,ISO 6353-2:1983,NEQ)

GB/T 1914 化学分析滤纸

GB/T 6682 分析实验室用水规格和试验方法(GB/T 6682—1992,neq ISO 3696:1987)

3 术语和定义

下列术语和定义适用于GB/T 7702的本部分。

3.1

吸附碘量 capacity of iodine adsorption

在规定的试验条件下，活性炭与碘液充分振荡吸附后，活性炭吸附碘的毫克数。

3.2

***E* 值 *E* number**

每克活性炭吸附碘量。

3.3

碘吸附值 iodine number

在碘吸附等温线上，剩余浓度为0.02 mol/L时每克活性炭的吸附碘量。

4 原理

在规定条件下，定量的试料与碘标准溶液充分振荡吸附后，用滴定法测定溶液剩余碘量，求出每个试料吸附碘的毫克数，绘制吸附等温线。用剩余碘浓度为0.02 mol/L时每克试料吸附的碘量表示活性炭对碘的吸附值。

5 试剂和材料

5.1 水，GB/T 6682，三级水。

5.2　盐酸溶液，配制质量分数为5%的盐酸溶液。量取70 mL盐酸（GB/T 622，分析纯），缓慢注入550 mL水中，混匀。

5.3　碘标准滴定溶液，$c(1/2I_2)=0.1$ mol/L，称取12.700 g碘（GB/T 675，分析纯）及19.100 g碘化钾（GB/T 1272，分析纯），置于烧杯中，加入约5 mL水搅拌均匀，在搅拌过程中继续多次加水（每次约5 mL），直至溶液体积达到50 mL～60 mL。混合后的溶液需放置4 h以上（以保证所有晶体全部溶解），在放置4 h内应搅拌二至三次。将该溶液移至1 L的棕色容量瓶中，稀释至刻度。按GB/T 601—2002中4.9.2的规定标定，调节碘的浓度在0.100 0 mol/L±0.001 0 mol/L范围内。

5.4　硫代硫酸钠标准滴定溶液，$c(Na_2S_2O_3)=0.100\ 0$ mol/L，按GB/T 601—2002中4.6的规定配制和标定。

5.5　淀粉指示液，用可溶性淀粉指示剂，配制10 g/L的淀粉指示液，按GB/T 603—2002中4.1.4.20的规定配制。

5.6　定性滤纸，GB/T 1914，B等，中速（102）。

6　仪器和设备

6.1　分析天平，感量0.000 1 g。

6.2　电热恒温干燥箱，0 ℃～300 ℃。

6.3　干燥器，内装无水氯化钙或变色硅胶。

6.4　移液管，2 mL、10 mL、50 mL、100 mL。

6.5　具塞磨口锥形瓶，250 mL。

6.6　滴定管，50 mL。

6.7　玻璃漏斗，ϕ70 mm～ϕ90 mm。

6.8　试验筛，ϕ200×50—0.075/0.050方孔。

7　试样的制备

对所送样品用四分法取出约10 g试样，磨细至90%以上能通过0.075 mm的试验筛，筛余试样与其混匀，然后在150 ℃±5 ℃的电热恒温干燥箱中干燥2 h，置于干燥器内冷却，备用。

8　测定步骤

8.1　估算试料使用质量。试料使用质量以m计，数值以克（g）表示，按式（1）计算：

$$m=\frac{[c_1V_1-c(V_1+V_2)]M}{E_0} \qquad (1)$$

式中：

c_1——碘标准滴定溶液浓度的数值，单位为摩尔每升（mol/L）；

V_1——加入碘标准滴定溶液体积的数值，单位为毫升（mL）；

c——滤液浓度的数值，单位为摩尔每升（mol/L）；

V_2——加入盐酸溶液体积的数值，单位为毫升（mL）；

M——碘摩尔质量的数值[$M(1/2I_2)=126.9$ g/mol]，单位为克每摩尔（g/mol）；

E_0——估计试料碘吸附值的数值，单位为毫克每克（mg/g）；

注：通常三份试料的质量用0.01 mol/L、0.02 mol/L和0.03 mol/L三个c值计算。

8.2　按三个c值计算结果，称取三份不同质量的试料，精确至0.000 1 g。

8.3　将试料分别放入容量为250 mL干燥的具塞磨口锥形瓶中，用移液管移取10 mL盐酸溶液，加入到每个具塞磨口锥形瓶中，塞好玻璃塞，摇动，使试料浸润。拔去塞子，加热微沸30 s±2 s（以除去干扰的硫），冷却至室温。

8.4 用移液管移取 100 mL 的碘标准滴定溶液，错开时间依次加入上述锥形瓶中(以避免延迟处理时间)，立即塞好玻璃塞，剧烈摇动 30 s±1 s，迅速用滤纸分别过滤到干燥的具塞磨口锥形瓶中。

8.5 用初滤液 20 mL～30 mL 漂洗移液管。

8.6 量取每份混匀滤液 50.00 mL，置于 250 mL 锥形瓶中，用硫代硫酸钠标准滴定溶液进行滴定。当溶液呈淡黄色时，加入 2 mL 淀粉指示液，滴定至蓝色消失。

9 结果计算

9.1 滤液浓度

滤液浓度以 c 计，数值以摩尔每升(mol/L)表示，按式(2)计算：

$$c = \frac{c_2 V_3}{V} \qquad \cdots\cdots(2)$$

式中：

c_2——硫代硫酸钠标准滴定溶液浓度的数值，单位为摩尔每升(mol/L)；

V_3——消耗硫代硫酸钠标准滴定溶液体积的数值，单位为毫升(mL)；

V——滤液体积的数值，单位为毫升(mL)。

注：活性炭对任何吸附质的吸附能力与吸附质在溶液中的浓度有关，为了获得剩余浓度 0.02 mol/L 时的碘吸附值，滤液浓度应在 0.008 mol/L～0.040 mol/L 范围内，否则，应调整试料质量。

9.2 吸附碘量

吸附碘量以 X 计，数值以毫克(mg)表示，按式(3)计算：

$$X = \left(c_1 V_1 - \frac{V_1 + V_2}{V} c_2 V_3\right) M \qquad \cdots\cdots(3)$$

式中：

c_1——碘标准滴定溶液浓度的数值，单位为摩尔每升(mol/L)；

V_1——加入的碘标准滴定溶液体积的数值，单位为毫升(mL)；

V_2——加入盐酸溶液体积的数值，单位为毫升(mL)；

V——滤液体积的数值，单位为毫升(mL)；

c_2——硫代硫酸钠标准滴定溶液浓度的数值，单位为摩尔每升(mol/L)；

V_3——消耗硫代硫酸钠标准滴定溶液体积的数值，单位为毫升(mL)；

M——碘摩尔质量的数值[$M(1/2I_2)=126.9$ g/mol]，单位为克每摩尔(g/mol)。

9.3 *E* 值

E 值以毫克每克(mg/g)表示，按式(4)计算：

$$E = \frac{X}{m} \qquad \cdots\cdots(4)$$

式中：

X——吸附碘量的数值，单位为毫克(mg)；

m——试料使用质量的数值，单位为克(g)。

9.4 绘制吸附等温线

按三份试料的结果在双对数坐标上给出 E(纵坐标)对 c(横坐标)的直线。用最小二乘法计算三点与直线的拟合值。

$$\lg E = a \lg c + b \qquad \cdots\cdots(5)$$

式中：

E——碘吸附值的数值，单位为毫克每克(mg/g)；

a——拟合直线斜率的数值；

c——滤液浓度的数值，单位为摩尔每升(mol/L)；

b——拟合直线截距的数值。

10 精密度

10.1 根据吸附等温线，取剩余浓度 $c=0.02$ mol/L 时的 E 值为碘吸附值。拟合的相关系数不小于 0.995时，试验结果有效。

10.2 每个样品做两份试料的平行测定，结果以算术平均值表示，计算结果精确至整数位。

10.3 同实验室内碘吸附值在 600 mg/g～1 450 mg/g 时，两个测定结果的差值应不大于 2%。

10.4 两个实验室间碘吸附值在 600 mg/g～1 450 mg/g 时，测定结果的差值应不大于 5%。

11 试验报告

试验报告应包括以下几个方面的内容：

a） 试样编号；

b） 使用的标准；

c） 使用的方法；

d） 试验项目；

e） 试验结果；

f） 试验人员；

g） 试验日期。

ICS 75.160.10
D 24

中华人民共和国国家标准

GB/T 7702.8—2008
代替 GB/T 7702.8—1997

煤质颗粒活性炭试验方法
苯酚吸附值的测定

Test method for granular activated carbon from coal—Determination of phenol adsorption

2008-02-01 发布　　2008-07-01 实施

中华人民共和国国家质量监督检验检疫总局
中国国家标准化管理委员会　发布

前言

GB/T 7702《煤质颗粒活性炭试验方法》分为：

——第1部分：水分的测定；

——第2部分：粒度的测定；

——第3部分：强度的测定；

——第4部分：装填密度的测定；

——第5部分：水容量的测定；

——第6部分：亚甲蓝吸附值的测定；

——第7部分：碘吸附值的测定；

——第8部分：苯酚吸附值的测定；

——第9部分：着火点的测定；

——第10部分：苯蒸气　氯乙烷蒸气防护时间的测定；

——第13部分：四氯化碳吸附率的测定；

——第14部分：硫容量的测定；

——第15部分：灰分的测定；

——第16部分：pH值的测定；

——第17部分：漂浮率的测定；

——第18部分：焦糖脱色率的测定；

——第19部分：四氯化碳脱附率的测定；

——第20部分：孔容积　比表面积的测定。

本部分为GB/T 7702的第8部分。

本部分代替GB/T 7702.8—1997《煤质颗粒活性炭试验方法　苯酚吸附值的测定》。

本部分与GB/T 7702.8—1997相比，主要变化如下：

a）规定了对实验室用水的要求；

b）规定了分析用滤纸的等级、规格；

c）增加了苯酚的精制方法；

d）规定了试料称量范围，提高了称量准确度；

e）增加第3章“术语和定义”。

本标准由中国兵器工业集团公司提出并归口。

本标准起草单位：山西新华化工有限责任公司。

本标准主要起草人：程清俊、元以栋、张旭、李维冰、庞惠生、迟广秀、李若梅。

本标准于1987年首次发布，1997年第一次修订。

煤质颗粒活性炭试验方法
苯酚吸附值的测定

1 范围

本部分规定了煤质颗粒活性炭苯酚吸附值的测定原理、测定步骤及结果计算等内容。

本部分适用于煤质颗粒活性炭苯酚吸附值的测定,也适用于粉状煤质活性炭。

2 规范性引用文件

下列文件中的条款通过GB/T 7702的本部分的引用而成为本部分的条款。凡是注日期的引用文件,其随后所有的修改单(不包括勘误的内容)或修订版均不适用于本部分,然而,鼓励根据本部分达成协议的各方研究是否可使用这些文件的最新版本。凡是不注日期的引用文件,其最新版本适用于本部分。

GB/T 601—2002 化学试剂 标准滴定溶液的制备

GB/T 622 化学试剂 盐酸(GB/T 622—2006,ISO 6353-2:1983,NEQ)

GB/T 649 化学试剂 溴化钾

GB/T 650 化学试剂 溴酸钾(GB/T 650—1993,neq ISO 6353-3:1987 R75)

GB/T 1272 化学试剂 碘化钾(GB/T 1272—2007,ISO 6353-2:1983,NEQ)

GB/T 1914 化学分析滤纸

GB/T 6682 分析实验室用水规格和试验方法(GB/T 6682—1992,neq ISO 3696:1987)

3 术语和定义

下列术语和定义适用于GB/T 7702的本部分。

3.1

苯酚吸附值 phenol adsorption

在规定的试验条件下,每克活性炭吸附苯酚的毫克数。

4 原理

试样与苯酚溶液充分振荡吸附,过滤,用硫代硫酸钠标准滴定溶液滴定,求出每克试料吸附苯酚的毫克数。

5 试剂和材料

5.1 水,GB/T 6682,三级水。

5.2 苯酚溶液,称取苯酚1 g±0.0010 g,溶于500 mL水中,稀释至1 L,混匀。吸水后的苯酚按下述方法进行精制:

将苯酚用热水间接加热,将液态苯酚倒入支管烧瓶中,在支管烧瓶口塞好胶塞,安装好温度计,水银球与支管出口对齐,在支管外接空气冷凝管,用沙浴进行加热,苯酚溶液加热后由支管处排出,弃去小于182 ℃的馏分,收集温度在182 ℃～183 ℃的苯酚。凝结在冷凝器的苯酚用酒精灯加热使其流出(见图1)。

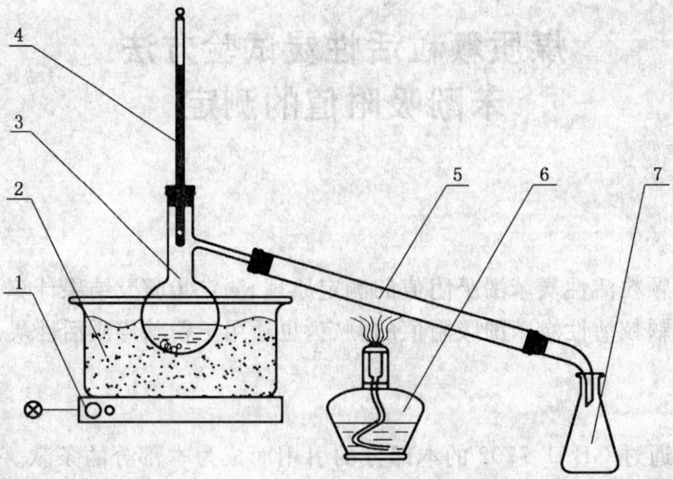

1——调温电炉；
2——沙浴；
3——支管烧瓶；
4——温度计；
5——空气冷凝管；
6——酒精灯；
7——收集瓶。

图1 精制苯酚装置图

5.3 溴酸钾-溴化钾溶液，称取2.78 g溴酸钾(GB/T 650，分析纯)和10.00 g溴化钾(GB/T 649，分析纯)溶于水中，稀释至1 L混匀。

5.4 碘化钾溶液，用碘化钾(GB/T 1272，分析纯)配制质量分数为10%碘化钾溶液。

5.5 盐酸溶液，用盐酸(GB/T 622，分析纯)配制1+1的盐酸溶液。

5.6 硫代硫酸钠标准滴定溶液，$c(Na_2S_2O_3)=0.025$ mol/L，按GB/T 601—2002中4.6的规定配制和标定。

5.7 淀粉指示液，配制质量分数为0.5%的淀粉指示液。

5.8 定性滤纸，GB/T 1914，B等，中速(102)。

6 仪器和设备

6.1 电热恒温干燥箱，0 ℃～300℃。

6.2 干燥器，内装无水氯化钙或变色硅胶。

6.3 分析天平，感量0.000 1 g。

6.4 振荡器，频率(240±20)次/min，振幅36 mm±6 mm。

6.5 具塞磨口锥形瓶，250 mL。

6.6 移液管，10 mL、50 mL。

6.7 碘量瓶，250 mL。

6.8 玻璃漏斗，ϕ70 mm～ϕ90 mm。

6.9 试验筛，ϕ200×50—0.075/0.050 方孔。

7 试样的制备

对所送样品用四分法取出约10 g试样，磨细至90%以上能通过0.075 mm的试验筛，筛余试样与其混匀，然后在150℃±5℃电热恒温干燥箱中干燥2 h，置于干燥器内冷却备用。

8 测定步骤

8.1 称取 0.2 g±0.001 0 g 试料，精确至 0.000 1 g，置于 250 mL 干燥的具塞磨口锥形瓶中，用移液管加入苯酚溶液 50 mL，盖上瓶塞置于振荡器上振荡 2 h，静置 22 h 后用干燥滤纸将溶液过滤。

8.2 用移液管吸取 10 mL 滤液放入 250 mL 的碘量瓶中，加入 30 mL 水，再加入 10.00 mL 溴酸钾-溴化钾溶液及 10 mL 盐酸溶液。盖紧瓶塞，剧烈摇动 1 min，当出现沉淀后静置 5 min。

8.3 加入碘化钾溶液 10 mL，用水吹洗瓶壁，盖紧瓶盖，在暗处放置 3 min 后用硫代硫酸钠标准滴定溶液进行滴定。当溶液呈淡黄色时，加入淀粉指示液 2 mL，滴定至蓝色消失为止。

8.4 按 8.1 至 8.3 相同步骤做空白试验。

9 结果计算

苯酚吸附值以 E 计，数值以毫克每克(mg/g)表示，按式(1)计算：

$$E = \frac{c(V_1 - V_2)M \times 5}{m} \qquad \cdots\cdots(1)$$

式中：

c——硫代硫酸钠标准滴定溶液浓度的数值，单位为摩尔每升(mol/L)；

V_1——试料滴定所消耗硫代硫酸钠标准滴定溶液体积的数值，单位为毫升(mL)；

V_2——空白试验滴定所消耗硫代硫酸钠标准滴定溶液体积的数值，单位为毫升(mL)；

M——苯酚摩尔质量的数值[$M(1/6C_6H_5OH)=15.68$ g/mol]，单位为克每摩尔(g/mol)；

m——试料质量的数值，单位为克(g)。

10 精密度

每个样品做两份试料的平行测定，两个结果的差值应不大于 2%(平均值的 2%)，结果以算术平均值表示，计算结果精确至整数位。

11 试验报告

试验报告应包括以下几个方面的内容：

a) 试样编号；
b) 使用的标准；
c) 使用的方法；
d) 试验项目；
e) 试验结果；
f) 试验人员；
g) 试验日期。

ICS 75.160.10
D 24

中华人民共和国国家标准

GB/T 7702.9—2008
代替 GB/T 7702.9—1997

煤质颗粒活性炭试验方法 着火点的测定

Test method for granular activated carbon from coal—Determination of ignition temperature

2008-02-01 发布　　2008-07-01 实施

中华人民共和国国家质量监督检验检疫总局
中国国家标准化管理委员会　发布

前言

GB/T 7702《煤质颗粒活性炭试验方法》分为：

——第1部分：水分的测定；

——第2部分：粒度的测定；

——第3部分：强度的测定；

——第4部分：装填密度的测定；

——第5部分：水容量的测定；

——第6部分：亚甲蓝吸附值的测定；

——第7部分：碘吸附值的测定；

——第8部分：苯酚吸附值的测定；

——第9部分：着火点的测定；

——第10部分：苯蒸气　氯乙烷蒸气防护时间的测定；

——第13部分：四氯化碳吸附率的测定；

——第14部分：硫容量的测定；

——第15部分：灰分的测定；

——第16部分：pH值的测定；

——第17部分：漂浮率的测定；

——第18部分：焦糖脱色率的测定；

——第19部分：四氯化碳脱附率的测定；

——第20部分：孔容积　比表面积的测定。

本部分为GB/T 7702的第9部分。

本部分代替GB/T 7702.9—1997《煤质颗粒活性炭试验方法　着火点的测定》。

本部分修改采用美国ASTM D 3466:2006《粉状活性炭着火点的标准试验方法》。本部分做了如下修改：

a) 将测温点调整为两个测温点；

b) 将精密度调整为两个平行结果的差值应不大于20℃。

本部分与GB/T 7702.9—1997相比，主要变化如下：

a) 增加了试验条件，对试验用空气源进行了规定；

b) 为防止炭层流化态，规定炭层上部应覆盖15 mm厚、直径为3 mm～4 mm的石英珠；

c) 修改石英灼管示意图，对石英灼管的规格、尺寸进行了明确规定；

d) 增加第3章“术语和定义”。

本标准由中国兵器工业集团公司提出并归口。

本标准起草单位：山西新华化工有限责任公司。

本标准主要起草人：程清俊、元以栋、张旭、赵继军、李维冰、乔学明、迟广秀。

本标准于1987年首次发布，1997年第一次修订。

煤质颗粒活性炭试验方法
着火点的测定

1 范围

本部分规定了煤质颗粒活性炭着火点的测定原理、测定步骤和结果计算等内容。

本部分适用于煤质颗粒活性炭着火点测定。

2 规范性引用文件

下列文件中的条款通过 GB/T 7702 的本部分的引用而成为本部分的条款。凡是注日期的引用文件,其随后所有的修改单(不包括勘误的内容)或修订版均不适用于本部分,然而,鼓励根据本部分达成协议的各方研究是否可使用这些文件的最新版本。凡是不注日期的引用文件,其最新版本适用于本部分。

GB/T 7702.2 煤质颗粒活性炭试验方法 粒度的测定

3 术语和定义

下列术语和定义适用于 GB/T 7702 的本部分。

3.1

着火点 ignition temperature

在规定的试验条件下,活性炭随加热空气流的温度慢慢升高直至炭突然着火时的瞬间温度。

4 原理

在空气流中按一定升温速率加热试料,随着温度的上升,炭样温度突然上升超过进入炭层空气流的温度,此时的温度即为着火点。

5 仪器、设备和材料

5.1 石英灼管,见图 1。

5.2 热电偶,0 ℃~20 ℃,K 型,精度Ⅱ级。

5.3 自动平衡记录仪,0 ℃~800 ℃,K 型,精 0.5 级。

5.4 流量计,0 L/min~20 L/min。

5.5 氮气,普氮。

5.6 石英珠,ϕ3 mm~ϕ4 mm。

5.7 程序升温器(或调压器)。

5.8 试验筛,选该试样粒度测定时使用的底筛。

5.9 着火点测定装置,见图 2。

单位为毫米

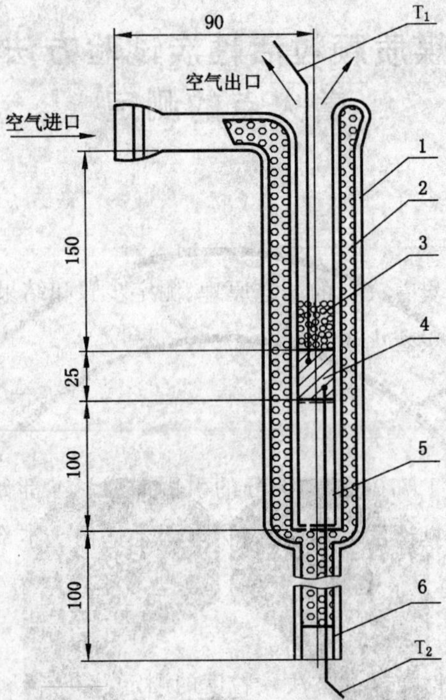

T_1、T_2——热电偶；
1——石英套(内径为 25 mm)；
2——石英珠；
3——挡炭石英珠；
4——炭样；
5——多孔石英圆片；
6——挡球塞。

图 1 石英灼管示意图

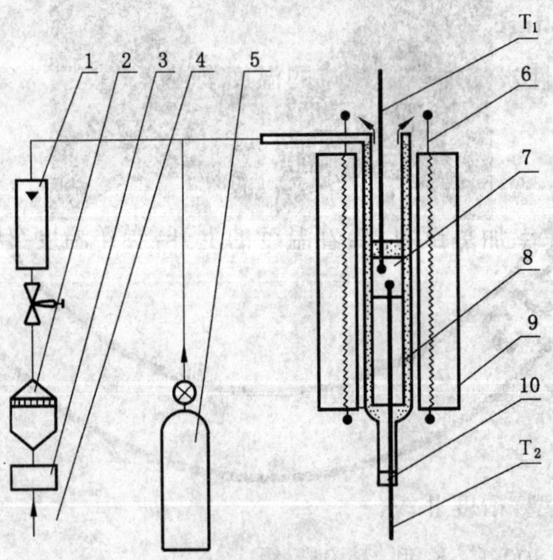

T_1、T_2——热电偶；
1——流量计；
2——空气过滤器；
3——空气干燥器；
4——空气源；
5——氮气；
6——电加热丝；
7——试料；
8——石英灼管；
9——加热套；
10——橡皮塞子。

图 2 着火点测定装置示意图

6 试验条件

干燥、洁净、无油的空气源——空气应通过空气过滤器和干燥器，空气的相对湿度在 25 ℃下应小于 5%。

7 试样的制备

对所送样品用四分法取出约 35 mL 试样，将试样放入试验筛中，按 GB/T 7702.2 的规定，除去试样中的炭粉，备用。

8 测定步骤

8.1 将试样填充石英灼管。

8.2 炭层高度 25 mm±1 mm，炭层上部应覆盖厚度为 15 mm 石英珠，热电偶 T_1(见图 1)尖端置于试料上端四分之三处；另一热电偶 T_2(见图 1)尖端置于炭层下端四分之三处，用于升温速率控制。

8.3 通入干燥、洁净、无油的空气，以 20 L/min 的流量吹试料 1 h。

8.4 将空气流量调至 14.7 L/min±0.3 L/min。

8.5 调节程序升温器，使通往炭样的空气流温度以大约 10℃/min 的速率升温。当空气温度达到约 150℃时，改变升温速率至 2℃/min～3℃/min。

8.6 保持 2℃/min～3℃/min 的升温速率，直至热电偶 T_1 或 T_2 测得的炭层温度突然升高至着火。

8.7 发生着火时，立刻切断空气流，并通入氮气灭火。

9 结果计算

根据自动平衡记录的热电偶 T_1 或 T_2 绘制的温度-时间关系曲线(见图 3)，在着火前后的温度曲线画切线，切线交点所对应的温度值即为着火点。

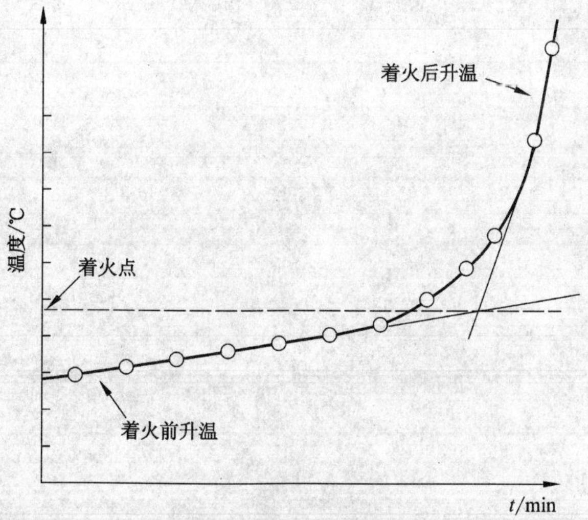

图 3 温度-时间关系曲线

10 精密度

每个样品做两份试料的平行测定，两个结果的差值应不大于 20℃，结果以算术平均值表示，计算结果精确至整数位。

11 试验报告

试验报告应包括以下几个方面的内容：

a） 试样编号；

b） 使用的标准；

c） 使用的方法；

d） 试验项目；

e） 试验结果；

f） 试验人员；

g） 试验日期。

ICS 75.160.10
D 24

中华人民共和国国家标准

GB/T 7702.10—2008
代替 GB/T 7702.10～7702.12—1997

煤质颗粒活性炭试验方法
苯蒸气　氯乙烷蒸气防护时间的测定

Test method for granular activated carbon from coal—
Determination of service life against benzene and chloroethane vapors

2008-04-10 发布　　2008-10-01 实施

中华人民共和国国家质量监督检验检疫总局
中国国家标准化管理委员会　发布

前　言

GB/T 7702《煤质颗粒活性炭试验方法》分为：

——第1部分：水分的测定；

——第2部分：粒度的测定；

——第3部分：强度的测定；

——第4部分：装填密度的测定；

——第5部分：水容量的测定；

——第6部分：亚甲蓝吸附值的测定；

——第7部分：碘吸附值的测定；

——第8部分：苯酚吸附值的测定；

——第9部分：着火点的测定；

——第10部分：苯蒸气　氯乙烷蒸气防护时间的测定；

——第13部分：四氯化碳吸附率的测定；

——第14部分：硫容量的测定；

——第15部分：灰分的测定；

——第16部分：pH值的测定；

——第17部分：漂浮率的测定；

——第18部分：焦糖脱色率的测定；

——第19部分：四氯化碳脱附率的测定；

——第20部分：孔容积　比表面积的测定。

本部分为GB/T 7702的第10部分。

本部分代替GB/T 7702.10—1997《煤质颗粒活性炭试验方法　防护时间的测定》、GB/T 7702.11—1997《煤质颗粒活性炭试验方法　苯蒸气防护时间的测定》、GB/T 7702.12—1997《煤质颗粒活性炭试验方法　氯乙烷蒸气防护时间的测定》。

本部分与GB/T 7702.10～7702.12—1997相比，主要差异如下：

——将GB/T 7702.10—1997、GB/T 7702.11—1997、GB/T 7702.12—1997整合为GB/T 7702.10—2008《煤质颗粒活性炭试验方法　苯蒸气　氯乙烷蒸气防护时间的测定》；

——对示意图进行了调整，补充了氯乙烷蒸气防护时间测定时流量计及钢瓶连接示意图；

——规定了将试验温度下对苯蒸气、氯乙烷蒸气防护时间换算为标准温度(20℃)下的防护时间；

——增加了苯及氯乙烷试剂的注意事项；

——增加第3章“术语和定义”。

本部分的附录A为规范性附录。

本标准由中国兵器工业集团公司提出并归口。

本标准起草单位：山西新华化工有限责任公司。

本标准主要起草人：韩冲云、高桂珍、元以栋、迟广秀、张旭、赵继军、张金凤。

本标准所代替标准历次版本发布情况为：

——GB 7702.10～7702.12—1987；

——GB/T 7702.10～7702.12—1997。

煤质颗粒活性炭试验方法
苯蒸气 氯乙烷蒸气防护时间的测定

1 范围

本部分规定了煤质颗粒活性炭在规定条件下对苯蒸气、氯乙烷蒸气防护时间测定的原理、仪器装置、测定准备、测定步骤和结果计算等内容。

本部分适用于煤质颗粒活性炭对苯蒸气、氯乙烷蒸气防护时间的测定，也适用于浸渍活性炭。

2 规范性引用文件

下列文件中的条款通过 GB/T 7702 的本部分的引用而成为本部分的条款。凡是注日期的引用文件，其随后所有的修改单(不包含勘误的内容)或修订版均不适用于本部分，然而，鼓励根据本部分达成协议的各方研究是否可使用这些文件的最新版本。凡是不注日期的引用文件，其最新版本适用于本部分。

GB/T 690—1992 化学试剂 苯(neq ISO 6353-3:1987 R 48)

WJ 2281 防护器材测试用流量计检定规程

WJ 2285 活性炭、浸渍活性炭试验用测定管检定规程

3 术语和定义

下列术语和定义适用于 GB/T 7702 的本部分。

3.1

苯蒸气防护时间 protection time against benzene vapor

在规定的试验条件下，从通入含有苯蒸气的空气流到苯蒸气透过活性炭层的时间。

3.2

氯乙烷蒸气防护时间 protection time against chloroethane vapor

在规定的试验条件下，从通入含有氯乙烷蒸气的空气流到氯乙烷蒸气透过活性炭层的时间。

4 原理

4.1 苯蒸气防护时间测定原理

在规定的试验条件下，将含有一定苯蒸气浓度的空气流连续的通过试料层，直至苯蒸气透过，使指示液变成淡黄色为止，这段时间作为活性炭对苯蒸气的防护时间。

4.2 氯乙烷蒸气防护时间测定原理

在规定的试验条件下，将含有一定氯乙烷蒸气浓度的空气流连续的通过试料层，直至氯乙烷蒸气透过指示液出现白色混浊为止，这段时间作为活性炭对氯乙烷蒸气的防护时间。

5 试剂和材料

5.1 苯，GB/T 690—1992，分析纯。

警告——苯的毒性很大，对中枢神经、血液的作用极强，在低浓度时(0.005 2 mg/L)也能引起慢性中毒。因此，凡进行苯蒸气的试验时，应在打开排风的通风柜内进行操作，必须严格遵守技安规则。

5.2 精制氯乙烷

精制氯乙烷应符合下列技术要求：

a) 外观无色透明；

b) 氯乙烷质量分数不小于99.5%；

c) 氯甲烷质量分数不大于0.3%。

警告——氯乙烷是一种麻醉剂，工作场所最高允许浓度为2.6 mg/L。因此，凡进行氯乙烷蒸气试验时，应在打开排风的通风柜内进行操作，必须严格遵守技安规则。

5.3 亚硝酸钠溶液，称取2 g经105℃～110℃干燥2 h的亚硝酸钠溶于100 mL硫酸中，混均（只限当天使用，配制时须使用干燥器皿）。

5.4 硝酸银溶液，称取0.5 g硝酸银稀释至100 mL。

6 仪器和设备

6.1 防护时间测定仪，防护时间测定仪见图1（根据工作需要，防护时间测定仪可以安装两支、四支、六支或八支测定管）。

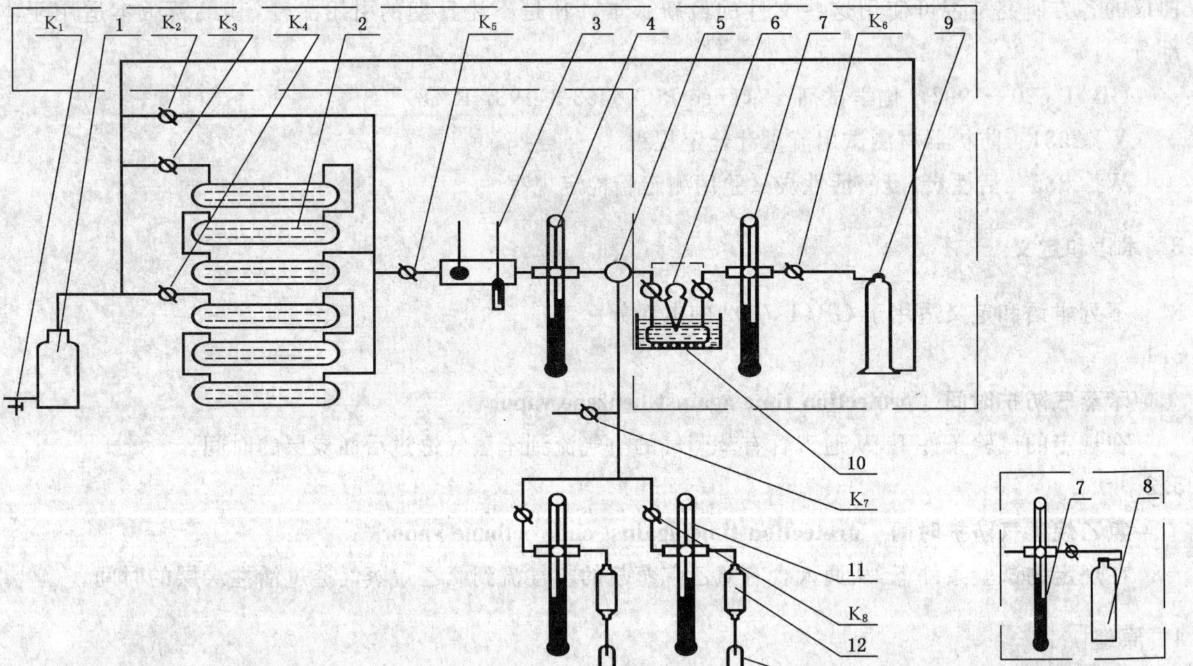

注：使用钢瓶时直接连接混合器

1——空气过滤器；	6——舟形瓶；	11——流量计；
2——湿度调节器；	7——流量计；	12——测定管；
3——干湿球湿度计；	8——钢瓶；	13——指示剂瓶；
4——空气总流量计；	9——干燥塔；	K_1——螺旋夹；
5——混合器；	10——恒温水浴；	K_2～K_8——两通玻璃活塞。

图1 防护时间测定仪示意图

防护时间测定仪由以下部件组成：

a) 空气过滤器，内装活性炭和脱脂棉。

b) 湿度调节器，由两组各三个串联的玻璃管组成，一组装浓硫酸，一组装水。

c) 干湿球湿度计，按附录 A 的规定。

d) 混合器。

e) 流量计，按 WJ 2281 的规定进行检定。

f) 舟形瓶，用于发生苯蒸气，应在 13.3 kPa 压力下保持致密。

g) 钢瓶，用于储存氯乙烷。

钢瓶应符合下列技术要求：

1) 钢瓶用碳钢或不锈钢制成；

2) 钢瓶应致密，将钢瓶密闭充气，使钢瓶内压力达到 0.2 MPa 后，作水下检查应无漏气现象。

h) 测定管，按 WJ 2285 的规定进行检定。

i) 指示剂瓶。

j) 玻璃两通活塞，应在 13.3 kPa 压力下不漏气。

k) 干燥塔，内装变色硅胶或无水氯化钙。

6.2 振动器。

6.3 秒表，分度值 0.1 s。

6.4 电热恒温干燥箱 0℃～300℃。

6.5 干燥器，内装变色硅胶或无水氯化钙。

6.6 压力表，0 kPa～30 kPa。

6.7 工业精密天平，感量 0.01 g。

6.8 分析天平，感量 0.000 1 g。

6.9 高温管式炉，炉膛长 200 mm 以上，控制温度为 850℃±20℃，炉膛内置内径 5 mm～6 mm 的瓷管。

6.10 量筒，20 mL。

7 试验条件

7.1 试验气流温度，15℃～30℃，试验结果修正到 20℃。

7.2 试验气流相对湿度，50%±2%。

7.3 通过炭层的气流比速，(0.5±0.01) L/(min·cm^2)。

7.4 炭层高度 5.0 cm±0.1 cm。

7.5 气流中有机蒸气的浓度，苯蒸气浓度为 18 mg/L±1.0 mg/L；氯乙烷蒸气浓度为 5 mg/L±0.5 mg/L。

8 试样的制备

对所送样品用四分法取出试样，将试样置于 150℃±5℃ 的电热恒温干燥箱内，干燥 2 h，取出放入干燥器中冷却备用(试样水分不大于 1%不需干燥)。

9 测定准备

9.1 安装仪器

按图 1 用胶管和玻璃管将仪器各部件顺次连接。

9.2 气密检查

仪器安装好后，应进行气密检查，合格后方能使用。气密检查时在活塞 K_7 处接上压力表，关闭所有通大气的活塞。缓慢地通入压缩空气(或用双连球打气)，使整个仪器内达到 13.3 kPa 压力，关闭 K_1，观察压力变化情况，若 1 min 内压力下降不超过 0.26 kPa，则为气密合格。否则应检查原因，并对不气密的部件进行处理。

9.3　空气流量的控制

测定管的截面积为 S，通过该测定管的空气流量以 q_V 计，数值以升每分(L/min)表示，按公式(1)计算：

$$q_V = 0.5\,S \qquad \cdots\cdots(1)$$

式中：

S——测定管截面积的数值，单位为平方厘米(cm^2)；

0.5——比速的数值，单位为升每分平方厘米[$L/(min \cdot cm^2)$]。

从流量计的校正曲线可以查出在该流量下对应的压差液柱高度，以此压差高度控制该测定管的流量。由于每支测定管的截面积不同，均需按上式分别计算流量。

9.4　混合空气流温度的测定

干湿球湿度计中的干球温度即为混合气流的温度。

9.5　混合空气流湿度的控制

根据干湿球湿度计的干、湿球温度进行控制。由于各地区大气压力不一致，可根据附录 A 中公式进行计算。

9.6　混合空气流中有机物蒸气浓度的测定

试验前应对混合气流中有机物蒸气浓度进行测定，以保证试验时浓度控制在规定范围内。

9.6.1　苯蒸气浓度的测定

根据试验前后舟形瓶苯试剂的挥发量计算，此方法也适用于常温下其他液态有机物试剂。

在试验开始前，先称量装有液态苯试剂的舟形瓶的质量(精确至 0.01 g)，称量时，舟形瓶活塞应完全关闭，外壁需用干布仔细擦干。称量后接上仪器进行试验，试验结束时记下通气时间，关闭舟形瓶活塞，重新用干布擦干舟形瓶外壁再次称量。

苯蒸气浓度以 ρ_1 计，数值以毫克每升(mg/L)表示，按公式(2)计算：

$$\rho_1 = \frac{m_1 - m_2}{q_V t} \times 1\,000 \qquad \cdots\cdots(2)$$

式中：

m_1——试验前舟形瓶质量的数值，单位为克(g)；

m_2——试验后舟形瓶质量的数值，单位为克(g)；

q_V——试验时混合气流流量的数值，单位为升每分(L/min)；

t——舟形瓶自开启到关闭的总时间的数值，单位为分(min)。

9.6.2　氯乙烷蒸气浓度的测定

9.6.2.1　用活性炭吸附法测定混合气流中氯乙烷蒸气的浓度。

9.6.2.2　在活塞 K_7 处连接 1.5 L/min 流量计，串联两个装有无水氯化钙的干燥管，干燥剂高度约为 80 mm。然后连接一个紧密装填活性炭(150℃±5℃干燥 2 h)的测浓管，管内活性炭高度应不小于 70 mm。

9.6.2.3　试验前，先从干燥管引入干燥过的空气，对装有干燥活性炭的测浓管进行平衡，平衡时空气流量为 1.5 L/min，3 h 后称量，再继续平衡，至 20 min 内测浓管增重不超过 5 mg 视为平衡，然后称量，精确至 0.000 1 g。

9.6.2.4　试验时将平衡好的测浓管安装在仪器上进行试验，试验中混合空气以 1.5 L/min 的流量通过干燥管和测浓管，此时氯乙烷蒸气在透过活性炭以前均被活性炭全部吸附。试验结束后再称量测浓管，根据测浓管的增重及试验时间，计算混合气流中氯乙烷蒸气的浓度。

氯乙烷蒸气浓度以 ρ_2 计，数值以毫克每升(mg/L)表示，按公式(3)计算：

$$\rho_2 = \frac{m_3 - m_4}{1.5t_1} \times 1\ 000 \qquad \cdots\cdots(3)$$

式中：

m_3——吸收氯乙烷蒸气后测浓管质量的数值，单位为克(g)；

m_4——吸收氯乙烷蒸气前测浓管质量的数值，单位为克(g)；

1.5——通过测浓管混合空气流量的数值，单位为升每分(L/min)；

t_1——混合空气通过测浓管时间的数值，单位为分(min)。

注：当第一支干燥管中干燥剂有 40 mm 高度受潮时，应更换干燥剂。

9.7 装填测定管

9.7.1 将测定管垂直于振动器的台面上，将试料小心加入测定管中，试料层高度应略高于 5 cm；放入不锈钢重锤(尺寸大小与筛体相同，顶端有小柄的实心圆柱)。

9.7.2 启动振动器，调节振幅使不锈钢重锤在测定管中作缓慢振动，同时观察炭层下降情况，直至炭层不再下降时停止振动；检查不锈钢重锤上沿与测定管管体上沿是否平齐，不平齐时应调节试料量再振动，直到平齐时为止。

9.7.3 取出不锈钢重锤，放入筛体，盖上并拧紧测定管帽(玻璃测定管不需要加筛体，只需在测定管磨口处涂上凡士林，盖上管盖即可装入仪器)。

9.7.4 测定管装填后，用压力表进行气密性检查，测定管在 13.3 kPa 的压力下，1 min 内压力下降不超过 0.26 kPa 则为气密合格，否则应检查原因，并对不气密的部位进行处理。

10 测定步骤

10.1 苯蒸气防护时间

10.1.1 用量筒量取 20 mL 亚硝酸钠溶液放入指示剂瓶中。

10.1.2 将装好试料的测定管及装有指示剂的指示剂瓶接入仪器，关闭 K_6、K_7。

10.1.3 开启压缩空气阀门，用 K_1 调节气流总流量，用 K_2、K_3 和 K_4 调节湿度，用 K_8 调节进入测定管的空气流量。

10.1.4 开启舟形瓶活塞并慢慢开启活塞 K_6，调节苯蒸气流量计至预先测定好的位置。开启活塞 K_6 的同时揿动秒表，即为试验开始的时间。

10.1.5 每次试验时都进行苯蒸气浓度的测定，浓度在规定范围内试验有效，超过规定范围应重新确定流量计压差。

10.1.6 试验过程中应保持试验条件规定的温度、湿度、流量稳定在规定的范围内。

10.1.7 当苯蒸气透过使指示液变成淡黄色时记下时间，该时间即为试料在试验条件下的防护时间 t_i。

10.1.8 待各指示瓶中指示剂变为淡黄色时，试验结束，关闭活塞 K_6 和舟形瓶活塞。

10.1.9 试验结束后，用干净空气吹洗仪器管道 10 min 以上。

10.2 氯乙烷蒸气防护时间

10.2.1 用量筒量取 20 mL 硝酸银溶液放入指示剂瓶中。

10.2.2 将装好试料的测定管接入仪器，测定管的出口与高温管式炉的瓷管连接，瓷管的另一端连接装有硝酸银溶液的指示瓶，关闭 K_6、K_7。

10.2.3 开启压缩空气阀门，用 K_1 调节气流总流量，用 K_2、K_3 和 K_4 调节湿度，用 K_8 调节进入测定管的空气流量。

10.2.4 开启氯乙烷钢瓶阀门，并缓慢开启活塞 K_6，调节氯乙烷蒸气流量计至预先测定好的位置。开启活塞 K_6 的同时揿动秒表，即为试验开始的时间。

10.2.5 每次试验时都进行氯乙烷蒸气浓度的测定，浓度在规定范围内试验有效，超过规定范围应重新确定流量计压差。

10.2.6 进行氯乙烷试验的同时，缓慢开启 K_7 使混合气流以 1.5 L/min 的流量通过测浓管，试验结束后称量并计算浓度。

10.2.7 试验过程中应保持试验条件规定的温度、湿度、流量稳定在规定的范围内。

10.2.8 当氯乙烷蒸气透过使指示液出现白色混浊时记下时间，该时间即为试料在试验条件下的防护时间 t_i。

10.2.9 待各指示瓶中指示剂变为白色混浊时，试验结束，关闭活塞 K_7 和毒剂钢瓶阀门，然后关闭活塞 K_6。

10.2.10 在进行氯乙烷防护时间测定后，吹洗时应安上装有活性炭的测定管，以保证安装在测定管后的高温管式炉内的瓷管得到清洗，吹洗时间应保持 10 min 以上（吹洗用测定管内的活性炭，在使用四次～五次后应更换）。

11 结果计算

11.1 标准浓度下防护时间

标准浓度下的防护时间以 t 计，数值以分(min)表示，按公式(4)计算标准浓度（苯蒸气为 18 mg/L；氯乙烷蒸气为 5 mg/L）的防护时间：

$$t = \frac{t_i \rho_i}{\rho_0} \qquad \cdots\cdots(4)$$

式中：

t_i——试验浓度下测得防护时间的数值，单位为分(min)；

ρ_i——试验时测得苯或氯乙烷蒸气浓度的数值，单位为毫克每升(mg/L)；

ρ_0——标准浓度的数值，单位为毫克每升(mg/L)。

11.2 温度修正

温度对活性炭苯蒸气、氯乙烷蒸气防护时间的测定有较大影响，故需将试验温度下的防护时间换算为标准温度(20℃)下的防护时间。

11.2.1 20℃防护时间以 t_{20} 计，数值以分(min)表示，苯蒸气防护时间试验温度在 15℃～30℃范围内，其结果按公式(5)计算：

$$t_{20} = t_\theta[1 + k(\theta - 20)] \qquad \cdots\cdots(5)$$

式中：

t_θ——温度 θ℃时防护时间的数值，单位为分(min)；

k——温度修正系数，数值为 0.014，单位为负一次方摄氏度(℃$^{-1}$)；

θ——试验温度的数值，单位为摄氏度(℃)。

11.2.2 20℃防护时间以 t_{20} 计，数值以分(min)表示，氯乙烷蒸气防护时间试验温度在 15℃～30℃范围内，其结果按公式(6)计算：

$$t_{20} = t_\theta + k(\theta - 20) \qquad \cdots\cdots(6)$$

式中：

t_θ——温度 θ℃时防护时间的数值，单位为分(min)；

k——温度修正系数，数值为 0.8，单位为分每摄氏度(min/℃)；

θ——试验温度的数值，单位为摄氏度(℃)。

12 精密度

每个样品进行两份试样的平行测定，测定结果的相对误差应不大于 10%，测定结果的差值如大于

10%，则重新进行试验。结果以算术平均值表示，精确至整数位。

13 试验报告

试验报告应包括以下几个方面的内容：

a) 试样编号；

b) 使用的标准；

c) 使用的方法；

d) 试验项目；

e) 试验结果；

f) 试验人员；

g) 试验日期。

附 录 A
（规范性附录）
干湿球湿度计及使用方法

A.1 范围

本附录规定了煤质颗粒活性炭防护时间测定仪中干湿球湿度计工作的基本原理、技术要求、相对湿度的计算及湿度表使用方法等内容。

本附录适用于煤质颗粒活性炭防护时间测定中气流湿度的测定，也适用于其他颗粒活性炭和浸渍活性炭防护时间测定中气流湿度的测定。

A.2 原理

当气流通过湿度计时，由于湿球周围水分蒸发吸热而造成湿球温度与干球温度有一定差值，该差值与气流湿度有关。因此，通过测定干、湿球温度差可间接测得气流中的湿度。

A.3 气流相对湿度的计算

由干、湿球湿度计算气流湿度的公式为：

$$P_0 = P_1 - AP(t_0 - t_1) \qquad \cdots\cdots(A.1)$$

式中：

P_0——干球温度下气流中的水蒸气压力的数值，单位为帕(Pa)；

P_1——湿球温度下饱和水蒸气压力的数值，单位为帕(Pa)；

A——湿度系数的数值，单位为负一次方摄氏度(℃$^{-1}$)；

P——大气压力的数值，单位为帕(Pa)；

t_0——干球温度的数值，单位为摄氏度(℃)；

t_1——湿球温度的数值，单位为摄氏度(℃)。

当空气线速度 v 小于 1.0 m/s 时，A 值可采用表 A.1 的数值。

表 A.1 A 的取值

v/(m/s)	0.13	0.20	0.30	0.40	0.80
A/℃$^{-1}$	1.3×10^{-3}	1.1×10^{-3}	1.0×10^{-3}	0.9×10^{-3}	0.8×10^{-3}

气流中的相对湿度以 U 表示，数值以%表示，按公式(A.2)计算：

$$U = \frac{P_0}{P_2} \qquad \cdots\cdots(A.2)$$

式中：

P_0——同式(A.1)；

P_2——干球温度下饱和水蒸气压的数值，单位为帕(Pa)。

A.4 要求

A.4.1 湿度计中的干、湿球温度计应采用两支经过检定的气象用内标温度计（分度值为 0.2℃），其刻度范围为 0℃～50℃。

A.4.2 湿度计槽由玻璃吹制，所有熔接处不允许漏气。测定煤质颗粒活性炭防护时间用湿度计槽的断面内径为 18 mm±1 mm。

A.4.3 湿球温度计的水银球上缠有 5/4 圈～3/2 圈、长 6 cm～7 cm 的细纱布，纱布预先在质量分数为 0.5%的碳酸氢钠溶液中煮沸 15 min 作脱脂处理，洗净、晾干后其吸水速度在 15 min 内应大于 7 cm～8 cm。

A.4.4 装配好的湿度计见图 A.1。水槽内水位应保持在 1/2～3/4 水槽高度，使用时气流方向应先经干球再到湿球。

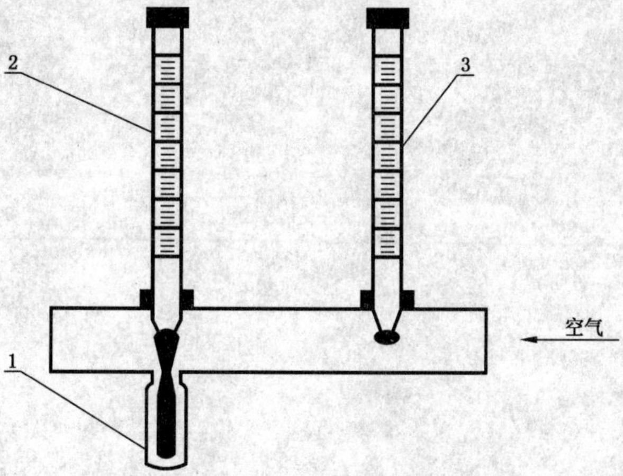

1——水槽；
2——湿球湿度计；
3——干湿球湿度计。

图 A.1 湿度计

A.4.5 湿度计槽上的温度计插孔及橡皮塞都应保证致密，干、湿球温度计的水银球应置于湿度计槽的中央。

A.5 湿度表的使用方法

根据当地的大气压力及通过湿度计的气体流量，计算并绘制相应的湿度表，按已知的干球温度及规定的相对湿度即可查出在该相对湿度下的湿球温度值。

ICS 75.160.10
D 24

中华人民共和国国家标准

GB/T 7702.14—2008
代替 GB/T 7702.14—1997,GB/T 7702.22—1997

煤质颗粒活性炭试验方法 硫容量的测定

Test method for granular activated carbon from coal—Determination of sulphur capacity

2008-11-20 发布　　　　2009-05-01 实施

中华人民共和国国家质量监督检验检疫总局
中国国家标准化管理委员会　发布

前　言

GB/T 7702《煤质颗粒活性炭试验方法》分为：

——第1部分：水分的测定；

——第2部分：粒度的测定；

——第3部分：强度的测定；

——第4部分：装填密度的测定；

——第5部分：水容量的测定；

——第6部分：亚甲蓝吸附值的测定；

——第7部分：碘吸附值的测定；

——第8部分：苯酚吸附值的测定；

——第9部分：着火点的测定；

——第10部分：苯蒸气　氯乙烷蒸气防护时间的测定；

——第13部分：四氯化碳吸附率的测定；

——第14部分：硫容量的测定；

——第15部分：灰分的测定；

——第16部分：pH值的测定；

——第17部分：漂浮率的测定；

——第18部分：焦糖脱色率的测定；

——第19部分：四氯化碳脱附率的测定；

——第20部分：孔容积和比表面积的测定。

本部分为GB/T 7702的第14部分。

本部分代替GB/T 7702.14—1997《煤质颗粒活性炭试验方法　饱和硫容量的测定》、GB/T 7702.22—1997《煤质颗粒活性碳试验方法　穿透硫容量的测定》。

本部分与GB/T 7702.14—1997、GB/T 7702.22—1997相比，主要差异如下：

a) 标准结构按GB/T 1.1—2000《标准化工作导则　第1部分：标准的结构和编写规则》及GB/T 20001.4—2001《标准化工作导则　第4部分：化学分析方法》进行调整；

b) 将GB/T 7702.14—1997《煤质颗粒活性炭试验方法　饱和硫容量的测定》、GB/T 7702.22—1997《煤质颗粒活性炭试验方法　穿透硫容量的测定》整合为GB/T 7702.14—2008《煤质颗粒活性炭试验方法　硫容量的测定》；

c) 规定计时器的分度值为0.1 s；

d) 将饱和硫容量氧气的体积分数更正为0.6%～1.0%；

e) 对量、单位统一按规定进行修改。

本部分由中国兵器工业集团公司提出并归口。

本部分起草单位：山西新华化工有限责任公司。

本部分主要起草人：迟广秀、赵继军、李维冰、元以栋、张旭、庞惠生、李若梅。

本部分所代替标准的历次版本发布情况为：

——GB/T 7702.14—1987，GB/T 7702.14—1997；

——GB/T 7702.22—1987，GB/T 7702.22—1997。

煤质颗粒活性炭试验方法
硫容量的测定

1 范围

本部分规定了煤质颗粒活性炭硫容量测定的原理、测定步骤及结果计算等内容。

本部分适用于煤质颗粒活性炭硫容量的测定,也适用于浸渍活性炭。

2 规范性引用文件

下列文件中的条款通过 GB/T 7702 的本部分的引用而成为本部分的条款。凡是注日期的引用文件,其随后所有的修改单(不包括勘误的内容)或修订版均不适用于本部分,然而,鼓励根据本部分达成协议的各方研究是否可使用这些文件的最新版本。凡是不注日期的引用文件,其最新版本适用于本部分。

GB/T 601—2002　化学试剂　标准滴定溶液的制备

GB/T 603—2002　化学试剂　试验方法中所用制剂及制品的制备

GB/T 625　化学试剂　硫酸(GB/T 625—2007,ISO 6353-2:1983,NEQ)

GB/T 631　化学试剂　氨水(GB/T 631—2007,ISO 6353-2:1983,NEQ)

GB/T 676　化学试剂　乙酸(冰醋酸)(GB/T 676—2007,ISO 6353-2:1983,NEQ)

GB/T 6682　分析实验室用水规格和试验方法(GB/T 6682—2008,ISO 3696:1987,MOD)

GB/T 7702.10—2008　煤质颗粒活性炭试验方法　苯蒸气　氯乙烷蒸气防护时间的测定

GB/T 10500　工业硫化钠

WJ 2281　防护器材测试用流量计检定规程

WJ 2285　活性炭、浸渍活性炭试验用测定管检定规程

3 原理

3.1 饱和硫容量测定

在一定的试验条件下,利用活性炭的多孔性,吸附硫化氢气体,在氧气和氨气存在的情况下,发生催化还原反应,析出的单质硫附着在活性炭上,直至达到吸附饱和为止。即为活性炭的饱和硫容量。

3.2 穿透硫容量测定

在一定的试验条件下,利用活性炭的多孔性,吸附一定浓度的硫化氢气体,当透过活性炭试料层的硫化氢气体浓度达到体积分数 50×10^{-6}时,这段时间内每克活性炭吸附硫化氢气体的质量即为活性炭的穿透硫容量。

4 试剂和材料

4.1　水,GB/T 6682,三级水。

4.2　碘标准滴定溶液,$c(1/2I_2)=0.02$ mol/L,按 GB/T 601—2002 中 4.9 的规定配制。

4.3　硫代硫酸钠标准滴定溶液,$c(Na_2S_2O_3)=0.02$ mol/L,按 GB/T 601—2002 中 4.6 的规定配制。

4.4　硫酸标准溶液,$c(1/2H_2SO_4)=0.02$ mol/L,按 GB/T 601—2002 中 4.3 的规定配制。

4.5　氢氧化钠标准滴定溶液,$c(NaOH)=0.02$ mol/L,按 GB/T 601—2002 中 4.1 的规定配制。

4.6　醋酸锌溶液,质量分数为 2%,称取 2 g 醋酸锌和取 1 mL 冰醋酸稀释成 100 mL 水溶液。

4.7 甲基橙指示剂,质量分数为1%,按GB/T 603—2002中4.1.4.8的规定配制。

4.8 淀粉指示剂,配制质量分数为0.5%的淀粉指示剂。

4.9 氨水,GB/T 631。

4.10 硫化钠,GB/T 10500。

4.11 乙酸(冰醋酸),GB/T 676。

4.12 硫酸,50%,GB/T 625。

4.13 硫化氢。

5 仪器和设备

5.1 饱和硫容量测定装置,见图1,主要由以下部件组成:

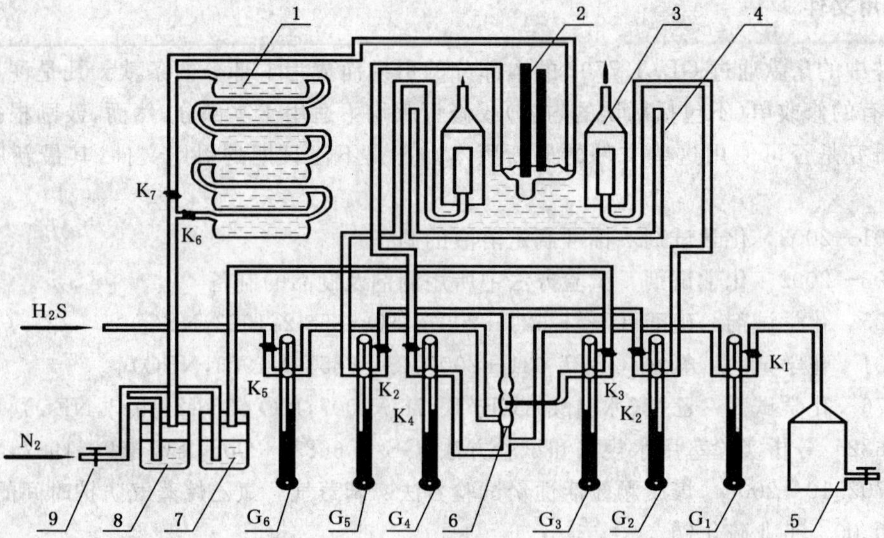

1——湿度调节器;
2——干湿球湿度计;
3——测定管;
4——恒温水浴;
5——空气净化罐;
6——混合器;
7——氨水瓶;
8——洗气瓶;
9——氮气(或煤气)阀;
K_1~K_7——两通玻璃活塞;
G_1~G_6——毛细管流量计。

图1 饱和硫容量测定装置

5.1.1 湿度调节器,由6支水平放置的玻璃管串联组成,管内各装容积一半的水;

5.1.2 干湿球湿度计,按GB/T 7702.10—2008附录A的规定校正;

5.1.3 测定管,ϕ15 mm~16 mm,按WJ 2285的规定校正;

5.1.4 恒温水浴;

5.1.5 空气净化罐,内装脱脂棉和活性炭;

5.1.6 混合器;

5.1.7 氨水瓶;

5.1.8 洗气瓶,内装浓硫酸,用来净化氮气(或煤气);

5.1.9 毛细管流量计，按 WJ 2281 规定校正；

5.1.10 两通玻璃活塞。

5.2 穿透硫容量测定装置，见图 2，主要由以下部件构成：

5.2.1 空气净化器；

5.2.2 湿度调节器；

5.2.3 干湿球湿度计，按 GB/T 7702.10—2008 中附录 A 的规定；

5.2.4 毛细管流量计，按 WJ 2281 的规定校正；

5.2.5 测定管，内径 20 mm，高度 240 mm，按 WJ 2285 的规定校正；

5.2.6 混合器。

5.3 硫化氢发生器(也可直接购买钢瓶气)，见图 3，主要由以下部件组成：

5.3.1 缓冲瓶；

5.3.2 真空表；

5.3.3 贮水瓶，由两个 20 L 无色细口瓶组成，内盛饱和食盐溶液；

5.3.4 分液漏斗，内装 50% 工业硫酸；

5.3.5 硫化氢发生瓶，由一个 1 L 抽滤瓶及胶塞构成，内装一定量的硫化钠；

5.3.6 贮气瓶，由两个 20 L 无色细口瓶组成；

5.3.7 两通玻璃活塞；

5.3.8 真空泵，10 L～30 L。

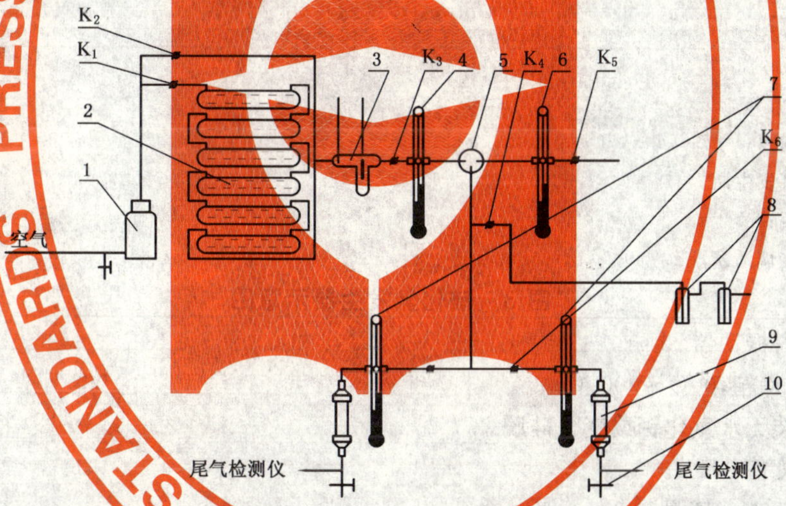

1——空气净化器；

2——湿度调节器；

3——干湿球湿度计；

4、6、7——毛细管流量计；

5——混和器；

8——吸收瓶；

9——测定管；

10——螺旋夹；

K_1～K_6——两通玻璃活塞。

图 2 穿透硫容量测定装置示意

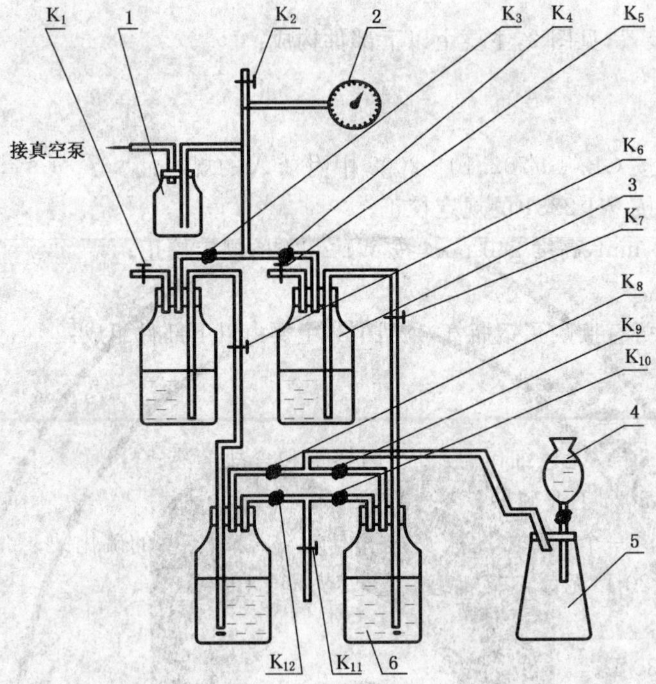

1——缓冲瓶；

2——真空表；

3——贮水瓶；

4——分液漏斗；

5——硫化氢发生瓶；

6——贮气瓶；

K_1～K_{12}——两通玻璃活塞。

图 3 硫化氢发生器示意图

5.4 振动器，牙科振动器。

5.5 电热恒温干燥箱，0 ℃～300 ℃。

5.6 干燥器，内装无水氯化钙或变色硅胶。

5.7 计时器，分度值 0.1 s。

5.8 天平，感量 0.1 g、感量 0.001 g 各一台。

5.9 硫化氢尾气检测仪，检测出体积分数为 50×10^{-6} 的硫化氢瞬间穿透浓度，建议用气相色谱仪（火焰光度检测器）。

6 测定条件

6.1 饱和硫容量的测定条件

6.1.1 试验气流的温度为 17 ℃～25 ℃；

6.1.2 水浴温度为 20 ℃～25 ℃；

6.1.3 气流相对湿度为 90%±5%；

6.1.4 气流比速为 0.25 L/(min·cm^2)；

6.1.5 炭层高度为 5 mm；

6.1.6 试验时的载气为煤气或氮气；

6.1.7 硫化氢的质量浓度为 5 mg/L±0.5 mg/L；

6.1.8 氨气的质量浓度为 0.2 mg/L～0.3 mg/L；

6.1.9 氧气的体积分数为 0.6%～1.0%。

6.2 穿透硫容量的测定条件

6.2.1 试验气流温度为 23 ℃±4 ℃；

6.2.2 气流相对湿度为 80%±2%；

6.2.3 混合气流比速为 0.544 L/(min·cm^2)；

6.2.4 混合气流中硫化氢的初始质量浓度为 15.2 mg/L±1.5 mg/L；

6.2.5 炭层高度为 230 mm；

6.2.6 硫化氢穿透浓度为 50×10^{-6}。

7 试样的制备

7.1 饱和硫容量

用四分法取约 15 g 试样，破碎后筛选粒度为 1.5 mm～2.0 mm 的试样，将试样置于 150 ℃±5 ℃的电热恒温干燥箱内干燥 2 h，取出放入干燥器中冷却备用。

7.2 穿透硫容量

用四分法取约 200 g 试样，将试样置于 150 ℃±5 ℃的电热恒温干燥箱内干燥 2 h，取出放入干燥器中冷却备用。

8 测定准备

8.1 安装仪器

按示意图(图 1、图 2、图 3)用胶管和玻璃管将仪器各部件顺次连接。

8.2 气密检查

8.2.1 仪器连接好后进行气密检查，检查合格后方能使用。

8.2.2 气密检查时在活塞 K_2(图 1)处连接压力表，关闭所有通大气的活塞。缓慢地通入压缩空气，使整个仪器内达到压力 13.3 kPa(表压)，关闭 K_1，观察压力变化情况，若 1 min 内压力下降不超过 0.26 kPa，则为气密合格。否则应检查原因，并对不气密的部件进行处理。

8.3 空气流量

空气流量的控制按 GB/T 7702.10—2008 中 9.3 的规定。

8.4 空气流湿度

空气流湿度的控制按 GB/T 7702.10—2008 中附录 A 的规定。

8.5 硫化氢初始质量浓度的测定

将 50 mL 质量浓度为 2%的醋酸锌溶液注入两个串联的吸收瓶中，通气 20 min 后取下吸收瓶，将吸收瓶中的溶液吹洗至 200 mL 的锥形瓶中，加入过量的碘标准溶液(40.00 mL 以上)，以淀粉作指示剂用硫代硫酸钠标准滴定溶液滴定过量的碘。

硫化氢初始质量浓度以 ρ_0 计，数值以毫克每升(mg/L)表示，按式(1)计算：

$$\rho_0 = \frac{(c_1V_1 - c_2V_2) \times M}{q_v \times t} \qquad \cdots\cdots(1)$$

式中：

c_1——碘标准滴定溶液浓度的数值，单位为摩尔每升(mol/L)；

V_1——加入吸收液中碘标准滴定溶液体积的数值，单位为毫升(mL)；

c_2——硫代硫酸钠标准滴定溶液浓度的数值，单位为摩尔每升(mol/L)；

V_2——滴定消耗硫代硫酸钠标准滴定溶液体积的数值，单位为毫升(mL)；

M——硫化氢摩尔质量的数值[$M\frac{1}{2}(H_2S)=17.04$ g/mol]，单位为克每摩尔(g/mol)；

q_v——通入吸收瓶中混合气体流量的数值，单位为升每分(L/min)；

t——混合气体通入吸收瓶中时间的数值，单位分(min)。

8.6 氨气初始质量浓度的测定

测定氨气初始质量浓度时，关闭硫化氢，将 20.00 mL 质量浓度为 0.02 mol/L 的硫酸标准溶液注入两个串联的吸收瓶中，用以吸收混合气体中的氨气。通气 20 min 后用质量浓度为 0.02 mol/L 的氢氧化钠标准滴定溶液滴定，以甲基橙作指示剂中和过量的酸。

氨气初始质量浓度以 ρ_1 计，数值以毫克每升(mg/L)表示，按式(2)计算：

$$\rho_1 = \frac{(c_3V_3 - c_4V_4) \times M}{q_v \times t} \qquad \cdots\cdots(2)$$

式中：

c_3——硫酸标准滴定溶液浓度的数值，单位为摩尔每升(mol/L)；

V_3——硫酸标准溶液(吸收液)体积的数值，单位为毫升(mL)；

c_4——氢氧化钠标准滴定溶液浓度的数值，单位为摩尔每升(mol/L)；

V_4——滴定消耗氢氧化钠标准滴定溶液体积的数值，单位为毫升(mL)；

M——氨摩尔质量的数值[$M(NH_3)$=17.03 g/mol]，单位为克每摩尔(g/mol)；

q_v——通入吸收瓶中混合气体流量的数值，单位为升每分(L/min)；

t——混合气体通入吸收瓶中时间的数值，单位为分(min)。

8.7 氧含量

按氧气体积占空气体积的 20%计算。

8.8 装填测定管

8.8.1 饱和硫容量

8.8.1.1 将测定管垂直于振动器台面上，开启振动器。

8.8.1.2 将试料装入测定管，振实，炭层高度为 5 mm。

8.8.2 穿透硫容量

8.8.2.1 称量测定管，精确至 0.1 g。

8.8.2.2 将测定管垂直于振动器的台面上，开启振动器。

8.8.2.3 将试料加入测定管中，振实，试料层高度为 230 mm。

8.8.2.4 将测定管在 13.3 kPa 的压力下进行气密性检查，1 min 内压力下降不超过 0.26 kPa 为气密合格，否则应检查原因并进行处理。

9 测定步骤

9.1 饱和硫容量

9.1.1 称量已装填好的测定管(精确至 0.002 g)，计算试料质量。在炭层上盖一层玻璃棉，塞上测定管胶塞。放入恒温水浴的套管内，连接至硫容量测定仪。

9.1.2 打开氮气(或煤气)，用活塞 K_4、流量计 G_4 调节流量至预先测定好的位置，通入氨气、氧气(空气)及硫化氢气体，分别调节 K_3、K_1、K_5、和 G_3、G_1、G_6 的流量。

9.1.3 通气 20 h 后取下测定管，塞上胶塞后称量。称量后根据吸附量大小确定第二次称量时间。

9.1.4 当吸附接近饱和时，每隔 3 h 称量测定管一次，直至饱和(两次称量质量差不大于 0.002 g 时为止)。

9.1.5 试验完毕后将饱和的测定管置于 100 ℃±2 ℃电热恒温干燥箱中干燥 3 h 后取出，冷却后称量(精确至 0.000 2 g)，得到测定管在试验后的质量，据此计算吸附量。

9.2 穿透硫容量

9.2.1 称量已装填好的测定管(精确至 0.1 g)，计算试料质量。在炭层上盖一层玻璃棉，塞上测定管胶塞。

9.2.2 将测定管连接至穿透硫容量测定仪中，通入空气，按 8.3、8.4 调节空气流量及湿度。

9.2.3 通入硫化氢，同时启动计时器，连续通入一定浓度的硫化氢混合气体。用硫化氢尾气检测仪测定透过浓度，直至透过试料层的硫化氢浓度达到体积分数为 50×10^{-6} 为止，该段时间为试料在此试验条件下硫化氢的穿透时间。

10 测定结果的计算

10.1 饱和硫容量结果计算

饱和硫容量以 w_1 计，数值以毫克每克(mg/g)表示，按式(3)计算

$$w_1=\frac{m_1-m_0}{m}\times1\,000 \qquad (3)$$

式中：

m_1——试验后测定管干燥质量的数值，单位为克(g)；

m_0——试验前测定管干燥质量的数值，单位为克(g)；

m——试样质量的数值，单位为克(g)。

10.2 穿透硫容量的计算

穿透硫容量以 w_2 计，数值以毫克每克(mg/g)表示，按式(4)计算：

$$w_2=\frac{\rho_0 q_v t_b}{m} \qquad (4)$$

式中：

ρ_0——混合气流中硫化氢原始浓度的数值，单位为毫克每升(mg/L)；

q_v——通过测定管混合气体流量的数值，单位为升每分(L/min)；

t_b——硫化氢达到体积分数为 50×10^{-6} 穿透时间的数值，单位为分(min)；

m——试料质量的数值，单位为克(g)。

10.3 每个样品做两份试料的平行测定，结果以算术平均值表示，计算结果精确至整数位。

10.4 两次测定结果的差值应不大于10%。

11 试验报告

试验报告应包括以下几个方面的内容：

a) 试样编号；

b) 使用的标准；

c) 使用的方法；

d) 试验项目；

e) 试验结果；

f) 试验人员；

g) 试验日期。

ICS 75.160.10
D 24

中华人民共和国国家标准

GB/T 7702.15—2008
代替 GB/T 7702.15—1997

煤质颗粒活性炭试验方法 灰分的测定

Test method for granular activated carbon from coal —Determination of ash content

2008-11-20 发布　　2009-05-01 实施

中华人民共和国国家质量监督检验检疫总局
中国国家标准化管理委员会　发布

前言

GB/T 7702《煤质颗粒活性炭试验方法》分为：

——第1部分：水分的测定；

——第2部分：粒度的测定；

——第3部分：强度的测定；

——第4部分：装填密度的测定；

——第5部分：水容量的测定；

——第6部分：亚甲蓝吸附值的测定；

——第7部分：碘吸附值的测定；

——第8部分：苯酚吸附值的测定；

——第9部分：着火点的测定；

——第10部分：苯蒸气　氯乙烷蒸气防护时间的测定；

——第13部分：四氯碳吸附率的测定；

——第14部分：硫容量的测定；

——第15部分：灰分的测定；

——第16部分：pH值的测定；

——第17部分：漂浮率的测定；

——第18部分：焦糖脱色率的测定；

——第19部分：四氯化碳脱附率的测定；

——第20部分：孔容积和比表面积的测定。

本部分为GB/T 7702的第15部分。

本部分代替GB/T 7702.15—1997《煤质颗粒活性炭试验方法　灰分的测定》。

本部分与GB/T 7702.15—1997相比，主要差异如下：

a) 标准结构按GB/T 1.1—2000《标准化工作导则　第1部分：标准的结构和编写规则》及GB/T 20001.4—2001《标准化工作导则　第4部分：化学分析方法》进行了调整；

b) 将灰皿改为瓷质长方形灰皿；

c) 称量试料的质量调整为1 g±0.1 g；

d) 规定试料均匀分布在灰皿中；

e) 灼烧时间缩短为1 h；

f) 对量、单位统一按规定进行修改。

本部分由中国兵器工业集团公司提出并归口。

本部分起草单位：山西新华化工有限责任公司。

本部分主要起草人：迟广秀、赵继军、元以栋、李维冰、赵洪海、张旭、李若梅。

本部分所代替标准的历次版本发布情况为：

——GB/T 7702.15—1987，GB/T 7702.15—1997。

煤质颗粒活性炭试验方法
灰分的测定

1 范围

本部分规定了煤质颗粒活性炭灰分测定的原理、测定步骤及结果计算等内容。

本部分适用于煤质颗粒活性炭灰分的测定，也适用于其他活性炭灰分的测定。

2 规范性引用文件

下列文件中的条款通过 GB/T 7702 的本部分的引用而成为本部分的条款。凡是注日期的引用文件，其随后所有的修改单(不包括勘误的内容)或修订版均不适用于本部分，然而，鼓励根据本部分达成协议的各方研究是否可使用这些文件的最新版本。凡是不注日期的引用文件，其最新版本适用于本部分。

GB/T 7702.1 煤质颗粒活性炭试验方法 水分的测定

3 原理

一定质量的试料经灼烧，所得残渣占原试料的质量分数即为灰分。

4 仪器和设备

4.1 天平，感量 0.000 1 g。

4.2 电热恒温干燥箱，0 ℃～300 ℃。

4.3 干燥器，内装无水氯化钙或变色硅胶。

4.4 灰皿，瓷质，长方形，底长 45 mm，底宽 22 mm，高 14 mm。

4.5 马弗炉。

5 试样的制备

5.1 用四分法取 5 g～10 g 试样，将试样粉碎并全部通过 1.00 mm 试验筛。

5.2 将试样置于 150 ℃±5 ℃电热恒温干燥箱内，干燥 2 h 后放入干燥器中，冷却至室温备用。

6 测定步骤

6.1 将灰皿置于马弗炉中，在 800 ℃±25 ℃下灼烧约 1 h，取出后放入干燥器内，冷却至室温称量(精确至 0.000 1 g)，重复灼烧直至恒量。

6.2 称取 1 g±0.1 g 试料(精确至 0.000 1 g)，均匀的分布在灰皿中。

6.3 将灰皿置于约 300 ℃的马弗炉中，关上炉门，打开通风口(如没有通风口可将炉门留有 15 mm 左右的缝隙)，在不少于 30 min 的时间内将炉温缓慢升至 500 ℃，并在此温度下保持 30 min，继续升温至 800 ℃±25 ℃，并在此温度下灼烧 1 h。

6.4 从炉中取出灰皿，放在耐热瓷板或石棉板上，在空气中冷却 5 min 左右，移入干燥器中冷却至室温(约 20 min)后称量。

6.5 以后每灼烧 20 min 称量一次，直至质量变化不超过 0.001 0 g 为止。

7 结果计算

灰分以质量分数 w 计，数值以%表示，按式(1)计算：

$$w = \frac{m_2 - m}{m_1 - m} \qquad \cdots\cdots(1)$$

式中：

m_2——灼烧后试料及灰皿质量和的数值，单位为克(g)；

m——灰皿质量的数值，单位为克(g)；

m_1——灼烧前试料及灰皿质量和的数值，单位为克(g)。

8 精密度

8.1 每个样品做两份试料的平行测定，结果以算术平均值表示，计算结果保留到小数点后两位。

8.2 两份试料测定结果的差值应符合表1的规定。

表1 两份试料测定结果的允许差值

灰分	≤5.00%	5.00%～10.00%	≥10.00%
允许差值	0.50%	0.80%	1.00%

9 试验报告

试验报告应包括以下几个方面的内容：

a) 试样编号；

b) 使用的标准；

c) 使用的方法；

d) 试验项目；

e) 试验结果；

f) 试验人员；

g) 试验日期。

ICS 75.160.10
D 24

中华人民共和国国家标准

GB/T 7702.18—2008
代替 GB/T 7702.18—1997

煤质颗粒活性炭试验方法 焦糖脱色率的测定

Test method for granular activated carbon from coal—Determination of caramel adsorption

2008-11-20 发布 2009-05-01 实施

中华人民共和国国家质量监督检验检疫总局
中国国家标准化管理委员会
发布

前　言

GB/T 7702《煤质颗粒活性炭试验方法》分为：

——第1部分：水分的测定；

——第2部分：粒度的测定；

——第3部分：强度的测定；

——第4部分：装填密度的测定；

——第5部分：水容量的测定；

——第6部分：亚甲蓝吸附值的测定；

——第7部分：碘吸附值的测定；

——第8部分：苯酚吸附值的测定；

——第9部分：着火点的测定；

——第10部分：苯蒸气　氯乙烷蒸气防护时间的测定；

——第13部分：四氯化碳吸附率的测定；

——第14部分：硫容量的测定；

——第15部分：灰分的测定；

——第16部分：pH值的测定；

——第17部分：漂浮率的测定；

——第18部分：焦糖脱色率的测定；

——第19部分：四氯化碳脱附率的测定；

——第20部分：孔容积和比表面积的测定。

本部分为GB/T 7702的第18部分。

本部分代替GB/T 7702.18—1997《煤质颗粒活性炭试验方法　焦糖脱色率的测定》。

本部分与GB/T 7702.18—1997相比，主要差异如下：

a)　标准结构按GB/T 1.1—2000《标准化工作导则　第1部分：标准的结构和编写规则》及GB/T 20001.4—2001《标准化工作导则　第4部分：化学分析方法》进行了调整；

b)　增加A法焦糖原液的制备和标定方法；

c)　增加第3章“术语和定义”。

本部分由中国兵器工业集团公司提出并归口。

本部分起草单位：山西新华化工有限责任公司。

本部分主要起草人：韩冲云、李维冰、赵继军、迟广秀、元以栋、张旭、李若梅。

本部分所代替标准的历次版本发布情况为：

——GB/T 7702.18—1987，GB/T 7702.18—1997。

煤质颗粒活性炭试验方法
焦糖脱色率的测定

1 范围

本部分规定了煤质颗粒活性炭焦糖脱色率的测定原理、测定步骤及结果计算等内容。

本部分适用于煤质颗粒活性炭焦糖脱色率的测定。也适用于其他活性炭焦糖脱色率的测定。

2 规范性引用文件

下列文件中的条款通过GB/T 7702的本部分的引用而成为本部分的条款。凡是注日期的引用文件，其随后所有的修改单(不包括勘误的内容)或修订版均不适用于本部分，然而，鼓励根据本部分达成协议的各方研究是否可使用这些文件的最新版本。凡是不注日期的引用文件，其最新版本适用于本部分。

GB/T 639 化学试剂 无水碳酸钠(GB/T 639—2008,ISO 6353-2:1983,NEQ)

GB/T 658 化学试剂 氯化铵(GB/T 658—2006,ISO 6353-2:1983,NEQ)

GB/T 687 化学试剂 丙三醇(GB/T 687—1994,neq ISO 6353-3:1987)

GB 1259 工作基准试剂 重铬酸钾

GB/T 1914 化学分析滤纸

GB/T 6682 分析实验室用水规格和试验方法(GB/T 6682—2008,ISO 3696:1987,MOD)

3 术语和定义

下列术语和定义适用于GB/T 7702的本部分。

3.1

焦糖脱色率 caramel adsorption

在规定的试验条件下，活性炭对焦糖试验液的脱色能力。

4 原理

在一定的试验条件下，利用活性炭的多孔性对焦糖试验液进行脱色处理。脱色后剩余焦糖液浓度与焦糖液原始浓度的比值即为焦糖脱色率。

5 试剂和材料

5.1 水，GB/T 6682，三级水。

5.2 定性滤纸，GB/T 1914，B等，中速(102)。

5.3 葡萄糖，分析纯。

5.4 碳酸钠溶液，用5 g无水碳酸钠(GB/T 639，分析纯)溶于50 mL水中。

5.5 氯化氨，GB/T 658，分析纯。

5.6 重铬酸钾，GB 1259，基准试剂。

5.7 丙三醇(甘油)，GB/T 687，化学纯。

5.8 焦糖试验液

5.8.1 A法焦糖原液的制备与标定

5.8.1.1 A法焦糖原液的制备

称取葡萄糖300 g,置于1 000 mL三口烧瓶中,加水200 mL。在三口烧瓶的二口上分别安装电动搅拌器和温度计,另一口敞开。将烧瓶置于甘油浴中(糖液的液面要与甘油浴液面相水平),待糖全部溶解后,开启搅拌器,升高油浴温度并保持在145 ℃±5 ℃。当糖液开始沸腾时,缓慢加入无水碳酸钠5 g,不断搅拌,在25 min ~30 min内糖液温度达到110 ℃±1 ℃,缓慢加入氯化铵5 g,并升高油浴温度至155 ℃左右,在25 min~30 min内使糖液温度达到125 ℃±1 ℃,在此温度下保持35 min。然后缓慢加入碳酸钠溶液并不断搅拌至泡沫消失,倾出。经标定合格后保存在具塞磨口瓶中,置于阴暗处保存,使用期为一个月。若置于冰箱中使用期为一年。

5.8.1.2 标定

5.8.1.2.1 色度标准液

将重铬酸钾在研钵中研细,然后在115 ℃±5 ℃的电热恒温干燥箱中干燥至恒量,称取0.420 g,加水溶解后移入1 000 mL的容量瓶中,稀释至刻度,混匀。

5.8.1.2.2 标定

5.8.1.2.2.1 称取焦糖原液约0.833 g(准确至0.000 1 g),加水溶解后移入500 mL容量瓶中,稀释至刻度,混匀。

5.8.1.2.2.2 用分光光度计在426 nm的波长下,用10 mm的比色皿测定其吸光度,与色度标准液在同样条件下的吸光度相比较,差值不得大于0.03,否则焦糖原液应重新制备。

5.8.2 B法焦糖原液的制备与标定

5.8.2.1 B法焦糖原液的制备

称取葡萄糖300 g,置于1 000 mL三口烧瓶中,加水200 mL。在三口烧瓶的二口上分别安装电动搅拌器和温度计,另一口敞开。将烧瓶置于甘油浴中(糖液的液面要与甘油浴液面相水平),待糖全部溶解后,开启搅拌器,升高油浴温度并保持在145 ℃±5 ℃。当糖液开始沸腾时,缓慢加入无水碳酸钠5 g,不断搅拌,在25 min~30 min内糖液温度达到110 ℃±1 ℃,缓慢加入氯化铵5 g,在25 min~30 min内使糖液温度达到118 ℃±1 ℃,保持30 min。然后缓慢加入碳酸钠溶液,并不断搅拌至泡沫消失,倾出。经标定后保存在具塞磨口瓶中,置于阴暗处保存,使用期为一个月。若置于冰箱中使用期为一年。

5.8.2.2 标定

5.8.2.2.1 色度标准液

将重铬酸钾在研钵中研细,然后在115 ℃±5 ℃的电热恒温干燥箱中干燥至恒量,称取约0.325 g(准确至0.000 1 g),加水溶解后移至1 000 mL容量瓶中,稀释至刻度,混匀。

5.8.2.2.2 标定

5.8.2.2.2.1 称取焦糖原液约1.00 g(精确至0.000 1 g),加水溶解后移入500 mL容量瓶中,稀释至刻度,摇匀。

5.8.2.2.2.2 用分光光度计在426 nm的波长下,用10 mm的比色皿测定其吸光度,与色度标准液在同样条件下的吸光度相比较,差值不大于0.03,否则焦糖原液应重新制备。

5.8.3 焦糖试验液

取焦糖原液约17.00 g(精确至0.000 1 g),加水溶解后移入500 mL容量瓶中,稀释至刻度,混匀。每毫升溶液含有焦糖34 mg。

5.8.4 空白试验液

称取焦糖原液约1.00 g(精确至0.000 1 g),加水溶解后移入500 mL容量瓶中,稀释至刻度,混匀。每毫升此溶液含有焦糖原液2 mg。

6 仪器和设备

6.1 三口烧瓶，1 000 mL。

6.2 容量瓶，500 mL。

6.3 玻璃温度计，0 ℃～200 ℃。

6.4 锥形瓶，100 mL。

6.5 移液管，25 mL。

6.6 玻璃漏斗，ϕ 70 mm～ϕ 90 mm。

6.7 具塞磨口瓶。

6.8 恒温水浴。

6.9 分光光度计。

6.10 电动搅拌器(可调速)。

6.11 分析天平，感量 0.000 1 g。

6.12 电热恒温干燥箱，0 ℃～300 ℃。

6.13 干燥器，内装无水氯化钙或变色硅胶。

6.14 磨样机。

6.15 调温电炉。

6.16 恒温油浴。

7 试样的制备

用四分法取出约 10 g 试样，置于磨样机中，将试样磨细至 90%以上能通过 0.071 mm 试验筛，筛余试样与其混匀，在 150 ℃±5 ℃的电热恒温箱内干燥 2 h，置于干燥器中冷却备用。

8 测定步骤

8.1 使用 A 法焦糖试验液测定焦糖脱色率时称取试料 0.400 g，精确至 0.000 1 g(用 B 法焦糖试验液测定焦糖脱色率时称取试料 0.350 g，精确至 0.000 1 g)，置于 100 mL 锥形瓶中。

8.2 用移液管量取 25 mL 焦糖试验液，加入装有试料的锥形瓶中，缓慢摇动锥形瓶，使试料完全浸湿。

8.3 置于沸水浴中加热 30 min，每隔 5 min 摇动一次。

8.4 取出后立即用滤纸过滤，弃去初滤液 5 mL，试验液应全部过滤，冷却至室温。

8.5 以水为参比液，用分光光度计在 426 nm 波长下，用 10 mm 比色皿测定滤液吸光度值。

8.6 取 25 mL 空白试验液，按 8.4～8.5 的规定进行空白试验，得到空白试验液的吸光度值。

9 结果计算

焦糖脱色率以质量分数 w 计，数值以%表示，按式(1)计算：

$$w = \frac{\rho_0 - (A_x/A) \times \rho}{\rho_0} \qquad \cdots\cdots(1)$$

式中：

ρ_0——焦糖试验液浓度的数值(ρ_0=34 mg/mL)；

A_x——滤液吸光度的数值；

A——空白试验液过滤后吸光度的数值；

ρ——空白试验液浓度的数值(ρ=2 mg/mL)。

10 精密度

10.1 每个样品进行两份试料的平行测定，测定结果的差值应不大于1%。

10.2 结果以算术平均值表示，精确至整数位。

11 试验报告

试验报告应包括以下几个方面的内容：

a） 试样编号；

b） 使用的标准；

c） 使用的方法；

d） 试验人员；

e） 试验结果；

f） 试验项目；

g） 试验日期。

ICS 75.160.10
D 24

中华人民共和国国家标准

GB/T 7702.19—2008
代替 GB/T 7702.19—1997

煤质颗粒活性炭试验方法 四氯化碳脱附率的测定

Test method for granular activated carbon from coal—Determination of carbon tetrachloride(CCl_4)desorption

2008-11-20 发布　　2009-05-01 实施

中华人民共和国国家质量监督检验检疫总局
中国国家标准化管理委员会　发布

前言

GB/T 7702《煤质颗粒活性炭试验方法》分为：

——第1部分：水分的测定；

——第2部分：粒度的测定；

——第3部分：强度的测定；

——第4部分：装填密度的测定；

——第5部分：水容量的测定；

——第6部分：亚甲蓝吸附值的测定；

——第7部分：碘吸附值的测定；

——第8部分：苯酚吸附值的测定；

——第9部分：着火点的测定；

——第10部分：苯蒸气　氯乙烷蒸气防护时间的测定；

——第13部分：四氯化碳吸附率的测定；

——第14部分：硫容量的测定；

——第15部分：灰分的测定；

——第16部分：pH值的测定；

——第17部分：漂浮率的测定；

——第18部分：焦糖脱色率的测定；

——第19部分：四氯化碳脱附率的测定；

——第20部分：孔容积和比表面积的测定。

本部分为GB/T 7702的第19部分。

本部分代替GB/T 7702.19—1997《煤质颗粒活性炭试验方法　四氯化碳脱附率的测定》。

本部分与GB/T 7702.19—1997相比，主要差异如下：

a) 标准结构按GB/T 1.1—2000《标准化工作导则　第1部分：标准的结构和编写规则》及GB/T 20001.4—2001《标准化工作导则　第4部分：化学分析方法》进行调整；

b) 更正气流比速10 L/(min·cm^2)为气体流量10 L/min；

c) 规定计时器分度值为0.1 s；

d) 对量、单位统一按规定进行修改。

本部分由中国兵器工业集团公司提出并归口。

本部分起草单位：山西新华化工有限责任公司。

本部分主要起草人：李维冰、迟广秀、元以栋、赵继军、赵洪海、张旭、李若梅。

本部分所代替标准的历次版本发布情况为：

——GB/T 7702.19—1987，GB/T 7702.19—1997。

煤质颗粒活性炭试验方法
四氯化碳脱附率的测定

1 范围

本部分规定了煤质颗粒活性炭四氯化碳脱附率测定的原理、测定步骤及结果计算等内容。

本部分适用于煤质颗粒活性炭(以下简称活性炭)四氯化碳脱附率的测定。

2 规范性引用文件

下列文件中的条款通过GB/T 7702的本部分的引用而成为本部分的条款。凡是注日期的引用文件,其随后所有的修改单(不包括勘误的内容)或修订版均不适用于本部分,然而,鼓励根据本部分达成协议的各方研究是否可使用这些文件的最新版本。凡是不注日期的引用文件,其最新版本适用于本部分。

GB/T 7702.10—2008 煤质颗粒活性炭试验方法 苯蒸气 氯乙烷蒸气防护时间的测定

GB/T 7702.13—1997 煤质颗粒活性炭试验方法 四氯化碳吸附率测定

WJ 2281 防护器材测试用流量计检定规程

WJ 2285 活性炭、浸渍活性炭试验用测定管检定规程

3 原理

在规定的试验条件下,对吸附四氯化碳饱和后的活性炭进行脱附,脱附恒量后,以脱附的四氯化碳与饱和吸附的四氯化碳质量分数表示被测活性炭对四氯化碳的脱附能力。

4 仪器和设备

4.1 脱附率试验装置(见图1)。

流程说明:将脱附率试验装置与压缩空气开关连接,通入压缩空气,空气首先进入装有脱脂棉和活性炭的空气净化器,经装有变色硅胶或无水氯化钙的干燥器、活塞、流量计、管式炉、温度计、蛇形管(用长1 m以上的玻璃管烧制)后进入测定管。

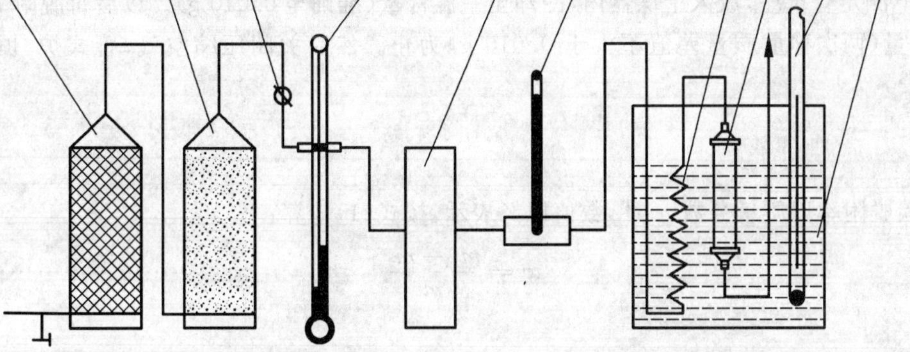

1——空气净化器;
2——干燥器;
3——活塞;
4——流量计;
5——管式炉;
6、9——温度计;
7——蛇形管;
8——测定管;
10——恒温水浴。

图1 脱附率试验装置示意图

4.2 天平，感量 0.001 g。

4.3 干燥器，内装无水氯化钙或变色硅胶。

4.4 计时器，分度值 0.1 s。

4.5 压缩空气。

4.6 恒温水浴。

4.7 高温管式炉。

4.8 振动器，牙科振动器。

5 试验条件

5.1 炭层高度，10 cm±0.2 cm。

5.2 气体流量，10 L/min。

5.3 脱附温度，80 ℃±5 ℃。

5.4 测定管截面积，3.15 cm^2±0.26 cm^2。

6 试样的制备

按 GB/T 7702.13—1997 四氯化碳吸附率的测定，吸附饱和后，将测定管密封、称量备用。

7 测定准备

7.1 试验装置的安装

将试验装置各部件按图 1 所示，安装在固定的仪器板上。根据需要可安装二至八根测定管。

7.2 气密检查

按 GB/T 7702.10—2008 中 9.2 的规定进行气密检查。

7.3 脱附率试验装置各部件的校正

7.3.1 流量计，按 WJ 2281 的规定。

7.3.2 测定管，按 WJ 2285 的规定。

8 测定步骤

将吸附饱和后的测定管接入脱附率试验装置。通入压缩空气，同时调好流量、温度，并启动计时器。60 min 后取下测定管拭净，放入干燥器内，冷却至室温称量(准确至 0.010 g)。以后每脱附 15 min 称量一次，直至恒量(两次称量质量差值不大于 0.010 g)为止。然后关闭压缩空气、管式炉、恒温水浴、计时器。

9 结果计算

四氯化碳脱附率以质量分数 w 计，数值以%表示，按式(1)计算：

$$w = \frac{m_1 - m_0}{m} \qquad \cdots\cdots(1)$$

式中：

m_1——脱附前测定管及试料质量和的数值，单位为克(g)；

m_0——脱附后测定管及试料质量和的数值，单位为克(g)；

m——试料饱和吸附四氯化碳质量的数值，单位为克(g)。

10 精密度

10.1 每个样品做两份试料的平行测定，结果以算术平均值表示，计算结果精确至整数位。

10.2 两次测定结果的差值应不大于10%。

11 试验报告

试验报告应包括以下几个方面的内容：

a) 试样编号；

b) 使用的标准；

c) 使用的方法；

d) 试验项目；

e) 试验结果；

f) 试验人员；

g) 试验日期。

ICS 75.160.10
D 24

中华人民共和国国家标准

GB/T 7702.20—2008
代替 GB/T 7702.20—1997,GB/T 7702.21—1997

煤质颗粒活性炭试验方法
孔容积和比表面积的测定

**Test method for granular activated carbon from coal—
Determination of pore volume and specific surface area**

2008-11-20 发布　　　　2009-05-01 实施

中华人民共和国国家质量监督检验检疫总局
中国国家标准化管理委员会　发布

前　言

GB/T 7702《煤质颗粒活性炭试验方法》分为：

——第1部分：水分的测定；

——第2部分：粒度的测定；

——第3部分：强度的测定；

——第4部分：装填密度的测定；

——第5部分：水容量的测定；

——第6部分：亚甲蓝吸附值的测定；

——第7部分：碘吸附值的测定；

——第8部分：苯酚吸附值的测定；

——第9部分：着火点的测定；

——第10部分：苯蒸气　氯乙烷蒸气防护时间的测定；

——第13部分：四氯化碳吸附率的测定；

——第14部分：硫容量的测定；

——第15部分：灰分的测定；

——第16部分：pH值的测定；

——第17部分：漂浮率的测定；

——第18部分：焦糖脱色率的测定；

——第19部分：四氯化碳脱附率的测定；

——第20部分：孔容积和比表面积的测定。

本部分为GB/T 7702的第20部分。

本部分代替GB/T 7702.20—1997《煤质颗粒活性炭试验方法　孔容积的测定》、GB/T 7702.21—1997《煤质颗粒活性炭试验方法　比表面积的测定》。

本部分与GB/T 7702.20～21—1997相比，主要差异如下：

a) 标准结构按GB/T 1.1—2000《标准化工作导则　第1部分：标准的结构和编写规则》及GB/T 20001.4—2001《标准化工作导则　第4部分：化学分析方法》进行调整；

b) 将GB/T 7702.20—1997《煤质颗粒活性炭试验方法　孔容积的测定》、GB/T 7702.21—1997《煤质颗粒活性炭试验方法　比表面积的测定》整合为GB/T 7702.20—2008《煤质颗粒活性炭试验方法　孔容积和比表面积的测定》；

c) 增加第3章"术语和定义"；

d) 增加总孔容积、吸附等温线、比表面积、微孔容积、中孔容积的测定原理；

e) 增加吸附等温线、大孔容积、中孔容积、微孔容积的测定。

本部分由中国兵器工业集团公司提出并归口。

本部分起草单位：山西新华化工有限责任公司。

本部分主要起草人：韩冲云、李维冰、赵继军、赵洪海、元以栋、张旭、迟广秀。

本部分所代替标准的历次版本发布情况为：

——GB/T 7702.20—1987，GB/T 7702.20—1997；

——GB/T 7702.21—1987，GB/T 7702.21—1997。

煤质颗粒活性炭试验方法 孔容积和比表面积的测定

1 范围

本部分规定了煤质颗粒活性炭孔容积、比表面积的测定原理、测定步骤及结果计算等内容。

本部分适用于煤质颗粒活性炭孔容积、比表面积的测定，也适用于其他活性炭孔容积、比表面积的测定。

2 规范性引用文件

下列文件中的条款通过 GB/T 7702 的本部分的引用而成为本部分的条款。凡是注日期的引用文件，其随后所有的修改单(不包括勘误的内容)或修订版均不适用于本部分，然而，鼓励根据本部分达成协议的各方研究是否可使用这些文件的最新版本。凡是不注日期的引用文件，其最新版本适用于本部分。

GB/T 678 化学试剂 乙醇(无水乙醇)(GB/T 678—2002,ISO 6353-2:1983,NEQ)

GB 1922 油漆及清洗用溶剂油

GB/T 6682 分析实验室用水规格和试验方法(GB/T 6682—2008,ISO 3696:1987,MOD)

HG/T 3471 化学试剂 汞

3 术语和定义

下列术语和定义适用于 GB/T 7702 的本部分。

3.1

吸附 adsorption

吸附质分子在吸附剂表面的增稠或积聚过程。

3.2

平衡吸附 equilibrium adsorption

单位时间内离开吸附剂表面的分子数等于被吸附的分子数，而吸附态的分子总数始终保持不变。

3.3

吸附剂 adsorbent

对气体或液体具有吸附作用的物质。

3.4

吸附质 adsorbate

吸附系统中可被吸附剂吸附的物质。

3.5

平衡吸附压力 equilibrium adsorption pressure

达到平衡吸附时气体的压力。

3.6

饱和蒸气压力 saturation vapour pressure

在吸附温度下完全液化了吸附质的蒸气压力。

3.7

相对压力　relative pressure

在给定温度下某一物质蒸气的压力与其饱和蒸气压力的比值。

3.8

吸附量　adsorption value

单位体积或质量吸附剂吸附吸附质的量。

3.9

平衡吸附量　equilibrium adsorptive capacity

平衡吸附时一定平衡条件下的吸附容量。

3.10

单分子层吸附　mono layer adsorption

单分子层的吸附。

3.11

滞后圈　hysteresis loop

吸附等温线与解吸(脱附)等温线不重合而形成的回线。

3.12

解吸　desorption

又称脱附。物理吸附达到平衡后,平衡条件改变而使吸附质脱离吸附剂的现象。

3.13

吸附等温线　adsorption isotherm

在恒定温度下,达到平衡吸附时平衡压力或相对压力与对应的吸附量的关系曲线。

3.14

比表面积　specific surface area

单位质量吸附剂的总表面积。

3.15

总孔容积　total pore volume of pores

吸附剂中孔隙所占的体积。它是微型孔、中型孔和大型孔的容积之和。

3.16

大孔容积　pore volume of macropores

吸附剂中大孔孔隙所占的体积。

3.17

中孔容积　pore volume of mesopores

吸附剂中中孔孔隙所占的体积。

3.18

微孔容积　pore volume of micropores

吸附剂中微孔孔隙所占的体积。

3.19

真密度　real density

绝对密度　absolute density

不含孔隙容积和颗粒间空隙容积的吸附剂单位体积的质量。

3.20

颗粒密度　particle density

包含孔隙容积而不包含颗粒之间空隙容积的单位体积吸附剂颗粒的质量。

4 原理

4.1 总孔容积的测定原理

通过测定煤质颗粒活性炭的真密度、颗粒密度来计算其总孔容积。

4.1.1 真密度测量方法

本部分用 NY-120 溶剂油作为置换液，用比重瓶法测量煤质颗粒活性炭的真密度。

4.1.2 颗粒密度测量方法

一般用汞置换法测量颗粒密度。

4.2 吸附等温线的测定原理

对经预处理的活性炭试料，在液氮温度下吸附氮气，当吸附达到平衡时，测量平衡吸附压力和平衡吸附量，完成一个点测量后，重复上述过程，获得平衡压力由低到高直到饱和蒸气压的各点吸附量；以吸附量为纵坐标，相对压力为横坐标作图，即得到液氮温度下的吸附等温线。继续测定解吸等温线，在相同的平衡压力下吸附过程与解吸过程中的吸附量不同，反映在等温线上，吸附和解吸线在一定的区域内构成一个环状线，该环状线称为“滞后圈”，从低压开始出现的分离点成为滞后圈起点，p/p_0 接近 1.0 时吸附和解吸线闭合，该点称为滞后圈的终点。

4.3 比表面积的测定原理

把相对压力 0.05～0.35 范围内的吸附等温线数据，按 BET 方程式(二常数公式)，求出试料单分子层吸附量，根据吸附质分子截面积，即可计算出活性炭试样的比表面积。

4.4 微孔容积的测定原理

根据吸附等温线滞后圈起点在纵坐标上对应的吸附量换算成液态体积，即为微孔容积。

4.5 中孔容积的测定原理

根据吸附等温线滞后圈终点的吸附量减去滞后圈起点的吸附量换算成液态体积，即为中孔容积。

5 试剂和材料

5.1 水，GB/T 6682，三级水。

5.2 溶剂油，NY-120，GB 1922。

5.3 汞，HG/T 3471，分析纯。

5.4 无水乙醇，GB/T 678，分析纯。

5.5 氮气，高纯氮气，纯度 99.99 %。

5.6 液氮。

6 仪器装置

6.1 带毛细管磨口塞的比重瓶(以下简称比重瓶)，25 mL。

6.2 颗粒密度测定装置(见图 1)，由以下部件组成：

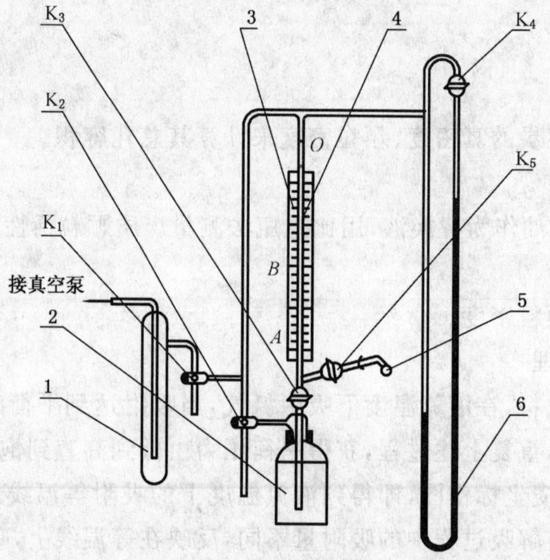

1——缓冲瓶；
2——贮汞瓶；
3——标尺；
4——量管；
5——试样管；
6——U形压力计；
K_1、K_2——三通活塞；
K_3、K_4、K_5——两通活塞。

图1 颗粒密度测定装置示意图

6.2.1 试样管，5 mL。

6.2.2 贮汞瓶，500 mL 广口瓶。

6.2.3 U型压力计。

6.2.4 量管，粗细均匀的玻璃管（$L>900$ mm），用汞标定其横截面积，在其上端刻一标线 O。

6.2.5 标尺，可用坐标纸。

6.2.6 缓冲瓶。

6.2.7 玻璃三通活塞。

6.2.8 玻璃两通活塞。

6.3 电热恒温干燥箱，0 ℃～300 ℃。

6.4 分析天平，感量 0.000 1 g。

6.5 干燥器，内装变色硅胶或无水氯化钙。

6.6 温度计，0 ℃～50 ℃。

6.7 带盖称皿。

6.8 真空泵。

6.9 全自动静态吸附分析仪（采用低温氮容量法）。

6.10 脱气装置。

6.11 量杯，2 mL。

6.12 液氮贮罐。

6.13 液氮冷阱。

7 试样及其制备

对所送样品用四分法取出试样，将试样置于 150 ℃±5 ℃的电热恒温干燥箱内干燥 2 h，取出放入干燥器中冷却备用（试样水分不大于 1 %不需干燥）。

8 测定步骤

8.1 真密度测定步骤

8.1.1 将比重瓶及毛细管磨口塞编号，用水标定比重瓶容积，记作 V（精确至 0.000 1 L），用分析天平称量比重瓶质量，记作 m_0（精确至 0.000 1 g）。

8.1.2 将 NY-120 溶剂油注入比重瓶内，塞上毛细管磨口塞，用干净纱布拭干外表面，立即在分析天平上称量（精确至 0.000 1 g），此比重瓶加 NY-120 溶剂油质量，记作 m_1。按此法测量不同温度下的 m_1，计算 NY-120 溶剂油的密度 ρ，绘制 NY-120 溶剂油的密度 ρ 随温度变化的关系曲线。

8.1.3 称取 2 g±0.2 g（精确至 0.000 1 g）已烘干的试料，小心地加入到上述比重瓶内，加入 15 mL～20 mL NY-120 溶剂油，盖上毛细管磨口塞，静置 17 h～20 h，摇动比重瓶，无气泡溢出后，加满 NY-120 溶剂油，塞上毛细管磨口塞，用干净纱布拭干表面后，立即在分析天平上称量（精确至 0.000 1 g），此比重瓶加 NY-120 溶剂油加试料的质量，记作 m_2，同时测量此时的溶剂油温度。

8.2 颗粒密度测定步骤

8.2.1 试样管容积的标定

8.2.1.1 接通 K_1、K_5，启动真空泵，对系统抽真空 5 min。

8.2.1.2 关闭 K_5，打开 K_3，通过 K_2 放入空气，使汞面上升到量管 H 上的标线 O 处。

8.2.1.3 关闭 K_3，接通 K_5，使汞充满试样管。

8.2.1.4 停泵，将 K_1 与大气连通，使系统内保持 101.325 kPa，这时，记录量管内汞面高度 A（OA 段量管内汞的体积即为试样管的容积）。

8.2.2 将 K_1 与真空泵连通，开动真空泵，接通 K_2，对贮汞瓶抽空，关闭 K_2。打开 K_3、K_5，使量管及试样管内的汞流回贮汞瓶，当汞下降到接近 K_3 时停泵，使 K_1 与大气连通。

8.2.3 取干燥冷却后的试样 5 mL 左右，在分析天平上称量（精确至 0.000 1 g），小心放入试料管中，然后按 8.2.1.1 和 8.2.1.2 的操作步骤使汞升至量管 O 点。关闭 K_3，打开 K_5，使汞充满试样管中的剩余空间。停泵，将 K_1 连通大气，这时记录量管内汞面高度 B（OB 段量管体积即为试样管内剩余空间的体积）。

8.2.4 按 8.2.2 操作步骤使汞流回贮汞瓶内。

8.2.5 取下试样管，清理干净备用。

8.3 吸附等温线的测定步骤

8.3.1 开启全自动静态吸附分析仪系统。

8.3.2 打开操作程序，建立样品信息文件。

8.3.3 称量试料管组件的质量，精确至 0.000 1 g。

8.3.4 将 0.1 g～0.3 g（约 2 mL）试料装入试料管中。

8.3.5 将试料管组件安装在脱气口上开始脱气。

8.3.6 脱气完成后，称量试料管组件及试料的质量，精确至 0.000 1 g。

8.3.7 将液氮装入液氮冷阱中（注意防止液氮溅出伤人），并安装在全自动静态吸附分析仪上。

8.3.8 将脱气后的试料管安装到分析口，在液氮温度下进行对氮吸附等温线的测试。

8.3.9 测量每点平衡压力和平衡吸附量。

8.3.10 测量试料管中吸附质的饱和蒸气压。

8.3.11 试验完毕，关闭全自动静态吸附分析仪系统，卸下试料管组件。

9 结果计算

9.1 计算真密度

9.1.1 **计算 NY-120 溶剂油的密度**

NY-120 溶剂油密度以 ρ 计，数值以克每立方厘米（g/cm³）表示，按式（1）计算：

$$\rho = \frac{m_1 - m_0}{V} \quad \cdots\cdots (1)$$

式中：

m_1——比重瓶与 NY-120 溶剂油质量和的数值，单位为克(g)；

m_0——比重瓶质量的数值，单位为克(g)；

V——比重瓶容积的数值，单位为立方厘米(cm^3)。

采用式(1)，计算不同温度下的 ρ 值，以 ρ 为纵坐标，温度为横坐标，可得出 NY-120 溶剂油的密度随温度变化的关系曲线。

9.1.2 真密度的计算

真密度以 d_1 计，数值以克每立方厘米(g/cm^3)表示，按式(2)计算：

$$d_1 = \frac{m \times \rho}{(m_1 + m) - m_2} \quad \cdots\cdots (2)$$

式中：

m——试料质量的数值，单位为克(g)；

ρ——NY-120 溶剂油密度的数值，单位为克每立方厘米(g/cm^3)；

m_1——比重瓶与 NY-120 溶剂油质量和的数值，单位为克(g)；

m_2——比重瓶与 NY-120 溶剂油加试料质量和的数值，单位为克(g)。

9.2 计算颗粒密度

颗粒密度以 d_2 计，数值以克每立方厘米(g/cm^3)表示，按式(3)计算：

$$d_2 = \frac{m}{s(B - A)} \quad \cdots\cdots (3)$$

式中：

m——试料质量的数值，单位为克(g)；

s——量管 H 截面积的数值，单位为平方厘米(cm^2)；

B、A——量管 H 内汞面高度的数值，单位为厘米(cm)。

9.3 计算总孔容积

总孔容积以 V_Σ 计，数值以立方厘米每克(cm^3/g)表示，按式(4)计算：

$$V_\Sigma = \frac{1}{d_2} - \frac{1}{d_1} \quad \cdots\cdots (4)$$

式中：

d_1——真密度的数值，单位为克每立方厘米(g/cm^3)；

d_2——颗粒密度的数值，单位为克每立方厘米(g/cm^3)。

9.4 绘制吸附等温线

以平衡压力时 1 g 活性炭所吸附的氮气体积值为纵坐标，相对压力为横坐标作图，即得该活性炭试料的吸附等温线。

9.5 计算单分子层吸附量

9.5.1 根据 BET 方程二常数公式，计算单分子层吸附量 V_m，数值以立方厘米每克(cm^3/g)表示，按式(5)计算：

$$\frac{p}{V_a(p_0 - p)} = \frac{1}{V_m \times C} + \frac{C - 1}{V_m \times C} \times \frac{p}{p_0} \quad \cdots\cdots (5)$$

式中：

p——吸附平衡压力的数值，单位为帕(Pa)；

p_0——液氮温度下，被吸附气体饱和压力的数值，单位为帕(Pa)；

V_a——平衡压力下，试料所吸附氮气体积的数值，单位为立方厘米(cm^3)；

C——与吸附热有关的常数；

p/p_0——吸附质相对压力的数值。

9.5.2 在0.05～0.35的相对压力范围内，对式(5)进行线性回归，可得到斜率a和截距b，单分子层吸附量V_m，按式(6)计算：

$$V_m = \frac{1}{a+b} \qquad \cdots\cdots(6)$$

式中：

a——式(5)线性回归斜率的数值，单位为克每立方厘米(g/cm^3)；

b——式(5)线性回归截距的数值，单位为克每立方厘米(g/cm^3)。

9.6 计算比表面积

比表面积以S计，数值以平方米每克(m^2/g)表示，按式(7)计算：

$$S = 4.353 \times V_m \qquad \cdots\cdots(7)$$

式中：

V_m——单分子层吸附量的数值，单位为立方厘米每克(cm^3/g)；

4.353——换算系数，单位为平方米每立方厘米(m^2/cm^3)。

9.7 计算微孔容积

微孔容积以V_{mi}计，数值以立方厘米每克(cm^3/g)表示，按式(8)计算：

$$V_{mi} = a_{mi} \times 0.001\,55 \qquad \cdots\cdots(8)$$

式中：

a_{mi}——滞后环起点对应吸附量的数值，单位为立方厘米每克(cm^3/g)；

0.001 55——换算系数。

9.8 计算中孔容积

中孔容积以V_t计，数值以立方厘米每克(cm^3/g)表示，按式(9)计算：

$$V_t = (a_t - a_{mi}) \times 0.001\,55 \qquad \cdots\cdots(9)$$

式中：

a_t——滞后环终点对应吸附量的数值，单位为立方厘米每克(cm^3/g)；

a_{mi}——滞后环起点对应吸附量的数值，单位为立方厘米每克(cm^3/g)；

0.001 55——换算系数。

9.9 计算大孔容积

大孔容积以V_{ma}计，数值以立方厘米每克(cm^3/g)表示，按式(10)计算：

$$V_{ma} = V_{\Sigma} - a_t \times 0.001\,55 \qquad \cdots\cdots(10)$$

式中：

V_{Σ}——总孔容积的数值，单位为立方厘米每克(cm^3/g)；

a_t——滞后环终点对应吸附量的数值，单位为立方厘米每克(cm^3/g)；

0.001 55——换算系数。

10 精密度

10.1 每个样品做两份试料的平行测定，真密度测定结果的允许差值不大于0.03 g/cm³，颗粒密度测定结果的允许差值不大于0.01 g/cm³，孔容积以算术平均值表示，精确至百分位。

10.2 比表面积允许误差值不大于10 %，结果以算术平均值表示，精确至整数位。

11 试验报告

试验报告应包括以下几个方面的内容：

a） 试样编号；

b） 使用的标准；

c） 使用的方法；

d） 试验项目；

e） 试验结果；

f） 试验人员；

g） 试验日期。

ICS 19.100
J 04

GB

中华人民共和国国家标准

GB/T 7704—2008
代替 GB/T 7704—1987

无损检测　X射线应力测定方法

Non-destructive testing—Practice for residual stress measurement by X-ray

2008-07-30 发布　　　　2009-02-01 实施

中华人民共和国国家质量监督检验检疫总局
中国国家标准化管理委员会　发布

前　言

本标准代替 GB/T 7704—1987《X 射线应力测定方法》。

本标准与 GB/T 7704—1987 相比主要变化如下：

——增加了部分术语和定义(见第 3 章)；

——侧倾法中增加回摆法(见附录 A)；

——确定衍射峰位置增加交相关定峰位置法(见附录 B)；

——删除 1987 年版 3.4 和 4.4 条中的 $\sin^2\psi$ 计算表；

——删除 1987 年版 6.2 测量装置示意图。

本标准的附录 A、附录 B 和附录 C 为规范性附录。

本标准由中国机械工业联合会提出。

本标准由全国无损检测标准化技术委员会(SAC/TC 56)归口。

本标准起草单位：上海材料研究所。

本标准主要起草人：巴发海、王滨。

本标准所代替标准的历次版本发布情况为：

——GB/T 7704—1987。

无损检测　X 射线应力测定方法

1　范围

本标准规定了用 X 射线测定残余应力的方法总则。

本标准适用于在 X 射线下能得到连续德拜环的多晶金属材料试样(或工件)的应力测定。

2　规范性引用文件

下列文件中的条款通过本标准的引用而成为本标准的条款。凡是注日期的引用文件,其随后所有的修改单(不包括勘误的内容)或修订版均不适用于本标准,然而,鼓励根据本标准达成协议的各方研究是否可使用这些文件的最新版本。凡是不注日期的引用文件,其最新版本适用于本标准。

JB/T 9394　X 射线应力测定仪　技术条件

3　术语和定义

下列术语和定义适用于本标准。

3.1

应力方向　stress direction

所要测定的应力方向,在测定中定位等同于测定部位表面法线、衍射晶面法线所构成的平面与试样表面的交线方向。拉应力符号为正,压应力符号为负。

3.2

测定方向平面　direction plane for stress measurement

所测定应力的方向与测定部位表面法线所构成的平面。

3.3

扫描平面　scanning plane

入射 X 射线与被计数管所接收的衍射线所构成的平面。

3.4

入射角　incidence angle

ψ_0

入射 X 射线与试样表面法线之间的夹角。

3.5

衍射晶面方位角　azimuth angle of diffraction crystal plane

ψ

试样表面法线与衍射晶面法线之间的夹角。

3.6

衍射角　diffraction angle

2θ

入射 X 射线与衍射 X 射线之间的夹角。

4　应力测定原理

X 射线应力测定是根据 X 射线衍射测出的晶面间距的变化来计算材料应力的方法。X 射线应力测定的衍射几何如图 1 所示。

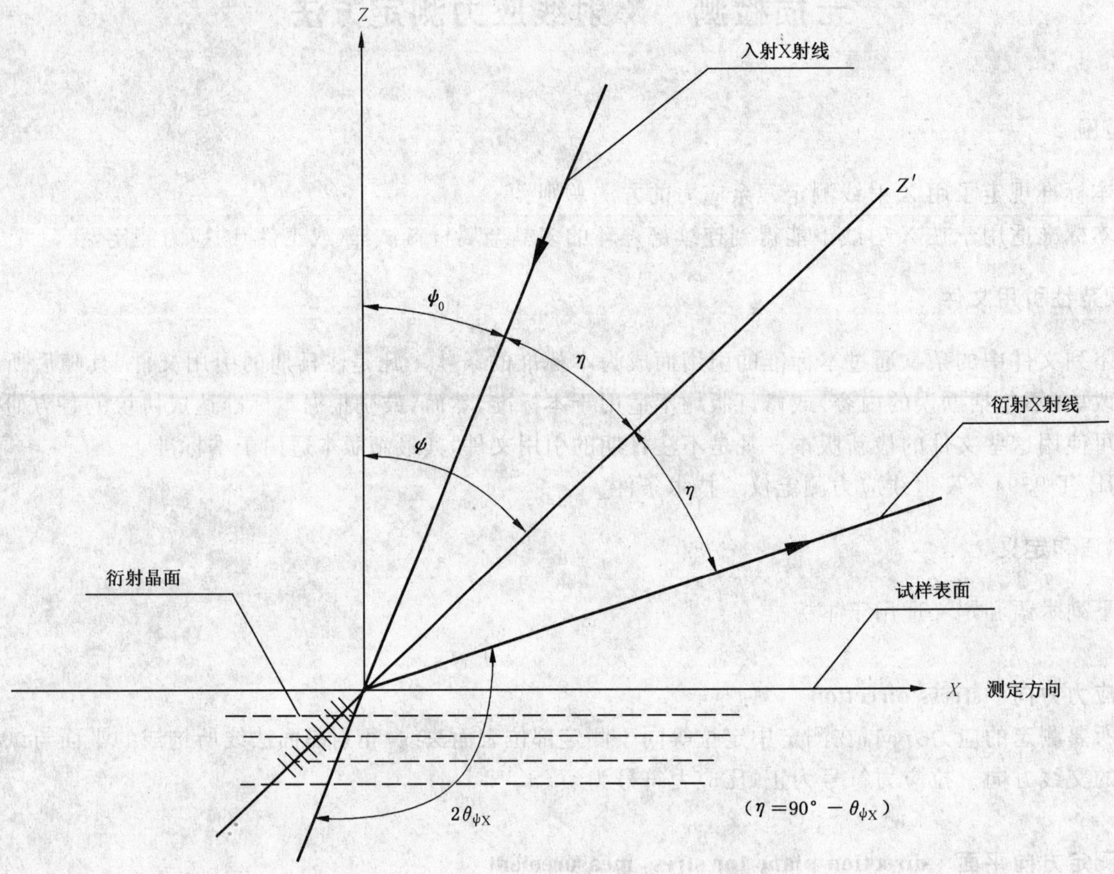

图 1　X射线应力测定原理示意图

在二维应力情况下，试样表层对选定应力方向（X 方向）的应力可用式(1)计算。

$$\sigma_X = K \cdot M \qquad \cdots\cdots(1)$$

式中：

σ_X——X 方向的应力，单位为兆帕(MPa)；

K——应力常数，单位为兆帕每度[MPa /(°)]；

M——$2\theta_{\psi X} - \sin^2\psi$ 线的斜率，$2\theta_{\psi X}$ 为测定过程中对于给定的 ψ 所测得的衍射角。

在实际应力测定中，每个 ψ_0（或 ψ）角对应有衍射角 $2\theta_{\psi X}$，若干个 $2\theta_{\psi X}$ 和 $\sin^2\psi$ 关系组成如图 2 所示的 $2\theta_{\psi X} - \sin^2\psi$ 函数曲线。理论上 $2\theta_{\psi X} - \sin^2\psi$ 是直线。根据测定的 $2\theta_{\psi X} - \sin^2\psi$ 线的斜率 M，可用式(1)计算应力 σ_X。

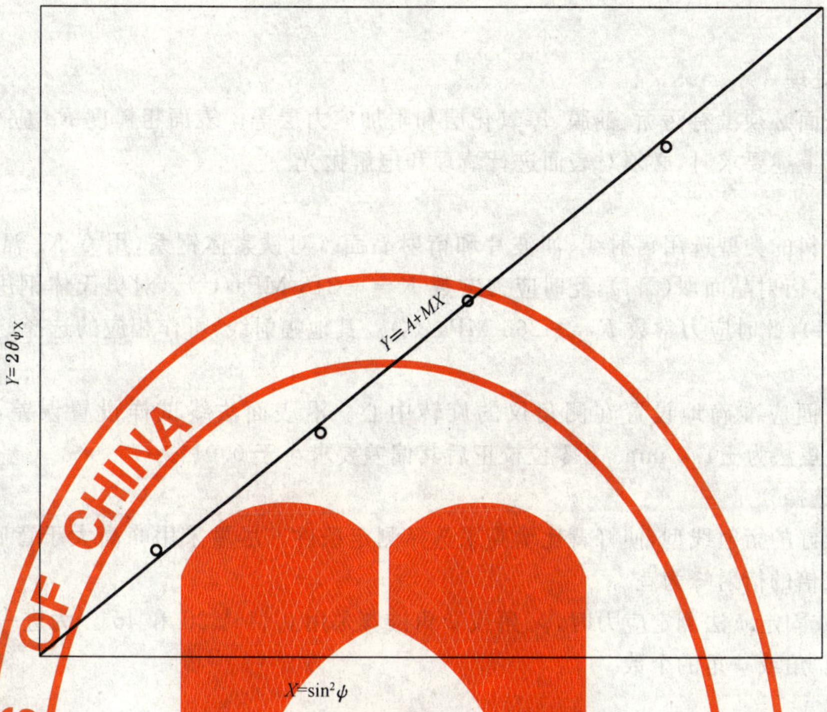

图 2　$2\theta_{\psi X}-\sin^2\psi$ 曲线

5　系统

5.1　仪器应满足 JB/T 9394 的相关规定。

5.2　仪器应至少具有附录 B 所列确定衍射峰的功能。

5.3　零应力试样可采用真空退火态粒度在 1 μm～45 μm 的衍射峰尖锐的无应力 Fe 粉或采用退火态的 Cr 粉用松香加热黏结制备。

5.4　对零应力试样，在固定 ψ_0 的情况下，多次(不少于 5 次)重复测定其衍射角波动在±0.025°。当 ψ 角旋转时，旋转中心偏差小于±0.5 mm。

5.5　仪器的综合稳定度优于 1%。

注：本标准中仪器综合稳定度是指同一试验条件下对同一试样的同一衍射晶面，每隔 10 min 测定一次衍射强度，在 8 h 所测衍射强度值的相对标准偏差 σ_{-1}。

$$\sigma_{-1}=\frac{\sqrt{\frac{\sum_{i=1}^{n}(\bar{I}-I_i)^2}{n-1}}}{\bar{I}}\times 100\%$$

式中：

$\bar{I}$——对某一衍射晶面 n 次测定的平均衍射强度；

I_i——某一衍射晶面第 i 次测定的衍射强度。

5.6　定期用零应力试样对仪器进行检定或校准。

5.7　测定前用零应力试样对仪器进行校准。

5.8　对具有半高宽小于 3° 敏锐衍射峰的已知应力试样，用该仪器测定的应力(不少于 5 次)误差小于±25 MPa，且其算术平均值和标准偏差在 0 MPa～25 MPa 范围内为合格。

6 测定规程

6.1 试样表面处理

待测试样表面必须没有污垢、油膜、厚氧化层和附加应力层等。表面粗糙度 Ra 应小于 10 μm。当被测表面不满足上述要求时，必须对表面进行清理和电解抛光。

6.2 参数选择

根据所测材料的类型选用辐射线、滤波片和衍射晶面。对铁素体钢系，用 $C_\gamma K_\alpha$ 辐射线，接收光阑采用钒箔滤波片，衍射晶面取(211)，此时应力常数 $K=-318$ MPa/(°)。对奥氏体钢用 $C_\gamma K_\beta$ 辐射线，衍射晶面取 (311)，此时应力常数 $K=-366$ MPa/(°)。其他幅射线，可作相应的选择。

6.3 对准

试样测定表面应准确地设置在测角仪的旋转中心。沿表面法线试样设置误差，平行光束法为±2.0 mm；准聚焦法为±1.0 mm。θ 零位校正后其偏差要求小于 0.01°。

6.4 测定条件选择

应根据获得好的衍射线型，使峰背比增高来选择测定条件。尽量采用峰高大于背底波动 4 倍且峰高约为半高宽 4 倍的衍射峰为宜。

固定 ψ_0 法或固定 ψ 法测定应力时，ψ_0 角或 ψ 角推荐采用 0°、15°、30°和 45°。为进一步提高准确度，也可适当增加 ψ_0 角或 ψ 角的个数。

6.5 测定方法

根据试样和仪器情况，选择附录 A 所列或其他适当的应力测定方法。

6.6 测定记录

用计数法。

6.7 定峰方法

采用附录 B 所列或其他适当的方法确定衍射峰位置(2θ)。

6.8 应力计算

根据测定的 $2\theta_{\psi X}-\sin^2\psi$ 线的斜率 M，用式(1)计算应力 σ_X。

7 应力测定误差及修正

应力测定误差应按附录 C 进行计算。

为了准确测定应力值，可进行强度修正。对于铁素体钢系，可用下列简化公式修正：

$$\sigma_{修}=\sigma_{测}+2.1B^2 \qquad \cdots\cdots(2)$$

式中：

$\sigma_{修}$——修正后的应力值，单位为兆帕(MPa)；

$\sigma_{测}$——未经修正的测定应力值，单位为兆帕(MPa)；

B——零度入射衍射线的半高宽，单位为度(°)。

8 报告

8.1 报告内容应包含检测机构名称、检测人员信息和测定日期、材料类型和试样描述、应力大小和误差，以及所用仪器、电压、电流、靶、峰位信息等。

8.2 客户有要求时，还应给出应力测定的不确定度。

附　录　A
（规范性附录）
X 射线应力测定常用的方法

A.1　同倾法

A.1.1　概述

测定方向平面和扫描平面相重合的应力测定方法。如图 A.1 所示。

A.1.2　同倾固定ψ_0 法

在同倾法中计数管扫描时，入射角 ψ_0 保持不变的测定方法。衍射几何如图 A.1 所示。

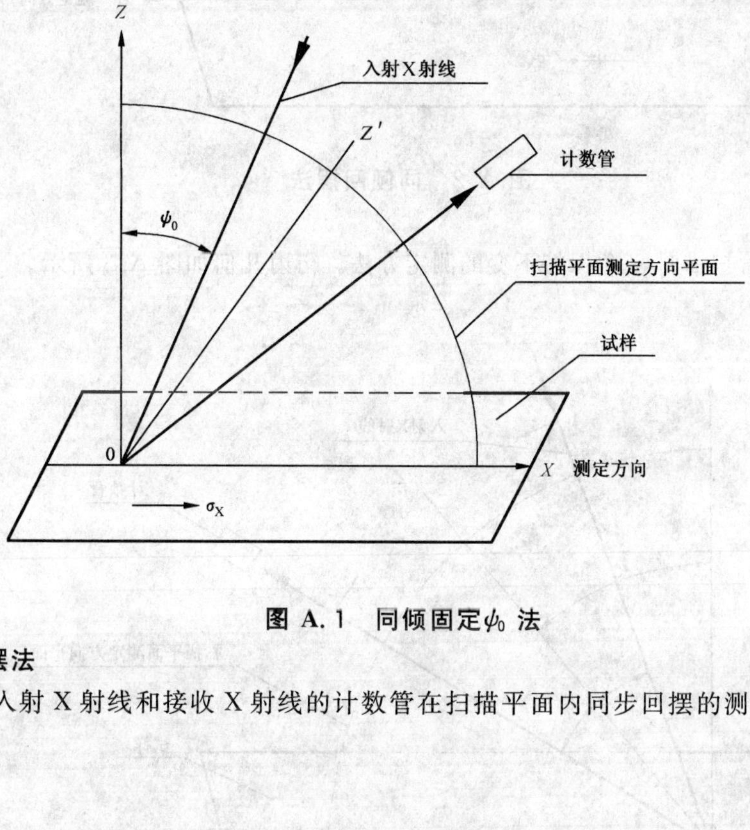

图 A.1　同倾固定ψ_0 法

A.1.3　同倾回摆法

在同倾法中入射 X 射线和接收 X 射线的计数管在扫描平面内同步回摆的测定方法。衍射几何如图 A.2 所示。

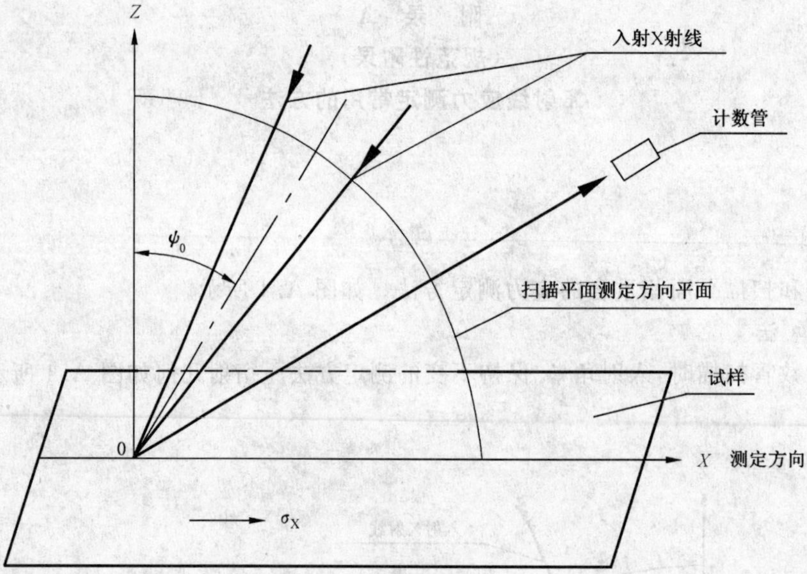

图 A.2 同倾回摆法

A.1.4 同倾固定ψ法

在同倾法中计数管扫描时，ψ角保持不变的测定方法。衍射几何如图 A.3 所示。

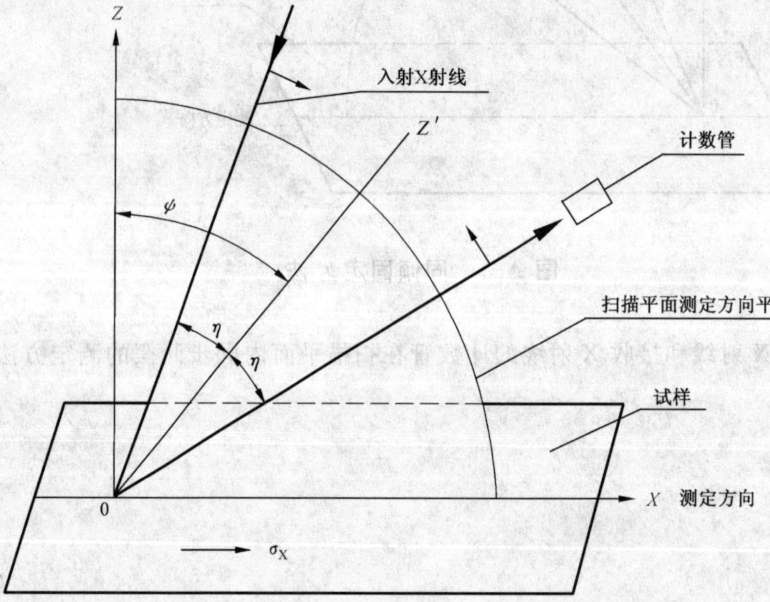

η——入射 X 射线与衍射晶面法线的夹角。

图 A.3 同倾固定ψ法

A.2 侧倾法

测定方向平面和 2θ 扫描平面相互垂直，衍射晶面法线位于测定方向平面内的测定方法。如图 A.4 所示。

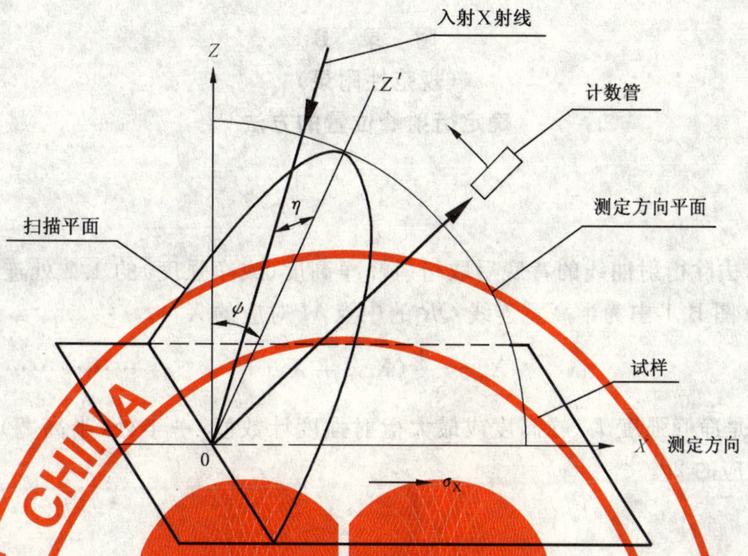

图 A.4 侧倾法

A.2.1 侧倾固定ψ法

在侧倾法中计数管扫描时,ψ 角保持不变的测定方法。

A.2.2 侧倾固定ψ回摆法

扫描过程中,在每一个 2θ 位置保持 2θ 不变,同时使扫描平面以指定的 ψ 为中心在 ψ 平面内摆动一定的角度(Δψ)的侧倾法。

附 录 B
（规范性附录）
确定衍射峰位置的方法

B.1 半高宽法

对某一衍射峰，去除衍射曲线的背底后取衍射峰净高度（或净强度）的 1/2 处连线的中点所对应的 2θ 作为衍射峰位置（图 B.1 中为半高宽连线 QR 的中点 M 对应的 X_0）。

$$X_0 = \frac{1}{2}(X_{-\frac{1}{2}} + X_{+\frac{1}{2}}) \quad \cdots\cdots (B.1)$$

这里 $X_{\pm\frac{1}{2}}$ 分别是净峰强度 I_P（峰高度或最大衍射强度计数值）一半处（半高宽）连线 QR 与衍射线之交点 Q 和 R 所对应的 2θ。

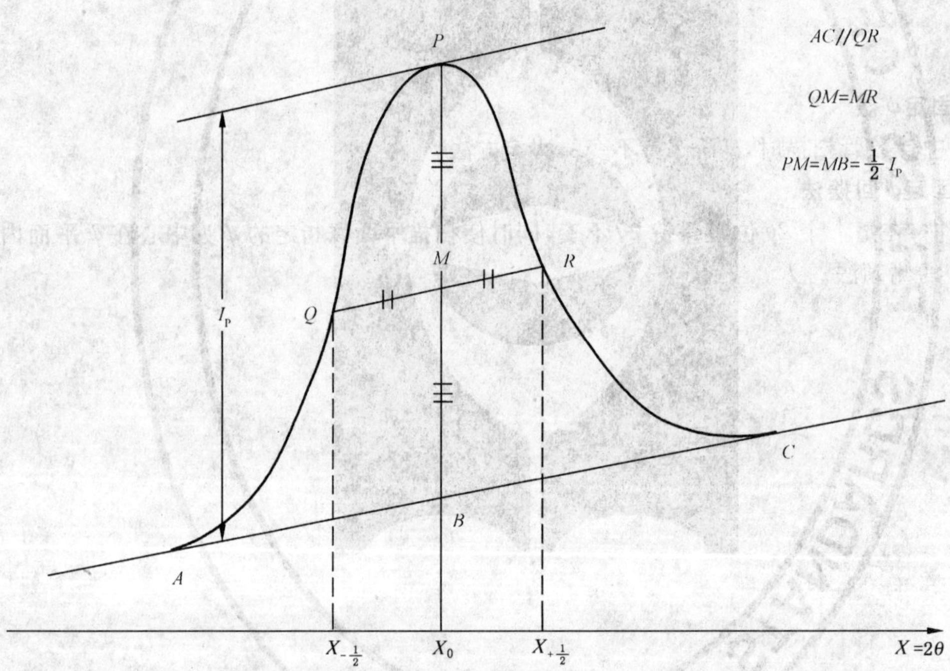

图 B.1 半高宽法

B.2 抛物线法

取净峰衍射强度 85%（计数值）以上的衍射峰附近的间隔相同的 n 个点（$2\theta_i$、$I_{2\theta_i}$）用最小二乘法进行抛物线拟合。以抛物线的顶点所对应的衍射角为峰位 2θ。计算公式如下：

$$2\theta = \left[\frac{A\sum_{i=1}^{n}(2\theta_i)^4 + B\sum_{i=1}^{n}(2\theta_i)^3 + C\sum_{i=1}^{n}(2\theta_i)^2}{A\sum_{i=1}^{n}(2\theta_i)^3 + B\sum_{i=1}^{n}(2\theta_i)^2 + C\sum_{i=1}^{n}(2\theta_i)}\right] \quad \cdots\cdots (B.2)$$

式中：

$$A = n\sum_{i=1}^{n} I_{2\theta_i}(2\theta_i) - \sum_{i=1}^{n} I_{2\theta_i}\sum_{i=1}^{n}(2\theta_i);$$

$$B = \sum_{i=1}^{n}(2\theta_i)^2\sum_{i=1}^{n} I_{2\theta_i} - n\sum_{i=1}^{n}(2\theta_i)^2 I_{2\theta_i};$$

$$C = \sum_{i=1}^{n}(2\theta_i)^2 I_{2\theta_i}\sum_{i=1}^{n}(2\theta_i) - \sum_{i=1}^{n}(2\theta_i)^2\sum_{i=1}^{n} I_{2\theta_i}(2\theta_i);$$

n——数据点的数目，($2\theta_i$、$I_{2\theta_i}$)为 n 个数据中的第 i 个数据坐标，其中 $I_{2\theta_i}$ 为对应 $2\theta_i$ 的衍射强度。

B.3 交相关法

通过两个不同 ψ 角(ψ_1、ψ_2)下测定的衍射峰数据曲线[$f_{\psi_1}(2\theta)$和 $f_{\psi_2}(2\theta)$]构造交相关函数 $F(2\theta)$ 曲线，并以交相关曲线 $F(2\theta)$ 最大值点的横坐标作为两个衍射峰的峰位差 $\Delta 2\theta$ 的方法。计算原理如下：

$$F(2\theta_i) = \sum_{i=1}^{n}\{f_{\psi_1}(2\theta_i)f_{\psi_2}[2\theta_i + \Delta(2\theta_i)]\} \quad \cdots\cdots\cdots\cdots (B.3)$$

式中：

n——测定的总步数；

$2\theta_i$——对应第 i 步的衍射角；

$\Delta(2\theta_i)$——第 i 步对应两个 ψ 角的衍射角之差。

附　录　C
（规范性附录）
随机因素造成的误差计算方法

应力测定误差可由下式计算：

$$\Delta\sigma_X = K \cdot \Delta M \qquad \cdots\cdots (C.1)$$

$$M = \frac{n\overline{XY} - \sum_{i=1}^{n} X_i Y_i}{n\overline{X}^2 - \sum_{i=1}^{n} X_i^2} \qquad \cdots\cdots (C.2)$$

$$\Delta M = t(\alpha, n-2)\sqrt{\frac{\sum_{i=1}^{n}[Y_i - (A + MX_i)]^2}{(n-2)\sum_{i=1}^{n}(X_i - \overline{X})^2}} \qquad \cdots\cdots (C.3)$$

式中：

$\Delta\sigma_X$——应力测定误差，单位为兆帕 MPa；

ΔM——$2\theta_{\psi X} - \sin^2\psi$ 线斜率误差；

$X_i = \sin^2\psi_i$；

$Y_i = 2\theta_{\psi_i X}$；

$\overline{Y} = \frac{1}{n}\sum_{i=1}^{n} Y_i$；

$\overline{X} = \frac{1}{n}\sum_{i=1}^{n} X_i$；

$A = \overline{Y} - M\overline{X}$；

K——应力常数；

$t(\alpha, n-2)$——对应自由度$(n-2)$，置信度$(1-\alpha)$的 t 分布值；

n——ψ 角的个数。

ICS 37.100.01
A 17

中华人民共和国国家标准

GB/T 7705—2008
代替 GB/T 7705—1987

平版装潢印刷品

The offset lithographic prints for decorating

2008-07-02 发布　　2008-12-01 实施

中华人民共和国国家质量监督检验检疫总局
中国国家标准化管理委员会　发布

前言

本标准代替 GB/T 7705—1987《平版装潢印刷品》。

本标准与 GB/T 7705—1987 相比主要修改如下：

——标准的结构形式按照 GB/T 1.1—2000 进行了修改；

——标准中的“外观”、“成品规格尺寸偏差”、“套印误差”及“实地印刷要求”等作了适当的修改；

——标准中增加了“烫箔”、“凹凸印”、“覆膜”及“上、压光”等印后加工要求和“墨层耐磨性”、“墨层上光后印面的耐磨性”等要求。

本标准由新闻出版总署提出。

本标准由全国印刷标准化技术委员会归口。

本标准起草单位：上海包装造纸(集团)有限公司、国家轻工业包装装潢印刷制品质量监督检测上海站、上海烟草工业印刷厂、上海电气集团印刷包装机械有限公司、上海界龙实业股份有限公司、外贸无锡印刷有限公司、上海紫丹印务有限公司、浙江天外包装印刷股份有限公司、上海纺印印刷包装有限公司、中国包装技术协会包装印刷委员会。

本标准主要起草人：郑绍楠、陈麒祥、徐展望、高慧菁、孙健法、何从友、张耀宗、陈海萍、龚忠德、杨泳、周明香、顾闻杰、高善林。

本标准于 1987 年首次发布。

平版装潢印刷品

1 范围

本标准规定了平版装潢印刷品的分类、要求、检验方法、检验规则、标志、包装、运输、贮存等。

本标准适用于平版胶印工艺生产的纸质装潢印刷品，其他平版印刷品也可参照使用。

2 规范性引用文件

下列文件中的条款通过本标准的引用而成为本标准的条款。凡是注日期的引用文件，其随后所有的修改单(不包括勘误的内容)或修订版均不适用于本标准，然而，鼓励根据本标准达成协议的各方研究是否可使用这些文件的最新版本。凡是不注日期的引用文件，其最新版本适用于本标准。

GB/T 2828.1 计数抽样检验程序 第1部分：按接收质量限(AQL)检索的逐批检验抽样计划(GB/T 2828.1—2003，ISO 2859-1：1999，IDT)

GB/T 17934.1—1999 印刷技术 网目调分色片、样张和印刷成品的加工过程控制 第1部分：参数和测试方法(eqv ISO 12647-1：1996)

GB/T 18720 印刷技术 印刷测控条的应用(GB/T 18720—2002，DIN 16527-1：1993，DIN 16527-3：1993，NEQ)

GB/T 18722 印刷技术 反射密度测量和色度测量在印刷过程控制中的应用(GB/T 18722—2002，eqv ISO 13656：2000)

CY/T 3 色评价照明和观察条件

ISO 13655 印刷图像的光谱测量与色度计算

ISO 14981 印刷用反射密度仪的光学几何与测量学条件

ISO 15994 印刷技术 印刷品测试视觉光泽度

3 术语和定义

下列术语和定义适用于本标准。

3.1

平版印刷 planographic printing

印版的图文部分和非图文部分几乎处于同一平面的印刷方式。

[GB/T 9851.1—2008，5.10]

3.2

胶印 offset printing

先将印版上的油墨传递到橡皮布上，再转印到承印物上的平版印刷方式。

[GB/T 9851.1—2008，5.10.1]

3.3

烫印 hot foil-stamping

在纸张、纸板、纸品、涂布类等物品上，通过烫模将烫印材料转移在被烫物上的加工。

[GB/T 9851.7—2008，4.6]

3.4

压凹凸 embossing

用模具将凹凸图案或纹理压到印品上的工艺。

[GB/T 9851.7—2008，4.1]

3.5

覆膜 film laminating

将涂有黏合剂的塑料薄膜覆合到印品表面的工艺。

[GB/T 9851.7—2008,4.5]

3.6

上光 coating

在印品表面涂布透明光亮材料的工艺。

[GB/T 9851.7—2008,4.4]

3.7

压光 calendering

把有涂布层的印刷品,通过滚筒滚压而增加光泽。

[GB/T 9851.9—1990,10.5]

3.8

主要部位 prime section

画面上反映主题的部位,如图像、文字、标志等。

3.9

次要部位 subprime section

画面上除主要部位以外的其他部位。

4 产品分类

4.1 精细产品

采用高质量印刷的材料和精细制版印刷工艺生产、质量符合精细产品要求的高档装潢印刷品。

4.2 一般产品

除精细产品以外的其他装潢印刷品。

5 技术要求

5.1 成品规格尺寸偏差

5.1.1 裁切成品规格尺寸偏差应符合表1的规定。

表1 裁切成品规格尺寸偏差

单位为毫米

裁切成品规格	尺寸极限偏差	
	精细产品	一般产品
390×543及以下	±0.5	±1.0
390×543以上	±1.0	±1.5

5.1.2 模切成品规格尺寸偏差应符合表2的规定。

表2 模切成品规格尺寸偏差

单位为毫米

模切成品规格	尺寸极限偏差	
	精细产品	一般产品
135×195及以下	±0.4	±0.5
135×195以上	±0.8	±1.0

5.1.3 有对称要求的成品图案位置偏差应符合表3的规定。

表 3 有对称要求的成品图案位置偏差

单位为毫米

成品规格	对称图案位置极限偏差	
	精细产品	一般产品
135×195 及以下	±0.4	±0.5
135×195 以上	±0.8	±1.0

5.2 套印误差应符合表 4 的规定。

表 4 套印误差

单位为毫米

套印部位	套印允许误差	
	精细产品	一般产品
主要部位	≤0.10	≤0.20
次要部位	≤0.20	≤0.25

5.3 实地印刷要求应符合表 5 的规定。

表 5 实地印刷要求

项目名称	单位	符号	指标值			
			精细产品		一般产品	
同色密度偏差	—	D_s	≤0.05		≤0.07	
同批同色色差	CIEL* a* b*	ΔE^*_{ab}	$L^*>50.00$	$L^*\leqslant 50.00$	$L^*>50.00$	$L^*\leqslant 50.00$
			≤4.00	≤3.00	≤6.00	≤5.00
墨层光泽度[a]	%	$G_s(60°)$	≥30			
墨层耐磨性[b]	%	A_s	≥40			
墨层上光后印面的耐磨性[b]	%	A_s	≥70			

[a] 无光泽度要求的产品可取消此项指标。

[b] 无耐磨性要求的产品可取消此项指标。

5.4 **网点印刷要求**

5.4.1 亮调网点再现百分率：精细产品≤3%；一般产品≤5%。

5.4.2 正常墨量 50%网点增大值应符合表 6 的规定。

表 6 50%网点增大值

指标名称	指标值	
	精细产品	一般产品
50%网点增大值(ΔF)[a]	≤15%	≤20%

[a] 在墨色实地密度正常情况下。

5.5 **印面外观**

5.5.1 **精细产品**

5.5.1.1 成品应整洁。每件成品主要部位上不能有直径>0.3 mm 的墨皮、纸毛等脏污，直径≤0.3 mm 的墨皮、纸毛等脏污，不能超过 2 点；次要部位上不能有直径>1 mm 的墨皮、纸毛等脏污，直径≤1 mm 的墨皮、纸毛等脏污，不能超过 3 点。

5.5.1.2 文字印刷应清晰完整，小于 5.5 P(7 号)的字应不影响认读。

注：P—Point，1 P 约等于 0.35 mm。

5.5.1.3 印面不应存在划伤和条痕。

5.5.1.4 图像应清晰，层次清楚，网点应清晰均匀无变形和残缺。

5.5.1.5 印刷色相应符合付印样张要求。

5.5.2 一般产品

5.5.2.1 成品应整洁。每件成品主要部位上不能有直径＞1.5 mm 的墨皮、纸毛等脏污，直径≤1.5 mm 的墨皮、纸毛等脏污，不能超过 2 点；次要部位上不能有直径＞2 mm 的墨皮、纸毛等脏污，直径≤2 mm 的墨皮、纸毛等脏污，不能超过 5 点。

5.5.2.2 文字印刷应基本清晰完整，小于 5.5 P(7 号)的字应不影响认读。

注：P—Point，1 P 约等于 0.35 mm。

5.5.2.3 印面不应存在明显条痕。

5.5.2.4 网点应较清晰均匀，应无明显残缺和花糊版。

5.5.2.5 印刷色相应基本符合付印样要求。

5.6 印面烫箔外观

5.6.1 精细产品

5.6.1.1 图文烫箔应完整清晰、牢固、平实，应无虚烫、糊版、脏版和砂眼。

5.6.1.2 字迹烫箔应清晰，应不发毛、无缺笔断划。

5.6.1.3 图文烫箔表面应光亮。

5.6.2 一般产品

5.6.2.1 图文烫箔应完整清晰、牢固、平实，应无明显虚烫、糊版、脏版。

5.6.2.2 字迹烫箔应清晰，应无明显残缺。

5.6.2.3 图文烫箔表面光亮度应无明显差异。

5.7 印面凹凸印外观

5.7.1 精细产品

5.7.1.1 图文凹凸印轮廓应清晰。

5.7.1.2 图文凹凸应均匀，纸张纤维应无断裂。

5.7.2 一般产品

5.7.2.1 图文凹凸印轮廓应基本清晰。

5.7.2.2 图文凹凸应基本均匀，纸张纤维应无断裂。

5.8 印面覆膜外观

5.8.1 精细产品

5.8.1.1 覆膜粘结应完整、牢固。

5.8.1.2 覆膜面应干净、平整，光洁度好，不变色，应无皱折、起泡等。

5.8.2 一般产品

5.8.2.1 覆膜粘结应完整、牢固。

5.8.2.2 覆膜面应基本干净、平整，应无明显皱折、起泡等。

5.9 印面上、压光外观

5.9.1 精细产品

5.9.1.1 上光涂层涂布应均匀，表面不能有气泡、条痕、起皱等。

5.9.1.2 上光膜面两侧亮度应一致，且光泽好。

5.9.1.3 压光表面光亮度应一致，且应有高光泽。

5.9.2 一般产品

5.9.2.1 上光涂层涂布应基本均匀，表面允许有少量的可接受的细小的气泡，但不可有条痕、起皱等。

5.9.2.2 上光膜面两侧亮度应基本一致，光泽好。

5.9.2.3 压光表面光亮度应基本一致，应有较高光泽。

6 检验方法

6.1 检验条件

6.1.1 检验室温度、湿度：温度为 23 ℃±5 ℃，相对湿度为 $60\%^{+15\%}_{-10\%}$。

6.1.2 试样预处理：在 6.1.1 条件下，并在无紫外光照射环境中放置时间应≥8 h。

6.1.3 观样光源：符合 CY/T 3 的规定。

6.2 外观、烫箔、凹凸印、覆膜、上/压光

将试样放在 6.1.3 光源下，进行目测鉴定。脏污点用精度为 0.01 mm 的 20 倍读数放大镜测量。

6.3 成品规格尺寸偏差

6.3.1 裁切成品及模切成品规格尺寸偏差

在有尺寸规定的裁切或模切成品试样部位测出其长度(精确至 0.1 mm)，与规定尺寸之差作为该成品规格尺寸偏差。

6.3.2 有对称要求的成品图案位置偏差

测量试样左右(或上下)任一对称部位的空白处宽度(精确至 0.1 mm)，然后按式(1)计算出成品图案位置偏差。

$$\delta = \frac{|d_1 - d_2|}{2} \qquad \cdots\cdots(1)$$

式中：

δ——成品图案位置偏差，mm；

d_1、d_2——试样对称部位左右(或上下)空白处的宽度，mm。

6.4 套印误差

将试样放在 6.1.3 光源下，用精度为 0.01 mm 的 20 倍读数放大镜分别测量试样主要部位和次要部位任二色间的套印误差各 3 点，分别取其最大值，作为该试样主要部位和次要部位的套印误差。

6.5 同色密度偏差

6.5.1 仪器

采用符合 ISO 14981 的反射密度计。

6.5.2 仪器校正与使用

按 GB/T 18722 的规定进行。

6.5.3 检验步骤

6.5.3.1 测试时，印刷品应平整放置在符合 GB/T 17934.1—1999 附录 B"测量反射密度用底衬材料"要求的底衬材料上。

6.5.3.2 仪器校正与使用方法：按 6.5.2 要求。

6.5.3.3 幅面尺寸为 135 mm×195 mm 及以下的成品，用反射式彩色密度计在同件试样同色的四角和中间各测 1 点；幅面 135 mm×195 mm 以上的成品，在同件试样上均匀增测 5 点。

6.5.4 检验结果

6.5.4.1 每件试样同色密度偏差按式(2)计算。

$$D_s = \sqrt{\frac{\sum_{i=1}^{n}(\overline{D} - D_i)^2}{n-1}} \qquad \cdots\cdots(2)$$

式中：

D_s——同色密度偏差；

$\overline{D}$——n 次同色密度的平均值；

D_i——第 i 次所测的同色密度；

n——所测的次数。

6.5.4.2 比较各色同色密度偏差的平均值，以最大值作为该试样同色密度偏差。

6.6 同批同色色差

6.6.1 仪器

采用符合 ISO 13655 的分光光度计(色差计)。

6.6.2 仪器校正与使用方法

按 GB/T 18722 的规定进行。

6.6.3 检验步骤

在试样中任选一张作为基准样张，用分光光度计先测出其 CIE$L^* a^* b^*$ 均匀色空间的 $L^* a^* b^*$ 值，然后分别测出其余试样与基准样张同色同部位的色差。

6.6.4 检验结果

比较试样各色同批同色色差，以最大值作为该试样同批同色色差。

6.7 墨层光泽度

6.7.1 仪器

采用符合 ISO 15994 的光泽度计。

6.7.2 仪器校正与使用方法

按 ISO 15994 的规定进行。

6.7.3 检验步骤

6.7.3.1 取平整、无折皱的试样。

6.7.3.2 用光泽度计分别对试样不同色层表面进行测量，面积≤100 cm^2 的色层面上测 3 点，面积＞100 cm^2 的色层面上测 5 点。

6.7.3.3 每个试样每种色光泽度测量结果差值＞5 个光泽度单位时，应增加一倍测量点。

6.7.4 检验结果

计算试样各点同色光泽度的平均值作为该试样该色的墨层光泽度。

6.8 墨层耐磨性、墨层上光后印面的耐磨性

6.8.1 仪器

6.8.1.1 摩擦检验机

摩擦台采用表面粗糙度不低于 1.60 μm 的硬性塑料体，并有固定试样的装置；摩擦体采用二块厚 8 mm、硬度为 50 Hs～53 Hs、大小为 25 mm×50 mm 的橡胶，二块摩擦体内侧相距 45 mm；摩擦检验的摩擦次数达 43 次/min±2 次/min，行程约 60 mm。摩擦检验机见图 1。

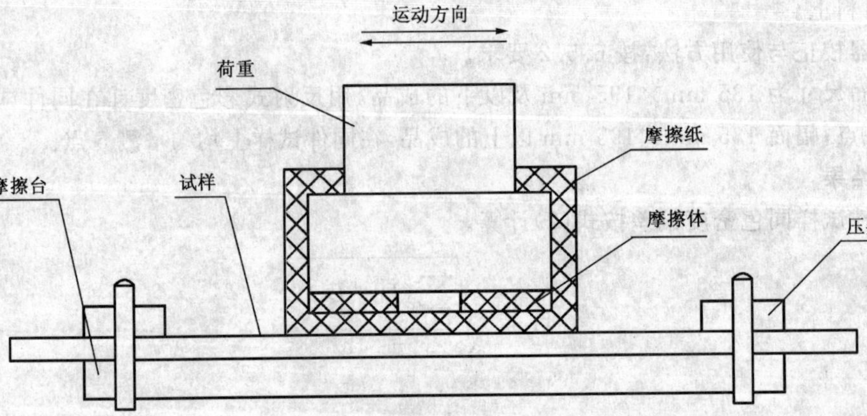

图 1 摩擦检验机

6.8.1.2 **反射密度计**

反射密度计同 6.5.1、6.5.2。

6.8.2 **检验条件**

6.8.2.1 摩擦纸采用 80 g/m^2 的清洁胶版纸，宽度为 50 mm。

6.8.2.2 荷重为 20 N±0.2 N 。

6.8.2.3 摩擦次数为 43 次/min±2 次/min，行程约 60 mm。

6.8.3 **检验步骤**

6.8.3.1 剪切成一定尺寸的试样固定在摩擦台上，试样待测量层面积应大于摩擦体所摩擦的面积。

6.8.3.2 按 6.5.3 测定试样上待磨墨层的彩色密度，测 3 点取平均值。

6.8.3.3 将试样固定在摩擦台上，将摩擦纸固定在摩擦体上。

6.8.3.4 开启摩擦检验机往返摩擦 43 次/min±2 次/min，停机取下试样。

6.8.3.5 按 6.5.3 测定被摩擦最严重的墨层的彩色密度，测 3 点取平均值。

6.8.4 **检验结果**

墨层耐磨性、墨层上光后印面的耐磨性按式(3)计算。

$$A_s = \frac{D}{D_0} \times 100\% \qquad \cdots\cdots(3)$$

式中：

A_s——墨层耐磨性；

D——试样摩擦后的平均密度值；

D_0——试样摩擦前的平均密度值。

6.9 **亮调网点再现百分率**

取印有印刷测控条的试样(自然样张)，测控条应符合 GB/T 18720 的规定，用 20 倍～50 倍放大镜对试样印刷测控条上的各色亮调网点块进行目测，以能见到亮调网点的百分率数作为该试样亮调网点再现百分率。

6.10 **50%网点增大值**

6.10.1 **仪器**

反射密度计同 6.5.1、6.5.2。

6.10.2 **检验步骤**

6.10.2.1 取印有印刷测控条的试样(自然样张)，测控条应符合 GB/T 18720 的规定。

6.10.2.2 采用符合 6.5.1、6.5.2 规定的反射式彩色密度计，在试样印刷测控条上测出任一色实地块密度值，再测出同一色标称覆盖率的网点密度值。

6.10.2.3 再按式(4)计算出试样上任一色 50%网点的实际面积覆盖率 F_D(%)值。

$$F_D = \frac{1-10^{-D_R}}{1-10^{-D_V}} \times 100\% \qquad \cdots\cdots(4)$$

式中：

F_D——试样上任一色 50%网点实际面积覆盖率(%)；

D_V——任一色实地密度值；

D_R——同一色标称覆盖率为 50%的网点密度值。

6.10.3 **检验结果**

6.10.3.1 按式(5)计算出任一色 50%网点增大值 ΔF。

$$\Delta F = F_D - 50\% \qquad \cdots\cdots(5)$$

式中：

ΔF——任一色 50%网点增大值；

F_D——试样上任一色 50％网点实际面积覆盖率(％)；

50％——同一色标称覆盖率。

6.10.3.2 试样各色网点增大值中以最大值作为该试样该色的 50％网点增大值。

7 检验规则

7.1 生产条件基本相同的同一品种、同一规格、同一生产周期的一组单位产品为一批。

7.2 按 GB/T 2828.1 检验抽样方案规定进行抽样检验。样本单位为件。每批最低样本抽样数一般为 5 件。

7.3 不合格品的判定：每件产品按本标准的规定进行检验，如有一项或一项以上技术指标不符合要求，则该产品为不合格品。

7.4 不合格批的判定：每批产品按本标准的规定进行检验，其中有 1 件或 1 件以上为不合格品，则应加倍抽样复检。如仍有 1 件或 1 件以上产品为不合格品，则该批为不合格批。

8 标志、包装、运输、贮存

8.1 标志

每包明显部位应贴合格标签，注明用户单位、产品名称、品种规格、数量、生产企业名称、生产日期及检验员代号等。

8.2 包装

根据合同要求或按产品的体积、质量、数量用纸箱或用牢固的包装纸和捆扎带分包捆扎。

8.3 运输

运输中不能扔、砸、踏，应防潮、防曝晒、防雨淋、防热烤、防重压及防腐蚀气、防液体。

8.4 贮存

贮存环境要求通风防潮、防尘防晒、防油、防霉、防腐蚀气、防液体，不能重压。贮存期一般为自生产之日起不超过 6 个月。

参 考 文 献

［1］ GB/T 9851.1—2008 印刷技术术语 第1部分:基本术语.
［2］ GB/T 9851.7—2008 印刷技术术语 第7部分:印后加工术语.
［3］ GB/T 9851.9—1990 印刷技术术语 第9部分:印后加工术语.

ICS 37.100.01
A 17

中华人民共和国国家标准

GB/T 7706—2008
代替 GB/T 7706—1987

凸版装潢印刷品

The relief prints for decorating

2008-07-02 发布 2008-12-01 实施

中华人民共和国国家质量监督检验检疫总局
中国国家标准化管理委员会 发布

前　言

本标准代替 GB/T 7706—1987《凸版装潢印刷品》。

本标准与 GB/T 7706—1987 相比主要修改如下：

——标准的结构形式按照 GB/T 1.1—2000 进行了修改；

——标准中的“外观”、“成品规格尺寸偏差”、“套印误差”及“实地印刷要求”等作了适当的修改；

——标准中增加了“墨层结合牢度”的要求。

本标准的附录 A 为规范性附录。

本标准由新闻出版总署提出。

本标准由全国印刷标准化技术委员会归口。

本标准起草单位：上海包装造纸(集团)有限公司、国家轻工业包装装潢印刷制品质量监督检测上海站、全国轻工业包装标准化中心、上海正伟印刷有限公司、上海集振印刷厂责任有限公司、中国包装技术协会包装印刷委员会。

本标准主要起草人：郑绍楠、陈麒祥、蔡和平、魏嘉宏、高慧菁、王国雄。

本标准于 1987 年首次发布。

凸版装潢印刷品

1 范围

本标准规定了凸版装潢印刷品的分类、要求、检验方法、检验规则、标志、包装、运输、贮存等。

本标准适用于凸版印刷(柔性版印刷除外)工艺生产的纸质和塑料薄膜装潢印刷品。

2 规范性引用文件

下列文件中的条款通过本标准的引用而成为本标准的条款。凡是注日期的引用文件,其随后所有的修改单(不包括勘误的内容)或修订版均不适用于本标准,然而,鼓励根据本标准达成协议的各方研究是否可使用这些文件的最新版本。凡是不注日期的引用文件,其最新版本适用于本标准。

GB/T 2792—1998 压敏胶粘带180° 剥离强度测定方法(eqv JISZ 0237:1991)

GB/T 2828.1 计数抽样检验程序 第1部分:按接收质量限(AQL)检索的逐批检验抽样计划(GB/T 2828.1—2003,ISO 2859-1:1999,IDT)

GB/T 17934.1—1999 印刷技术 网目调分色片、样张和印刷成品的加工过程控制 第1部分:参数和测试方法(eqv ISO 12647-1:1996)

GB/T 18722 印刷技术 反射密度测量和色度测量在印刷过程控制中的应用(GB/T 18722—2002,eqv ISO 13656:2000)

CY/T 3 色评价照明和观察条件

ISO 13655 印刷图像的光谱测量与色试计算

ISO 14981 印刷用反射密度仪的光学几何与测量学条件

ISO 15994 印刷技术 印刷品测试视觉光泽度

3 术语和定义

下列术语和定义适用于本标准。

3.1

凸版印刷 relief printing

用图文部分高于非图文部分的印版进行印刷的方式。分为直接凸版印刷和间接凸版印刷。

[GB/T 9851.1—2008,5.7]

3.2

烫印 hot foil-stamping

在纸张、纸板、纸品、涂布类等物品上,通过烫模将烫印材料转移在被烫物上的加工。

[GB/T 9851.7—2008,4.6]

3.3

覆膜 film laminating

将涂有黏合剂的塑料薄膜覆合到印品表面的工艺。

[GB/T 9851.7—2008,4.5]

3.4

上光 coating

在印品表面涂布透明光亮材料的工艺。

[GB/T 9851.7—2008,4.4]

3.5

主要部位　prime section

画面上反映主题的部位，如图像、文字、标志等。

[GB/T 7705—2008　平版装潢印刷品，3.8]

3.6

次要部位　subprime section

画面上除主要部位以外的其他部位。

[GB/T 7705—2008　平版装潢印刷品，3.9]

4　产品分类

4.1　精细产品

采用高质量印刷主、辅材料和精细制版工艺生产、质量符合精细产品各项指标的高档装潢印刷品。

4.2　一般产品

除精细产品以外的其他装潢印刷品。

5　技术要求

5.1　成品规格尺寸偏差

5.1.1　裁切成品规格尺寸偏差应符合表1的规定。

表1　裁切成品规格尺寸偏差　　单位为毫米

裁切成品规格	尺寸极限偏差	
	精细产品	一般产品
390×543 及以下	±0.5	±1.0
390×543 以上	±1.0	±1.5

5.1.2　模切成品规格尺寸偏差应符合表2的规定。

表2　模切成品规格尺寸偏差　　单位为毫米

模切成品规格	尺寸极限偏差			
	精细产品		一般产品	
	纸类	膜类	纸类	膜类
135×195 及以下	±0.4	±0.5	±0.5	±0.6
135×195 以上	±0.6	±0.8	±0.7	±1.0

5.1.3　有对称要求的成品图案位置偏差应符合表3的规定。

表3　有对称要求的成品图案位置偏差　　单位为毫米

成品规格	对称图案允许偏差	
	精细产品	一般产品
135×195 及以下	±0.4	±0.5
135×195 以上	±0.8	±1.0

5.2　套印误差应符合表4的规定。

表 4 套印误差

单位为毫米

套印部位	套印允许误差	
	精细产品	一般产品
主要部位	≤0.15	≤0.25
次要部位	≤0.25	≤0.30

5.3 实地印刷要求应符合表 5 的规定。

表 5 实地印刷要求

指标名称	单 位	符 号	指 标 值			
			精细产品		一般产品	
同色密度偏差		D_s	≤0.05		≤0.07	
同批同色色差	CIE$L^*a^*b^*$	ΔE^*_{ab}	$L^*>50.00$	$L^*\leqslant 50.00$	$L^*>50.00$	$L^*\leqslant 50.00$
			≤5.00	≤4.00	≤6.00	≤5.00
墨层光泽度[a]	%	$G_s(60°)$	≥32		—	
墨层耐磨性	%	A_s	≥70			
墨层结合牢度[b]	%	A	≥85			

[a] 无光泽度要求的产品可取消此项指标。

[b] 墨层结合牢度是指墨层与薄膜平面之间的结合牢度。无此项要求的产品可取消此项指标。

5.4 **印面外观**

5.4.1 **精细产品**

5.4.1.1 成品应整洁，无刮痕、污渍、残缺。

5.4.1.2 文字印刷应清晰完整，无残缺变形，小于 5.5 P(7 号)的字应不影响认读。

注：P-Point，1 P 约等于 0.35 mm。

5.4.1.3 网点应清晰均匀，无残缺。

5.4.1.4 印刷主要部位不能存在条痕、重影。

5.4.1.5 印刷主要部位不能有肉眼可见的污渍点。

5.4.1.6 印刷色相应符合付印样要求。

5.4.1.7 覆膜不能有皱折、气泡等，覆膜层边缘不可翘起。

5.4.1.8 电化铝烫箔应平实、牢固、不变色、不糊版，应无烫箔砂眼、残缺、毛边、划伤。

5.4.1.9 上光应平实、牢固、不变色、无污渍点。

5.4.2 **一般产品**

5.4.2.1 成品应整洁，无明显刮痕、污渍、残缺。

5.4.2.2 文字印刷应较清晰完整，无明显残缺变形，小于 5.5 P(7 号)的字应不影响认读。

注：P-Point，1 P 约等于 0.35 mm。

5.4.2.3 网点应较清晰完整，无明显残缺。

5.4.2.4 印刷主要部位不能存在条痕、重影。

5.4.2.5 每件成品主要部位上不能有直径>0.4 mm 的污渍点，直径≤0.4 mm 的污点不能超过 3 点。

5.4.2.6 印刷色相应基本符合付印样要求。

5.4.2.7 每件覆膜成品上不能有直径>0.4 mm的气泡，直径≤0.4 mm的气泡不能超过3个。

5.4.2.8 电化铝烫箔应平实、牢固、不变色、不糊版，每件成品上不能有直径>0.3 mm的烫箔砂眼，直径≤0.3 mm的烫箔砂眼不能超过2个。

5.4.2.9 上光应平实、牢固、不变色、无明显污渍点。

6 检验方法

6.1 检验条件

6.1.1 试验室温度、湿度：温度为23 ℃±5 ℃，相对湿度为$60\%^{+15}_{-10}\%$。

6.1.2 试样预处理：在6.1.1条件下，在无紫外光照射环境中放置时间应≥8 h。

6.1.3 观样光源：符合CY/T 3的规定。

6.2 外观

将试样放在6.1.3所规定的观样光源下，通过目测进行鉴定。其中污点、气泡用精度为0.01 mm经计量鉴定合格的20倍刻度显微镜测量。

6.3 成品规格尺寸偏差

6.3.1 裁切成品及模切成品规格尺寸偏差

在有尺寸规定的裁切或模切成品试样部位测出其长度(精确至0.1 mm)，与规定尺寸之差作为该成品试样规格尺寸偏差。

6.3.2 有对称要求的成品图案位置偏差

测量试样左右(或上下)任一对称部位的空白处宽度(精确至0.1 mm)，然后按式(1)计算出成品图案位置偏差。

$$\delta=\frac{|d_1-d_2|}{2} \qquad \cdots\cdots(1)$$

式中：

δ——成品图案位置偏差，mm；

d_1、d_2——试样对称部位左右(或上下)空白处的宽度，mm。

6.4 套印误差

将试样放在6.1.3所规定的观样光源下，用精度为0.01 mm的20倍刻度显微镜分别测量试样主要部位和次要部位任二色间的套印误差各3点，分别取其最大值，作为该试样主要部位和次要部位的套印误差。

6.5 同色密度偏差

6.5.1 仪器

采用符合ISO 14981的反射密度计。

6.5.2 仪器校正与使用方法

按GB/T 18722的规定进行。

6.5.3 检验步骤

6.5.3.1 测试时，印刷品应平整放置在符合GB/T 17934.1—1999附录B“测量反射密度用底衬材料”要求的底衬上。

6.5.3.2 仪器校正与使用方法按6.5.2要求。

6.5.3.3 幅面尺寸为135 mm×195 mm及以下的成品，用反射式彩色密度仪在同件试样同色的四角和中间各测1点；幅面尺寸为135 mm×195 mm以上的成品，在同件试样上均匀增测5点。

6.5.4 检验结果

6.5.4.1 每件试样同色密度偏差按式(2)计算。

$$D_s = \sqrt{\frac{\sum_{i=1}^{n}(\overline{D} - D_i)^2}{n-1}} \quad \cdots\cdots\cdots\cdots(2)$$

式中：

D_s——同色密度偏差；

$\overline{D}$——n 次同色密度的平均值；

D_i——第 i 次所测的同色密度；

n——所测的次数。

6.5.4.2 比较各色同色密度偏差的平均值，以最大值作为该试样同色密度偏差。

6.6 同批同色色差

6.6.1 仪器

采用符合 ISO 13655 的分光光度计(色差计)。

6.6.2 仪器校正与使用方法

按 GB/T 18722 的规定进行。

6.6.3 检验步骤

在试样中任选一张作为基准样张，用分光光度计先测出其 CIE$L^* a^* b^*$ 值，然后分别测出其余试样与基准样张同色同部位的色差。

6.6.4 检验结果

比较试样各色同批同色色差，以最大值作为该试样同批同色色差。

6.7 墨层光泽度

6.7.1 仪器

采用符合 ISO 15994 的光泽度计。

6.7.2 仪器校正与使用方法

按 ISO 15994 的规定进行。

6.7.3 检验步骤

6.7.3.1 取平整、无折皱的试样。

6.7.3.2 用光泽度计分别对试样不同色层表面进行测量，面积≤100 cm^2 的色层面上测 3 点，面积>100 cm^2 的色层面上测 5 点。

6.7.3.3 每个试样每种色光泽度测量结果差值>5 个光泽度单位时，应增加一倍测量点。

6.7.4 检验结果

计算试样各点同色光泽度的平均值作为该试样该色的墨层光泽度。

6.8 墨层耐磨性

6.8.1 仪器

6.8.1.1 摩擦试验机

摩擦台采用表面粗糙度不低于 1.60 μm 的硬性塑料体，并有固定试样的装置；摩擦体采用二块厚 8 mm、硬度为 50 Hs～53 Hs、大小为 25 mm×50 mm 的橡胶，二块摩擦体内侧相距 45 mm；摩擦试验的摩擦次数应达 43 次/min±2 次/min，行程约 60 mm。摩擦试验机见图 1。

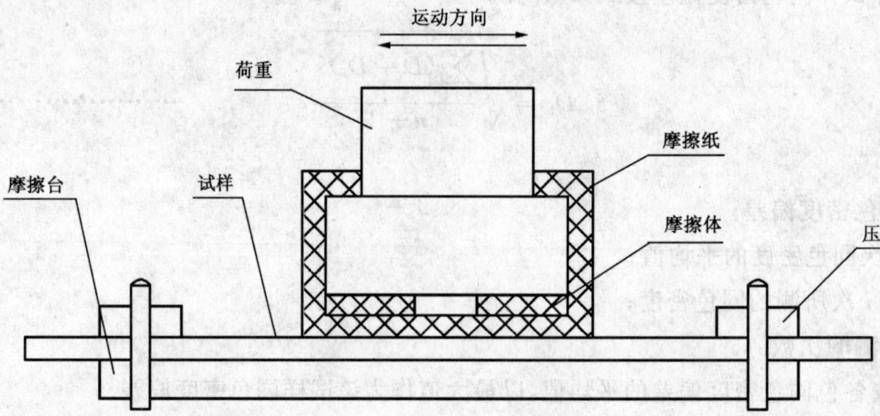

图 1 摩擦试验机

6.8.1.2 反射密度计

反射密度计同 6.5.1、6.5.2。

6.8.2 检验条件

6.8.2.1 摩擦纸采用 80 g/m^2 的清洁胶版纸，宽度为 50 mm。

6.8.2.2 荷重为 20 N±0.2 N 。

6.8.2.3 摩擦次数为 43 次/min±2 次/min，行程约 60 mm。

6.8.3 检验步骤

6.8.3.1 剪切成一定尺寸的试样固定在摩擦台上，试样待测量层面积应大于摩擦体所摩擦的面积。

6.8.3.2 按 6.5.3 测定试样上待磨墨层的彩色密度，测 3 点取平均值。

6.8.3.3 将试样固定在摩擦台上，将摩擦纸固定在摩擦体上。

6.8.3.4 开启摩擦试验机往返摩擦 43 次/min±2 次/min，停机取下试样。

6.8.3.5 按 6.5.3 测定被摩擦最严重的墨层的彩色密度，测 3 点取平均值。

6.8.4 检验结果

墨层耐磨性按式(3)计算。

$$A_s = \frac{D}{D_0} \times 100\% \qquad \cdots\cdots\cdots\cdots(3)$$

式中：

A_s——墨层耐磨性；

D——试样摩擦后的平均密度值；

D_0——试样摩擦前的平均密度值。

6.9 墨层结合牢度

6.9.1 检验装置

6.9.1.1 试验用胶带的选择应遵照附录 A 中的 A.1 规定。

6.9.1.2 胶带压滚机的要求见附录 A 中的 A.2.1。

6.9.1.3 圆盘剥离试验机见图 2。A 盘直径为 ϕ170 mm、宽度为 55 mm，B 盘直径为 ϕ65 mm、宽度为 55 mm，A、B 两盘之间的压力为 100 N。

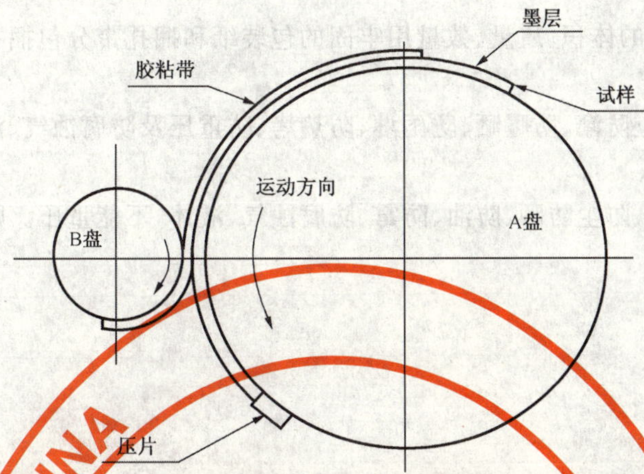

图 2　圆盘剥离试验机

6.9.2　检验步骤

6.9.2.1　将胶带粘贴在试样油墨印刷面上，在胶带压滚机上往返滚压 3 次，使要求的试样部位完全粘贴，并将胶带粘贴后的试样放置 5 min～10 min。

6.9.2.2　将试样的一端固定在 A 盘上，露头的胶带固定在 B 盘上(见图 2)。

6.9.2.3　开机后，A 盘以 0.6 m/s～1.0 m/s 的速度旋转揭开胶带。

6.9.2.4　取下试样，用宽 20 mm 的半透明毫米格纸覆盖在被揭部分，分别数出油墨层所占的格数和被揭去的油墨层所占的格数。

6.9.3　检验结果

墨层结合牢度按式(4)计算。

$$A=\left(\frac{A_1}{A_1+A_2}\right)\times 100\% \qquad \cdots\cdots(4)$$

式中：

A——墨层结合牢度；

A_1——油墨层的格数；

A_2——被揭去的油墨层的格数。

7　检验规则

7.1　生产条件基本相同的同一品种、同一规格、同一生产周期的一组单位产品为一批。

7.2　按 GB/T 2828.1 检验抽样方案规定进行抽样。样本单位为件。每批最低样本抽样数一般为 5 件。

7.3　不合格品的判定：每件产品按本标准的规定进行检验，如有一项或一项以上技术指标不符合要求，则该产品为不合格品。

7.4　不合格批的判定：每批产品按本标准的规定进行检验，其中有 1 件或 1 件以上产品为不合格品，则应加倍抽样复检。如仍有 1 件或 1 件以上产品为不合格品，则该批为不合格批。

8　标志、包装、运输、贮存

8.1　标志

每包横头上应贴检验合格标签，注明用户单位、产品名称、品种规格、数量、生产企业名称、生产日期及检验员代号等。

8.2 **包装**

根据合同要求或按产品的体积、质量、数量用牢固的包装纸和捆扎带分包捆扎、塑料袋或纸箱包装。

8.3 **运输**

运输中不能扔、砸、踏，应防潮、防曝晒、防雨淋、防热烤、防重压及防腐蚀气、液体。

8.4 **贮存**

贮存环境要求通风防潮、防尘防晒、防油、防霉、防腐蚀气、液体，不能重压。贮存期一般为自生产之日起不超过6个月。

附 录 A
（规范性附录）
墨层牢度试验用胶带

A.1 胶带的基本要求

A.1.1 宽度 19 mm

A.1.2 粘合力 2.91 N/19 mm～3.33 N/19 mm

A.1.3 胶带基材 PE

A.1.4 胶粘剂 合成类丙烯酸胶

A.1.5 溶剂 芳香烃类

A.2 胶带粘合力测定方法

A.2.1 胶带压滚机

A.2.1.1 压辊为橡胶覆盖的金属滚轮，直径为 ϕ84 mm±1 mm，宽度为 45 mm。

A.2.1.2 橡胶硬度(邵尔 A 型)为 60°～80°，厚度为 6 mm。

A.2.1.3 压辊荷重 20 N±0.5 N。

A.2.1.4 滚压速度 0.3 m/min。

A.2.2 拉力试验机

拉力试验机应能自动记录剥离负荷，并有绘图输出。

A.2.3 试验方法

A.2.3.1 试验室温度为 25 ℃±2 ℃、相对湿度为 60%±5%。

A.2.3.2 胶带被粘材料应在 A.2.3.1 的条件下放置 2 h 以上。

A.2.3.3 将胶带剥开，粘贴到被粘材料上，在胶带压滚机上往返滚压三次，放置 5 min 后再试验。

A.2.3.4 拉力试验机以 0.3 m/min 的速度连续剥离，并按 GB/T 2792—1998 中的 7.2 求积仪法计算粘合力。

A.2.3.5 每卷测三次，求平均值为胶带粘合力。

参 考 文 献

[1] GB/T 9851.1—2008 印刷技术术语 第1部分:基本术语.
[2] GB/T 9851.7—2008 印刷技术术语 第7部分:印后加工术语.
[3] GB/T 7705—2008 平版装潢印刷品.

ICS 37.100.01
A 17

中华人民共和国国家标准

GB/T 7707—2008
代替 GB/T 7707—1987

凹版装潢印刷品

The intaglio prints for decorating

2008-07-02 发布　　　　2008-12-01 实施

中华人民共和国国家质量监督检验检疫总局
中国国家标准化管理委员会　发布

前　言

本标准代替 GB/T 7707—1987《凹版装潢印刷品》。

本标准与 GB/T 7707—1987 相比主要修改如下：

——标准的结构形式按照 GB/T 1.1—2000 进行了修改；

——标准中的“外观”、“套印误差”及“实地印刷要求”等作了适当的修改。

本标准的附录 A 为规范性附录。

本标准由新闻出版总署提出。

本标准由全国印刷标准化技术委员会归口。

本标准起草单位：上海包装造纸（集团）有限公司、国家轻工业包装装潢印刷制品质量监督检测上海站、全国轻工业包装标准化中心、上海紫江彩印包装有限公司、江苏彩华集团昆山市张浦彩印厂、四川成都市顶新包装印务有限公司、中国包装技术协会包装印刷委员会。

本标准主要起草人：郑绍楠、陈麒祥、陆佳平、候小平、包燕敏、张立生、黄波。

本标准于 1987 年首次发布。

凹版装潢印刷品

1 范围

本标准规定了凹版装潢印刷品的要求、试验方法、检验规则、标志、包装、运输等。

本标准适用于凹版印刷工艺生产的塑料薄膜和玻璃纸装潢印刷品、包装复合膜印刷品。

本标准不适用于纸质凹版印刷装潢印刷品。

2 规范性引用文件

下列文件中的条款通过本标准的引用而成为本标准的条款。凡是注日期的引用文件,其随后所有的修改单(不包括勘误的内容)或修订版均不适用于本标准,然而,鼓励根据本标准达成协议的各方研究是否可使用这些文件的最新版本。凡是不注日期的引用文件,其最新版本适用于本标准。

GB/T 2792—1998 压敏胶粘带180°剥离强度测定方法(eqv JISZ 0237:1991)

GB/T 2828.1 计数抽样检验程序 第1部分:按接收质量限(AQL)检索的逐批检验抽样计划(GB/T 2828.1—2003,ISO 2859-1:1999,IDT)

GB/T 18722 印刷技术 反射密度测量和色度测量在印刷过程控制中的应用(GB/T 18722—2002,eqv ISO 13656:2000)

CY/T 3 色评价照明和观察条件

ISO 13655 印刷图像的光谱测量与色度计算

ISO 14981 印刷用反射密度仪的光学几何与测量学条件

ISO 15994 印刷技术 印刷品测试视觉光泽度

3 术语和定义

下列术语和定义适用于本标准。

3.1

凹版印刷 recess printing

印版的图文部分低于非图文部分的印刷方式。

[GB/T 9851.1—2008,5.12]

3.2

网目调凹印 halftone gravure

通过网穴大小和深浅变化来再现其阶调值的凹版印刷方式。

[GB/T 9851.5—2008,2.3]

3.3

主要部位 prime section

画面上反映主题的部位,如图像、文字、标志等。

[GB/T 7705—2008,3.8]

3.4

次要部位 subprime section

画面上除主要部位以外的其他部位。

[GB/T 7705—2008,3.9]

4 技术要求

4.1 套印误差应符合表1的规定。

表1 套印误差

单位为毫米

承印材质	套印部位	套印允许误差
双向拉伸类薄膜	主要部位	≤0.20
	次要部位	≤0.35
非双向拉伸类薄膜	主要部位	≤0.30
	次要部位	≤0.60

4.2 实地印刷要求应符合表2的规定。

表2 实地印刷要求

单位为毫米

项目名称	单位	符号	指标值	
同色密度偏差		D_s	≤0.06	
同批同色色差	CIE$L^*a^*b^*$	ΔE^*_{ab}	$L^*>50.00$	$L^*\leq 50.00$
			≤5.00	≤4.00
墨层光泽度[a]	%	$G_S(60°)$	≥35	
墨层结合牢度[b]	%	A	≥95	

[a] 仅指表印产品。无光泽度要求的产品可取消此项指标。

[b] 仅指墨层与薄膜表面之间的结合牢度。其指标值为除金、银墨外的墨层与薄膜表面之间的结合牢度指标值。

4.3 印面外观

4.3.1 成品应整洁,应无明显油墨污渍、残缺、刀丝等。

4.3.2 文字印刷应清晰完整、无残缺变形,小于7.5 P(6号)的字应不影响认读。

注:P—Point,1 P约等于0.35 mm。

4.3.3 实地印刷印迹边缘应光洁、墨色均匀、无明显水纹状。

4.3.4 印刷层次过渡应平稳、无明显阶调跳跃。

4.3.5 网点应清晰均匀、无明显变形和残缺。

4.3.6 印刷色相应符合付印样张要求。

5 检验方法

5.1 检验条件

5.1.1 试验室温度、湿度:温度为23 ℃±5 ℃,相对湿度$60\%^{+15}_{-10}\%$。

5.1.2 试样预处理:在5.1.1的条件下,并在无紫外光照射环境中放置时间应≥8 h。

5.1.3 观样光源:符合CY/T 3的规定。

5.2 外观

将试样放在5.1.3所规定的观样光源下,通过目测进行鉴定。

5.3 套印误差

将检测样放在5.1.3所规定的观样光源下,用精度为0.01 mm的20倍读数放大镜分别测量检测样主要部位和次要部位任二色间的套印误差各3点,分别取其最大值,作为该检测样主要部位和次要部位的套印误差。

5.4 同色密度偏差

5.4.1 仪器

采用符合 ISO 14981 的反射密度计。

5.4.2 仪器校正与使用方法

按 GB/T 18722 的规定进行。

5.4.3 检验步骤

5.4.3.1 测试时试样的底衬应为白色。

5.4.3.2 仪器校正与使用方法按 5.4.2。

5.4.3.3 幅面尺寸为 135 mm×195 mm 及以下的成品，在同件试样同色的四角和中间各测 1 点；幅面尺寸为 135 mm×195 mm 以上的成品，在同件试样上均匀增测 5 点。

5.4.4 检验结果

5.4.4.1 每件试样同色密度偏差按式(1)计算。

$$D_s = \sqrt{\frac{\sum_{i=1}^{n}(\overline{D}-D_i)^2}{n-1}} \qquad \cdots\cdots(1)$$

式中：

D_s——同色密度偏差；

$\overline{D}$——n 次同色密度的平均值；

D_i——第 i 次所测的同色密度；

n——所测的次数。

5.4.4.2 比较各色同色密度偏差的平均值，以最大值作为该试样同色密度偏差。

5.5 同批同色色差

5.5.1 仪器

采用符合 ISO 13655 的分光光度计(色差计)。

5.5.2 仪器校正与使用方法

按 GB/T 18722 的规定进行。

5.5.3 检验步骤

在试样中任选一张作为基准样张，用分光光度计先测出其 CIE$L^*a^*b^*$ 均匀色空间的 CIE$L^*a^*b^*$ 值，然后分别测出其余试样与基准样张同色同部位的色差。

5.5.4 检验结果

比较试样各色同批同色色差，以最大值作为该试样同批同色色差。

5.6 墨层光泽度

5.6.1 仪器

采用符合 ISO 15994 的光泽度计。

5.6.2 仪器校正与使用方法

按 ISO 15994 的规定进行。

5.6.3 检验步骤

5.6.3.1 取平整、无折皱的试样。

5.6.3.2 用光泽度计分别对试样不同色层表面进行测量，面积≤100 cm^2 的色层面上测 3 点，面积>100 cm^2 的色层面上测 5 点。

5.6.3.3 每个试样每种色光泽度测量结果差值>5 个光泽度单位时，应增加一倍测量点。

5.6.4 检验结果

计算试样各点同色光泽度的平均值作为该试样该色的墨层光泽度。

5.7 墨层结合牢度

5.7.1 试样要求

5.7.1.1 采用普通凹印油墨印刷的试样,应放置 8 h 后方可进行墨层结合牢度的测试。

5.7.1.2 采用需固化的凹印油墨印刷的试样,应放置 24 h 后方可进行墨层结合牢度的测试。

5.7.2 检验装置

5.7.2.1 试验用胶带的选择应遵照附录 A 中的 A.1 规定。

5.7.2.2 胶带压滚机的要求见附录 A 中的 A.2.1 规定。

5.7.2.3 圆盘剥离试验机见图 1。A 盘直径为 ϕ170 mm、宽度为 55 mm,B 盘直径为 ϕ65 mm、宽度为 55 mm,A、B 两盘之间的压力为 100 N。

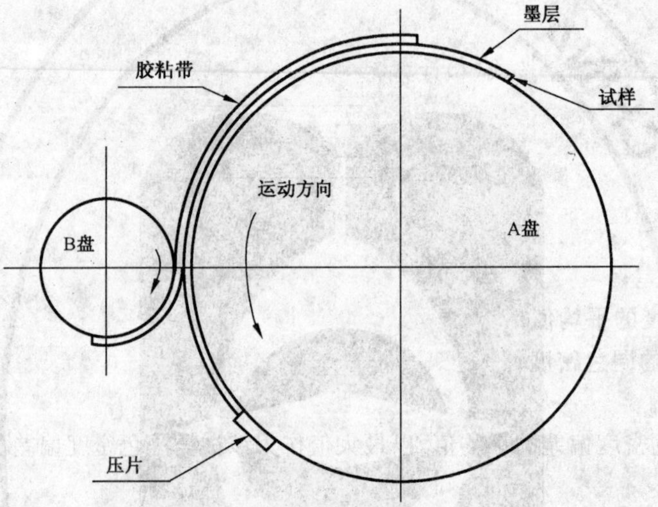

图 1 圆盘剥离试验机

5.7.3 检验步骤

5.7.3.1 将胶带粘贴在试样油墨印刷面上,在胶带压滚机上往返滚压三次,使要求的试样部位完全粘贴,并将胶带粘贴后的试样放置 5 min~10 min。

5.7.3.2 将试样的一端夹在 A 盘上,露头的胶带固定在 B 盘上(见图 1)。

5.7.3.3 开机后,A 盘以 0.6 m/s~1.0 m/s 的速度旋转揭开胶带。

5.7.3.4 取下试样,用宽 20 mm 的半透明毫米格纸覆盖在被揭部分,分别数出油墨层所占的格数和被揭去的油墨层所占的格数。

5.7.4 检验结果

墨层结合牢度按式(2)计算。

$$A = \left(\frac{A_1}{A_1 + A_2}\right) \times 100\% \qquad \cdots\cdots\cdots\cdots(2)$$

式中:

A——墨层结合牢度;

A_1——油墨层的格数;

A_2——被揭去的油墨层的格数。

6 检验规则

6.1 生产条件基本相同的同一品种、同一规格、同一生产周期的一组产品为一批。

6.2 按 GB/T 2828.1 检验抽样方案规定进行抽样检验。膜的样本单位为卷,袋的样本单位为只。每批最低样本数量一般为膜不少于 3 卷,袋不少于 5 只。

6.3 不合格品的判定：每件产品（膜或袋）按本标准的规定进行检验，如有一项或一项以上技术指标不符合要求，则该产品为不合格品。

6.4 不合格批的判定：每批产品（膜或袋）按本标准的规定进行检验，其中有1件或1件以上的产品为不合格品，则应加倍抽样复检。如仍有1件或1件以上产品为不合格品，则该批为不合格批。

7 标志、包装、运输、贮存

7.1 标志

产品包装箱内应附有产品检验合格证，并标明用户单位、产品名称、品种规格、数量（膜以米为单位、袋以只为单位）、质量、批号、生产企业名称、生产日期、检验员代号等。

7.2 包装

膜、袋产品均应采用瓦楞纸箱内衬塑料薄膜（膜类加筒芯防震垫套芯）或纸类包装，也可按供需双方合同要求进行包装。

7.3 运输

运输中应轻装轻卸，应避免碰撞和接触锐利物体，避免重压，应防晒、防雨淋、防热烤。应能保证包装完好及产品不受污染与损伤。

7.4 贮存

产品应贮存在清洁、干燥、通风、温度适中的库房内。应远离热源，距热源应不少于1 m。不应堆放过高，以防重压。产品贮存期一般为自生产之日起不超过6个月。

附 录 A
（规范性附录）
墨层牢度试验用胶带

A.1 胶带的基本要求

A.1.1 宽度	19 mm
A.1.2 粘合力	2.91 N/19 mm～3.33 N/19 mm
A.1.3 胶带基材	PE
A.1.4 胶粘剂	合成类丙烯酸胶
A.1.5 溶剂	芳香烃类

A.2 胶带粘合力测定方法

A.2.1 胶带压滚机

A.2.1.1 压辊为橡胶覆盖的金属滚轮，直径为 ϕ84 mm±1 mm，宽度为 45 mm。

A.2.1.2 橡胶硬度(邵尔 A 型)为 60°～80°，厚度为 6 mm。

A.2.1.3 压辊荷重 20 N±0.5 N。

A.2.1.4 滚压速度 0.3 m/min。

A.2.2 拉力试验机

拉力试验机应能自动记录剥离负荷，并有绘图输出。

A.2.3 试验方法

A.2.3.1 试验室温度为 25 ℃±2 ℃、相对湿度为 60%±5%。

A.2.3.2 胶带被粘材料应在 A.2.3.1 的条件下放置 2 h 以上。

A.2.3.3 将胶带剥开，粘贴到被粘材料上，在胶带压滚机上往返滚压三次，放置 5 min 后再试验。

A.2.3.4 拉力试验机以 0.3 m/min 的速度连续剥离，并按 GB/T 2792—1998 中的 7.2 求积仪法计算粘合力。

A.2.3.5 每卷测三次，求平均值为胶带粘合力。

参 考 文 献

[1] GB/T 9851.1—2008 印刷技术术语 第1部分:基本术语.
[2] GB/T 9851.5—2008 印刷技术术语 第5部分:凹版印刷术语.
[3] GB/T 7705—2008 平版装潢印刷品.

ICS 71.080.30
G 17

中华人民共和国国家标准

GB/T 7717.1—2008
代替 GB 7717.1—1994、GB/T 7717.2—1994

工业用丙烯腈
第1部分：规格

Acrylonitrile for industrial use—
Part 1：Specification

2008-06-19 发布 2009-02-01 实施

中华人民共和国国家质量监督检验检疫总局
中国国家标准化管理委员会 发布

前 言

GB/T 7717《工业用丙烯腈》预计分为如下几部分：

——第1部分：规格；

——第5部分：酸度、pH值和滴定值的测定；

——第8部分：总醛含量的测定　分光光度法；

——第9部分：总氰含量的测定　滴定法；

——第10部分：过氧化物含量的测定　分光光度法；

——第11部分：铁、铜含量的测定　分光光度法；

——第12部分：纯度及杂质含量的测定　气相色谱法；

——第15部分：对羟基苯甲醚含量的测定　分光光度法。

本部分为GB/T 7717的第1部分。

本部分代替GB 7717.1—1994《工业用丙烯腈》和GB/T 7717.2—1994《工业用丙烯腈外观的测定》。

本部分与GB 7717.1—1994的主要差异如下：

——增加丙烯腈含量、丙腈、噁唑、甲基丙烯腈四个指标项目，丙烯腈优等品的这四个项目指标分别设为丙烯腈含量≥99.5%（质量分数），丙腈含量≤100 mg/kg、噁唑含量≤200 mg/kg、甲基丙烯腈含量≤300 mg/kg；

——删除了阻聚剂氨含量指标及试验方法；

——提高了酸度、pH值、总醛、丙酮和水分质量分数五个项目的指标水平，修改如下：

- 一等品中酸度指标由≤35 mg/kg改为≤30 mg/kg；
- pH值上限值由9.0改为8.0；
- 总醛优等品指标由≤50 mg/kg改为≤30 mg/kg；
- 丙酮优等品指标由≤100 mg/kg改为≤80 mg/kg、一等品指标由≤200 mg/kg改为≤150 mg/kg、合格品指标由≤300 mg/kg改为≤200 mg/kg；
- 水分增加下限值的控制，优等品、一等品和合格品的水分含量的下限为不小于0.2%（质量分数）。

本部分由中国石油化工集团公司提出。

本部分由全国化学标准化技术委员会石油化学分技术委员会（SAC/TC 63/SC 4）归口。

本部分起草单位：中国石化上海石油化工股份有限公司。

本部分主要起草人：陈慧丽、陈洪德、屈玲娣、唐建忠、卫咏梅。

本部分所代替标准的历次版本发布情况为：

——GB 7717.1—1987、GB 7717.1—1994；

——GB 7717.2—1987、GB/T 7717.2—1994。

工业用丙烯腈
第1部分：规格

警告——本部分未指出所有可能的安全问题。生产者必须向用户说明产品的危险性，使用中的安全和防护措施，本部分的使用者有责任采取适当的安全和健康措施，并保证符合国家有关法规规定的条件。

1 范围

本部分规定了工业用丙烯腈的要求、试验方法、检验规则、包装、标志、贮存、运输及安全要求。

本部分适用于丙烯氨氧化法生产的丙烯腈。该产品主要用作合成纤维、塑料、含氰橡胶、丙烯酸树脂、涂料、粘合剂及制药等原料。

分子式：C_3H_3N

结构式：$CH_2=CH-CN$

相对分子质量：53.063（按2005年国际相对原子质量）

2 规范性引用文件

下列文件中的条款通过GB/T 7717本部分的引用而成为本部分的条款。凡是注日期的引用文件，其随后所有的修改单（不包括勘误的内容）或修订版均不适用于本部分，然而，鼓励根据本部分达成协议的各方研究是否可使用这些文件的最新版本。凡是不注日期的引用文件，其最新版本适用于本部分。

GB 190—1990 危险货物包装标志

GB/T 1250 极限数值的表示方法和判定方法

GB/T 3143 液体化学产品颜色测定法（Hazen单位——铂-钴色号）

GB/T 3723 工业用化学产品采样安全通则

GB/T 4472 化工产品密度、相对密度测定通则

GB/T 6283 化工产品中水分含量的测定 卡尔·费休法（通用方法）

GB/T 6678 化工产品采样总则

GB/T 6680 液体化工产品采样通则

GB/T 7534 工业用挥发性有机液体 沸程的测定

GB/T 7717.5 工业用丙烯腈 第5部分：酸度、pH值和滴定值的测定

GB/T 7717.8 工业用丙烯腈中总醛含量的测定 分光光度法

GB/T 7717.9 工业用丙烯腈中总氰含量的测定 滴定法

GB/T 7717.10 工业用丙烯腈 第10部分：过氧化物含量的测定 分光光度法

GB/T 7717.11 工业用丙烯腈 第11部分：铁、铜含量的测定 分光光度法

GB/T 7717.12 工业用丙烯腈 第12部分：纯度及杂质含量的测定 气相色谱法

GB/T 7717.15 工业用丙烯腈中对羟基苯甲醚含量的测定 分光光度法

GB 15603 常用危险化学品贮存通则

3 要求和试验方法

工业用丙烯腈应符合表1的要求，并按表1中规定的试验方法进行检验。

表 1　工业用丙烯腈质量指标和试验方法

项　　目		质量指标			试验方法
		优等品	一等品	合格品	
外观[a]		透明液体，无悬浮物			
色度(Pt-Co)/号	≤	5	5	10	GB/T 3143
密度(20 ℃)/(g/cm³)		0.800～0.807			GB/T 4472
酸度(以乙酸计)/(mg/kg)	≤	20	30	—	GB/T 7717.5
pH 值(5%的水溶液)		6.0～9.0			
滴定值(5%的水溶液)/mL	≤	2.0	2.0	3.0	
水分的质量分数/%		0.20～0.45	0.20～0.45	0.20～0.60	GB/T 6283
总醛(以乙醛计)的质量分数/(mg/kg)	≤	30	50	100	GB/T 7717.8
总氰(以氢氰酸计)的质量分数/(mg/kg)	≤	5	10	20	GB/T 7717.9
过氧化物(以过氧化氢计)的质量分数/(mg/kg)	≤	0.20	0.20	0.40	GB/T 7717.10
铁的质量分数/(mg/kg)	≤	0.10	0.10	0.20	GB/T 7717.11
铜的质量分数/(mg/kg)	≤	0.10	0.10	—	
丙烯醛的质量分数/(mg/kg)	≤	10	20	40	GB/T 7717.12
丙酮的质量分数/(mg/kg)	≤	80	150	200	
乙腈的质量分数/(mg/kg)	≤	150	200	300	
丙腈的质量分数/(mg/kg)	≤	100	—	—	
噁唑的质量分数/(mg/kg)	≤	200	—	—	
甲基丙烯腈的质量分数/(mg/kg)	≤	300	—	—	
丙烯腈的质量分数/%	≥	99.5	—	—	
沸程(在 0.101 33 MPa 下)/℃		74.5～79.0			GB/T 7534
阻聚剂，对羟基苯甲醚的质量分数/(mg/kg)		35～45			GB/T 7717.15

[a] 取 50 mL～60 mL 试样，置于清洁、干燥的 100 mL 具塞比色管中，在日光或日光灯透射下，用目视法观察。

4　检验规则

4.1　检验分类

检验分为型式检验和出厂检验，型式检验项目为表 1 技术要求中规定的所有项目，正常情况下每月至少进行一次型式检验。出厂检验项目为表 1 中的外观、色度、pH 值、滴定值、水分、总氰、丙烯醛、丙酮、乙腈、阻聚剂 10 个项目。

4.2　组批

本产品若装在贮罐内，以每一贮罐为一批，若为桶装产品，以每一包装批为一批，若为槽车装运产品，以每一槽车为一批。

4.3　取样

取样按 GB/T 3723、GB/T 6678 和 GB/T 6680 的规定进行。

采样单元数按照 GB/T 6678 的规定确定，采样总量不少于 1 000 mL，样品装于干燥、洁净的塑料采样瓶中，贴上标签，注明：生产厂名称、产品名称、批号、采样日期和采样者姓名等内容。

4.4 判定和复验

检验结果有一项指标不符合本部分规定的要求时，则应重新加倍采样进行检验，检验结果即使只有一项指标不符合本部分要求，则整批产品为不合格。极限数值的判定按 GB/T 1250 中全数值比较法进行。

4.5 交货验收

工业用丙烯腈出厂检验由生产厂负责，生产厂应保证所有出厂的产品符合本部分的要求。每批出厂的产品应附有质量检验合格证或一定格式的质量证明书。用户在收到产品后，应及时按照本部分的规定进行验收。

5 标志、包装、运输和贮存

5.1 标志

5.1.1 包装容器上应用牢固清晰的标志注明：生产厂名称、生产地址、产品名称、商标、生产日期或批号、等级、净质量和本部分编号等内容。

5.1.2 包装容器、贮槽上应有符合 GB 190—1990 规定的“易燃物品”、“剧毒品”、“怕受热”的明显标志。

5.1.3 每批出厂的产品都应有质量检验合格证，其内容包括：产品名称、生产厂名称、厂址、批号或生产日期、等级、本部分编号等。每批出厂的产品都应附有安全技术说明书，容器上应贴有安全标签。

5.2 包装

5.2.1 工业用丙烯腈桶装产品的包装应采用干净、清洁的专用铁桶，铁桶经气密性试验合格后才能进行包装。包装后桶口密封，防止渗漏。每桶净含量为 150 kg。

5.2.2 工业用丙烯腈产品也可以用专用槽车或专用管道输送，注意防止泄漏。

5.3 运输

工业用丙烯腈为易燃、剧毒危险品，运输时应遵守国家有关规定。

5.4 贮存

5.4.1 工业用丙烯腈应符合 GB 15603 的规定，贮存于专用贮槽内，桶装丙烯腈则应贮存于符合有毒、易燃液体存放安全、防火规定的专用有顶仓库。

5.4.2 工业用丙烯腈贮存时应注意通风，隔绝火种，温度不应超过 30 ℃，并应配备相应的安全防护、消防设施。

5.4.3 不得与氧化剂、酸类、碱类、胺类、溴等接触或一起存放，不得与防护、灭火方法相互抵触的危险品一起存放。

5.4.4 在遵守运输和贮存条件下，含阻聚剂的工业用丙烯腈贮存保证期为自生产之日起 3 个月。

6 安全要求

6.1 工业用丙烯腈属高度危险品，具有易燃、爆炸性质，闪点 −5 ℃，自燃点 481 ℃，蒸气密度 1.83(相对于空气)，与空气混合物的爆炸极限为 3.05 %～17.5 %(体积分数)，遇明火、高热能引起燃烧爆炸，因此，一切预防措施应考虑如何避免形成燃烧、爆炸气氛。

6.2 工业用丙烯腈剧毒而且易挥发，能通过皮肤及呼吸道为人体吸收，应为接触工业用丙烯腈的人员提供保护皮肤和呼吸器官的劳保措施。工业用丙烯腈的分析应在通风橱中进行。

6.3 工作区域空气中工业用丙烯腈最大允许浓度不超过 2 mg/m^3。

6.4 工业用丙烯腈遇水能分解产生有毒气体，与强酸、强碱、胺类、溴能发生激烈反应，因此，应避免与上述物质接触。

6.5　消防器材应用泡沫、二氧化碳、干粉灭火器、砂土等。

6.6　溢出的工业用丙烯腈可在碱性介质中(pH＞8.5)(用 pH 试纸检验)，加入适量漂白粉(次氯酸盐)覆盖、收集，放置 12 h 后清除，所有处理和清除步骤应在通风条件下戴上防毒面具进行。

ICS 71.080.30
G 17

中华人民共和国国家标准

GB/T 7717.5—2008
代替 GB/T 7717.5—1994、GB/T 7717.6—1994、GB/T 7717.13—1994

工业用丙烯腈
第5部分：酸度、pH值和滴定值的测定

Acrylonitrile for industrial use—
Part 5: Determination of acidity and pH value and titration value

2008-06-19 发布　　2009-02-01 实施

中华人民共和国国家质量监督检验检疫总局
中国国家标准化管理委员会　发布

前　言

GB/T 7717《工业用丙烯腈》预计分为如下几部分：

——第1部分：规格；

——第5部分：酸度、pH值和滴定值的测定；

——第8部分：总醛含量的测定　分光光度法；

——第9部分：总氰含量的测定　滴定法；

——第10部分：过氧化物含量的测定　分光光度法；

——第11部分：铁、铜含量的测定　分光光度法；

——第12部分：纯度及杂质含量的测定　气相色谱法；

——第15部分：对羟基苯甲醚含量的测定　分光光度法。

本部分为GB/T 7717的第5部分。

本部分代替GB/T 7717.5—1994《工业用丙烯腈（5%水溶液）pH值的测定》、GB/T 7717.6—1994《工业用丙烯腈（5%水溶液）滴定值的测定》和GB/T 7717.13—1994《工业用丙烯腈酸度的测定　滴定法》。

本部分与上述三个标准相比主要变化如下：

——将三个标准整合成一个标准，技术内容基本不变；

——名称修改为《工业用丙烯腈　第5部分：酸度、pH值和滴定值的测定》；

——增加了第3章“安全”。

本部分由中国石油化工集团公司提出。

本部分由全国化学标准化技术委员会石油化学分会（SAC/TC 63/SC 4）归口。

本部分起草单位：中国石化上海石油化工股份有限公司。

本部分主要起草人：屈玲娣、唐建忠、陈洪德、周华强、朱青。

本部分所代替标准的历次版本发布情况为：

——GB 7717.5—1987、GB/T 7717.5—1994；

——GB 7717.6—1987、GB/T 7717.6—1994；

——GB 7717.13—1987、GB/T 7717.13—1994。

工业用丙烯腈
第5部分：酸度、pH值和滴定值的测定

1 范围

本部分规定了工业用丙烯腈酸度、pH值和滴定值的测定方法。

本部分适用于工业用丙烯腈酸度、pH值和滴定值的测定，酸度的最低检测浓度为1 mg/kg(以乙酸计)。

2 规范性引用文件

下列文件中的条款通过GB/T 7717本部分的引用而成为本部分的条款。凡是注日期的引用文件，其随后所有的修改单(不包括勘误的内容)或修订版均不适用于本部分，然而，鼓励根据本部分达成协议的各方研究是否可使用这些文件的最新版本。凡是不注日期的引用文件，其最新版本适用于本部分。

GB/T 601 化学试剂 标准滴定溶液的制备

GB/T 603 化学试剂 试验方法中所用制剂及制品的制备

GB/T 3723 工业用化学产品采样安全通则(GB/T 3723—1999,idt ISO 3165:1976)

GB/T 6678 化工产品采样总则

GB/T 6680 液体化工产品采样通则

GB/T 6682 分析实验室用水规格和试验方法(GB/T 6682—2008,ISO 3696:1987,MOD)

GB/T 8170 数值修约规则

GB/T 9724 化学试剂 pH值测定通则

3 安全

3.1 工业用丙烯腈属高度危险品，剧毒且易挥发，能通过皮肤及呼吸道为人体吸收，分析应在通风橱中进行，并为接触丙烯腈人员提供保护皮肤和呼吸器官的劳保措施。

3.2 溢出的工业用丙烯腈可在碱性介质中(pH＞8.5)(用pH试纸检验)，加入适量漂白粉(次氯酸盐)覆盖、收集，放置12 h后清除。所有处理和清除步骤应在通风条件下戴上防毒面具进行。

4 方法提要

4.1 酸度的测定：在不与二氧化碳接触的条件下，以百里酚蓝为指示剂，用碱的醇标准滴定溶液滴定酸的总量。

4.2 pH值测定：用pH计直接测定丙烯腈水溶液(5%质量分数)的pH值。

4.3 滴定值测定：在规定体积并已按4.2测定pH值的丙烯腈水溶液中，用0.1 mol/L硫酸标准滴定溶液进行电位滴定，滴定至pH值等于5.0时，记录所需硫酸标准滴定溶液的毫升数，作为试样的滴定值。

5 试剂与溶液

本部分所用试剂和水，在没有注明其他要求时，均指分析纯试剂和GB/T 6682中规定的三级水。

本部分所用标准滴定溶液、制剂和制品，在没有注明其他要求时，均按GB/T 601、GB/T 603规定制备。

5.1 氢氧化钠；

5.2 氮气：纯度大于99.9%(体积分数)；

5.3 异丙醇：用经钠石灰除去二氧化碳的氮气吹洗(10～15)min；

5.4 硫酸标准滴定溶液：$c(\frac{1}{2}H_2SO_4)=0.1$ mol/L；

5.5 氢氧化钠异丙醇标准滴定溶液：c(NaOH-异丙醇)＝0.01 mol/L，按下述方法制备：

配制氢氧化钠饱和异丙醇溶液，放置(3～4)d，以沉淀碳酸钠，然后吸取上层澄清溶液，其浓度以百里酚蓝为指示剂，用硫酸标准滴定溶液(5.4)标定。再用异丙醇(5.3)稀释至 c(NaOH-异丙醇)＝0.01 mol/L。该溶液贮存于用橡皮塞盖紧的玻璃瓶中，此液在出现浑浊或经多次使用后应重新配制、标定。

5.6 百里香酚蓝指示剂：1 g/L 的异丙醇溶液。

5.7 不含二氧化碳的蒸馏水：将符合 GB/T 6682 的三级水煮沸 10 min，冷却，密封保存待用(使用前制备)。

6 仪器和设备

6.1 带氮气吹管的具塞锥形瓶：250 mL，其结构如图1所示。

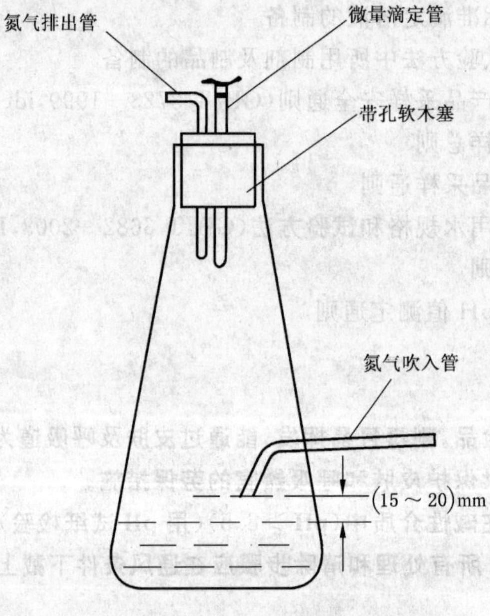

图1 带氮气吹管的具塞锥形瓶

6.2 秒表；

6.3 pH计：测量精度 0.02 pH；

6.4 电磁搅拌器；

6.5 微量滴定管：5 mL，分度值 0.02 mL；

6.6 移液管：2 mL；

6.7 量筒：50 mL、100 mL、1 000 mL；

6.8 烧杯：1 000 mL；

6.9 氮气流量计。

7 采样

按 GB/T 3723、GB/T 6678、GB/T 6680 的规定采取样品。

8 分析步骤

8.1 酸度的测定：准确量取 75 mL 试样置于预先用氮气置换过的锥形瓶(6.1)中，加入 5 滴百里香酚蓝指示剂(5.6)，摇匀，盖上塞子，再用氮气置换 5 min，然后在继续通氮条件下，用氢氧化钠异丙醇标准滴定溶液(5.5)滴定至出现蓝色并在 30 s 内不消失为终点。

注：氮气流量为(200～500)mL/min。

8.2 pH 值测定：准确量取不含二氧化碳的蒸馏水(5.7)760 mL，置于 1 000 mL 烧杯中，准确加入试样 50 mL，混匀。按 GB/T 9724 的规定步骤测定 pH 值。

8.3 滴定值测定：在 8.2 所配置的试样溶液中，边搅拌，边滴加硫酸标准滴定溶液(5.4)，直至试样溶液的 pH 值达到 5.0 为止。所消耗的硫酸标准滴定溶液的体积数(mL)即为滴定值。

9 分析结果的表示

9.1 酸度计算

酸度以乙酸的质量分数 w 计，数值以%表示，按式(1)计算：

$$w=\frac{V\times c\times 0.060\,05}{75\times\rho}\times 100 \quad\cdots\cdots(1)$$

式中：

V——试样消耗氢氧化钠异丙醇标准滴定溶液体积的数值，单位为毫升(mL)；

c——氢氧化钠异丙醇标准滴定溶液浓度的准确数值，单位为摩尔每升(mol/L)；

ρ——试样密度的数值，单位为克每毫升(g/mL)；

0.060 05——与 1.00 mL 氢氧化钠异丙醇标准滴定溶液[c(NaOH)=0.01 mol/L]相当的乙酸质量的数值，单位为克。

9.2 滴定值计算

滴定值 V_Y，以 mL 表示，按式(2)计算：

$$V_Y=c/c_0\times V \quad\cdots\cdots(2)$$

式中：

c——硫酸标准滴定溶液的实际浓度，单位为摩尔每升(mol/L)；

c_0——硫酸标准滴定溶液的理论浓度，数值为 0.1 000，单位为摩尔每升(mol/L)；

V——试样消耗硫酸标准滴定溶液的体积数，单位为毫升(mL)。

9.3 结果的表示

取两次重复测定结果的算术平均值作为分析结果，其数值按 GB/T 8170 的规定进行修约，酸度精确至 0.1 mg/kg，pH 值精确至 0.01，滴定值精确至 0.01 mL。

10 重复性

在同一实验室，由同一操作者使用相同设备，按相同的测试方法，并在短时间内对同一被测对象相互独立进行测试获得的两次独立测试结果的绝对差值，不应超过下列重复性限(r)[以超过重复性限(r)的情况不超过 5%为前提]：

酸度：　　不大于其平均值的 2 %；

pH 值：　　不大于 0.05；

滴定值：　不大于 0.05 mL。

11 报告

报告应包括如下内容：

a) 有关样品的全部资料，例如样品的名称、批号、采样点、采样日期、时间等；

b) 本部分编号；

c) 分析结果；

d) 测定时观察到的任何异常现象的细节及其说明；

e) 分析人员的姓名及分析日期等。

ICS 71.080.30
G 17

中华人民共和国国家标准

GB/T 7717.10—2008
代替 GB/T 7717.10—1994

工业用丙烯腈
第10部分:过氧化物含量的测定
分光光度法

Acrylonitrile for industrial use—
Part 10: Determination of content of peroxides—
Spectrophotometric method

2008-06-19 发布　　　　2009-02-01 实施

中华人民共和国国家质量监督检验检疫总局
中国国家标准化管理委员会 发布

前言

GB/T 7717《工业用丙烯腈》预计分为如下几部分：

——第1部分：规格；

——第5部分：酸度、pH值和滴定值的测定；

——第8部分：总醛含量的测定　分光光度法；

——第9部分：总氰含量的测定　滴定法；

——第10部分：过氧化物含量的测定　分光光度法；

——第11部分：铁、铜含量的测定　分光光度法；

——第12部分：纯度及杂质含量的测定　气相色谱法；

——第15部分：对羟基苯甲醚含量的测定　分光光度法。

本部分为GB/T 7717的第10部分。

本部分修改采用ASTM E 1784：1997(2002)《丙烯腈中总过氧化物含量测定的标准试验方法》(英文版)，本部分与ASTM E 1784：1997(2002)的结构性差异参见附录A。

本部分与ASTM E 1784：1997(2002)的主要差异为：

——规范性引用文件中采用现行国家标准；

——适用的浓度范围修改为0.05 mg/kg～1.0 mg/kg；

——在无过氧化物丙烯腈的制备中，删除离子交换树脂法；将碱洗蒸馏法中的碱液浓度降低到7%(质量分数)，删除水洗、增加无水氯化钙脱水步骤；并明确了活性氧化铝吸附法的制备条件；

——调整了显色反应试剂的加入顺序；

——明确规定了加入碘化钾后的摇动时间为3 min，显色时间改为40 min；

——吸收池规格由1 cm调整为2 cm；

——改变了校准曲线中各浓度点的配制方法；

——增加了采用高锰酸钾标准滴定溶液标定过氧化氢储备液的方法；

——采用了自行确定的重复性限(r)。

本部分代替GB/T 7717.10—1994《工业用丙烯腈中过氧化物含量的测定　分光光度法》。

本部分与GB/T 7717.10—1994相比的主要变化如下：

——适用的浓度范围修改为0.05 mg/kg～1.0 mg/kg；

——将碱洗蒸馏法中的碱液浓度增加到7%(质量分数)，将无水氯化钙脱水时间减少为4 h；增加了用活性氧化铝制备无过氧化物丙烯腈的方法；

——加入碘化钾后的摇动时间改为3 min；

——吸收池规格由1 cm调整为2 cm；

——改变了标准溶液的制备方法和校准曲线中各浓度点的配制方式；

——增加了采用硫代硫酸钠标准滴定溶液标定过氧化氢储备液的方法；

——重新确定了重复性限(r)。

本部分的附录A为资料性附录。

本部分由中国石油化工集团公司提出。

本部分由全国化学标准化技术委员会石油化学分技术委员会(SAC/TC 63/SC 4)归口。

本部分起草单位：上海石油化工研究院。

本部分主要起草人：高琼、李唯佳、王川。

本部分所代替标准的历次版本发布情况为：

GB 7717.10—1987、GB/T 7717.10—1994。

工业用丙烯腈
第10部分:过氧化物含量的测定
分光光度法

1 范围

1.1 本部分规定了测定工业用丙烯腈中过氧化物含量的分光光度法。

本部分适用于过氧化物(以过氧化氢计)含量为0.05 mg/kg ~1.0 mg/kg的工业用丙烯腈试样。

1.2 本部分并不是旨在说明与其使用有关的所有安全问题。使用者有责任建立适当的安全与健康措施,保证符合国家有关法规的规定。

2 规范性引用文件

下列文件中的条款通过GB/T 7717本部分的引用而成为本部分的条款。凡是注明日期的引用文件,其随后所有的修改单(不包括勘误的内容)或修订版均不适用于本部分,然而,鼓励根据本部分达成协议的各方研究是否可使用这些文件的最新版本。凡是不注明日期的引用文件,其最新版本适用于本部分。

GB/T 601 化学试剂 标准滴定溶液的制备

GB/T 603 化学试剂 试验方法中所用制剂及制品的制备

GB/T 3723 工业用化学产品采样安全通则(GB/T 3723—1999,idt ISO 3165:1976)

GB/T 6680 液体化工产品采样通则

GB/T 6682 分析实验室用水规格和试验方法(GB/T 6682—2008,ISO 3696:1987,MOD)

GB/T 8170 数值修约规则

3 方法提要

在乙酸酐的作用下,试样中过氧化物与碘化钾反应,生成黄色的碘三离子(I_3^-)。用分光光度计于波长365 nm处测定溶液的吸光度,根据由过氧化氢标准溶液绘制的校准曲线查得试样中过氧化物(以H_2O_2计)的含量。

4 仪器

4.1 分光光度计:精度±0.001 A,配置2 cm的石英吸收池;

4.2 电子天平:感量0.1 mg;

4.3 定时器;

4.4 酸度计:精度0.1 pH;

4.5 具塞锥形瓶:100 mL;

4.6 碘量瓶:250 mL;

4.7 滴定管:25 mL,棕色;

4.8 容量瓶:50 mL、100 mL和500 mL棕色;

4.9 刻度移液管:1 mL;5mL;

4.10 单标线移液管:0.5 mL、2 mL、5 mL和25 mL;

4.11 分液漏斗:1 000 mL;

4.12 全玻璃蒸馏系统；

4.13 色层分析柱：溶液柱内径 40 mm，溶液柱长 400 mm，具有砂芯滤片和活塞，在距砂芯滤片 235 mm 处作一标记。

5 试剂

除另有注明外，所用试剂均为分析纯，水均符合 GB/T 6682 规定的三级水的规格，所用的标准滴定溶液、制剂及制品，均按 GB/T 601、GB/T 603 的规定制备，若使用其他级别试剂，则以其纯度不会降低测定准确度为准。

5.1 碘化钾，粉末状，若为块状结晶须碾细后使用；

5.2 乙酸酐；

5.3 过氧化氢，质量分数为 30%；

5.4 无水氯化钙：若为块状须碾碎后使用；

5.5 盐酸溶液[c(HCl)＝ 0.01 mol/L]；

5.6 氢氧化钠溶液[c(NaOH)＝ 0.01 mol/L]；

5.7 氢氧化钠溶液，质量分数为 7%；

5.8 硫酸溶液[$c(1/2\ H_2SO_4)=12$ mol/L]：量取 360 mL 浓硫酸（H_2SO_4 $\rho=1.84$），缓慢注入约 400 mL 水中，冷却，稀释至 1 000 mL；

5.9 钼酸铵溶液，30 g/L：溶解 1.5 g 钼酸铵[$(NH_4)_6Mo_7O_{24}\cdot 4H_2O$]于适量水中并稀释至 50 mL，用盐酸(5.5)或氢氧化钠(5.6)调节 pH 至 7.0；

5.10 硫代硫酸钠标准滴定溶液[$c(Na_2S_2O_3)=0.1$ mol/L]；

5.11 淀粉指示剂溶液；

5.12 高锰酸钾标准滴定溶液[$c(1/5KMnO_4)=0.1$ mol/L]；

5.13 硫酸溶液：1∶4（体积比）；

5.14 活性氧化铝：球形，直径(3～5)mm，氧化铝含量＞92%，比表面积(300～420) m^2/g，孔容≥0.4，堆积密度≥0.7 g/mL。

5.15 无过氧化物丙烯腈：可按下述方法之一制备

5.15.1 碱洗蒸馏法：取 600 mL 丙烯腈和 300 mL 氢氧化钠溶液(5.7)置于同一分液漏斗中，振摇 5 min，静置 10 min，待溶液分层后放出水层，将上层的丙烯腈倒入已盛有 60 g 无水氯化钙(5.4)的棕色试剂瓶中，放置 4 h 后，在全玻璃系统中进行蒸馏，收集沸程为 75.5 ℃～79.0 ℃的中间馏分。所制备的无过氧化物丙烯腈应不少于 200 mL。

5.15.2 活性氧化铝柱吸附法：活性氧化铝预先在 175 ℃～315 ℃活化处理后备用。在色层分析柱中装入活性氧化铝至标记处（预先在烧杯中用丙烯腈试样漂洗至无粉末出现），称作 A 柱；以相同的方法填充另一根色层分析柱（柱内的活性氧化铝用通过 A 柱的无过氧化物丙烯腈漂洗），称作 B 柱。使丙烯腈试样以 6.0 mL/min～22.0 mL/min 的速度依次通过 A 柱和 B 柱，最后收集通过 B 柱的无过氧化物丙烯腈。所制备的无过氧化物丙烯腈应不少于 200 mL。

注：经上述步骤处理的无过氧化物丙烯腈按 8.1 步骤检测，吸光度应小于 0.170。

6 采样

按 GB/T 3723 和 GB/T 6680 规定的技术要求采取样品，放置至室温。

7 标准溶液的制备和校准曲线的绘制

7.1 过氧化氢标准储备溶液

按下述方法之一制备和标定。

7.1.1 硫代硫酸钠标准滴定溶液标定法

7.1.1.1 过氧化氢储备溶液的制备

用移液管移取 2.5 mL 过氧化氢(5.3),移入 500 mL 容量瓶中,用水稀释至刻度,充分混合。称作溶液 A,该溶液含过氧化氢约 1.5 mg/mL。

7.1.1.2 过氧化氢储备溶液的标定

7.1.1.2.1 在三只盛有 100 mL 水的 250 mL 碘量瓶中各溶解 2 g 碘化钾(5.1),加入 25 mL 硫酸(5.8)和 3 滴钼酸铵溶液(5.9)并摇匀。

注:钼酸铵溶液起催化作用。

7.1.1.2.2 移取 25 mL 溶液 A 于其中的两只碘量瓶中,移取 25 mL 水于另一碘量瓶中作空白,具塞并摇匀。

7.1.1.2.3 在暗处静置 5 min,用硫代硫酸钠标准滴定溶液(5.10)滴定释放出的碘直至溶液变成浅黄色,再加 1 mL ~2 mL 淀粉溶液(5.11),继续滴定至蓝色刚消失为止。

7.1.1.2.4 溶液 A 的准确浓度按式(1)计算,取两次重复测定结果的算术平均值作为分析结果。

$$\rho_A = \frac{(V_1 - V_0) \times c \times 17.01}{V} \qquad \cdots\cdots(1)$$

式中:

ρ_A——过氧化氢储备溶液 A 的准确浓度,单位为毫克每毫升(mg/mL);

V_1——样品所消耗的硫代硫酸钠标准溶液的体积,单位为毫升(mL);

V_0——空白溶液所消耗的硫代硫酸钠标准溶液的体积,单位为毫升(mL);

c——硫代硫酸钠标准滴定溶液之物质的量的浓度,单位为摩尔每升(mol/L);

V——移取的过氧化氢储备溶液 A 的体积,单位为毫升(mL);

17.01——与 1.00 mL 硫代硫酸钠标准滴定溶液[$c(Na_2S_2O_3)$=1.000 mol/L]相当的,以毫克表示的过氧化氢的质量。

7.1.2 高锰酸钾标准滴定溶液标定法

7.1.2.1 过氧化氢储备溶液的制备

用移液管移取 5 mL 过氧化氢(5.3),移入 100 mL 容量瓶中,用水稀释至刻度,充分混合。称作溶液 B,该溶液含过氧化氢约 15 mg/mL。

7.1.2.2 过氧化氢储备溶液的标定

7.1.2.2.1 用移液管移取 2 mL 溶液 B 于 2 只 100 mL 锥形瓶中,加入 10 mL 硫酸溶液(5.13)。

7.1.2.2.2 用高锰酸钾标准滴定溶液(5.12)滴定至出现玫瑰红色,且保持 1 min 内不褪色。

7.1.2.2.3 溶液 B 的准确浓度按式(2)计算,取两次重复测定结果的算术平均值作为分析结果。

$$\rho_B = \frac{V_1 \times c \times 17.01}{V} \qquad \cdots\cdots(2)$$

式中:

ρ_B——过氧化氢储备溶液 B 的准确质量浓度,单位为毫克每毫升(mg/mL);

V_1——样品所消耗的高锰酸钾标准溶液的体积,单位为毫升(mL);

c——高锰酸钾标准滴定溶液之物质的量的浓度,单位为摩尔每升(mol/L);

V——移取的过氧化氢储备溶液 B 的体积;

17.01——与 1.00 mL 高锰酸钾标准滴定溶液[$c(\frac{1}{5}KMnO_4)$=1.000 mol/L]相当的,以毫克表示的过氧化氢的质量。

7.1.2.2.4 用移液管移取 5 mL 溶液 B 于 50mL 容量瓶中,用水稀释至刻度,充分混合,称作溶液 C,该溶液含过氧化氢约 1.5 mg/mL。溶液 C 的准确质量浓度按式(3)计算:

$$\rho_C = \frac{1}{10}\rho_B \qquad \cdots\cdots(3)$$

式中：

ρ_C——过氧化氢储备溶液 C 的准确质量浓度，单位为毫克每毫升(mg/mL)；

ρ_B——过氧化氢储备溶液 B 的准确质量浓度，单位为毫克每毫升(mg/mL)。

7.2 过氧化氢标准溶液的制备

用移液管移取 0.5 mL 溶液 A 或溶液 C 至已盛有 25 mL 乙酸酐(5.2)的 50 mL 棕色容量瓶中，并用乙酸酐(5.2)稀释至刻度，得到含过氧化氢约 15 μg/mL 的标准溶液，称作溶液 D。按式(4)计算溶液 D 的准确质量浓度：

$$\rho_D = \frac{\rho \times 0.50 \times 1\,000}{50.00} \qquad \cdots\cdots(4)$$

式中：

ρ_D——过氧化氢标准溶液 D 的准确浓度，单位为微克每毫升(μg/mL)；

ρ——过氧化氢储备溶液 A 或溶液 C 的准确浓度 ρ_A 或 ρ_C，单位为毫克每毫升(mg /mL)；

0.50——移取的过氧化氢储备溶液 A 或溶液 C 的体积，单位为毫升(mL)；

50.00——过氧化氢标准溶液 D 的体积，单位为毫升(mL)。

7.3 校准曲线的绘制

7.3.1 在 6 只已干燥的 100 mL 具塞锥形瓶中，分别移取按表 1 规定的乙酸酐(5.2)和过氧化氢标准溶液 D(7.2)，每只锥形瓶中所含的过氧化氢约为 0.00、0.75 μg、1.5 μg、3.75 μg、7.5 μg 和 11.25 μg。

表 1 制备校准曲线时乙酸酐和过氧化氢标准溶液的加入量

移取的溶液	1	2	3	4	5	6
乙酸酐/mL	5.00	4.95	4.90	4.75	4.50	4.25
溶液 D/mL	0.00	0.05	0.10	0.25	0.50	0.75

7.3.2 依次移取 25 mL 无过氧化物丙烯腈(5.15)于上述 6 只锥形瓶中，摇匀。每只锥形瓶中丙烯腈所含的过氧化氢质量分数约为 0.00、0.037 mg/kg、0.074 mg/kg、0.19 mg/kg、0.37 mg/kg 和 0.56 mg/kg，按式(5)计算各标准溶液的质量分数 w(mg/kg)：

$$w = \frac{\rho_D \times V_i \times 10^{-3}}{\rho \times 25.0 \times 10^{-3}} \qquad \cdots\cdots(5)$$

式中：

w——校准曲线中各点所含过氧化氢的质量分数，单位为毫克每千克(mg/kg)；

ρ_D——溶液 D 的准确浓度，单位为微克每毫升(μg/mL)；

V_i——所移取的溶液 D 的体积，单位为毫升(mL)；

ρ——取样时丙烯腈的密度，单位为克每毫升(g/mL)；

25.0——所移取的无过氧化物丙烯腈体积，单位为毫升(mL)。

7.3.3 加入 0.50 g±0.02 g 碘化钾(5.1)于锥形瓶中，具塞，摇动 3 min，避光反应 40 min。

注：在加入碘化钾之前，锥形瓶需用铝箔避光或使用有色锥形瓶以避光。计时从碘化钾加入锥形瓶开始，避光反应时间中包含摇动溶液的 3 min。

7.3.4 在 365 nm 处，用 2 cm 吸收池，以蒸馏水为参比测定各溶液的吸光度。

7.3.5 以每一个标准溶液净吸光度(标准溶液吸光度减去空白溶液的吸光度)对丙烯腈中过氧化氢质量分数 w(mg/kg)绘制校准曲线。

8 试样的测定

8.1 移取 5 mL 乙酸酐(5.2)和 25 mL 丙烯腈试样到 100 mL 已干燥的具塞锥形瓶中，以下按 7.3.3、

7.3.4 步骤进行。

注 1：当试样中过氧化物含量超过 0.6 mg/kg 时取样量酌减。

注 2：乙酸酐可吸收丙烯腈中的水分并保持样品溶液呈酸性。

8.2 同时按 8.1 步骤，用无过氧化物丙烯腈(5.15)做一空白试验。

8.3 根据试样的净吸光度(实测试样的吸光度减去空白溶液的吸光度)，在校准曲线上查得丙烯腈试样中的过氧化物(以 H_2O_2 计)含量，单位为毫克每千克(mg/kg)。

9 分析结果的表述

取两次重复测定结果的算术平均值表示其结果，按 GB/T 8170 规定进行修约，精确至 0.01 mg/kg。

10 重复性

在同一实验室，由同一操作者使用相同设备，按相同的测试方法，并在短时间内对同一被测对象相互独立进行测试获得的两次独立测试结果的绝对差值不大于其平均值的 20%，以大于其平均值 20%的情况不超过 5%为前提。

11 报告

报告应包括下列内容：

a) 有关样品的全部资料，例如样品名称、批号、采样地点、采样日期、采样时间等。

b) 本部分编号。

c) 分析结果。

d) 测定中观察到的任何异常现象的细节及其说明。

e) 分析人员的姓名及分析日期等。

附　录　A
（资料性附录）
本部分章条编号与 ASTM E 1784:1997(2002)章条编号对照

表 A.1　本部分章条编号与 ASTM E 1784:1997(2002)章条编号对照

本部分章条编号	对应的 ASTM E 1784:1997(2002)章条编号
1	1
2	2
3	3
—	4
4	5,6.6
5	6
6	—
—	7
7	8
7.1	8.1～8.5
7.2	8.6
7.3	8.7～8.10
8	9
8.1	9.1、9.2、9.3
8.2	9.1、9.2、9.3
8.3	9.4
9	10
10	11
11	—
—	12

ICS 71.080.30
G 17

中华人民共和国国家标准

GB/T 7717.11—2008
代替 GB/T 7717.11—1994、GB/T 7717.14—1994

工业用丙烯腈 第 11 部分：铁、铜含量的测定 分光光度法

Acrylonitrile for industrial use—Part 11: Determination of content of iron and copper—Spectrophotometric method

2008-06-19 发布　　2009-02-01 实施

中华人民共和国国家质量监督检验检疫总局
中国国家标准化管理委员会　发布

前　言

GB/T 7717《工业用丙烯腈》预计分为如下几部分：

——第1部分：规格；

——第5部分：酸度、pH值和滴定值的测定；

——第8部分：总醛含量的测定　分光光度法；

——第9部分：总氰含量的测定　滴定法；

——第10部分：过氧化物含量的测定　分光光度法；

——第11部分：铁、铜含量的测定　分光光度法；

——第12部分：纯度及杂质含量的测定　气相色谱法；

——第15部分：对羟基苯甲醚含量的测定　分光光度法。

本部分为GB/T 7717的第11部分。

本部分代替GB/T 7717.11—1994《工业用丙烯腈中铁含量的测定　分光光度法》和GB/T 7717.14—1994《工业用丙烯腈中铜含量的测定　分光光度法》。

本部分与GB/T 7717.11—1994和GB/T 7717.14—1994标准相比主要变化如下：

——将1994版二个标准整合成一个标准。为方便操作，主要测定章节按铁、铜独立编写，技术内容基本不变；

——名称修改为《工业用丙烯腈　第11部分：铁、铜含量的测定　分光光度法》；

——铜含量测定的取样量由“100 g”改为100 mL；

——增加了第3章“安全”。

本部分由中国石油化工集团公司提出。

本部分由全国化学标准化技术委员会石油化学分会(SAC/TC 63/SC 4)归口。

本部分起草单位：中国石化上海石油化工股份有限公司。

本部分主要起草人：屈玲娣、唐建忠、陈慧丽、周奎良、陈欢。

本部分所代替标准的历次版本发布情况为：

——GB 7717.11—1987、GB/T 7717.11—1994；

——GB 7717.14—1987、GB/T 7717.14—1994。

工业用丙烯腈
第11部分：铁、铜含量的测定
分光光度法

1 范围

本部分规定了工业用丙烯腈中铁、铜含量测定的分光光度法。

本部分适用于铁含量大于0.05 mg/kg、铜含量范围在(0～1)mg/kg的工业用丙烯腈试样中铁、铜含量的测定。

当铁的含量超过铜含量的100倍时，对铜的测定会产生干扰。

2 规范性引用文件

下列文件中的条款通过GB/T 7717本部分的引用而成为本部分的条款。凡是注日期的引用文件，其随后所有的修改单(不包括勘误的内容)或修订版均不适用于本部分，然而，鼓励根据本部分达成协议的各方研究是否可使用这些文件的最新版本。凡是不注日期的引用文件，其最新版本适用于本部分。

GB/T 602 化学试剂 杂质测定用标准溶液的制备

GB/T 603 化学试剂试验方法中所用制剂及制品的制备

GB/T 3723 工业用化学产品采样安全通则(GB/T 3723—1999，idt ISO 3165:1976)

GB/T 6678 化工产品采样总则

GB/T 6680 液体化工产品采样通则

GB/T 6682 分析实验室用水规格和试验方法(GB/T 6682—2008，ISO 3696:1987，MOD)

GB/T 8170 数值修约规则

3 安全

3.1 工业用丙烯腈属高度危险品，剧毒且易挥发，能通过皮肤及呼吸道为人体吸收，分析应在通风橱中进行，并为接触丙烯腈人员提供保护皮肤和呼吸器官的劳保措施。

3.2 溢出的工业用丙烯腈可在碱性介质中(pH>8.5)(用pH试纸检验)，加入适量漂白粉(次氯酸盐)覆盖、收集，放置12 h后清除。所有处理和清除步骤应在通风条件下戴上防毒面具进行。

4 一般规定

除另有注明外，所有试剂均为分析纯，所用的水均符合GB/T 6682的三级水规格。

分析中所用标准溶液、制剂及制品，在没有注明其他要求时，均按GB/T 602和GB/T 603的规定制备。

5 采样

5.1 按GB/T 3723、GB/T 6678、GB/T 6680的规定采取样品。

5.2 若实验室样品存在雾状混浊或悬浮物，应进行过滤，所得清澈滤液作为试样。

6 铁含量测定

6.1 方法提要

将试样蒸干并用混合酸消化除去有机物，铁转化成水溶性盐，用盐酸羟胺将三价铁离子(Fe^{3+})还原为二价铁离子(Fe^{2+}),后者与邻菲啰啉反应生成橙红色络合物,用分光光度计在510 nm处测定其吸光度。

6.2 **试剂与溶液**

6.2.1 硫酸铁铵[$NH_4Fe(SO_4)_2 \cdot 12H_2O$];

6.2.2 盐酸:1+1;

6.2.3 氨水;

6.2.4 混合酸:5体积硫酸与2体积硝酸混合;

6.2.5 高氯酸。

警告:高氯酸是腐蚀性液体,对眼睛、皮肤和黏膜有剧烈的刺激性,吸入或进入消化系统具有高毒性。它的各种溶液与有机物接触,有可能形成强烈的爆炸混合物。震动、遇热或发生化学反应都可能促使发生爆炸。与高氯酸反应必须置于合适结构的通风柜中进行。在贮存时,应与可燃物、有机物、强脱水剂、氧化剂及还原剂隔离,并应保持冷却状态,但不应低于-20 ℃,以免冻裂玻璃容器。

6.2.6 盐酸羟胺溶液(100 g/L):将25 g盐酸羟胺溶解于250 mL水中;

6.2.7 邻菲啰啉溶液(1 g/L):将0.5 g邻菲啰啉溶解于500 mL水中。

6.3 **仪器和设备**

6.3.1 分光光度计:配备3 cm厚度的比色皿;

6.3.2 分析天平:感量0.1 mg;

6.3.3 烧杯:50 mL、250 mL;

6.3.4 容量瓶:100 mL、1 000 mL;

6.3.5 移液管:5 mL、10 mL;

6.3.6 量筒:25 mL、100 mL、250 mL;

6.3.7 分度吸管:5 mL、10 mL;

6.3.8 玻璃表面皿:ϕ75 mm;

6.3.9 定量滤纸:中速;

6.3.10 加热板:防爆型;

6.3.11 pH精密试纸。

6.4 **分析步骤**

6.4.1 **铁标准曲线的绘制**

6.4.1.1 按GB/T 602制备0.1 mg/mL铁离子标准溶液。准确吸取此溶液10 mL,移入100 mL容量瓶,再用水稀释至刻度,即得到10 μg/mL的铁离子标准溶液。

6.4.1.2 取5个100 mL容量瓶,依次加入上述标准溶液0.5 mL、1.0 mL、1.5 mL、2.0 mL、3.0 mL(含铁量分别为5 μg、10 μg、15 μg、20 μg、30 μg),再各加入2 mL盐酸(6.2.2),2 mL盐酸羟胺溶液(6.2.6)10 mL邻菲啰啉溶液(6.2.7),用氨水(6.2.3)调节至pH≈4,然后用水稀释至刻度,摇匀。同时,另取一个100 mL容量瓶,除不加入铁标准溶液外,按相同步骤准备标样空白溶液。

6.4.1.3 上述各溶液在室温下静置15 min后,分别注入3 cm洁净干燥的比色皿中,在波长510 nm处,以水为参比,测定吸光度。以每个铁标准溶液的吸光度减去空白溶液的吸光度为纵坐标,相应的铁含量(μg)为横坐标,绘制标准曲线。

6.4.2 **试样中铁的测定**

6.4.2.1 准确量取100 mL待测试样(5.2)置于250 mL烧杯中,用玻璃表面皿盖住,在水浴上蒸干,冷却。然后加入3 mL混合酸(6.2.4),在电热板上加热至沸,冷却后小心加入0.2 mL高氯酸(6.2.5),加热至几乎干燥。如果残留物有色，必须重复进行上述酸处理（上述过程都应在通风柜内进行）。符合要求后，使其冷却，用水溶解残留物并移入 100 mL 容量瓶中，加入 2 mL 盐酸羟胺溶液（6.2.6），充分摇匀，再加入 10 mL 邻菲啰啉溶液（6.2.7），用氨水调节至 pH≈4（用精密试纸判断），用水稀释至刻度，摇匀。同时，另取一烧杯，除不加入丙烯腈试样、蒸干、冷却之外，按与上述同样的步骤准备样品空白溶液。

6.4.2.2 上述待测溶液及空白溶液在室温下静置 15 min 后，注入 3 cm 洁净干燥的比色皿中，以水为参比，在波长 510 nm 处，测定吸光度，根据试样的净吸光度数值，在标准曲线上查得铁的含量（μg）。

7 铜含量测定

7.1 方法提要

将试样蒸干并用混合酸消化除去有机物，铜转化成水溶性的硫酸铜，加入柠檬酸铵进行掩蔽，并把溶液的 pH 值调节至约 9。加入的二乙基二硫代氨基甲酸钠（Sodium diethyldithiocarbamate trihydrate，$C_5H_{10}NS_2Na\cdot 3H_2O$，简称 DDTC）与铜离子反应后形成黄色的络合物。用分光光度计在448 nm 处测定其吸光度。

7.2 试剂与溶液

7.2.1 高氯酸（安全要求见 6.2.5）；

7.2.2 氨水；

7.2.3 硫酸铜；

7.2.4 混合酸：5 体积硫酸与 2 体积硝酸混合；

7.2.5 柠檬酸铵溶液（200 g/L）：将 100 g 柠檬酸铵用适量水溶解后稀释至 500 mL，若有混浊则应进行过滤；

7.2.6 二乙基二硫代氨基甲酸钠（$C_5H_{10}NS_2Na.3H_2O$）（DDTC）溶液（1 g/L）：将 0.5 g 二乙基二硫代氨基甲酸钠用适量水溶解后稀释至 500 mL；

7.2.7 硝酸溶液：将 250 mL 浓硝酸小心地加入于 580 mL 水中。

7.3 仪器和设备

7.3.1 分光光度计：配备 3 cm 光程的比色皿；

7.3.2 pH 测量仪：精度为 0.1 pH 单位；

7.3.3 分析天平：感量 0.1 mg；

7.3.4 过滤漏斗：玻璃材质；

7.3.5 烧杯：50 mL、250 mL；

7.3.6 容量瓶：25 mL 、100 mL、500 mL 、1 000 mL；

7.3.7 移液管：5 mL、10 mL；

7.3.8 量筒：250 mL；

7.3.9 分度吸管：5 mL；

7.3.10 玻璃表面皿：ϕ75 mm；

7.3.11 定量滤纸：中速；

7.3.12 加热板：防爆型。

7.4 分析步骤

7.4.1 铜标准曲线的绘制

在进行分析前，应用热的硝酸溶液（7.2.7）洗涤所有玻璃器皿，并用水淋洗，以除去沾污的痕迹量的铜。

7.4.1.1 按 GB/T 602 制备 0.1mg/mL 铜离子标准溶液。准确吸取此溶液 5 mL,移入 100 mL 容量瓶,再用水稀释至刻度,即得到 5 μg/mL 的铜离子标准溶液。并贮存于聚乙烯材质的试剂瓶中,保存期一个月。

7.4.1.2 取 5 个 50 mL 烧杯,依次加入上述铜标准溶液 1.0 mL, 2.0 mL,3.0 mL,4.0 mL 和 5.0 mL(含铜量分别为 5.0μg,10.0μg,15.0μg,20.0μg,25.0 μg),用水稀释至约为 10 mL,然后各加入 5 mL 柠檬酸铵(7.2.5)溶液,分别用氨水调节各溶液至 pH=9.1±0.1。把这些溶液定量地转入对应的 25 mL 容量瓶中,再各加入 1 mL DDTC(7.2.6)溶液,用水稀释至刻度,摇匀,在室温下静置 5 min。同时,另取一个 50 mL 烧杯,除不加入铜标准溶液外,按相同步骤准备标准空白溶液。

7.4.1.3 用 3 cm 吸收池,在波长 448 nm 处,以水作参比,测量溶液的吸光度。以铜含量(μg)为横坐标,净吸光度(扣除空白溶液的吸光度)为纵坐标,绘制标准曲线。

7.4.2 试样中铜的测定

7.4.2.1 准确量取 100 mL 待测试样(5.2)置于 250 mL 烧杯中,用玻璃表面皿盖住,在水浴上蒸干,冷却。加入 3 mL 混合酸(7.2.4),在电热板上加热至沸,直至冒出白色烟雾,并浓缩至溶液体积约(1~2) mL,冷却。如果残留物有色,必须重复进行上述酸处理,或小心加入 0.2 mL 高氯酸进行氧化、加热、冒烟雾至尚存(1~2)mL 溶液(上述过程都应在通风柜内进行)。冷却后,向烧杯缓缓加入 5 mL 水,以溶解残留物。将该溶液定量转移入 50 mL 烧杯中,使其总体积保持约为 10 mL。然后加入 5 mL 柠檬酸铵(7.2.5)溶液,分别用氨水调节溶液至 pH=9±0.1。把这些溶液定量地转入对应的 25 mL 容量瓶中,再加入 1 mL DDTC(7.2.6)溶液,用水稀释至刻度,摇匀,在室温下静置 5 min。同时,另取一个 50 mL 烧杯,除不加入丙烯腈试样、蒸干、冷却之外,按与上述同样的步骤准备样品空白溶液。

7.4.2.2 用 3 cm 吸收池,在波长 448 nm 处,以水作参比,测量溶液的吸光度。根据试样的净吸光度数值,在标准曲线上查得铜的含量(μg)。

8 分析结果的表示

8.1 计算

铁或铜含量 w,数值以 mg/kg 表示,按式(1)计算:

$$w = \frac{m}{V \times \rho} \qquad \cdots\cdots(1)$$

式中:

m——由标准曲线上查得的铁或铜含量的数值,单位为微克(μg);

V——试样的体积的数值,单位为毫升(mL);

ρ——试样的密度的数值,单位为克每毫升(g/mL)。

8.2 结果的表示

取两次重复测定结果的算术平均值作为分析结果,其数值按 GB/T 8170 的规定进行修约,精确至 0.01 mg/kg。

9 重复性

在同一实验室,由同一操作者使用相同设备,按相同的测试方法,并在短时间内对同一被测对象相互独立进行测试获得的两次独立测试结果的绝对值,不应超过下列重复性限(r)[以超过重复性限(r)的情况不超过 5%为前提]:

铁　　不大于其平均值的 40%;

铜　　不大于其平均值的 30%。

10 报告

报告应包括如下内容：

a） 有关样品的全部资料，例如样品的名称、批号、采样点、采样日期、时间等；

b） 本部分编号；

c） 分析结果；

d） 测定时观察到的任何异常现象的细节及其说明；

e） 分析人员的姓名及分析日期等。

ICS 71.080.30
G 17

中华人民共和国国家标准

GB/T 7717.12—2008
代替 GB/T 7717.12—1994

工业用丙烯腈
第 12 部分：纯度及杂质含量的测定
气相色谱法

Acrylonitrile for industrial use—
Part 12: Determination of purity and impurities—
Gas chromatographic method

2008-06-19 发布　　　　2009-02-01 实施

中华人民共和国国家质量监督检验检疫总局
中国国家标准化管理委员会　发布

前　言

GB/T 7717《工业用丙烯腈》预计分为如下几部分：

——第1部分：规格；

——第5部分：酸度、pH值和滴定值的测定；

——第8部分：总醛含量的测定　分光光度法；

——第9部分：总氰含量的测定　滴定法；

——第10部分：过氧化物含量的测定　分光光度法；

——第11部分：铁、铜含量的测定　分光光度法；

——第12部分：纯度及杂质含量的测定　气相色谱法；

——第15部分：对羟基苯甲醚含量的测定　分光光度法。

本部分为GB/T 7717的第12部分。

本部分修改采用ASTM E1863:2007《气相色谱法分析丙烯腈的标准试验方法》(英文版)，本部分与ASTM E1863:2007的结构性差异参见附录A。

本部分与ASTM E1863:2007的主要差异为：

——增加了各杂质的测定范围，并取消了甲基丙烯酸甲酯杂质的测定；

——用FFAP毛细管色谱柱代替Supelcowax 10专利柱；

——将分流比调整为50∶1，并将色谱柱初始温度由50 ℃调整为60 ℃；

——规范性引用文件中采用现行国家标准；

——采用了自行确定的重复性限(r)。

本部分代替GB/T 7717.12—1994《工业用丙烯腈中乙腈、丙酮和丙烯醛含量的测定　气相色谱法》。

本部分与GB/T 7717.12—1994相比的主要变化如下：

——将部分名称改为《工业用丙烯腈纯度和杂质含量的测定 气相色谱法》；

——以FFAP毛细管柱代替原标准的填充柱；

——修改了校准混合物的配制方法和校正因子的计算公式；

——重新确定了重复性限(r)。

本部分的附录A为资料性附录。

本部分由中国石油化工集团公司提出。

本部分由全国化学标准化技术委员会石油化学分会(SAC/TC 63/SC 4)归口。

本部分起草单位：中国石油化工股份有限公司上海石油化工研究院。

本部分主要起草人：唐琦民、王川。

本部分所代替标准的历次版本发布情况为：

——GB 7717.12—1987、GB/T 7717.12—1994。

工业用丙烯腈
第12部分:纯度及杂质含量的测定
气相色谱法

1 范围

1.1 本部分规定了测定工业用丙烯腈纯度和杂质含量的气相色谱法。这些杂质包括乙醛、丙酮、丙烯醛、苯、甲基丙烯腈、乙腈、噁唑、丙腈、顺-丁烯腈和反-丁烯腈等。

1.2 本部分适用于测定丙烯腈含量不低于99%(质量分数),丙烯醛含量不低于0.000 1%(质量分数),其他杂质不低于0.001%(质量分数)的丙烯腈试样。

1.3 本部分并不是旨在说明与其使用有关的所有安全问题。使用者有责任采取适当的安全与健康措施,保证符合国家有关法规的规定。

2 规范性引用文件

下列文件中的条款通过GB/T 7717本部分的引用而成为本部分的条款。凡是注明日期的引用文件,其随后所有的修改单(不包括勘误的内容)或修订版均不适用于本部分,然而,鼓励根据本部分达成协议的各方研究是否可使用这些文件的最新版本。凡是不注明日期的引用文件,其最新版本适用于本部分。

GB/T 3723 工业用化学产品采样安全通则(GB/T 3723—1999,idt ISO 3165:1976)

GB/T 6283 化工产品中水分含量的测定 卡尔·费休法(通用方法)

GB/T 6680 液体化工产品采样通则

GB/T 7717.15 工业用丙烯腈中对羟基苯甲醚含量的测定 分光光度法

GB/T 8170 数值修约规则

3 方法提要

液态试样气化后通过毛细管色谱柱,使待测定的各组分分离,用氢火焰离子化检测器(FID)检测,记录各杂质组分的色谱峰面积,采用内标法定量。丙烯腈纯度由100.00扣减本部分测定的杂质和用其他部分方法测定的其他杂质(如水分)总量求得。

4 试剂与材料

4.1 载气:高纯氮气,纯度≥99.995%(体积分数)。

4.2 甲苯,内标物,纯度≥99.0%(质量分数)。

4.3 丙烯腈:用作配制标样的基液,纯度应不低于99.5%(质量分数)。

4.4 标准试剂:供测定校正因子用,包括乙醛、丙酮、丙烯醛、乙腈、苯、甲基丙烯腈、噁唑、丙腈、顺-丁烯腈和反-丁烯腈等,其纯度应≥99%(质量分数)。

5 仪器

5.1 色谱仪:配置氢火焰离子化检测器(FID)和分流进样系统,并能按表1条件操作的任何气相色谱仪,该仪器对本部分所规定杂质的最低检测浓度所产生的峰高应至少大于噪声的两倍。

5.2 色谱柱,推荐的色谱柱及典型操作条件见表1,典型色谱图见图1。能给出同等分离的其他色谱柱和分析条件也可使用。

5.3 记录装置，电子积分仪或色谱工作站。

5.4 分析天平：感量 0.1 mg。

5.5 容量瓶：50 mL。

5.6 微量注射器：10 μL。

6 采样

按 GB /T 3723 和 GB/T 6680 规定的技术要求采取样品。

7 分析步骤

7.1 设定操作条件

根据仪器操作说明书，在色谱仪中安装并老化色谱柱。然后调节仪器至表 1 所示的操作条件，待仪器稳定后即可开始测定。

表 1 色谱柱及典型操作条件

色谱柱		FFAP
柱长/m		60
柱内径/mm		0.32
液膜厚度/μm		0.5
载气流速(高纯氮气)/(mL/min)		1.0
柱温	初温/℃	60
	初温保持时间/min	25
	升温速率/(℃/min)	10
	终温/℃	90
	终温保持时间/min	15
进样器温度/℃		230
检测器温度/℃		250
分流比		50∶1
进样量/μL		2.0

7.2 校正因子的测定

7.2.1 准确吸取 2.0 μL 丙烯腈基液，注入色谱仪中，重复测定 3 次，计算出各杂质的平均峰面积 A_{i0}。

7.2.2 在 50 mL 容量瓶中，称取约 40 g 丙烯腈基液(4.3)，精确至 0.000 1 g。然后再加入适量预期测定的杂质和 10 μL 甲苯，均称准至 0.000 1 g，充分混匀。所配制标样的丙烯腈纯度和杂质含量均应与待测试样相近(可采用分步稀释法配制)。

7.2.3 准确吸取 2.0 μL 上述标样注入色谱仪中，记录色谱图。

7.2.4 测量所有峰的面积(丙烯腈除外)，包括内标峰。按式(1)计算每个杂质相对于内标的校正因子(f_i)。

$$f_i = \frac{A_s \times m_i}{(A_i - A_{i0}) \times m_s} \qquad \cdots\cdots(1)$$

式中：

A_s——内标物的峰面积；

m_i——被测组分的质量，单位为克(g)；

A_i——被测组分的峰面积；

A_{i0}——丙烯腈基液中被测组分的平均峰面积；

m_s——内标物的质量，单位为克(g)。

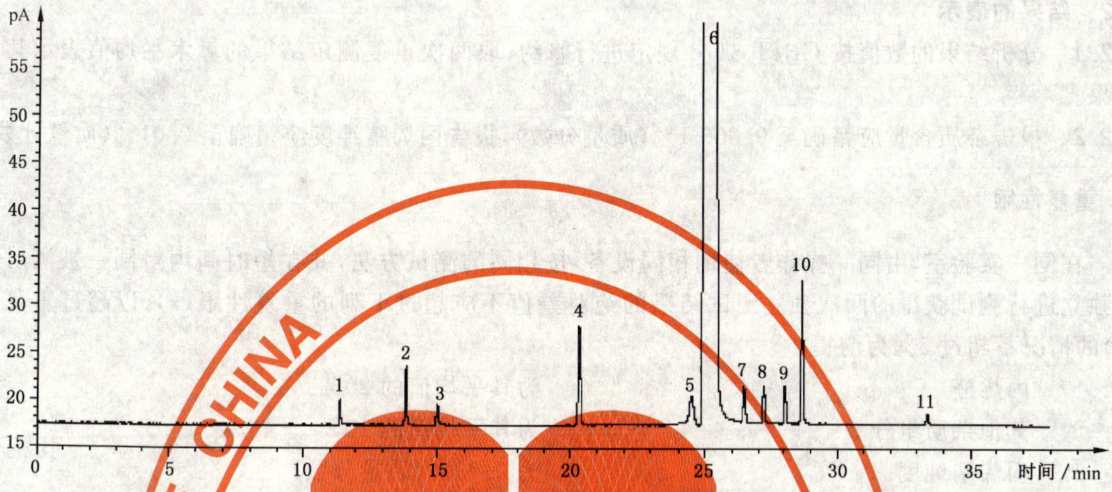

1——乙醛；

2——丙酮；

3——丙烯醛；

4——苯；

5——甲基丙烯腈；

6——丙烯腈；

7——乙腈；

8——噁唑；

9——丙腈；

10——甲苯(内标)；

11——顺-丁烯腈。

图 1 丙烯腈标样在 FFAP 色谱柱上的典型色谱图

7.3 试样测定

在 50 mL 容量瓶中，称取约 40 g 丙烯腈试样，精确至 0.000 1 g。然后再加入甲苯 10 μL，称准至 0.000 1 g，充分混匀。按 7.2.3 同样条件进行色谱分析。

8 分析结果的表述

8.1 计算

8.1.1 杂质含量(质量分数)w_i，以%表示，并按式(2)计算：

$$w_i = \frac{A_i \times f_i \times m_s}{A_s \times m} \times 100 \qquad (2)$$

式中：

A_i——被测组分的峰面积；

f_i——被测组分的相对校正因子；

m_s——样品中内标物的质量，单位为克(g)；

A_s——内标物的峰面积；

m——样品的质量，单位为克(g)。

8.1.2 丙烯腈纯度(质量分数)w，以%表示，按式(3)计算：

$$w = 100.00 - \sum w_i - w_s \qquad (3)$$

式中：

$\sum w_i$——由本方法测定的杂质总量的质量分数，用%表示；

w_s——由 GB/T 6283、GB/T 7717.15 及其他方法测定的杂质总量的质量分数，用%表示。

8.2 结果的表示

8.2.1 分析结果的数值按 GB/T 8170 规定进行修约，取两次重复测定结果的算术平均值表示其分析结果。

8.2.2 报告杂质含量应精确至 0.000 1%(质量分数)，报告丙烯腈纯度应精确至 0.01%(质量分数)。

9 重复性限

在同一实验室，由同一操作者使用相同设备，按相同的测试方法，并在短时间内对同一被测对象相互独立进行测试获得的两次独立测试结果的绝对差值不应超过下列的重复性限(r)，以超过重复性限(r)的情况不超过 5%为前提：

丙烯醛	为其平均值的 20%
其他杂质组分	为其平均值的 15%
丙烯腈纯度	为 0.03%(质量分数)

10 报告

报告应包括下列内容：

a) 有关样品的全部资料，例如样品名称、批号、采样地点、采样日期、采样时间等；

b) 本部分编号；

c) 分析结果；

d) 测定中观察到的任何异常现象的细节及其说明；

e) 分析人员的姓名及分析日期等。

附 录 A
（资料性附录）
本标准章条编号与 ASTM E1863:2007 章条编号对照

表 A.1 给出了本标准章条编号与 ASTM E1863:2007 章条编号对照一览表。

表 A.1 本标准章条编号与 ASTM E1863:2007 章条编号对照

本标准章条编号	ASTM E1863:2007 章条编号
1	1
2	2
3	4
—	3
4	6
5	5
6	—
—	7
7	9
7.1	9.1
7.2	8.1～8.4
7.3	9.2、9.3
8	10
8.1	10.2、10.3
8.2	11.1、11.2
9	12
10	—

ICS 17.100
N 13

GB

中华人民共和国国家标准

GB/T 7723—2008
代替 GB/T 7723—2002

固定式电子衡器

Fixed location electronic instrument

2008-12-30 发布 2009-09-01 实施

中华人民共和国国家质量监督检验检疫总局
中国国家标准化管理委员会 发布

前　言

本标准是依据国际法制计量组织国际建议 OIML R76《非自动衡器》(2006E)对 GB/T 7723—2002《固定式电子秤》进行修订的,本标准采用国际建议 OIML R76,旨在提高我国固定式电子衡器产品的质量和技术水平,使之与国际同类产品接轨,促进国际贸易及经济技术交流。

本标准代替 GB/T 7723—2002《固定式电子秤》。

本标准与 GB/T 7723—2002 相比较,从章节、技术内容及编写格式上均有较大变动。

——为使本标准的名称与 GB/T 14250《衡器术语》协调一致,本标准名称改为《固定式电子衡器》。

——依照国际建议(OIML R76)进行了修改。

a) 对纯数字模块的试验内容进行了规定;

b) 由于计算机和 ADC 的进入电子衡器,对软件控制的模块提出了附加要求和测试方法;

c) 对检定标准器的内容,增加了辅助检定装置的内容,对检定用标准砝码的替代方法进行了修改;

d) 对供电电源增加了外接电源或插入式供电电源装置、非可充电供电电源、12 V 或 24 V 车载电池供电电源的相关内容;

e) 对称重传感器和称重指示器提出了与衡器的兼容性指标要求;

f) 为了防止衡器被非法操作,增加了对衡器的锁定状态和辅助检定装置的要求、不同承载器—载荷传递装置和不同载荷测量装置的选择(或切换)装置的要求。

——根据 JJG 1015—2002《计量器具型式评价和型式批准通用规范》的规定,将“定型鉴定”改为“型式评价”。

——根据《中华人民共和国标准化法》的要求,在第 9 章标志、包装、运输、贮存的内容中,增加了“本标准编号”的内容。

——针对目前我国固定式电子衡器(尤其是电子汽车衡)的承载器结构的设计质量,本标准在技术要求中,增加了对衡器结构设计的要求;在测试方法中,增加了测试的方法。

——根据美国 44 号手册的规定,对固定式电子衡器(尤其是电子汽车衡)两端的通道,提出结构要求。

——增加了涂层的要求和涂层附着强度的测试方法。

本标准由中国轻工业联合会提出。

本标准由全国衡器标准化技术委员会归口。

本标准起草单位:济南金钟电子衡器股份有限责任公司。

本标准主要起草人:沈立人、李嘉、孙春华。

本标准所代替标准的历次版本发布情况为:

——GB 7723—1987、GB/T 7723—2002。

固定式电子衡器

1 范围

本标准规定了固定式电子衡器产品的要求、试验方法、检验规则和标志、包装、运输和贮存。

本标准适用于使用称重传感器和称重显示控制器的非自动计量的电子地中衡、电子地上衡、电子料斗秤、电子轨道衡及各种特殊的固定式电子衡器,也适用于机电式结构衡器的电子装置。

2 规范性引用文件

下列文件中的条款通过本标准的引用而成为本标准的条款。凡是注日期的引用文件,其随后所有的修改单(不包括勘误的内容)或修订版均不适用于本标准;然而,鼓励根据本标准达成协议的各方研究是否可使用这些文件的最新版本。凡是不注日期的引用文件,其最新版本适用于本标准。

GB/T 191 包装储运图示标志

GB 1589—2004 道路车辆外廓尺寸、轴荷及质量限值

GB/T 2423.1—2001 电工电子产品环境试验 第2部分:试验方法 试验A:低温

GB/T 2423.2—2001 电工电子产品环境试验 第2部分:试验方法 试验B:高温

GB/T 2423.3—1993 电工电子产品基本环境试验规程 试验Ca:恒定湿热试验方法

GB/T 6388 运输包装收发货标志

GB/T 7551 称重传感器

GB/T 7724 电子称重仪表

GB/T 13384 机电产品包装通用技术条件

GB/T 14250 衡器术语

GB/T 17626.2 电磁兼容 试验和测量技术 静电放电抗扰度试验

GB/T 17626.3 电磁兼容 试验和测量技术 射频电磁场辐射抗扰度试验

GB/T 17626.4 电磁兼容 试验和测量技术 电快速瞬变脉冲群抗扰度试验

GB/T 17626.5 电磁兼容 试验和测量技术 浪涌(冲击)抗扰度试验

GB/T 17626.6 电磁兼容 试验和测量技术 射频场感应的传导骚扰抗扰度

GB/T 17626.11 电磁兼容 试验和测量技术 电压暂降、短时中断和电压变化的抗扰度试验

GB/T 23111—2008 非自动衡器

QB 1563 衡器产品型号编制方法

3 术语和定义

GB/T 14250确立的术语和定义适用于本标准。

4 代号与命名

产品的分类与命名应符合QB 1563规定。

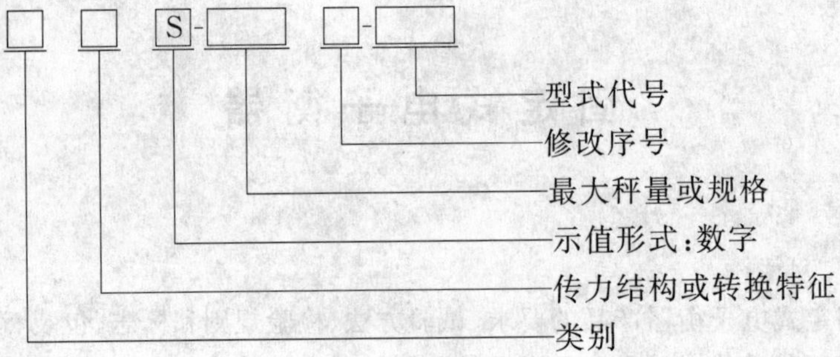

5 计量要求

5.1 准确度等级

衡器的准确度等级和符号见表1。

表1 准确度等级符号

中准确度级	(III)
普通准确度级	(IIII)

5.2 检定分度值

衡器的检定分度值与实际分度值相等。即 $e=d$。并以含质量单位的下列数字之一表示：

1×10^k、2×10^k、5×10^k(k 为正整数、负整数或零)。

5.3 衡器的准确度等级

与衡器的准确度等级有关的检定分度值 e、检定分度数 n、最大秤量 Max 和最小秤量 Min 见表2。

表2 衡器分级

准确度等级	检定分度值 e g	检定分度数 $n=Max/e$		最小秤量 Min
		最小	最大	
中准确度级 (III)	$0.1\leqslant e\leqslant2$ $5\leqslant e$	100 500	10 000 10 000	$20e$ $20e$
普通准确度级 (IIII)	$5\leqslant e$	100	1 000	$10e$

5.4 最大允许误差

5.4.1 首次检定的最大允许误差

衡器加载或卸载时的最大允许误差见表3。

表3 最大允许误差

最大允许误差 mpe	载荷 m 以检定分度值 e 表示	
	(III)级	(IIII)级
$\pm0.5e$	$0\leqslant m\leqslant500$	$0\leqslant m\leqslant50$
$\pm1.0e$	$500<m\leqslant2\ 000$	$50<m\leqslant200$
$\pm1.5e$	$2\ 000<m\leqslant10\ 000$	$200<m\leqslant1\ 000$

5.4.2 使用中检验的最大允许误差是首次检定最大允许误差的两倍

5.4.3 误差计算的基本原则

5.4.3.1 影响因子

各种误差应在标准测试条件下测定，当测定一个因子的影响效果时，其他所有的影响因子应保持稳定在接近正常值。

5.4.3.2 **化整误差的消除**

应消除任何包含于数字示值中的化整误差。

5.4.3.3 **净重值的最大允许误差**

最大允许误差均适用于除皮后的净重值，预置皮重值除外。

5.4.3.4 **皮重称量装置的最大允许误差**

对任一皮重值，皮重称量装置的最大允许误差，均与衡器在相同载荷下的最大允许误差相同。

5.4.4 **误差分配**

对衡器的各模块单独测试时，模块的最大允许误差等于衡器最大允许误差的 p_i 倍。在给定任一模块误差系数时，该模块应满足至少与组成的衡器具有相同准确度等级和检定分度数。

系数 p_i 应满足下列等式：

$$p_1^2+p_2^2+p_3^2+\cdots\leqslant 1$$

系数 p_i 应由模块制造商选择，且应通过适当测试进行验证，测试时应考虑以下情形：

——纯数字装置的 p_i 可以等于 0；

——称重模块的 p_i 可以等于 1；

——其他所有模块(包括数字式传感器)，当考虑多于一个模块对误差共同产生影响时，误差分配系数 p_i 应不大于 0.8 和不小于 0.3。

对于机械结构件，如根据成熟工程设计和制造的承载器、载荷传递装置和机械或电气连接件，不对该部分测试，其总误差系数 p_i 取 0.5 是合适的。如：相同材料制作的杠杆且当杠杆系有两个对称面(纵向和横向)时；电子连接器件的稳定特性适用于信号(如称重传感器输出及阻抗等)传输时。

对于由典型模块组成的衡器，其误差分配系数 p_i 值在表 4 中给出。表 4 考虑了对应于不同的性能要求对各模块影响的程度不同。

表 4 典型模块的误差分配

性能要求	称重传感器	称重指示器	连接件等
综合影响[a]	0.7	0.5	0.5
温度对空载示值的影响	0.7	0.5	0.5
电源变化	—[b]	1	—
蠕变影响	1	—	—
湿热	0.7[c]	0.5	0.5
量程稳定性	—	1	—

[a] 综合影响：非线性、滞后及温度对称量的影响、重复性等。经过制造商规定的预热时间后，综合影响误差系数适用于模块。

[b] 符号“—”表示不受影响。

[c] 根据 GB/T 7551 对经 SH 测试的称重传感器($p_{LC}=0.7$)。

5.4.5 **检验时的测试**

任何情况下，提交检验的衡器都应进行整机测试。

纯数字模块不需要进行静态温度试验、湿度和量程稳定性试验。如果已经符合相关国家(或 IEC)标准，且至少具有不低于本标准要求相同的试验严酷等级时，它们也不需要进行干扰试验。

对于由软件控制的模块，6.14 的附加要求和 7.14 适用。

5.4.6 **兼容性**

制造商应制定并明示模块的兼容性。对于称重指示器和称重传感器应按 7.15 执行。

对于带数字输出的模块，兼容性包括经数字接口通讯和数据传送的正确性见7.15.2。

5.4.7 外围设备

与衡器连接的外围设备，只需要进行一次性检验和测试，可以通过适当的声明与任何经检定具有适合的和受保护的接口的衡器连接。

单纯的数字外围设备不需要进行7.11.2静态温度测试、7.11.3湿度测试和7.13量程稳定性测试。如果已经符合其他相关国家标准(或IEC)，且至少具有不低于本标准要求相同的试验严酷等级时，它们也不需要进行7.12干扰试验。

5.5 称量结果间的允许差值

不管称量结果如何变化，任何一次称量结果的误差，应不大于该秤量的最大允许误差。

5.5.1 重复性

对同一载荷，多次称量所得的结果之差，应不大于该秤量的最大允许误差的绝对值。

5.5.2 偏载

按下列要求进行偏载测试，同一载荷在不同位置的示值，其误差应不大于该秤量的最大允许误差。

a) 对于支撑点个数 $N \leqslant 4$ 的衡器，在每个偏载区域内施加的载荷约等于最大秤量与最大添加皮重之和的1/3。

b) 对于支撑点个数 $N > 4$ 的衡器，在每个偏载区域内施加的载荷约等于最大秤量与最大添加皮重之和的 $1/(N-1)$。

c) 对于承受偏载量较小的承载器(如料斗秤)，在每个支撑点上施加的载荷约等于最大秤量和最大添加皮重之和的1/10。

d) 对于称量滚动载荷的衡器(例如轨道衡、轨道悬挂秤)应在承载器的不同位置上施加的测试载荷，其载荷约等于通常最重且最集中的滚动载荷，但应不大于最大秤量和最大添加皮重之和的4/5。

5.5.3 多指示装置

包括皮重装置在内的多指示装置的示值之差，应不大于相应秤量的最大允许误差的绝对值。数字指示与数字指示或数字指示与打印装置之间的示值之差为零。

5.6 检定标准器

5.6.1 砝码

对衡器进行型式评价或检定用的标准砝码或标准质量应符合JJG 99 砝码(eqv OIML R111)的计量要求。它们的误差应不大于衡器施加载荷最大允许误差的1/3。如果使用已达到E2等级要求或优于该等级砝码作为标准砝码，允许使用其不确定度代替误差不大于施加载荷最大允许误差1/3的规定，应考虑这些砝码的实际质量约定真值并对它们的长期稳定性进行评价。

5.6.2 辅助检定装置

如果衡器配备了辅助检定装置，或用独立的辅助装置检定，该装置的最大允许误差必须小于等于施加载荷最大允许误差的1/3。如果辅助检定装置中使用砝码，其误差的影响应不超过被检衡器施加相同载荷下最大允许误差的1/5。

5.6.3 检定用标准砝码的替代

当衡器在其使用地点进行测试时，假如使用的标准砝码至少为最大秤量的1/2，可以用其他任意固定载荷替代标准砝码。

如果重复性误差不大于 $0.3e$，标准砝码部分可以减少到最大秤量的1/3。

如果重复性误差不大于 $0.2e$，标准砝码部分可以减少到最大秤量的1/5。

重复性误差是用约为替代物重量的载荷值(砝码或任意其他载荷)在承载器上重复施加3次确定的。

5.7 鉴别力

在处于平衡的衡器上，轻缓地放上或取下等于 $1.4e$ 的附加砝码，此时原来的示值应改变。

5.8 由影响量和时间引起的变化量

5.8.1 温度

5.8.1.1 规定的温度界限

在衡器的说明书中没有说明特定的工作温度，则衡器应在－10 ℃～＋40 ℃范围内符合 5.4、5.5、5.7 的要求。

5.8.1.2 特定温度界限

在衡器的技术说明标志中，说明了特定的工作温度，则衡器在该界限内应符合 5.4、5.5、5.7 的要求。

特定温度界限的范围应不小于 30 ℃。

5.8.1.3 温度对空载示值的影响

当环境温度每差 5 ℃时，衡器的零点或零点附近的示值变化应不大于 1 个检定分度值。

5.8.2 供电电源

衡器供电电源的额定电压（U_{nom}）或电压范围（U_{min}，U_{max}）变化时，衡器应符合计量要求：

——交流电网供电（AC）：

下限＝0.85・U_{nom} 或 0.85・U_{min}

上限＝1.10・U_{nom} 或 1.10・U_{max}

——外接电源或插入式供电电源装置（AC 或 DC），如果衡器在正常工作时可以对电池充电还包括可充电电池供电电源：

下限＝最低工作电压

上限＝1.20・U_{nom} 或 1.20・U_{max}

——非可充电池供电电源（DC），包括在正常工作时不可能对电池充电的可充电电池供电电源：

下限＝最低工作电压

上限＝U_{nom} 或 U_{max}

——12 V 或 24 V 车载电池供电电源：

下限＝最低工作电压

上限＝16 V（12 V 电池）或 32 V（24 V 电池）

注：最低工作电压定义为：在衡器自动关机前可能的最低工作电压。

电池供电的电子衡器和由外接电源或插入式电源（AC 或 DC）装置供电的衡器，如果供电电压低于制造商规定的值时，要么继续正常运行，要么不指示任何重量值。外接电源和插入式供电电源应大于或等于最低工作电压。

5.8.3 时间

在相对恒定的环境条件下，衡器应符合下列要求：

5.8.3.1 蠕变

当任一载荷施加在衡器上，加载后立即读到的示值与其 30 min 内读到的示值之差应不大于 0.5e，但是在 15 min 与 30 min 时读到的示值之差应不大于 0.2e。

若上述条件不能满足，则衡器加载后立即读到示值与其后 4 h 内读到的示值之差，应不大于相应秤量最大允许误差的绝对值。

5.8.3.2 回零

卸下在衡器上保持 30 min 的载荷后，示值刚一稳定，其回零偏差应不大于±0.5e。

5.8.4 其他影响和制约

诸如振动、降雨和气流及机械的约束和限制等，被认为是衡器预期工作环境的正常特征，衡器应在这些影响和制约下符合计量要求。不管这些影响如何，应通过设计使衡器正常工作，或采取保护使衡器免受其影响。

对安装在室外而无环境保护措施的衡器，其检定分度数 n 不能太大(一般 n 应不大于 3 000，只有在非常特别的测量时 n 才可以大于 3 000。对公路上用的衡器和轨道衡，其检定分度值应不小于 10 kg)。

6 技术要求

6.1 结构的一般要求

6.1.1 应用适用性

衡器的结构设计应符合预期的使用目的。根据 GB 1589 的规定，对于目前国内正常使用的，最大秤量为 30 t 至 150 t 的大型衡器的承载器相对变形量按表 5 要求。

表 5 衡器承载器相对变形

最大秤量/t	检测载荷/t	加载区域/m	衡器承载器的最大相对变形	
			新安装后的首次检测	使用中的随后检测
30～40	15	1	≤1/800	≤1/600
50～60	26	1.8	≤1/800	≤1/600
80～100	40	2.6	≤1/800	≤1/600
120～150	50	3	≤1/800	≤1/600

6.1.2 使用适用性

衡器的结构应合理、坚固、耐用，以保证其使用期内的计量性能。

6.1.2.1 焊接件应焊接牢固、可靠，焊缝应均匀、平整，无裂纹，无焊渣，且不应有咬肉、漏焊等缺陷。

6.1.2.2 铸件表面应光洁，不应有缩松、冷隔、气孔和夹渣等缺陷。

6.1.2.3 锻件应无裂纹、夹层、夹渣、烧伤等缺陷。

6.1.2.4 镀件表面应色泽均匀，不应有斑痕、锈蚀等缺陷。

6.1.2.5 表面涂漆漆层应平整、色泽一致、光洁牢固。漆层不得有刷纹、流挂、起皱、气泡、起皮脱落等缺陷，涂漆后表面应完整无漏漆。

6.1.2.6 基础

对于安装在基础上的衡器，其基础应达到如下要求：

a) 必须满足该衡器最大载荷时承载力要求。

b) 基础两端应有一条长度等于承载器一半(但不要求超过 12 m)、宽度等于承载器的，并与承载器保持在同一水平面的平直通道。靠近承载器两端至少有 3 m 以上的，应用混凝土或其他坚固材料制造，可承受与衡器承载器相等的所有载荷；地上衡通道剩余部分的斜坡应确保便于车辆驶入。

c) 轴重秤的两端应有直通道，并且与承载器保持在同一水平面。通道与承载器宽度相同并有足够的长度，以便在称量时使车辆保持水平。

d) 应有良好的排水措施。

e) 基础附近应设置接地电阻小于 4 Ω 的接地装置(如果是防爆型电子衡器，其接地电阻应满足其有关规定)。

6.1.2.7 安装要求

任何一台安装在固定位置上的衡器，其基础和相关构件应能提供一定的强度、刚度和稳定性，且各活动部件的四周应有间隙，以便在衡器空载及整个秤量范围内均无接触性影响。

6.1.3 检定适用性

衡器的结构应符合测试的要求，其承载器应能使砝码方便且绝对安全地放置其上，否则应附加支撑装置。

6.1.4 安全性

6.1.4.1 欺骗性使用

衡器不应有容易做欺骗性使用的特征。

6.1.4.2 意外失效和偶然失调

衡器结构应满足在控制元件意外失效或偶然失调时，应有显著警示，除非不可能产生易于对确切功能的干扰。

6.1.4.3 控制

除非有意设计，无法在通常条件下使控制进入静止的无效状态。除调校期间，不可能编造任何示值。各按键的标识应明确清晰。

6.1.4.4 器件和预置控制器的保护

对禁止接触或禁止调整的器件必须提供保护措施。这种保护要求由国家法规规定。

对管理标志的应用，铅封区域的直径至少为 5 mm。

在能自动显示任何对受保护的控制器或功能的访问时，器件和预置控制器可以由软件方式提供保护，此外，以下要求适用软件保护方法：

a) 根据传统保护措施类推，在衡器自身上，用户或其他责任人能识别衡器的法定身份。保护应能提供直到下次检定或政府机构进行比对时受到的任何干预的证据。

可接受的技术方案：

事件计数器，即不可复位计数器。计数的每一次增量，代表了每次衡器受保护运行模式的进入和对装置特定参数进行一个或多个的更改。在检定(首次或后续)时计数器的计数值作为参照数被固定，并且通过适当的硬件或软件方法在修改后的衡器中加以保护。计数器的实际计数值可以按手册或型式批准证书和测试报告中描述的程序被显示，以便与参照数进行比较。

注：术语“不可复位”的含义是计数器达到最大计数时，如果没有授权人员干预，就不能通过复零继续计数。

b) 装置特定参数和参照数应被保护，以避免无意和意外修改，这些参数应尽可能符合软件要求。

装置特定参数只能由授权人员经特殊的个人识别(PIN)代码进行修改。假如带存储装置的电子器件或组件不能防止被替换，粘贴在衡器主板(或其他适当的部件)上的序列号(或其他识别号)应被另外保存。这些数据应通过加密后保存(例如至少采用隐含多项式 CRC-16 给出的校验码)，该方法被认为是有效的保护方法。参照计数和序列号(独立的其他标识)在给出一个手动命令后应能显示并与粘贴在衡器主板(或其他适当的部件)上的序列号进行比较。

c) 使用软件保护方法的衡器应为授权人或机构能在主板上或靠近主板的地方粘贴参照计数提供方便。

注：按照 a)指示的实际计数(事件计数)与固定和被保护在衡器上的参照计数间的差异表示衡器受到了干预，按国家法规做出结论(如：衡器不应在有法定管理用途下继续使用)。

在衡器上牢固地安装可调整(硬件)的计数器，且使其在检定(首次或后续)调整后的实际计数能得到保护。

6.1.4.5 调整

衡器可以设置自动或半自动量程调整装置。该装置应安装在衡器内部与其组成一体。被保护后，外部不可能对它产生影响。

6.1.4.6 重力补偿

对地心引力敏感的衡器，可以安装一个重力变化补偿装置。被保护后，外部不可能操作该装置或对其产生影响。

6.2 称重传感器

如果使用的称重传感器已根据国标 GB/T 7551 单独测试，拥有相应的型式批准(或 OIML)证书并且满足 5.4.4 及 5.4.5 的要求，可以直接使用不需要重复测试。只有通过 SH 和 CH 测试的称重传感器允许作为典型模块使用（NH 称重传感器不适用于作为典型模块使用）。

6.2.1 准确度等级

准确度等级，包括称重传感器（LC）温度范围及湿度稳定评价和蠕变，应按照表 6 规定，满足衡器（WI）的要求。

表 6 相应的准确度等级

	准确度		参考标准
衡器 WI	(III)	(IIII)	本标准
称重传感器 LC	B[a]，C	C，D	GB/T 7551（或 OIML R60）

[a] 如果温度范围足够宽并且湿度的稳定性评价和蠕变满足较低准确度等级的要求。

6.2.2 最大允许误差系数

如果型式批准证书中没有规定称重传感器的误差分配系数，那么 $p_{LC}=0.7$。根据 5.4.4，系数可以是 $0.3 \leqslant p_{LC} \leqslant 0.8$。

6.2.3 温度限定

如果型式批准证书中没有规定称重传感器的温度范围，那么温度范围下限 $T_{min}=-10$ ℃及温度范围上限 $T_{max}=40$ ℃。根据 5.8.1.2，可以对温度范围做出限定。

6.2.4 传感器最大秤量

称重传感器的最大秤量应满足条件：

$$E_{max} \geqslant Q \cdot Max \cdot R/N$$

6.2.5 称重传感器最小静载荷

因承载器所产生的最小载荷必须等于或大于称重传感器的最小静载荷（许多称重传感器有 $E_{min}=0$）：

$$E_{min} \leqslant DL \cdot R/N$$

6.2.6 称重传感器最大分度数

对于每只称重传感器，称重传感器的最大分度数 n_{LC}（参考 GB/T 7551 idt OIML R 60）应不小于衡器的检定分度数 n：

$$n_{LC} \geqslant n$$

6.2.7 称重传感器最小检定分度值

称重传感器最小检定分度值 v_{min}（参考 GB/T 7551）不应大于衡器检定分度值 e 乘以载荷传递装置的缩比 R，再除以称重传感器数量 N 的平方根：

$$v_{min} \leqslant e \cdot R/\sqrt{N}$$

注：v_{min} 以质量单位为计量单位。此公式适用于模拟及数字称重传感器。

6.2.8 称重传感器输入阻抗

称重传感器的输入电阻 R_{LC} 受到称重指示器的限制。

R_{LC}/N 必须满足称重指示器的输入电阻范围 $R_{L\,min}$ 到 $R_{L\,max}$ 之内。

6.2.9 称重传感器额定输出（灵敏度）

称重传感器在用 E_{max} 加载后，对应输入电压下的输出信号的变化一般采用 mV/V 表示。

注：为了更方便于计算，GB/T 7551 中引入了下面的相对值：

$$Y-E_{max}/v_{min}$$

$$Z=E_{max}/(2 \cdot DR)$$

6.3 称重指示器

6.3.1 单独测试的称重指示器和模拟数据处理装置

如果称重指示器及模拟数据处理装置已根据 GB/T 7724 进行单独检测，拥有相应的型式批准（或 OIML）证书并且满足 5.4.4 及 5.4.5 的要求，可以直接使用，不需要重复测试。

6.3.2 准确度等级

准确度等级，包括温度范围及湿度稳定性评价，应按照表 7 的规定，满足衡器（WI）的要求。

表 7 相应的准确度等级

	准确度		参考标准
衡器 WI	Ⅲ	ⅢⅠ	本标准
称重指示器 IND	Ⅱ[a] Ⅲ	ⅢⅠ ⅢⅠ	GB/T 7724

a 如果温度范围足够宽并且湿度的稳定性评价满足较低准确度等级的要求。

6.3.3 最大允许误差系数

如果型式批准证书中没有规定称重指示器的最大允许误差系数值，那么 $p_{ind}=0.5$。根据 5.4.4，该系数可以是 $0.3\leqslant p_{ind}\leqslant 0.8$ 的值。

6.3.4 温度限定

如果型式批准证书中没有规定称重指示器的温度范围，那么温度范围下限值 $T_{min}=-10$ ℃，温度范围上限值 $T_{max}=40$ ℃。根据 5.8.1.2，可以对温度范围进行限定。

6.3.5 最大检定分度数

对于每台称重指示器，其最大分度数 n_{ind} 应不小于秤的检定分度数 n：

$$n_{ind}\geqslant n$$

6.4 与衡器相关的电气参数

U_{exc}(V) 称重传感器激励电压

U_{min}(mV) 称重指示器最小输入电压

Δu_{min}(μV) 称重指示器每个检定分度值的最小输入电压

每个检定分度值的信号 Δu 按如下方法计算：

$$\Delta u=\frac{C}{E_{max}}\cdot U_{exc}\cdot\frac{R}{N}\cdot e$$

C 称重传感器额定输出

R 载荷传递装置的缩比

E_{max} 称重传感器最大秤量

N 称重传感器数量

U_{MRmin}(mV) 测量范围最小电压

U_{MRmax}(mV) 测量范围最大电压

$R_{L\,min}$(Ω) 称重传感器最小阻抗

$R_{L\,max}$(Ω) 称重传感器最大阻抗

注：R_{Lmin}、R_{Lmax} 是电子称重指示器允许实际使用的称重传感器输入阻抗范围的极限。

6.4.1 连接电缆

称重指示器与称重传感器或称重传感器接线盒（只允许使用六线制的指示器使用，即自动补偿系统）之间的附加电缆必须在称重指示器的型式批准证书中已经进行了规定。

最简单的方法是在称重指示器型式批准证书中给出某种材料（铜，铝等）单芯电缆线的长度与单位横截面（m/mm^2）电缆长度的比值。

对其他情形必须根据电缆线长度（m）、截面积（mm^2）、导电材料参数和每个芯线最大电阻（Ω）计算

出该比值。

注：对于单芯横截面不同的电缆，应关注自动补偿线的影响。

当使用用于防爆或防雷的快速放电隔离栅时，必须检查称重传感器端的激励电压，以验证是否满足称重指示器每检定分度的最小输入电压的条件。

6.5 数字指示装置和打印装置

6.5.1 示值的极限

超过 $Max+9e$ 应无示值。

6.5.2 示值的变化

改变载荷后，原示值的保持时间应不大于 1 s。

6.5.3 稳定平衡

假如示值非常接近最终重量值，则认为该示值是平衡稳定的。如满足下述要求可认为平衡达到稳定：

——在数据的打印和(或)保存情形中，打印和保存的称重值与最终称重值的偏差不大于 1e（即允许相邻的两个值）。

——在置零操作和除皮操作情形下，装置按 6.6.3、6.6.5、6.6.6 和 6.7.7 实际操作，如满足相应准确度要求，则认为达到平衡稳定。

在平衡受到连续或瞬时干扰情况下，对衡器的打印、数据存储、置零和除皮操作应无效。

6.5.4 多用指示装置

在同一台指示装置上，除主要示值外，还可指示其他示值。

a) 需用计量单位、符号或特殊的信号来识别质量值以外的量；

b) 非称量结果的质量值，或在发出手动指令时才暂时显示的质量值，应能清楚地识别，且不予打印。

6.5.5 打印装置

打印应清晰、持久。打印的数字高度至少应为 2 mm。

所打印的计量单位的名称或符号应在数值之后或在一组纵列数值的上方。

示值未达到稳定平衡时，禁止打印。

6.5.6 存储装置

稳定平衡之前，对后续指示、数据传输、累计等主要示值不得进行存储。

6.6 置零装置和零点跟踪装置

衡器可以有一个或多个置零装置，但零点跟踪只能有一个。

6.6.1 最大效果

任何置零装置的效果，不应改变衡器的最大秤量。

置零装置和零点跟踪装置的范围，应不大于最大秤量的 4%；初始置零的范围原则上应不大于最大秤量的 20%。

若衡器在指定的范围内对于经过初始置零装置补偿过的任一载荷，均满足 5.4、5.5、5.7、5.8 的要求，允许衡器有一个较宽的初始置零范围。

6.6.2 准确度

置零后，零点偏差对称量结果的影响应不大于 $\pm 0.25e$。

6.6.3 置零装置的控制

衡器不论是否装配了初始置零装置，均可用同一键兼作半自动置零装置和半自动皮重平衡装置的操作。

若衡器既有置零装置，又有皮重称量装置，则置零键应单独设置。

半自动置零装置应在下列情况下才起作用：

a) 当衡器处于稳定平衡时；

b) 任何预置皮重运行均已清除时。

6.6.4 数字指示衡器的零点指示装置

衡器应具有一个表明其零点偏差不大于±0.25*e* 特定的信号装置。此装置在除皮操作后也可运行。

对带辅助指示装置或零点跟踪速率不小于0.25*e*/s 的衡器，不强制设置该零点指示装置。

6.6.5 自动置零装置

自动置零装置的运行条件：

a) 衡器处于稳定平衡状态；

b) 示值在零点以下并保持稳定时间不小于5 s。

6.6.6 零点跟踪装置

自动零点跟踪在下列条件下才能运行。

a) 示值为零或相当于毛重为零时负的净重值；

b) 衡器处于稳定平衡状态；

c) 1 s之内的修正量不大于0.5*e* 时。

6.7 除皮装置

6.7.1 除皮装置应符合6.1、6.3、6.4的要求。

6.7.2 除皮装置的分度值应等于衡器的分度值。

6.7.3 除皮装置的准确度为±0.25*e*。

6.7.4 除皮装置不得用于零点以下和最大除皮量之上。

6.7.5 运行的可见性

a) 除皮装置运行，应在秤上清楚地指示出来。并且净重值用“净重”(*NET*)标志；

b) 如衡器上装有当除皮装置运行时可以显示毛重的装置，则在指示毛重的同时，“净重”(*NET*)标志应消失。

6.7.6 扣除皮重装置

皮重值与净重值之和大于 *Max*+9*e* 时，衡器应无指示或报警。

6.7.7 当衡器处于平衡稳定时，半自动或自动除皮装置才能运行。

6.7.8 同一键控制的半自动置零与半自动平衡装置，对任一载荷，其置零准确度与零点偏差的要求，均应符合6.6.2和6.6.4的要求。

6.7.9 称量结果打印

毛重值可不带任何标志打印，如带标志，应使用“毛重”(*G* 或 *B*)标志；

只打印净重值，应使用“净重”(*N*)标志。

若净重值与相应的毛重值和皮重值一起打印，则净重值与皮重值应有相应的标志符号“*N*”与“*T*”识别。

6.8 预置皮重装置

6.8.1 无论怎样向装置输入皮重值，其分度值应等于或自动化整到衡器的分度值。

6.8.2 打印计算的净重值，也应打印预置皮重值。预置皮重值用“预置皮重”(*PT*)标志。

6.9 锁定状态

6.9.1 禁止在“非称重”状态下称量

如果衡器有一个或多个锁定装置，这些装置只能有两个稳定状态，即“锁定”和“称重”，并且只能在“称重”状态才可以称量。

6.9.2 状态指示

“锁定”和“称重”状态应予以清楚地表示。

6.10 辅助检定装置(可拆除或固定的)

6.10.1 带一个或多个承载平台的装置

在承载平台上放置用以平衡某载荷的砝码,与该载荷间的额定比值通常不应小于 1/5 000(该值应清楚地标注在平台正上方)。

平衡一个等于检定分度值载荷所需的砝码值,应是 0.1 g 的整数倍。

6.10.2 编码标尺装置

辅助检定装置的分度值应等于或小于衡器检定分度值的 1/5。

6.11 不同承载器和载荷传递装置与不同载荷测量装置间的选择(或切换)装置

6.11.1 空载的补偿

选择装置应保证对所选用的不同承载器和载荷传递装置各自不同的空载值进行补偿。

6.11.2 置零

衡器应能对不同载荷测量装置和不同承载器的多种任意组合进行准确无误置零,并符合 6.5 的规定。

6.11.3 称量的不可能性

选择装置在运行中应不可能进行称量。

6.11.4 组合使用的可识别性

承载器和使用的载荷测量装置间的组合应易于识别。该识别应明显可见,指示与相应的承载器应一一对应。

该识别应明显可见,指示与相应的承载器一一对应。

6.12 功能要求

6.12.1 接通电源(接通指示器开关)后,应立即执行专门程序,用足够长的时间显示出指示器所有相关的指示符号,无论是处于工作状态或非工作状态的,以便操作者检查。该要求对故障很明显的显示器不适用,例如屏式显示器,点阵显示器等。

6.12.2 湿热要求

衡器在温度范围内的上限和 85%的相对湿度下,应符合计量要求。

6.12.3 衡器的量程稳定度要求

a) 接近最大秤量的误差,应不超过最大允许误差;

b) 任意两次测试所得误差之差的绝对值,应不超过 0.5e 或最大允许误差绝对值的一半。

6.12.4 衡器的抗干扰要求

电子衡器应通过设计和制造,在经受干扰时:

a) 不出现显著增差,或

b) 显著增差被监测到并对其作出响应,显示器上显著增差的指示与在该显示器上其他信息不应产生混淆。

注:等于或小于 e 的增差是允许的,无论示值误差值如何。

6.12.5 衡器在预热期间,应无指示或不传送称量结果。

6.12.6 衡器可配备接口,以实现衡器与任何外围设备或其他仪器的连接。

衡器的计量功能和测量数据,不应因接口受外围设备(如计算机)、其他与衡器相互连接的设备,或作用在接口上的干扰产生不允许的影响。

经由接口执行或启动的功能应满足第 5 章的有关要求和条款。

注:一个"接口"包括其所有机械的,电子的以及衡器与外围设备或其他衡器之间数据交换节点用逻辑器件。

6.12.6.1 在产生下列情形的指令或数据,不可能通过接口输入到衡器。

——显示没有清楚定义的数据,它可能对称量结果产生混淆;

——伪造显示、处理或存储的称量结果;

——调整衡器，或改变任何调整因子(但通过接口传入指令利用衡器内部的量程调节装置执行调整程序是允许的)；或

——在直接向公众售货的衡器上伪造显示的主要指示。

6.12.6.2 如6.12.6.1所述的功能无法通过接口执行或启动，该接口不必进行保护。其他接口应按照6.1.4.4要求进行保护。

6.12.6.3 本标准也适用于连接到外围设备，与主要指示相关的数据在通过接口时应以符合这些要求的方式传输。

6.13 性能测试和量程稳定性测试

6.13.1 测试考虑

无论是否配备了校验装置，所有相同类别的电子衡器，均应经受相同的性能测试程序。

6.13.2 被试衡器的状态

性能测试应在所有设备均处于正常运行状态，或在类似可能的运行状态下进行。当以非正常连接配置时，测试程序需经授权机构和申请单位双方同意，并在测试文件中给予说明。

如果电子衡器配备的接口允许与外部设备连接，在测试期间，按测试程序规定，应将衡器连接到外围设备上。

6.13.3 性能测试

应按照表8的规定进行性能测试。

表8 性能测试

测　试	特　性
静态温度	影响因子
湿热稳定	影响因子
电压波动	影响因子
电压暂降短时中断和电压变化抗扰度	干扰
电快速瞬变脉冲群抗扰度	干扰
静电放电抗扰度	干扰
浪涌抗扰度(如适用)	干扰
射频电磁场辐射抗扰度	干扰
射频场感应传导骚扰抗扰度	干扰
由公路车辆供电电源衡器EMC的特殊要求	干扰

6.13.4 量程稳定性测试

量程稳定性测试应按照规定进行。

6.14 软件控制的电子装置的附加要求

注：对受控于软件的装置和计量器具更多的通用要求在相关国家标准法规(或OIML出版物)中规定。

6.14.1 带嵌入式软件的装置

对带嵌入式软件的衡器和模块，制造商应描述或声明衡器或模块的软件为嵌入式，即，在固定的硬件和软环境中运行，并且在保护以及/或检定后不可能经接口或通过其他方法被修改和上传。除规定的文件要求外，制造商还应提交以下附加文件：

——法定相关功能的描述；

——明确赋予法定相关功能软件的标识；

——对受到干预的证据提供预设的保护措施。

衡器应提供软件标识并在型式批准(或OIML)证书中列出。

可接受的方案：

在正常运行模式下，以下列方法之一提供软件标识：

——通过一个被清楚标识了的实际的或软的按键、按钮、开关的操作获得；或

——连续显示版本号或校验码等。

两种情形均要求清晰地说明如何检查现行软件标识与标注在衡器上或由衡器显示出来的参考号码（与型式批准或 OIML 证书中列出相同）的一致性。

6.14.2 个人计算机、配有 PC 单元的衡器及具有可编程或可加载法定相关软件的其他衡器、装置、模块和单元。

如果满足以下的附加要求，个人计算机和配有可编程或可写入软件的其他衡器/装置可以做为指示器，终端，数据存储装置、外设等使用。

注：尽管这些装置在安装了软件或 PC 的基础模块和部件等可以组成完整的衡器，但在之后的描述中仍简称它们为“PC”。一台“PC”总是假定为不满足 6.14.1 嵌入式软件环境条件。

6.14.2.1 硬件要求

PC 机作为模块与计量相关的模拟单元组成一体后，应视为附录 C 的称重指示器，见表 9 的类别 1 和 2。

PC 机仅作为纯数字模块使用，不与计量相关的模拟元件组成一体（如作为终端或价格计算的收银装置）应视为表 9 的类别 3 和 4。

PC 机仅作为纯数字外围设备使用应视为表 11 的类别 5。

表 9 还规定了应根据各自类别，对 PC 机的模拟和数字单元提交怎样的详细文件（供电电源、接口型式，主板，机壳等的说明）。

字符缩写注释：

PC：个人计算机

ADC：与模拟单元有关，包括模-数转换

EMC：电磁兼容表

表 9 PC 机作为模块和外围设备的测试和必要的文件

类别		必要的测试	提交的文件	备注
No.	描述		硬件单元	
1	PC 作为一个模块，主要指示在监视器上； PC 与计量相关的模拟单元（ADC）组合在一起，该单元安装在 PC 的插槽内，印制电路板不加屏蔽保护（开放式装置）；ADC 转换的电源由 PC 电源装置或 PC 总线系统提供	ADC 和 PC 的单元测试： 作为指示器按附录 C 的要求测试； 试样应尽可能以最大可能配置（最大功率消耗）配备	ADC：与衡器和模块相同，提供详细的电路图、印刷电路图和说明。 PC 机：与衡器和模块相同，提供 PC 机的制造商和型号，外壳型号，所有模块型号，电子装置和元件包括电源装置，配置清单，手册等	PC 可能对 ADC 产生影响（温度、电磁干扰（EMC））
2	PC 作为模块，主要指示在监视器上； PC 与计量相关的模拟单元（ADC 转换）组合在一起，该单元安装在独立屏蔽外壳内（封闭式装置），ADC 转换工作电源由 PC 电源装置提供但不经 PC 总线系统	ADC 和 PC 的单元测试： 作为指示器按附录 C 的要求测试； 试样应尽可能以最大可能配置（最大功率消耗）配备	ADC：与衡器和模块相同，提供详细的电路图、印刷电路图和说明等。 PC 机：供电电源装置： 与衡器和模块相同，提供制造商，型号，配置清单； 其他单元： 仅需要一般必要说明和与诸如外壳型号、主板、处理器型号、RAM、软驱和硬驱、控制板、视频控制器、接口、监视器、键盘有关的必要信息	PC 的供电电源装置对 ADC 可能产生的影响（温度、EMC）； PC 引起的其他的影响并不严重； 如更换供电电源装置，应重新进行 EMC 测试

表 9（续）

类别		必要的测试	提交的文件	备注
No.	描述		硬件单元	
3	PC 作为纯数字模块： 主要指示在监视器上； ADC 在 PC 的外面，具有独立的外壳； ADC 由 PC 供电电源装置提供	ADC：按附录 C 要求作为指示器测试，使用 PC 监视器显示主要指示； PC：按 4.10.2 要求进行	ADC：按类别 2 要求 PC：供电电源装置按类别 2 要求，其他部分按类别 4 要求	PC 对 ADC 供电的电源装置可能产生影响（仅 EMC）； PC 产生的其他影响是不可能的或是不严重的； 如果更换电源装置，PC 应重新进行 EMC 测试
4	PC 作为纯数字模块： 主要指示在监视器上； ADC 在 PC 的外面，具有独立的外壳和自己的供电电源装置	ADC：按类别 3 要求； PC 机：按类别 3 要求	ADC：按类别 2 要求； PC 机：仅需要一般说明和诸如与主板型号、处理器型号、RAM、软驱和硬驱、控制板、视频控制器、接口、监视器、键盘等相关的必要信息	PC 不可能对 ADC 产生影响（温度、EMC）
5	PC 作为纯数字外围设备	PC 机：按 5.4.7 要求	PC 机：按类别 4 要求	

6.14.2.2 软件要求

PC 的法定相关软件，即关键的测量特性，测量数据和保存或传输的重要计量参数的软件，被认为是衡器的一个基本组成部分，且应按照要求对其进行检查。法定相关软件应符合下列要求：

a) 法定相关软件应能足以防止意外或恶意修改，应能够提供直至下次检定或官方检查前对法定相关软件所进行的诸如更改、上传或绕开等干扰的证据。

该要求意味着：

用特殊软件工具防止恶意更改不属于本标准要求的范畴，因为恶意更改被认为是违法行为。通常假定对法定相关参数和数据，尤其是经处理过的变量值产生影响是不可能的，这些值只要经程序处理，就能满足这些要求。然而，如果法定相关参数和数据，特别是最终的变量值，为满足法制管理的应用或功能要求，它们从受保护软件的内部向外传输时，应对它们加以保护，以满足 6.12.6 的要求。如果不能通过使用通用软件工具对法定相关软件中所有数据，参数，变量值等进行修改，则认为得到了充分保护。例如，当前所有使用的文本编辑类软件认为是通用软件工具。

可接受的方案：

程序开始首先自动计算全部法定相关软件机器码的校验码（至少采用隐含的多项式 CRC-16 校验码），计算结果与保存的固定值比较，如果机器码校验失败法定相关软件程序就不可能起动运行。

b) 若存在除计量功能外执行其他功能的关联软件时，法定相关软件应能被识别且不应受关联软件的影响。

该要求意味着：

从感官上而言，关联软件与法定相关软件是被分开的，它们通过软件接口进行通讯。如果软件接口满足下列要求则认为受到了保护：

——符合 6.12.6 规定，只有被定义和允许的参数、功能和数据才可以经该接口进行交换，和；

——没有任何部分能通过其他连接进行信息交换。

软件接口是法定相关软件的组成部分，使用者绕过保护性接口的操作认为是一种违法行为。

可接受的方案：

所有定义的功能、命令、数据等，从法定相关软件到所有其他连接的软件或硬件部分间的交换都经过受保护的接口。检查经接口交换的所有功能、命令和数据都允许的。

c) 法定相关软件应能被识别和受到保护，其标识应通过某个装置能方便获得，以便于计量管理和检查。

这一要求意味着：

软件识别不要包含操作系统或类似的辅助标准软件，如：视频驱动、打印驱动或硬盘驱动程序部分。

可接受的方案：

运行时，依据一个手动命令计算并显示全部法定相关软件机器代码的校验码。此校验码代表了法定相关软件，且可以与型式批准时确定的校验码进行比较。

d) 除规定的文件外，还应包括下述专门的软件文件：

——若在操作说明书里没有按表 9 要求进行描述，则应提供硬件系统说明，如，框图，计算机型号，网络类型；

——法定相关软件的软件环境描述，如，操作系统，驱动要求等；

——所有达到关联软件功能说明，法定相关参数确定衡器功能的开关和按键，包括该说明的完整性声明；

——有关测量运算规则的说明（例如：稳定平衡，价格计算，化整规则）；

——有关菜单和对话框的说明；

——保护措施（如，校验码，签名，审核跟踪）；

——在法定相关软件和关联软件间通过受保护软件接口交换的整套命令集和参数（包括对每个命令和参数的简短说明），包括该清单的完整性声明；

——法定相关软件的软件标识；

——如衡器允许由调制解调器或互联网下载软件：软件下载过程和防止意外或恶意修改安全保护措施的详细说明；

——如衡器不允许由调制解调器或互联网下载软件：防止未经认可的法定相关软件上传所采取措施的描述；

——如经网络传输长期保存数据：对数据组和保护措施的描述（见 6.14.3）。

6.14.3 数据存储装置（DSD）

如果一个装置，无论是与衡器组成一体，还是作为衡器软件方案的一部分，或者是外部的与衡器相连接，旨在用于长期保存称重数据，则应符合下述附加要求。

6.14.3.1 按使用目的，数据存储装置必须有足够的存储容量。

注：对于信息保存最小期限的规定不属于衡器的要求，可以由国家贸易法规确定。衡器拥有者有责任使衡器有足够的存储空间满足其使用要求。在型式检查中只需适当检查已存储的数据及发送和接收的正确性，如果在预期的使用期结束前存储容量被用完，应有合适的方法预防数据丢失。

6.14.3.2 存储的法定相关数据必须包含全部必要的关联信息以便重现初始称量信息。

注：法定相关数据：毛重值、净重值和皮重值（如适用，皮重和预置皮重的区别）；小数点符号；单位（可以是编码）；存储数据的标识。如果有多台衡器或承载器与数据存储装置连接，应有衡器识别号或承载器识别号，存储数据的校验码或其他签名。

6.14.3.3 存储的法定相关数据应受到充分保护，防止意外或恶意更改。

可接受的方案：

a) 为防止在传输过程中数据意外改变，使用简单的奇偶校验被认为足够了。

b) 数据存储装置可以是一个使用外部软件控制的装置来使用，例如，PC 的硬盘作为存储媒介。

在这种情形下，各自对应的软件均应满足6.14.2.2软件要求，若存储的数据是加密的或是签名保护的（至少采用隐含多项式CRC-16给出的校验码）可以认为数据的防恶意修改措施是充分的。

6.14.3.4 存储的法定相关数据应能被识别和显示，其中，识别编码应被同时存储以便日后使用，和在正式交易媒介上记录。在打印输出时，标识编码应被同时打印出来。

可接受的方案：

标识符可以是连续的数码或各自交易的日期和时间（月：日：时：分：秒）。

6.14.3.5 法定相关数据应自动存储。

注：此要求的含义是，存储功能不取决于操作者。然而允许对不用于交易的中间称量结果不进行存储。

6.14.3.6 存储的法定相关数据组的识别和经验，必须是在合法受控的装置上显示或打印。

6.14.3.7 如果数据存储装置与衡器组成一体或作为软件方案的一部分，其特性、选项或参数应在型式批准（或OIML）证书中注明。

7 测试方法

7.1 测试前的准备

7.1.1 提交必备的技术文件

7.1.2 外观检查

a） 制造许可证标志及编号、采用标准号；

b） 计量特征：准确度等级、最大秤量 *Max*、最小秤量 *Min*、检定分度值 *e*；

c） 规定的铭牌及检定标记和管理标志的位置；

d） 被测产品的结构与型式批准的一致；

e） 用常规方法和目测进行外观质量和制造质量检验。

7.1.3 正常测试的条件

应在正常测试条件下测定各种误差。评价一个影响因子的效果时，其他所有因子应保持相对恒定，并接近正常值。

7.1.4 温度

测试应在稳定的环境条件下进行，除非另有规定，一般是正常室温。测试期间最大温差不大于5℃（蠕变测试时不大于2℃），且温度变化率不超过5℃/h。

7.1.5 供电电源

使用电源供电的衡器，按常规接通电源，在整个测试期间（不准停电）处于开机状态。

7.1.6 预热

试验前允许对衡器通电预热，预热时间不得超过30 min。

7.1.7 自动置零和零点跟踪

测试期间可以关闭自动置零或零点跟踪功能，或在测试开始时用10*e*砝码予以摆脱。

对于某些测试，自动置零或零点跟踪功能必须处于工作状态时，应在测试报告中（特别提示）具体写明。

7.1.8 调整

所有的调整只允许在第一项测试前进行。

7.1.9 恢复

每一项测试后，接下一项测试前允许衡器充分的恢复。

7.1.10 预加载荷

每一项称量测试前，衡器均应预加一次载荷到最大秤量或确定的最大安全载荷（7.11.1预热时间测试和7.11.2.2温度对空载示值的影响测试除外）。

7.1.11 **承载器变形量测试**

现场测试时，首先查阅产品随机文件，了解本产品在加载相应重量载荷后的变形量值。然后使用相应重量的载荷加载至单节承载器的中部(见图1)，将置于单节承载器中部的高度游标尺或百分表测量出此时的单节承载器的变形量，按单节承载器的尺寸计算出相对变形，应符合6.1.1的要求。

变形量的计算公式如下：

$$f_{\max} = \frac{qcl^3}{384EJ}(8-4\gamma^2+\gamma^3)$$

式中：

q——局部单位长度上的平均载荷；

c——局部单位长度；

l——单节承载器两支撑点间距；

γ——$\frac{c}{l}$；

E——弹性模量；

J——截面轴惯性矩。

刚度的计算公式如下：

$$刚度 = \frac{f_{\max}}{l} \leqslant \frac{1}{800} 或 \frac{1}{600}$$

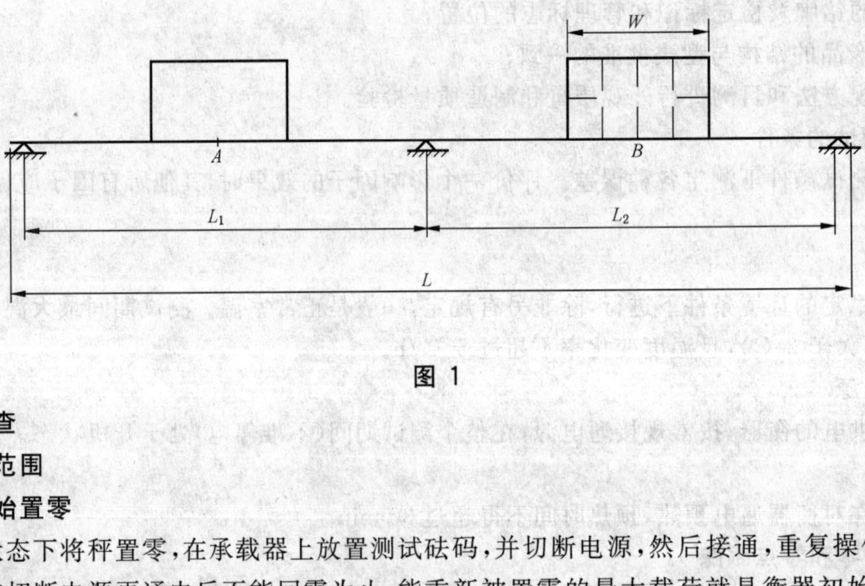

图1

7.2 **零点检查**

7.2.1 **置零范围**

7.2.1.1 **初始置零**

在空载状态下将秤置零，在承载器上放置测试砝码，并切断电源，然后接通，重复操作数次，直到使放置的砝码在切断电源再通电后不能回零为止，能重新被置零的最大载荷就是衡器初始置零范围的正向部分。

从承载器上取下载荷，将衡器置零，然后从衡器上取下承载器，若在此时关闭电源再接通电源后，衡器能被重新置零，则所使用的承载器质量就是衡器初始置零范围的负向部分。

若承载器取下后，衡器不能被重新置零，则应在正常接通电源后取下承载器，在衡器可承载的任意部位(如在承载器的座架上)施加砝码，直到衡器再次指示零为止。

然后依次取下砝码，每取下一砝码时，衡器通断电源一次。衡器在切断和接通电源时，仍然能被重新置零所取下的最大载荷，为衡器初始置零范围的负向部分。

初始置零范围是其正向部分与负向部分之和。如果承载器不能取下，只考虑初始置零范围的正向部分。

7.2.1.2 **自动置零**

按照 7.2.1.1 取下承载器，并在衡器上放置砝码直至指示为零。

取下少量砝码，在每次取下砝码后，给出自动置零装置运行时间，以便衡器自动重新置零。重复该程序，直至衡器不能自动重新置零。

从衡器上取下的、衡器仍能自动重新置零的最大载荷就是自动置零范围。

如果承载器不易被取下，一个实际有效的方法是：如果衡器配备了其他置零装置，可以向衡器添加砝码，并使用另一个置零装置将衡器置零。然后取下砝码，检查自动置零装置是否仍然将衡器置为零。从衡器上取下的、衡器仍能自动重新置零的最大载荷就是自动置零范围。

7.2.2 **置零准确度**

7.2.2.1 置零装置准确度的测试是先将衡器置零，然后测定使示值由零点变为零以上一个分度值的附加砝码，按 7.3.3 误差计算方法计算零点误差，其结果应符合 6.6.2 的要求。

7.2.2.2 将示值摆脱自动置零和零点跟踪的范围，然后按 7.3.3 误差计算方法计算零点附近的误差，其结果应符合 6.6.2 的要求。

7.2.3 **加载前的置零**

a) 对非自动置零的衡器，将 $0.5e$ 的小砝码放于承载器，调整秤直到出现示值在零与一个分度值之间闪变，取下小砝码，即获得零点的中心；

b) 对半自动置零、自动置零或零点跟踪的衡器，零点的偏差按照 7.2.2 所述方法测定。

7.3 **称量性能**

7.3.1 **称量测试**

将测试载荷从零递增加载至最大秤量，并以同样方法递减卸荷至零。

型式评价中，测定初始固有误差时，至少选定 10 个不同的秤量。其他测试时至少要选定 5 个秤量，选定的秤量中应包括，接近最大秤量、最小秤量以及最大允许误差改变的那些秤量，测试结果应符合5.4的要求。

装有自动置零或零点跟踪装置的衡器，在测试中可以运行。温度测试除外。零点误差按 7.2.2.2 测定。

7.3.2 **附加称量测试**

对初始置零范围大于 20％最大秤量的衡器，以置零范围的上限为零点进行补充称量测试。

7.3.3 **误差计算**

采用闪变点法来确定化整前的示值。

在衡器上的载荷 m，示值为 I，逐一加放 $0.1e$ 小砝码，直到衡器的示值明显地增加一个 e，变成 $(I+e)$，所有附加的小砝码为 Δm，化整前的示值为 P，则 P 由式(1)给出：

$$P = I + 0.5e - \Delta m \qquad \cdots\cdots(1)$$

化整前的误差由式(2)给出：

$$E = P - m = I + 0.5e - \Delta m - m \qquad \cdots\cdots(2)$$

化整前的修正误差由式(3)给出：

$$E_c = E - E_0 \leqslant mpe \qquad \cdots\cdots(3)$$

E_0为零点或零点附近(如，$10e$)的计算误差。

7.3.4 **模块测试**

当模块独立测试时，根据所选定的最大允许误差的分配系数，尽可能以足够小的不确定度来确定模块的误差，应考虑使用能显示小于 $0.2p_i \cdot c$ 的分度值的指示装置，或用优于 $0.2p_i \cdot e$ 的不确定度来评测跳变点示值。

7.3.5 **使用替代物进行称量测试**

进行此项测试，要考虑到 7.3.1 的实施。按 5.6.3 的要求确定允许的替代数量。

检测重复性误差，是使用与替代物接近的载荷在承载器上重复加载3次，如果测试载荷与7.7中重复性测试规定的质量相当，其结果可以被认可。

从零点开始使用砝码进行称量测试，直至确定的砝码用完，测定该秤量的误差，然后卸去标准砝码，返回零点（装有零点跟踪装置的秤，示值达到10*e*）。

用替代物取代前面的砝码，直到达到测定误差时相同的闪变点，重复上述过程，直到最大秤量。

以反向顺序卸载至零，即：卸下砝码并测定闪变点，卸下替代物，再施加砝码，直到返回到相同的闪变点，重复这一过程，直到卸载回零，测试结果应符合5.4的要求。

7.4 除皮

7.4.1 除皮称量测试

应在不同皮重值下进行称量测试（按7.3.1加载和卸载）。至少选择5个载荷值，包括最小秤量（仅当*Min*≥100 mg时），处于或接近最大允许误差发生改变的那些载荷值和接近可能的最大净重载荷。

应在下列情况下对衡器进行称量测试：

——扣除皮重：用1/3和2/3最大皮重之间的一个皮重值；

——添加皮重：用1/3和3/3最大皮重效果两个皮重值。

在进行首次和后续实际的检定测试中，除皮称量测试可选择其他适当的程序，如：用数值表示或图表表示。通过平移最大允许误差限值曲线坐标系原点至固有误差曲线（与称量测试结果曲线相等）上的任意点，模拟皮重平衡操作，检查固有误差曲线和滞后曲线上的任意点是否仍处于平移后的最大允许误差限值曲线内。

如果秤具有自动置零或零点跟踪装置，测试时可以运行，其零点误差按照7.2.2.2方法测定。

7.4.2 除皮准确度

先进行除皮装置操作，再用7.2.2.2的方法进行测试，其结果应符合6.7.3的要求。

7.4.3 皮重称量装置

如果秤具有皮重称量装置，则该装置与指示装置对同一载荷（皮重）所得的指示结果，应符合5.5.3的要求。

7.5 偏载测试

偏载测试的结果应符合5.5.2的要求。

7.5.1 单承载器不多于四个支撑点的衡器

将载荷依次施加于面积约等于承载器1/4的区域，见图2。

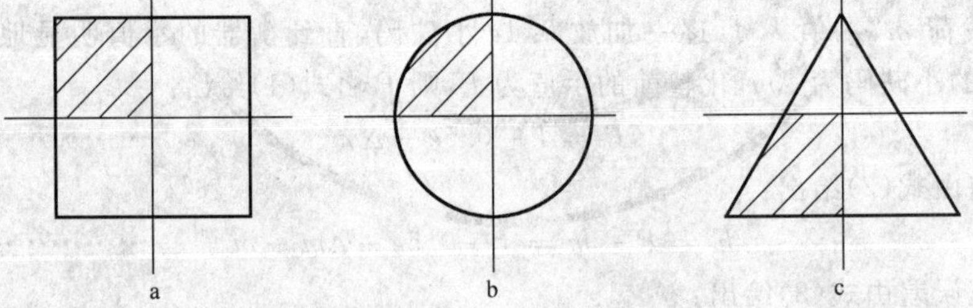

图2

7.5.2 单承载器多于四个支撑点的衡器

将载荷依次施加于每一个支撑点上方，所占面积约等于承载器的$1/N$（N为支撑点的个数）。

如果两支撑点相距太近，可把两倍的砝码加放到两支撑连线两侧两倍的面积上。

7.5.3 特种承载器（容器、料斗等）的衡器

将载荷施加于每个支撑点上。

7.5.4 称量滚动载荷的衡器

载荷应施加在承载器的不同位置。按正常的滚动方向这些位置应是承载器起始端、中间和末端，如果可以双向使用，则在相反方向上对这些位置重复施加载荷。在反向加载前，必须再次确定零点误差。如果承载器由几部分组成，测试适用于每个部分。

7.6 鉴别力测试

在三个不同的秤量点进行测试，如：最小秤量、1/2 最大秤量和最大秤量。依次取下 0.1e 的小砝码，直到示值 I 确实减少了一个 e 而成为 $I-e$，再放上一个 0.1e 的小砝码，然后再轻缓地放上 1.4e 的砝码，示值应为 $I+e$。

7.7 重复性测试

对于型式评价，应分别在约为 1/2 最大秤量和接近最大秤量进行两组测试，其结果应符合 5.5.1 的要求。

对最大秤量小于 1t 的衡器，每组测试 10 次，其他至少要测试 3 次。每次测试不测定零点误差，可重新置零。如果衡器具有自动置零和零点跟踪装置，测试时可以运行。

对于检定，用 0.8 倍最大秤量进行一组测试已能满足要求。对Ⓘ和Ⓘ级衡器，进行 3 次称量测试。

7.8 与时间相关的测试

7.8.1 蠕变测试

在衡器上加放最大秤量(或接近最大秤量)的砝码，示值刚一稳定立即读到的示值，与其砝码在衡器上保持 4 h 的示值之差应符合 5.8.3.1 的要求。测试期间的温度变化应不大于 2 ℃。

如果测试期间，第一个 30 min 内，示值变化不大于 0.5e，而其中第 15 min 至 30 min 时的示值之差不大于 0.2e，则此项测试即可结束。

7.8.2 回零测试

在衡器上加放最大秤量(或接近最大秤量)的砝码，测定加载 30 min 前后的零点示值之差(示值刚一稳定立即读数)应符合 5.8.3.2 的要求。衡器如有自动置零或零点跟踪功能，测试时不能运行。

7.9 平衡稳定性测试

具有打印和数据存储装置的衡器，在衡器上加放约为 50%最大秤量的砝码，手动打破平衡，尽快地启动和开启打印、数据存储功能，读出打印值后 5 s 的示值，应符合 6.5.3 的要求。

7.10 多指示装置

具有多个指示装置的衡器，测试期间，不同装置的示值在测试时应符合 5.5.3 的要求。

7.11 影响因子

7.11.1 预热时间

使用电源供电的衡器，先断电至少 8 h，然后接通电源并开机，待示值刚一稳定后立即置零，并测定和计算零点误差，再加放接近最大秤量的砝码，在 5、15、30 min 后重复测试，每次测试均应对那时的零点进行修正，测试结果应符合 5.4 的要求。

7.11.2 温度测试

该项试验按 GB/T 2423.1 及 GB/T 2423.2 的要求进行。

7.11.2.1 静态温度测试

在大气条件下，将衡器置于 5.8.1 规定的温度范围内，在衡器达到以下各温度稳定后保持 2 h，再按 7.3.1 进行称量测试，其结果应符合 5.8.1 的要求。

a) 当温度为 20 ℃时；

b) 规定的最高温度；

c) 规定的最低温度；

d) 当温度为 5 ℃时；

e) 再恢复到 20 ℃。

该项试验按 GB/T 2423.1,GB/T 2423.2 的方法进行,在升降温期间温度变化应不超过 1 ℃/min。

7.11.2.2 温度对空载示值的影响

将衡器置零,然后改变温度到规定的最高、最低以及 5 ℃处,稳定后测定零点误差。计算每差 5 ℃零点的变化,其结果应符合 5.8.1.3 的要求。该项试验按 GB/T 2423.1,GB/T 2423.2 的要求进行。

7.11.3 湿热,稳态试验

衡器在温度范围上限和 85%的相对湿度的环境条件下保持 48 h,然后按 7.3.1 进行测试,其结果应符合 6.12.2 的要求。本项试验按 GB/T 2423.3 的要求进行。

7.11.4 电源变化

将衡器置于稳定的环境条件中,测试的两个秤量为 $10e$ 和 $1/2Max$ 与 Max 之间的任一秤量,测试结果应符合 5.8.2 的要求。

衡器如果具有自动置零或零点跟踪功能,测试时可以运行。

在以下衡器上标注的正常工作电压 U_{nom} 下进行测试;对标注的是工作电压范围的情形则是在规定的最低电压 U_{min} 和最高电压 U_{max} 下进行测试。

7.11.4.1 交流电源电压波动

试验严酷等级(电压波动):	下限 $0.85 \cdot U_{nom}$ 或 $0.85 \cdot U_{min}$
	上限 $1.10 \cdot U_{nom}$ 或 $1.10 \cdot U_{max}$
最大允许变化:	所有功能应符合设计要求;
	所有示值应在最大允许误差范围内。

注:对由三相供电的衡器,则电压变化应适用于每一相。

7.11.4.2 外部电源或插入式电源装置供电,包括可充电电池供电电源(AC 或 DC)的变化,假如衡器运行中能对可充电电池进行充电,

试验严酷等级(电压波动):	下限:最低工作电压(见 5.8.2)
	上限:$1.20 \cdot U_{nom}$ 或 $1.20 \cdot U_{max}$
最大允许变化:	所有功能应符合设计要求,或关断示值指示;
	所有示值应在最大允许误差范围内。

7.11.4.3 不可充电电池供电电源,包括可充电电池供电电源,假如衡器运行中不能对可充电电池进行充电,

试验严酷等级(电压波动):	下限:最低工作电压(见 5.8.2)
	上限:U_{nom} 或 U_{max}
最大允许变化:	所有功能应符合设计要求,或关断示值指示;
	所有示值应在最大允许误差范围内。

7.11.4.4 12 V 或 24 V 车载电池的电压变化

对于在测试期间使用模拟电池电源的说明,

试验严酷等级(电压波动):	下限:最低工作电压(见 5.8.2)
	上限:12 V 电池为 16 V
	24 V 电池为 32 V
最大允许变化:	所有功能应符合设计要求,或关断示值指示;
	所有示值应在最大允许误差范围内。

7.12 抗干扰性能测试

测试结果应符合 6.12.4 的要求。

7.12.1 静电放电抗扰度试验

测试应按照 GB/T 17626.2 的方法进行。

7.12.2 射频电磁场辐射抗扰度试验

测试应按照 GB/T 17626.3 的方法进行。

7.12.3 电快速瞬变脉冲群抗扰度试验

测试应按照 GB/T 17626.4 的要求和方法进行。

7.12.4 浪涌抗扰度试验

测试应按照 GB/T 17626.5 的要求和方法进行。

7.12.5 射频场感应传导骚扰抗扰度试验

测试应按照 GB/T 17626.6 的要求和方法进行。

7.12.6 电压暂降短时中断和电压变化抗扰度试验

测试应按照 GB/T 17626.11 的要求和方法进行。

7.12.7 由公路车辆供电电源衡器 EMC 的特殊要求

测试应按照 ISO 7673-2 的要求和方法进行。

7.13 量程稳定度测试

测试应按照 GB/T 23111—2008 附录 B 中 B.4 的方法进行。

7.14 软件的审查和试验

对软件控制的电子装置按 GB/T 23111—2008 附录 G，进行软件及数据存储装置的审查和试验。

7.15 兼容性核查

7.15.1 模拟输出模块

确定兼容性时采用的相关量和特性已列入表 10。如果所有条件满足，就满足本标准的兼容性要求。将数据输入核查表可以很容易地确定它们是否满足要求。

衡器的制造商可以通过填写下页给出的表 10，核查及验证其兼容性。

7.15.2 数字输出模块

对于称重模块及其他数字模块或装置，不需要特殊的兼容性核查，仅对一个整台秤功能的正确性检验就足够了。如果各模块之间或其他部件/装置之间数据存在传送不正确，秤将无法正常运行或者某些功能将无效，例如置零或除皮。

对于数字式称重传感器，7.15.1 规定的兼容性核查适用，但不包括表 10 中(8)、(9)及(10)的要求。

表 10 兼容性核查表

(1) 称重传感器(LC)、称重指示器(IND) 与衡器(WI)的准确度等级

称重传感器	&	称重指示器	等于或高于	衡器	通过	未通过
	&		等于或高于		□	□

(2)衡器(WI)的温度界限与称重传感器(LC)及称重指示器 (IND)的温度界限比较，单位为 ℃

	称重传感器		称重指示器		衡器	通过	未通过
T_{min}		&		≤		□	□
T_{max}		&		≥		□	□

(3)连接部件、称重指示器及称重传感器的最大允差的系数 p_i 的平方和

p^2_{con}	+	p^2_{ind}	+	p^2_{LC}	≤1	通过	未通过
	+		+		≤1	□	□

(4) 称重指示器最大检定分度数 n_{ind} 与衡器的分度数 n

	n_{ind}	≥	$n=Max/e$	通过	未通过
单称量范围衡器		≥		□	□

表 10（续）

(5) 称重传感器的最大秤量 E_{max} 必须与衡器的 Max 相兼容：

系数 Q：$Q-(Max_r+DL+IZSR+NUD+T^+)/Max_r=$ …

				通过	未通过
$Q*Max*R/N$	$\leqslant$	E_{max}		通过	未通过
	$\leqslant$			□	□

(6a) 称重传感器的最大检定分度数 n_{LC} 与衡器的分度数 n

	n_{LC}	$\geqslant$	$n=Max/e$	通过	未通过
单称量范围衡器		$\geqslant$		□	□

(6b) 加到称重传感器上实际的承载器静载荷与称重传感器的最小静载荷，以 kg 为单位

$DL*R/N$	$\geqslant$	E_{min}	通过	未通过
	$\geqslant$		□	□

(7) 衡器的检定分度值与称重传感器的最小检定分度值(单位为 kg)必须兼容

$e*R/N$	$\geqslant$	$v_{min}=E_{max}/Y$	通过	未通过
	$\geqslant$		□	□

(8) 称重指示器的正常最小输入电压、每个检定分度值的最小输入电压与称重传感器的实际输出

称重指示器的正常最小输入电压(衡器空载)	$U=C*U_{exc}*R*DL/(E_{max}*N)$	$\geqslant$	U_{min}	通过	未通过
		$\geqslant$		□	□
每个检定分度值的最小输入电压	$u=C*U_{exc}*R*e/(E_{max}*N)$	$\geqslant$	Δu_{min}	通过	未通过
		$\geqslant$		□	□

(9) 称重指示器的允许电阻范围与称重传感器的实际电阻，单位为 Ω

R_{Lmin}	$\leqslant$	R_{LC}/N	$\leqslant$	R_{Lmax}	通过	未通过
	$\leqslant$		$\leqslant$		□	□

(10) 称重传感器与称重指示器之间的附加电缆单位横截面(单位为 m/mm^2)的长度

(L/A)	$\leqslant$	$(L/A)_{max}$	通过	未通过
	$\leqslant$		□	□

其中：

Max	(g,kg,t)	衡器的最大秤量；
e	(g,kg)	检定分度值；
n		检定分度数 $n=Max/e$；
R		缩比，它是一个比率(加在称重传感器上的力比加在承载器上的力)；
N		称重传感器的数量；
$IZSR$	(g,kg)	设置的初始置零范围，指衡器开机后在进行任何称重前，将显示自动设置为零；
NUD	(g,kg)	不均匀分布载荷的修正；
DL	(g,kg)	承载器的静载荷，安装在称重传感器上的承载器及承载器上安装的附加结构的质量；
T^+		添加皮重；
T_{min}	(℃)	温度范围的下限；
T_{max}	(℃)	温度范围的上限；
CH,NH,SH		称重传感器所通过的湿度试验的符号；

系统连接，6 线制

L　　(m)　　连接电缆的长度；

A　　(mm^2)　　电缆的横截面；

Q　　　　修正系数；

修正系数 $Q>1$ 是对偏载(载荷的不均匀分布)、承载器的静载荷、初始置零范围及添加皮重可能产生的影响的考虑，采用如下公式计算：

$$Q=(Max+DL+IZSR+NUD+T^{+})/Max$$

注：如果没有对衡器的加载进行不均匀分布的评估，不均匀分布值(NUD)一般可以按典型结构的衡器进行假设。

——带杠杆及单只称重传感器的衡器，或者

衡器的承载器只允许施加最小偏载，或者

单称重传感器衡器　　0%Max

例如，称重传感器对称排列的料斗或漏料斗，且承载器上没有安装用于物料流动的振动器。

——其他典型衡器　　20%Max

——对于单轨吊挂秤及汽车衡　　50%Max

——多秤台称量机构

对组合是固定的　　50%$Max_{累计}$

对选择或组合是可以变化的　　50%$Max_{单桥}$

7.16 表面涂漆漆膜附着强度的测试

可在与固定式电子衡器承载器相同工艺"平行施工"的样板上进行。使用漆膜划格器在样板的三个不同位置进行切割，切割出三个间隔 1 mm 的 100 个正方格阵，切割时要求用力均匀，速度要平稳无颤动，使刃口正好能穿透涂层而触及底材。然后用软毛刷沿格阵两对角线方向，轻轻地往复各刷 5 次，计算方格中漆膜脱落的百分比，应不大于 5%。

8 检验规则

8.1 型式评价或样机试验

在下列情况下衡器需进行型式评价或样机试验；

a) 新产品；

b) 设计、工艺或所用材料有重大改进时；

c) 国家技术机构提出时。

8.2 型式评价要求

8.2.1 试验样机的要求

对多系列产品应提供一台或多台(通常不超过三台)样机进行试验。至少有一台样机应是完整安装在典型使用现场的。另外，至少还有一台样机或者主要部件适合在实验室进行模拟试验。

8.2.2 样机检查和试验

供试验的衡器应符合下述要求：

a) 在制造厂商预计可使用的额定操作条件下，衡器的计量性能应符合第 5 章中的要求。

b) 衡器还应符合第 6 章的技术要求。

在申请人同意的情况下，试验者应尽可能接受其他法定计量技术机构所得到的等效试验数据作为此次样机试验的相关数据。

8.2.3 检测地点

申请人提供的样机，可以在下述地点进行检测：

a) 所有要做的检测，应在计量技术机构和申请人都同意的适合场所进行；

b) 计量技术机构提供的实验室。

8.2.4 型式评价结果的判定

型式评价结果的判定分为单项判定和综合判定。

8.2.4.1 **单项判定**

单项判定是按照秤是否符合每一项试验项目的要求而对秤进行的单项判定。

8.2.4.2 **综合判定**

综合判定是根据多项单项判定的结果而对秤进行的综合判定。

8.3 样机试验要求

样机试验应执行8.2型式评价的规定。

8.4 检定项目

首次检定应按照表11中的要求进行。后续检定与首次检定一致，称量性能可根据实际使用情况，如果不测试至最大秤量，至少测试至2/3最大秤量；除皮称量只进行一个皮重量的测试；重复性只进行约50%最大秤量的测试。

使用中检验应按照表11中规定进行，其最大允许误差应为首次检定时最大允许误差的两倍。

表11 项目一览表

章 节	项 目	首次检定	后续检定	使用中检验
7.1.2	外观检查	+	+	+
a)	制造许可证标志、编号	+	−	−
b)	计量特征	+	−	−
c)	检定标记等	+	+	+
d)	衡器结构与文件比较	+	−	−
e)	制造质量检验	+	−	−
7.1.3	测试条件检查	+	−	−
7.1.4	温度检查	+	−	−
7.1.11	承载器变形量测试	+	+	+
7.2.2	置零准确度	+	+	+
7.3	称量性能	+	+	+
7.4	除皮	+	+	+
7.5	偏载	+	+	+
7.6	鉴别力	+	−	−
7.7	重复性	+	+	+
注：“+”表示应检项目，“−”表示可不检项目。				

8.5 出厂测试

8.5.1 衡器在出厂前应做出厂测试。

8.5.2 出厂测试应逐台进行，只能在使用现场安装的特殊专用衡器，只对衡器的各模块进行单独测试。

8.5.3 出厂测试项目见表12。

表12 出厂测试项目

测 试 项 目	测 试	
	Max>1 t	*Max*≤1 t
外观	7.1.2	7.1.2
置零准确度	7.2.2	7.2.2
称量性能	7.3	7.3

表 12（续）

测 试 项 目	测 试	
	$Max>1$ t	$Max\leqslant 1$ t
除皮	—	7.4
偏载	7.5	7.5
鉴别力	7.6	7.6
重复性	—	7.7

9 标志、包装、运输和贮存

9.1 标志

9.1.1 说明标志

9.1.1.1 说明标志的内容

a) 制造厂的名称和商标；

b) 准确度等级；

c) 最大秤量 *Max*、最小秤量 *Min*、检定分度值 *e*；

d) 产品名称、规格、型号；

e) 计量器具制造许可证标志及编号；

f) 产品编号及制造日期；

g) 采用标准号。

9.1.1.2 对说明标志的要求

说明标志应牢固可靠，字迹大小和形状应清楚、易读（大写字母的高度至少应为 2 mm）。

说明标志应集中在一块标牌上，采用胶粘或铆钉紧固等方式，固定于衡器的明显易见的地方，不破坏标牌无法将其拆下。

9.1.2 包装标志

包装箱外除按 GB/T 191 和 GB/T 6388 的规定外还应有下列标志：

a) 产品名称、型号、规格；

b) 制造厂名称；

c) 毛重；

d) 体积。

9.1.3 检定标志

衡器上应留出检定标志的位置，其直径至少为 25 mm，且使用中不移动衡器就可以看见标志。

9.2 包装

9.2.1 衡器的包装应符合 GB/T 13384 的要求。

9.2.2 随同产品应提供下列技术资料：

a) 使用说明书；

b) 合格证；

c) 装箱清单；

d) 检定证书（对通过首次检定的衡器的要求）。

9.3 运输

运输、装卸衡器时应小心轻放，禁止抛、扔、碰、撞和倒置，防止剧烈振动和雨淋。

9.4 贮存

9.4.1 衡器的主要部件，如称重传感器的贮存应符合 GB/T 7551 中的有关规定。称重指示器应符合 GB/T 7724 中的有关规定。

9.4.2 其他部件应存放在环境温度为－25 ℃～50 ℃，相对湿度不大于 90％的通风室内。且室内不得有腐蚀性气体。

9.4.3 各种大型散件室外存放时，应注意防雨淋或受潮，并垫好，以防变型和雨水浸泡，不准与具有腐蚀性的物质存放在一起。

参 考 文 献

[1] GB/T 2424.1—1989 电工电子产品基本环境试验规程 高温低温试验导则(eqv IEC 60068-3-1:1974).

[2] GB/T 2424.1—1993 电工电子产品基本环境试验规程 湿热试验导则(eqv IEC 60068-2-28《环境试验 第2部分:试验-湿热试验导则》(1990年第三版)).

[3] IEC出版物60654-2:2001:工业过程计量和控制设备:第2部分:电源.

[4] ISO出版物ISO/DIS CD 7637-2:1996 汽车 传导与偶合引起的电磁干扰 第2部分:仅对沿电源线瞬变传导干扰.

[5] ISO出版物ISO 7637-3:1995 公路车辆 传导和耦合干扰 第3部分:12 V供电客用车和24 V供电轻型商用车:由电容耦合至除电源线以外的其他线路电瞬态传导.

[6] 化学工业出版社.机械设计手册,上册,第一分册.

ICS 17.100
N 13

中华人民共和国国家标准

GB/T 7724—2008
代替 GB/T 7724—1999

电子称重仪表

Electronic Weighing Meter

2008-12-30 发布　　　　2009-09-01 实施

中华人民共和国国家质量监督检验检疫总局
中国国家标准化管理委员会　发布

前　言

本标准代替 GB/T 7724—1999《称重显示控制器》。

本标准与 GB/T 7724—1999 相比较有较大的变化，重要变动的内容有：

——标准内容根据国际法制计量组织 OIML R76-1:2006《非自动衡器》国际建议，要求和测试方法做了相应的改动；

——标准名称更改为《电子称重仪表》，适用内容包括非自动衡器的指示器、模拟数据处理装置、数字数据处理装置、终端和数字显示器等模块(1.1)；

——称重仪表准确度等级改用符号、Ⓘ、Ⅱ、Ⅲ和Ⅲ表示(5.1.1)；

——最大允许误差按非自动衡器的要求乘以相应的误差分配系数 p_i 的形式表示(5.4)；

——取消了噪声要求的条款，和鉴别力条款；

——增加了有关兼容性的要求(5.12)；

——环境防护能力测试明确了适用范围、测试方法和严酷度等级(6.1.1.1,7.9)；

——电气安全要求按 GB 4793.1—2007 进行了改写，介电强度测试电压按称重仪表安装类别改为Ⅰ类安全仪表为交流有效值 1 500 V，Ⅱ类安全仪表为交流有效值 3 000 V(6.1.1.2,7.7)；

——增加了对软件控制称重仪表的要求(6.14,7.6)；

——增加了以 PC 作为指示器的测试要求(7.2.4)；

——包装测试按 GB/T 4798.2—1996《电工电子产品应用环境条件　运输》的规定，振动试验修改了严酷度要求，碰撞试验明确规定了一种严酷度，跌落试验修改了严酷度要求(6.15,7.8)；

——检验规则中取消了有关抽样方法的规定。

本标准与 OIML R76:2006 中有关要求的主要差别有：

——本标准不包括模拟指示的称重仪表；

——增加了包装防护能力的测试(6.15,7.8)；

——增加了环境防护能力要求(6.1.1.1,7.9)；

——增加了电气安全要求(6.1.1.2,7.7,9.1.4)；

——增加了出厂检验的要求(8.1.1,8.2)；

——增加了包装(9.2)、运输(9.3)、贮存的要求(9.4)。

本标准由中国轻工业联合会提出。

本标准由全国衡器标准化技术委员会归口。

本标准起草单位：上海耀华称重系统有限公司。

本标准参加起草单位：青岛衡器测试中心、梅特勒-托利多(常州)称重设备系统有限公司、济南金钟电子衡器股份有限公司。

本标准主要起草人：徐平均、张宏社。

本标准参加起草人：王均国、王亚东、许福国。

本标准所代替标准的历次版本发布情况为：

——GB 7724—1987、GB/T 7724—1999。

电子称重仪表

1 范围

本标准规定了作为衡器模块的电子称重仪表(以下简称仪表),包括称重指示器(以下简称指示器)、用作指示器的个人计算机(PC)、模拟数据处理装置、数字数据处理装置、终端、数字显示器等装置的一般要求、计量要求、技术要求、测试方法、检验规则及标志、包装、运输、贮存等要求。

本标准适用于在非自动衡器中采用的以下装置:

——称重指示器;

——模拟数据处理装置,如数字化接线盒,AD模块,数字式重量变送器等;

——数字数据处理装置,如数据存储装置等;

——终端,如PC,销售终端(POS)等;

——数字显示器,如大屏幕显示器等。

本标准中,术语"电子称重仪表"包括以上装置。

本标准仅适用于非自动衡器的电子称重仪表。

注1:适用范围内的各种装置,可以有自己单独的机壳,也可以安装在其他装置(如称重模块、个人计算机等等)中。

注2:如果适用范围内的各种装置必须与软件关联才能满足本标准各项要求,那么不论该关联软件是否已经安装于装置中,均适合于本标准。

注3:本标准也适用于用来测定与测量的质量有关的其他量值、数量、参数或特性的衡器(例如用称重原理的水分计、密度计等)的称重仪表。

注4:对于在非自动衡器中采用的某一装置,并不要求实现本标准所列的全部功能。

注5:本标准的一些计量要求和测试方法是针对连接以电压形式输出的电阻应变式称重传感器的称重仪表,但其原则也适用于连接其他输出形式(如以频率量、电荷量形式输出)的称重传感器的称重仪表。

2 规范性引用文件

下列文件中的条款通过本标准的引用而成为本标准的条款。凡是注日期的引用文件,其随后所有的修改单(不包括勘误的内容)或修订版均不适用于本标准,然而,鼓励根据本标准达成协议的各方研究是否可使用这些文件的最新版本。凡是不注日期的引用文件,其最新版本适用于本标准。

GB/T 191 包装储运图示标志(GB/T 191—2008,ISO 780:1997,MOD)

GB/T 2423.37—2006 电工电子产品环境试验 第2部分:试验方法 试验L:沙尘试验(IEC 60068-2-68:1994,IDT)

GB/T 2423.38—2005 电工电子产品环境试验 第2部分:试验方法 试验R:水试验方法和导则(IEC 60068-2-18:2000,IDT)

GB 4208 外壳防护等级(IP代码)(eqv IEC 529:1989)

GB 4793.1—2007 测量、控制和实验室用电气设备的安全要求 第1部分:通用要求(IEC 61010-1:2001,IDT)

GB/T 4857.5—1992 包装 运输包装件 跌落试验方法(eqv ISO 2248:1985)

GB/T 4857.10—2005 包装 运输包装件基本试验 第10部分:正弦变频振动试验方法(ISO 8318:2000,MOD)

GB/T 4857.20—1992 包装 运输包装件 碰撞试验方法

GB/T 6388—1986 运输包装收发货标志

GB/T 13384—2008 机电产品包装通用技术条件
GB/T 14250—2008 衡器术语
GB/T 23111—2008 非自动衡器(OIML R76:2006,IDT)

3 术语和定义

GB/T 23111—2008 和 GB/T 14250—2008 确立的术语、定义以及下列术语和定义均适用于本标准。

3.1 结构

3.1.1

电子称重仪表 electronic weighing meter

可作为衡器模块的以下电子装置的统称：

——称重指示器；

——模拟数据处理装置；

——数字数据处理装置；

——终端；

——数字显示器。

3.1.2

数字化接线盒 digital junction box

一种模拟数据处理装置，连接于一个或更多的称重传感器，将各称重传感器输出的模拟信号合并(单通道 AD 转换)或分别(多通道 AD 转换)转换为数字输出信号，可做数据处理或进一步的数据处理。

3.1.3

AD 模块 AD module

一种非独立安装使用的模拟数据处理装置，将称重传感器的模拟信号转换为数字输出信号，可做数据处理或进一步的数据处理。

3.1.4

数字式重量变送器 digital weight convert device

一种独立安装使用的模拟数据处理装置，将称重传感器的模拟信号转换为数字输出信号，做数据处理或进一步的数据处理。

3.1.5

纯数字模块 purely digital module

不包含模拟信号处理的电子称重仪表，包括数字数据处理装置，终端和数字显示器等。

3.1.6

数据存储装置 data storage device

一种数字数据处理装置，用于存储称重结果，用于事后有法制相关目的的数据处理。

3.1.7

销售终端 point of sale device (POS)

一种数字终端，用于商业销售中的数据处理。

3.1.8

大屏幕显示器 scoreboard

向消费者或其他关心称重结果的人员显示衡器的主要示值和/或次要示值的主要或辅助显示器，一般采用较大的字符尺寸显示。

3.1.9

多通道输入　multi-channel input

称重仪表具有一个以上的称重信号接口。

注：接口的数量为逻辑意义上的数量而非单纯物理意义上的，例如连接在同一总线上的多个数字传感器，认为称重仪表与每个传感器之间都有一个独立的称重信号接口。

3.2　计量特性

3.2.1

实际分度值　actual scale interval（*d*）

以质量单位表示的两个相邻示值的差值。在本标准中，也表示称重仪表每实际分度值对应的输入信号电压。

3.2.2

检定分度值　verification scale interval（*e*）

专门用于分级和检定的分度值。在本标准中，也表示称重仪表每检定分度值对应的输入信号电压。

3.2.3

最大秤量　maximum capacity（*Max*）

不考虑添加皮重的最大称重能力。在本标准中，也表示按规定的检定分度值和称重仪表的最大分度数确定的最大输入信号。

3.2.4

传感器激励电压　load cell excitation voltage

对于应变式或类似特性的称重传感器，传感器的输出信号变化量与传感器激励电压和重量载荷变化量的乘积成正比。

3.2.5

最小静载荷信号电压　minimum signal voltage for dead load

称重仪表允许输入且仍能满足本标准要求的相当于衡器空载时称重传感器输出的承载器重量信号的信号电压最小值。

3.2.6

最大静载荷信号电压　maximum signal voltage for dead load

称重仪表允许输入且仍能满足本标准要求的相当于衡器空载时称重传感器输出的承载器重量信号的信号电压最大值。

3.2.7

每检定分度值 *e* 的最小输入电压　minimum input-voltage per verification scale interval *e*

称重仪表能满足本标准要求的每检定分度值 *e* 对应的最小输入电压，此时称重仪表具有最小检定分度值和最大放大倍率。

3.2.8

测量范围最小电压　measuring range minimum voltage

称重仪表允许输入且仍能满足本标准要求的重量信号电压最小值。

3.2.9

测量范围最大电压　measuring range maximum voltage

称重仪表允许输入且仍能满足本标准要求的重量信号电压最大值。

3.2.10

最小传感器阻抗　minimum load cell impedance

受称重仪表激励电源或其他因素限制所确定的称重仪表允许的称重传感器最小输入阻抗。该指标也可以用激励电源最大允许电流表示。

3.2.11

最大传感器阻抗　maximum load cell impedance

受称重仪表允许的信号源最大内阻或其他限制因素确定的称重仪表允许的称重传感器最大输出阻抗，一般认为称重传感器输出阻抗近似等于其输入阻抗。

注：对于使用某种“并联调节式接线盒”的称重传感器接线方式，输入阻抗与输出阻抗相差较大，此时应按接线方式的实际输出阻抗验算。

3.2.12

零点　zero

被测称重仪表的零点指在称重仪表信号输入端仅施加了假定的静载荷信号值。

3.3

噪声　noise

称重仪表内部测量数据中非实际信号产生的短时间内的变化。它将影响称重仪表的重复性、置零和/或除皮准确度及平衡稳定的判别。

3.4

传感器模拟器　load cell simulator

模拟称重传感器标准的输出信号的一种装置，可用来检验称重仪表的某些计量特性。模拟应变式称重传感器的传感器模拟器，其输出电压应等于激励电压(V)与给定的传感器输出(mV/V)的乘积。模拟数字称重传感器的数字传感器模拟器可按给定重量值输出相应的数字信号。

4　一般要求

4.1　计量单位

称重仪表示值的单位应与衡器使用的质量单位一致，为千克(kg)、毫克(mg)、克(g)和吨(t)。

对于某些特殊用途，例如宝石贸易，也可以使用米制克拉(1 克拉＝0.2 g)作为该计量单位。克拉的符号是 ct。

4.2　计量要求的原则

称重仪表划分等级的依据是：

——代表绝对准确度的检定分度值，以及

——代表相对准确度的检定分度数。

称重仪表的最大允许误差在量级上与检定分度值相同。它们不仅适用于毛重载荷，在皮重装置运行时，也适用于净重载荷，但不适用于类似预置皮重等装置运行时计算的净重值。

4.3　技术要求的原则

通用技术要求适用于各种称重仪表，不论是为了使称重仪表适于某些特殊目的而用附加要求作了补充或改进的、或为某种特殊技术而设计的。技术要求旨在规定称重仪表的技术性能，并非称重仪表的设计，因而并不妨碍技术的进步。

特别要指出的是，本标准未涵盖的称重仪表功能，只要它们在满足使用要求的同时不影响计量要求，且符合相关计量管理要求，都允许设置。称重仪表的所有功能应在其产品说明书或使用手册中清楚地说明。

提供测试程序是为了确保称重仪表符合本标准的要求。应当运用这些程序与型式评价报告以促进计量控制部门间所取得的测试结果的交换与相互认可。

5　计量要求

5.1　等级划分原则

5.1.1　准确度等级

称重仪表按准确度分为四个等级，详见表 1。

表 1　称重仪表的准确度等级与符号

准确度等级	符号[a]
特种准确度	(I)
高准确度	(II)
中准确度	(III)
普通准确度	(IIII)

[a] 准确度等级符号允许使用任意椭圆形，或由两条水平线与两个半圆相连的椭圆，不得采用圆(按国际建议 OIML R 34“计量器具的准确度等级”的规定，圆形标记用于以恒定相对误差(%)表示最大允许误差的计量器具的准确度等级)。

拟在本标准适用的衡器中使用的称重仪表，其准确度等级至少应与所构成衡器的准确度等级相同，高准确度称重仪表在满足低准确度衡器要求时，可使用在低准确度等级的衡器中。例如：(III)级称重仪表若满足(IIII)级衡器要求，可用在(IIII)级衡器上。

纯数字模块不划分准确度等级，可适用于任何准确度等级的衡器。

5.1.2　检定分度值

以质量单位表示的检定分度值 e 应以 1×10^k、2×10^k 或 5×10^k 的形式表示，其中指数 k 为正整数、负整数或零。[b]

[b] 本条款不适用于非质量单位表示的称重仪表输入信号量。

5.2　称重仪表的等级

称重仪表准确度等级及相关的检定分度数见表 2。

表 2　称重仪表的准确度等级

准确度等级		检定分度数 $n=Max/e$	
等级	符号	最小	最大
特种	(I)	50 000	—
高	(II)	100	100 000
中	(III)	100	10 000
低	(IIII)	100	1 000

用于多称量范围衡器的称重仪表，每一个称量范围应按一台单称量范围衡器称重仪表来处理的。

对于机身上明确地标注了特殊用途的衡器，可兼有(I)级和(II)级，或者(II)级和(III)级的称量范围。称重仪表应执行 5.4 中适用于两个等级的要求中更严格的一个。

用于组成本标准适用的衡器的称重仪表，其检定分度数应等于或大于用其所组成的衡器的检定分度数。

5.3　可用于多分度衡器的称重仪表的附加要求

5.3.1　局部称量范围

对每个局部称量范围($i=1, 2\cdots$)规定为：检定分度值：e_i，$e_{i+1}>e_i$；

最大秤量 Max_i，且

最小秤量 $Min_i - Max_{i-1}$($i=1$ 时，最小秤量 $Min_1=Min$)。

每个局部称量范围的检定分度数 n_i 按公式计算：$n_i=Max_i/e_i$

5.3.2　准确度等级

每个局部称量范围的检定分度值 e_i 和检定分度数 n_i 以及最小秤量 Min_1，根据称重仪表准确度等级应符合表 2 给出的要求。

5.3.3　局部称量范围的最大秤量

根据称重仪表的准确度等级，除最后的局部称量范围外，应符合表 3 规定的要求。

表 3　局部秤量范围

准确度等级	Ⅰ	Ⅱ	Ⅲ	Ⅲ
Max_i/e_{i+1}	≥50 000	≥5 000	≥500	≥50

5.4　最大允许误差

5.4.1　称重仪表型式试验的最大允许误差

衡器在加载或卸载时的最大允许误差见表 4：

表 4　衡器的最大允许误差

首次检定最大允许误差	以检定分度值 e 表示的信号 m			
	Ⅰ	Ⅱ	Ⅲ	Ⅲ
$\pm0.5e$	$0\leqslant m\leqslant50\ 000$	$0\leqslant m\leqslant5\ 000$	$0\leqslant m\leqslant500$	$0\leqslant m\leqslant50$
$\pm1.0e$	$50\ 000<m\leqslant200\ 000$	$5\ 000<m\leqslant20\ 000$	$500<m\leqslant2\ 000$	$50<m\leqslant200$
$\pm1.5e$	$200\ 000<m$	$20\ 000<m\leqslant100\ 000$	$2\ 000<m\leqslant10\ 000$	$200<m\leqslant1\ 000$

称重仪表型式试验的最大允许误差为：按测试项目采用相应的误差分配系数 p_i（表 5）乘以表 4 的对应的值。

5.4.2　误差分配系数 p_i

指示器和模拟数据处理装置标准的误差分配系数是 $p_i=0.5$。在衡器整机型式试验中单独测试指示器和模拟数据处理装置时，误差分配系数可在 0.3 与 0.8 之间变化。对纯数字模块，系数 p_i 一般取零。

制造厂商应固定系数 p_i，使它可以作为分配了许多 p_i 的一个测试基础（见表 5）。

对系数 p_i，没有给出有关重复性的量值。称重仪表通常不会造成重复性的误差。测试中如果出现重复性差的情况，应特别注意其原因和后果。

表 5　误差分配系数 p_i

性 能 指 标	称重仪表误差分配系数 p_i
综合影响[a]	0.5
温度对空载示值的影响	0.5
电源变化	1
蠕变影响	—
湿热	0.5
量程稳定性	1

[a] 综合影响：非线性、滞后及温度对量程的影响、重复性等。经由制造厂商规的预热时间之后，综合影响误差分配系数可适用于模块。

5.4.3　确定误差的基本规则

5.4.3.1　影响因子

各误差应在正常的测试条件下确定。当评价一个影响因子的效果时，其他所有的影响因子应保持相对恒定并接近于正常值。

5.4.3.2　化整误差的消除

若实际分度值大于 $0.2e\cdot p_i$，应消除任何数字示值的化整误差。

5.4.3.3　净重值的最大允许误差

除预置皮重值外，对每个可能的皮重载荷信号，最大允许误差适用于净重值。

5.4.3.4 **皮重称量装置**

对每个可能的皮重值而言，皮重称量装置的最大允许误差与称重仪表在加载相同载荷信号下的最大允许误差相同。

5.5 **多通道**

对于多通道输入的称重仪表，各通道均应具备独立调整机构，使相同载荷经不同称重传感器传递后得到的示值，仍符合最大允许误差的要求。

5.6 **检定用标准器**

产生重量信号的检定用标准器的最大允许误差应不大于所加信号下称重仪表最大允许误差的1/3。

注：检定用标准器的误差指由于标准器的原因使称重仪表产生的误差。

5.7 **由影响量引起的变化**

除非另有规定，称重仪表在5.7规定的条件下，应符合5.4的要求。如果没有其他规定，影响量测试不应合并。

5.7.1 **温度**

5.7.1.1 **规定的温度限**

在称重仪表的说明标记中，若没有标明特定的工作温度，则称重仪表应在－10 ℃～＋40 ℃温度范围内保持其计量性能。

与衡器在同一环境下工作的称重仪表应具有与衡器相同的或更宽的温度限。

5.7.1.2 **特种温度界限**

在称重仪表的说明标记中，若标明了特定的工作温度界限，则称重仪表应在该温度界限内符合计量要求。

称重仪表工作温度界限的大小，可以根据称重仪表的用途、称重仪表的工作环境确定。

称重仪表温度界限的范围至少应等于：

(I)级称重仪表为5 ℃，

(II)级称重仪表为15 ℃，

(III)级和(IIII)级称重仪表为30 ℃。

5.7.1.3 温度对空载示值的影响

当环境温度对(I)级称重仪表变化1 ℃、对其他等级的称重仪表变化5 ℃时，其对应于零点信号或零点信号附近的示值变化，不应大于$e \cdot p_i$。

对于多分度和多称量范围衡器称重仪表，此条款中的检定分度值e应选用称重仪表的最小检定分度值。

5.7.2 **湿度影响**

称重仪表在工作温度范围的上限及85%的相对湿度下，应满足对称重仪表的要求。此条款不适用于(I)级称重仪表。

5.7.3 **供电电源**

若供电电压不同于称重仪表的额定电压(U_{nom})或电压范围(U_{min}、U_{max})，在下列情况下，称重仪表也应满足计量要求：

——电源(AC)：

$$下限=0.85 \cdot U_{nom}或0.85 \cdot U_{min}$$

$$上限=1.10 \cdot U_{nom}或1.10 \cdot U_{max}$$

——外接或插入式供电电源(AC或DC)；若称重仪表在正常工作时可对电池充电，也包括充电电池供电电源：

下限＝最低工作电压

上限＝1.20・U_{nom}或 1.20・U_{max}

——非充电电池电源(DC)以及称重仪表在正常工作期间不可能对电池充电的电池电源：

下限＝最低工作电压

上限＝U_{nom}或U_{max}

——12 V 或 24 V 道路车辆电池电源：

下限＝最低工作电压

上限＝16 V(12 V 电池)或 32 V(24 V 电池)

注：最低工作电压规定为称重仪表自动关机前最低的可工作电压。

采用电池供电的称重仪表和带外接或插入式电源(AC 或 DC)的称重仪表，如果其电源电压低于称重仪表制造厂商规定的值时，要么继续正确地工作，要么不显示任何重量值。外接或插入式供电电源应大于或等于最低工作电压。

5.8 称重仪表的抗干扰要求

5.8.1 应当通过设计与制造，使称重仪表置于干扰场合时：

a) 不会发生显著增差[a]，或

b) 可检测出显著增差，并作出处理。显示器中的显著增差的指示不应与显示器中出现的其他信息相混淆。

[a] 无论示值误差的值如何，允许存在小于或等于 e 的增差。

5.8.2 称重仪表应根据其使用目的，始终满足 5.4、5.5、5.7 以及 5.8.1 的要求。

5.8.3 如果称重仪表的型式通过 5.10 规定的检验与测试，即可认为符合 5.8.1、5.8.2 的要求。

5.8.4 5.8.1 的要求可分别适用于引起显著增差的各单个的原因。

5.9 对显著增差的响应

当监测到显著增差时，称重仪表应自动处于非工作状态，或自动提供看得见或听得到的信息，并持续到使用者采取措施或显著增差消失为止。

5.10 影响量测试

5.10.1 被测称重仪表的状态

性能测试应在处于正常的工作状态或尽可能类似的状态的称重仪表上进行。当采用非正常连接配置时，其测试程序需经授权机构与申请单位的相互同意，并应在测试文件中加以说明。

如果称重仪表配有允许与外部设备连接的接口，则应在进行 7.4.8 规定的快速瞬变脉冲群、浪涌和静电放电(GB/T 23111—2008 的 B.3.2、B.3.3 和 B.3.4)测试期间，按测试程序的规定应把外部设备连接上。

5.10.2 性能测试

性能测试应按 7.3 和 7.4 进行，测试项目详见表 6。

表 6 性能测试项目

试验	试验特征
静态温度	影响因子
湿热、稳态	影响因子
电压变化	影响因子
短时电源电压跌落和中断	干扰
脉冲串(瞬时)	干扰
静电放电	干扰
浪涌	干扰
抗辐射电磁场	干扰
抗传导射频场	干扰
道路车辆电源供电衡器特殊 EMC 要求	干扰

5.11 量程稳定性

除仅用于Ⓘ级衡器的称重仪表，均应进行7.5规定的量程稳定性测试。接近称重仪表最大秤量的误差，应不超过最大允许误差；任意两次测试结果的差异，应不超过检定分度值的一半或表4规定的最大允许误差绝对值的二分之一，两者中取其大者。

5.12 兼容性

称重仪表的兼容性应由制造厂商确立并作出声明，并在使用说明书和/或数据手册中给出相关数据。

为核查衡器的兼容性，对于指示器和模拟数据处理装置以下数据组是必要的，以检查称重仪表是否满足兼容性的要求。

5.12.1 计量特性数据

——准确度等级

——最大检定分度数 n

——工作温度范围(℃)

——误差分配系数 p_i

5.12.2 电气数据

——电源电压(V AC或DC)

——电源的形式(及频率(Hz))

——传感器激励电压(V AC或DC)

——最小静载荷信号电压(mV)

——最大静载荷信号电压(mV)

——每检定分度值 e 的最小输入电压(μV)

——测量范围最小电压(mV)

——测量范围最大电压(mV)

——最小传感器阻抗(Ω)

——最大传感器阻抗(Ω)

注：应为电气数据标注最恰当的量值单位，本条款在数据名称后的括弧中列举的是配有电阻应变式称重传感器时最典型的量值单位，并不表明只限于此。

5.12.3 传感器激励反馈

称重传感器激励反馈存在或不存在。

5.12.4 信号电缆

连接称重仪表与称重传感器或传感器接线盒的附加电缆(仅适用于六线制称重仪表，即带有激励反馈的称重仪表)应按如下方式规定：

——材料(铜、铝等)

——长度(m)

——截面积(mm^2)

或

——材料(铜、铝等)固定时，单位截面积/最大长度(mm^2/m)

或

——每单根线最大直流电阻

6 技术要求

下述要求涉及到称重仪表的设计与结构，旨在确保衡器在正常的使用条件下，由不熟练的用户通过正确的操作，能提供正确而清楚的称量结果和其他主要示值。这些要求不是要规定解决的办法，而是为了明确称重仪表的适当功能。

6.1 一般要求

6.1.1 安全防护要求

6.1.1.1 环境防护能力

单独安装使用的称重仪表的防护能力不得低于 GB 4208 规定的 IP41 级，其他防护等级的应在产品的说明文件中注明防护等级。实际使用中应根据使用要求选用适用的防护能力的称重仪表。

6.1.1.2 电气安全要求

6.1.1.2.1 一般要求

称重仪表(包括其标志、说明文件等)应符合 GB 4793.1—2007 的各项要求。确定电气间隙和爬电距离的污染等级均按 2 级。

6.1.1.2.2 称重仪表防电击等级

称重仪表应按 GB 4793.1—2007 有关规定，确定以下称重仪表的防电击等级：

Ⅰ类设备称重仪表：具有防电击安全保护接地等保护连接的设备称重仪表。

Ⅱ类设备称重仪表：没有防电击安全保护接地等保护连接的设备称重仪表。

Ⅰ类设备称重仪表应满足 GB 4793.1—2007 中 6.5.1 的规定。Ⅱ类设备称重仪表应在外壳上标注 GB 4793.1—2007 表 1 中编号 11 的标志，并满足 GB 4793.1—2007 中 6.5.2 的规定。

6.1.1.2.3 测试的严酷度

由 220V 交流电网供电的称重仪表，在湿热试验后，供电回路与其他回路和易触及导电部件之间的电气安全要求为：

a) 直流 500 V 条件下绝缘电阻不低于

——Ⅰ类设备称重仪表为 5 MΩ；

——Ⅱ类设备称重仪表为 10 MΩ。

b) 交流供电电源电压上限条件下交流漏电流不大于

——Ⅰ类设备称重仪表为 3.5 mA；

——Ⅱ类设备称重仪表为 0.25 mA。

c) 称重仪表施加以下交流电压 1 min 应不击穿

——Ⅰ类设备称重仪表为交流有效值 1 500 V；

——Ⅱ类设备称重仪表为交流有效值 3 000 V。

注：供电回路包括称重仪表与供电接点之间的电缆线。

6.1.1.2.4 保护接地端的导电能力

对于Ⅰ类设备的称重仪表，保护接地端与各个可能触及的导电性零部件之间的电阻应不大于0.1 Ω。

6.1.1.3 附加说明

本标准只适用于通常条件下运输、普通环境下使用的称重仪表。对某种称重仪表提出其他特殊机械要求(如用于机械振动大的场合)、防护要求(如用于腐蚀性环境)或电气要求(如用于有爆炸危险的场合)时，应附加另外的技术条件。

6.1.2 适用性

6.1.2.1 应用适用性

称重仪表的设计应适合于其预期的用途。

注："预期的用途"包括适用的衡器种类、使用要求和环境要求。对衡器"预期的用途"需要进行限制时，可以按照国家相关法规要求对限制进行标记。

6.1.2.2 使用适用性

称重仪表的结构应精密、坚固，以保证在使用周期内能维持其计量性能。

6.1.2.3 检定适用性

称重仪表应允许按本标准规定的内容对其进行测试。

6.1.3 安全性

6.1.3.1 欺骗性使用

称重仪表不得具有易于被欺骗使用的特性。

6.1.3.2 意外损坏与错误调整

称重仪表应满足当意外受损或控制元件失效、失调时，在其现象不明显的情况下，其正确功能应不受干扰。

6.1.3.3 控制

称重仪表的设计应保障控制的动作只能进入设计预定的位置(有意设计除外)，除非操作期间所有的称量指示都不可用；各按键的标记均应明确清晰。

6.1.3.4 器件和预置控制件的保护

带有预置和调整装置的称重仪表应符合 GB/T 23111—2008 的 4.1.2.4 的要求。

6.1.3.5 量程调整

称重仪表允许配备一个自动或半自动量程调整装置。调整装置应装于称重仪表内部。除Ⓘ级称重仪表外，应对量程调整装置提供保护(如加封)，以使保护后外部的影响不对此装置产生作用。

6.1.3.6 重力补偿

称重仪表可装备一个补偿重力变化影响的装置。加封保护后，它不会受到外部的影响和接触。

6.2 示值

本条款不适合仅输出非可见数字形式中间结果的称重仪表。

6.2.1 读数品质

称重仪表的主要示值(包括数字、单位、指示符)在大小、形状和清晰度应满足易读的要求；

称重仪表示值的打印输出应是简单并列易于读取。

6.2.2 示值的形式

6.2.2.1 称重仪表的重量示值、单价及付款额等应包括表示其单位的名称或符号(如适用)

对任何一种重量示值，只可以使用一种质量单位。重量示值的分度值应以 1×10^k，2×10^k 或 5×10^k 形式表示，指数 k 为正整数、负整数或等于零。对于任一称量范围内的任何给定的载荷信号，称重仪表所有显示、打印和皮重称量装置必须具有相同的分度值。

6.2.2.2 数字示值应从最右端开始，至少显示一位数字

分度值自动改变的称重仪表，小数点符号在显示器上应保持其位置不变。

小数部分必须用小数点(圆点)将其与整数分开，示值显示时小数点左边至少应有一位数字，右边显示全部小数位。

小数点符号必须与数字底部在同一行上(例如 0.305 kg)。

示值零可以由最右边一个零指示，无需小数点符号。

质量单位选择应使重量值最右边不多于一个无效零。对于带小数点符号的值，无效零只允许出现在小数点后面第三个位置。对自动切换的多分度值称重仪表和多称量范围称重仪表，这些要求仅适用于最小(局部)称量范围。

6.2.3 示值的极限

称重仪表示值超过 $Max+9e$ 应无示值显示。

对于多称量范围称重仪表，这一要求适用每一个称量范围。对自动切换的多称量范围称重仪表，Max 等于最大称量范围 r 的 Max_r，对于 $Max_i=n\times e_i$ 的较小称量范围 i，不应有上述极限指示。

对于多分度值称重仪表，在 $Max_i=n_i\times e_i$ 较低称量范围 i，不应有上述极限指示。

当皮重装置在运行，且皮重载荷已从承载器上移去，可以显示零点以下的示值(带负号)。即使皮重

装置不运行，也可以显示零点以下至－20 d 的负值，这些值不能被传输、打印或用于价格计算。

6.3 数字指示装置与打印装置

以下要求用于对6.2.1至6.2.3的补充。

6.3.1 示值变化

加在称重仪表上的载荷信号改变后，称重仪表原示值保持时间不应超过1 s。

6.3.2 平衡稳定

假如示值非常接近最终重量值，则认为该示值是平衡稳定的。如满足下述要求可认为达到稳定：

——在数据的打印和(或)保存情形中，打印和保存的称重值与最终称重值的偏差不大于1*e*(即允许相邻的两个值)。

——在置零操作和除皮操作情形下，装置按6.4和6.5实际操作，如满足相应准确度要求，则认为达到平衡稳定。

——在平衡受到连续或瞬时干扰情况下，对称重仪表的打印、数据存储、置零和除皮操作应无效。

6.3.3 扩展指示装置

如果称重仪表安装了扩展指示装置，可以显示小于检定分度 *e* 的示值的条件是：

——按住该功能键期间，或

——在给出一个手动命令后的5 s期间内。

当扩展指示装置在运行时，无论何种情形均不可能打印。

6.3.4 多用指示装置

除主要指示外，同一指示装置可以显示或打印其他指示，假如：

——任何附加指示不得引起对主要指示任何误解；

——除重量值外的其他量用适当的计量单位、符号、特殊记号或名称加以识别；

——非称量结果重量值(毛重、皮重、净重)能被清楚地识别，并且只有在给出手动命令时才可以暂时显示，但不能被打印。

如果明确指示称重仪表在非称重模式，可以不受上述限定(包括用于直接向公众售货衡器称重仪表的客户显示)。

6.3.5 打印装置

打印应清晰、耐久，满足预期的使用。打印的字符高度至少为2 mm。

如果需要打印，计量单位的名称或符号应同时打印在数值的右边或该数值列的上方。

称重仪表不满足平衡稳定时应不能执行对当前称量数据的打印。

6.3.6 存储装置

平衡不稳定时，应禁止对用于后续指示、数据传输、累计等主要指示进行存储。

6.4 置零装置及零点跟踪装置

置零装置及零点跟踪装置应符合GB/T 23111—2008的4.5的要求。

6.5 皮重装置

皮重装置应符合GB/T 23111—2008的4.6有关电子衡器的要求。

6.6 预置皮重装置

预置皮重装置应符合GB/T 23111—2008的4.7的要求。

6.7 多称量范围衡器称重仪表称量范围的选择

多称量范围衡器的称重仪表应符合GB/T 23111—2008的4.10的要求。

6.8 不同承载器和(或)载荷传送传递装置与不同电子称重仪表间的选择(或切换)

不同承载器和(或)载荷传送传递装置与和不同电子称重仪表的间的选择(或切换)装置应符合GB/T 23111—2008的4.11的要求。

6.9 功能要求

称重仪表应符合 GB/T 23111—2008 的 5.3 的要求。

6.10 直接向公众售货的衡器用称重仪表

直接向公众售货的衡器用称重仪表应符合 GB/T 23111—2008 的 4.13 中适合电子衡器的要求。

6.11 直接向公众售货用计价衡器用称重仪表的附加要求

应符合 GB/T 23111—2008 的 4.14 中适合电子衡器的要求。

6.12 类似于通常直接向公众售货用的衡器用称重仪表

类似通常直接向公众售货，而又不符合 6.10 与 6.11 要求的衡器，应当在指示器附近标上不可擦除的"不可用于直接向公众售货"等字样。

6.13 价格标签衡器用称重仪表

价格标签衡器用称重仪表应符合 GB/T 23111—2008 的 4.16 的要求。

6.14 对软件控制称重仪表的附加要求

软件控制的称重仪表应符合 GB/T 23111—2008 的 5.5 的要求。不满足 GB/T 23111—2008 的 5.5.1的要求的称重仪表应符合对 PC 的要求(GB/T 23111—2008 的 5.5.2)。

6.15 包装保护能力

6.15.1 包装跌落保护能力

称重仪表在包装条件下，受到跌落冲击时对内装称重仪表应有保护能力。试验严酷度见表 7 规定。

表 7 包装跌落试验严酷度

包装件的质量 m_1/kg	跌落冲击部位底面的跌落高度/mm	跌落冲击次数
$m_1 \leqslant 100$	250	4
$m_1 > 100$	100	4

跌落试验按包装箱外标识的放置方向进行。

6.15.2 包装振动保护能力

称重仪表在包装条件下，受到正弦变频振动及产生共振现象时对内装称重仪表应有保护能力。

振动试验的严酷度一般由运输条件的具体情况而定，若未规定时，推荐以下规定：

扫频试验：2 Hz—200 Hz—2 Hz，重复 2 次；

共振试验：发现共振时，在主共振频率上持续 15 min。

加速度值：2 Hz—9 Hz 振幅 3.5 mm；9 Hz—200 Hz 加速度 10 m/s^2。

试验应在包装箱外标识的放置方向和垂直于包装箱另一最大平面的两个方向上进行。

6.15.3 包装碰撞保护能力

称重仪表在包装条件下运输，受到多次重复性机械碰撞时对内装称重仪表应有保护能力。碰撞试验的严酷度见表 8 规定。

表 8 包装碰撞试验严酷度

项　目	单　位	标 称 值
峰值加速度(A)	m/s^2	100
脉冲持续时间(D)	ms	11
脉冲重复频率	次/min	60～100
碰撞次数	次	1 000±10
脉冲波形	—	近似半正弦波

碰撞试验按包装箱外标识的放置方向进行。

7 测试方法

7.1 测试前的准备工作

7.1.1 文件审查与结构对比

按提供的技术文件，包括图纸、照片、操作使用说明书等，对照称重仪表，审查是否一致且符合要求。

7.1.2 外观检查

7.1.2.1 说明性标记(9.1)

依据评价报告(GB/T 23111—2008 的附录 H 或 R76-2)中给出的核查表，检查产品说明性标记。

7.1.2.2 印记与保护(6.1.3.4 和 9.1.3)

若适用，依据评价报告(GB/T 23111—2008 的附录 H 或 R76-2)中给出的核查表，检查封印和保护措施。

7.1.3 测试用信号源(5.6)

性能测试用的信号源[a] 应与 EUT(被测试称重仪表)相匹配。对于模拟量输入的 EUT，测试信号源的非线性误差、重复性误差、量程和零点的时漂对 EUT 的影响应小于 EUT 的最大允许误差的 1/3。在 EUT 频率响应范围内信号源的噪声不应大于 EUT 每检定分度值最小输入信号值的 0.1 倍。

[a] 在使用模拟器作为信号源时，在 EUT 显示分度值细分到 $d=0.1e$ 的状态，如果 5 s 内示值的极差不大于 $0.2e$，则认为模拟器噪声指标符合要求。如果示值变化超过 $0.2e$，则应判断噪声的来源，例如将 EUT 信号输入端短路(注意应保持适当的共模电压)以判断 EUT 的固有噪声。

用于模拟信号输入 EUT 的信号源，在称量测试、影响因子测试和量程稳定度测试中可采用传感器模拟器；在干扰测试中，应使用称重传感器和标准砝码作为信号源。

用于数字信号输入 EUT 的信号源，可用配有经过验证的测试软件和适当接口的 PC、专用的数字传感器模拟器或数字式传感器。

7.2 测试原则

7.2.1 指示器和模拟数据处理装置

对指示器和模拟数据处理装置的测试应符合 GB/T 23111—2008 的 C.2 的要求。测试时传感器阻抗和 EUT 状态按 GB/T 23111—2008 的表 12 设置。

7.2.2 模拟数据处理装置的测试

生产商应提供与模拟数据处理装置连接的其他装置，用于测试模拟数据处理装置的计量特性和功能。与模拟数据处理装置无关的功能不进行测试。

7.2.3 纯数字模块

纯数字模块应按 GB/T 23111—2008 的附录 D 的要求进行测试和文件审查。对于不带 A/D 功能的纯数字模块，不需要做量程和零点的温度测试(7.4.4)、湿热(7.4.7)、量程稳定性测试(7.5)；若适用，应增加多通道的测试(7.2.6)。如果 EUT 已经符合 IEC 其他相关标准且至少与本标准的要求具有相同的测试水平，也不需要进行干扰测试(7.4.8)。

7.2.4 作为指示器的 PC 的测试(6.14)

作为指示器的 PC 应按 GB/T 23111—2008 的 5.5.2 表 11 的要求进行测试和文件审查。

7.2.5 多称量范围衡器和多分度值衡器的称重仪表(5.2,5.3)

应按最小检定分度值和各称量范围中最大的分度数，类同普通的称重仪表进行测试。

7.2.6 多通道称重仪表(5.5)

对于多通道输入的称重仪表，每一通道就如同一台单独的称重仪表一样进行测试。

——对于数字输入的多通道称重仪表，如果通道数多于两个，仅对两个通道分别测试即可。

——对于模拟输入的多通道称重仪表，则需要对每个通道分别进行测试；如果各通道使用了相同的、结构上独立的模块，则仅对两个通道分别测试即可。

7.2.7 模拟在高或低传感器阻抗时的测试

在进行干扰和影响量测试时,应按照 GB/T 23111—2008 的附录 C.2.2 的要求进行。

7.3 性能测试

7.3.1 一般条件

7.3.1.1 正常测试条件(5.4.3.1)

各种误差的测定应在正常条件下进行。测定一个影响因子的效果时,其他影响因子应保持相对的稳定,即接近正常值。

7.3.1.2 温度

测试应在稳定的环境温度下进行,一般是正常的室温。

稳定的环境温度,是指测试期间最大温差不大于称重仪表工作温度范围的 1/5 或 5 ℃(取较小者),温度变化率每小时应不超过 5 ℃。

7.3.1.3 供电电源

使用交流电网供电的称重仪表,在每项测试的整个测试期间处于开机状态,不允许断电。

使用电池供电的称重仪表,在每项测试的整个测试期间应保持电池电压在生产商规定的电压范围内,或使用直流稳压电源供电。

7.3.1.4 预热(6.9)

测试前允许对 EUT 通电预热,预热时间应大于或等于生产商规定的时间,一般不超过 30 min。在厂家规定的预热时间内,应符合 6.9 的要求。一旦 EUT 有示值或传送称量结果,即认为生产商规定的预热过程结束。

如果 EUT 预热时间可以设置,则设置为最小(或生产商规定的)预热时间。

7.3.1.5 自动置零与零点跟踪

测试中可关掉自动置零装置或零点跟踪装置,或施加 $10e$ 的重量信号消除上述功能。

在某些测试中,要求自动置零或零点跟踪装置必须处于工作(或非工作)状态,这种情况在测试说明中应有特别的提示并在测试报告中记录。

7.3.1.6 分度值小于 e 的指示(5.4.3.2)

如果 EUT 用于显示重量值的装置分度值较小(不大于 $0.2e \cdot p_i$,高分辨方式),则可用这个装置来确定误差。也可以按服务(调试)方式进行测试。在这种方式下,可以使用模数转换器的“原码”(计数值)。无论采用其中任意一种装置,应在型式评价报告中注明。

测试前,应确认这种指示方式适合对测量误差的确定。如果高分辨方式满足不了这一需要,则应采用称重传感器、砝码和小附加砝码确定闪变点,它们的不确定度应优于 $0.2e \cdot p_i$。

7.3.1.7 传感器模拟器(5.6,7.1.3)

如果用模拟器对 EUT 进行测试,则要求模拟器应有足够的重复性和稳定性,以便能确定模块的性能,至少具有用砝码测试衡器整机时同样的准确度,此时认为最大允许误差对模块也适用。如果使用模拟器,在评定报告中注明,并说明其溯源性。

模拟器应按 EUT 激励电压校准(AC 激励电压也就是 AC 校准)。校准后量程的准确度误差应小于 0.1% 。模拟器的非线性和稳定性(月变化量)应小于 EUT 最大允许误差的 1/3,模拟器的噪声应小于称重仪表每检定分度值最小输入信号的 1/10(见 7.1.3 注)。

7.3.1.8 调整(6.1.3.5)

半自动量程调整装置只能在单一项测试之前,方可启动一次。

对于Ⓘ级衡器的称重仪表,如果适用,应按操作手册的规定在每一项测试之前,进行量程调整。

注:温度测试 7.4.4 可看作是一项测试。

7.3.1.9 恢复

在每一项测试之后,下一项测试之前,应允许 EUT 有充分的恢复。

7.3.2　零点检查

零点检查应在7.3.3.1规定的EUT的两种极限设置状态下进行。本测试可结合7.3.3进行。

7.3.2.1　置零范围(6.4)

如果EUT置零范围可调,应能调整到符合6.4的要求。

按最小或最大检定分度值和最大检定分度数确定 *Max*,用大于等于1/5 *Max* 的信号作为静载荷(空载)信号,按确定的 *Max* 校准EUT,逐步增加或减小输入称重仪表的重量信号,短时中断EUT电源,直至EUT不能自动置零或手动初始置零,以此确定EUT初始置零的范围,应符合6.4初始置零的要求。

用类似方法确定半自动或非自动置零范围,应符合6.4置零范围的要求。

7.3.2.2　零点指示装置(6.4)

对数字指示且不带零点跟踪装置的指示器,先输入信号调至零以下约一个分度值;然后逐次增加相当于1/10分度值的相应的信号,以此来确定零点指示装置显示零点偏差的范围。

7.3.2.3　置零准确度(6.4)

对于不能按小于 $0.2e \cdot p_i$ 显示的EUT,按GB/T 23111—2008的A.4.2.3的方法检查置零准确度。能按分度值小于 $0.2e \cdot p_i$ 显示的EUT可直接或加 $10e$ 信号后读取零点误差。

该测试可与7.3.3.1合并进行。

7.3.2.4　加载称量信号前的置零

EUT按下述方法置零或确定零点:

a)　对非自动置零称重仪表,增加相当于0.5个分度值的相应的信号,并调整称重仪表直至出现示值在零与一个分度值之间交替指示为止。然后减小相当于0.5个分度值的相应的信号,即获得准确的标准零位。

b)　对具有半自动置零或零点跟踪的称重仪表,零点偏差按照7.3.2.3所述方法确定。

7.3.3　称量测试(5.4.1)

7.3.3.1　测试

将EUT设定为分度数最大,每个检定分度值 e 的输入电压最小,静负荷信号值取测量范围最小电压加1/5 *Max* 的信号电压,然后将输入量从零点加载至 *Max*,并以相似的方式减小至零。当确定初始固有误差时,至少应选择10个不同的输入量。在其他称量测试中,至少要选择5个输入量。所选定的输入量,应包括 *Max* 以及处于或接近最大允许误差(*mpe*)发生变化的那些输入信号值。

注:如果测量范围最小电压为负值,静负荷信号值也可取1/5 *Max* 的信号电压值。

再将EUT设定为分度数最大,检定分度值按最大信号输入范围确定的最大值,重复以上测试。

如果EUT具备自动置零或零点跟踪装置,除了温度测试以外,在进行其他测试期间,该装置均可处于运行状态。零点误差按照7.3.2.3确定。

7.3.3.2　误差评定(5.4.3.2)

对不具备能够显示较小分度值(不大于 $0.2e \cdot p_i$)装置的EUT,应采用闪变点方式来确定EUT化整前的示值,其方法应按GB/T 23111—2008的A.4.4.3执行。

对具有显示较小分度值(不大于 $0.2e \cdot p_i$)装置的称重仪表,可直接读取化整前的示值。如果示值跳动,在一般情况下应取接近示值跳动范围中位值的读数,有特殊规定的要求除外。

7.3.4　除皮测试(5.4.3.3)

除皮测试按GB/T 23111—2008的C.3.2执行。

7.3.5　激励反馈功能测试(只适用于六线制传感器连接)(5.12.3,5.12.4)

激励反馈功能的测试,按GB/T 23111—2008的C.3.3执行。

最大允许的因温度对电缆的影响而引起的量程变化,为EUT因温度造成的最大量程误差与误差限之间的差值,且应不超过表3规定的最大允许误差乘以 p_i 的绝对值的1/3。

如果EUT不能满足这一条件,则最大电缆电阻即最大电缆长度应减小,或者选择截面积较大的电缆。

规定的电缆长度可以 m/mm^2 的方式给出(根据电缆的材料,例如铜、铝)。

7.4 影响量测试(5.10)

7.4.1 测试状态[a]

EUT应进入工作状态,并经过不少于生产商规定的预热时间。任何测试之前,将EUT零点误差调整到尽可能接近零。如果EUT有接口,测试中其辅助装置或其模拟装置应接在相应的接口上。

[a] 本测试方法尽可能地取自国家标准。尽管参考了IEC出版物的现行版本,所有EMC和电子衡器的其他测试都应在测试时在最新有效版本的基础上进行。这在评价报告中应该提到,其目的是要与未来技术发展的步伐保持一致。

7.4.2 测试的一般要求

接通EUT的电源,预热时间等于或大于制造厂商规定的预热时间,并在整个测试期间,EUT保持通电。

在每项测试之前,尽可能实际地将EUT调至接近零点;在整个测试期间,除非出现显著增差,将不再重新调整零点。任何因测试条件所引起的空载示值偏差,均应记录下来,并对相应信号的示值作相应的修正,以获取称量结果。

应采取措施使称重仪表不会出现水汽凝结。

7.4.3 预热时间测试(6.9)

将EUT按最大放大(即每检定分度值的输入信号最小)校准。先断电8 h以上。然后接通电源和开机,待示值一稳定后即对称重仪表置零,并确定零点误差。再以接近于最大秤量的信号,对称重仪表加载。在5 min、15 min和30 min后,重复进行观察。5 min、15 min、和30 min后的每一次测试时,应分别用当时的零点误差进行修正。误差应符合5.4.1的要求。

对于Ⓘ级称重仪表,应按操作手册上规定的通电后的时间进行测试。

7.4.4 温度测试(5.8.1,5.10.2)

温度测试包括温度对量程的影响和温度对零点的影响。温度测试按GB/T 23111—2008的A.5.3和C.3.1的规定进行。对纯数字模块,只考核在工作温度范围的上下限能否正常工作,不考核误差。

7.4.5 电压变化(5.8.3)

按GB/T 23111—2008的A.5.3和C.3.1的规定进行电压变化测试。

7.4.6 平衡稳定的测试(6.3)

本测试尽量在接近实际的工作状态下进行,例如用小秤量的称重传感器和承载器的组合为EUT提供称重信号。

测试方法按GB/T 23111—2008的A.4.12执行。

7.4.7 湿热、稳态(5.8.2,5.10.2)

湿热、稳态测试按照GB/T 23111—2008的B.2进行。

7.4.8 抗干扰性能测试(5.9)

抗干扰测试按GB/T 23111—2008的B.3执行。

7.5 量程稳定性测试(5.11)

量程稳定性测试按GB/T 23111—2008的B.4执行,误差分配系数 $p_i=1$。

7.6 软件的审查和测试(6.14)

对软件控制的称重称重仪表按GB/T 23111—2008的附录G进行软件及数据存储装置的审查和测试。

7.7 电气安全性测试(6.1.1.2)

电气安全性测试,应在湿热测试之后,恢复之前立即进行。

7.7.1 测试状态

7.7.1.1 测试直流绝缘电阻和耐压测试时,EUT 处于非工作状态,供电回路均为通路。

7.7.1.2 测试交流漏电流时,受试称重仪表处于工作状态。

7.7.1.3 受试端为供电回路与接地端、裸露导电部件等可触及的部分。接地一端还应包括连接称重传感器屏蔽线的端子,如果可能,还应包括信号地的端子。

7.7.2 直流绝缘电阻[6.1.1.2.3a)]

兆欧表的测试电缆与受试端联结,然后接通测试电压,稳定后绝缘电阻数值应符合 6.1.1.2.3a)的要求。

7.7.3 交流漏电流[6.1.1.2.3b)]

等效测试电路如图 1 所示。电路联接后接通电源,并将开关 K2 分别与 a、b 两端接通,所读取的漏电流数据应符合 6.1.1.2.3b)的要求。

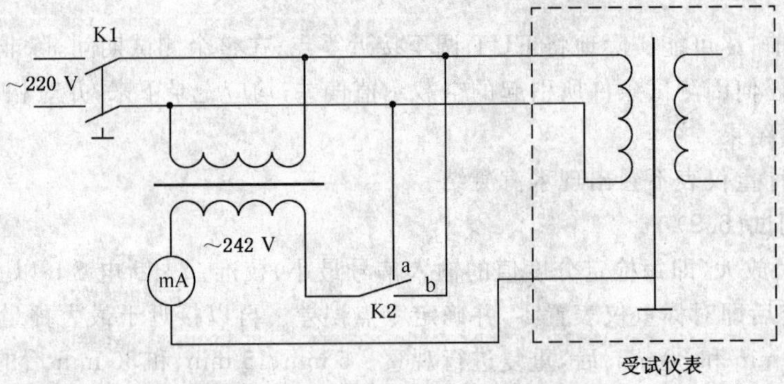

图 1 交流漏电流等效测试电路

7.7.4 绝缘强度测试[6.1.1.2.3c)]

高压测试设备的高压端测试电缆与供电回路联结,低压端测试电缆与另一个受试端联结,测试电压在 3 s~10 s 内逐渐升到 6.1.1.2.3c)的规定值,保持 1 min。受试称重仪表不应出现飞弧和击穿现象。

注:若 EUT 内装有过电压保护元件,允许将其拆除。

7.7.5 保护接地线测试(6.1.1.2.4)

测量保护接地线端子与所有已接地的裸露导电部件之间的电阻,应不大于 0.1 Ω。

7.8 运输包装测试(6.15,9.2)

本测试不适合Ⓘ级和Ⓘ级称重仪表。

7.8.1 包装跌落测试(6.15.1)

按 GB/T 4857.5 中的有关方法进行,测试后检查包装及内装称重仪表的情况,外包装不应破裂,称重仪表外观不应有损伤。接通电源检查,称重仪表计量性能和功能应正常。

7.8.2 包装振动测试(6.15.2)

按 GB/T 4857.10 中的有关方法进行,测试后检查包装及内装称重仪表的情况,包装不应损坏,称重仪表不应有损伤和部件松动。接通电源检查,称重仪表计量性能和功能应正常。

7.8.3 包装碰撞试验(6.15.3)

按 GB/T 4857.20 中的有关方法进行,测试后检查包装及内装称重仪表的情况,包装不应损坏,称重仪表不应有损伤和部件松动。接通电源检查,称重仪表计量性能和功能应正常。

7.9 结构防护能力测试(6.1.1.1)

7.9.1 沙尘试验

对防护等级不低于 IP51 的称重仪表,按 GB/T 2423.37—2006 条款 4 中类型 2 外壳样品的有关规定和方法进行沙尘试验。试验后接通电源检查，称重仪表计量性能和功能应正常。检查称重仪表内部的情况，应无明显沙尘进入。

7.9.2 水试验测试

对防护等级不低于 IP62 的称重仪表，按 GB/T 2423.38—2005 中 5.2 最严酷等级的有关方法进行滴水试验测试。试验测试后接通电源检查，称重仪表计量性能和功能应正常。检查称重仪表内部的情况，应无进水情况。

8 检验规则

8.1 检验类别

8.1.1 出厂检验(交收检验)：出厂前必须进行的各项检验。

8.1.2 型式试验(例行检验)：按照本标准中规定的全部要求进行的测试。

8.2 出厂检验

每台产品出厂前应按表 9 中规定的技术要求和测试方法进行检验后才能入库和出厂，并应附有产品合格证书。

表 9 出厂检验项目

项　　目	要　　求	测试方法	纯数字模块	其他称重仪表
外观检查及状态测试	6.1.2,6.1.3,9.1	7.1.2	×	×
电气安全要求	6.1.1.2	7.7	×	×
零点测试	6.4	7.3.2	—	×
称量测试	5.4	7.3.3	×[a]	×
皮重测试	5.4.3.3	7.3.4	—	×

注：×表示适用，—表示不适用。

[a] 纯数字模块的称量测试目的是为了验证功能，也可以用其他形式的功能测试取代。

8.3 型式试验

8.3.1 有下列情况之一时，应进行型式试验：

a) 新产品或老产品转厂生产的称重仪表；

b) 正常生产后，如果在结构、材料、工艺等方面有较大改变、可能会影响产品性能时；

c) 产品长期停产又恢复生产时；

d) 交收检验与上次型式试验测试结果有较大差异时；

e) 国家质量监督机构提出进行型式试验的要求时。

8.3.2 检验项目：称重仪表应按表 10 的要求进行型式试验测试。

表 10 型式试验测试项目

项　　目	要　求	测试方法	模块类型				
			称重指示器	模拟数据处理装置	数字数据处理装置	终端	数字显示器[a]
文件审查与结构对比		7.1.1	×	×	×	×	×
外观检查	6.1.3.4 9.1	7.1.2	×	×	×	×	×
零点检查	6.4	7.3.2	×	×[c]	—	—	—
称量测试	5.4.1	7.3.3	×	×	×	×	×

表 10（续）

项　目	要　求	测试方法	模块类型				
			称重指示器	模拟数据处理装置	数字数据处理装置	终端	数字显示器[a]
除皮测试	5.4.3.3	7.3.4	×[c]	×[c]	—	—	—
多通道测试	5.5	7.2.6	×[c]	×[c]	×[c]	×[c]	—
激励反馈功能测试	5.12.3 5.12.4	7.3.5	×	×	—	—	—
预热时间测试	6.9	7.4.3	×	×	—	—	—
温度测试	5.8.1 5.10.2	7.4.4	×	×	×[b]	×[b]	×[b]
电压变化	5.8.3	7.4.5	×	×	×[b]	×[b]	×[b]
平衡稳定测试	6.3	7.4.6	×	×	×	×	—
湿热、稳态	5.8.2 5.10.2	7.4.7	×	×	×[b]	×[b]	×[b]
抗干扰性能测试	5.9	7.4.8	×	×	×[b]	×[b]	×[b]
量程稳定性测试	5.11	7.5	×	×	—	—	—
软件的审查和测试	6.14	7.6	×[c]	×[c]	×[c]	×[c]	×[c]
电气安全性测试	6.1.1.2	7.7	×[c]	×[c]	×[c]	×[c]	×[c]
运输包装测试	6.15	7.8	×[c]	×[c]	×[c]	×[c]	×[c]
结构防护能力测试	6.1.1.1	7.9	×[c]	×[c]	×[c]	×[c]	×[c]

注：×表示适用，— 表示不适用。

[a] 不作为主要显示器的数字显示器不做型式检验。

[b] 仅考核工作是否正常，不考核准确度。

[c] 若适用。

8.3.3　判定规则

在型式试验测试中，测试结果如有一项主要检验项目[a] 达不到本标准技术要求，则判该型式试验不合格。

[a] 主要检验项目指表 9 中除 7.1.1 和 7.1.2 的其他试验测试方法的项目。

9　标志、包装、运输、贮存

9.1　标志

9.1.1　产品标志

称重仪表应有产品铭牌标志，并包括下列内容：

a)　制造企业名称及商标；

b)　产品名称；

c)　产品型号或标记；

d)　软件标识(软件控制的称重仪表)；

e)　准确度等级(若适用)；

f) 最大检定分度数 n=(若适用);

g) 每检定分度值的最小输入电压 μV/e(若适用);

h) 误差分配系数 p_i=(若适用);

i) 工作温度范围;

j) 供电电压、频率;

k) 称重仪表的其他主要参数(若适用);

l) 产品编号及制造日期;

m) 许可证标记及编号。

9.1.2 衡器标志

称重指示器上应留有固定衡器标牌的位置。衡器标志一般不应覆盖称重仪表标志,除非称重仪表是固定在衡器上成为一个整体。

9.1.3 检定标记

称重仪表安放检定标志的位置应符合 GB/T 23111—2008 的 7.2 的要求。

9.1.4 安全标志

应按 GB 4793.1—1995 中 5.1 的要求标注相关的标志。

9.1.5 包装标志

包装标志应符合 GB/T 191 和 GB/T 6388 的有关规定。

9.2 包装

包装应符合 GB/T 13384—2008 的有关规定。

9.2.1 包装应确保称重仪表在正常装卸、运输、仓库存储等过程中不发生损坏、锈蚀、受潮、降低性能等的情况,以使称重仪表安全完整地运到目的地。

9.2.2 根据称重仪表的性质、形状、大小和精密程度的要求进行包装设计,做到包装紧凑、防护可靠。

9.3 运输

称重仪表的运输应符合运输部门的有关规定。

9.4 贮存

称重仪表应存放在温度不低于-10 ℃,相对湿度不大于85%RH,通风良好的室内,且室内空气不得含有腐蚀性气体。

ICS 47.020.01
U 04

GB

中华人民共和国国家标准

GB/T 7727.1—2008
代替 GB/T 7727.1—1987

船舶通用术语 第1部分:综合

General terminology for ship—Part 1:Comprehension

2008-02-03 发布 2008-08-01 实施

中华人民共和国国家质量监督检验检疫总局
中国国家标准化管理委员会 发布

前言

GB/T 7727《船舶通用术语》分为下列5个部分：

——第1部分：综合；

——第2部分：总体设计；

——第3部分：性能；

——第4部分：船体结构、强度及振动；

——第5部分：船舶环境。

本部分为GB/T 7727的第1部分。

本部分代替GB/T 7727.1—1987《船舶通用术语　综合》。

本部分与GB/T 7727.1—1987相比，主要有下列变化：

——修订和补充了部分术语词条；

——增补了中文、英文索引。

本部分的附录A为资料性附录。

本部分由中国船舶工业集团公司提出。

本部分由全国海洋船标准化技术委员会船舶基础分技术委员会归口。

本部分起草单位：中国船舶工业综合技术经济研究院。

本部分主要起草人：刘卫平、宋艳媛、苗宏仁。

本部分所代替标准的历次版本发布情况为：

——GB/T 7727—1987。

船舶通用术语　第1部分:综合

1　范围

GB/T 7727的本部分规定了船舶船型的通用术语及其定义。有关船舶公约、规则、证书及其他术语和定义参见附录A。

本部分适用于船舶的研究、设计、制造、教学、管理和其他可应用的领域。

2　一般船舶

2.1

船[舶]　ship,vessel

轮　steamer(被取代)

能航行、停泊于水域,从事运载、作战、作业、科研等的构造物。

2.2

艇　boat,craft

指小型船。但潜艇不论其排水量大小均称艇。

2.3

筏　raft

由某种材料经简单连接或充气组成的简易、轻便的水上运载、作业或救生工具。

2.4

军船　naval ship

军用船　war ship(被取代)

执行作战任务或担负其他军事勤务等各类军事用途的船舶。

2.5

民船　civil ship

民用船　civilian vessel(被取代)

商船　merchant vessel(被取代)

从事运载、作业、科研等各类非军事用途的船舶。

2.6

运输船　transport ship

从事运载业务的船舶。

2.7

工程船　working ship

按不同要求,装备相应的专业设备从事水面、水下各种工程技术作业的船舶。

2.8

工作船　work ship

用于从事各种水上勤务或其他工作的船舶。

2.9

海洋调查船　oceanographic research ship(vessel)

用于海洋科学考察、应用技术研究、测量或勘探的船舶。

2.10

海洋开发船　ocean exploiting ship(vessel)

专门从事海洋及海底资源开发作业的船舶。

2.11

渔业船　fishery vessel

各种渔业用的船舶。

2.12

农用船　agricultural vessel

各种农业用途的船舶。

3　按航行区域分类的船舶

3.1

海[洋]船　sea-going ship

适宜于在海洋区域航行的船。

3.2

极区船　arctic vessel

极地船　polar vessel

适宜于在北冰洋或南极圈内海区航行的海船。

3.3

远洋船　ocean-going vessel

适宜于在大洋上航行的海船。

3.4

沿海船　coaster vessel

适宜于在沿海各港口之间航行的海船。

3.5

江海直达船　river-sea ship

适宜于在沿海水域和江河航道航行的船。

3.6

海峡[渡]船　channel ship

适宜于在海峡两岸或岛屿间水域航行的船。

3.7

内河船　inland vessel

适宜于江河、湖泊航行的船。

4　按航行状态分类的船舶

4.1

排水型船　displacement ship

浮型船　natant ship(被取代)

排水量船　displacement ship(被取代)

航行于水面,其全部重量靠水的浮力支承的船。

4.2

半潜船　semi-submerged ship

由水上主船体和水下浮体两部分组成,其上部船体支承在水下浮体上呈半潜状态航行的船。

4.3

全潜船　underwater ship

潜水船　diving ship

可潜没在水面以下航行作业的船。

4.4

滑行艇　planning craft

在高速航行时，仅部分艇体接触水面，其大部分重量靠水动力作用产生的升力支承，沿水面以滑行状态航行的艇。

4.5

地效应船　ground effect craft

地效翼船　wing-in-ground effect craft

飞翼船　winged vehicle(被取代)

介于船舶与飞机之间，利用机翼型船身的表面效应所产生的气动升力支持船重，贴近水面或地面高速航行的船。

4.6

气垫船　air cushion vehicle

翱翔艇　hovercraft(被取代)

腾空船　surface effect craft(被取代)

航行时利用高于大气压的空气在船底与水面、地面间形成气垫，使部分或全部船体脱离支承表面而高速航行的船。

4.7

水翼艇　hydrofoil craft

高速航行时，利用艇体下部所装水翼产生水动升力，将部分或全部艇体托出水面的艇。

5　按推进动力分类的船舶

5.1

机动船　power(driven)ship

自航船　self propeller ship(被取代)

轮船　steamship(被取代)

轮　steamer((被取代)

依靠本船主机产生的动力推进的船。

5.2

非机动船　non-powered ship

非自航船　nonself propelled ship(被取代)

无动力船　non-powered ship(被取代)

本身无主机，依靠人力、风力、水力或其他船只带动的船。

5.3

核动力船　nuclear-powered ship

原子能船　nuclear ship(被取代)

以核能作为推进动力源的船。

5.4

内燃机船　motor ship

以内燃机作为主机的船。

5.5

柴油机船　diesel ship

以柴油机作为主机的船。

5.6

汽轮机船　steam turbine ship

以汽轮机作为主机的船。

5.7

燃气轮机船　gas turbine ship

以燃气轮机作为主机的船。

5.8

电力推进船　electrically-propelled ship

以电动机作为主机的船。

5.9

帆船　sailing ship

风帆船　sailer ship(被取代)

利用风帆,以风能推进的船。

5.10

机帆船　power-sail ship

装有动力推进装置的帆船。

6　按推进形式分类的船舶

6.1

螺旋桨船　propeller driving ship

用螺旋桨推进的船。

6.2

平旋推进器船　cycloidal propeller ship

直翼推进器船　straight wing propeller ship(被取代)

用平旋推进器推进的船。

6.3

喷水推进船　hydro-jet propelled ship

喷水艇　water-jet [propelled] boat

利用喷射水流所产生的反作用力推进的船。

6.4

喷气推进船　air-jet propelled boat

利用喷气所产生的反作用力推进的船。

7　按上层建筑形式或机舱位置分类的船舶

7.1

平甲板船　flush deck ship

全通甲板船　continuous delta modulation ship(被取代)

上甲板连续全通,其上无船楼的船。

7.2

长艏楼船　long forecastle ship

艏楼长度大于0.15倍船长,且不小于艏楼高度6倍的船。

7.3

长艉楼船　long poop ship

艉楼长度大于0.15倍船长,且不小于艉楼高度6倍的船。

7.4

中机型船　amidships-engine ship

主机舱位于船长中部的船。

7.5

艉机型船　stern-engine ship

主机舱位于船尾部的船。

8 按主船体结构形式分类的船舶

8.1

单体船　mono-hull single

只具有一个船体的船。

8.2

双体船　catamaran

主船体由两个独立的船体联成一个整体的船。

8.3

多体船　multi-hulled ship

主船体由两个以上的独立船体联成一个整体的船。

8.4

小水线面船　small water-plane area hull,SWAH

为减少兴波阻力,将船体在水线处缩小宽度造成狭长流线型面的船。

8.5

艏升高甲板船　raised foredeck ship

升高艏甲板船　raised foredeck ship(被取代)

艏部主甲板具有台阶形升高的船。

8.6

艉升高甲板船　raised quarter-deck ship

升高艉甲板船　raised quarterdeck vessel(被取代)

艉部主甲板具有台阶形升高的船。

8.7

单甲板船　single-deck ship

只有一层连续甲板的船。

8.8

双甲板船　double-deck ship

具有两层连续甲板的船。

8.9

多甲板船　multi-deck ship

具有两层以上连续甲板的船。

8.10

单壳体船　mono-skin single

主船体为单层壳体的船。

8.11

双壳体船　double-skin ship

主船体为双层壳体的船。

8.12

平底船 flatboat

具有平船底的船。

9　按船体材料分类的船舶

9.1

钢质船　steel ship

用钢材作为船体结构主要材料的船。

9.2

木质船　wooden vessel

用木材作为船体结构主要材料的船。

9.3

轻合金船　light alloy ship

用轻合金作为船体结构主要材料的船。

9.4

玻璃钢船(艇)　fiberglass reinforced plastic ship (boat)

用玻璃纤维增强塑料(玻璃钢)作为船体结构主要材料的船(艇)。

10　其他船舶

10.1

小艇　small craft

船长不大于 24 m 的艇。

10.2

赛艇　racing boat

运动艇　sports boat(被取代)

专供水上与航海运动竞赛和训练用的小艇。

10.3

游艇　pleasure carft

专供游览或水上运动用的小艇。

10.4

舢板　sampan

用人力划桨、摇橹推进的无甲板的船。

10.5

趸船　pontoon

浮箱　caisson

平底长方形的非机动船。最常见的是供停靠船舶、上下旅客、装卸货物用的系泊于岸边的浮码头。

附 录 A
（资料性附录）
有关船舶公约、规则、证书及其他

A.1

船级　class of ship

由船级社授予的表明船舶技术状况及安全程度已达到船级社规范要求的船舶级别。

A.2

船级社　classifcation society，register of shipping

主要从事船舶监造、检验以核定船级的民间验船机构。包括开工前对制造厂的评估与检查，产品检验，初次入级检验和建造后检验。

A.3

国际船级社协会　International Assocciation of Classification Societies，IACS

为加强各船级社的联系，统一解释国际公约，协调各国船级社规范，由主要海运国家的船级社参加的国际性联合组织。

A.4

入级　classification

经船厂或船东申请，船舶接受船级社检验，取得船级的过程。

A.5

入级检验　classification survey

船舶为了取得船级，由船级社依据该社所制定的规范对船舶所进行的检验。

A.6

入级符号　character of class，character of classification

船级社对批准入级的船舶的船体和设备及货物冷藏装置，根据其适用条件所授予的该船级社特定的一个或多个特征符号。

A.7

入级标志　class notation

船级社在授予的入级符号后所附加的表征船舶类型、特种任务、货物种类、航区、冰区加强以及其他含义的一个或一组标志。

A.8

船舶入级和建造规范　rules for classification and construction of ships

船级社对船体结构和设备，船用材料，保证船舶在海上安全航行所必需的系统、装置、设备的设计、建造、安装、试验等所作的涉及安全和质量方面的最低标准、综合性技术规定和船舶入级及检验规定。

A.9

入级证书　classification certificate，certificate of class

船级社根据其“船舶入级和建造规范”的规定，对船舶进行检验后所颁发的证明船舶符合规范要求并已授予船级、相应的入级符号和标志的证书。

A.10

国际海事组织　International Maritime Organization，IMO

联合国主管海运事务的专门机构。它是以促进海上安全和防止海上污染为目标，从事国际间协调管理的技术性组织。

A.11

国际船舶载重线公约　International Convention on Load Line, ILLC

为谋求船舶安全航行，由国际海事组织制定的有关船舶载重线和干舷核定等方面规定的国际公约。

A.12

国际海上人命安全公约　International Convention for the Safety of Life at Sea, SOLAS

为确保船舶在海上航行时人命的安全，由国际海事组织制定的有关船舶分舱、稳性，机电设备，防火、探火和灭火，救生设备与装置，无线电报与无线电话，航行安全，谷物装运，危险货物装运和核能船舶等诸方面的安全规定的国际公约。

A.13

国际海上避碰规则　International Regulations for Preventing Collisions at Sea, COLREGS

为预防、避免海上船舶之间的碰撞，由国际海事组织制定的海上交通规则。

A.14

国际船舶吨位丈量公约　International Convention on Tonnage Measurement of Ships

为统一国际航行船舶的吨位丈量，由国际海事组织制定的有关测定船舶总吨位和净吨位规则的国际公约。

A.15

国际防止船舶造成污染公约　International Convention for the Prevention of Pollution from ships, MARPOL

为保护海洋环境，由国际海事组织制定的有关防止和限制船舶排放油类和其他有害物质污染海洋方面的安全规定的国际公约。

A.16

国际集装箱安全公约　International Convention for Safety Container, CSC

为保证在正常营运中集装箱的装卸、堆放和运输的安全，由国际海事组织通过制定的有关集装箱结构、安全、试验、检查等方面的要求和规定的国际公约。

A.17

国际散装运输危险化学品船舶构造与设备规则　International Code for the Construction and Equipment of Ships Carrying Dangerous Chemicals in Bulk, IBC code

为确保海上安全运输散装危险液态化学品，由国际海事组织制定的关于这类运输船舶的设计、构造和设备方面的强制性规定。

A.18

国际散装运输液化气体船舶构造与设备规则　International Code for the Construction and Equipment of Ships Carrying Liquefied Gases in Bulk, IGC code

为确保海上安全运输散装液化气体，由国际海事组织制定的关于这类运输船舶的设计、构造和设备方面的强制性规定。

A.19

苏伊士运河航行规则　Suez Canal Navigation Regulation

为保证船舶安全通过苏伊士运河，由运河当局规定的，进出运河的船舶必须遵守的有关船舶尺度及航速限制、船上应安装的各种设备、吨位丈量及缴纳费用等方面的规则。

A.20

巴拿马运河航行规则　Panama Canal Navigation Regulation

为保证船舶安全通过巴拿马运河，由运河当局规定的，进出运河的船舶必须遵守的有关船舶尺度及航速限制、船上应安装的各种设备、吨位丈量及缴纳费用等方面的规则。

A.21

圣劳伦斯航道共同规则 Saint Lawrence Seaway Common Regulation

为保证船舶安全通过圣劳伦斯航道，由加拿大圣劳伦斯航道管理局和美国圣劳伦斯航道开发公司共同规定的，通过圣劳伦斯航道的船舶必须遵守的有关船舶尺度限制及要求配备的设备等方面的规则。

A.22

五大湖航行规则 Rules of the Road for the Great Lakes

为保证船舶安全通过五大湖[安大略湖(Ontario)、伊利湖(Erie)、休伦湖(Huron)、密执安湖(Michigan)、苏必略湖(Superior)]由加拿大当局规定的，通过五大湖的船舶必须遵守的避碰规则。

A.23

船旗国 flag state

指船尾所悬挂的国旗所属的国家。即对船舶进行注册登记授予船舶国籍的国家。

A.24

船籍港 port of registry

又称"登记港"。船舶所有者登记其所有权的港口。

A.25

法定检验 statutory survey

为确保船舶安全航行，由船旗国政府主管机构或其授权的船级社，根据国际公约、本国政府的法令、法规所进行的检验。

A.26

国际船舶载重线证书 International Load Line Certificate

船旗国政府法定检验机构或其授权的船级社，根据"国际船舶载重线公约"的规定，对从事国际航行的船舶进行检验和勘划载重线标志后所颁发的证明该船的载重线和干舷符合公约要求的证书。

A.27

客船安全证书 Passenger Ship Safety Certificate

船旗国政府法定检验机构或其授权的船级社，根据"国际海上人命安全公约"的规定，对从事国际航行的客船进行检验，合格后所颁发的安全合格证书。

A.28

货船构造安全证书 Cargo Ship Safety Construction Certificate

船旗国政府法定检验机构或其授权的船级社，根据"国际海上人命安全公约"有关规定，对从事国际航行的货船进行检验后所颁发的证明船体和设备符合公约要求的安全合格证书。

A.29

货船设备安全证书 Cargo Ship Safety Equipment Certificate

船旗国政府法定检验机构或其授权的船级社，根据"国际海上人命安全公约"的有关规定，对从事国际航行的货船进行检验后所颁发的证明船上救生设备、消防设备、导航设备和遇险信号符合公约要求，且导航灯、号型、声信号设备等符合国际海上避碰规则规定的安全合格证书。

A.30

货船无线电安全证书 Cargo Ship Safety Radio Certificate

船旗国政府法定检验机构或其授权的船级社，根据"国际海上人命安全公约"的有关规定，对从事国际航行的货船进行检验后，所颁发的证明船上无线电装置(包括救生艇上无线电装置)符合公约要求的安全合格证书。

A.31

国际船舶保安证书　International Ship Ensure Safety Certificate

船旗国政府法定检验机构或其授权的船级社，根据国际船舶及港口保安体系规则，对从事国际航行的船舶进行检验后，所颁发的证明船舶保安系统合格的证书。

A.32

货船安全证书　Cargo Ship Safety Certificate

用以替代货船构造安全证书、货船设备安全证书、货船无线电安全证书的证书。

A.33

免除证书　Exemption Certificate

船旗国政府主管机关在特殊情况下，根据“国际海上人命安全公约”的规定，对从事国际航行的某些船舶所签发的准予免除遵守公约附则某些条文或全部条文要求的证书。

A.34

国际吨位证书　International Tonnage Certificate

船旗国政府法定检验机构或其授权的船级社，根据“国际船舶吨位丈量公约”的规定，对从事国际航行的船舶进行丈量，核定船舶的总吨位和净吨位后所颁发的证书。

A.35

国际防止油污证书　International Oil Pollution Prevention Certificate，IOPP cert

船旗国政府法定检验机构或其授权的船级社，根据“国际防止船舶造成污染公约”附则Ⅰ“防止油污规则”的规定，对从事国际航行的船舶进行检验后所颁发的证明船舶结构、设备、系统、舾装、布置、材料及其状况等各个方面均符合该规则要求的合格证书。

A.36

国际防止散装运输有毒液体物质污染证书　International Pollution Prevention Certificate for Carriage of Noxious Liquid Substances in Bulk

船旗国政府法定检验机构或其授权的船级社，根据“国际防止船舶造成污染公约”附则Ⅱ“控制散装有毒液体物质污染规则”的规定，对从事国际航行的船舶进行检验后所颁发的证明船舶设计、构造和设备符合该规则要求的证书。

A.37

国际防止生活污水污染证书　International Sewage Pollution Prevention Certificate

船旗国政府法定检验机构或其授权的船级社，根据“国际防止船舶造成污染公约”附则Ⅳ“防止船舶生活污水污染规则”的规定，对从事国际航行的船舶进行检验后所颁发的证明船舶的设备及其状态完全合格，符合该规则要求的证书。

A.38

国际散装运输液化气体适装证书　International Certificate Fitness for the Carriage of Liquefied Gases in Bulk

船旗国政府法定检验机构或其授权的船级社，根据“国际散装运输液化气体船舶构造与设备规则”的规定，对液化气体船进行检验后所颁发的证明该船的结构、设备、附件、装置和材料及其状况在各方面均为合格，且该船符合该规则要求的证书。

A.39

国际散装运输危险化学品适装证书　International Certificate Fitness for the Carriage of Dangerous Chemicals in Bulk

船旗国政府法定检验机构或其授权的船级社，根据“国际散装运输危险化学品船舶构造与设备规则”的规定，对液化化学品船进行检验后所颁发的证明该船的结构与设备符合该规则要求的证书。

A.40

船舶国籍证书　Certificate of Ships Nationality

船旗国政府颁发的证明船舶已具备各种必要的法定的安全合格证书，并已在该国登记注册具有该国国籍的证书。

A.41

苏伊士运河专用吨位证书　Suez Canal Special Tonnage Certificate

根据苏伊士运河航行规则，经被授权的船级社对船舶进行丈量，核定总吨位和净吨位后签发的作为苏伊士运河通航费用计算基准的证书。

A.42

巴拿马运河吨位证书　Panama Canal Tonnage Certificate

根据巴拿马运河航行规则，经被授权的船级社对船舶进行丈量，核定总吨位和净吨位后签发的作为巴拿马运河通航费用计算基准的证书。

A.43

圣劳伦斯航道证书　Saint Lawrence Seaway Certificate

根据圣劳伦斯航道共同规则，经圣劳伦斯航道当局或被授权的船级社检验后所签发的证书。

中 文 索 引

英 文 索 引

A

B

C

D

E

F

G

H

S

T

U

V

W

ICS 77.100
H 11

中华人民共和国国家标准

GB/T 7731.3—2008
代替 GB/T 7731.3—1987、GB/T 7731.15—1999

钨铁 铜含量的测定 双环己酮草酰二腙光度法和火焰原子吸收光谱法

Ferrotungsten—Determination of copper content—
Bis(cyclohexanone) oxalyldihydrazone photometric method and
flame atomic absorption spectrometric method

2008-05-13 发布 2008-11-01 实施

中华人民共和国国家质量监督检验检疫总局
中国国家标准化管理委员会 发布

前　言

本部分是对 GB/T 7731.3—1987《钨铁化学分析方法　双环己酮草酰二腙光度法测定铜量》和 GB/T 7731.15—1999《钨铁化学分析方法　火焰原子吸收光谱法测定铜量》的整合修订。

本部分代替 GB/T 7731.3—1987 和 GB/T 7731.15—1999。

本部分与 GB/T 7731.3—1987 和 GB/T 7731.15—1999 比较，主要进行了以下修改：

——测定范围（质量分数）由≤0.25%修改为 0.030%～0.25%；

——铜含量（质量分数）由 0.080% 允许差为 0.008%修改为 0.030%～0.080%允许差为 0.008%。

本部分由中国钢铁工业协会提出。

本部分由冶金工业信息标准研究院归口。

本部分起草单位：中钢集团吉林铁合金股份有限公司。

本部分主要起草人：郑海东、马勤、刘冰。

本部分所代替标准的历次版本发布情况为：

——GB/T 7731.3—1987；

——GB/T 7731.15—1999。

钨铁 铜含量的测定 双环己酮草酰二腙光度法和火焰原子吸收光谱法

警告：使用本部分的人员应有正规实验室工作的实践经验。本部分并未指出所有可能的安全问题。使用者有责任采取适当的安全和健康措施，并保证符合国家有关法规规定的条件。

1 范围

本部分规定了双环己酮草酰二腙光度法和火焰原子吸收光谱法测定铜含量。

本部分适用于钨铁中铜含量的测定。双环己酮草酰二腙光度法测定范围(质量分数)：0.030%～0.25%；火焰原子吸收光谱法测定范围(质量分数)：0.020%～0.25%。

2 规范性引用文件

下列文件中的条款通过本部分的引用而成为本部分的条款。凡是注日期的引用文件，其随后所有的修改单(不包括勘误的内容)或修订版均不适用于本部分，然而，鼓励根据本部分达成协议的各方研究是否可使用这些文件的最新版本。凡是不注日期的引用文件，其最新版本适用于本部分。

GB/T 4010 铁合金化学分析用试样的采取和制备

3 方法一 双环己酮草酰二腙光度法

3.1 原理

试料以氢氟酸和硝酸分解，高氯酸处理冒白烟后，以水溶解可溶性盐类，分离出大部分钨后，以柠檬酸和氢氧化铵调节酸度，加 BCO 反应后于波长 600 nm 处测量其吸光度，从校准曲线上查出相应的铜量。

3.2 试剂和材料

除非另有说明，在分析中仅使用确认为分析纯的试剂和蒸馏水或与其纯度相当的水。

3.2.1 氢氟酸，ρ1.15 g/mL。

3.2.2 高氯酸，ρ1.67 g/mL。

3.2.3 硝酸，1+1。

3.2.4 氢氧化铵，1+1。

3.2.5 高氯酸铁溶液：称取 0.5 g 电解铁，置于 300 mL 烧杯中，加入 20 mL 盐酸(ρ1.19 g/mL)，盖上表皿，滴加过氧化氢(ρ1.10 g/mL)使其分解再过量 5 mL，加热蒸发至体积约为 5 mL，冷却，用 25 mL 盐酸(10+6)将其移于 200 mL 分液漏斗中，加入 30 mL 甲基异丁基酮，振荡约 1 min，静置分层，下层水相移入原烧杯中。在分液漏斗中加入 10 mL 水，再加入 30 mL 甲基异丁基酮，振荡约 1 min，静置分层。将水相移于原烧杯中，弃去有机相，在溶液中加入 10 mL 盐酸(ρ1.19 g/mL)，加热挥发大部分有机相，加入 5 mL 硝酸(ρ1.42 g/mL)，20 mL 高氯酸(ρ1.67 g/mL)，加热蒸发至冒高氯酸浓白烟，继续加热约 3 min 至溶液清亮，冷却后，以水稀释至 100 mL，混匀。此溶液 1 mL 约含 5 mg 铁。

3.2.6 柠檬酸溶液，200 g/L。

3.2.7 双环己酮草酰二腙(BCO)溶液，0.5 g/L，称取 0.25 g BCO 置于烧杯中，加入 20 mL 甲醇和数毫升水，边用玻璃棒压碎 BCO 边加热溶解，冷却至室温，移入 500 mL 容量瓶中，以水稀释至刻度，混匀。当有不溶残渣时应过滤，此溶液有效期为两星期。

3.2.8 铜标准溶液

3.2.8.1 称取1.000 0 g金属铜(纯度为99.99%以上)置于400 mL烧杯中，加入30 mL硝酸(1+1)，盖上表皿，低温加热溶解，取下冷却，加入约50 mL水溶解盐类，冷却，移入1 000 mL容量瓶中，用水稀释至刻度，混匀。此溶液1 mL含1.0 mg铜。

3.2.8.2 移取1.00 mL铜标准溶液(3.2.8.1)，置于100 mL容量瓶中，以水稀释至刻度，混匀。此溶液1 mL含10.0 μg铜。

3.2.9 酚酞乙醇溶液，2 g/L。

3.3 仪器。

分析中使用通常的实验室仪器。

3.4 取制样

按照GB/T 4010的规定进行取制样，试料应通过0.088 mm筛孔。

3.5 分析步骤

3.5.1 试料量

称取0.50 g试料，精确至0.000 1 g。

3.5.2 空白试验

随同试料进行空白试验。

3.5.3 测定

3.5.3.1 将试料(3.5.1)置于铂皿中，加入10 mL氢氟酸(3.2.1)，缓慢滴加2 mL～3 mL硝酸(3.2.3)分解试料，加入10 mL高氯酸(3.2.2)加热蒸发冒高氯酸白烟2 min～3 min。取下冷却，加入约20 mL温水，加热溶解可溶性盐类，移入100 mL容量瓶中，冷却至室温，以水稀释至刻度，混匀。

3.5.3.2 将溶液以双层滤纸干过滤于200 mL烧杯中，分取10.00 mL溶液于100 mL烧杯中，加入2 mL柠檬酸溶液(3.2.6)、4滴酚酞乙醇溶液(3.2.9)，滴加氢氧化铵(3.2.4)至溶液呈红色(此时pH值为8.9～9.2)，加少量水将溶液移入50 mL容量瓶中，加入20 mL BCO溶液(3.2.7)摇动，以水稀释至刻度，混匀。放置约3 min(这时吸光度为最高，在20℃～30℃能稳定15 min左右)。

3.5.3.3 将部分溶液(3.5.3.2)移于适当比色皿中，在波长600 nm处，以水为参比测其吸光度。

3.5.3.4 减去随同试料空白试验吸光度，从校准曲线上查出相应的铜量。

3.6 校准曲线的绘制

移取0、1.00 mL、3.00 mL、5.00 mL、10.00 mL、15.00 mL铜标准溶液(3.2.8.2)，分别置于一组50 mL容量瓶中，各加入2 mL除铜高氯酸铁溶液(3.2.5)，以下按3.5.3.2中自“加入2 mL柠檬酸”至3.5.3.3进行。减去试料空白吸光度，以铜量为横坐标，净吸光度为纵坐标，绘制校准曲线。

3.7 结果的计算

按式(1)计算试料中铜的含量(质量分数)：

$$w(\mathrm{Cu})(\%)=\frac{m_1}{m_{01}\cdot r}\times 100 \qquad (1)$$

式中：

m_1——从校准曲线上查得的铜量，g；

m_{01}——试料量，g；

r——试液分取比。

3.8 允许差

实验室之间分析结果的差值应不大于表1所列的允许差。

表 1 %

铜含量(质量分数)	允 许 差
0.030～0.080	0.008
>0.080～0.17	0.012
>0.17～0.25	0.015

4 方法二 火焰原子吸收光谱法测定铜量

4.1 原理

试料以草酸-过氧化氢分解后，在一定酸度下，于原子吸收光谱仪波长 324.7 nm 处，用空气-乙炔火焰，铜空心阴极灯作光源，测量其吸光度。

4.2 试剂和材料

4.2.1 金属钨粉，固体，铜含量小于 0.005%。

4.2.2 草酸，固体。

4.2.3 过氧化氢，ρ1.13 g/mL。

4.2.4 盐酸，1+1。

4.2.5 硝酸，1+1。

4.2.6 铁溶液：称取 10.00 g 高纯铁（铜含量应小于 0.005%）于 500 mL 烧杯中，加入 40 mL 盐酸(4.2.4)、200 mL 水，加热溶解完全，冷却。移入 500 mL 容量瓶中，用水稀释至刻度，混匀。此溶液 1 mL 含 20.0 mg 铁。

4.2.7 铜标准溶液

4.2.7.1 称取 0.500 0 g 金属铜（纯度为 99.99%以上）置于 400 mL 烧杯中，加入 30 mL 硝酸(1+1)，盖上表皿，低温加热溶解，取下冷却，加入约 50 mL 水溶解盐类，冷却，移入 1 000 mL 容量瓶中，用水稀释至刻度，混匀。此溶液 1 mL 含 0.50 mg 铜。

4.2.7.2 移取 10.00 mL 铜标准溶液(4.2.7.1)，置于 100 mL 容量瓶中，以水稀释至刻度，混匀。此溶液 1 mL 含 50.0 μg 铜。

4.3 仪器

原子吸收光谱仪，备有空气-乙炔燃烧器，铜空心阴极灯，空气、乙炔气体要足够纯净以提供稳定清澈的贫燃火焰。

所用原子吸收光谱仪应达到下列指标：

4.3.1 精密度的最低要求

用最高质量浓度的校准溶液，测量 10 次吸光度，并计算吸光度平均值和标准偏差。其标准偏差应不超过吸光度平均值的 1.0%。

用最低质量浓度的校准溶液（不是零校准溶液）测量 10 次吸光度，并计算吸光度平均值和标准偏差。其标准偏差应不超过最高校准溶液吸光度平均值的 0.5%。

4.3.2 特征浓度

本部分铜的特征质量浓度应小于 0.10 μg/mL。

4.3.3 检出限

本部分铜的检出限应小于 0.10 μg/mL。

4.3.4 校准曲线的线性

校准曲线按质量浓度等分为五段，最高段的吸光度差值与最低段的吸光度差值之比不应小于 0.7。

4.4 取制样

按照 GB/T 4010 的规定进行取制样，试样应通过 0.088 mm 筛孔。

4.5 分析步骤

4.5.1 试料量

按表2称取试料，精确至0.000 1 g。

表2 试料量

铜含量(质量分数)/%	试料量/g
0.020～0.050	0.50
>0.050～0.10	0.20
>0.10～0.25	0.10

4.5.2 空白试验

称取近似于试料量中钨量的金属钨粉(4.2.1)并移取近似于试料量中铁量的铁溶液(4.2.6)，随同试料做空白试验。

4.5.3 测定

4.5.3.1 将试料(4.5.1)置于250 mL烧杯中，加入4.0 g草酸(4.2.2)、20 mL过氧化氢(4.2.3)，盖上表皿，低温加热溶解，蒸发至近干。取下稍冷，用水冲洗表皿及烧杯内壁，加入5 mL盐酸(4.2.4)，加热溶解盐类，取下冷却，移入100 mL容量瓶中，以水稀释至刻度，混匀。

4.5.3.2 将试料溶液(4.5.3.1)干过滤或取上层清液在原子吸收光谱仪上，于波长324.7 nm处，以空气-乙炔火焰，用水调零点，测量其吸光度。

4.5.3.3 将试料溶液的吸光度减去随同试料所做空白试验的吸光度，从校准曲线上查出相应的铜量。

4.6 校准曲线的绘制

4.6.1 按空白试验(4.5.2)称取数份相近于试料中钨量的金属钨粉(4.2.1)，分别加入铁溶液(4.2.6)(试料量为0.50 g时加入5 mL，试料量为0.20 g时加入2 mL，试料量为0.10 g时加入1 mL)，分别置于一组250 mL烧杯中，依次加入0，1.00 mL，2.00 mL，3.00 mL，4.00 mL，5.00 mL铜标准溶液(4.2.7.2)，以下按4.5.3.1及4.5.3.2进行。

4.6.2 校准曲线系列每一溶液的吸光度减去零质量浓度溶液的吸光度为铜校准曲线系列溶液的净吸光度，以铜质量浓度为横坐标，净吸光度为纵坐标，绘制校准曲线。

4.7 结果的计算

按式(2)计算铜的质量分数：

$$w(\mathrm{Cu})(\%) = \frac{m_2}{m_{02}} \times 100 \qquad \cdots\cdots(2)$$

式中：

m_2——自校准曲线上查得的铜量，g；

m_{02}——试料量，g。

4.8 允许差

实验室之间分析结果的差值应不大于表3所列的允许差。

表3

%

铜含量(质量分数)	允 许 差
0.020～0.050	0.006
>0.050～0.15	0.012
>0.15～0.25	0.015

5 试验报告

试验报告应包括下列内容：

a） 鉴别试料、实验室和分析日期等资料；

b） 遵守本部分规定的程度；

c） 分析结果及其表示；

d） 测定中观察到的异常现象；

e） 对分析结果可能有影响而本部分未包括的操作或者任选的操作。

ICS 77.100
H 11

中华人民共和国国家标准

GB/T 7731.6—2008
代替 GB/T 7731.6—1987

钨铁　砷含量的测定　钼蓝光度法和电感耦合等离子体原子发射光谱法

Ferrotungsten—Determination of arsenic content—The molybdenum blue photometrie method and inductively coupled plasma-atomic emission spectrometry

2008-08-19 发布　　2009-04-01 实施

中华人民共和国国家质量监督检验检疫总局
中国国家标准化管理委员会　发布

前　言

GB/T 7731 的本部分是对 GB/T 7731.6—1987《钨铁化学分析方法　钼蓝光度法测定砷量》的修订,包括了钼蓝光度法和电感耦合等离子体原子发射光谱法两个分析方法。

本部分代替 GB/T 7731.6—1987。

本部分与 GB/T 7731.6—1987 比较,主要变化如下:

——对钼蓝光度法的标准文本编写格式进行了规范;

——增加了电感耦合等离子体原子发射光谱法。

本部分的附录 A 为资料性附录。

本部分由中国钢铁工业协会提出。

本部分由全国生铁及铁合金标准化技术委员会归口。

本部分起草单位:中钢集团吉林铁合金股份有限公司。

本部分主要起草人:郑海东、毕军、张云鹏、高玉敏、袁萍。

本部分所代替标准的历次版本发布情况为:

——GB/T 7731.6—1987。

钨铁 砷含量的测定 钼蓝光度法和电感耦合等离子体原子发射光谱法

警告：使用 GB/T 7731 的本部分的人员应有正规实验室工作的实践经验。本部分并未指出所有可能的安全问题。使用者有责任采取适当的安全和健康措施，并保证符合国家有关法规规定的条件。

1 范围

GB/T 7731 的本部分规定了用钼蓝光度法和电感耦合等离子体原子发射光谱法测定钨铁中的砷量。

本部分适用于钨铁中砷含量的测定。钼蓝光度法测定范围(质量分数)：0.010%～0.10%；电感耦合等离子体原子发射光谱法测定范围(质量分数)：0.010%～0.20%。

2 规范性引用文件

下列文件中的条款通过 GB/T 7731 的本部分的引用而成为本部分的条款。凡是注有日期的引用文件，其随后所有的修改单(不包括勘误的内容)或修订版均不适用于本部分，然而，鼓励根据本部分达成协议的各方研究是否可使用这些文件的最新版本。凡是不注日期的引用文件，其最新版本适用于本部分。

GB/T 4010 铁合金化学分析用试样的采取和制备

3 方法一：钼蓝光度法

3.1 原理

试料以过氧化钠、碳酸钠熔融，浸出后在含酒石酸的硫酸溶液中通入硫化氢使砷与铜、锡等共沉淀分离，用硝酸、硫酸溶解，氧化后以氢氧化钠中和。以硫酸调节溶液酸度，加钼酸铵和硫酸肼反应生成钼蓝，于波长 810 nm 处测量其吸光度。

3.2 试剂和材料

除非另有说明，在分析中仅使用确认为分析纯的试剂和蒸馏水或与其纯度相当的水。

3.2.1 过氧化钠，固体。

3.2.2 碳酸钠，固体(无水)。

3.2.3 酒石酸，固体。

3.2.4 硝酸，ρ1.42 g/mL。

3.2.5 硫酸，ρ1.84 g/mL。

3.2.6 氢氧化铵，ρ0.90 g/mL。

3.2.7 硝酸，1+1。

3.2.8 硫酸，1+1。

3.2.9 硫酸，1+10。

3.2.10 氢氧化铵，1+1。

3.2.11 硫化氢，硫化亚铁和稀盐酸在启普发生器中发生反应制取。

3.2.12 氢氧化钠溶液，150 g/L。

3.2.13 高锰酸钾溶液，5 g/L。

3.2.14 钼酸铵溶液，10 g/L，称取 1 g 钼酸铵以水溶解并稀释至 100 mL。

3.2.15 酒石酸洗涤液，10 g/L，将1 g酒石酸溶解于已通硫化氢(3.2.11)饱和的100 mL硫酸(1+100)中。

3.2.16 硫酸肼溶液，10 g/L。

3.2.17 砷标准溶液

3.2.17.1 称取0.132 0 g三氧化二砷于100 mL烧杯中，加入10 mL氢氧化钠(50 g/L)，加热溶解后，冷却至室温，移于1 000 mL容量瓶中，以水稀释至刻度，混匀。此溶液1 mL含砷100.0 μg。

3.2.17.2 移取20.00 mL砷标准溶液(3.2.17.1)于100 mL容量瓶中，以水稀释至刻度，混匀。此溶液1 mL含砷20.0 μg。

3.2.18 酚酞溶液，1 g/L，称取0.1 g酚酞溶解于50 mL无水乙醇中，以水稀释至100 mL。

3.3 仪器

分析中，除使用通常的实验室仪器外，还使用启普发生器。

3.4 取制样

按照GB/T 4010的规定进行取制样。试料应通过0.088 mm筛孔。

3.5 分析步骤

3.5.1 试料量

称取2.00 g试料，精确至0.000 1 g。

3.5.2 空白试验

随同试料进行空白试验。

3.5.3 测定

3.5.3.1 将试料(3.5.1)置于30 mL镍坩埚中，加7 g过氧化钠(3.2.1)和1 g碳酸钠(3.2.2)充分混匀，加盖。先于低温加热再移于高温约750 ℃熔融3 min～5 min，摇动坩埚使试料熔融，稍冷后，浸于250 mL塑料烧杯中，洗净坩埚及盖，并取出。以硫酸(3.2.8)酸化并过量5 mL，加入10 g酒石酸(3.2.3)，将溶液转入500 mL烧杯中，以水稀释至约300 mL。

3.5.3.2 将溶液以氢氧化铵(3.2.6)中和再过量10 mL，加热数分钟接近沸点，稍冷后以硫酸(3.2.8)中和，再过量10 mL，激烈地通入硫化氢(3.2.11)30 min以上，使砷、铜、锡等以硫化物的形式沉淀。在温热处稍静置使沉淀陈化，用致密滤纸过滤，以酒石酸溶液(3.2.15)充分洗涤，弃去滤液及洗液。沉淀连同滤纸一起移于原烧杯中，加入10 mL硫酸(3.2.5)、10 mL硝酸(3.2.4)，加热溶解沉淀同时分解滤纸，再加热冒硫酸浓烟至溶液透明[若溶解不完全，溶液呈黄褐色，再补加10 mL硝酸(3.2.4)加热处理至冒白烟]，放冷后，加水至溶液体积约50 mL以溶解盐类，冷却至室温，移入100 mL容量瓶中，以水稀释至刻度。

3.5.3.3 当含砷量小于0.05%时，分取20.00 mL溶液；当砷量大于0.05%至小于0.10%时，分取10.00 mL溶液，移于200 mL烧杯中，以水稀释至溶液体积为25 mL左右。加入2 mL硝酸(3.2.7)煮沸，滴加高锰酸钾溶液(3.2.13)至溶液呈微红色，再煮沸使砷氧化并分解高锰酸钾。冷却后，移于100 mL容量瓶中，加入3滴～4滴酚酞溶液(3.2.18)，以氢氧化钠溶液(3.2.12)中和，加入10 mL硫酸(3.2.9)和7 mL钼酸铵溶液(3.2.14)，振荡混匀，加入10 mL硫酸肼溶液(3.2.16)，加水使溶液体积约为90 mL，再振荡混匀，在沸水浴中加热3 min～4 min，溶液以流水冷却至室温，用水稀释至刻度。

3.5.3.4 将部分溶液(3.5.3.3)移于适当比色皿中，在波长810 nm处，以水为参比液，测量其吸光度。减去随同试料所做的空白试验吸光度得到试料溶液的净吸光度，从校准曲线上查出相应的砷量。

3.5.4 校准曲线的绘制

3.5.4.1 分别移取0、2.00 mL、4.00 mL、6.00 mL、8.00 mL、10.00 mL砷标准溶液(3.2.17.2)，分别置于一组100 mL烧杯中，以下按3.5.3.3中"以水稀释至25 mL左右"至3.5.3.4进行，测量其吸光度。

3.5.4.2 校准曲线系列每一溶液的吸光度减去零浓度溶液的吸光度，为砷校准曲线系列溶液的净吸光度，以砷量(μg)为横坐标，净吸光度为纵坐标，绘制校准曲线。

3.6 分析结果的计算

按式(1)计算试料中砷的质量分数：

$$w_{\mathrm{As}}(\%)=\frac{m_1}{m\times r\times 10^6}\times 100 \quad \cdots\cdots(1)$$

式中：

m_1——自校准曲线上查得的砷量，单位为微克(μg)；

m——试料量，单位为克(g)；

r——试液分取比。

3.7 允许差

实验室之间分析结果的差值应不大于表1所列允许差。

表1 允许差

%

砷含量(质量分数)	允许差
0.010～0.060	0.004
>0.060～0.10	0.006

4 方法二：电感耦合等离子体原子发射光谱法

4.1 原理

试料用草酸-过氧化氢分解，将溶液引入电感耦合等离子体原子发射光谱仪中测定砷的强度，在校准曲线上查出砷的含量。

4.2 试剂和材料

除非另有说明，在分析中仅使用确认为分析纯的试剂和蒸馏水或与其纯度相当的水。

4.2.1 金属钨粉，固体，砷含量应小于0.005%。

4.2.2 草酸，优级纯，固体。

4.2.3 盐酸，ρ1.19 g/mL。

4.2.4 过氧化氢，优级纯，ρ1.10 g/mL。

4.2.5 铁溶液，50 g/L，称取25.00 g金属纯铁粉(99.99%)置于500 mL烧杯中，加入50 mL盐酸(4.2.3)及100 mL水，缓慢加热20 min，再加入50 mL盐酸(4.2.3)加热至完全溶解，冷却至室温，移入500 mL容量瓶中，以水稀释至刻度，混匀。

4.2.6 砷标准溶液：称取0.132 0 g三氧化二砷于100 mL烧杯中，加入10 mL氢氧化钠(50 g/L)，加热溶解后，冷却至室温，移于1 000 mL容量瓶中，以水稀释至刻度，混匀。此溶液1 mL含砷100.0 μg。

4.3 仪器与设备

分析中，除使用通常的实验室仪器、设备外，还使用电感耦合等离子体原子发射光谱仪。测定仪器的规范性操作参见附录A，仪器经优化后应满足下列要求：

4.3.1 一般要求

按制造商的建议和实验室定量分析操作来初始调节电感耦合等离子体发射光谱仪。

4.3.2 短期稳定性和长期稳定性

较短时间内测量待测元素的工作曲线的最浓溶液的发射谱线绝对或相对光强10次，其标准偏差不应超过绝对或相对光强平均值的0.5%。4 h内测量待测元素的工作曲线的最浓溶液的发射谱线绝对或相对光强16次，每隔15 min测定一次，标准偏差不应超过绝对或相对光强平均值的1%。

4.3.3 背景等效浓度和检出限

通过计算含有砷溶液的元素分析谱线(193.759 nm)得出的背景等效浓度(BEC)和检出限(DL)应

分别低于 0.39 μg / mL、0.02 μg/mL。

4.3.4 校准曲线的线性

校准曲线线性良好，相关系数应≥0.999。

4.4 取制样

按照 GB/T 4010 的规定进行取制样，试料应通过 0.088 mm 筛孔。

4.5 分析步骤

4.5.1 试料量

称取 1.00 g 试料，精确至 0.000 1 g。

4.5.2 溶液的制备

将试料(4.5.1)置于 500 mL 烧杯中，加入 8 g 草酸(4.2.2)、30 mL 过氧化氢(4.2.4)，低温加热，使试料完全溶解(如溶液中出现沉淀，可加入 30 mL 水及 5 mL 过氧化氢，加热煮沸并至液面平静，可使溶液澄清)，取下冷却，移入 100 mL 容量瓶中，以水稀释至刻度，混匀。

4.5.3 测定

按照仪器的使用说明书进行仪器调试，使仪器处于正常分析状态。将溶液(4.5.2)引入电感耦合等离子体原子发射光谱仪中，在相应波长（推荐使用 193.759 nm 波长）处测定砷的强度，通过校准曲线查出砷的浓度。

4.6 校准曲线的绘制

4.6.1 称取近似于试料量中钨量的金属钨粉(4.2.1)并移取近似于试料量中铁量的铁溶液(4.2.5)六份，分别置于 500 mL 烧杯中，依次加入 0、1.00 mL、2.00 mL、5.00 mL、10.00 mL、20.00 mL 砷标准溶液(4.2.6)，以下按 4.5.2 中"加入 8 g 草酸(4.2.2)、30 mL 过氧化氢(4.2.4)"至 4.5.3 进行。

4.6.2 以校准曲线系列每一溶液的砷浓度(μg/mL)为横坐标，测得的砷强度为纵坐标，绘制校准曲线。

4.7 分析结果的计算

按式(2)计算试料中砷的质量分数：

$$w_{As}(\%)=\frac{C\cdot V}{m\times 10^{6}}\times 100 \quad \cdots\cdots(2)$$

式中：

C——自校准曲线上查得的试料溶液中砷的浓度，单位为微克每毫升(μg/mL)；

V——试料溶液的体积，单位为毫升(mL)；

m——试料量，单位为克(g)。

4.8 允许差

实验室之间分析结果的差值应不大于表 2 所列的允许差。

表 2 允许差 %

砷含量(质量分数)	允许差
0.010～0.060	0.004
>0.060～0.10	0.006
>0.10～0.20	0.008

5 试验报告

试验报告应包括下列内容：

a) 鉴别试料、实验室和分析日期等资料；

b) 遵守本部分规定的程度；

c) 分析结果及其表示；

d) 测定中观察到的异常现象；

e) 对分析结果可能有影响而本部分未包括的操作或者任选的操作。

附　录　A
（资料性附录）
测定仪器的规范性操作

A.1　目的

本附录中给出的性能试验目的在于使用不同类型的仪器对等离子体光谱仪的性能进行适当的测定，允许不同的仪器使用不同的操作条件，但等离子体光谱仪最终能产生一致的结果。

整个性能试验步骤用三个基本参数考核：检测限（*DL*），背景等效浓度（*BEC*）和短期精密度（*RSDN*）。

A.2　定义

下列定义适用于本部分。

A.2.1　检测限（*DL*）：

当元素产生最小浓度信号时，可以认为超出了任何带有一定规定等级的伪背景信号；另一方面，元素浓度产生信号是背景水平值标准偏差的三倍。

A.2.2　背景等效浓度（*BEC*）：

是产生与背景强度值相等的净强度相当于分析物的浓度；是对给定波长灵敏度的度量。

A.2.3　短期精密度（*RSDN*）：

在测定条件下所得仪器的一系列读数的相对标准偏差。

A.3　背景等效浓度和检测限

制备3份溶液，含待测物浓度分别为：0浓度水平，10倍检测限，1 000倍检测限。这些溶液含有与待测样品相似浓度的酸、基体元素。

应按制造商的建议和实验室的定量分析的实践经验对等离子体光谱仪进行最初的调节。吸入空白液并取10次强度读数。对另外两种溶液重复此操作。

使用式（A.1）计算分析曲线的斜率：

$$M = C_2/(I_2 - I_b) \qquad \cdots\cdots\cdots\cdots（A.1）$$

式中：

M——分析曲线的斜率；

C_2——10倍检测限溶液的浓度，单位为微克每毫升（μg/mL）；

I_2——10倍检测限溶液10次原始强度读数的平均值；

I_b——空白溶液10次强度读数的平均值。

使用式（A.2）计算 *DL*：

$$DL = 3S_bM \qquad \cdots\cdots\cdots\cdots（A.2）$$

式中：

DL——检测限，单位为微克每毫升（μg/mL）；

S_b——是10次空白强度读数的标准偏差。

使用式（A.3）计算 *BEC*：

$$BEC = M \times I_b \qquad \cdots\cdots\cdots\cdots（A.3）$$

式中：

BEC——背景等效浓度，单位为微克每毫升（μg/mL）。

按式(A.4)从原始平均强度(I_3)与空白平均强度 I_b 的差值来计算 1 000 倍检测限溶液的净平均强度(IN_3),如下:

$$IN_3 = I_3 - I_b \quad \cdots\cdots(A.4)$$

式中:

IN_3——溶液(DL 的 1 000 倍)的净平均强度。

$RSDN_{min}$——元素浓度为 1 000×DL 溶液的估计值。

按式(A.5)计算 1 000 倍检测限溶液(1 000×DL)的净强度相对标准偏差。

$$RSDN_{min} = \frac{\sqrt{(S_3^2 + S_b^2)}}{IN_3} \times 100 \quad \cdots\cdots(A.5)$$

式中:

S_3——1 000 倍检测限溶液的 10 次强度读数的标准偏差。

ICS 77.100
H 11

中华人民共和国国家标准

GB/T 7731.7—2008
代替 GB/T 7731.7—1987

钨铁　锡含量的测定　苯基荧光酮光度法和电感耦合等离子体原子发射光谱法

Ferrotungsten—Determination of tin content—Phenylfluorone photometric method and inductively coupled plasma-atomic emission spectrometry

2008-05-13 发布　　2008-11-01 实施

中华人民共和国国家质量监督检验检疫总局
中国国家标准化管理委员会　发布

前　言

本部分代替 GB/T 7731.7—1987《钨铁化学分析方法　苯基荧光酮光度法测定锡量》。

本部分与 GB/T 7731.7—1987 比较，其主要变化如下：

——新增加了电感耦合等离子体原子发射光谱法；

——采用标准文本格式进行了文字修订。

本部分附录 A 是资料性附录。

本部分由中国钢铁工业协会提出。

本部分由冶金工业信息标准研究院归口。

本部分起草单位：四川川投峨眉铁合金(集团)有限责任公司。

本部分主要起草人：唐华应、方艳、刘惠丽、张映霞。

本部分所代替标准的历次版本发布情况为：

——GB/T 7731.7—1987。

钨铁 锡含量的测定 苯基荧光酮光度法和电感耦合等离子体原子发射光谱法

警告：使用本部分的人员应有正规实验室工作的实践经验。本部分并未指出所有可能的安全问题。使用者有责任采取适当的安全和健康措施，并保证符合国家有关法规规定的条件。

1 范围

本部分规定了用苯基荧光酮光度法和电感耦合等离子体原子发射光谱法测定钨铁中的锡量。

本部分适用于钨铁中锡含量的测定，测定范围（质量分数）：0.01%～0.12%。

2 规范性引用文件

下列文件中的条款通过在本部分中的引用而成为本部分的条款。凡是注日期的引用文件，其随后所有的修改单（不包括勘误的内容）或修订版均不适用于本部分，然而，鼓励根据本部分达成协议的各方研究是否可使用这些文件的最新版本。凡是不注日期的引用文件，其最新版本适用于本部分。

GB/T 4010 铁合金化学分析用试样的采取和制备

3 方法一：苯基荧光酮光度法

3.1 原理

试料用硝酸-氢氟酸溶解，硫酸处理冒白烟，在含酒石酸的硫酸酸性溶液中，通入硫化氢使锡与铜、砷等共沉淀，进行分离。以硝酸和硫酸溶解，加硫酸锰和高锰酸钾使锡与二氧化锰共沉淀进行分离。用盐酸和过氧化氢溶解，加入酒石酸、草酸、聚乙烯醇掩蔽干扰元素，以氨水调节 pH 值，加入苯基荧光酮使锡生成锡-苯基荧光酮配合物，测量其吸光度。

3.2 试剂和材料

除非另有说明，在分析中仅使用确认为分析纯的试剂和蒸馏水或与其纯度相当的水。

3.2.1 酒石酸，固体。

3.2.2 抗坏血酸，固体。

3.2.3 氢氟酸，ρ1.15 g/mL。

3.2.4 硝酸，ρ1.42 g/mL。

3.2.5 硫酸，ρ1.84 g/mL。

3.2.6 过氧化氢，ρ1.10 g/mL。

3.2.7 盐酸，1+1。

3.2.8 硝酸，1+1。

3.2.9 硫酸，1+1。

3.2.10 氨水，ρ0.90 g/mL。

3.2.11 氨水，1+8。

3.2.12 硫化氢。

3.2.13 酒石酸洗涤液，取 1 g 酒石酸溶解于通入硫化氢饱和的 100 mL 硫酸（1+100）中。

3.2.14 硫酸锰溶液，20 g/L，称取 20 g 硫酸锰[$MnSO_4 \cdot (4\sim6)H_2O$]溶解于水中，并稀释至 1 000 mL，混匀。

3.2.15 高锰酸钾溶液，30 g/L。

3.2.16　酒石酸-草酸混合溶液,称取 10 g 酒石酸和 0.2 g 草酸溶解于水中,并稀释至 100 mL,混匀。

3.2.17　苯基荧光酮,0.1 g/L,称取 0.05 g 苯基荧光酮($Cu_{19}H_{12}O_5$)溶解于 20 mL 盐酸(1+1)和 480 mL乙醇(99.5%)中,混匀。

3.2.18　聚乙烯醇溶液,5 g /L,皂化度约为 80%。

3.2.19　锡标准溶液:

3.2.19.1　称取 0.250 0 g 纯锡(>99.9%),置于 200 mL 铂皿中,盖上表皿,加入 50 mL 盐酸(1+1),在沸水浴中加热分解,冷却后移入 500 mL 容量瓶中,用盐酸(1+1)稀释至刻度,混匀。此溶液 1 mL 含铅 500.0 μg。

3.2.19.2　移取 10.00 mL 溶液(3.2.19.1)于 1 000 mL 容量瓶中,用盐酸(1+2)稀至刻度,混匀。此溶液 1 mL 含铅 5 μg。

3.2.20　溴甲酚绿溶液,称取 0.04 g 溴甲酚绿溶解于 20 mL 乙醇(99.5%)中,然后用水稀释至 100 mL。

3.3　取制样

按照 GB/T 4010 的规定进行取制样。试样应通过 0.088 mm 筛孔。

3.4　分析步骤

3.4.1　试料量

称取 2.000 g 试料,准确至 0.000 1 g。

3.4.2　空白试验

随同试料进行空白试验。

3.4.3　测定

3.4.3.1　将试料(3.4.1)置于 200 mL 铂皿中,加入 20 mL 硝酸 (3.2.4)、滴加氢氟酸(3.2.3),低温加热溶解至试样分解,加入 25 mL 硫酸(3.2.9),继续加热至冒硫酸白烟 7 min~8 min,取下,稍冷。用水洗内溶物于 500 mL 烧杯中,附着于铂皿上的沉淀以少量氨水(3.2.10)溶解,滴加硫酸 (3.2.9)呈酸性后,洗于烧杯中,用水稀释至约 300 mL。

3.4.3.2　加入 10 g 酒石酸(3.2.1)溶解后,以氨水(3.2.10)中和并过量 10 mL,加热至近沸,并持续数分钟,稍冷,用硫酸(3.2.9)中和并过量 10 mL,激烈地通入硫化氢(3.2.12)30 min 以上,使铜、锡、砷、锑等以硫化物的形式沉淀。室温静置片刻使沉淀陈化。用慢速滤纸分离,以酒石酸洗涤液(3.2.13)充分洗净。弃去滤液及洗液。沉淀连同滤纸一起移入原烧杯中,加入 10 mL 硫酸(3.2.5)、10 mL 硝酸(3.2.3),加热溶解沉淀、分解滤纸,再加热冒硫酸浓烟至溶液透明[若滤纸分解不完全,溶液呈黄褐色,再补加 10 mL 硝酸(3.2.3),加热至冒白烟],放冷,加入约 50 mL 水加热溶解盐类,冷却至室温。移入 100 mL 容量瓶中,用水稀释至刻度,混匀。

3.4.3.3　移取溶液(3.4.3.2)[锡含量小于 0.05%时,移取 20.00 mL 溶液;锡含量大于 0.05%时,移取 10.00 mL 或 5.00 mL 溶液]于 300 mL 烧杯中,加入 10 mL 硝酸(3.2.8)、5 mL 硫酸锰溶液(3.2.14),用水稀释至溶液体积约为 150 mL,边煮沸边滴加高锰酸钾溶液(3.2.15)使生成二氧化锰沉淀并过量 2 mL,煮沸至高锰酸钾的红紫色消失,静置片刻,用慢速滤纸分离,用温水充分洗净,弃去滤液及洗液。沉淀用温水洗入原烧杯中,在滤纸上边滴加少量过氧化氢(3.2.6)边加入 15 mL 温盐酸(3.2.7),溶解附着于滤纸上的沉淀,并用温水洗净,合并于原烧杯中。煮沸溶液溶解沉淀,同时分解多余的过氧化氢,冷却至室温,移入 50 mL 容量瓶中,用水稀释至刻度,混匀。

3.4.3.4　移取 10.00 mL 溶液(3.4.3.3)两份分别置于 100 mL 烧杯和 50 mL 容量瓶中,烧杯中的溶液用水稀释至体积约 50 mL,加入 2 滴~3 滴溴甲酚绿溶液(3.2.20),用氨水(3.2.11)滴定,溶液由黄色变为蓝色(此时 pH 值为 5.4),求出所需的氨水(3.2.11)的量(T mL)。在另一份容量瓶内的溶液中,滴加高锰酸钾溶液(3.2.15)使呈微红色,加少量抗坏血酸(3.2.2),振荡混合使微红色消失,加入 5 mL 酒石酸-草酸混合溶液(3.2.16)、5 mL 聚乙烯醇溶液(3.2.18),再准确加入上述滴加的氨水(3.2.11)所需的毫升数(T mL)[此时 pH 值约为 1.5～2.0]。用水稀释至溶液体积约为 40 mL,加入 5 mL 苯基荧光酮溶液(3.2.17)用水稀释至刻度,静置约 30 min。

3.4.3.5　于分光光度计上 510 nm 波长处,用适当吸收皿,以水为参比溶液调零,测量其吸光度,减去随同试料空白溶液的吸光度得到试料溶液的净吸光度,从校准曲线上查得相应的锡量。

3.4.4　校准曲线的绘制

3.4.4.1　分别移取 0、2.00 mL、4.00 mL、6.00 mL、8.00 mL、10.00 mL 锡标准溶液(3.2.19.2)两份分别置于一组 100 mL 烧杯和 50 mL 容量瓶中,以下按 3.4.3.4 中"用水稀释至体积约 50 mL "至 3.4.3.5操作,测量其吸光度。

3.4.4.2　校准曲线系列每一溶液的吸光度减去零浓度溶液的吸光度,为锡校准曲线系列溶液的净吸光度,以锡量(μg)为横坐标,净吸光度为纵坐标,绘制校准曲线。

3.5　结果计算

按式(1)计算试样中锡含量(质量分数):

$$w(\mathrm{Sn})(\%) = \frac{m_1}{m \times r \times 10^6} \qquad \cdots\cdots(1)$$

式中:

m_1——自校准曲线上查得的铅量,单位为微克(μg);

m——试料量,单位为克(g);

r——试液的分取比。

3.6　允许差

实验室之间分析结果的差值应不大于表 1 所列允许差。

表 1　　　　%

锡含量(质量分数)	允　许　差
0.01～0.05	0.006
>0.05～0.12	0.010

4　方法二:电感耦合等离子体原子发射光谱法

4.1　原理

试料用草酸-过氧化氢分解,在 pH≥9 的氨性条件下,铅、锡生成沉淀,与钨分离。用盐酸溶解沉淀,在盐酸介质中,将溶液雾化引入电感耦合等离子体,测定锡元素的发射谱线强度。

4.2　试剂和材料

除非另有说明,在分析中仅使用确认为分析纯的试剂和蒸馏水或与其纯度相当的水。

4.2.1　草酸,优级纯,固体。

4.2.2　过氧化氢,优级纯,ρ1.10 g/mL。

4.2.3　氨水,ρ0.90 g/mL。

4.2.4　硝酸,ρ1.42 g/mL。

4.2.5　盐酸,1+1。

4.2.6　三氯化铁溶液,(Fe^{3+}:50 mg/mL),优级纯三氯化铁配制。

4.2.7　锡标准溶液

4.2.7.1　锡标准贮备溶液,1.000 mg/mL。

准确称取 1.000 g 纯锡(>99.9%),放入 400 mL 烧杯中,加入 50 mL 盐酸(1+1)加热分解,冷却后移入 1 000 mL 容量瓶中,用盐酸(1+1)稀至刻度,混匀。此溶液 1 mL 含锡 1.000 mg。

4.2.7.2　锡标准溶液

移取 50.00 mL 溶液(4.2.7.1)于 500 mL 容量瓶中,用盐酸(1+2)稀至刻度,混匀。此溶液 1 mL 含锡 100 μg。

4.3 仪器与设备

分析中,除使用通常的实验室仪器、设备外,还使用电感耦合等离子体原子发射光谱仪,配备溶液雾化进样系统。测定仪器的规范性操作参见附录 A。仪器经优化后应满足:

4.3.1 一般要求

按制造商的建议和实验室定量分析操作来初始调节电感耦合等离子体发射光谱仪。

4.3.2 短时稳定性和长时稳定性

较短时间内测量待测元素的工作曲线的最浓溶液的发射谱线绝对或相对光强 10 次,其标准偏差不应超过绝对或相对光强平均值的 0.5%。4 h 内测量待测元素的工作曲线的最浓溶液的发射谱线绝对或相对光强 16 次,每隔 15 min 测定一次,标准偏差不应超过绝对或相对光强平均值的 1%。

4.3.3 背景等效浓度和检出限

通过计算含有锡溶液的元素分析谱线(189.959 nm)得出的背景等效质量浓度(BEC)和检出限(DL)应分别低于 0.39 μg/mL、0.02 μg/mL。

4.3.4 校准曲线的线性

校准曲线的相关系数应大于 0.999。

4.3.5 分析线及仪器参数

本部分不指定特殊的分析线,推荐使用分析线及仪器参数列于表 2。

表 2 仪器工作参数

① RF 功率:1 150 W　② 雾化气压力:27 Psi　③ 辅助气流量:0.5 L/min ④ 蠕动泵泵速:120 r/min　⑤ 短波曝光时间:20 s　⑥ 冲洗时间:30 s	
元　　素	Sn
分析谱线波长 nm	189.989
级　　次	176
背景校正	不扣

4.4 取制样

按照 GB/T 4010 的规定进行取制样。试样应通过 0.088 mm 筛孔。

4.5 分析步骤

4.5.1 试料量

称取 1.00 g 试料,准确至 0.000 1 g。

4.5.2 空白试验

随同试料进行空白试验。

4.5.3 样品溶液的制备

4.5.3.1 将试料(4.5.1)置于 600 mL 烧杯中,加入 8 g 草酸(4.2.1)、30 mL 过氧化氢(4.2.2),低温微热,使试样溶解完全,取下。

4.5.3.2 加温热水(30℃~50℃)100 mL,加 5 mL 过氧化氢(4.2.2),用氨水(4.2.3)中和至有沉淀产生并过加 30 mL,以微沸水稀释至约 450 mL,煮沸 2 min~3 min,取下静置待沉淀下沉,以快速定性滤纸趁热过滤。将沉淀全部转移到漏斗上,用热氨水(2+98)洗烧杯 2 次~3 次。用热盐酸洗液(2+98)将滤纸上的沉淀洗入原烧杯中,将滤纸洗至无三氯化铁的黄色,再用热水洗 2 次~3 次,弃去滤纸。

4.5.3.3 加入 10 mL 盐酸(4.2.5)、5 mL 过氧化氢(4.2.2) 低温微热使沉淀溶解。用氨水(4.2.3)中和至有沉淀产生并过加 30 mL,以热水稀释至约 450 mL,煮沸 2 min~3 min,取下静置待沉淀下沉,以快速定性滤纸趁热过滤。用热氨水(2+98)洗烧杯 2 次~3 次,洗沉淀 2 次~3 次。用热盐酸洗液

(2＋98)将沉淀洗入原烧杯中，将滤纸洗至无三氯化铁的黄色，弃去滤纸。

4.5.3.4　用30 mL盐酸(4.2.5)溶解沉淀于原烧杯中，置于低温电炉上浓缩体积至近干，取下，加20 mL硝酸(4.2.4)浓缩体积至近干(残余体积约1 mL～2 mL，不能干涸)，再加20 mL硝酸(4.2.4)浓缩体积至近干(残余体积约1 mL～2 mL，不能干涸)，取下。加20 mL盐酸(4.2.5)，30 mL水加热溶解盐类。稍冷，移入100 mL容量瓶中，冷却至室温，用水稀释至刻度，混匀。

4.5.3.5　干过滤，弃去最初滤液。在电感耦合等离子体发射光谱仪上按“仪器”的参数测试。

4.5.4　测定

启动电感耦合等离子体发射光谱仪并在测量前至少预热1 h，按照仪器使用说明书使仪器最优化。待仪器稳定后，选取锡的分析谱线，由低含量到高含量的顺序依次测定锡的谱线强度。减去空白试验溶液的强度即为净强度，由工作曲线查得锡的质量浓度。

4.5.5　校准曲线的绘制

4.5.5.1　标准系列：移取200 mg Fe^{3+}(三氯化铁溶液)各六份分别置于100 mL容量瓶中，依次加入0 mL、1.00 mL、3.00 mL、6.00 mL、9.00 mL、12.00 mL、15.00 mL锡标准溶液(4.2.7.2)，加20 mL盐酸(4.2.5)，用水稀释至刻度，混匀。

4.5.5.2　校准曲线系列每一溶液的强度减去零浓度溶液的强度，为锡校准曲线系列溶液的净强度，以锡质量浓度(μg/mL)为横坐标，净强度为纵坐标，绘制校准曲线。

4.6　结果计算

按式(2)计算试样中锡的质量分数：

$$w(\mathrm{Sn})(\%) = \frac{cV}{m_0 \times 10^6} \times 100 \qquad \cdots\cdots(2)$$

式中：

c——自校准曲线上查得的试料溶液中锡的质量浓度，单位为微克每毫升(μg/mL)；

V——最终测量试样溶液的体积，单位为毫升(mL)；

m_0——试料量，单位为克(g)。

4.7　允许差

实验室之间分析结果的差值应不大于表3所列允许差。

表3　　%

锡含量(质量分数)	允许差
0.01～0.05	0.006
＞0.05～0.12	0.010

5　试验报告

试验报告应包括下列内容：

a)　鉴别试料、实验室和分析日期的资料；

b)　遵守本部分规定的程度；

c)　分析结果及其表示；

d)　测定中观察到的异常现象；

e)　对分析结果可能有影响而本部分未包括的操作或者任选的操作。

附 录 A
（资料性附录）
测定仪器的规范性操作

A.1 目的

本附录中给出的性能试验目的在于使用不同类型的仪器对等离子体光谱仪的性能进行适当的测定，允许不同的仪器使用不同的操作条件，但等离子体光谱仪最终能产生一致的结果。

整个性能试验步骤用三个基本参数考核：检测限（*DL*），背景等效浓度（*BEC*）和短期精密度（*RSDN*）。

A.2 定义

本部分应用以下定义。

A.2.1 检测限（*DL*）：当元素产生最小浓度信号时，可以认为超出了任何带有一定规定等级的伪背景信号；另一方面，元素浓度产生信号是背景水平值标准偏差的三倍。

A.2.2 背景等效质量浓度（*BEC*）：是产生与背景强度值相等的净强度相当于分析物的质量浓度；是对给定波长灵敏度的度量。

A.2.3 短期精密度（*RSDN*）：在测定条件下所得仪器的一系列读数的相对标准偏差。

A.3 背景等效浓度和检测限

制备 3 份溶液，含待测物浓度分别为：0 浓度水平，10 倍检测限，1 000 倍检测限。这些溶液含有与待测样品相似浓度的酸、基体元素。

应按制造商的建议和实验室的定量分析的实践经验对等离子体光谱仪进行最初的调节。吸入空白液并取 10 次强度读数。对另外两种溶液重复此操作。

使用公式（A.1）计算分析曲线的斜率：

$$M = c_2/(I_2 - I_b) \qquad \cdots\cdots\cdots\cdots(A.1)$$

式中：

M——分析曲线的斜率；

c_2——10 倍检测限溶液的质量浓度，μg/mL；

I_2——10 倍检测限溶液 10 次原始强度读数的平均值；

I_b——空白溶液 10 次强度读数的平均值。

使用下列公式（A.2）计算 *DL*：

$$DL = 3S_bM \qquad \cdots\cdots\cdots\cdots(A.2)$$

式中：

DL——检测限，μg/mL；

S_b——是 10 次空白强度读数的标准偏差。

使用下列公式（A.3）计算 *BEC*：

$$BEC = M \times I_b \qquad \cdots\cdots\cdots\cdots(A.3)$$

式中：

BEC——背景等效质量浓度，μg/mL。

按公式（A.4）从原始平均强度（I_3）与空白平均强度 I_b 的差值来计算 1 000 倍检测限溶液的净平均强度（IN_3），如下：

$$IN_3 = I_3 - I_b \qquad \cdots\cdots(A.4)$$

式中 IN_3 是溶液(DL 的 1 000 倍)的净平均强度。

$RSDN_{min}$是元素浓度为 1 000×DL 溶液的估计值。

按公式(A.5)计算 1 000 倍检测限溶液(1 000×DL)的净强度相对标准偏差。

$$RSDN_{min} = \frac{\sqrt{(S_3^2 + S_b^2)}}{IN_3} \times 100 \qquad \cdots\cdots(A.5)$$

式中 S_3 是 1 000 倍检测限溶液的 10 次强度读数的标准偏差。

ICS 77.100
H 11

GB

中华人民共和国国家标准

GB/T 7731.8—2008
代替 GB/T 7731.8—1987

钨铁 锑含量的测定 罗丹明B光度法和电感耦合等离子体原子发射光谱法

Ferrotungsten—Determination of antimony content—
The tetraethylrhodamine photometrie method and inductively coupled plasma-atomic emission spectrometry

2008-08-19 发布 2009-04-01 实施

中华人民共和国国家质量监督检验检疫总局
中国国家标准化管理委员会 发布

前　言

GB/T 7731 的本部分是对 GB/T 7731.8—1987《钨铁化学分析方法　罗丹明 B 光度法测定锑量》的修订，包括了罗丹明 B 光度法和电感耦合等离子体原子发射光谱法两个分析方法。

本部分代替 GB/T 7731.8—1987。

本部分与 GB/T 7731.8—1987 比较，主要变化如下：

——对罗丹明 B 光度法的标准文本编写格式进行了规范；

——增加了电感耦合等离子体原子发射光谱法。

本部分的附录 A 为资料性附录。

本部分由中国钢铁工业协会提出。

本部分由全国生铁及铁合金标准化技术委员会归口。

本部分起草单位：中钢集团吉林铁合金股份有限公司。

本部分主要起草人：郑海东、刘冰、张云鹏、韩英琦、李蔡。

本部分所代替标准的历次版本发布情况为：

——GB/T 7731.8—1987。

钨铁 锑含量的测定
罗丹明B光度法和电感耦合等离子体原子发射光谱法

警告：使用GB/T 7731的本部分的人员应有正规实验室工作的实践经验。本部分并未指出所有可能的安全问题。使用者有责任采取适当的安全和健康措施，并保证符合国家有关法规规定的条件。

1 范围

GB/T 7731的本部分规定了用罗丹明B光度法和电感耦合等离子体原子发射光谱法测定钨铁中的锑量。

本部分适用于钨铁中锑含量的测定。罗丹明B光度法测定范围（质量分数）：0.010%～0.060%；电感耦合等离子体原子发射光谱法测定范围（质量分数）：0.010%～0.15%。

2 规范性引用文件

下列文件中的条款通过GB/T 7731的本部分的引用而成为本部分的条款。凡是注日期的引用文件，其随后所有的修改单（不包括勘误的内容）或修订版均不适用于本部分，然而，鼓励根据本部分达成协议的各方研究是否可使用这些文件的最新版本。凡是不注日期的引用文件，其最新版本适用于本部分。

GB/T 4010 铁合金化学分析用试样的采取和制备

3 方法一：罗丹明B光度法

3.1 原理

试料以过氧化钠熔融，用水浸出，在含酒石酸的硫酸酸性溶液中，通入硫化氢使锑与铜、锑共沉淀，进行分离，沉淀以硝酸和硫酸处理，加入硫酸锰和高锰酸钾使锑与二氧化锰共沉淀，过滤分离，沉淀以硫酸和过氧化氢溶解，加硫酸铈使锑氧化后，以异丙醚萃取，加罗丹明B，使锑发色，于波长550 nm处测量其吸光度。

3.2 试剂和材料

除非另有说明，在分析中仅使用确认为分析纯的试剂和蒸馏水或与其纯度相当的水。

3.2.1 过氧化钠，固体。

3.2.2 无水碳酸钠，固体。

3.2.3 酒石酸，固体。

3.2.4 盐酸，ρ1.19 g/mL。

3.2.5 硝酸，ρ1.42 g/mL。

3.2.6 硫酸，ρ1.84 g/mL。

3.2.7 氢氧化铵，ρ0.90 g/mL。

3.2.8 盐酸，1+1。

3.2.9 硝酸，1+1。

3.2.10 硫酸，1+1。

3.2.11 硫酸，1+2。

3.2.12 硫酸-过氧化氢混合液，由100 mL硫酸（1+6）和2 mL过氧化氢混合配制而成。

3.2.13 硫化氢，硫化亚铁和稀盐酸在启普发生器中发生反应制取。

3.2.14 高锰酸钾溶液，30 g/L。

3.2.15 硫酸锰溶液，500 g/L，称取 50 g 硫酸锰($MnSO_4 \cdot 4\sim7H_2O$)以水稀释至 100 mL。

3.2.16 硫酸铈溶液，30 g/L，称取 3 g 硫酸铈[$Ce(SO_4)_2 \cdot nH_2O$]溶解于 100 mL 硫酸(1+35)中。

3.2.17 硫酸铜溶液，2 g/L。

3.2.18 酒石酸洗液，10 g/L，将 1 g 酒石酸溶解于已通硫化氢(3.2.13)饱和的 100 mL 硫酸(1+100)中。

3.2.19 罗丹明 B 溶液，0.2 g/L，称取 0.02 g 罗丹明 B($C_{28}H_{31}ClN_2O_3$)，溶解于 100 mL 硫酸(1+35)中，此溶液在使用时，加热至 80 ℃左右，冷却后再使用。

3.2.20 异丙醚($C_6H_{14}O$)。

3.2.21 锑标准溶液：

3.2.21.1 称取 0.274 3 g 酒石酸锑钾($KSbOC_4O_6 \cdot 1/2H_2O$)，以水溶解，移入 1 000 mL 容量瓶中，以水稀释至刻度，混匀。此溶液 1 mL 含锑 100.0 μg。

3.2.21.2 移取 5.00 mL 锑标准溶液(3.2.21.1)于 100 mL 容量瓶中，以水稀释至刻度。混匀。此溶液 1 mL 含锑 5.0 μg。

3.3 仪器

分析中，除使用通常的实验室仪器外，还使用启普发生器。

3.4 取制样

按照 GB/T 4010 的规定进行取制样。试料应通过 0.088 mm 筛孔。

3.5 分析步骤

3.5.1 试料量

称取 2.00 g 试料，精确至 0.000 1 g。

3.5.2 空白试验

随同试料进行空白试验。

3.5.3 测定

3.5.3.1 将试料(3.5.1)置于 30 mL 镍坩埚中，加入 10 g 过氧化钠(3.2.1)和 1 g 无水碳酸钠(3.2.2)混匀，先于低温处加热，熔化后，边摇动边加热，在约 750 ℃熔融 3 min。放冷后，将坩埚置于 500 mL 烧杯中，盖上表皿，加温水约 150 mL 溶解熔融物，加硫酸(3.2.10)使溶液呈酸性后，取出坩埚以水洗净，溶液加热煮沸 3 min～5 min，分解过氧化氢后，以水稀释至 300 mL 左右。

3.5.3.2 加入 10 g 酒石酸(3.2.3)溶解后，加入 4 mL 硫酸铜溶液(3.2.17)，以氢氧化铵(3.2.7)中和并过量 10 mL，加热数分钟至近沸，稍冷后以硫酸(3.2.10)中和再过量 10 mL，激烈地通入硫化氢(3.2.13)30 min 以上，使锑与铜、锑等硫化物共沉淀，在温处静置片刻，使沉淀陈化。沉淀以致密滤纸过滤分离，用酒石酸洗液(3.2.18)充分洗涤。

3.5.3.3 沉淀连同滤纸移于原烧杯中，加入 10 mL 硫酸(3.2.6)、10 mL 硝酸(3.2.5)，加热溶解沉淀同时也破坏滤纸，继续加热冒浓的硫酸白烟至溶液透明[若溶液呈黄褐色，再补加 10 mL 硝酸(3.2.5)，加热处理冒白烟]，放冷后加水约 50 mL，溶解可溶性盐类，冷却至室温后，移入 100 mL 容量瓶中，以水稀释至刻度，混匀。

3.5.3.4 分取 10.00 mL 溶液于 300 mL 烧杯中，加入 10 mL 硝酸(3.2.9)和 5 mL 硫酸锰溶液(3.2.15)，以水稀释至约 150 mL。边加热煮沸边滴加高锰酸钾溶液(3.2.14)，使开始生成二氧化锰沉淀再过量 5 mL，煮沸到高锰酸完全生成二氧化锰。静置 5 min～10 min 使沉淀下沉后，用致密滤纸过滤分离，以温水洗净滤纸，弃去滤液和洗液。

3.5.3.5 沉淀以少量温水洗入原烧杯中，附着于滤纸上的沉淀用 35 mL 硫酸-过氧化氢混合液(3.2.12)溶解，用温水洗尽滤纸上的沉淀。加入 10 mL 硝酸(3.2.5)，加热蒸发至冒硫酸白烟并浓缩至近干，放冷后，加入 10 mL 盐酸(3.2.4)、20 mL 硫酸(3.2.10)，加热但不沸腾，以溶解可溶性盐类，冷却至室温后，移于 50 mL 容量瓶中，以水稀释至刻度，混匀。

3.5.3.6 移取 10.00 mL 溶液(3.5.3.5)置于 100 mL 分液漏斗中，滴加硫酸铈溶液(3.2.16)至溶液呈黄色，再过量 0.5 mL，放置数分钟后，加入 2 mL 盐酸(3.2.4)、5 mL 硫酸(3.2.11)，再加入 1 mL 硫酸铈溶液(3.2.16)，以水稀释至溶液体积约 50 mL，此时硫酸浓度为 1.25 mol/L～1.5 mol/L，盐酸浓度为 6 mol/L，冷却至 20 ℃以下，准确加入 25.00 mL 异丙醚(3.2.20)，激烈振荡 2 min～3 min，静置分层后，弃去水相。在分液漏斗中，加入 5 mL 盐酸(3.2.8)，继续振荡，分层后，弃去水相。

3.5.3.7 在 20 ℃以下，准确加入 5.00 mL 冷却的罗丹明 B(3.2.19)，激烈振荡 1 min，使锑显色，静置分层后，弃去下层水相。

3.5.3.8 将有机相干过滤，移取滤液的一部分于适当的比色皿中，发色后在 3 min 内以异丙醚为参比液，在波长 550 nm 处，测其吸光度。

3.5.3.9 减去随同试料所做的空白试验吸光度得到试料溶液的净吸光度，从校准曲线上查出相应的锑量。

3.5.4 校准曲线的绘制

3.5.4.1 移取 0、1.00 mL、2.00 mL、3.00 mL、4.00 mL、5.00 mL 锑标准溶液(3.2.21.2)，分别置于一组 100 mL 烧杯中，加入 10 mL 硝酸(3.2.5)、5 mL 硫酸(3.2.10)，加热蒸发冒硫酸白烟至溶液近干，放冷后加入 10 mL 盐酸(3.2.4)、7 mL 硫酸(3.2.10)，在不沸腾状态下，加热使可溶性盐类溶解，在室温处冷却后，以少量水移于 100 mL 分液漏斗中。滴加硫酸铈溶液(3.2.16)使溶液呈黄色，再过量 0.5 mL，放置数分钟后，加入 15 mL 盐酸(3.2.4)，1 mL 硫酸铈溶液(3.2.16)，以水稀释至溶液体积约 50 mL，冷却至 20 ℃以下。以下按 3.5.3.6 中自“加入 25.00 mL 异丙醚(3.2.20)”至 3.5.3.8 进行，测量其吸光度。

3.5.4.2 校准曲线系列每一溶液的吸光度减去零浓度溶液的吸光度，为锑校准曲线系列溶液的净吸光度，以锑量(μg)为横坐标，净吸光度为纵坐标，绘制校准曲线。

3.6 分析结果的计算

按式(1)计算试料中锑的质量分数：

$$w_{sb}(\%) = \frac{m_1}{m \times r \times 10^6} \times 100 \qquad \cdots\cdots(1)$$

式中：

m_1——自校准曲线上查得的锑量，单位为微克(μg)；

m——试料量，单位为克(g)；

r——试液分取比。

3.7 允许差

实验室之间分析结果的差值应不大于表 1 所列允许差。

表 1 允许差

%

锑含量(质量分数)	允许差
0.010～0.060	0.006

4 方法二：电感耦合等离子体原子发射光谱法

4.1 原理

试料用草酸-过氧化氢分解，加入混酸生成钨酸沉淀，过滤分离钨后，将溶液引入电感耦合等离子体原子发射光谱仪中测定锑的强度，在校准曲线上查出锑的含量。

4.2 试剂和材料

除非另有说明，在分析中仅使用确认为分析纯的试剂和蒸馏水或与其纯度相当的水。

4.2.1 金属钨粉，固体，锑含量应小于0.005%。

4.2.2 草酸，优级纯，固体。

4.2.3 盐酸，ρ1.19 g/mL。

4.2.4 过氧化氢，优级纯，ρ1.10 g/mL。

4.2.5 硫酸，ρ1.84 g/mL。

4.2.6 混酸，硫酸：盐酸：水＝1：4：2。

4.2.7 硫酸，5＋95。

4.2.8 铁溶液，50 g/L，称取25.00 g金属纯铁粉(99.99%)置于500 mL烧杯中，加入50 mL盐酸(4.2.3)及100 mL水，缓慢加热20 min，再加入50 mL盐酸(4.2.3)加热至完全溶解，冷却至室温，移入500 mL容量瓶中，以水稀释至刻度，混匀。

4.2.9 锑标准溶液

4.2.9.1 称取1.000 0 g高纯锑(99.99%以上)，置于250 mL烧杯中，加入50 mL硫酸(4.2.5)，加热溶解，再加入50 mL硫酸(4.2.5)，冷却。将溶液移入预先盛有600 mL水的1 000 mL容量瓶中，以水稀释至刻度，混匀。此溶液1 mL含锑1.00 mg。

4.2.9.2 移取10.00 mL锑标准溶液(4.2.9.1)于100 mL容量瓶中，加水稀释至刻度，混匀。此溶液1 mL含锑100.0 μg。

4.3 仪器与设备

分析中，除使用通常的实验室仪器、设备外，还使用电感耦合等离子体原子发射光谱仪。测定仪器的规范性操作参见附录A，仪器经优化后应满足下列条件：

4.3.1 一般要求

按制造商的建议和实验室定量分析操作来初始调节电感耦合等离子体发射光谱仪。

4.3.2 短期稳定性和长期稳定性

较短时间内测量待测元素的工作曲线的最浓溶液的发射谱线绝对或相对光强10次，其标准偏差不应超过绝对或相对光强平均值的0.5%。4 h内测量待测元素的工作曲线的最浓溶液的发射谱线绝对或相对光强16次，每隔15 min测定一次，标准偏差不应超过绝对或相对光强平均值的1%。

4.3.3 背景等效浓度和检出限

通过计算含有锑溶液的元素分析谱线(206.833 nm)得出的背景等效浓度(*BEC*)和检出限(*DL*)应分别低于0.72 μg/mL、0.03 μg/mL。

4.3.4 校准曲线的线性

校准曲线线性良好，相关系数应≥0.999。

4.4 取制样

按照GB/T 4010的规定进行取制样。试料应通过0.088 mm筛孔。

4.5 分析步骤

4.5.1 试料量

称取0.50 g试料，精确至0.000 1 g。

4.5.2 溶液的制备

将试料(4.5.1)置于500 mL烧杯中，加入8 g草酸(4.2.2)、30 mL过氧化氢(4.2.4)，低温微热，使试料完全溶解(不可出沉淀。若溶解试料时温度过高或试料完全溶解后再长时间加热，溶液中易析出沉淀，锑测定结果将偏低)，取下，加入30 mL混酸(4.2.6)，水浴加热，使溶液体积蒸至20 mL左右，取下冷却，用中速定量滤纸过滤于500 mL烧杯中，用硫酸(4.2.7)洗净烧杯，并洗涤沉淀及滤纸至滤液体积为150 mL左右。将滤液加热，蒸至体积为70 mL～80 mL，取下冷却，移入100 mL容量瓶中，以水稀释至刻度，混匀。

4.5.3 测定

按照仪器的使用说明书进行仪器调试，使仪器处于正常分析状态。将溶液(4.5.2)引入电感耦合等离子体原子发射光谱仪中，在相应波长（推荐使用206.833 nm波长）处测定锑的强度，通过校准曲线查出锑的浓度。

4.6 校准曲线的绘制

4.6.1 称取近似于试料量中钨量的金属钨粉(4.2.1)并移取近似于试料量中铁量的铁溶液(4.2.8)6份，分别置于500 mL烧杯中，依次加入0、1.00 mL、2.00 mL、4.00 mL、6.00 mL、8.00 mL锑标准溶液(4.2.9.2)，以下按4.5.2中“加入8 g草酸(4.2.2)、30 mL过氧化氢(4.2.4)”至4.5.3进行。

4.6.2 以校准曲线系列每一溶液的锑浓度(μg/mL)为横坐标，测得的锑强度为纵坐标，绘制校准曲线。

4.7 分析结果的计算

按式计算试料中锑的质量分数：

$$w_{sb}(\%) = \frac{c \cdot V}{m \times 10^6} \times 100 \qquad \cdots\cdots(2)$$

式中：

c——自校准曲线上查得的试料溶液中锑的浓度，单位为微克每毫升(μg/mL)；

V——试料溶液的体积，单位为毫升(mL)；

m——试料量，单位为克(g)。

4.8 允许差

实验室之间分析结果的差值应不大于表2所列的允许差。

表2 允许差

%

锑含量(质量分数)	允许差
0.010～0.060	0.006
>0.060～0.100	0.008
>0.10～0.15	0.01

5 试验报告

试验报告应包括下列内容：

a) 鉴别试料、实验室和分析日期等资料；

b) 遵守本部分规定的程度；

c) 分析结果及其表示；

d) 测定中观察到的异常现象；

e) 对分析结果可能有影响而本部分未包括的操作或者任选的操作。

附 录 A
（资料性附录）
测定仪器的规范性操作

A.1 目的

本附录中给出的性能试验目的在于使用不同类型的仪器对等离子体光谱仪的性能进行适当的测定，允许不同的仪器使用不同的操作条件，但等离子体光谱仪最终能产生一致的结果。

整个性能试验步骤用三个基本参数考核：检测限（*DL*），背景等效浓度（*BEC*）和短期精密度（*RSDN*）。

A.2 定义

下列定义适用于本部分。

A.2.1 检测限（*DL*）

当元素产生最小浓度信号时，可以认为超出了任何带有一定规定等级的伪背景信号；另一方面，元素浓度产生信号是背景水平值标准偏差的3倍。

A.2.2 背景等效浓度（*BEC*）

是产生与背景强度值相等的净强度相当于分析物的浓度；是对给定波长灵敏度的度量。

A.2.3 短期精密度（*RSDN*）

在测定条件下所得仪器的一系列读数的相对标准偏差。

A.3 背景等效浓度和检测限

制备3份溶液，含待测物浓度分别为：0浓度水平、10倍检测限、1 000倍检测限。这些溶液含有与待测样品相似浓度的酸、基体元素。

应按制造商的建议和实验室的定量分析的实践经验对等离子体光谱仪进行最初的调节。吸入空白液并取10次强度读数。对另外两种溶液重复此操作。

使用下列公式（A.1）计算分析曲线的斜率：

$$M = c_2/(I_2 - I_b) \quad \cdots\cdots(A.1)$$

式中：

M——分析曲线的斜率；

c_2——10倍检测限溶液的浓度，单位为微克每毫升（μg/mL）；

I_2——10倍检测限溶液10次原始强度读数的平均值；

I_b——空白溶液10次强度读数的平均值。

使用下列公式（A.2）计算 *DL*：

$$DL = 3s_bM \quad \cdots\cdots(A.2)$$

式中：

DL——检测限，单位为微克每毫升（μg/mL）；

s_b——10次空白强度读数的标准偏差。

使用下列公式（A.3）计算 *BEC*：

$$BEC = M \times I_b \quad \cdots\cdots(A.3)$$

式中：

BEC——背景等效浓度，单位为微克每毫升（μg/mL）。

按公式(A.4)从原始平均强度(I_3)与空白平均强度 I_b 的差值来计算 1 000 倍检测限溶液的净平均强度(IN_3),如下:

$$IN_3 = I_3 - I_b \qquad \cdots\cdots\cdots\cdots(A.4)$$

式中:

IN_3——溶液(DL 的 1 000 倍)的净平均强度;

$RSDN_{min}$——元素浓度为 1 000×DL 溶液的估计值。

按公式(A.5)计算 1 000 倍检测限溶液(1 000×DL)的净强度相对标准偏差。

$$RSDN_{min} = \frac{\sqrt{(s_3^2 + s_b^2)}}{IN_3} \times 100 \qquad \cdots\cdots\cdots\cdots(A.5)$$

式中:

s_3——1 000 倍检测限溶液的 10 次强度读数的标准偏差。

ICS 77.100
H 11

中华人民共和国国家标准

GB/T 7731.9—2008
代替 GB/T 7731.9—1987

钨铁　铋含量的测定
碘化铋光度法和电感耦合等离子体原子发射光谱法

Ferrotungsten—Determination of bismuth content—The bismuth iodide photometric method and inductively coupled plasma-atomic emission spectrometry

2008-08-19 发布　　　　2009-04-01 实施

中华人民共和国国家质量监督检验检疫总局
中国国家标准化管理委员会　发布

前　言

GB/T 7731 的本部分是对 GB/T 7731.9—1987《钨铁化学分析方法　碘化铋光度法测定铋量》的修订，包括了碘化铋光度法和电感耦合等离子体原子发射光谱法两个方法。

本部分代替 GB/T 7731.9—1987。

本部分与 GB/T 7731.9—1987 比较，主要变化如下：

——对碘化铋光度法的标准文本编写格式进行了规范；

——增加了电感耦合等离子体原子发射光谱法。

本部分的附录 A 为资料性附录。

本部分由中国钢铁工业协会提出。

本部分由全国生铁及铁合金标准化技术委员会归口。

本部分起草单位：中钢集团吉林铁合金股份有限公司。

本部分主要起草人：郑海东、刘冰、张云鹏、吴丽玉、袁冬雪。

本部分所代替标准的历次版本发布情况为：

——GB/T 7731.9—1987。

钨铁 铋含量的测定 碘化铋光度法和电感耦合等离子体原子发射光谱法

警告：使用 GB/T 7731 的本部分的人员应有正规实验室工作的实践经验。本部分并未指出所有可能的安全问题。使用者有责任采取适当的安全和健康措施，并保证符合国家有关法规规定的条件。

1 范围

GB/T 7731 的本部分规定了用碘化铋光度法和电感耦合等离子体原子发射光谱法测定钨铁中的铋含量。

本部分适用于钨铁中铋含量的测定。碘化铋光度法测定范围(质量分数)：0.010%～0.060%；电感耦合等离子体原子发射光谱法测定范围(质量分数)：0.010%～0.15%。

2 规范性引用文件

下列文件中的条款通过 GB/T 7731 的本部分的引用而成为本部分的条款。凡是注日期的引用文件，其随后所有的修改单(不包括勘误的内容)或修订版均不适用于本部分，然而，鼓励根据本部分达成协议的各方研究是否可使用这些文件的最新版本。凡是不注日期的引用文件，其最新版本适用于本部分。

GB/T 4010 铁合金化学分析用试样的采取和制备

3 方法一：碘化铋光度法

3.1 原理

试料以硝酸、氢氟酸分解，用硫酸处理冒白烟，在含酒石酸的硫酸溶液中通入硫化氢，使铋与铜、锡等共沉淀，再以硫化钾处理，使铋与铜、锡等分离。灼烧氧化物，以硝酸溶解，在硫酸高铁铵存在下，以氢氧化铵将铋共沉淀分离出来，用硫酸溶解，加入碘化钾和次磷酸钠使铋发色，于波长 450 nm 处测量其吸光度。低量铋以异戊醇萃取，于波长 450 nm 处测量有机相的吸光度。

3.2 试剂和材料

除非另有说明，在分析中仅使用确认为分析纯的试剂和蒸馏水或与其纯度相当的水。

3.2.1 酒石酸，固体。

3.2.2 氢氟酸，ρ1.12 g/mL。

3.2.3 硝酸，1+1。

3.2.4 硫酸，1+1。

3.2.5 硫酸，1+100。

3.2.6 氢氧化铵，1+1。

3.2.7 硫酸铜($CuSO_4 \cdot 5H_2O$)溶液，2 g/L。

3.2.8 硫化氢，硫化亚铁和稀盐酸在启普发生器中发生反应制取。

3.2.9 次磷酸钠溶液，250 g/L。

3.2.10 碘化钾溶液，100 g/L。

3.2.11 硫酸高铁铵溶液，10 g/L。称取 1 g 硫酸高铁铵[$Fe_2(SO_4)_3(NH_4)_2SO_4 \cdot 24H_2O$]，以水溶解，稀释 100 mL，混匀。

3.2.12 硫化钾溶液,将氢氧化钾溶液(100 g/L)通入硫化氢,使其饱和,再加入三倍的氢氧化钾溶液(100 g/L),混匀。

3.2.13 硫化钾洗涤液,以水将硫化钾溶液(3.2.12)稀释10倍。

3.2.14 酒石酸洗涤液,10 g/L。将1 g 酒石酸溶解于已通硫化氢(3.2.8)饱和的100 mL 硫酸(1+100)中。

3.2.15 异戊醇。

3.2.16 铋标准溶液

3.2.16.1 称取0.100 0 g 铋(纯度99.5%以上)溶解于10 mL 硝酸中(3.2.3),加入10 mL 硫酸(3.2.4),加热至冒硫酸白烟,冷却,移入1 000 mL 容量瓶中,以硫酸(3.2.5)稀释至刻度,混匀。此溶液1 mL 含铋100.0 μg。

3.2.16.2 移取10.00 mL 铋标准溶液(3.2.16.1)于100 mL 容量瓶中,以硫酸(3.2.5)稀释至刻度。此溶液1 mL 含铋10.0 μg。

3.3 仪器

分析中,除使用通常的实验室仪器外,还使用启普发生器。

3.4 取制样

按照GB/T 4010的规定进行取制样。试料应通过0.088 mm 筛孔。

3.5 分析步骤

3.5.1 试料量

称取2.00 g 试料,精确至0.000 1 g。

3.5.2 空白试验

随同试料进行空白试验。

3.5.3 测定

3.5.3.1 试料溶液的制备

将试料(3.5.1)置于铂皿中,盖上盖,加入10 mL 硝酸(3.2.3),滴加氢氟酸(3.2.2)分解试料。加入10 mL 硫酸(3.2.4),加热冒硫酸白烟5 min,注意爆沸,冷却。以水将内溶物洗入500 mL 烧杯中,以氢氧化铵(3.2.6)和硫酸(3.2.4)交替洗涤附着于铂皿上的沉淀,使其呈酸性并合并于前面的烧杯中。

3.5.3.2 钨的分离

在溶液(3.5.3.1)中加入10 g 酒石酸(3.2.1)溶解后,加入4 mL 硫酸铜溶液(3.2.7),用氢氧化铵(3.2.6)中和并过量20 mL,以水稀释至约300 mL,加热至近沸并持续数分钟,使溶液清亮,以硫酸(3.2.4)中和再过量6 mL,激烈地通入硫化氢30 min 以上。在温处静置片刻,使其陈化,用致密滤纸过滤分离,以酒石酸洗涤液(3.2.14)洗涤5次～6次,用硫化氢饱和的硫酸(3.2.5)洗涤4次～5次,弃去滤液及洗液。

3.5.3.3 共存元素的分离

将沉淀洗入原烧杯中,保存滤纸。于溶液中加入50 mL 硫化钾溶液(3.2.12),在40 ℃～50 ℃的水浴中加热约30 min 后加入50 mL 水,混匀,于原滤纸上过滤,以硫化钾洗液(3.2.13)洗涤5次～6次,弃去滤液和洗液。沉淀连同滤纸一起移入30 mL 瓷坩埚中,灰化,在550 ℃处灼烧氧化物。冷却后,于坩埚中加入15 mL 硝酸(3.2.3),加热溶解氧化物,移入300 mL 烧杯中,取出坩埚以水洗净,加入10 mL硫酸高铁铵溶液(3.2.11)以水稀释至100 mL 左右,用氢氧化铵(3.2.6)中和,再过量10 mL,煮沸5 min,在温处静置1 h～2 h,以致密滤纸过滤,用温水洗数次,弃去滤液及洗液。沉淀以温水洗回原烧杯中,加入30 mL 硫酸(3.2.4)加热溶解沉淀以原滤纸过滤,以温水充分洗涤。滤液收集于100 mL 容量瓶中,冷却后,以水稀释至刻度,混匀。弃去残留物。

3.5.3.4 显色

3.5.3.4.1 当试料含铋量为大于0.015%时,移取25.00 mL 溶液(3.5.3.3)于100 mL 容量瓶中,加

水约 30 mL，加入 5 mL 碘化钾(3.2.10)、10 mL 次磷酸钠溶液(3.2.9)，振荡混匀，静置 20 min，使游离碘消失后，以水稀释至刻度。

3.5.3.4.2 当试料含铋量为小于 0.015%时，移取 50.00 mL 溶液(3.5.3.3)于 125 mL 分液漏斗中，加入 5 mL 碘化钾(3.2.10)、10 mL 次磷酸钠溶液(3.2.9)，静置 20 min，使游离碘消失后，加入 20.00 mL异戊醇(3.2.15)激烈振荡 1 min，静置，分层，弃去水相。

3.5.3.5 吸光度的测定

3.5.3.5.1 试料含铋量为 0.015%以上时，将溶液(3.5.3.4.1)移于适当比色皿中，在波长 450 nm 处测量其吸光度，减去随同试料所做的空白试验吸光度得到试料溶液的净吸光度，从校准曲线上查出相应的铋量。

3.5.3.5.2 试料含铋量为 0.015%以下时，将溶液(3.5.3.4.2)中得到的有机相干过滤，将所得滤液移于适当比色皿中，以异戊醇为参比，在波长 450 nm 处测量其吸光度，减去随同试料所做的空白试验吸光度得到试料溶液的净吸光度，从校准曲线上查出相应的铋量。

3.5.4 校准曲线的绘制

3.5.4.1 试料含铋量为 0.015%以上时，移取 0、2.00 mL、4.00 mL、6.00 mL、8.00 mL、10.00 mL、12.00 mL铋标准溶液(3.2.16.1)，分别置于一组 100 mL 容量瓶中，各加入 10 mL 硫酸高铁铵溶液(3.2.11)和 30 mL 硫酸(3.2.4)，以水稀释至刻度，混匀。以下按 3.5.3.4.1 和 3.5.3.5.1 操作，测量其吸光度。校准曲线系列每一溶液的吸光度减去零浓度溶液的吸光度，为铋校准曲线系列溶液的净吸光度，以铋量(μg)为横坐标，净吸光度为纵坐标，绘制校准曲线。

3.5.4.2 试料含铋量为 0.015%以下时，移取 0、15.00 mL、20.00 mL、25.00 mL、30.00 mL 铋标准溶液(3.2.16.2)，分别置于一组 125 mL 分液漏斗中，各加入 10 mL 硫酸高铁铵溶液(3.2.11)和 30 mL 硫酸(3.2.4)，以水稀释至刻度，混匀。以下按 3.5.3.4.2 和 3.5.3.5.2 操作，测量其吸光度。校准曲线系列每一溶液的吸光度减去零浓度溶液的吸光度，为铋校准曲线系列溶液的净吸光度，以铋量(μg)为横坐标，净吸光度为纵坐标，绘制校准曲线。

3.6 分析结果的计算

按式(1)计算试料中铋的质量分数：

$$w_{Bi}(\%)=\frac{m_1}{m\times r\times 10^6}\times 100 \quad \cdots\cdots\cdots\cdots(1)$$

式中：

m_1——自校准曲线上查得的铋量，单位为微克(μg)；

m——试料量，单位为克(g)；

r——试液分取比。

3.7 允许差

实验室之间分析结果的差值应不大于表 1 所列允许差。

表 1 允许差 %

铋含量(质量分数)	允许差
0.010～0.060	0.006

4 方法二：电感耦合等离子体原子发射光谱法

4.1 原理

试料用草酸-过氧化氢分解，加入混酸使钨形成沉淀，过滤分离钨，将溶液引入电感耦合等离子体原子发射光谱仪中测定铋的强度，在校准曲线上查出铋的含量。

4.2 试剂和材料

除非另有说明,在分析中仅使用确认为分析纯的试剂和蒸馏水或与其纯度相当的水。

4.2.1 金属钨粉,固体,铋含量应小于 0.005 0%。

4.2.2 草酸,优级纯,固体。

4.2.3 盐酸,ρ1.19 g/mL。

4.2.4 过氧化氢,优级纯,ρ1.10 g/mL。

4.2.5 硝酸,1+1。

4.2.6 混酸,硫酸:盐酸:水=1:4:2。

4.2.7 硫酸,5+95。

4.2.8 铁溶液,50 g/L,称取 25.00 g 金属纯铁粉(99.99%)置于 500 mL 烧杯中,加入 50 mL 盐酸(4.2.3)及 100 mL 水,缓慢加热 20 min,再加入 50 mL 盐酸(4.2.3)加热至完全溶解,冷却至室温,移入 500 mL 容量瓶中,以水稀释至刻度,混匀。

4.2.9 铋标准溶液:

4.2.9.1 称取 1.000 0 g 高纯铋(99.99%以上),置于 250 mL 烧杯中,加入 40 mL 硝酸(4.2.5),加热溶解,冷却,移入 1 000 mL 容量瓶中,以水稀释至刻度,混匀。此溶液 1 mL 含铋 1.00 mg。

4.2.9.2 移取 10.00 mL 铋标准溶液(4.2.9.1)于 100 mL 容量瓶中,加水稀释至刻度,混匀。此溶液 1 mL 含铋 100.0 μg。

4.3 仪器与设备

分析中,除使用通常的实验室仪器、设备外,还使用电感耦合等离子体原子发射光谱仪。测定仪器的规范性操作参见附录 A,仪器经优化后应满足下列要求。

4.3.1 一般要求

按制造商的建议和实验室定量分析操作来初始调节电感耦合等离子体发射光谱仪。

4.3.2 短期稳定性和长期稳定性

较短时间内测量待测元素的工作曲线的最浓溶液的发射谱线绝对或相对光强 10 次,其标准偏差不应超过绝对或相对光强平均值的 0.5%。4 h 内测量待测元素的工作曲线的最浓溶液的发射谱线绝对或相对光强 16 次,每隔 15 min 测定一次,标准偏差不应超过绝对或相对光强平均值的 1%。

4.3.3 背景等效浓度和检出限

通过计算含有铋溶液的元素分析谱线(223.061 nm)得出的背景等效浓度(BEC)和检出限(DL)应分别低于 0.72 μg/mL、0.03 μg/mL。

4.3.4 校准曲线的线性

校准曲线线性良好,相关系数应≥0.999。

4.4 取制样

按照 GB/T 4010 的规定进行取制样。试料应通过 0.088 mm 筛孔。

4.5 分析步骤

4.5.1 试料量

称取 0.50 g 试料,精确至 0.000 1 g。

4.5.2 溶液的制备

将试料(4.5.1)置于 500 mL 烧杯中,加入 8 g 草酸(4.2.2)、30 mL 过氧化氢(4.2.4),低温微热,使试料完全溶解(当溶解试料过程中溶液析出沉淀对铋的测定结果无影响),取下,加入 30 mL 混酸(4.2.6),水浴加热,溶液体积蒸至 20 mL 左右,取下冷却,用中速定量滤纸过滤于 500 mL 烧杯中,用硫酸(4.2.7)洗净烧杯,并洗涤沉淀及滤纸至滤液体积为 150 mL 左右。将滤液加热,蒸至体积为 70 mL~80 mL,取下冷却,移入 100 mL 容量瓶中,以水稀释至刻度,混匀。

4.5.3 测定

按照仪器的使用说明书进行仪器调试，使仪器处于正常分析状态。将溶液(4.5.2)引入电感耦合等离子体原子发射光谱仪中，在相应波长（推荐使用223.061 nm波长）处测定铋的强度，通过校准曲线查出铋的浓度。

4.6 校准曲线的绘制

4.6.1 称取近似于试料量中钨量的金属钨粉(4.2.1)并移取近似于试料量中铁量的铁溶液(4.2.8)6份，分别置于500 mL烧杯中，依次加入0、1.00 mL、2.00 mL、4.00 mL、6.00 mL、8.00 mL铋标准溶液(4.2.9.2)，以下按4.5.2中“加入8 g草酸(4.2.2)、30 mL过氧化氢(4.2.4)”至4.5.3进行。

4.6.2 以校准曲线系列每一溶液的铋浓度(μg/mL)为横坐标，测得的铋强度为纵坐标，绘制校准曲线。

4.7 分析结果的计算

按式(2)计算试料中铋的质量分数：

$$w_{Bi}(\%) = \frac{c \cdot V}{m \times 10^6} \times 100 \qquad \cdots\cdots(2)$$

式中：

c——自校准曲线上查得的试料溶液中铋的浓度，单位为微克每毫升(μg/mL)；

V——试料溶液的体积，单位为毫升(mL)；

m——试料量，单位为克(g)。

4.8 允许差

实验室之间分析结果的差值应不大于表2所列的允许差。

表2 允许差

%

铋含量(质量分数)	允许差
0.010～0.060	0.006
>0.060～0.10	0.008
>0.10～0.15	0.010

5 试验报告

试验报告应包括下列内容：

a) 鉴别试料、实验室和分析日期等资料；

b) 遵守本部分规定的程度；

c) 分析结果及其表示；

d) 测定中观察到的异常现象；

e) 对分析结果可能有影响而本部分未包括的操作或者任选的操作。

附 录 A
（资料性附录）
测定仪器的规范性操作

A.1 目的

本附录中给出的性能试验目的在于使用不同类型的仪器对等离子体光谱仪的性能进行适当的测定，允许不同的仪器使用不同的操作条件，但等离子体光谱仪最终能产生一致的结果。

整个性能试验步骤用三个基本参数考核：检测限（DL），背景等效浓度（BEC）和短期精密度（RSDN）。

A.2 定义

下列定义适用于本部分。

A.2.1 检测限（DL）

当元素产生最小浓度信号时，可以认为超出了任何带有一定规定等级的伪背景信号；另一方面，元素浓度产生信号是背景水平值标准偏差的三倍。

A.2.2 背景等效浓度（BEC）

是产生与背景强度值相等的净强度相当于分析物的浓度；是对给定波长灵敏度的度量。

A.2.3 短期精密度（RSDN）

在测定条件下所得仪器的一系列读数的相对标准偏差。

A.3 背景等效浓度和检测限

制备3份溶液，含待测物浓度分别为：0浓度水平，10倍检测限，1 000倍检测限。这些溶液含有与待测样品相似浓度的酸、基体元素。

应按制造商的建议和实验室的定量分析的实践经验对等离子体光谱仪进行最初的调节。吸入空白液并取10次强度读数。对另外两种溶液重复此操作。

使用式（A.1）计算分析曲线的斜率：

$$M = c_2/(I_2 - I_b) \qquad \cdots\cdots\cdots\cdots\cdots\cdots\cdots\cdots(\text{A.1})$$

式中：

M——分析曲线的斜率；

c_2——10倍检测限溶液的浓度，单位为微克每毫升（μg/mL）；

I_2——10倍检测限溶液10次原始强度读数的平均值；

I_b——空白溶液10次强度读数的平均值。

使用下列公式（A.2）计算 DL：

$$DL = 3S_bM \qquad \cdots\cdots\cdots\cdots\cdots\cdots\cdots\cdots(\text{A.2})$$

式中：

DL——检测限，单位为微克每毫升（μg/mL）；

S_b——10次空白强度读数的标准偏差。

使用式（A.3）计算 BEC：

$$BEC = M \times I_b \qquad \cdots\cdots\cdots\cdots\cdots\cdots\cdots\cdots(\text{A.3})$$

式中：

BEC——背景等效浓度，单位为微克每毫升（μg/mL）。

按式(A.4)从原始平均强度(I_3)与空白平均强度 I_b 的差值来计算 1 000 倍检测限溶液的净平均强度(IN_3),如下:

$$IN_3 = I_3 - I_b \quad \text{(A.4)}$$

式中:

IN_3——溶液(DL 的 1 000 倍)的净平均强度。

按式(A.5)计算 1 000 倍检测限溶液(1 000×DL)的净强度相对标准偏差($RSDN_{min}$)。

$$RSDN_{min} = \frac{\sqrt{(S_3{}^2 + S_b{}^2)}}{IN_3} \times 100 \quad \text{(A.5)}$$

式中:

S_3——1 000 倍检测限溶液的 10 次强度读数的标准偏差。

ICS 77.100
H 11

中华人民共和国国家标准

GB/T 7731.12—2008
代替 GB/T 7731.12—1988、GB/T 7731.13—1988

钨铁　硫含量的测定 红外线吸收法和燃烧中和滴定法

Ferrotungsten—Determination of sulfur content—
Infrared absorption method and combustion titration method

2008-05-13 发布　　　　2008-11-01 实施

中华人民共和国国家质量监督检验检疫总局
中国国家标准化管理委员会　发布

前 言

本部分是对GB/T 7731.12—1988《钨铁化学分析方法 红外线吸收法测定硫量》、GB/T 7731.13—1988《钨铁化学分析方法 燃烧中和滴定法测定硫量》的整合修订。

本部分代替GB/T 7731.12—1988《钨铁化学分析方法 红外线吸收法测定硫量》、GB/T 7731.13—1988《钨铁化学分析方法 燃烧中和滴定法测定硫量》。

本部分与GB/T 7731.12—1988和GB/T 7731.13—1988比较，主要变化如下：

——确定了燃烧中和滴定法的检测下限为0.005 0%；

——修改了燃烧中和滴定法的允许差；

——红外线吸收法的检测下限由0.015%修改为0.005 0%；

——修改了红外线吸收法的允许差。

本部分由中国钢铁工业协会提出。

本部分由冶金工业信息标准研究院归口。

本部分起草单位：中钢集团吉林铁合金股份有限公司。

本部分主要起草人：杨帆、李雅华、于桂萍。

本部分所代替标准的历次版本发布情况为：

——GB/T 7731.12—1988；

——GB/T 7731.13—1988。

钨铁　硫含量的测定
红外线吸收法和燃烧中和滴定法

警告：使用本部分的人员应有正规实验室工作的实践经验。本部分并未指出所有可能的安全问题。使用者有责任采取适当的安全和健康措施，并保证符合国家有关法规规定的条件。

1　范围

本部分规定了用红外线吸收法和燃烧中和滴定法测定硫含量。

本部分适用于钨铁中硫含量测定，红外线吸收法的测定范围(质量分数)：0.005 0%～0.25%；燃烧中和滴定法的测定范围(质量分数)：0.005 0%～0.25%。

2　规范性引用文件

下列文件中的条款通过本部分的引用而成为本部分的条款。凡是注日期的引用文件，其随后所有的修改单(不包括勘误的内容)或修订版均不适用于本部分，然而，鼓励根据本部分达成协议的各方研究是否可使用这些文件的最新版本。凡是不注日期的引用文件，其最新版本适用于本部分。

GB/T 4010　铁合金化学分析用试样的采取和制备

3　方法一　红外线吸收法

3.1　原理

试料于高频感应炉的氧气流中加热燃烧，生成的二氧化硫由氧气载至红外分析器的测量室，二氧化硫吸收某特定波长的红外能，其吸收能与其浓度成正比，根据检测器接受能量的变化可测得硫量。

3.2　试剂与材料

3.2.1　高氯酸镁，无水、颗粒。

3.2.2　烧碱石棉，粒状。

3.2.3　玻璃棉。

3.2.4　钨粒，硫量小于0.000 2%，粒度0.8 mm～1.4 mm。

3.2.5　锡粒，碳量小于0.000 3%，粒度0.4 mm～0.8 mm。

3.2.6　纯铁，纯度大于99.80%，硫量小于0.002%，粒度0.8 mm～1.68 mm。

3.2.7　氧气，纯度大于99.95%，其他级别氧气若能获得低而一致的空白时，也可以使用。

3.2.8　动力气源，氮气和压缩空气，其杂质(水和油)含量小于0.5%。

3.2.9　陶瓷坩埚，$\phi \times h$(mm)，23×23或25×25，并于大于1 200℃的高温加热炉中灼烧4 h或通氧灼烧至空白值为最低。

3.2.10　坩埚钳。

3.3　仪器及设备

3.3.1　**红外线吸收定硫仪**(灵敏度为1×10^{-6})

共装置如图1。

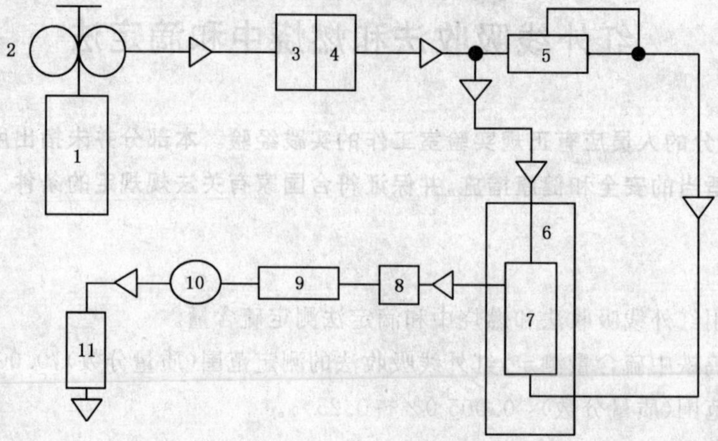

1——氧气瓶；
2——两级压力调节器；
3——洗气瓶；
4,9——干燥管；
5——压力调节器；
6——高频感应炉；
7——燃烧管；
8——除尘器；
10——流量控制器；
11——二氧化硫红外检测器。

图 1

3.3.1.1 洗气瓶(3)，内装烧碱石棉(3.2.2)。

3.3.1.2 干燥管(4,9)，内装高氯酸镁(3.2.1)。

3.3.2 气源

3.3.2.1 载气系统包括氧气容器、两级压力调节器及保证提供合适压力和额定流量的时序控制部分。

3.3.2.2 动力气源系统包括动力气(氮气或压缩空气)、两级压力调节器及保证提供合适压力和额定流量的时序控制部分。

3.3.3 高频感应炉

应满足试料熔融温度的要求。

3.3.4 控制系统

3.3.4.1 微处理机系统包括中央处理器、存储器、键盘输入设备、信息中心显示屏、分析结果显示屏及分析结果打印机等。

3.3.4.2 控制功能包括自动装卸坩埚和炉台升降、自动清扫、分析条件选择设置、分析过程的监控和报警中断、分析数据的采集、计算、校正及处理等。

3.3.5 测量系统

主要由微处理机控制的电子天平(感量不大于 0.1 mg)、红外线分析器及电子测量元件组成。

3.4 取制样

按 GB/T 4010 规定进行取制样，试料应全部通过 0.088 mm 筛孔。

3.5 分析步骤

3.5.1 试料量

称取 0.800 g~1.000 g 试料,精确至 0.000 1 g。

3.5.2 空白试验

称取 0.800 g~1.000 g 硫含量小于 0.002 0%纯铁标准样品置于预先盛有 0.300 g±0.005 g 锡粒(3.2.5)的坩埚(3.2.9)中,覆盖 1.500 g±0.005 g 钨粒(3.2.4),于同一量程或通道,按 3.5.5 进行测定。重复足够次数,直至得到低而比较一致的读数(空白值应等于测定的硫量与已知标准样品之差)。记录至少三次读数,计算平均空白值,并参考仪器说明书,将空白值输入到分析仪中,则仪器在测定试料时会进行空白值的电子补偿。

3.5.3 分析准备

3.5.3.1 按说明书调试检查仪器,使仪器处于正常稳定状态。

3.5.3.2 选择设置最佳分析条件。

3.5.3.3 应用标准样品及助熔剂按 3.5.5 作两次试测,以确定仪器是否正常。

3.5.3.4 称取 0.500 g 含硫量为 0.002 5%左右的标准样品(或纯铁标准样品)若干份,按 3.5.5 进行测定,其结果波动应在±0.000 3%范围内,否则应按仪器要求调节仪器的灵敏度。

3.5.4 校正试验

3.5.4.1 根据待测试料的含硫量,选择相应的量程或通道,并选择三个同类型标准样品(待测试料含硫量应落在所选三个标准样品含硫量的范围内)。依次进行校正,测得结果的波动应在允许差范围内,以确认系统的线性,否则应按仪器说明书调节系统的线性。

3.5.4.2 不同量程或通道,应分别测其空白值并校正。

3.5.4.3 当分析条件变化时,如仪器尚未预热到 1 h,氧气源、坩埚或助熔剂的空白值已发生改变时,都要求重新测定空白值并校正。

3.5.5 测定

3.5.5.1 按待测试料的含硫范围,分别选择仪器的最佳分析条件,如仪器的燃烧积分时间、比较水准(或设定数)的设置等。

3.5.5.2 将称取的试料(3.5.1)置于预先盛有 0.30 g 锡粒(3.2.5)的坩埚(3.2.9)内,覆盖 1.500 g 钨粒(3.2.4),钳取坩埚放到炉台坩埚座上,按仪器说明书操作,开始分析并读取结果。

3.6 允许差

实验室之间分析结果的差值应不大于表 1 所列允许差。

表 1　　　　%

硫量(质量分数)	允许差
0.005~0.015	0.002
>0.015~0.025	0.003
>0.025~0.045	0.004
>0.045~0.070	0.006
>0.070~0.120	0.008
>0.120~0.250	0.012

4 方法二 燃烧中和滴定法

4.1 原理

试料在氧气流中燃烧，将硫全部氧化为二氧化硫，吸收于过氧化氢溶液中使其成为硫酸，用氢氧化钠标准滴定溶液滴定。

4.2 试剂和材料

本部分中所用水均为煮沸驱尽二氧化碳并已冷却的蒸馏水。

4.2.1 氧气，纯度大于99.5%。

4.2.2 高温燃烧管，$\phi \times L$(mm)，(20～24)×600。

4.2.3 瓷舟：预先在1 400℃的高温燃烧管中通氧灼烧5 min，冷却备用。

4.2.4 硅胶、活性氧化铝或高氯酸镁，固体。

4.2.5 碱石灰或氢氧化钠，粒状。

4.2.6 铬酸饱和溶液，在硫酸(ρ1.84 g/mL)中加入重铬酸钾或无水铬酸使其饱和，使用上部澄清液。

4.2.7 吸收液，移取3.5 mL过氧化氢(30%)用水稀释至1 000 mL，混匀。

4.2.8 混合指示剂，称取0.125 0 g甲基红和0.083 0 g次甲基蓝用无水乙醇溶解并稀释至100 mL。

4.2.9 氨基磺酸标准溶液，称取约0.10 g(精确至0.000 1 g)预先于真空硫酸干燥器中干燥约48 h、纯度大于99.90%的氨基磺酸(NH_2SO_3H)于300 mL烧杯中，用30 mL水使之完全溶解，移入500 mL棕色容量瓶中，以水稀释至刻度，混匀。

4.2.10 氢氧化钠标准滴定溶液，c(NaOH)=0.005 mol/L。

4.2.10.1 配制：称取0.200 0 g氢氧化钠溶解于1 000 mL水中，加入1 mL新配制的氢氧化钡饱和溶液，混匀，隔绝二氧化碳放置2日～3日，使用时取上部澄清液。

4.2.10.2 标定：移取20.00 mL氨基磺酸标准溶液(4.2.9)于250 mL锥形瓶中，加入100 mL水，加入10滴溴百里香酚蓝指示剂(0.1%)，立即用氢氧化钠标准滴定溶液(4.2.10.1)滴定至溶液由黄色变为纯蓝色并保持30 s不褪色为终点。

4.2.10.3 用120 mL水按4.2.10.2中自加入10滴溴百里香酚蓝指示剂(0.1%)起做空白试验。

按公式(1)计算氢氧化钠标准滴定溶液的浓度：

$$c=\frac{1\,000\times m\times f\times \frac{20}{500}}{97.093\times (V_1-V_0)}=\frac{m\times f\times 40}{97.093\times (V_1-V_0)} \quad\cdots\cdots(1)$$

式中：

c——氢氧化钠标准溶液的物质的量浓度，mol/L；

m——氨基磺酸的称取量，g；

f——氨基磺酸的纯度，%；

V_1——标定时所消耗的氢氧化钠标准滴定溶液的体积，mL；

V_0——标定时空白试验所消耗的氢氧化钠标准滴定溶液的体积，mL；

97.093——氨基磺酸的摩尔质量，g/mol。

4.3 仪器及设备

4.3.1 定硫装置见图2。

4.3.2 吸收瓶见图3。

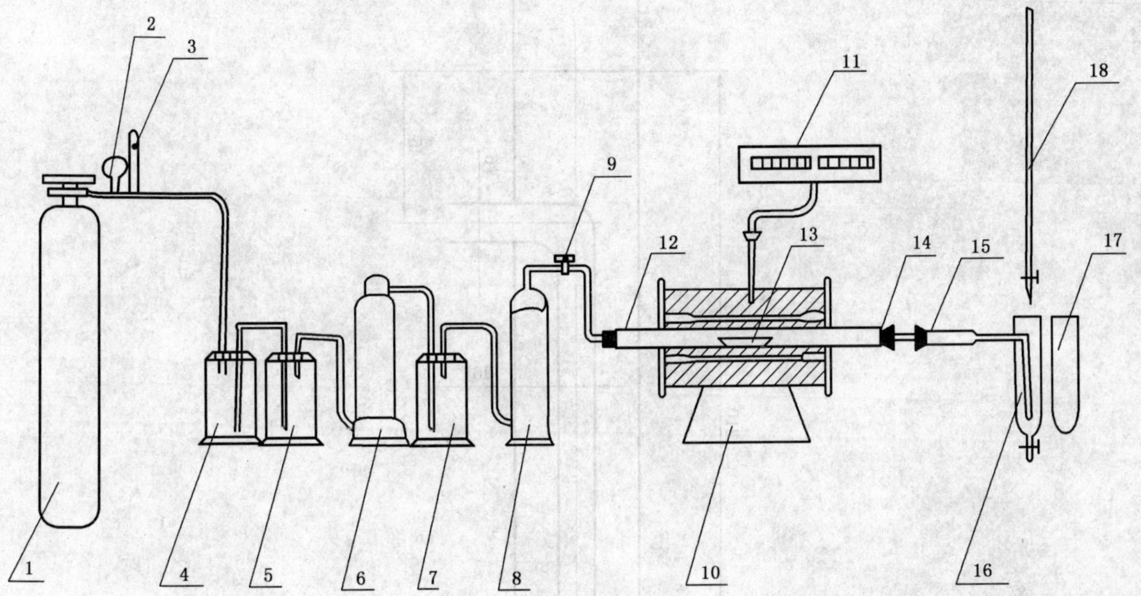

1——氧气瓶；

2——氧气压力表；

3——流量计；

4——缓冲瓶；

5——洗气瓶；

6——干燥塔，内盛碱石灰或氢氧化钠(粒状)；

7——洗气瓶，内盛硫酸(ρ1.84 g/mL)；

8——干燥塔，内盛硅胶、活性氧化铝；

9——两通活塞；

10——高温燃烧炉(长约 300 mm)；

11——自动温度控制器(附热电偶)，控制温度在 1 400～1 500℃；

12——高温燃烧管；

13——瓷舟；

14——硅胶塞；

15——干燥管；

16——吸收瓶(不带浮珠)；

17——参比液；

18——微量滴定管。

图 2

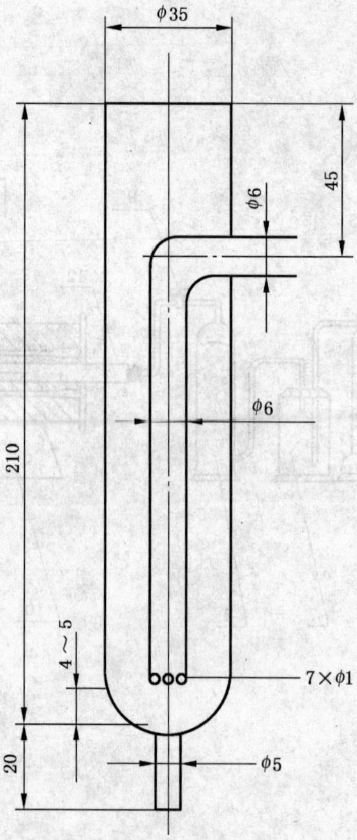

图 3

4.4 取制样

按 GB/T 4010 规定进行取制样，试料应全部通过 0.088 mm 筛孔。

4.5 分析步骤

4.5.1 试料量

称取 0.500 g 试料(精确至 0.000 1 g)

4.5.2 测定

4.5.2.1 连接定硫装置各部分并检查气密性，加热高温燃烧管(12)，使管内温度升至 1 400℃～1 450℃。

4.5.2.2 移取 40 mL 吸收液(4.2.7)于吸收瓶(16)中，加入 5 滴混合指示剂(4.2.8)，以 700 mL/min～900 mL/min 的流量通氧约 5 min，以赶尽溶液中二氧化硫，此时溶液如呈紫红色，则滴加氢氧化钠标准滴定溶液(4.2.10)至溶液为亮绿色。

4.5.2.3 将试料(4.5.1)置于瓷舟(4.2.3)中，然后推入高温燃烧管(12)的中心高温部位，塞紧硅胶塞(14)(特别注意密封)，稍稍通入氧气使吸收液不回流。

4.5.2.4 以 200 mL/min 的流量通入氧气使试料燃烧 5 min，再以 700 mL/min～900 mL/min 的氧气流量(入口流量)导入吸收瓶(16)使二氧化硫被吸收，燃烧 10 min 后，用氢氧化钠标准滴定溶液(4.2.10)滴定至溶液由紫红色变为亮绿色，然后以 1 000 mL/min～1 200 mL/min 的氧气流量由两通阀(9)控制间歇通氧 5 min，如溶液呈紫红色，继续以氢氧化钠标准滴定溶液(4.2.10)滴定至亮绿色。停止通氧，再用上述吸收液洗涤干燥管(15)及连接部位的管道，导入吸收瓶中，如溶液呈紫红色，则继续以氢氧化钠标准滴定溶液(4.2.10)滴定至亮绿色为终点。

4.6 结果计算

按式(2)计算试料中硫含量(质量分数):

$$w(\mathrm{S})(\%)=\frac{(V_2-V_3)\times c\times 0.016\,03}{m_0}\times 100 \qquad \cdots\cdots(2)$$

式中:

V_2——滴定试料溶液时所消耗的氢氧化钠标准滴定溶液的体积,mL;

V_3——滴定空白试验溶液所消耗的氢氧化钠标准滴定溶液的体积,mL;

c——氢氧化钠标准滴定溶液的物质的量浓度,mol/L;

m_0——试料量,g;

0.016 03——1.00 mL 氢氧化钠标准溶液(1.000 mol/L)相当于硫的毫摩尔质量,g/(m·mol)。

4.7 允许差

实验室之间分析结果的差值应不大于表2所列允许差。

表 2

%

硫含量(质量分数)	允 许 差
0.005 0~0.015	0.002
>0.015~0.025	0.003
>0.025~0.045	0.004
>0.045~0.070	0.006
>0.070~0.120	0.008
>0.120~0.250	0.012

5 试验报告

试验报告应包括下列内容

a) 鉴别试料、实验室和分析日期等资料;

b) 遵守本部分规定的程度;

c) 分析结果及其表示;

d) 测定中观察到的异常现象;

e) 对分析结果可能有影响而本部分未包括的操作或者任选的操作。

ICS 77.100
H 11

中华人民共和国国家标准

GB/T 7731.14—2008
代替 GB/T 7731.14—1988

钨铁　铅含量的测定　极谱法和电感耦合等离子体原子发射光谱法

Ferrotungsten—Determination of lead content—The polarographic method and inductively coupled plasma-atomic emission spectrometry

2008-05-13 发布　　2008-11-01 实施

中华人民共和国国家质量监督检验检疫总局
中国国家标准化管理委员会　发布

前 言

本部分代替 GB/T 7731.14—1988《钨铁化学分析方法　极谱法测定铅量》。

本部分与 GB/T 7731.14—1988 比较，主要变化如下：

——新增加了电感耦合等离子体原子发射光谱法；

——采用标准文本格式进行了文字修订。

本部分附录 A 是资料性附录。

本部分由中国钢铁工业协会提出。

本部分由冶金工业信息标准研究院归口。

本部分起草单位：四川川投峨眉铁合金(集团)有限责任公司。

本部分主要起草人：唐华应、方艳、刘惠丽、张映霞。

本部分所代替标准的历次版本发布情况为：

GB/T 7731.14—1988。

钨铁　铅含量的测定　极谱法和电感耦合等离子体原子发射光谱法

警告：使用本部分的人员应有正规实验室工作的实践经验。本部分并未指出所有可能的安全问题。使用者有责任采取适当的安全和健康措施，并保证符合国家有关法规规定的条件。

1　范围

本部分规定了用极谱法和电感耦合等离子体原子发射光谱法测定钨铁中的铅量。

本部分适用于钨铁中铅含量的测定。测定范围(质量分数)：0.001%～0.12%。其中极谱法适用于质量分数0.001%～0.05%铅含量的测定；电感耦合等离子体原子发射光谱法适用于质量分数0.010%～0.12%铅含量的测定。

2　规范性引用文件

下列文件中的条款通过在本部分中的引用而成为本部分的条款。凡是注日期的引用文件，其随后所有的修改单(不包括勘误的内容)或修订版均不适用于本部分，然而，鼓励根据本部分达成协议的各方研究是否可使用这些文件的最新版本。凡是不注日期的引用文件，其最新版本适用于本部分。

GB/T 4010　铁合金化学分析用试样的采取和制备

3　方法一：极谱法

3.1　原理

试料用硝酸-氢氟酸溶解，高氯酸冒烟，加入酒石酸，用氢氧化钠调酸度，溶解钨酸。在pH7.5～pH8.0的情况下，以硝酸铜为载体，用硫代乙酰胺沉淀铅与干扰元素分离，再以铁为载体，用氨水分离铜。在高氯酸和磷酸底液中以氮气除氧，在峰电位值为−0.51 V处，进行示波极谱法测定。

3.2　试剂和材料

除非另有说明，在分析中仅使用确认为分析纯的试剂和蒸馏水或与其纯度相当的水。

3.2.1　氢氟酸，ρ1.15 g/mL。

3.2.2　硝酸，ρ1.42 g/mL。

3.2.3　高氯酸，ρ1.67 g/mL。

3.2.4　盐酸，1+1。

3.2.5　盐酸，1+2。

3.2.6　盐酸-硝酸混合酸，3+1。

3.2.7　磷酸溶液，1 mol/L。

3.2.8　氨水，ρ0.90 g/mL。

3.2.9　氨水，1+2。

3.2.10　氨水，1+100。

3.2.11　氨水，1+200。

3.2.12　氢氧化钠溶液，250 g/L，贮于塑料瓶中。

3.2.13　硝酸铜溶液，10 g/L。

3.2.14　硝酸铁溶液，1 g/L，称取1 g硝酸铁，溶解于50 mL水中，加入5 mL硝酸，移入1 000 mL容量瓶中，以水稀释至刻度，混匀。

3.2.15 酒石酸溶液，500 g/L。

3.2.16 柠檬酸溶液，500 g/L。

3.2.17 硫代乙酰胺溶液，20 g/L。

3.2.18 铅标准溶液：

3.2.18.1 称取0.200 0 g纯铅(>99.9 %)，置于200 mL烧杯中，加10 mL硝酸(3.2.2)微热溶解后，煮沸驱除氮氧化物，冷却后移入1 000 mL容量瓶中，用水稀释至刻度，混匀。此溶液1 mL含铅200.0 μg。

3.2.18.2 移取50.00 mL溶液(3.2.18)于500 mL容量瓶中，滴加1 mL硝酸，用水稀释至刻度，混匀。此溶液1 mL含铅20 μg。

3.2.19 氮气、氩气(不含氧)。

3.3 仪器

示波极谱仪。

3.4 取制样

按照GB/T 4010的规定进行取制样。试样应通过0.088 mm筛孔。

3.5 分析步骤

3.5.1 试料量

按表1称取试料，准确至0.000 1 g。

表1

铅含量(质量分数)/%	试料量/g
0.001～0.005	1.00
>0.005～0.05	0.50

3.5.2 空白试验

随同试料进行空白试验。

3.5.3 测定

3.5.3.1 试料的分解

将试料(3.5.1)置于200 mL铂皿中，加入5 mL硝酸(3.2.2)、滴加5 mL氢氟酸(3.2.1)，低温加热溶解至试样分解，加入10 mL高氯酸(3.2.3)，继续加热至高氯酸冒烟至近干，取下，稍冷。加入约10 mL水，10 mL盐酸(3.2.4)加热溶解盐类。将溶液移入250 mL烧杯中，用水冲洗铂皿，再滴加氢氧化钠溶液(3.2.12)，溶解铂皿内壁的少量钨酸，并用水冲洗干净，控制体积约100 mL左右。加入15 mL酒石酸溶液(3.2.15)，用氢氧化钠溶液(3.2.12)使钨酸沉淀完全溶解。

3.5.3.2 沉淀分离

3.5.3.2.1 将试液(3.5.3.1)加热煮沸2 min，取下冷却，用盐酸(3.2.4)中和使刚果红试纸变成蓝色，加入20 mL柠檬酸溶液(3.2.16)、2 mL硝酸铜溶液(3.2.13)，用氨水(3.2.9)继续中和至pH7.5～pH8.0，然后加入10 mL硫代乙酰胺溶液(3.2.17)，在80℃～90℃温度下，保温静置15 min～20 min，再加入10mL硫代乙酰胺溶液(3.2.17)，在40℃～50℃温度下，保温静置2 h。

3.5.3.2.2 沉淀用双层定量滤纸过滤，用冷氨水(3.2.11)洗涤7次～10次。滤纸上沉淀用20 mL盐酸-硝酸混合酸(3.2.6)分3次溶解沉淀于原烧杯中，用热水洗净滤纸，溶液加热蒸发至干。取下，加入10 mL硝酸(3.2.2)蒸发至干，再加入10 mL硝酸(3.2.2)蒸发至干。取下，加入10 mL硝酸(3.2.2)加热溶解盐类，加水至150 mL，加入20 mL硝酸铁溶液(3.2.14)，用氨水(3.2.8)中和至铁沉淀出现并过量加入10 mL，加热煮沸后，立即取下，用定量滤纸过滤，用热氨水(3.2.10)洗涤7次～10次。

3.5.3.3 测定

3.5.3.3.1 滤纸上沉淀物用15 mL热盐酸(3.2.5)分3次溶解于原烧杯中，用热水洗净滤纸。加入

2 mL 高氯酸(3.2.3),加热蒸发至冒高氯酸烟时,立即取下。稍冷,加入 10 mL 磷酸溶液(3.2.7)溶解盐类,冷却至室温。将溶液移入 50 mL 容量瓶中,用磷酸溶液(3.2.7)稀释至刻度,混匀。

3.5.3.3.2 取溶液(3.5.3.3.1)置于电解池中,通入氮气或氩气 5 min。在波电位值为－0.51 V,汞阴极的条件下测量波高。减去随同空白溶液的波高,得到试料溶液的净波高,从校准曲线上查的相应的铅量。

3.5.4 校准曲线的绘制

3.5.4.1 分别移取 0、1.00 mL、2.00 mL、3.00 mL、4.00 mL、5.00 mL 铅标准溶液(3.2.18.2)。

3.5.4.2 分别移取 0、5.00 mL、7.50 mL、10.00 mL、12.50 mL、15.00 mL 铅标准溶液(3.2.18.2)。

3.5.4.3 将上述溶液分别置于 250 mL 的烧杯中,加入 100 mL 水、2 mL 硝酸铜溶液(3.2.13),用氨水(3.2.9)中和至 pH7.5～pH8.0,以下按分析步骤 3.5.3.2.1 中至加入硫代乙酰胺溶液(3.2.17)起操作,测量其波高。

3.5.4.4 校准曲线系列每一溶液的波高减去零浓度溶液的波高,为铅校准曲线系列溶液的净波高,以铅量(μg)为横坐标,净波高为纵坐标,绘制校准曲线。

3.6 结果计算

按式(1)计算试样中铅含量(质量分数):

$$w(\mathrm{Pb})(\%) = \frac{m_1}{m \times 10^6} \qquad \cdots\cdots\cdots\cdots(1)$$

式中:

m_1——自校准曲线上查得的铅量,单位为微克(μg);

m——试料量,单位为克(g)。

3.7 允许差

实验室之间分析结果的差值应不大于表 2 所列允许差。

表 2 %

铅含量(质量分数)	允 许 差
0.001～0.002 5	0.001
>0.002 5～0.005	0.002
>0.005～0.01	0.003
>0.01～0.02	0.005
>0.02～0.05	0.007

4 方法二:电感耦合等离子体原子发射光谱法

4.1 原理

试料用草酸-过氧化氢分解,在 pH≥9 的氨性条件下,铅、锡生成沉淀,与钨分离。用盐酸溶解沉淀,在盐酸介质中,将溶液雾化引入电感耦合等离子体,测定铅元素的发射谱线强度。

4.2 试剂和材料

除非另有说明,在分析中仅使用确认为分析纯的试剂和蒸馏水或与其纯度相当的水。

4.2.1 草酸,优级纯,固体。

4.2.2 过氧化氢,优级纯,ρ1.10 g/mL。

4.2.3 氨水,ρ0.90 g/mL。

4.2.4 硝酸,ρ1.42 g/mL。

4.2.5 盐酸,1+1。

4.2.6 三氯化铁溶液,(Fe^{3+}:50 mg/mL),优级纯三氯化铁配制。

4.2.7 铅标准溶液

4.2.7.1 铅标准贮备溶液,1.000 mg/mL:

准确称取 0.500 g 纯铅(>99.9 %),置于 200 mL 烧杯中,加 20 mL 硝酸(1+1)加热溶解后,煮沸驱除氮氧化物,冷却后移入 500 mL 容量瓶中,用水稀释至刻度,混匀。此溶液 1 mL 含铅 1.000 mg。

4.2.7.2 铅标准溶液:

移取 50.00 mL 溶液(4.2.7.1)于 500 mL 容量瓶中,滴加 1 mL 硝酸,用水稀释至刻度,混匀。此溶液 1 mL 含铅 100 μg。

4.3 仪器与设备

分析中,除使用通常的实验室仪器、设备外,还使用电感耦合等离子体原子发射光谱仪,配备溶液雾化进样系统。测定仪器的规范性操作参见附录 A。仪器经优化后应满足:

4.3.1 一般要求

按制造商的建议和实验室定量分析操作来初始调节电感耦合等离子体发射光谱仪。

4.3.2 短时稳定性和长时稳定性

较短时间内测量待测元素的工作曲线的最浓溶液的发射谱线绝对或相对光强 10 次,其标准偏差不应超过绝对或相对光强平均值的 0.5%。4 h 内测量待测元素的工作曲线的最浓溶液的发射谱线绝对或相对光强 16 次,每隔 15 min 测定一次,标准偏差不应超过绝对或相对光强平均值的 1%。

4.3.3 背景等效浓度和检出限

通过计算含有铅溶液的元素分析谱线(220.353 nm)得出的背景等效质量浓度(*BEC*)和检出限(*DL*)应分别低于 0.72 μg/mL、0.03 μg/mL。

4.3.4 校准曲线的线性

校准曲线的相关系数应大于 0.999。

4.3.5 分析线及仪器参数

本部分不指定特殊的分析线,推荐使用分析线及仪器参数列于表 3。

表 3 仪器工作参数

①RF 功率:1 150 W;	②雾化气压力:27 Psi;	③辅助气流量:0.5 L/min;
④蠕动泵泵速:120 r/min;	⑥短波曝光时间:20 s;	⑦冲洗时间:30 s
元 素	Pb	
分析谱线波长 nm	220.353	
级 次	152	
背景校正	不扣	

4.4 取制样

按照 GB/T 4010 的规定进行取制样。试样应通过 0.088 mm 筛孔。

4.5 分析步骤

4.5.1 试料量

称取 1.00 g 试料,准确至 0.000 1 g。

4.5.2 空白试验

随同试料进行空白试验。

4.5.3 溶液的制备

4.5.3.1 样品溶液的制备

4.5.3.1.1 将试料(4.5.1)置于 600 mL 烧杯中,加入 8 g 草酸(4.2.1)、30 mL 过氧化氢(4.2.2),低温微热,使试样溶解完全,取下。

4.5.3.1.2 加温热水(30℃～50℃)100 mL,加 5 mL 过氧化氢(4.2.2),用氨水(4.2.3)中和至有沉淀产生并过加 30 mL,以微沸水稀释至约 450 mL,煮沸 2 min～3 min,取下静置待沉淀下沉,以快速定性滤纸趁热过滤。将沉淀全部转移到漏斗上,用热氨水(2+98)洗烧杯 2 次～3 次。用热盐酸洗液(2+98)将滤纸上的沉淀洗入原烧杯中,将滤纸洗至无三氯化铁的黄色,再用热水洗 2 次～3 次,弃去滤纸。

4.5.3.1.3 加入 10mL 盐酸(4.2.5)、5 mL 过氧化氢(4.2.2)低温微热使沉淀溶解。用氨水(4.2.3)中和至有沉淀产生并过加 30 mL,以热水稀释至约 450 mL,煮沸 2 min～3 min,取下静置待沉淀下沉,以快速定性滤纸趁热过滤。用热氨水(2+98)洗烧杯 2 次～3 次,洗沉淀 2 次～3 次。用热盐酸洗液(2+98)将沉淀洗入原烧杯中,将滤纸洗至无三氯化铁的黄色,弃去滤纸。

4.5.3.1.4 用 30 mL 盐酸(4.2.5)溶解沉淀于原烧杯中,置于低温电炉上浓缩体积至近干,取下,加 20 mL 硝酸(4.2.4)浓缩体积至近干(残余体积约 1 mL～2 mL,不能干涸),再加 20 mL 硝酸(4.2.4)浓缩体积至近干(残余体积约 1 mL～2 mL,不能干涸),取下。加 20 mL 盐酸(4.2.5),30 mL 水加热溶解盐类。稍冷,移入 100 mL 容量瓶中,冷却至室温,用水稀释至刻度,混匀。

4.5.3.1.5 干过滤,弃去最初滤液。在电杆耦合等离子体发射光谱分析仪上按"仪器"的参数测试。

4.5.4 测定

启动电感耦合等离子体发射光谱仪并在测量前至少预热 1 h,按照仪器使用说明书使仪器最优化。待仪器稳定后,选取铅的分析谱线,由低含量到高含量的顺序依次测定铅的谱线强度。减去空白试验溶液的强度即为净强度,由工作曲线查得铅的质量浓度。

4.5.5 校准曲线的绘制

4.5.5.1 标准系列:移取 200 mg Fe^{3+}(三氯化铁溶液)各六份分别置于 100 mL 容量瓶中,依次加入 0、1.00 mL、3.00 mL、6.00 mL、9.00 mL、12.00 mL、15.00 mL 铅标准溶液(4.2.7.2),加 20 mL 盐酸(4.2.5),用水稀释至刻度,混匀。

4.5.5.2 校准曲线系列每一溶液的强度减去零质量浓度溶液的强度,为铅校准曲线系列溶液的净强度,以铅质量浓度(μg/mL)为横坐标,净强度为纵坐标,绘制校准曲线。

4.6 结果计算

按式(2)计算试样中铅的质量分数:

$$w(\mathrm{Pb})(\%) = \frac{cV}{m_0 \times 10^6} \times 100 \qquad \cdots\cdots(2)$$

式中:

c——自校准曲线上查得的试料溶液中铅的质量浓度,单位为微克每毫升(μg/mL);

V——最终测量试样溶液的体积,单位为毫升(mL);

m_0——试料量,单位为克(g)。

4.7 允许差

实验室之间分析结果的差值应不大于表 4 所列允许差。

表 4 %

铅含量(质量分数)	允 许 差
0.01～0.02	0.005
>0.02～0.05	0.007
>0.05～0.12	0.010

5 试验报告

试验报告应包括下列内容:

a） 鉴别试料、实验室和分析日期的资料；

b） 遵守本部分规定的程度；

c） 分析结果及其表示；

d） 测定中观察到的异常现象；

e） 对分析结果可能有影响而本部分未包括的操作或者任选的操作。

附 录 A
（资料性附录）
测定仪器的规范性操作

A.1 目的

本附录中给出的性能试验目的在于使用不同类型的仪器对等离子体光谱仪的性能进行适当的测定，允许不同的仪器使用不同的操作条件，但等离子体光谱仪最终能产生一致的结果。

整个性能试验步骤用三个基本参数考核：检测限（*DL*），背景等效质量浓度（*BEC*）和短期精密度（*RSDN*）。

A.2 定义

本部分应用以下定义。

A.2.1 检测限（*DL*）：当元素产生最小浓度信号时，可以认为超出了任何带有一定规定等级的伪背景信号；另一方面，元素浓度产生信号是背景水平值标准偏差的三倍。

A.2.2 背景等效质量浓度（*BEC*）：是产生与背景强度值相等的净强度相当于分析物的质量浓度；是对给定波长灵敏度的度量。

A.2.3 短期精密度（*RSDN*）：在测定条件下所得仪器的一系列读数的相对标准偏差。

A.3 背景等效浓度和检测限

制备 3 份溶液，含待测物质量浓度分别为：0 浓度水平，10 倍检测限，1 000 倍检测限。这些溶液含有与待测样品相似浓度的酸、基体元素。

应按制造商的建议和实验室的定量分析的实践经验对等离子体光谱仪进行最初的调节。吸入空白液并取 10 次强度读数。对另外两种溶液重复此操作。

使用下列公式（A.1）计算分析曲线的斜率：

$$M = C_2/(I_2 - I_b) \qquad \cdots\cdots(A.1)$$

式中：

M——分析曲线的斜率；

C_2——10 倍检测限溶液的质量浓度，μg/mL；

I_2——10 倍检测限溶液 10 次原始强度读数的平均值；

I_b——空白溶液 10 次强度读数的平均值。

使用下列公式（A.2）计算 *DL*：

$$DL = 3S_bM \qquad \cdots\cdots(A.2)$$

式中：

DL——检测限，μg/mL；

S_b——是 10 次空白强度读数的标准偏差。

使用下列公式（A.3）计算 *BEC*：

$$BEC = M \times I_b \qquad \cdots\cdots(A.3)$$

式中：

BEC——背景等效浓度，μg/mL。

按公式（A.4）从原始平均强度（I_3）与空白平均强度 I_b 的差值来计算 1 000 倍检测限溶液的净平均强度（IN_3），如下：

$$IN_3 = I_3 - I_b \qquad \cdots\cdots (A.4)$$

式中 IN_3 是溶液(DL 的 1 000 倍)的净平均强度。

$RSDN_{\min}$是元素质量浓度为 1 000×DL 溶液的估计值。

按公式(A.5)计算 1 000 倍检测限溶液(1 000×DL)的净强度相对标准偏差。

$$RSDN_{\min} = \frac{\sqrt{(S_3^2 + S_b^2)}}{IN_3} \times 100 \qquad \cdots\cdots (A.5)$$

式中 S_3 是 1 000 倍检测限溶液的 10 次强度读数的标准偏差。

ICS 77.040.10
H 22

GB

中华人民共和国国家标准

GB/T 7732—2008
代替 GB/T 7732—1987

金属材料　表面裂纹拉伸试样断裂韧度试验方法

Metallic materials—Fracture toughness testing method with surface crack tension specimens

2008-05-13 发布　　　　2008-11-01 实施

中华人民共和国国家质量监督检验检疫总局
中国国家标准化管理委员会　发布

前　言

本标准与 ASTM E740-03《表面裂纹拉伸试样的断裂韧度试验方法》一致性程度为非等效。

本标准代替 GB/T 7732—1987《金属表面裂纹断裂韧度试验方法》，并对 GB/T 7732—1987 在以下方面的内容进行了修改和补充：

——修改了标准的名称；

——在“规范性引用文件”中，删去了原引用标准 GB 6397《金属拉伸试验试样》，增加了规范性引用文件 GB/T 228《金属材料室温拉伸试验方法》、GB/T 12160《单轴试验用引伸计的标定》、GB/T 10623《金属力学性能试验术语》、GB/T 16825.1 静力单轴试验机的检验　第 1 部分：拉力和(或)压力试验机测力系统的检验与校准和 GB/T 20832《金属材料试样轴线相对于产品织构的标识》；

——增加了第 3 章“原理”；

——修改了预制疲劳裂纹的具体要求；

——修改了试验机的具体要求；

——修改了引伸计的类型，增加了裂纹尖端张开位移典型的测量装置示意图；

——修改了试验程序中的试验速度；

——将原标准中的附录 A 标题改为“疲劳裂纹尺寸和形状的控制技术”；

——将原标准中的附录 B 标题改为“表面裂纹断裂韧度试验的应力强度因子方程”。

本标准的附录 A 和附录 B 为规范性附录，附录 C 为资料性附录。

本标准由中国钢铁工业协会提出。

本标准由全国钢铁标准化技术委员会归口。

本标准起草单位：钢铁研究总院、武汉钢铁(集团)公司。

本标准起草人：高怡斐、周峰峦、王春旭、李荣锋、邱保文。

本标准所代替标准的历次版本发布情况为：

——GB/T 7732—1987。

金属材料 表面裂纹拉伸试样断裂韧度试验方法

1 范围

本标准规定了在连续缓慢增加的拉伸载荷下测定断裂韧度试验方法的原理、术语、定义及符号、试样、试验设备及试验程序、试验结果处理和试验报告。

本标准适用于具有半椭圆或部分圆形表面裂纹的金属材料矩形横截面拉伸试样。

2 规范性引用文件

下列文件中的条款通过本标准的引用而成为本标准的条款。凡是注日期的引用文件，其随后所有的修改单(不包括勘误的内容)或修订版均不适用于本标准，然而，鼓励根据本标准达成协议的各方研究是否可使用这些文件的最新版本。凡是不注日期的引用文件，其最新版本适用于本标准。

GB/T 228 金属材料 室温拉伸试验方法(GB/T 228—2002,eqv ISO 6892:1998)

GB/T 10623 金属材料 力学性能试验术语(GB/T 10623—2008,ISO 23718:2007,MOD)

GB/T 12160 单轴试验用引伸计的标定(GB/T 12160—2002,ISO 9513:1999,IDT)

GB/T 16825.1 静力单轴试验机的检验 第1部分:拉力和(或)压力试验机测力系统的检验与校准(GB/T 16825.1—2002,ISO 7500-1:1999,IDT)

GB/T 20832 金属材料 试样轴线相对于产品织构的标识(GB/T 20832—2007,ISO 3785:2002,IDT)

3 原理

本试验是用来评价具有表面裂纹的板材或类似板状的结构件在服役过程中的承载能力。当服役条件和实验条件相同时，表面裂纹拉伸试验的结果可以在设计中直接应用。

4 术语、定义和符号

4.1 术语及定义

GB/T 10623 规定的以及下列术语及定义适用于本标准。

4.1.1

裂纹深度 crack depth

a

表面裂纹前缘最深点到试样前表面的距离。裂纹深度是试样厚度的一部分。

4.1.2

裂纹长度 crack length

$2c$

表面裂纹前缘与试样前表面相交的两点间的距离。

4.1.3

剩余强度 residual strength

σ_r

最大拉伸载荷与试样横截面面积之比。

4.2 符号

符号、单位和名称列于表1。

表1 符号及名称

符　号	名　称	单　位
B	试样厚度	mm
W	试样宽度	mm
L	试样测试部分长度	mm
a	裂纹深度	mm
a_0	加工裂纹源深度	mm
$2c$	裂纹长度	mm
$2c_0$	加工裂纹源长度	mm
$(B-a)$	试样韧带尺寸	mm
K_{I}	Ⅰ型应力强度因子	$\mathrm{MPa}\sqrt{\mathrm{m}}$
K_{IQ}	表面裂纹拉伸试样的条件断裂韧度	$\mathrm{MPa}\sqrt{\mathrm{m}}$
K_{Ie}	表面裂纹拉伸试样的断裂韧度	$\mathrm{MPa}\sqrt{\mathrm{m}}$
M	试样前后表面总的修正系数	
Φ	第二类完全椭圆积分	
F_{Q}	条件力	N
$F_{\max}$	最大拉伸力	N
F_{fmax}	疲劳预制裂纹时，循环力的最大值	N
F_{fmin}	疲劳预制裂纹时，循环力的最小值	N
V	表面裂纹试样中心处的裂纹嘴张开位移	mm
σ_{r}	剩余强度	MPa
$K_{\max}$	疲劳预制裂纹过程中最大应力强度因子	$\mathrm{MPa}\sqrt{\mathrm{m}}$
E	材料的弹性模量	MPa

5 试样

5.1 试样形状和尺寸

典型的表面裂纹拉伸试样见图1，试样头部形状和尺寸应适应试验机夹头夹持。试样比例尺寸：$W/B=6\sim10$；$L/W\geqslant2$。当这些宽度和长度尺寸超过实际应用尺寸时，必须用实际应用尺寸。

5.2 试样制备

5.2.1 试样取向

试样取向标记应满足GB/T 20832的要求。

表面裂纹拉伸试样断裂韧度与裂纹取向和裂纹扩展方向有关，试样应以两个字母标记其取向。第一个字母表示裂纹面的法线方向，第二个字母表示裂纹深度的预期扩展方向。例如X-Z表示裂纹面的法线方向为纵向，预期的裂纹扩展方向为板厚方向。标记方法如图2所示。

5.2.2 试样表面要求

对于轧制板材试样，应保留原轧制表面，试样工作部分长度的表面不得有划伤、锈蚀等缺陷。如有特殊要求需要加工试样时，应保留一侧原轧制表面，并在该面预制裂纹，加工面的表面粗糙度 Ra 的最大允许值为3.2 μm。

5.2.3 裂纹源

为了便于疲劳预制裂纹，一般在试样进行最终热处理之前，用薄片的金刚石圆锯或类似的刀具和电火花机床在试样表面中部制造一个人造裂纹源。

裂纹源的加工方法不限，推荐 $a_0/B \leqslant 1/8$，$2c_0/B \leqslant 1/2$，并应使裂纹源根部半径不大于 0.25 mm。裂纹源平面应与试样表面中心线垂直，偏差不大于 10°。

5.2.4 预制疲劳裂纹

试样应尽可能在热处理之前预制疲劳裂纹。

预制疲劳裂纹的深度应不小于 0.25B 或 1.0 mm，取其较小者；并且疲劳裂纹的扩展量应不小于最终裂纹长度的 5%。在疲劳预制裂纹前缘各点的法平面上，裂纹及其加工裂纹源应位于裂纹前缘为顶点的 30°楔形区域内，见图 3。

最小与最大循环应力之比 R，应不大于 0.1。

至少在最终总裂纹深度的 2.5% 时，K_{max}/E 的值应不大于 0.000 32 $m^{1/2}$，K_{max} 应根据附录 B 给出的公式进行计算，取表面和最深点 K_{max} 的最大值。

图 1 典型表面裂纹试样示意图

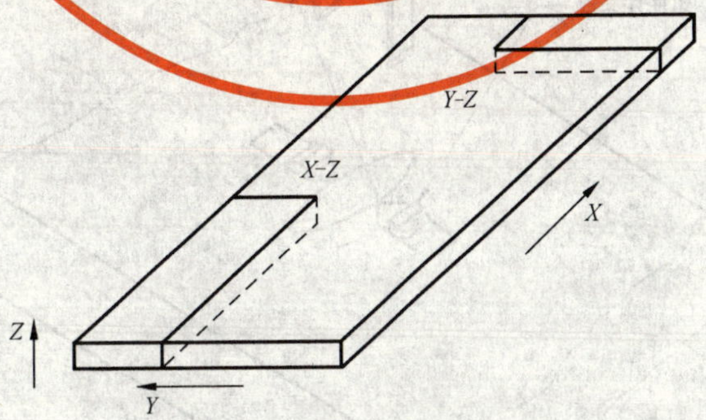

X——长度方向(纵向)；

Y——宽度方向(横向)；

Z——板厚方向。

图 2 表面裂纹试样的取向标记

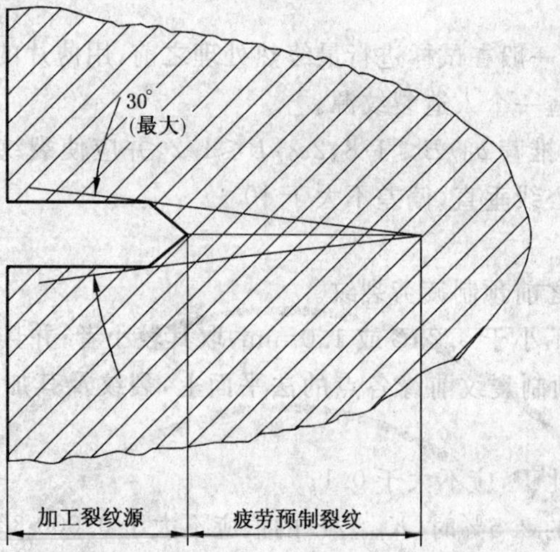

图3 加工裂纹源及疲劳预制裂纹的包迹形状

6 试验设备

6.1 试验机

6.1.1 试验机应按 GB/T 16825.1 进行检验，准确度等级应不低于1级。

6.1.2 试验机应配备力、位移的自动记录装置，并能够绘制曲线。

6.1.3 疲劳裂纹的预制可采用轴向拉伸、三点、四点或悬臂梁弯曲等几种方式。循环频率应低于 100 Hz。

6.1.4 试验夹具应保证裂纹扩展对称，裂纹保持与试样平面和拉力方向垂直。

6.2 引伸计

6.2.1 引伸计应按 GB/T 12160 进行检验，准确度等级应不低于1级。

6.2.2 引伸计应能准确测量表面裂纹中心处的裂纹前端张开位移量 V。典型的测量装置如图4所示，在紧靠近裂纹处，利用点焊的方式将整体刀口点焊在试样上。也可使用其他测量方法，如光学位移法。

注：引伸计的标距会对最终试验结果造成影响，建议尽可能选取小标距引伸计。

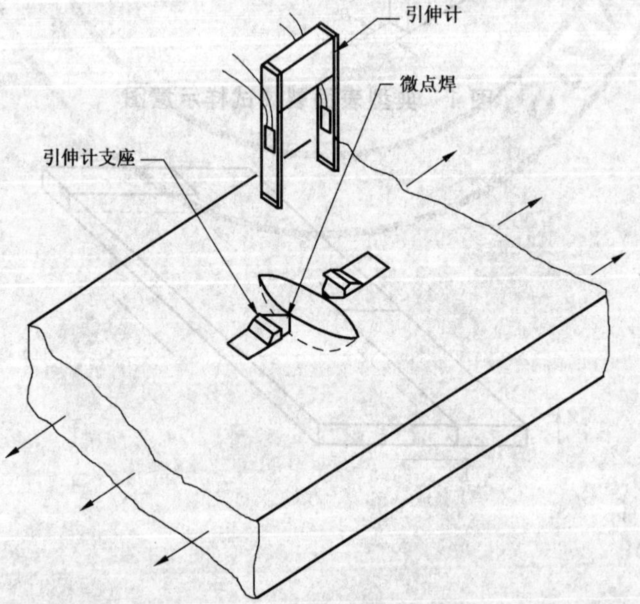

图4 裂纹尖端张开位移典型的测量装置

7 试验程序

7.1 试样测量

7.1.1 试样厚度 B 的测量。在试样靠近裂纹部位的宽度方向的两边各测量厚度一次。精确到 0.02 mm，取其平均值。

7.1.2 试样宽度 W 的测量。在试样靠近裂纹部位测量宽度三次，精确到 0.02 mm，取其平均值。

7.2 断裂试验

7.2.1 采用拉伸连续加力方式进行断裂试验，应保证名义应力(F/BW)速率小于 690 MPa/min。

7.2.2 试样装夹引伸计后，应在约 $0.3R_{p0.2}BW$ 力以下反复加力一、二次，自动记录 F-V 曲线，调整记录装置的放大倍数，使曲线线性部分的斜率在 1～3 之间，$R_{p0.2}$ 的测定应按照 GB/T 228 的规定执行。

7.2.3 对试样连续加力至断裂，同时记录 F-V 曲线和记录试验中达到的最大力 F_{max}。

7.3 裂纹尺寸测量

测量裂纹深度 a 和裂纹长度 $2C$，精确到 0.01 mm。

7.4 试样数量

对同一裂纹几何尺寸的试样，建议至少测试 5 件。

8 试验结果处理

8.1 试样的报废

有下列情况之一的试样应予报废：

a) 表面裂纹明显不对称，不具备半椭圆特征或裂纹前缘明显不光滑；

b) 半椭圆裂纹短轴与试样截面中心线间的偏差大于 1%W 或 0.5 mm，取两者中较大者；

c) 裂纹面与试样横截面的偏斜大于 10°；

d) 疲劳预制裂纹的深度小于 $0.25B$ 或 1.0 mm，取两者中较小者。

8.2 条件力 F_Q 的确定

8.2.1 试验可能出现图 5 所示的三种典型的 F-V 曲线。

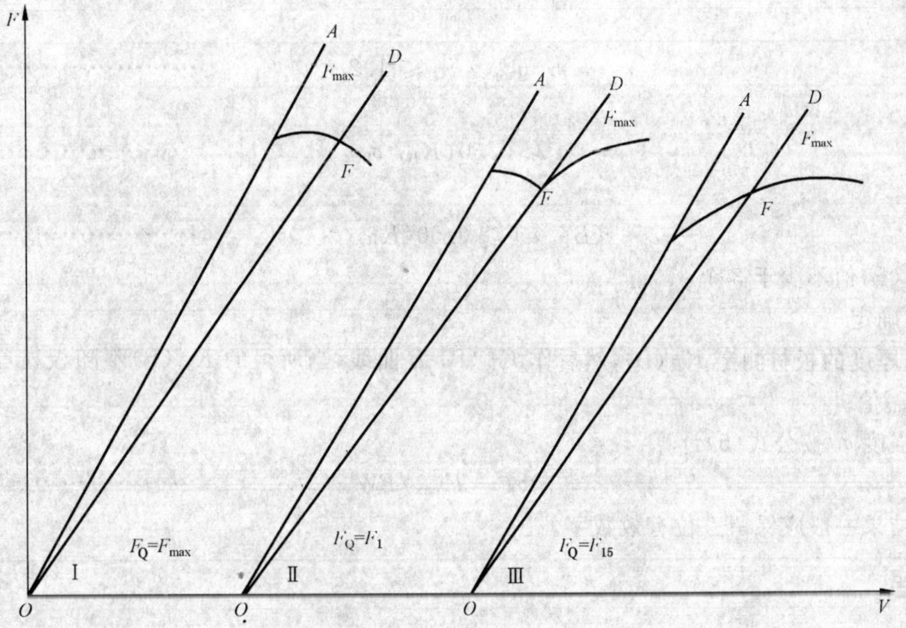

图 5 三种典型的 F-V 曲线

8.2.2 F_Q 的确定方法：

在 F-V 曲线上，通过原点 O 作割线 OD，割线 OD 的斜率比初始切线 OA 的斜率降低 15%，并与 F-V 曲线相交于 F 点，与 F 点相对应的力为 F_{15}。当 F_{15} 以前曲线所对应的 F_{max}（或 F_1）大于或等于 F_{15} 时（图 5 中曲线Ⅰ和Ⅱ），则 $F_Q=F_{max}$（或 F_1）；当 F_{15} 以前的曲线上任意一点所对应的力均低于 F_{15} 时（图 5 中曲线Ⅲ），则 $F_Q=F_{15}$。一般来说，F_{15} 对应于裂纹的条件启裂。

注：为了对初次试验的材料，提高测试结果精度，以确切判断材料在 F_Q 时的条件启裂量，检查试样加力至 F_{15} 时裂纹真实扩展量 Δa，然后作如下处理：

a) 如测得 $\Delta a=0.05$ mm～0.1 mm，则取 $F_Q=F_{15}$。

b) 如测得 $\Delta a<0.05$ mm，则在 F-V 曲线图上，使割线 OD 的斜率比切线 OA 的斜率降低 20%。并与 F-V 曲线交于 F 点，与 F 点相对应的力为 F_{20}，则取 $F_Q=F_{20}$。

c) 如测得 $\Delta a>0.1$ mm，则在 F-V 曲线图上，使割线 OD 的斜率比切线 OA 的斜率降低 10%。并与 F-V 曲线交于 F 点，与 F 点相对应的力为 F_1，则取 $F_Q=F_{10}$。

8.3 Δa 的测量

表面裂纹对称轴线及其两侧各 0.1C 处的三个位置上测量的裂纹扩展量的平均值，作为 Δa 的值。

8.4 条件断裂韧度 K_{IQ} 的计算

由公式(1)计算 K_{IQ}：

$$K_{IQ}=(M/\Phi)\sigma\sqrt{\pi a} \qquad\cdots\cdots(1)$$

式中：

$\sigma=F_Q/BW$

$$M=[1.13-0.09(a/C)]+\left(-0.54+\frac{0.89}{0.2+a/C}\right)(a/B)^2+\left[0.5-\frac{1.0}{0.65+a/C}+14(1.0-a/C)^{24}\right](a/B)^4$$

$\Phi^2=1+1.464(a/C)^{1.65}$

为便于计算，有关的 M/Φ 值参见附录 C。

8.5 K_{Ie}(B)的确定

8.5.1 K_{IQ}的有效性条件

当 K_{IQ}满足公式(2)、公式(3)和公式(4)的要求时，$K_{Ie}(B)=K_{IQ}$：

$$F_{max}/F_Q\leqslant 1.2 \qquad\cdots\cdots(2)$$

$$a\geqslant 0.50(K_{IQ}/\sigma_{0.2})^2 \qquad\cdots\cdots(3)$$

$$(B-a)\geqslant 0.50(K_{IQ}/\sigma_{0.2})^2 \qquad\cdots\cdots(4)$$

8.5.2 K_{Ie}(B)值不少于 3 个。

8.6 K_{Ie}的确定

用不同厚度的板材测定 K_{Ie}(B)，然后作 K_{Ie}(B)-B 曲线，当所得的 K_{Ie}(B)不随板材厚度变化时，即为材料的 K_{Ie}值。

8.7 剩余强度 σ_r 按公式(5)计算：

$$\sigma_r=F_{max}/BW \qquad\cdots\cdots(5)$$

8.8 最终结果一般应保留三位有效数字。

9 试验报告

试验报告一般应至少包括以下内容：

a) 标准编号；

b） 被测试样的屈服强度和拉伸强度；

c） 试样的裂纹平面取向；

d） 试验温度和环境；

e） 试样尺寸：厚度 B、宽度 W、试样测试部分长度 L；

f） 裂纹的起始尺寸；

g） 预制疲劳裂纹过程中的最大应力强度因子 K_{max}；

h） 疲劳裂纹深度 a 和疲劳裂纹长度 $2c$；

i） 试验过程中的最大拉伸力和剩余强度 σ_r；

j） K_{Ie}或 K_{Ie}(B)值；

k） 断口形貌。

附 录 A
（规范性附录）
疲劳裂纹尺寸和形状的控制技术

疲劳裂纹尺寸和形状的控制有以下两种方法。

A.1 方法一

方法一是通过改变初始裂纹源尺寸和形状或改变应力场，或者两者都变化，以达到满足最终外形的要求。在轴向拉伸试验中，裂纹从模拟点缺陷以近似半圆的形式扩展；在弯曲试验中，裂纹以更高的椭圆度形式扩展。两种传播路径近似为公式（A.1）（轴向拉伸试验）和公式（A.2）（弯曲试验）：

$$a/c = 1 - 0.2(a/B)^2 \quad \cdots\cdots\cdots\cdots (\text{A.1})$$

$$a/c = 1 - (a/B) \quad \cdots\cdots\cdots\cdots (\text{A.2})$$

当 $a/B \leqslant 0.7$ 时，裂纹将以上述两种形式路径扩展，那些不在扩展路径上的裂纹将随着进一步的循环加载而趋近于上述路径。

A.2 方法二

方法二是采用一个很尖的初始裂纹，初始裂纹非常接近最终期望尺寸。如果疲劳裂纹仅扩展一个非常小的距离，裂纹形状改变不大。这种方法表面上看起来简单一些，但对试验员要求较多的经验。首先表面起始缺口应足够宽，但不应违反5.2的要求，以便能观察到裂纹根部。当在整个起始切口都能看到疲劳裂纹时，立即终止疲劳裂纹的预制，最终的疲劳裂纹通常能够满足5.2的要求。

附 录 B
（规范性附录）
表面裂纹断裂韧度试验的应力强度因子方程

到目前为止，对于有限尺寸板状试样上的半椭圆表面裂纹尖端的应力强度因子仍没有精确解。但通过有限元计算拟合得到应力强度因子的近似解，而且近似解在 $a \leqslant c$ 和 $a \leqslant 0.8B$ 条件下足够精确。在均匀拉伸应力 σ_t 下，裂纹边缘最深点处的应力强度因子应满足公式(B.1)，表面附近的应力强度因子应满足公式(B.2)：

裂纹边缘最深点处：

$$K/\sigma_t\sqrt{\pi a} = M/\Phi \qquad \cdots\cdots(B.1)$$

裂纹表面附近：

$$K/\sigma_t\sqrt{\pi a} = (M/\Phi)S \qquad \cdots\cdots(B.2)$$

式中：

$M=\{1.13-0.09(a/c)\}+\{-0.54+0.89[0.2+(a/c)]^{-1}\}(a/B)^2+\{0.5-[0.65+(a/c)]^{-1}+14(1-a/c)^{24}\}(a/B)^4$

$\Phi^2=1+1.464(a/c)^{1.65}$

$S=\sqrt{a/c}$

在名义弯曲应力下，裂纹边缘最深点处的应力强度因子满足公式(B.3)，表面附近的应力强度因子满足公式(B.4)：

裂纹边缘最深点处：

$$K/\sigma_b\sqrt{\pi a} = (M/\Phi)H_2 \qquad \cdots\cdots(B.3)$$

裂纹表面附近：

$$K/\sigma_b\sqrt{\pi a} = (M/\Phi)SH_1 \qquad \cdots\cdots(B.4)$$

式中：

$H_2=1-[1.22+0.12(a/c)](a/B)+[0.55-1.05(a/c)^{0.75}+0.47(a/c)^{1.5}](a/B)^2$

$H_1=1-[0.34+0.11(a/c)](a/B)$

图 B.1 中的曲线描述了公式(B.1)与公式(B.2)相等时对应的 a/B 和 a/c 值；以及公式(B.3)与公式(B.4)相等时对应的 a/B 和 a/c 值。在相应曲线的上方，裂纹表面处的应力强度因子较大；在相应曲线的下方，裂纹最深点处的应力强度因子 K 较大。

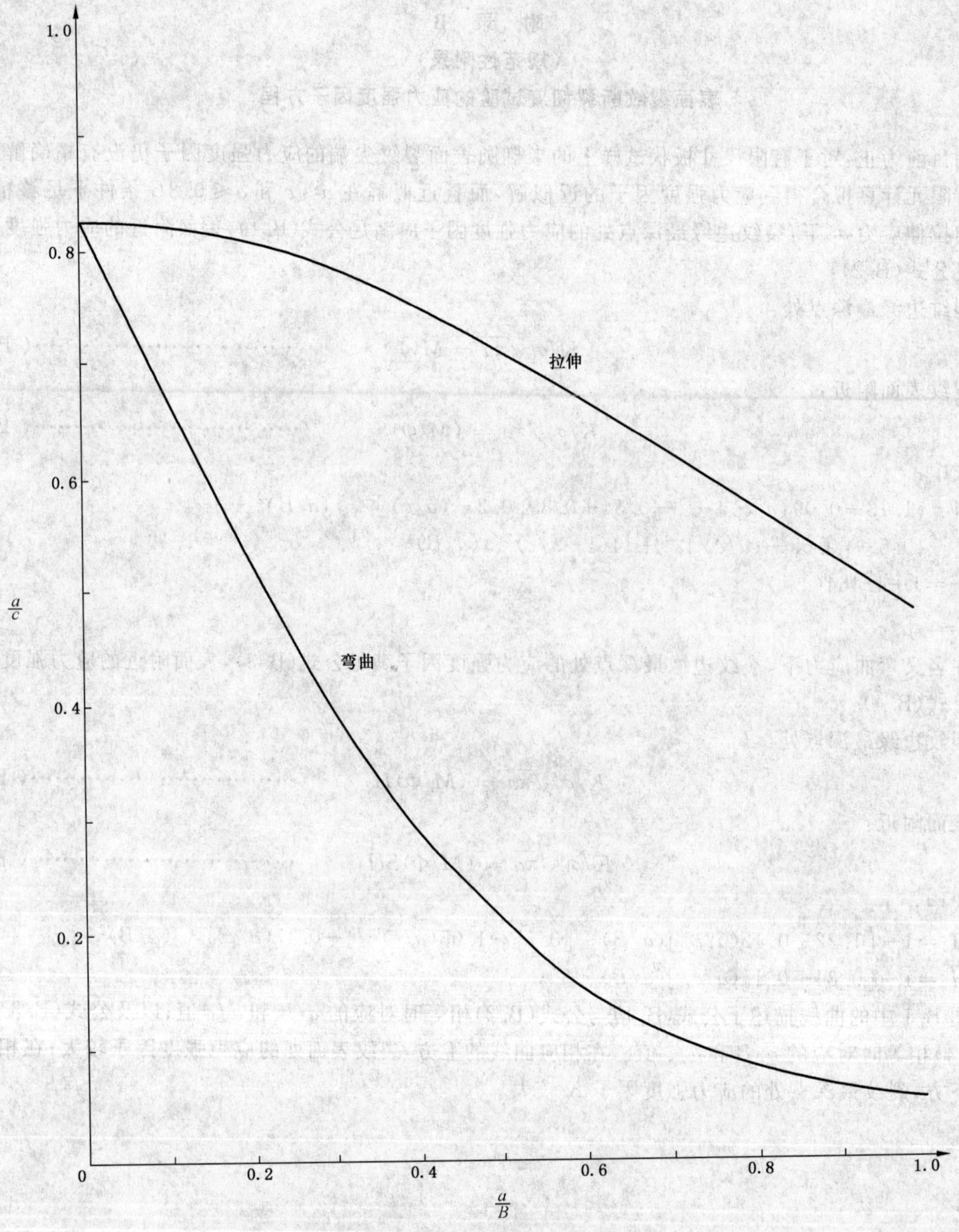

图 B.1 在裂纹表面和最深点处应力强度因子相等时对应的 a/c 和 a/B 值

附 录 C
（资料性附录）
M/Φ 值

a/B \ a/C	0.400	0.410	0.420	0.430	0.440	0.450	0.460	0.470	0.480	0.490	0.500
0.400	1.072 4	1.078 0	1.083 6	1.089 4	1.095 2	1.101 2	1.107 1	1.113 2	1.119 3	1.125 5	1.131 7
0.410	1.065 0	1.068 4	1.073 9	1.079 5	1.085 2	1.090 9	1.096 7	1.102 5	1.108 4	1.114 4	1.120 4
0.420	1.053 8	1.059 1	1.064 4	1.064 8	1.075 3	1.080 6	1.086 4	1.092 1	1.097 8	1.103 6	1.109 4
0.430	1.044 7	1.049 8	1.055 0	1.060 2	1.065 5	1.070 9	1.076 3	1.081 8	1.087 3	1.092 9	1.098 5
0.440	1.035 8	1.040 7	1.045 7	1.050 8	1.055 9	1.061 1	1.066 4	1.071 7	1.077 0	1.082 5	1.087 9
0.450	1.027 0	1.031 8	1.036 6	1.041 5	1.046 5	1.051 5	1.056 6	1.061 8	1.066 9	1.077 2	1.077 5
0.460	1.018 3	1.022 9	1.027 6	1.032 4	1.037 2	1.042 1	1.047 0	1.052 0	1.057 0	1.062 1	1.067 2
0.470	1.009 8	1.014 2	1.018 8	1.023 4	1.028 1	1.032 8	1.037 6	1.042 4	1.047 3	1.052 2	1.057 1
0.480	1.001 3	1.005 7	1.010 1	1.014 5	1.019 1	1.023 6	1.028 3	1.032 9	1.037 7	1.042 4	1.047 2
0.490	0.993 0	0.997 2	1.001 5	1.005 8	1.010 2	1.014 6	1.019 1	1.023 6	1.028 2	1.032 8	1.037 5
0.500	0.984 8	0.988 9	0.993 0	0.997 2	1.001 5	1.005 8	1.010 1	1.014 5	1.018 9	1.023 4	1.027 9
0.510	0.976 7	0.980 7	0.984 7	0.988 7	0.992 9	0.997 0	1.001 2	1.005 5	1.009 8	1.014 1	1.018 5
0.520	0.968 7	0.972 5	0.976 4	0.980 4	0.984 4	0.988 4	0.992 5	0.996 6	1.000 8	1.005 0	1.009 2
0.530	0.960 8	0.964 5	0.968 3	0.972 1	0.976 0	0.979 9	0.983 9	0.987 9	0.991 9	0.996 0	1.000 1
0.540	0.953 0	0.956 7	0.960 3	0.964 0	0.967 8	0.971 6	0.975 4	0.979 3	0.983 2	0.987 1	0.991 1
0.550	0.945 4	0.948 9	0.952 4	0.956 0	0.959 7	0.963 3	0.967 1	0.970 8	0.974 6	0.978 4	0.982 3
0.560	0.937 8	0.941 2	0.944 6	0.948 1	0.951 7	0.955 2	0.958 8	0.962 5	0.966 2	0.969 9	0.973 6
0.570	0.930 3	0.933 6	0.937 0	0.940 3	0.943 8	0.947 2	0.950 7	0.954 3	0.957 8	0.961 4	0.965 0
0.580	0.922 9	0.926 1	0.929 4	0.932 7	0.936 0	0.939 3	0.942 7	0.946 2	0.949 6	0.953 1	0.956 6
0.590	0.915 7	0.918 8	0.921 9	0.925 1	0.928 3	0.931 6	0.934 9	0.938 2	0.941 5	0.944 9	0.948 3
0.600	0.908 5	0.911 5	0.914 5	0.917 6	0.920 7	0.923 9	0.927 1	0.930 3	0.933 6	0.936 8	0.940 1

a/B \ a/C	0.500 0	0.510 0	0.520 0	0.530 0	0.540 0	0.550 0	0.560 0	0.570 0	0.580 0	0.590 0	0.600 0
0.400	1.131 7	1.137 9	1.144 2	1.150 6	1.156 9	1.163 3	1.169 7	1.176 2	1.182 6	1.189 1	1.195 5
0.410	1.120 4	1.126 5	1.132 9	1.138 7	1.144 8	1.151 0	1.157 2	1.163 4	1.169 7	1.175 9	1.182 1
0.420	1.109 4	1.115 2	1.121 1	1.127 1	1.133 0	1.139 0	1.145 0	1.151 0	1.157 0	1.163 0	1.169 1
0.430	1.098 5	1.104 2	1.109 9	1.115 6	1.121 4	1.127 2	1.133 0	1.138 8	1.144 6	1.150 5	1.156 3
0.440	1.087 9	1.093 4	1.098 9	1.104 5	1.110 0	1.115 6	1.121 2	1.126 9	1.132 5	1.138 1	1.143 8
0.450	1.077 5	1.082 8	1.088 1	1.093 5	1.098 9	1.104 3	1.109 7	1.115 2	1.120 6	1.126 1	1.131 5
0.460	1.067 2	1.072 3	1.077 5	1.082 7	1.087 9	1.093 2	1.098 4	1.103 7	1.109 0	1.114 2	1.119 5
0.470	1.057 1	1.062 1	1.067 1	1.072 1	1.077 2	1.082 3	1.087 4	1.092 5	1.097 6	1.102 7	1.107 7
0.480	1.047 2	1.052 0	1.056 9	1.061 8	1.066 7	1.071 6	1.076 5	1.081 4	1.086 4	1.091 3	1.096 2
0.490	1.037 5	1.042 1	1.046 8	1.051 6	1.056 3	1.061 1	1.065 8	1.070 6	1.075 4	1.080 2	1.084 9
0.500	1.027 9	1.032 4	1.037 0	1.041 5	1.046 1	1.050 7	1.055 4	1.060 0	1.064 6	1.069 2	1.073 9
0.510	1.018 5	1.022 9	1.027 3	1.031 7	1.036 2	1.040 6	1.045 1	1.049 6	1.054 0	1.058 5	1.063 0
0.520	1.009 2	1.013 5	1.017 7	1.022 0	1.026 3	1.030 7	1.035 0	1.039 3	1.043 7	1.048 0	1.052 3
0.530	1.000 1	1.004 2	1.008 4	1.012 5	1.016 7	1.020 9	1.025 7	1.029 3	1.033 5	1.037 7	1.041 9
0.540	0.991 1	0.995 1	0.999 1	1.003 2	1.007 2	1.011 3	1.015 3	1.019 4	1.023 5	1.027 5	1.031 6
0.550	0.982 3	0.986 2	0.990 1	0.994 0	0.997 6	1.001 8	1.005 8	1.009 7	1.013 6	1.017 6	1.021 5
0.560	0.973 6	0.977 3	0.981 1	0.984 9	0.988 7	0.992 5	0.996 3	1.000 2	1.004 0	1.007 8	1.011 6
0.570	0.965 0	0.968 7	0.972 3	0.976 0	0.979 7	0.983 4	0.987 1	0.990 8	0.994 5	0.998 2	1.001 9
0.580	0.956 6	0.960 1	0.963 7	0.967 2	0.970 8	0.974 4	0.978 0	0.981 6	0.985 2	0.988 7	0.992 3
0.590	0.948 3	0.951 7	0.955 2	0.958 6	0.962 1	0.965 6	0.969 0	0.972 5	0.976 0	0.979 5	0.982 9
0.600	0.940 1	0.943 5	0.946 8	0.950 1	0.953 5	0.956 9	0.960 2	0.963 6	0.967 0	0.970 3	0.973 7

ICS 77.040.20
H 26

中华人民共和国国家标准

GB/T 7736—2008
代替 GB/T 7736—2001

钢的低倍缺陷超声波检验法

Ultrasonic inspecting method for macro-structure and imperfection of steel

2008-09-11 发布　　　　2009-05-01 实施

中华人民共和国国家质量监督检验检疫总局
中国国家标准化管理委员会　发布

前　言

本标准代替 GB/T 7736—2001《钢的低倍组织及缺陷超声波检验法》。

本标准与 GB/T 7736—2001 相比，主要变化如下：

——标准名称修改为《钢的低倍缺陷超声波检验法》；

——本标准将原标准中的公式(1)、公式(2)、公式(3)、公式(4)、公式(5)加了限制条件即“$X_s \geqslant 3N$ 和 $X_t \geqslant 3N$”；

——将原标准中的“应使扫描区域的宽度大于产品的完整横截面，覆盖率大于 20%”修改为“扫查间距不得超过探头有效声束宽度的 50%～80%”；

——增加“表 4 短横孔判伤界限表”。

本标准由中国钢铁工业协会提出。

本标准由全国钢标准化技术委员会归口。

本标准主要起草单位：东北特殊钢集团有限责任公司、冶金工业信息标准研究院。

本标准主要起草人：邵长禄、黄颖、董泽华、张荣刚、周丰。

本标准所代替的历次版本发布情况为：

——GB/T 7736—1987、GB/T 7736—2001。

钢的低倍缺陷超声波检验法

1 范围

本标准规定了钢的低倍缺陷超声波检验的术语和定义、方法原理、检验方法、对比试块的要求与制备、检验设备及其调试、检验条件和步骤、结果评定、检验报告等。

本标准适用于方型、矩型、圆型等简单截面的轧制、锻造钢材(坯)低倍缺陷的超声波检验,也适用于其他钢制备件、坯料的缺陷检验。

2 规范性引用文件

下列文件中的条款通过本标准的引用而成为本标准的条款。凡是注日期的引用文件,其随后所有的修改单(不包括勘误的内容)或修订版均不适用于本标准,然而,鼓励根据本标准达成协议的各方研究是否可使用这些文件的最新版本。凡是不注日期的引用文件,其最新版本适用于本标准。

GB/T 226 钢的低倍组织及缺陷酸蚀检验法(GB/T 226—1991,neq ISO 4969:1980)

GB/T 1979 结构钢低倍组织缺陷评级图

GB/T 11259 超声波检验用钢对比试块的制作与校验方法

GB/T 12604.1 无损检测 术语 超声检测

JB/T 10061 A型脉冲反射式超声探伤仪通用技术条件

JB/T 10062 超声探伤用探头性能测试方法

3 术语和定义

GB/T 12604.1 确立的术语和定义适用于本标准。

4 方法原理

4.1 一般原理

采用超声脉冲反射法,以超声波在钢中传播过程遇到不同声阻抗界面发生反射的原理进行探伤。

4.2 小信号叠加

超声波探伤法是一定体积范围内缺陷状况的显示,虽然单个缺陷的尺寸小于规定的判伤界限,但邻近诸多小缺陷群体信号的叠加则使缺陷群体的检测成为可能。

4.3 组织反射

低倍组织中由于化学成分偏析及组织不均匀性所产生的声阻抗变化在超声波检测中仍能获得足够大的回波信号,这种由低倍组织引起的超声波反射现象称之为组织反射。

4.4 缺陷当量

采用短横孔人工缺陷和平底孔人工缺陷的当量标定或用大平底当量计算法。

5 检验方法

利用纵波或横波沿钢材(坯)的周面进行超声波检验,可采用接触法或液浸法,应选用耦合效果良好、且对人体及钢材表面无害的耦合介质。

5.1 接触法

采用单直探头对工件进行远场扫描,采用双晶探头对工件进行近场扫描,应保证整个工件扫描覆盖良好。建议当被检验钢材(坯)直径或边长不大于 20 mm 时,选用双晶探头;当被检验钢材(坯)直径或边长大于 20 mm 且不大于 80 mm 时，选用单直探头或双晶探头扫描；当被检验钢材(坯)直径或边长大于 80 mm 时，选用单直探头和双晶探头联合扫描。

5.2 液浸法

5.2.1 采用液浸法纵波检验时，液层深度应不小于被检料直径或边长的 1/4，对于圆钢棒，探头声束轴线应与被检料中心重合，以检测被检料内部缺陷为主(见图 1)。

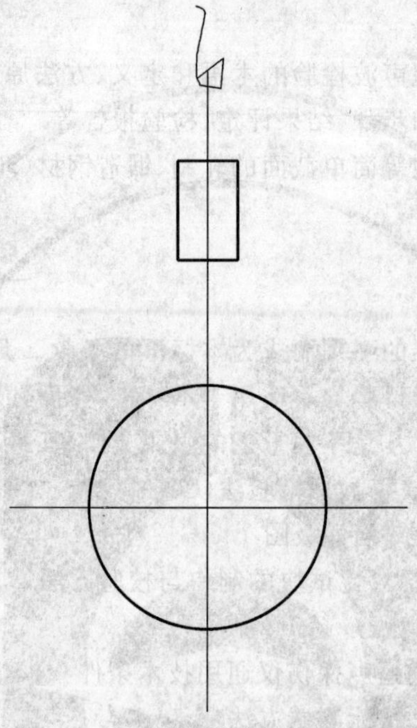

图 1 液浸法纵波扫描示意图

5.2.2 采用液浸法横波探伤时，探头偏心量 X 的选取以产生横波为原则，以探测被检料近表面区的缺陷。应保证整个工件覆盖良好(见图 2)。

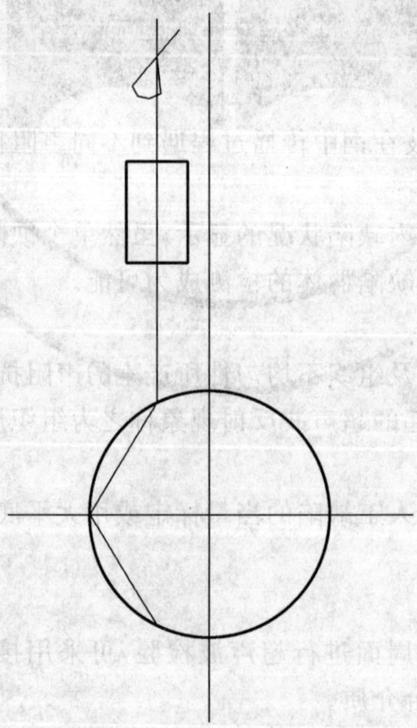

图 2 液浸法横波扫描示意图

6 对比试块

6.1 材料

对比试块应选取与被检验钢材(坯)衰减系数相近的材料制备,制作对比试块的材料应先进行高灵敏度超声波检测,不得出现影响使用的杂波。

6.2 表面状态

采用光面对比试块,其表面粗糙度 Ra 不大于 1.6 μm。

6.3 对比试块的类型

对比试块上的人工缺陷采用平底孔或短横孔。

6.3.1 平底孔试块

平底孔试块,可按图 3 的要求制作。

单位为毫米

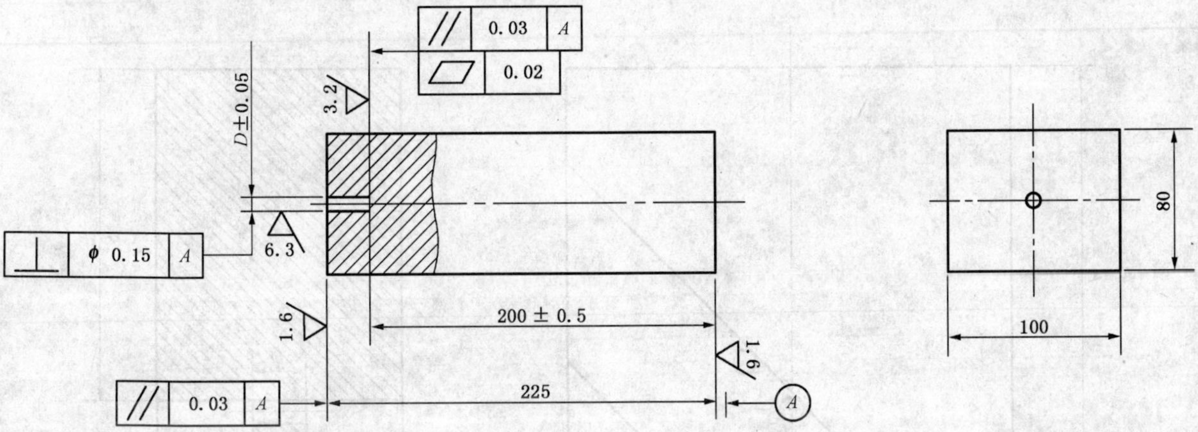

试 块 型 号	DB-P Z20-2	DB-P Z20-4
孔径 D	$\phi 2$	$\phi 4$

图 3 平底孔试块对比试样图

6.3.1.1 平底孔尺寸计算公式

a) 探头接收到的平底孔回波声压 P_f 按式(1)计算($X_f \geqslant 3N$):

$$P_f = \frac{P_0 F_s F_f}{\lambda^2 X_f^2} \qquad \cdots\cdots(1)$$

式中:

P_0——起始声压,单位为帕(Pa);

F_s——探头晶片的面积,单位为平方毫米(mm²);

F_f——平底孔缺陷的面积,单位为平方毫米(mm²);

λ——波长,单位为毫米(mm);

X_f——平底孔缺陷到波源的距离,单位为毫米(mm);

N——近场区长度,单位为毫米(mm)。

6.3.1.2 大平底对平底孔的分贝差,按式(2)、式(3)计算($X_s \geqslant 3N$):

$$\Delta = 20\lg \frac{2\lambda X_s^2}{\pi D_s^2 X_B} \qquad \cdots\cdots(2)$$

$$D_s = \sqrt{\frac{2\lambda X_s^2}{\pi X_B \times 10^{\Delta/20}}} \qquad \cdots\cdots(3)$$

式中：

Δ——底波分贝值减去平底孔缺陷波分贝值，单位为分贝(dB)；

X_s——平底孔缺陷到波源的距离，单位为毫米(mm)；

X_B——被检材料厚度，单位为毫米(mm)；

λ——波长，单位为毫米(mm)；

D_s——平底孔缺陷当量直径，单位为毫米(mm)。

6.3.1.3 当量计算法探伤一般选用 $\phi2$ mm 平底孔为起始灵敏度。

6.3.2 短横孔试块

短横孔试块可按图 4 的要求制作，为了消除边界影响，短横孔试块可制成带斜槽的形状。为了保证短横孔长度制作得精确且便于测量，最好将对比试样制作成双斜槽形式，将人工缺陷制作在斜槽底部位置。

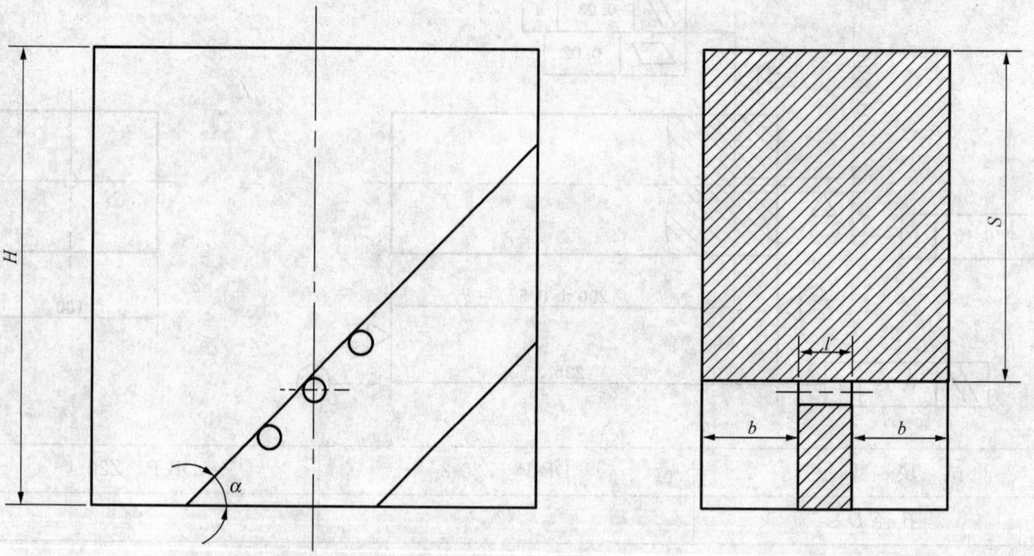

H——试块高度，单位为毫米(mm)；

S——探测距离，单位为毫米(mm)；

α——斜槽倾角，单位为度(°)；

b——斜槽深度，单位为毫米(mm)；

l——人工孔长度，单位为毫米(mm)。

图 4 双斜槽光面对比试块图

6.3.2.1 斜槽尺寸按式(4)计算：

$$b=\frac{1}{4}(2S\cdot\tan\theta-l) \qquad \cdots\cdots(4)$$

式中：

S——探测距离，单位为毫米(mm)；

θ——半扩散角，单位为度(°)；

l——人工横孔长度，单位为毫米(mm)。

式(4)中的 b 为理论计算值，考虑实测结果，制作对比试样时，选取斜槽深度 b 值应不小于表 1 中的数值。

表 1　斜槽深度 b 值表

探测距离 mm	频率 MHz 5.0 探头直径 mm					2.5				
	5	10	15	20	25	5	10	15	20	25
≤30	5	3	0	0	0	10	5	3	0	0
31～60	8	5	3	0	0	15	10	5	3	2
61～100	15	8	5	3	2	20	15	10	5	4
101～160	18	10	8	5	4	22	20	15	10	8
161～220	20	12	10	8	5	25	22	20	12	10
≥221	25	15	12	10	7	30	25	22	15	12

6.3.2.2　斜槽倾角按式(5)计算

$$\alpha = \theta + \gamma \quad \cdots\cdots(5)$$

$$A \cdot \sin^4\gamma + B\sin^2\gamma + C = 0 \quad \cdots\cdots(6)$$

$$A = 4D^2 + 16S^2 \quad \cdots\cdots(7)$$

$$B = -(4D^2 + 4D \cdot S \cdot \sin^2\theta + 16S^2 \cdot \cos^2\theta) \quad \cdots\cdots(8)$$

$$C = D^2 \cdot \cos^2\theta \quad \cdots\cdots(9)$$

式中：

α——斜槽倾角，单位为度(°)；

θ——半扩散角，单位为度(°)；

γ——入射角，单位为度(°)；

D——晶片直径，单位为毫米(mm)。

出于与斜槽深度 b 同样的考虑，制作对比试样时，选取斜槽倾角 α 值应不小于表 2 中的数值。

表 2　倾角 α 数值表

探测距离 mm	频率 MHz 5.0 探头直径 mm					2.5				
	5	10	15	20	25	5	10	15	20	25
10	45	45	—	—	—	50	—	—	—	—
20	45	45	30	30	—	50	40	35	35	—
30	35	30	25	25	25	50	40	30	30	30
31～60	35	30	20	20	20	45	30	30	25	25
61～100	30	20	15	15	15	40	30	30	25	25
101～160	25	15	15	15	15	40	30	30	25	20
161～220	25	15	15	10	10	40	30	30	25	20
≥221	25	15	10	10	10	30	30	30	25	20

6.3.2.3 短横孔尺寸计算公式

探头接收到的短横孔回波声压按式(10)计算($X_f \geqslant 3N$)：

$$P_f = \frac{P_0 F_s L_f}{\lambda X_f \times 2X_f} \sqrt{D_f/\lambda} \qquad \cdots\cdots (10)$$

式中：

P_0——起始声压，单位为帕(Pa)；

F_s——探头波源面积，单位为平方毫米(mm^2)；

λ——波长，单位为毫米(mm)；

X_f——短横孔到波源的距离，单位为毫米(mm)；

N——近场区长度，单位为毫米(mm)；

L_f——短横孔长度，单位为毫米(mm)。

6.3.2.4 大平底对短横孔的分贝差按式(11)、式(12)计算($X_f \geqslant 3N$)：

$$\Delta = 20\lg \frac{P_B}{P_f} = 20\lg \frac{X_f^2}{X_B L_f \sqrt{D_f/\lambda}} \qquad \cdots\cdots (11)$$

$$D_f = \left(\frac{X_f^2}{X_B L_f \times 10^{\Delta/20}}\right)^2 \lambda \qquad \cdots\cdots (12)$$

式中：

Δ——底波分贝数减短横孔回波分贝值，单位为分贝(dB)；

P_B——大平底回波声压，单位为帕(Pa)；

P_f——短横孔回波声压，单位为帕(Pa)；

D_f——短横孔直径，单位为毫米(mm)；

X_B——被检材料厚度，单位为毫米(mm)；

X_f——缺陷到探头波源的距离，单位为毫米(mm)；

L_f——短横孔长度，单位为毫米(mm)；

λ——波长，单位为毫米(mm)。

6.3.2.5 短横孔直径可选 0.8 mm，长度 5 mm 或 10 mm。

6.4 对比试块加工方法

对比试块的外形、平底孔和短横孔可用机械加工或其他方法制作，加工精度可按 GB/T 11259 执行。横孔内壁的粗糙度 Ra 应不大于 3.2 μm，短横孔和平底孔直径偏差为±0.02 mm，长度公差为±0.1 mm。

7 检验设备及其调试

7.1 检验设备

7.1.1 检验设备可按水浸法和接触法区分，主要由超声波探伤仪、探头、对比试样、机械传动装置和水槽等装置组成。其综合灵敏度应可靠检验出本标准规定的人工缺陷。

7.1.2 探伤仪采用脉冲反射式仪器，探头采用直探头或双晶探头，其电性能和组合性能及测试方法应符合 JB/T 10061、JB/T 10062 有关条款的规定。

7.1.3 接触法探伤原则上可根据产品规格及要求选用不同频率和规格的直探头或双晶探头。

7.1.4 水浸法可根据产品规格选取水浸探头或聚焦探头。

7.2 设备调试

7.2.1 探伤设备在每次重新使用或更换规格时，均需用规定的对比试块进行静态和动态调试。

7.2.2 静态调试主要是调人工缺陷波幅度、报警闸门位置及幅度，在设定报警灵敏度时，应按判伤最低幅度调试。如用当量计算法，先调整好仪器的起始灵敏度，即在被检试料的完好部位将第一次底面回波高度调整到荧光屏满刻度的 50%～80%，作为评定回波信号的基准，然后根据被检试料的要求，按式(2)计算所需要提高的增益数值,以达到规定灵敏度的调试要求,再进行检验。

7.2.3 动态调试主要是调整合适的扫描速度,保证人工判伤界限有良好的重现性。

7.2.4 接触法的手工操作扫描速度不大于 3 m/min。

8 检验条件和步骤

8.1 检验条件

8.1.1 所有钢材(坯)试料,特别是热加工或热处理试样,应先用砂轮或其他方法去除影响超声波正常入射的氧化皮,以满足探伤要求。

8.1.2 因被检材料表面曲率和表面粗糙度等原因造成的衰减,其分贝值可进行适当补偿。

8.1.3 探头频率的选择,主要根据产品的种类、状态和规格选择。规格较小的选用 5.0 MHz 的探头,规格较大的选用 2.5 MHz 的探头,粗晶材料可选用较低频率探头。

8.1.4 为使低倍预检不漏检,扫查间距不得超过探头有效声束宽度的 50%~80%。

8.2 检验步骤

8.2.1 探伤设备完成静、动态调试后即可进行检验。

8.2.2 设备在连续使用中,每隔一定时间或发现异常情况时,应用对比试样校准设备,如不符合 7.2.2 和 7.2.3 规定时,应对设备进行重新调试,对上一次校验后的被检试料重新检验。

9 结果评定

9.1 超声波低倍预检应尽可能与 GB/T 1979 中所列缺陷相对应,可根据钢种、热处理状态判定缺陷当量、位置、面积、状态等。判伤可用平底孔试块和短横孔试块进行对比,也可用一组距离幅度作成的曲线板或用大平底当量计算法。平底孔试块的缺陷判定可参照表 3。

表 3 平底孔判定界限表

直径或边长/mm	分类		
	单个缺陷/mm	密集缺陷/mm	底波损失
≤20	ϕ1.0 平底孔	ϕ0.8 平底孔	50%
>20~80	ϕ2.0 平底孔	ϕ1.7 平底孔	50%
>80	ϕ3.2 平底孔	ϕ2.7 平底孔	50%

短横孔试块的缺陷判定可参照表 4。

表 4 短横孔判定界限表

直径或边长/mm	分类		
	短横孔直径/mm	短横孔长度/mm	底波损失
≤80	0.8	5	50%
>80	0.8	10	50%

9.2 经超声波检验,凡缺陷波低于表 3 或表 4 判伤界限,该炉批应判为超声波低倍检验合格,无需做酸蚀试验,结果报告按“低倍合格”报出。

9.3 经超声波检验,凡缺陷波不低于表 3 或表 4 判伤界限,应按 GB/T 226 做酸蚀试验,试验报告按酸蚀结果报出。

10 检验报告

检验报告应由有关部门认定的具有Ⅱ级及Ⅱ级以上技术资格证书人员签发,检验报告应包括以下内容:

a） 炉号、牌号、批号、规格、样号、产品标准；

b） 探伤仪型号、探头型号、探伤方法、探伤灵敏度；

c） 检验标准；检验结果；

d） 操作者及资格等级；

e） 检验日期。

ICS 77.100
H 42

GB

中华人民共和国国家标准

GB/T 7738—2008
代替 GB/T 7738—1987

铁合金产品牌号表示方法

Notations for designation of ferroallys

2008-08-05 发布 2009-04-01 实施

中华人民共和国国家质量监督检验检疫总局
中国国家标准化管理委员会 发布

前 言

本标准代替 GB/T 7738—1987《铁合金产品牌号表示方法》。

本标准与 GB/T 7738—1987 比较，主要变化如下：

——修改了牌号表示方法的基本原则；

——增加了表 2 产品名称、用途、特性和工艺方法表示符号；

——补充了牌号表示方法的部分内容；

——增加了附录 A。

本标准的附录 A 为资料性附录。

本标准由中国钢铁工业协会提出。

本标准由全国生铁及铁合金标准化技术委员会归口。

本标准起草单位：冶金工业信息标准研究院。

本标准主要起草人：张瑞香、赵福恩。

本标准 1987 年 3 月首次发布。

铁合金产品牌号表示方法

1 范围

本标准规定了铁合金产品牌号表示的基本原则及方法。

本标准适用于编写铁合金产品牌号。

2 牌号表示的基本原则

2.1 凡列入国家标准和行业标准的铁合金产品都应按本标准的规定编制牌号。

2.2 本标准中未规定的铁合金产品牌号表示方法，应根据本标准的规定原则进行编制。

2.3 本标准采用汉语拼音字母、化学元素符号、阿拉伯数字及英文字母相结合的方法表示铁合金产品牌号。

常用化学元素符号见表1。

表1 常用化学元素符号

元素名称	化学元素符号	元素名称	化学元素符号	元素名称	化学元素符号
铁	Fe	锂	Li	钐	Sm
锰	Mn	铍	Be	锕	Ac
铬	Cr	镁	Mg	硼	B
镍	Ni	钙	Ca	碳	C
钴	Co	锆	Zr	硅	Si
铜	Cu	锡	Sn	硒	Se
钨	W	铅	Pb	碲	Te
钼	Mo	铋	Bi	砷	As
钒	V	铯	Cs	硫	S
钛	Ti	钡	Ba	磷	P
铝	Al	镧	La	氮	N
铌	Nb	铈	Ce	氧	O
钽	Ta	钕	Nd	氢	H

注：混合稀土元素符号用“RE”表示。

2.3.1 采用汉语拼音字母表示产品名称、用途、工艺方法和特性时，一般从代表该汉字的汉语拼音中选取，原则上取第一个字母。当和另一产品所取字母重复时，改取第二个字母或第三个字母。原则上只取一个字母，一般不超过两个。

2.3.2 产品名称、用途、特性和工艺方法表示符号见表2。

2.4 铁合金产品牌号按顺序排序，如无必要，可省略相应部分。除有特殊规定外，汉语拼音字母、化学元素符号、阿拉伯数字及英文字母之间应无间隙。

表 2 产品名称、用途、工艺方法和特性表示符号

名 称	采用的汉字及汉语拼音		采用符号	字 体	位 置
	汉字	汉语拼音			
金属锰(电硅热法)、金属铬	金	JIN	J	大 写	牌号头
金属锰(电解重熔法)	金 重	JIN CHONG	JC	大 写	牌号头
真空法微碳铬铁	真 空	ZHENG KONG	ZK	大 写	牌号头
电解金属锰	电 金	DIAN JIN	DJ	大 写	牌号头
钒渣	钒 渣	FAN ZHA	FZ	大 写	牌号头
氧化钼块	氧	YANG	Y	大 写	牌号头
组别			英文字母		
			A	大 写	牌号尾
			B	大 写	牌号尾
			C	大 写	牌号尾
			D	大 写	牌号尾

3 牌号表示方法

各类铁合金产品牌号表示方法按下列格式编写：

× × × ×

——表示主要杂质元素及其最高质量分数或组别(第四部分)

——表示主元素(或化合物)及其质量分数(第三部分)

——表示含铁元素的铁合金产品,以化学符号"Fe"表示(第二部分)

——表示铁合金产品名称、用途、工艺方法和特性,以汉语拼音字母表示(第一部分)

3.1 需要表示产品名称、用途、工艺方法和特性时,其牌号以汉语拼音字母开始。

例如高炉法:用"G"("高"字汉语拼音中的第一个字母)表示;

电解法用:"D"("电"字汉语拼音中的第一个字母)表示;

重熔法用:"C"("重"字汉语拼音中的第一个字母)表示;

真空法用:"ZK"("真"、"空"字汉语拼音中的第一个字母组合)表示;

金属用:"J"("金"字汉语拼音中的第一个字母)表示;

氧化物用:"Y"("氧"字汉语拼音中的第一个字母)表示;

钒渣用:"FZ"("钒"、"渣"字汉语拼音中的第一个字母组合)表示。

3.2 含有一定铁量的铁合金产品,其牌号中应有"Fe"的符号,示例见表 3。

表 3 牌号示例

序号	产品名称	第一部分	第二部分	第三部分	第四部分	牌号表示示例
1	硅铁		Fe	Si75	Al1.5-A	FeSi75Al1.5-A
		T	Fe	Si75	A	TFeSi75-A
	金属锰	J		Mn97	A	JMn97-A
		JC		Mn98		JCMn98
	金属铬	J		Cr99	A	JCr99-A

表 3（续）

序号	产品名称	第一部分	第二部分	第三部分	第四部分	牌号表示示例
2	钛铁		Fe	Ti30	A	FeTi30-A
3	钨铁		Fe	W78	A	FeW78-A
	钼铁		Fe	Mo60		FeMo60-A
	锰铁		Fe	Mn68	C7.0	FeMn68C7.0
	钒铁		Fe	V40	A	FeV40-A
	硼铁		Fe	B23	C0.1	FeB23C0.1
	铬铁		Fe	Cr65	C1.0	FeCr65C1.0
		ZK	Fe	Cr65	C0.010	ZKFeCr65C0.010
	铌铁		Fe	Nb60	B	FeNb60-B
	锰硅合金		Fe	Mn64Si27		FeMn64Si27
	硅铬合金		Fe	Cr30Si40	A	FeCr30Si40-A
	稀土硅铁合金		Fe	SiRE23		FeSiRE23
	稀土镁硅铁合金		Fe	SiMg8RE5		FeSiMg8RE5
	硅钡合金		Fe	Ba30Si35		FeBa30Si35
	硅铝合金		Fe	Al52Si5		FeAl52Si5
	硅钡铝合金		Fe	Al34Ba6Si20		FeAl34Ba6Si20
	硅钙钡铝合金		Fe	Al16Ba9Ca12Si30		FeAl16Ba9Ca12Si30
	硅钙合金			Ca31Si60		Ca31Si60
	磷铁		Fe	P24		FeP24
	五氧化二钒			$V_2O_5$98		$V_2O_5$98
	钒氮合金			VN12		VN12
	电解金属锰	DJ		Mn	A	DJMn-A
	钒渣	FZ		FZ1		FZ1（建议修订标准时，用英文字母代替阿拉伯数字）
	氧化钼块	Y		Mo55.0	A	YMo55.0-A
	氮化金属锰	J		MnN	A	JMnN-A
	氮化锰铁		Fe	MnN	A	FeMnN-A
	氮化铬铁		Fe	NCr3	A	FeNCr3-A（建议修订标准时，改为 FeCrN3-A）

3.3 主元素（或化合物）及其质量分数表示，示例见表 3。

3.4 需表明产品的杂质含量时，以元素符号及其最高质量分数或以组别符号“-A”“-B”等表示，示例见表 3。

附 录 A
（资料性附录）
铁合金产品牌号对照表

表 A.1 给出了铁合金产品牌号对照一览表。

表 A.1 铁合金产品牌号对照表

产品标准号及名称	牌 号 表 示	备 注
GB/T 2272—1987 硅铁	FeSi90Al1.5、FeSi90Al 3.0、FeSi75Al0.5-A、FeSi75Al0.5-B、FeSi75Al1.0-A、FeSi75Al1.0-B、FeSi75Al1.5-A、FeSi75Al1.5-B、FeSi75Al 2.0-A、FeSi75Al 2.0-B、FeSi75-A、FeSi75-B、FeSi 65、FeSi 45、T FeSi75-A、T FeSi75-B、T FeSi75-C、T FeSi75-D、T FeSi75-E、T FeSi75-F、T FeSi75-G	我国标准按硅及杂质含量的不同，分为 16 个牌号。如，FeSi75Al0.5-A，“Fe”表示含铁元素的铁合金产品，“Si75”表示硅元素及其质量分数（%），“Al0.5”表示铝元素及其质量分数（%），“A”表示组别 A
ISO 5445:1980 硅铁 规格和交货条件	FeSi10、FeSi15、FeSi25、FeSi45、FeSi50、FeSi65、FeSi75Al1、FeSi75Al1.5、FeSi75Al2、FeSi75Al3、FeSi90Al1 和 FeSi90Al2	国际标准按硅及杂质含量的不同，分为 12 个牌号。如 FeSi75Al1，“Fe”表示含铁元素的铁合金产品，“Si75”表示硅元素及其质量分数（%），“Al1”表示铝元素元素及其质量分数（%）
ASTM A100:2004 硅铁规范	C 级、CA 级、CB 级、C1 级、C2 级、D 级、DA 级、E 级、EA 级、E1 级、E1A 级、F 级、F1 级、F1A 级、G 级、GA 级、G1 级和 G1A 级	美国标准有 18 个牌号。“C”、“D”、“E”、“F”、“G”表示不同硅含量，如“CA”，“C”表示硅含量 74.0～79.0，“A”表示组别
JIS G 2302:1998 硅铁	FSi1、FSi2、FSi3 和 FSi6	日本标准有 4 个牌号。“F”表示含铁元素的铁合金产品；“Si”表示硅元素；“1”、“2”“3”和“6”表示不同硅含量
DIN 17560-1:2004 硅铁和硅 第 1 部分 硅铁的交货技术条件	FeSi75Al1、FeSi75Al1.5、FeSi75Al2、FeSi90Al2.5 和 FeSi90Al1	德国标准有 5 个牌号。如 FeSi75Al1，“Fe”表示含铁元素的铁合金产品，“Si75”表示硅元素及其质量分数（%），“Al1”表示铝元素及其质量分数（%）
ГОСТ 1415:1993 硅铁技术条件	ФС90、ФС75、ФС70、ФС70АИ、ФС65、ФС50、ФС45、ФС25、ФС20、FeSi10、FeSi15、FeSi25、FeSi45、FeSi50、FeSi65、FeSi75Al1、FeSi75Al1.5、FeSi75Al2、FeSi75Al3、FeSi90Al1 和 FeSi90Al2	俄罗斯标准有 21 个牌号。其中 12 个牌号与国际标准一致。如 ФС70，“Ф”表示铁，“C70”表示硅及其质量分数（%）
GB/T 2274—2006 金属锰	电硅热法有 8 个牌号，JMn98、JMn97-A、JMn97-B、JMn96-A、JMn96-B、JMn95-A、JMn95-B 及 JMn93；电解重熔法有 3 个牌号，JCMn98、JCMn97 及 JCMn95	我国金属锰按冶炼方法分为电硅热法和电解重熔法两类。共有 11 个牌号。“JMn××-×”和“JCMn××-×”，“JMn”表示电硅热法金属锰；“JCMn”表示电解重熔法金属锰，其中 C 表示重熔法的“重”；“××”表示主元素的质量分数。“-×”按杂质含量的不同，同一锰含量的牌号还可用 A、B 区分

表 A.1（续）

产品标准号及名称	牌号表示	备注
DIN 17564:2004-02 锰铁、锰铁硅和锰交货技术条件	Mn99.9、Mn97 和 Mn90N	德国标准有 13 个牌号。其中锰铁有 8 个牌号，硅锰合金有 2 个牌号，锰有 3 个牌号（包括电解锰、金属锰和烧结含氮锰各 1 个牌号），如“Mn97”表示锰元素及质量分数
ГОСТ6008:1990 金属锰及氮化金属锰技术条件	MH998、MH997、MH965 和 MH95	俄罗斯标准有 8 个牌号（包括金属锰和氮化金属锰各 4 个牌号）。金属锰分为电解法和电硅热法，各有 2 个牌号。如 MH965，“MH”表示锰，“965” 表示最小锰含量，即质量分数（‰）
GB/T 3211—2008 金属铬	JCr99.2、JCr99-A、JCr99-B、JCr98.5、和 JCr98	我国标准金属铬按及杂质含量的不同，分为五个牌号。如，“JCr99-A”，金属铬用“金”字汉语拼音中的第一个字母“J”表示；“Cr99”表示锰元素及其质量分数（%），“A”表示组别 A
ISO 10387:1994 金属铬交货规范和条件	RECr99.6、ECr99.2、RACr99、ACr98.5 和 ACr98	国际标准金属铬分为 5 个牌号。“R”表示精炼，“E”表示电解，“A”表示铝热法，“Cr99.6”表示铬元素及其质量分数（%）
ASTM A 481-1994(2004) 金属铬的标准规范	A 级和 B 级	美国标准金属铬分为 2 个牌号
JIS G 2313-1998 金属铬	MCr	日本标准金属铬有 1 个牌号，“MCr”表示金属铬产品
DIN 17565-2004 铬铁、铬硅铁和铬交货技术条件	Cr99el 和 Cr99	德国标准 14 个牌号（包括铬铁 10 个牌号、铬硅铁 2 个牌号和铬 2 个牌号）。金属铬分为 2 个牌号。Cr99el 是电解金属铬，Cr99 是铝热金属铬 “Cr99”表示铬元素及其质量分数（%）
ГОСТ 5905:2004 金属铬技术条件	X99H1、X99H2、X99H4、X99H5、X99、X98.5 和 X97.5	俄罗斯标准金属铬为 7 个牌号。如 X99H1，“X”表示铬，“99”表示最小铬含量，“H1”、“ H2”、“ H4”和“H5”表示 X99 化学成分的不同
GB/T 3282—2006 钛铁	FeTi30-A、FeTi30-B、FeTi40-A、FeTi40-B、FeTi70-A、FeTi70-B 和 FeTi70-C	我国标准按钛及杂质含量的不同，分为七个牌号。如，FeTi40-A，“Fe”表示含铁元素的铁合金产品，“Ti40”表示钛元素及其质量分数（%），“A”表示组别 A
ISO 5454:1980 钛铁交货技术条件	FeTi30Al6、FeTi30Al10、FeTi40Al6、FeTi40Al8、FeTi40Al10、FeTi70、FeTi70Al2 和 FeTi70Al5	国际标准按钛及杂质含量的不同，分为八个牌号。如 FeTi40Al6，“Fe”表示含铁元素的铁合金产品，“Ti40”表示钛元素及其质量分数（%），“Al6” 表示铝元素元素及其质量分数（%）

表 A.1(续)

产品标准号及名称	牌号表示	备注
ASTM A 324:2004 钛铁规格	A级、B级、C级和D级	美国标准钛及杂质含量的不同,分为四个牌号
JIS G 2309:1998 钛铁	FTiL0、FTiL1 和 FTiL3	日本标准按钛及杂质含量的不同,分为三个牌号。"F"表示含铁元素的铁合金产品;"Ti"表示钛元素;"L"表示低碳;"0"、"1"和"3"表示不同钛含量
DIN 17566:2004 钛铁交货技术条件	FeTi40Al6、FeTi70Al0.5、FeTi70Al2、FeTi70Al5 和 FeTi70Al4.5	德国标准按钛及杂质含量的不同,分为五个牌号。如 FeTi70Al2,"Fe"表示含铁元素的铁合金产品,"Ti70"表示钛元素及其质量分数(%),"Al2" 表示铝元素元素及其质量分数(%)
ГОСТ 4761:1991 钛铁交货技术条件	FeTi30Al6、FeTi30Al10、FeTi40Al6、FeTi40Al8、FeTi40Al10、FeTi70、FeTi70Al2、FeTi70Al5、ФТч70С05、ФТч70С08、ФТч70С05Сн03、ФТч70С1、ФТч35С5、ФТч35С7、ФТч35С8、ФТч30 和 ФТч25	俄罗斯标准钛铁为 17 个牌号。其中 8 个牌号与国际标准一致。如,ФТч70С05,"Ф" 表示铁,"Тч70" 表示钛及其质量分数(%),"С05" 表示硅及其含量的最小值即质量分数(‰)
GB/T 3648—1996 钨铁	FeW80-A 、FeW80-B、FeW80-C 和 FeW70	我国标准按钨及杂质含量的不同,分为四个牌号。如 FeW80-A,"Fe"表示含铁元素的铁合金产品,"W80"表示钨元素及其质量分数(%),"A"表示组别 A
ISO 5450:1980 钨铁交货规格和条件	FeW80 和 FeW80LC	国际标准按钨及杂质含量的不同,分为二个牌号。如 FeW80LC,"Fe"表示含铁元素的铁合金产品,"W80"表示钨元素及其质量分数(%),"LC" 表示低碳
ASTM A 144:2004 钨铁规范	A级、B级、C级和D级	美国标准按钨及杂质含量的不同,分为四个牌号
JIS G 2306:1998 钨铁	FW1	日本标准仅有一个牌号。"F"表示含铁元素的铁合金产品;"W"表示钨元素;"1"表示种类
DIN 17562:2004 钨铁交货技术条件	FeW80	德国标准仅有一个牌号。"Fe" 表示含铁元素的铁合金产品,"W80"表示钨元素及其质量分数(%)
ГОСТ 17293:1993 钨铁交货技术条件	FeW80、FeW80LC、ФБ80(а)、ФБ75(а)、ФБ70(а)、ФБ72、ФБ70 和 ФБ65	俄罗斯标准钛铁为 8 个牌号。其中 2 个牌号与国际标准一致。如,ФБ70,"Ф" 表示铁,"Б70"表示钨及其含量的最小值即质量分数(%)

表 A.1（续）

产品标准号及名称	牌　号　表　示	备　　注
GB/T 3649—2008 钼铁	FeMo70、FeMo60-A、FeMo60-B、FeMo60-C、FeMo55-A 和 FeMo55-B	我国标准按钼及杂质含量的不同，分为九个牌号。如 FeMo60-A，“Fe”表示含铁元素的铁合金产品，“Mo60”表示钼元素及其质量分数（%），“A”表示组别 A
ISO 5452:1982 钼铁交货规格和条件	FeMo60、FeMo60Cu1、FeMo60Cu1.5、FeMo70、FeMo70Cu1 和 FeMo70Cu1.5	国际标准按钼及杂质含量的不同，分为六个牌号。如 FeMo60Cu1，“Fe”表示含铁元素的铁合金产品，“Mo60”表示钼元素及其质量分数（%），“Cu1”表示铜元素元素及其质量分数（%）
ASTM A 132:2004 钼铁合金标准规范	A1 和 A2	美国标准按钼及杂质含量的不同，分为二个牌号。“A”表示含钼量不小于 60；“1 和 2”表示不同的含铜量
JIS G 2307:1998 钼铁	FMoH 和 FMoL	日本标准按钼及杂质含量的不同，分为二个牌号。“F”表示含铁元素的铁合金产品；“Mo”表示钼元素；“H”表示高碳；“L”表示低碳
DIN 17561:2004 钼铁交货技术条件	FeMo60S0.10、FeMo60S0.15、FeMo70S0.10 和 FeMo70S0.15	德国标准按钼及杂质含量的不同，分为四个牌号。如 FeMo60S0.10，“Fe”表示含铁元素的铁合金产品，“Mo60”表示钼元素及其质量分数（%），“S0.10”表示硫元素元素及其质量分数
ГОСТ4759:1991 钼铁技术条件	FeMo60、FeMo60Cu1、FeMo60Cu 1.5、FeMo70、FeMo70Cu1、FeMo70Cu1.5、ΦMo60（нк）、ΦMo60、ΦMo58（нк）、ΦMo58、ΦMo58、ΦMo55 和 ΦMo50	俄罗斯标准钼铁为 12 个牌号。其中 6 个牌号与国际标准一致。如 ΦMo60，“Φ”表示铁，“Mo60”表示钼及其质量分数（%）
GB/T 3795—2006 锰铁	其中低碳锰铁有 3 个牌号，FeMn88C0.2、FeMn84C0.4、FeMn84C0.7；中碳锰铁有 3 个牌号，FeMn82C1.0、FeMn82C1.5、FeMn78C2.0；高碳锰铁 FeMn78C8.0、FeMn74C7.5、FeMn68C7.0 有 3 个牌号；高炉锰铁 FeMn78、FeMn73、FeMn68 和 FeMn63	锰铁按工艺分为电炉锰铁和高炉锰铁，电炉锰铁分为低碳锰铁、中碳锰铁、高碳锰铁。锰铁共有 13 个牌号。如 FeMn88C0.2，“Fe”表示含铁元素的铁合金产品，“Mn88”表示锰元素及其质量分数（%），“C0.2”表示碳元素及其质量分数（%）
ISO 5446:1980 锰铁　交货规格和条件	其中高碳锰铁有 5 个牌号，FeMn75C80VHP、FeMn75C80HP、FeMn75C80MP、FeMn75C80LP、FeMn75C80VLP；中碳锰铁有 12 个牌号，FeMn80C20、FeMn80C20LP、FeMn80C15、FeMn80C15LP、FeMn80C10、FeMn80C10LP、FeMn90C20、FeMn90C20LP、FeMn90C15、FeMn90C15LP、FeMn90C10、FeMn90C10LP；低碳锰铁有 8 个牌号，FeMn80C05、FeMn80C05LP、FeMn80C01、FeMn80C01LP、FeMn90C05、FeMn90C05LP、FeMn90C01、FeMn90C01LP；氮化锰铁有 3 个牌号 5 个品种，FeMn80C05N2、FeMn70C05N5 和 FeMn70C10N5	国际标准将锰铁分为低碳锰铁、中碳锰铁、高碳锰铁和氮化锰铁。共有 28 个牌号。如 FeMn75C80VHP，“Fe”表示含铁元素的铁合金产品，“Mn75”表示锰元素及其质量分数（%），“C80”表示碳元素及其质量分数（‰）；“VHP”表示非常高的含磷量。再如 FeMn80C05N2，“Fe”表示含铁元素的铁合金产品，“Mn80”表示锰元素及其质量分数（%），“C05”表示碳元素及其质量分数（‰）；“N2”表示锰元素及其质量分数（%）

表 A.1（续）

产品标准号及名称	牌号表示	备注
ASTM A 99:2003 锰铁合金标准规范	其中高碳锰铁有3个牌号，A级、B级和C级；中碳锰铁有4个牌号，A级、B级、C级和D级；氮化锰铁有1种；低碳锰铁有2个牌号，A级和B级	美国标准将锰铁分为高碳锰铁、中碳锰铁、氮化锰铁和低碳锰铁。共有10个牌号，11个品种
JIS G 2301:1998 锰铁	其中高碳锰铁有2个牌号，FMnH0、FMnH1；中碳锰铁有2个牌号，FMnM0、FMnM2；低碳锰铁有2个牌号，FMnL0、FMnL1	日本标准将锰铁分为高碳锰铁、中碳锰铁和低碳锰铁。共有6个牌号。“F”表示含铁元素的铁合金产品；“Mn”表示锰元素；“L”表示低碳；“0”、“1”和“2”表示不同锰含量
DIN 17564:2004 锰铁、锰铁硅和锰交货技术条件	低碳锰铁 FeMn85C01、低碳低磷锰铁 FeMn85C01P015、低碳含氮锰铁 FeMn85NC01、低碳低磷含氮锰铁 FeMn85N C01P015、中碳锰铁 FeMn80 C1、中碳含氮锰铁 FeMn85NC1、高碳锰铁 FeMn75 C7、高碳低磷锰铁 FeMn75 C7 P015	德国标准德国标准有13个牌号。其中锰铁有8个牌号，硅锰合金有2个牌号，锰有3个牌号。其中，锰元素表示方法相同，如FeMn85C01P015，“Fe”表示含铁元素的铁合金产品，“Mn85”表示锰元素及其质量分数(%)，“C01”表示碳元素及其质量分数(‰)。“P015”表示磷元素及其质量分数(%)的百倍，而 FeMn80 C1，“C1”表示碳元素及其质量分数(%)
ГОСТ4755:1991 锰铁交货技术条件	ФМн90、ФМн88、ФМн78、ФМн70；FeMn75C80VHP、FeMn75C80HP、FeMn75C80MP、FeMn75C80LP、FeMn75C80VLP；FeMn80C20、FeMn80C20LP、FeMn80C15、FeMn80C15LP、FeMn80C10、FeMn80C10LP、FeMn90C20、FeMn90C20LP、FeMn90C15、FeMn90C15LP、FeMn90C10、FeMn90C10LP；FeMn80C05、FeMn80C05LP、FeMn80C01、FeMn80C01LP、FeMn90C05、FeMn90C05LP、FeMn90C01、FeMn90C01LP	俄罗斯标准锰铁为29个牌号，31个品种。其中25个牌号与国际标准一致。氮化锰铁有3个品种，没有牌号表示。如，ФМн90，“Ф”表示铁，“Мн90”表示锰及其质量分数(%)
GB/T 4008—2008 锰硅合金	FeMn64Si27、FeMn67Si23、FeMn68Si22、FeMn62Si23(FeMn64Si23)、FeMn68Si18、FeMn62Si18(FeMn64Si18)、FeMn68Si16 和 FeMn62Si17(FeMn64Si16)	我国标准按锰、硅及杂质含量的不同，分为8个牌号。如 FeMn64Si27，“Fe”表示含铁元素的铁合金产品，“Mn64”表示锰元素及其质量分数(%)，“Si27”表示硅元素及其质量分数(%) 注：括号中的牌号为旧牌号
ISO 5447:1980 硅锰铁　交货规格和条件	FeMnSi12、FeMnSi18、FeMnSi18LP、FeMnSi22HP、FeMnSi22MP、FeMnSi22LP、FeMnSi23HP、FeMnSi23MP、FeMnSi23LP、FeMnSi28、FeMnSi28LP、FeMnSi30HP、FeMnSi30LP 和 FeMnSi30ELP	国际标准按锰、硅及杂质含量的不同，分为12个牌号。如 FeMnSi18LP，“Fe”表示含铁元素的铁合金产品，“Mn”表示锰元素；“Si18”表示硅元素及其质量分数(%)，“LP”表示低磷，“ELP”表示超低磷，“HP”表示高磷，“MP”表示中磷
ASTM A 483:2004 硅锰合金	A级、B级和C级	美国标准有3个牌号

表 A.1（续）

产品标准号及名称	牌号表示	备注
JIS G 2304:1998 硅锰合金	SiMn0、SiMn1、SiMn2 和 SiMn3	日本标准有 4 个牌号。“Si”表示硅元素；“Mn” 表示锰元素；“0”、“1”、“2” 和“3” 表示不同品种
DIN 17564:2004-02 锰铁、锰铁硅和锰交货技术条件	FeMn65Si 和 FeMn70Si	德国标准德国标准有 13 个牌号。其中锰铁有 8 个牌号，硅锰合金有 2 个牌号，锰有 3 个牌号。如 FeMn65Si，“Fe”表示含铁元素的铁合金产品，“Mn65”表示锰元素及其质量分数(%)，“Si” 表示硅元素
ГОСТ4756:1991 硅锰合金技术条件	FeMnSi12、FeMnSi18、FeMnSi18LP、FeMnSi22HP、FeMnSi22MP、FeMnSi22LP、FeMnSi23HP、FeMnSi23MP、FeMnSi23LP、FeMnSi28、FeMnSi28LP、FeMnSi30HP、FeMnSi30LP、FeMnSi30ELP、MнC25、MнC22、MнC17 和 MнC12	俄罗斯标准为 16 个牌号。其中 12 个牌号与国际标准一致。如，MнC22 “Mн”表示锰，“C22” 表示硅及其质量分数(%)
GB/T 4009—2008 硅铬合金	FeCr30Si40-A、FeCr30Si40-B、FeCr30Si40-C、FeCr30Si40-D 和 FeCr32Si35	我国标准按硅、铬及杂质含量的不同，分为 5 个牌号。如 FeCr30Si40-A，“Fe”表示含铁元素的铁合金产品，“Cr30”表示铬元素及其质量分数(%)，“Si40”表示硅元素及其质量分数(%)，“A”表示组别 A
ISO 5449:1980 硅铬铁交货规格和条件	FeCrSi15、FeCrSi22、FeCrSi23、FeCrSi26、FeCrSi33、FeCrSi40、FeCrSi45、FeCrSi50、FeCrSi50LC、FeCrSi55、FeCrSi48、FeCrSi48LP	国际标准按硅及杂质含量的不同，分为 12 个牌号。如 FeCrSi50LC，“Fe”表示含铁元素的铁合金产品，“Si50”表示硅元素及其质量分数(%)，“LC” 表示低碳
ASTM A 482:1993(2004) 铬铁硅的标准规范	A 级和 B 级	美国标准有 2 个牌号
JIS G 2315:1998 硅铬合金	SiCr	日本标准有 1 个牌号。“Si”表示硅元素；“Cr”表示铬含量
DIN 17565:2004 铬铁、铬硅铁和铬交货技术条件	FeSiCr35 和 FeSiCr40	德国标准 14 个牌号(包括铬铁 10 个牌号、铬硅铁 2 个牌号和铬 2 个牌号)。如 FeSiCr35，“Fe”表示含铁元素的铁合金产品，“Si”表示硅元素，“Cr35”表示铬元素及其质量分数(%)
ГОСТ11861:1991 硅铬铁交货技术条件	FeCrSi15、FeCrSi22、FeCrSi23、FeCrSi26、FeCrSi33、FeCrSi40、FeCrSi45、FeCrSi50、FeCrSi50LC、FeCrSi55、FeCrSi48、FeCrSi48LP、ФXC20、ФXC20P、ФXC33、ФXC33P、ФXC40、ФXC40P、ФXC48 和 ФXC48P	俄罗斯标准为 16 个牌号。其中 12 个牌号与国际标准一致。如 ФXC20P，“Ф”表示铁，“X”表示铬，“C20” 表示硅及其质量分数(%)，“P”表示具有较高的磷含量

表 A.1（续）

产品标准号及名称	牌　号　表　示	备　　注
GB/T 4139—2004 钒铁	FeV40-A、FeV40-B、FeV50-A、FeV50-B、FeV60-A、FeV60-B、FeV80-A 和 FeV80-B	我国标准按钒及杂质含量的不同，分为八个牌号。如 FeV50-A，“Fe”表示含铁元素的铁合金产品，“V60”表示钼元素及其质量分数（%），“A”表示组别 A
ISO 5451:1980 钒铁交货规格和条件	FeV40、FeV60、FeV80、FeV80Al2 和 FeV80Al4	国际标准按钒及杂质含量的不同，分为五个牌号。如 FeV80Al2，“Fe”表示含铁元素的铁合金产品，“V80”表示钒元素及其质量分数（%），“Al2” 表示铝元素元素及其质量分数（%）
ASTM A 102:2004 钒铁合金的标准规范		美国标准仅有一个品种
JIS G 2308:1998 钒铁	FV1 和 FV2	日本标准按钼及杂质含量的不同，分为二个牌号。“F”表示含铁元素的铁合金产品；“V”表示钒元素；“1”和“2”表示不同钒含量
DIN 17563:2004 钒铁交货技术条件	FeV40、FeV60 和 FeV80	德国标准按钼及杂质含量的不同，分为三个牌号。如 FeV60，“Fe”表示含铁元素的铁合金产品，“V60”表示钒元素及其质量分数（%）
ГОСТ27130:1994 钒铁技术要求及供货条件	FeV40、FeV60、FeV80、FeV80Al2、FeV80Al4、ФВо50У 0.4、ФВо50У0.5、ФВо50У0.6、ФВо50У0.3、ФВо50У0.75、ФВо40У0.5、ФВо40У0.75、ФВо40У1	俄罗斯标准为 13 个牌号。其中 5 个牌号与国际标准一致。如 ФВо50У0.4，“Ф”表示铁，“Во50”表示钒及其质量分数（%），“У0.4”表示碳及其质量分数（%）
GB/T 5682—1995 硼铁	FeB23C0.05、FeB22C0.1、FeB17C0.1、FeB12C0.1、FeB20C0.5-A、FeB20C0.5-B、FeB18C0.5-A、FeB18C0.5-B、FeB16C1.0、FeB14C1.0 和 FeB12C1.0	我国标准按硼、碳及杂质含量的不同，分为十一个牌号。如 FeB20C0.5A，“Fe”表示含铁元素的铁合金产品，“B20”表示硼元素及其质量分数（%），“C0.5A”表示碳元素、最高质量分数（%）及组别 A
ISO 10386:1994 硼铁合金交货规格和条件	FeB12Al、FeB12C、FeB17Al、FeB17C、FeB22Al 和 FeB22C	国际标准按硼及杂质含量的不同，分为六个牌号。如 FeB12Al，“Fe”表示含铁元素的铁合金产品，“B12”表示硼元素及其质量分数（%），Al 表示铝元素。再如 FeB12C，“Fe”表示含铁元素的铁合金产品，“B12”表示硼元素及其质量分数（%），C 表示碳元素
ASTM A 323:1993(2004) 硼铁的标准规范	A1、A2、B1、B2、C1 和 C2	美国标准按硼及杂质含量的不同，分为六个牌号。“A、B、C”表示不同的硼含量；“1 和 2”表示不同的铝含量
JIS G 2318:1998 硼铁	FBH1、FBH2、FBL 1 和 FBL 2	日本标准按硼及杂质含量的不同，分为四个牌号。如 FBH1、FBH2，“F”表示含铁元素的铁合金产品；“B”表示硼元素；“H”表示高碳；“L”表示低碳；“1”和“2”表示不同种类

表 A.1（续）

产品标准号及名称	牌号表示	备注
DIN 17567:2004 硼铁交货技术条件	FeB12C、FeB16、FeB17C 和 FeB18	德国标准按硼及杂质含量的不同，分为 4 个牌号。如 FeB12C，“Fe”表示含铁元素的铁合金产品，“B12”表示硼元素及其质量分数(%)，“C”表示碳元素
ГОСТ14848:1969 硼铁交货技术条件	ФБ20、ФБ17、ФБ17А、ФБ10、ФБ10А、ФБ6 和 ФБ6А	俄罗斯标准为 7 个牌号。如 ФБ17А，“Ф”表示铁，“Б17”表示硼及其质量分数(%)，“A” 表示不同品种
GB/T 5683—2008 铬铁	其中微碳铬铁有 8 个牌号，FeCr65C0.03、FeCr55C0.03、FeCr65C0.06、FeCr55C0.06、FeCr65C0.10、FeCr55C0.10、FeCr65C0.15、FeCr55C0.15；低碳铬铁有 4 个牌号，FeCr65C0.25、FeCr55C0.25、FeCr65C0.50、FeCr55C0.50；中碳铬铁有 6 个牌号，FeCr65C1.0、FeCr55C1.0、FeCr65C2.0、FeCr55C2.0、FeCr65C4.0、FeCr55C4.0	铬铁分为微碳铬铁、低碳铬铁、中碳铬铁、高碳铬铁。铬铁共有 28 个牌号。如 FeCr69C0.03，“Fe”表示含铁元素的铁合金产品，“Cr69”表示铬元素及其质量分数(%)，“C0.03”表示碳元素及其质量分数(%)
GB/T 5683—2008 铬铁	高碳铬铁有 4 个牌号，FeCr67C6.0、FeCr55C6.0、FeCr67C9.5、FeCr55C10.0；真空法微碳铬铁有 6 个牌号，ZKFeCr65C0.010、ZKFeCr65C0.020、ZKFeCr65C0.010、ZKFeCr65C0.030、ZKFeCr65C0.050 和 ZKFeCr65C0.100	
ISO 5448:1981 铬铁　交货规格和条件	其中标准磷含量高碳铬铁有 20 个牌号，FeCr C50、FeCr C50LS、FeCr C50Si2、FeCr C50Si2LS、FeCr C50Si4、FeCr C50Si4LS、FeCr C50Si7、FeCr C70、FeCr C70LS、FeCr C70Si2、FeCr C70Si2LS、FeCr C70Si4、FeCr C70Si4LS、FeCr C70Si6、FeCr C90、FeCr C90LS、FeCr C90Si2、FeCr C90Si2LS、FeCr C90Si4、FeCr C90Si4LS；低磷高碳铬铁有 20 个牌号，FeCr C50LP、FeCr C50LS LP、FeCr C50Si2 LP、FeCr C50Si2LS LP、FeCr C50Si4 LP、FeCr C50Si4LS LP、FeCr C50Si7 LP、FeCr C70 LP、FeCr C70LS LP、FeCr C70Si2 LP、FeCr C70Si2LS LP、FeCr C70Si4 LP、FeCr C70Si4LS LP、FeCr C70Si6 LP、FeCr C90 LP、FeCr C90LS LP、FeCr C90Si2 LP、FeCr C90Si2LS LP、FeCr C90Si4 LP、FeCr C90Si4LS LP。 标准磷含量中碳铬铁有 3 个牌号，FeCr C10、FeCr C20 和 FeCr C40；低磷中碳铬铁有 3 个牌号，FeCr C10FP、FeCr C20LP 和 FeCr C40LP；标准磷含量低碳铬铁有 6 个牌号，FeCr C01、FeCr C03、FeCr C05、FeCr C1、FeCr C2 和 FeCr C5；低磷低碳铬铁有 6 个牌号，FeCr C01LP、FeCr C03LP、FeCr C05LP、FeCr C1LP、FeCr C2LP 和 FeCr C5LP；高铬低碳铬铁有 3 个牌号，FeCr C01、FeCr C03 和 FeCr C05；含氮低碳铬铁有 3 个牌号，FeCr C1N3、FeCr C1N7 和 FeCr C1N7Si	国际标准将铬铁分为标准磷含量高碳铬铁、低磷高碳铬铁、标准磷含量中碳铬铁、低磷中碳铬铁、标准磷含量低碳铬铁、低磷低碳铬铁、高铬低碳铬铁和含氮低碳铬铁。共有 64 个牌号。如“FeCr C70Si4LS LP”，“Fe”表示含铁元素的铁合金产品，“Cr”表示铬元素；“C70” 表示碳元素及其质量分数(‰)；“Si4” 表示硅元素及其质量分数(%)；“LS” 表示低硫；“LP”表示低磷

表 A.1（续）

产品标准号及名称	牌号表示	备注
ASTM A 101:2004 铬铁的标准规范	其中高碳铬铁有 3 个牌号，A 级、B 级和 C 级；低碳铬铁有 4 个牌号，A 级、B 级、C 级和 D 级；真空低碳铬铁有 2 个牌号，E 级和 G 级；含氮铬铁有 1 种	美国标准将铬铁分为高碳铬铁、低碳铬铁、真空低碳铬铁和含氮铬铁。共有 9 个牌号，10 个品种
JIS G 2303:1998 铬铁	其中高碳铬铁有 6 个牌号，FCr H0、，FCr H1、FCr H2、FCr H3、FCr H4 和 FCr H5；中碳铬铁有 2 个牌号，FCrM3 和 FCrM4；低碳铬铁有 4 个牌号，FCrL1、FCrL2、FCrL3 和 FCrL4	日本标准将铬铁分为高碳铬铁、中碳铬铁和低碳铬铁。共有 12 个牌号。"F"表示含铁元素的铁合金产品；"Cr"表示铬元素；"H"表示高碳；"M"表示中碳；"L"表示低碳；"0"、"1"、"2"、"3"、"4"和"5"表示不同铬含量
DIN 17565:2004 铬铁、铬硅铁和铬交货技术条件	其中低碳铬铁有 6 个牌号，FeCr 70C005、FeCr 90C005、FeCr 70C010、FeCr 70C010N、FeCr 70C010HN 和 FeCr 70C050；中碳铬铁有 2 个牌号，FeCr 70C10 和 FeCr 70C20；高碳铬铁有 2 个牌号，FeCr 70C80 和 FeCr 70C95	德国标准 14 个牌号（包括铬铁 10 个牌号、铬硅铁 2 个牌号和铬 2 个牌号）。铬铁分为低碳铬铁、中碳铬铁和高碳铬铁。如 FeCr 70C010HN，"Fe"表示含铁元素的铁合金产品，"Cr 70"表示铬元素及其质量分数（%），"C010" 表示碳元素及其质量分数（%）的百倍，"HN"表示高氮
ГОСТ4757:1991 铬铁交货技术条件	与 ISO 5448:1981 相同的 64 个牌号、ФХ001А、ФХ001Б、ФХ002А、ФХ002Б、ФХ003А、ФХ003Б、ФХ004А、ФХ004Б、ФХ005А、ФХ005Б、ФХ006А、ФХ006Б、ФХ010А、ФХ010Б、ФХ015А、ФХ015Б、ФХ025А、ФХ025Б、ФХ050А、ФХ050Б、ФХН100А、ФХН100Б、ФХН200А、ФХН200Б、ФХН400А、ФХН400Б、ФХН600А、ФХН600Б、ФХ100А、ФХ100Б、ФХ200А、ФХ200Б、ФХ400А、ФХ400Б、ФХ650А、ФХ650Б、ФХ800А、ФХ800Б、ФХ850А、ФХ850Б、ФХ900А、ФХ900Б	俄罗斯标准为 106 个牌号。其中 64 个牌号与国际标准一致。如 ФХ001А，"Ф"表示铁，"Х001"表示铬及其最大碳含量，是质量分数（%）的百倍，"А"表示磷的差别；ФХН600Б，"Ф"表示铁，"Х"表示铬，"Н"表示氮，"600"表示最大碳含量，是质量分数（%）的百倍，"Б"表示磷的差别
GB/T 7737—2007 铌铁	FeNb70、FeNb60-A 、FeNb60-B 、FeNb50-A 、FeNb50-B 、FeNb50-C 和 FeNb20	我国标准按铌及杂质含量的不同，分为 7 个牌号。如 FeNb60-A，"Fe"表示含铁元素的铁合金产品，"Nb60"表示铌元素及其 Nb＋Ta 质量分数（%）；"A"表示组别 A
ISO 5453:1980 铌铁交货规格和条件	FeNb65、FeNb60Ta1 Al3Sn、FeNb60Ta1 Al3.5、FeNb60Ta1 Al6、FeNb60Ta5 Al2、FeNb60Ta5 Al6 和 FeNb60Ta5 Al6Sn	国际标准按铌及杂质含量的不同，分为 7 个牌号。如 FeNb60Ta1 Al3Sn，"Fe"表示含铁元素的铁合金产品，"Nb60"表示铌元素及其质量分数（%）；"Ta1"表示钽元素及其质量分数（%）；"Al3" 表示铝元素及其质量分数（%）；"Sn"表示锡元素
ASTM A 550:2006 铌铁合金的标准规范		美国标准有 3 个等级。低合金钢级、合金钢和不锈钢级、高纯级

表 A.1（续）

产品标准号及名称	牌号表示	备注
JIS G 2319:1998 铌铁	FNb1 和 FNb2	日本标准有 2 个牌号。“F”表示含铁元素的铁合金产品；“Nb”表示铌元素及其 Nb+Ta 质量分数(%)；“1”和“2”表示不同杂质含量
DIN 17569:2004-02 铌铁交货技术条件	FeNb63 和 FeNb65	德国标准有 2 个牌号。如 FeNb63，“Fe”表示含铁元素的铁合金产品，“Nb63”表示铌元素及其质量分数(%)
ГОСТ16773:2003 铌铁技术条件	ФH660、ФH658、ФH658（Ф）、ФH655（Ф）、ФH655C、ФH650C、FeNb65、FeNb60Ta1 Al3Sn、FeNb60Ta1 Al3.5、FeNb60Ta1 Al6、FeNb60Ta5 Al2、FeNb60Ta5 Al6 和 FeNb60Ta5 Al6Sn	俄罗斯标准有 13 个牌号。其中 7 个牌号与国际标准一致。如 ФH660，“Ф”表示铁，“H660”表示铌及其质量分数(%)
YB/T 051-2003 电解金属锰	DJMnA、DJMnB、DJMnC 和 DJMnD	我国电解金属锰按锰及杂质含量分为 4 个牌号。“DJMn×”，表示电解金属锰；其中 DJ 是电和金汉语拼音字母的第一个字母，“×”表示质量等级，用 A、B、C 和 D 区分
ASTM A 601:1996(2004) 电解金属锰	一般 A 级、中氢 B 级、低氢 C 级、含 4.5%氮 D 级、含 6%氮 E 级和焊接级粉末	美国标准电解金属锰分为 6 个等级，5 个牌号
JIS G 2311:1986 金属锰	MMnE	日本标准电解金属锰有 1 个牌号，“MMnE”表示电解金属锰产品
DIN 17564:2004-02 锰铁、锰硅和锰交货技术条件	Mn99.9	德国标准有 13 个牌号。其中锰铁有 8 个牌号，硅锰合金有 2 个牌号，锰有 3 个牌号(包括电解锰、金属锰和含氮锰)。电解锰有 1 个牌号，“Mn99.9”表示锰元素及质量分数
ГОСТ6008:1990 金属锰及氮化金属锰技术条件	MH998 和 MH997	俄罗斯标准有 8 个牌号(包括金属锰和氮化金属锰各 4 个牌号)。金属锰分为电解法和电硅热法，各有 2 个牌号。如 MH998，“MH”表示锰，“998”表示最小锰含量，即质量分数(‰)
YB/T 4135—2005 高氮铬铁	FeCrN8、FeCrN9 和 FeCrN10	我国高氮铬铁共有 3 个牌号。如“FeCrN8”，其中“Fe”表示含铁元素的铁合金产品，“Cr”表示铬元素；“N8”表示氮元素及其质量分数(%)
YB/T 5140—1993 氮化铬铁	FeNCr3-A、FeNCr3-B、FeNCr6-A、FeNCr6-B、FeNCr10-A 和 FeNCr10-B	我国氮化铬铁共有 6 个牌号。如“FeNCr3-×”，其中“Fe”表示含铁元素的铁合金产品，“N”表示氮元素；“Cr”表示铬元素；“3”表示碳元素的质量分数(%)的百倍。“×”表示不同品种，用 A 和 B 区分。注：建议修订标准时，改为 FeCrN×-×

表 A.1(续)

产品标准号及名称	牌号表示	备注
ISO 5448:1981 铬铁技术条件与交货状态	FeCr C1N3、FeCr C1N7 和 FeCr C1N7Si	国际标准将铬铁分为标准磷含量高碳铬铁、低磷高碳铬铁、标准磷含量中碳铬铁、低磷中碳铬铁、标准磷含量低碳铬铁、低磷低碳铬铁、高铬低碳铬铁和含氮低碳铬铁。共有 64 个牌号。其中含氮低碳铬铁有 3 个牌号,如“FeCr C1N7Si”,“Fe”表示含铁元素的铁合金产品,“Cr”表示铬元素;“C1” 表示碳元素及其质量分数(‰);“N7” 表示氮元素及其质量分数(%);“Si” 表示硅元素
ASTM A 101:2004		美国标准将铬铁分为高碳铬铁、低碳铬铁、真空低碳铬铁和含氮铬铁。共有 9 个牌号,10 个品种。其中含氮铬铁有 1 种
DIN 17565:2004-02 铬铁、铬硅铁和铬交货技术条件	FeCr 70C010N 和 FeCr 70C010HN	德国标准含氮铬铁有 2 个牌号。如 FeCr 70C010HN,表示“Fe”表示含铁元素的铁合金产品,“Cr 70”表示铬元素及其质量分数(%),“C010” 表示碳元素及其质量分数(%)的百倍。“HN”表示高氮
ГОСТ4757:1991 铬铁交货技术条件	FeCr C1N3、FeCr C1N7 、FeCr C1N7Si、ФХН100А、ФХН100Б、ФХН200А、ФХН200Б、ФХН400А、ФХН400Б、ФХН600А 和 ФХН600Б	俄罗斯标准为 106 个牌号。含氮低碳铬铁有 11 个牌号。其中 3 个牌号与国际标准一致。如 ФХН100А,“Ф”表示铁,“X”表示铬及其最大碳含量,“H100” 表示氮及其最小氮含量,是质量分数(%)的百倍,“A”表示磷的差别
YB/T 4136—2005 锰氮合金	氮化金属锰 JMnN-A、JMnN-B 和 JMnN-C。氮化锰铁 FeMnN-A、FeMnN-B 和 FeMnN-C	我国锰氮合金有 6 个牌号。包括氮化金属锰和氮化锰铁各 3 个牌号。如“JMnN-×”,“JMnN”表示氮化金属锰;“-×”表示不同品种,用 A、B 和 C 区分。再如,“FeMnN-×”,“FeMnN”表示氮化锰铁;“-×”表示不同品种,用 A、B 和 C 区分
ISO 5446:1980 锰铁　交货规格和条件	氮化锰铁有 3 个牌号 5 个品种,FeMn80C05N2、FeMn70C05N5 和 FeMn70C10N5	国际标准将锰铁分为低碳锰铁、中碳锰铁、高碳锰铁和氮化锰铁。共有 28 个牌号。氮化锰铁有 3 个牌号 5 个品种。如 FeMn80C05N2,“Fe”表示含铁元素的铁合金产品,“Mn80”表示锰元素及其质量分数(%),“C05” 表示碳元素及其质量分数(‰);“N2” 表示氮元素及其质量分数(%)
ASTM A 99:2003 锰铁合金标准规范		美国标准将锰铁分为高碳锰铁、中碳锰铁、氮化锰铁和低碳锰铁。共有 10 个牌号,11 个品种。氮化锰铁有 1 种

表 A.1（续）

产品标准号及名称	牌号表示	备注
DIN 17564:2004-02 锰铁、锰铁硅和锰交货技术条件	低碳含氮锰铁 FeMn85NC01、低碳低磷含氮锰铁 FeMn85NC01P015、中碳含氮锰铁 FeMn85NC1。烧结的含氮锰 Mn90N	德国标准有 13 个牌号。其中含氮锰铁有 3 个牌号(包括低碳含氮锰铁、低碳低磷含氮锰铁、中碳含氮锰铁)，金属锰有 3 个牌号(包括电解锰、金属锰和烧结的含氮锰)，如 FeMn85NC01、,“Fe”表示含铁元素的铁合金产品，“Mn85”表示锰元素及其质量分数(%)，“N”表示氮元素，“C01”表示碳元素及其质量分数(‰)。含氮锰“Mn90N”表示锰元素、质量百分数及氮元素
ГОСТ4755:1991 锰铁交货技术条件		俄罗斯标准锰铁为 29 个牌号。其中 25 个牌号与国际标准一致。氮化锰铁有 3 个品种，没有牌号表示
ГОСТ6008:1990 金属锰及氮化金属锰技术条件	MH92H6；MH87H6、MH89H4 和 MH91H2	俄罗斯标准有 8 个牌号(包括金属锰和氮化金属锰各 4 个牌号)。氮化金属锰有电解法和电硅热法。电解法有 1 个牌号，电硅热法有 3 个牌号。如 “MH92H6”，“MH92”表示锰元素及质量分数，“H6”表示氮元素及质量分数
YB/T 5036—1993 磷铁	FeP24、FeP21、FeP18 和 FeP16	我国标准按磷及杂质含量的不同，分为 4 个牌号。如 FeP24，“Fe”表示含铁元素的铁合金产品，“P24”表示磷元素及其质量分数(%)
JIS G 2310:1986 磷铁	FP1	日本标准有 1 个牌号。“F”表示含铁元素的铁合金产品；“P”表示磷元素；“1”表示类别 1 号
YB/T 5051—2007 硅钙合金	Ca31Si60、Ca28Si60、Ca24Si60、Ca20Si55 和 Ca16Si55	我国标准硅钙合金按钙、硅及杂质含量的不同分为 5 个牌号。如，Ca31Si60，“Ca31”表示钙元素及其质量分数(%)；“Si60”表示硅元素及其质量分数(%)
ASTM A 495:1994(2000) 硅钙合金的标准规范	CaSi、CaSiMn、CaSiBa 和 FeCaSi	美国标准有 4 个牌号
JIS G 2314:1986 硅钙合金	CaSi1 和 CaSi2	日本标准有 2 个牌号。“Ca”表示钙元素；“Si”表示硅元素；“1”和“2”表示不同类别
DIN 17580:2004 硅钙合金交货技术条件	CaSi 和 CaSiC50	德国标准有 2 个牌号。如 CaSiC50，“Ca”表示钙元素；“Si”表示硅元素；“C50”表示碳元素及其质量分数的百倍
ГОСТ4762-71E 硅钙合金	SiCa10、SiCa15、SiCa20、SiCa25 和 SiCa30	俄罗斯标准有 5 个牌号。如 SiCa10，“Si”表示硅元素；“Ca10”表示钙元素及其质量分数(%)

ICS 71.060.30
G 11

中华人民共和国国家标准

GB 7744—2008
代替 GB 7744—1998

工业氢氟酸

Hydrofluoric acid for industrial use

2008-09-18 发布　　　　2009-09-01 实施

中华人民共和国国家质量监督检验检疫总局
中国国家标准化管理委员会　发布

前言

请注意本标准的某些内容有可能涉及专利。本标准的发布机构不应承担识别这些专利的责任。

本标准的第七章、第八章、第九章和第十章为强制性的，其余为推荐性的。

本标准修改采用日本标准 JIS K1405:1995《氢氟酸》对国家标准 GB 7744—1998《工业氢氟酸》进行修订。

在采用 JIS K1405:1995《氢氟酸》时，本标准做了一些修改. 有关技术性差异及结构性差异已编入正文中，并在它们涉及的条款的页边空白处用垂直单线标识。附录 A 和附录 B 中给出了这些技术性差异及原因的一览表以供参考。

本标准代替 GB 7744—1998《工业氢氟酸》。

本标准与 GB 7744—1998 的主要技术差异如下：

——原国标设优级品、一等品和合格品，一等品、合格品分别设置了两个规格。本标准将产品分为两个类型，Ⅰ类产品设置三个规格，Ⅱ类产品设置四个规格，取消了等级设置(1998 年版第 3 章，本版 5.2)；

——Ⅰ类产品中增加了氢氟酸含量为 70％的规格，同时增加了灼烧残渣含量(1998 年版第 3 章，本版 5.2)；

——Ⅱ类产品中增加了氢氟酸含量为 30％、50％的规格(1998 年版第 3 章，本版 5.2)；

——本标准对氟硅酸含量、不挥发酸含量指标进行调整(1998 年版第 3 章，本版 5.2)。

本标准附录 A、附录 B 是资料性附录。

本标准由中国石油和化学工业协会提出。

本标准由全国化学标准化技术委员会无机化工分会(SAC/TC 63/SC 1)归口。

本标准主要起草单位：多氟多化工股份有限公司、浙江莹光化工有限公司、浙江三美化工股份有限公司、福建省邵武永飞化工有限公司、天津化工研究设计院。

本标准主要起草人：侯红军、薛旭金、吴益民、徐一洪、万群平、陆思伟。

本标准所代替标准的历次版本发布情况为：

——GB 7744—1987、GB 7745.1～7745.4—1987、GB 7744—1998。

工业氢氟酸

1 范围

本标准规定了工业氢氟酸的分类、要求、试验方法、检验规则以及标志、标签、包装、运输和贮存、安全。

本标准适用于工业氢氟酸。该产品主要用于化工、冶金、玻璃、矿山、石油开采、原子能等行业。

2 规范性引用文件

下列文件中的条款通过本标准的引用而成为本标准的条款。凡是注日期的引用文件，其随后所有的修改单(不包括勘误的内容)或修订版均不适用于本标准，然而，鼓励根据本标准达成协议的各方研究是否可使用这些文件的最新版本。凡是不注日期的引用文件，其最新版本适用于本标准。

GB 190—1990 危险货物包装标志

GB/T 191—2008 包装储运图示标志(ISO 780:1997,MOD)

GB/T 1250 极限数值的表示方法和判定方法

GB/T 6678 化工产品采样总则

GB/T 6682—2008 分析实验室用水规格和试验方法(ISO 3696:1987,MOD)

GB 15258—1999 化学品安全标签编写规定

GB 16483—2000 化学品安全技术说明书编写规定

HG/T 3696.1 无机化工产品化学分析用标准滴定溶液的制备

HG/T 3696.2 无机化工产品化学分析用杂质标准溶液的制备

HG/T 3696.3 无机化工产品化学分析用制剂及制品的制备

3 分子式、分子量

分子式：HF

相对分子质量：20.01(按2007年国际相对原子质量)

4 分类

工业氢氟酸分为二类：

Ⅰ类：主要用于生产精细氟化工类产品。

Ⅱ类：主要用于化工、冶金、玻璃、矿山、石油开采及金属表面处理等。

5 要求

5.1 外观：本品为无色透明溶液。

5.2 工业氢氟酸应符合表1要求。

表 1 要求

项目		指标						
		Ⅰ类			Ⅱ类			
		HF-Ⅰ-40	HF-Ⅰ-55	HF-Ⅰ-70	HF-Ⅱ-30	HF-Ⅱ-40	HF-Ⅱ-50	HF-Ⅱ-55
氟化氢(HF),w/%	≥	40.0	55.0	70.0	30.0	40.0	50.0	55.0
氟硅酸(H_2SiF_6),w/%	≤	0.05			2.5	5.0	8.0	10.0
不挥发酸(H_2SO_4),w/%	≤	0.05	0.08	0.08	1.0	1.0	2.0	2.0
灼烧残渣,w/%	≤	0.05			—			

6 试验方法

6.1 安全提示

本标准试验方法中使用的试剂、试样具有毒性、腐蚀性,操作者须小心谨慎!加热时应在通风良好的通风橱中进行。如溅到皮肤上应立即用水冲洗,严重者应立即治疗。

6.2 一般规定

本标准所用试剂和水在没有注明其他要求时,均指分析纯试剂和 GB/T 6682—2008 中规定的三级水。试验中所用标准滴定溶液、杂质标准溶液、制剂及制品,在没有注明其他要求时,均按 HG/T 3696.1、HG/T 3696.2、HG/T 3696.3 的规定制备。氢氟酸对玻璃容器具有强腐蚀性,在制备试验溶液时应使用聚乙烯或聚四氟乙烯滴管取样。

6.3 外观的判别

在自然光下用目视法判别。

6.4 总酸度、氟硅酸(Ⅱ类产品)和氟化氢含量的测定

6.4.1 方法提要

在硝酸钾存在下,以酚酞作指示剂,用氢氧化钠标准滴定溶液滴定用冰冷却的试液。然后再加热并继续滴定。第一次滴定相当于除氟硅酸以外的酸以及沉淀氟硅酸时所释放的两个摩尔的酸。第二次滴定相当于沉淀的氟硅酸钾加热水解后释放的其余四个摩尔的酸。

6.4.2 试剂和材料

6.4.2.1 硝酸钾溶液:室温下饱和的;

6.4.2.2 氢氧化钠标准滴定溶液:$c(NaOH)\approx 1$ mol/L;

6.4.2.3 氢氧化钠标准滴定溶液:$c(NaOH)\approx 0.1$ mol/L;

6.4.2.4 酚酞指示液:10 g/L

将 1 g 酚酞溶于 100 mL 乙醇中,滴加氢氧化钠标准滴定溶液(6.4.2.3)直至出现浅粉红色。

6.4.2.5 碎冰(蒸馏水或相应纯度的水冻制)。

6.4.3 仪器、设备

带盖(盖上带有毛细管)聚乙烯样品瓶:容积 150 mL,于 100 mL 处有刻度。

6.4.4 分析步骤

6.4.4.1 稀释样的制备

用已知质量的样品瓶称取碎冰,称准至 0.01 g。所称取的碎冰质量与试样浓度的对应关系列于表 2。

表 2 试样浓度与对应称取碎冰质量

试样浓度/%	碎冰质量/g
30～60	15
>60	35

小心地将试样加到样品瓶中，加至刻度，并再次称量，称准至 0.01 g，摇匀即得稀释样。

6.4.4.2 测定

用带盖聚乙烯样品瓶称取约 1.5 g 稀释样，称准至 0.000 2 g，置于 250 mL 聚乙烯烧杯中。该烧杯中已盛有 20 mL 硝酸钾溶液，由滴定管加入约 20 mL 氢氧化钠标准滴定溶液(6.4.2.2)和碎冰。用冷却过的水冲洗称量瓶，洗液收集于同一烧杯中。加入 3 滴酚酞指示液并保持溶液冰冷。继续用上述滴定管中的氢氧化钠标准滴定溶液滴定至接近终点，然后用氢氧化钠标准滴定溶液(6.4.2.3)滴定至出现的浅粉红色保持 15 s 不消失为终点。将此溶液全部转移至 400 mL 玻璃烧杯中，加热到刚沸腾，立即用氢氧化钠标准滴定溶液(6.4.2.3)滴定至出现的浅粉红色保持 15 s 不消失为终点。

6.4.5 结果计算

6.4.5.1 总酸度

总酸度以氢氟酸(HF)的质量分数 w_1 计，数值以%表示，按式(1)计算：

$$w_1 = \frac{(c_1V_1 + c_2V_2 + c_2V_3) \times M \times 100}{m \times 1\,000} \times \frac{m_1}{m_1 - m_2} \qquad \cdots\cdots(1)$$

式中：

c_1——氢氧化钠标准滴定溶液(6.4.2.2)浓度的准确数值，单位为摩尔每升(mol/L)；

c_2——氢氧化钠标准滴定溶液(6.4.2.3)浓度的准确数值，单位为摩尔每升(mol/L)；

V_1——第一次滴定所消耗氢氧化钠标准滴定溶液(6.4.2.2)的体积的数值，单位为毫升(mL)；

V_2——完成第一次滴定所消耗氢氧化钠标准滴定溶液(6.4.2.3)的体积的数值，单位为毫升(mL)；

V_3——第二次滴定所消耗氢氧化钠标准滴定溶液(6.4.2.3)的体积的数值，单位为毫升(mL)；

m——测定时所称取的稀释样质量的数值，单位为克(g)；

m_1——所制备的稀释样总质量的数值，单位为克(g)；

m_2——制备稀释样时所称取的碎冰质量的数值，单位为克(g)；

M——氢氟酸(HF)的摩尔质量的数值，单位为克每摩尔(g/mol)(M=20.01)。

6.4.5.2 氟硅酸

氟硅酸含量以氟硅酸(H_2SiF_6)的质量分数 w_2 计，数值以%表示，按式(2)计算：

$$w_2 = \frac{c_2V_3M \times 100}{m \times 1\,000} \times \frac{m_1}{m_1 - m_2} \qquad \cdots\cdots(2)$$

式中：

c_2——氢氧化钠标准滴定溶液(4.3.2.3)浓度的准确数值，单位为摩尔每升(mol/L)；

V_3——第二次滴定所消耗氢氧化钠标准滴定溶液(6.4.2.3)的体积的数值，单位为毫升(mL)；

m——测定时所称取的稀释样质量的数值，单位为克(g)；

m_1——所制备的稀释样总质量的数值，单位为克(g)；

m_2——制备稀释样时所称取的碎冰质量的数值，单位为克(g)；

M——氟硅酸($\frac{1}{4}H_2SiF_6$)的摩尔质量的数值，单位为克每摩尔(g/mol)(M=36.02)。

6.4.5.3 氟化氢

氟化氢含量以氟化氢(HF)的质量分数 w_3 计，数值以%表示，按式(3)计算：

$$w_3 = w_1 - 0.833\,2w_2 - 0.408\,0w_4 \qquad \cdots\cdots(3)$$

式中：

w_1——总酸度质量分数，用%表示；

w_2——6.4.5.2 或 6.5.5 中氟硅酸质量分数，用%表示；

w_4——不挥发酸质量分数，用%表示；

0.833 2——氟硅酸换算成氟化氢的系数；

0.408 0——不挥发酸($\frac{1}{2}H_2SO_4$)换算成氟化氢的系数。

取平行测定结果的算术平均值为测定结果,总酸度平行测定结果的绝对差值不大于 0.4%,氟硅酸平行测定结果的绝对差值不大于 0.1%。

6.5 氟硅酸含量(Ⅰ类产品)的测定

6.5.1 方法提要

氟硅酸与氯化钠生成氟硅酸钠。蒸发除去氟化氢。在弱酸性介质中和能抑制氟干扰的硼酸存在下,硅酸盐与钼酸铵反应形成硅钼杂多酸(黄色)。再加硫酸溶液和草酸溶液,以排除磷酸盐的干扰,随后,将硅钼杂多酸还原。在波长 795 nm 处测量蓝色络合物的吸光度。

6.5.2 试剂

6.5.2.1 氯化钠溶液:10 g/L;

6.5.2.2 硫酸溶液:1+3;

6.5.2.3 盐酸溶液:1+5;

6.5.2.4 硼酸溶液:40 g/L;

6.5.2.5 草酸溶液:100 g/L;

6.5.2.6 钼酸铵溶液 100 g/L(当溶液出现沉淀时需重新配制);

6.5.2.7 还原液

a) 将 7 g 无水亚硫酸钠溶于 50 mL 水中,加 1.5 g 1-氨基-2-萘酚-4-磺酸,溶解;

b) 将 90 g 焦亚硫酸钠溶于 900 mL 水中;

c) 将 a)和 b)两种溶液混合,并稀释至 1 000 mL,必要时过滤。置溶液于冷暗处,避免阳光直接照射,使用期限不超过 20 d。

6.5.2.8 二氧化硅标准溶液Ⅰ:1 mL 溶液含氟硅酸(H_2SiF_6)1.000 mg;

称取经 1 000 ℃灼烧至质量恒定的二氧化硅 0.417 g 于铂坩埚中,加 5 g 无水碳酸钠,充分搅匀。置于 1 000 ℃的高温炉中使其熔融,取出后放置冷却,加入热水溶解,冷却。全部移入 1 000 mL 容量瓶中,稀释至刻度,摇匀,立即转移到聚乙烯瓶中。此溶液至少每月重新制备一次。

6.5.2.9 二氧化硅标准溶液Ⅱ:1 mL 溶液含氟硅酸(H_2SiF_6)0.050 mg。

移取 50 mL 二氧化硅标准溶液Ⅰ(6.5.2.8),置于 1 000 mL 容量瓶中,稀释至刻度,摇匀。此溶液临用时制备。

6.5.3 仪器、设备

6.5.3.1 分光光度计;

6.5.3.2 铂皿:容积约 100 mL。

6.5.4 分析步骤

6.5.4.1 工作曲线的绘制

在一系列 100 mL 容量瓶中,分别加入 0 mL、2.00 mL、4.00 mL、6.00 mL、8.00 mL 和 10.00 mL 二氧化硅标准溶液Ⅱ(6.5.2.9),加水至 10 mL,加 10 mL 氯化钠溶液。在搅拌下加 4 mL 盐酸溶液,35 mL 硼酸溶液,放置 5 min。加 10 mL 钼酸铵溶液,摇匀,放置 15 min。在搅拌下分别加 5 mL 草酸溶液,20 mL 硫酸溶液,摇匀后,再加 2 mL 还原液,用水稀释至刻度,摇匀,放置 20 min。

将分光光度计波长调整至 795 nm 处,使用 2 cm 吸收池,以水为参比,测定每个标准溶液的吸光度。从每个标准溶液的吸光度中减去试剂空白溶液的吸光度,以氟硅酸含量(mg)为横坐标,对应的吸光度为纵坐标,绘制工作曲线。

6.5.4.2 空白试验溶液的制备

在铂皿中加 10 mL 水、10 mL 氯化钠溶液,混匀。

6.5.4.3 试验溶液的制备

在铂皿中盛有 10 mL 氯化钠溶液,称量,精确至 0.01 g。根据氟硅酸含量,加入约 0.25 g~2 g 试样，再次称量，精确至 0.01 g，计算所取试样的质量。

6.5.4.4 测定

将试验溶液、空白试验溶液同时置于沸水浴上蒸干，再分别加入 10 mL 水、4 mL 盐酸溶液、35 mL 硼酸溶液，放置 5 min，加 10 mL 钼酸铵溶液，混匀。分别将溶液全部移入 100 mL 容量瓶中，以下按绘制工作曲线的操作步骤所述，从"放置 15 min，……"开始进行操作。根据测得的吸光度，由工业曲线上查出氟硅酸质量。

6.5.5 结果计算

氟硅酸含量以氟硅酸（H_2SiF_6）的质量分数 w_2 计，数值以%表示，按式(4)计算：

$$w_2 = \frac{(m_1 - m_0) \times 10^{-3}}{m} \times 100 \qquad (4)$$

式中：

m_1——从工作曲线上查出的试验溶液中氟硅酸的质量的数值，单位为毫克(mg)；

m_0——从工作曲线上查出的空白试验溶液中氟硅酸的质量的数值，单位为毫克(mg)；

m——试料的质量的数值，单位为克(g)。

取平行测定结果的算术平均值为测定结果，两次平行测定结果的绝对差值不大于 0.01%。

6.6 不挥发酸含量的测定

6.6.1 方法提要

用沸水浴蒸发试样，除去挥发性酸后，以酚酞为指示液，用氢氧化钠标准滴定溶液滴定不挥发酸。

6.6.2 试剂

6.6.2.1 氢氧化钠标准滴定溶液：$c(NaOH) \approx 0.1$ mol/L；

6.6.2.2 酚酞指示液：10 g/L；

将 1 g 酚酞溶于 100 mL 乙醇中，滴加氢氧化钠标准滴定溶液直至出现浅粉红色。

6.6.2.3 无二氧化碳的水。

6.6.3 仪器、设备

6.6.3.1 铂皿：容积约 100 mL；

6.6.3.2 聚乙烯滴管：容积 2 mL。

6.6.4 分析步骤

用铂皿称取 20 g～40 g 试样，精确至 0.01 g。置于铂皿中，在通风良好的通风橱内，于沸水浴上蒸发至近干。用少量水洗铂皿内壁，再次蒸发至近干，反复此操作，直至蒸汽不呈酸性（用湿的 pH 试纸检查）为止。然后将残液全部移入 250 mL 锥形瓶中，用总体积约 100 mL 无二氧化碳的水冲洗铂皿。加 3 滴酚酞指示液，用氢氧化钠标准滴定溶液滴定至浅粉红色。

6.6.5 结果计算

不挥发酸含量以硫酸（H_2SO_4）的质量分数 w_4 计，数值以%表示，按式(5)计算：

$$w_4 = \frac{VcM}{m \times 1\,000} \times 100 \qquad (5)$$

式中：

V——滴定时所消耗氢氧化钠标准滴定溶液的体积的数值，单位为毫升(mL)；

c——氢氧化钠标准滴定溶液浓度的准确数值，单位为摩尔每升(mol/L)；

M——硫酸（$\frac{1}{2}H_2SO_4$）的摩尔质量的数值，单位为克每摩尔(g/mol)（M=49.04）；

m——试料的质量的数值，单位为克(g)。

取平行测定结果的算术平均值为测定结果，两次平行测定结果的绝对差值不大于：Ⅰ类产品为 0.01%；Ⅱ类产品为 0.05%。

6.7 灼烧残渣含量测定

6.7.1 方法提要

将规定量的试样置于铂皿中，在电炉上蒸发至干，在700 ℃±50 ℃下灼15 min，冷却后称量。

6.7.2 仪器、设备

6.7.2.1 铂皿：容积为100 mL～150 mL；

6.7.2.2 高温炉：温度能控制在700 ℃±50 ℃。

6.7.3 分析步骤

用在700 ℃±50 ℃下灼烧至质量恒定的铂皿称取50 g～100 g试样，精确至0.1 g。在沸水浴上小心蒸发至干，移入温度为700 ℃±50 ℃的高温炉中，灼烧15 min。稍冷后，放入干燥器中冷却至室温，称量。

6.7.4 结果计算

灼烧残渣以质量分数 w_5 计，数值以%表示，按式(6)计算：

$$w_5 = \frac{m_1}{m} \times 100 \qquad \cdots\cdots(6)$$

式中：

m_1——灼烧后的残渣的质量的数值，单位为克(g)；

m——试料的质量的数值，单位为克(g)。

取平行测定结果的算术平均值为测定结果，两次平行测定结果的绝对差值不大于0.005%。

7 检验规则

7.1 本标准的检验分为出厂检验和型式检验。

7.1.1 表1中的全部项目为型式检验项目，在正常生产情况下，每月至少进行一次型式检验。有下列情况之一时，也应进行型式检验：

a) 更换关键生产工艺；

b) 主要原料有变化；

c) 停产后恢复生产；

d) 出厂检验结果与上次型式检验有较大差异。

7.1.2 表1中氟化氢含量、氟硅酸含量和不挥发酸含量为出厂检验项目，应逐批进行检验；

7.2 生产企业用相同材料，基本相同的生产条件，连续生产或同一班组生产的同一级别的工业氢氟酸为一批，每批产品不超过50 t。

7.3 按照GB/T 6678的规定确定采样单元数进行采样，槽罐灌装时，每槽罐为一批，取一个样。取样时，用塑料取样管插至包装容器的底部提取样品。钢制容器的包装，应在每个容器上、下两部分取样。所取样品不得少于500 g，混合均匀，装入两个清洁、干燥的塑料容器中，用蜡密封。瓶上粘贴标签，注明：生产厂名、产品名称、批号、型号、采样日期和采样者姓名，一瓶作为实验样品，另一瓶保存备查，保留时间由生产厂根据实际需要确定。

7.4 工业氢氟酸应由生产厂的质量监督检验部门按本标准的规定进行检验。生产厂应保证每批出厂的产品都符合本标准的要求。

7.5 检验结果如有一项指标不符合本标准要求时，应自两倍量的包装单元中重新采样进行复验，复验结果即使有一项指标不符合本标准的要求时，则整批产品为不合格。

7.6 采用GB/T 1250规定的修约值比较法判定检验结果是否符合标准。

8 标志、标签

8.1 工业氢氟酸包装容器上应有牢固清晰的标志，内容包括：生产厂名、厂址、产品名称、商标、净含量、型号、批号或生产日期、危险化学品生产许可证号及本标准编号，以及GB 190—1990中的标志14“有毒品”标志、标志20“腐蚀品”标志和GB/T 191—2008中的标志3“向上”标志、标志4“怕晒”标志。

8.2 每批出厂的工业氢氟酸应附有质量证明书，内容包括：生产厂名、厂址、产品名称、商标、净含量、型号、批号或生产日期、产品质量符合本标准的证明和本标准编号。

8.3 工业氢氟酸的包装内应附有符合GB 16483—2000规定的“化学品安全技术说明书”，并在包装（包括外包装件）上加贴或者拴挂符合GB 15258—1999规定的“化学品安全标签”。

9 包装、运输和贮存

9.1 工业氢氟酸采用内衬耐腐蚀材料的钢制容器或塑料容器包装。塑料容器包装，桶厚应在3 mm以上，吹塑厚薄均匀，并应具有符合规定的防老化和抗冻性能及抗压、抗刺、抗摩功能。塑料桶不得以任何用过的塑料作制造材料。桶口应为小开口，用碗型盖塞紧、螺纹口、盖、垫圈等封口件配套完好、牢固旋紧、密封不漏。每件净含量不超过50 kg。

9.2 工业氢氟酸由铁路槽车、棚车、带蓬汽车或船舶运输。由铁路槽车运输时，罐车罐体纵向中部应涂一条黑色300 mm水平环形色带；以塑料桶作外包装时，只限整车运输。运输过程中要确保容器不泄漏、不倒塌、不坠落、不损坏。严禁与碱类、活性金属粉末、玻璃制品、食用化学品等混装混运。运输时运输车辆应配备泄漏应急处理设备。运输途中应防曝晒、雨淋，防高温。公路运输时要按规定路线行驶，勿在居民区和人口稠密区停留。

9.3 工业氢氟酸应贮存于通风良好的库房里，库房内温度应保持在30 ℃以下，相对湿度85%以下。应与碱类、活性金属粉末、玻璃制品分开存放，切忌混储。储存区应备有泄漏应急处理设备和合适的收容材料。

10 安全

10.1 氢氟酸是强腐蚀性溶液，其蒸汽有刺激性并有毒，对皮肤和眼睛有强烈腐蚀作用，能产生严重的灼伤，并且治疗见效较慢，空气中最高允许浓度为1 mg/m^3。

10.2 取用时必须在通风良好的场所或通风橱内进行。穿戴好大小合适的防护用具。

10.3 如果接触或怀疑接触了氢氟酸时，需用大量水冲洗并立即治疗。

附　录　A
（资料性附录）
本标准与日本标准 JIS K1405：1995《氢氟酸》（日文版）的技术性差异及其原因一览表

表 A.1 给出了本标准中Ⅰ类产品与 JIS K1405：1995《氢氟酸》技术性差异及其原因。

表 A.1　本标准Ⅰ类产品与 JIS K1405：1995《氢氟酸》技术性差异及其原因一览表

本标准的章条编号	技术性差异	原　因
4	本标准只采用了日本标准中第一类氢氟酸产品的要求。	本标准中不包括无水氢氟酸的要求。
5	本标准在要求中增加了产品的规格，包括了氢氟酸质量分数为 30%、40%、50% 和 70% 的质量要求。Ⅰ类产品规定了三个规格，Ⅱ类产品规定了四个规格。	扩大产品的类型，使标准的适用于国内外不同的使用要求。
6.4.4	氢氟酸含量测定中，增加了样品的制备，修改了日本标准中在滴定前加入冰的方法。	减少了在试验溶液制备过程中产生的误差。

附　录　B
（资料性附录）
本标准与日本标准 JIS K1405:1995《氢氟酸》(日文版)的结构性差异

表 B.1 给出了本标准与 JIS K1405:1995《氢氟酸》(日文版)结构性差异。

表 B.1　本标准与 JIS K1405:1995 结构性差异一览表

本标准		JIS K1405:1995	
章节	内容	章节	内容
前言	前言	—	—
1	范围	1	适用范围
2	规范性引用文件	—	—
3	分子式、分子量	—	—
4	分类	2	种类
5	要求	3	质量要求
		5	取样方法
6	试验方法	6	试验方法
6.1	安全提示	4	操作方面注意事项
6.2	一般规定	—	—
6.3	外观的判别	—	—
7	检验规则	8	检验
8	标志、标签	9	标志
9	包装、运输和贮存	7	容器和包装
10	安全	—	—

ICS 83.060
G 40

中华人民共和国国家标准

GB/T 7766—2008
代替 GB/T 13644—1992，
GB/T 13645—1992，GB/T 14836—1993，GB/T 18174—2000，GB/T 7766—2000，GB/T 9875—2001

橡胶制品 化学分析方法

Rubber products—Test methods for chemical analysis

2008-06-18 发布 2009-02-01 实施

中华人民共和国国家质量监督检验检疫总局
中国国家标准化管理委员会 发布

前言

本标准与 ASTM D297—1993(2006 年再批准)《橡胶制品　化学分析方法》(英文版)的一致程度为非等效。

本标准代替 GB/T 13644—1992《硫化橡胶中镁含量的测定　CyDTA 滴定法》,GB/T 13645—1992《硫化橡胶中钙含量的测定　EGTA 滴定法》,GB/T 14836—1993《硫化橡胶灰分的定性分析》,GB/T 18174—2000《橡胶中二氧化硅含量的测定》,GB/T 7766—2000《橡胶中炭黑含量的测定　硝酸消化法》,GB/T 9875—2001《橡胶聚合物的鉴定　化学方法》。

本标准与上述六项标准相比主要技术差异如下：

——增加了通用化学分析方法,包括范围(本标准 4.1)、样品制备及试验要求(本标准 4.2)、样品的初步测定(本标准 4.3)；

——增加了橡胶聚合物含量的测定(本标准的 4.4)；

——增加了配合剂含量方法(本标准的 4.5)；

——增加了密度的分析方法(本标准的 4.7)；

——增加了 8 种抽出物的测定方法(本标准的 4.8)；

——增加了 3 种硫的测定方法(本标准的 4.9)；

——增加了 3 种填料分析方法(本标准的 4.10)；

——增加了灰分的分析和测定(本标准的 4.11)；

——修订了所有的试验步骤。

本标准的附录 A、附录 B 均为资料性附录。

本标准由中国石油和化学工业协会提出。

本标准由全国橡标委橡胶物理和化学试验方法分技术委员会(SAC/TC 35/SC 2)归口。

本标准的主要起草单位:北京橡胶工业研究设计院、双星集团有限责任公司双星东风轮胎有限公司。

本标准的主要起草人:张燕、胡绪方、苍飞飞、姜云平、昌焰、谢君芳、丁晓英、刘学民、柳建爱、胡梦佳。

本标准所代替标准的历次版本发布情况为：

——GB/T 13644—1992；

——GB/T 13645—1992；

——GB/T 14836—1993；

——GB/T 18174—2000；

——GB/T 7766—1987;GB/T 7766—2000；

——GB/T 9875—1988;GB/T 9875—2001。

橡胶制品 化学分析方法

警告——使用本国家标准的人员应有正规实验室工作的实践经验，本标准并未指出所有可能的安全问题，使用者有责任采用适当的安全和健康措施，并保证符合国家的有关法律法规的规定。

1 范围

1.1 本标准规定了测定橡胶制品组分及其含量的方法，包括通用试验方法、橡胶聚合物含量的测定方法。

1.2 本标准适用于“R”系列(见 GB/T 5576)的橡胶制品组分的定性和定量分析。其中许多方法可应用于天然橡胶或合成橡胶的分析。

2 规范性引用文件

下列文件中的条款通过本标准的引用而成为本标准的条款。凡是注明日期的引用文件，其随后所有的修改单(不包括勘误的内容)或修订版均不适用于本标准，然而，鼓励根据本标准达成协议的各方研究是否可使用这些文件的最新版本。凡是不注明日期的引用文件，其最新版本适用于本标准。

GB/T 601 化学试剂 标准滴定溶液的制备

GB/T 1232.1 未硫化橡胶 用圆盘剪切粘度计进行测定 第1部分：门尼粘度的测定(GB/T 1232.1—2000，eqv ISO 289-1:1994)

GB/T 4499 硫化橡胶中防老化剂的测定 薄层色谱法(GB/T 4499—1997，ISO 4645:1984，neq)

GB/T 5576 橡胶和胶乳 命名法(GB/T 5576—1997，ISO 1629:1995，idt)

GB/T 6003.1 金属丝编织网试验筛(GB/T 6003.1—1997，ISO 3310-1:1990，eqv)

GB/T 6682 分析实验室用水规格和试验方法(GB/T 6682—1992，ISO 3696:1987，neq)

GB/T 7359 合成橡胶术语(GB/T 7359—1999，ISO 1382:1996，eqv)

GB/T 7764 橡胶鉴定 红外光谱法(GB/T 7764—2001，ISO 4650:1984，eqv)

GB/T 8322 分子吸收光谱法术语(GB/T 8322—1987，ISO 6286:1982，neq)

GB/T 14838 橡胶与橡胶制品 试验方法标准 精密度的确定(GB/T 14838—1993，ISO/TR 9272:1986 neq)

ISO 383:1976 实验室玻璃器皿——通用的圆锥形磨口接头

ISO 7270 橡胶聚合物(单一及并用)的鉴定——裂解气相色谱法

3 试剂

除非另有规定，使用的试剂均为分析纯试剂，实验用水应符合三级水的规定或同等纯度的水(见 GB/T 6682)。

3.1 乙酸，CH_3COOH(99.7%)(GB/T 676)

3.2 甲酸，HCOOH (GB/T 15896)

3.3 盐酸，HCl (GB/T 622)

3.4 氢氟酸，HF(49%)(GB/T 620)

3.5 硝酸，HNO_3 (GB/T 626)

3.6 磷酸，H_3PO_4(85%)(GB/T 1282)

3.7 硫酸，H_2SO_4 (GB/T 625)

3.8 氨水，$NH_3 \cdot H_2O$ (GB/T 631)

4 通用试验方法

4.1 范围

4.1.1 本标准包括多种类型的橡胶制品分析，以测定非橡胶组分的类型和含量，并以此间接计算橡胶组分的含量。

4.1.2 对于橡胶制品中橡胶具体型号的分析，其方法的应用和局限性已在各种方法的范围部分分别给出。通过对已知或相似组分的校验，可以对将本方法应用于测定那些在特定试验方法的范围中未加指明的橡胶制品的类型的结果加以证实。

4.1.3 对于含蛋白质、游离碳、锑、铅、矿物油、石蜡烃和碳酸钡的橡胶制品，给出了特殊的分析方法。

4.1.4 用间接法测定橡胶制品中橡胶含量。此法是单独或分组测定非橡胶组分，然后计算其差值，以确定橡胶聚合物的含量(4.4.1～4.4.3)。使用本方法时，当不存在可分解的配合剂，例如在550 ℃下可分解的碳酸盐、陶土、滑石棉、石棉、滑石粉、白炭黑、硫化锑、含卤素等组分和有机硅聚合物，若用灰分法(4.10.2和4.10.3)测定填料含量，能获得令人满意的结果。当存在陶土、白炭黑、滑石粉或任何其他含水合物填料的情况下，无法给出精确的结果。除非对在灰化时所损失的水合物的水作一校正。只有当这些填料的性质和量是已知的，才能作这样的校正。在有含卤素组分或硅橡胶的情况下，采用间接法不能得出精确的结果。当存在硫化锑或可在550 ℃下分解的碳酸盐，且无上述干扰组分的情况下，通过测定总锑量(4.11.10)或与可分解的碳酸盐(通常是钙盐，4.11.5或4.11.6)，从这些数据中计算原始配方含量。

4.1.5 如果存在油膏或高百分比矿物的橡胶，则没有方法可以精确确定橡胶含量或进行橡胶制品的全分析。

4.1.6 对于硬质胶制品中橡胶含量的测定，若存在550 ℃下可分解的填料，没有精确的测定方法。

4.2 样品制备及试验要求

4.2.1 样品制备

制备样品前，分析者应进行检查，确保样品本身未受污染。被分析样品应取自原始样品的各个部分，并与夹杂物分离。由于本方法所适用的橡胶制品的多样化，没有一种单一的将样品分到所需细度的方法可以适用于所有样品。因此，在4.2.2至4.2.7叙述了几种代用的方法。要求分析者选择一个最适合于所分析样品和现有设备的方法。

4.2.2 对于硫化了的软橡胶、混炼胶、生胶和许多再生胶样品，将样品混匀，并在干净的、冷的实验室开炼机上薄通2次～3次，使样品变成粗粉末状或粗糙的薄片。如果样品为片状，则应调节开炼机的辊距，使得最终薄片的厚度不超过0.5 mm。如果薄通后样品是粘性的，则可将样品卷在不会粘附也不会污染样品的衬垫材料中。如果被轧炼的样品是粉末状的，则应将粉末状样品转移到一个14目(1.40 mm)的筛子(见GB/T 6003.1)里过筛，并借助粉碎直到全部样品通过筛子为止。

4.2.3 在没有开炼机的情况下，可用剪刀将样品剪碎，使样品能够通过14目(1.40 mm)的筛子。样品可剪成细长条，但应细到足以用手使其通过筛子。或把样品切成碎段，并振动筛子使其通过筛子。用剪刀应剪到全部样品都通过筛子为止。如有必要，为防止过筛后样品粘连，可用不会粘附也不会污染样品的衬垫材料将样品碎段包裹起来。

4.2.4 对于抽提分析，某些很粘的样品可按如下方法处理：将2 g样品置于两张抽提过的无灰滤纸之间，滤纸尺寸大约为500 mm×100 mm。样品应被放置在一端，弄平样品，并使“夹层”纵向地通过一个冷的两辊紧密接触的匀速的橡胶压延机，使样品展平于整个滤纸的长度上，制成薄片的整个厚度不应超过1.0 mm。如果没有橡胶压延机，则可把样品置于水压机或合钳中压成相似的薄片。这时，样品可以用手沿滤纸的长度方向大致展开，并同时在小范围内施加压力，直到整个样品弄平为止。

4.2.5 对于整个厚度不超过1.0 mm的浸胶织物，可将其切割成1.5 mm^2的小块，然后混匀，作为分析用样品。如果纤维容易去除，则应将纤维分离，除非需要分析整个织物。

4.2.6 对于胶浆类样品，应在不高于 30 ℃的真空中蒸发干燥。残余物可如同未硫化样品一样进行分析。若需要检验溶剂，则可进行减压蒸馏。

4.2.7 对于硬质胶样品，应用锉将样品粉碎成粉末状，并用磁石清除铁屑。然后用 30 目（600 μm）的筛子过筛。留在筛子上的残余物应继续粉碎，直到全部样品通过筛子。

4.2.8 空白试验

在整个测定过程中进行空白测定，以检查所用物质的纯度，并作相应的扣除。

4.2.9 验证分析

需要进行验证分析时，可按试验方法进行重复测定。

4.3 样品的初步测定

4.3.1 试剂

4.3.1.1 溴饱和的盐酸溶液：溴水 2 mL～3 mL，置于用凡士林涂塞的棕色玻璃瓶中，加盐酸溶液(4.3.1.2)100 mL 使成饱和溶液，置于暗处保存。

4.3.1.2 盐酸溶液(1*V*+1*V*)。

4.3.1.3 丙酮(GB/T 686)。

4.3.1.4 三氯甲烷(GB/T 682)。

4.3.1.5 鞣酸溶液(20 g/L)。

4.3.1.6 氢氧化钠溶液(175 g/L)。

4.3.1.7 硫酸溶液(1*V*+1*V*)。

4.3.2 碳酸盐

放一小块样品于含有溴饱和的盐酸溶液(4.3.1.1)的试管中，如有气泡放出，表明存在碳酸盐。该方法不适合于丁基胶制品。

4.3.3 锑和铅

称取 0.2 g～0.3 g 样品(精确至 0.000 1 g)，按照 4.10.2.4 或 4.10.3.4 的方法灰化，加 10 mL 盐酸溶液(4.3.1.2)，加热，将灰分溶解，用水稀释至大约 40 mL。倾析或过滤除去溶液中的残渣。在溶液中通入硫化氢，如有橘红色沉淀形成，表明存在锑。即可按照第 4.11.10 节测定橡胶试样中的锑。用水稀释至约 400 mL，然后再次通入硫化氢，如有黑色沉淀出现，表明存在铅。

4.3.4 炭黑

将部分试样与硝酸溶液一起加热，直到不再起泡沫为止。如液体为黑色的，表明有炭黑存在。该方法不适合于丁基胶制品。

4.3.5 钡盐

若样品中含有碳酸盐，灰化少量样品。用盐酸溶液(4.3.1.2)溶解灰分，冷却，过滤，加数滴硫酸溶液(4.3.1.7)于滤液中。若在过量的盐酸中出现白色沉淀，则表明滤液中有可溶性钡盐存在。可溶性钡盐的存在，要求其有机硫的测定应采用熔融法(4.9.6)。

4.3.6 石蜡烃

当存在石蜡时，在丙酮抽出液中，石蜡在−5 ℃下将凝固，以白色絮状沉淀粘附在烧瓶壁上。

4.3.7 蛋白质

按照 4.8.5 规定，将样品用丙酮和三氯甲烷混合溶剂(32*V*+68*V*)抽提 8 h，干燥样品，用热水蒸煮 1 h，过滤，冷却。在滤液中加数滴新制备的鞣酸溶液(20 g/L)，停放数分钟，如果溶液变浑浊，表明存在蛋白质，应按 4.10.7 所述方法测定。

4.3.8 油膏

用氢氧化钠溶液(175 g/L)蒸煮由蛋白质(4.3.7)试验所留下的橡胶。轻轻倒出液体，稀释，用盐酸溶液(4.3.1.2)酸化。若溶液变浑浊或出现沉淀，则表明存在油膏，并应测定氢氧化钾-乙醇抽出物(4.8.6)。

4.3.9 其他填料

若灰分可溶于盐酸溶液(4.3.1.2),则表明不存在陶土、二氧化硅、硅酸盐、二氧化钛、硫酸钡和锌钡白。若灰分不溶于盐酸溶液(4.3.1.2),则表明可能有这些填料存在。如果想知道灰分的成分,则需要进行灰分的全分析。

4.3.10 橡胶的鉴别

如果想鉴别样品中橡胶的类型,则可参见附录B进行鉴别。

4.4 橡胶聚合物含量

4.4.1 范围

本方法规定了由100%减去非橡胶组分的总和而得到橡胶含量的方法。

本方法适用于NR、IR、SBR和BR制品。也可应用于IIR制品,但应使用丁酮抽提,而不是用丙酮抽提。

4.4.2 术语和定义

下列术语和定义适用于本标准。

4.4.2.1

混合胶 rubber as compounded

大约相当于橡胶制品生产中所用的非填充橡胶。

注:在生胶中因存在一定量的非橡胶物质,混合胶含量与橡胶聚合物的含量不同。对于合成橡胶,混合胶含量随橡胶类型和生产厂不同而变,不能给出明确的质量分数(百分数),一般认为除丁苯橡胶外,混合胶含量等于橡胶聚合物的含量(见表1)。

表1 换算系数

橡胶类型	A	D	密度/(Mg/m³)
天然橡胶	94/97	0.94	0.91[a]
异戊橡胶	1.00	1.00	0.95[b]
丁苯橡胶[c]	1.00	0.92	0.94[b]
顺丁橡胶	1.00	1.00	0.90[b]
丁基橡胶	1.00	1.00	0.92[b]

a Wood. L. A.,"橡胶物理连续性的值",橡胶化学与技术,1939年第12卷,第130页。

b Wake. W. C.,"橡胶及橡胶类聚合物的分析",英国伦敦 Maclaren and Sons 有限公司,1958年,42至45页。

c 含结合苯乙烯23.5%,非充油。

4.4.2.2

橡胶的体积分数 rubber by volume

混合胶所占的橡胶制品的体积分数。

4.4.2.3

橡胶聚合物 rubber polymer

天然橡胶和合成橡胶所特有的主要成分。

4.4.2.4

橡胶聚合物的体积分数 rubber polymer by volume

橡胶聚合物所占的橡胶制品的体积分数。

4.4.3 计算

橡胶含量以质量分数或体积分数表示,按以下公式计算:

橡胶聚合物的含量以质量分数 C 计,数值以%表示,按公式(1)计算:

$$C = A(100 - B) \qquad (1)$$

混合胶的含量以质量分数 G 计，数值以%表示，按公式(2)计算：

$$G = \frac{C}{D} \qquad (2)$$

橡胶聚合物的体积分数以 H 计，数值以%表示，按公式(3)计算：

$$H = \frac{CE}{F} \qquad (3)$$

混合胶的体积分数以 K 计，数值以%表示，按公式(4)计算：

$$K = \frac{GE}{F} \qquad (4)$$

公式(1)、(2)、(3)、(4)中：

A——表1中列出的换算系数；

B——按照4.8.5(或4.8.3和4.8.4)、4.8.6、4.9.6、4.10.5(方法A)或4.10.6(方法B)和4.10.7节所测定的总抽出物含量，氢氧化钾-乙醇抽出物含量、结合硫含量、无机填料含量、炭黑含量和蛋白质含量(均为质量分数，以%表示)的总和；

C——橡胶聚合物的质量分数，%；

D——表1中列出的换算系数；

E——按4.7方法测定的橡胶制品密度；

F——表1中列出的橡胶密度；

G——混合胶的质量分数，%。

4.5 配合剂含量

4.5.1 为了测定制品的品种和各组分含量，橡胶制品的全分析除了测定含胶率外，还需要测定4.5.2～4.5.6所列的成分的含量。

4.5.2 混合胶中的丙酮抽出物

以混合胶为基础，混合胶中丙酮抽出物的含量以质量分数 C_c 计，数值以%表示，按公式(5)计算：

$$C_c = \frac{A_c}{B_c} \times 100 \qquad (5)$$

式中：

A_c——丙酮抽出物的质量分数，%；

B_c——混合胶的质量分数，%。

4.5.3 混合胶中的硫磺

以混合胶为基础，混合胶中硫磺的含量以质量分数 C_s 计，数值以%表示，按公式(6)计算：

$$C_s = \frac{A_s}{B_s} \times 100 \qquad (6)$$

式中：

A_s——总硫的质量分数，%；

B_s——混合胶的质量分数，%。

4.5.4 无机填料

无机填料可以作为一个整体来测定，也可分别进行测定。按4.6中表2中的18项～28项进行报告。

4.5.5 可燃性填料

炭黑和蛋白质是可燃性填料，它们可以分别测定。

4.5.6 添加剂

添加剂诸如油膏、其他橡胶代用品和软化剂是不能精确测定的。对它们的存在和含量的估测，可以通过丙酮、抽出物、三氯甲烷抽出物和氢氧化钾-乙醇抽出物、不皂化物、石蜡烃和矿物油的测定来发现。并且这些结果应在全分析报告中提出。

4.6 通用试验方法的报告

4.6.1 如果不需要详细填料分析，则报告可以包括表 2 中 1 项～17 项中的任何项或全部项。若需要详细分析无机填料，报告也可以包括表 2 中 18 项～28 项中的任何项或全部项。

表 2 通用试验方法报告内容

项目序号	测试项目	相应章节
1	丙酮抽出物	4.8.2.1 和 4.8.3
2	石蜡烃	4.8.8
3	矿物油	4.8.9
4	三氯甲烷抽出物	4.8.4
5	游离硫	4.9.3
6	结合硫	4.9.2.1
7	总硫	4.9.2.4
8	无机填料	4.10
9	炭黑	4.10.5、4.10.6
10	氮含量	4.10.7
11	橡胶聚合物	4.4 或 5.1～5.7
12	橡胶聚合物的体积	4.4
13	混合天然橡胶或合成橡胶	4.4
14	混合天然橡胶或合成橡胶的体积	4.4
15	按混合胶计算的丙酮抽出物的质量分数	4.5.2
16	按混合胶计算的硫磺的质量分数	4.5.3
17	密度	4.7
18	二氧化硅和不溶性物质	4.11.2
19	二氧化硅	4.11.2
20	氧化铅	4.11.3
21	铁和铝的氧化物	4.11.4
22	氧化钙	4.11.5
23	氧化镁	4.11.6
24	氧化锌	4.11.7
25	碳酸钡	4.11.9
26	硫酸钡	4.11.8
27	硫化锑	4.11.10
28	二氧化钛	4.11.11

4.7 密度

4.7.1 范围：测定密度的方法有密度瓶法、密度称重法和压缩体积密度计法。在 24.5 ℃～25.5 ℃温度下进行测定。在橡胶制品的膨胀系数是已知的情况下，可在任何合适的温度下进行测定，然后校正至

25 ℃的密度。

4.7.2 密度瓶法

4.7.2.1 试剂

4.7.2.1.1 乙醇(GB/T 678)。

4.7.2.2 仪器

4.7.2.2.1 密度瓶

4.7.2.2.2 天平:分析天平应精确到1 mg。

4.7.2.3 方法步骤

用密度瓶测定密度,要用乙醇代替水以消除由于气泡造成的误差。

4.7.2.4 计算

样品的密度用 $d_{25\,℃}$ 表示,单位:Mg/m^3,按公式(7)计算:

$$d_{25\,℃} = \frac{0.997\,1\,A}{A-(B-C)} \times D \qquad (7)$$

式中:

A——样品的质量的数值,单位为克(g);

B——充满样品和乙醇的密度瓶的质量的数值,单位为克(g);

C——充满乙醇的密度瓶的质量的数值,单位为克(g);

D——乙醇的密度的数值(25 ℃),单位为兆克每立方米(Mg/m^3)。

4.7.3 密度称重法

4.7.3.1 试剂

乙醇(GB/T 678)。

4.7.3.2 分析步骤

先称取样品在空气中的质量,然后用乙醇浸渍样品,这样有助于消除在水中测定时产生气泡造成误差,吸去乙醇,然后(推荐)采用一根很细的金属线作为悬挂线,将样品悬挂于水中,称量样品质量。

4.7.3.3 计算

样品的密度用 $d_{25\,℃}$ 表示,单位:Mg/m^3,按公式(8)计算:

$$d_{25\,℃} = \frac{0.997\,1\,A}{A-(B-C)} \qquad (8)$$

式中:

A——试样的质量的数值,单位为克(g);

B——试样与悬挂线在水中的质量的数值,单位为克(g);

C——悬挂线在水中的质量的数值,单位为克(g)。

4.7.4 压缩体积密度计

4.7.4.1 范围

本方法是用压缩体积密度计测定生胶、炭黑母炼胶或混炼胶等橡胶材料的密度。它是通过“试样的质量与压缩试样的体积”之比值来测定橡胶材料的密度。

4.7.4.2 术语和定义

下列术语和定义适用于本标准。

4.7.4.2.1

压缩体积 compressed volume

将一压缩力施加到未硫化橡胶试样上。该力应大到足以使试样流动直至完全变形,成为柱塞筒形混炼室内壁的形状。由此得到的最后平衡体积就是压缩体积。

4.7.4.2.2

密度　density

试样的质量与试样的压缩体积之比值。

4.7.4.3　方法概述

测定未硫化橡胶或橡胶混炼胶的样品质量，精确到 0.01 g。移开混炼室的盖板。装入试样。将盖板复原，并安全地紧固好。将足够大的压力施加到混炼室内(将压缩空气通入到驱动活塞的进口处)，致使试样流动，直到其达到它的最终压缩体积。试样密度可从试样质量与它的最终压缩体积计算而得。

4.7.4.4　意义与应用

本方法可用于橡胶制品的生产操作中的质量控制、生胶的研究开发试验以及评价助剂用于橡胶混炼胶中的效果，特别是橡胶母炼胶中炭黑的水平。

4.7.4.5　装置

4.7.4.5.1　压缩体积密度计(见图 1)。包括一个气动的活塞筒压缩室，其精确尺寸(横截面积和筒的长度)是已知的。在空载状态下，活塞的顶端平面形成压缩室的底部。当空气压力施加到驱动活塞筒的进口侧时，压缩活塞将向上移动，从而减少了压缩室的有效体积。用一个线形位移传感器测量活塞的移动。以此测量校准压缩室的空体积，以及测算当试样被限制和压缩至它的最终体积时所残留的体积。在开始测定之前，压缩室的顶盖是可以打开的，以便装入试样。但在其复位后，应确保按制造商的说明书将其安全地扣紧。

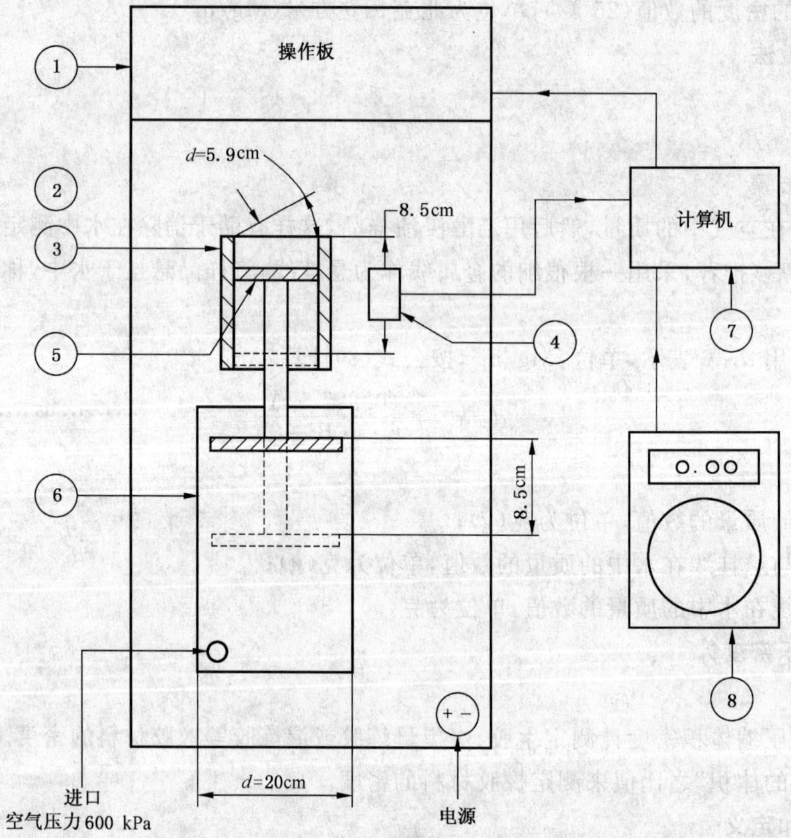

1——键盘(打印用)；
2——压缩筒可移动顶盖；
3——压缩筒；
4——位移传感器；
5——压缩活塞；
6——驱动活塞/筒；
7——计算器(天平与位移传感器输入)；
8——电子天平。

图 1　压缩体积密度计

4.7.4.5.2 为了测定试样的质量，推荐在压缩体积密度计上连接一台电子天平，使其输出端是用电子信号传送至压缩体积密度计的计算机存储器里。若无电子天平，建议使用一台最大称量为 310 g，精度为±0.01 g 的天平。

4.7.4.5.3 为了方便快速计算密度，推荐使仪器储存和显示试样质量(精确至 0.01 g)以及用 cm^3(精确至 0.001cm^3)表示的活塞位移。并且要使得在缺乏这些特征时，能独立测定和计算这些数据。

4.7.4.6 **试样制备**

4.7.4.6.1 从一包生胶或一个母炼胶胶片或者未硫化的混炼胶上切割下试样。试样体积可以是 40 cm^3～120 cm^3。为了获得最佳的再现性，建议取约 100 cm^3 的试样。

4.7.4.6.2 除非特别指明，试验的标准温度应遵照 4.7.1 所述(即 25 ℃±0.5 ℃)。

4.7.4.7 **分析步骤**

4.7.4.7.1 打开电源。调节压缩空气压力，使得驱动活塞所受的压力为 600 kPa(见图 1、注 1 和注 2)。

注 1：在图 1 所示的压缩体积密度计中，驱动活塞上 600 kPa 的力将导致 18.9 kN 或 7 389 kPa 的压缩力作用到混炼室里的试样上。若所用的压缩体积密度计的尺寸与图 1 所示的不一样，则应调节空气供应，使得试样所受的力和压强与上面所述的大小一致。

注 2：没有规定施加到试样上的最小压力。对于 ML 100 ℃(1+4)小于 40.0(见试验方法 GB/T 1232.1)的低黏度试样，由于混炼室顶盖和筒壁间的空隙会泄漏，使得当 600 kPa 压力加到驱动活塞上后，会导致试样损失。当出现这种情况时，建议减少动活塞的空气供应，使得有适当的压力，保证在没有泄漏的情况下填充混炼室。

4.7.4.7.2 将电子天平调零。用制造商提供的标准砝码校准。

4.7.4.7.3 采用从制造商的说明中已知质量、高度和尺寸的标准金属筒，校准位移传感器。

4.7.4.7.4 称取试样质量，精确至±0.01 g。

4.7.4.7.5 移动混炼室盖板。装入试样。关上盖板，并在加压前将其安全地锁紧。

4.7.4.7.6 启动驱动活塞筒的空气供应。调节压力至 600 kPa(试样上的相应压力为 7 389 kPa)。保持对试样的压缩，直至达到平衡体积。当线形位移传感器的输出端上连续出现两个或更多个相同读数，表明达到了平衡体积。注意活塞总位移值用厘米表示。

4.7.4.8 **计算**

4.7.4.8.1 试样的压缩体积用 V_s 表示，单位：cm^3，按公式(9)计算：

$$V_s = k \times D^2 \times L \qquad \cdots\cdots(9)$$

式中：

D——机筒的直径的数值，单位为厘米(cm)；

L——压缩试样的厚度的数值，单位为厘米(cm)；

k——0.078 4。

4.7.4.8.2 试样的压缩密度用 D 表示，单位：Mg/m^3，按公式(10)计算：

$$D = \frac{W_o}{V_s} \qquad \cdots\cdots(10)$$

式中：

W_o——试样的质量的数值，单位为克(g)；

V_s——试样的压缩体积的数值，单位为立方厘米(cm^3)。

4.7.4.9 **试验报告**

试验报告应包括以下内容：

a) 试样标识及编号；

b) 本试验依据的标准编号；

c) 试样规格；

d) 试验温度；

e) 压缩体积密度计的型号。若与图 1 所示的不同，则应给出关键尺寸；

f) 按照公式(9)和公式(10)计算所得的结果;

g) 试验日期。

4.7.4.10 精确度和偏差

按照GB/T 14838报告精确度结果,对于术语及其他精密度计算详情可参考GB/T 14838。

4.8 抽出物的分析

4.8.1 范围

本方法适用于包括从橡胶制品中除去可溶于各种特殊有机溶剂的所有非橡胶组分。

4.8.2 方法概述

4.8.2.1 丙酮抽提

丙酮抽提可抽出硫化橡胶中的橡胶用树脂、游离硫、增塑剂、加工助剂、矿物油或石蜡、可溶于丙酮的防老剂和有机促进剂或它们的分解产物和脂肪酸。丙酮也能抽出部分的沥青物、硫化油、高分子量的烃类和皂类。这通常称作丙酮抽出物。测定游离硫、石蜡烃和矿物油的百分数,从丙酮抽出物中减去它们的总和,所得的数被称为校正的丙酮抽提。这样所得到的校正值时常给出有关橡胶特性的有价值的信息。但当制品含有大量的矿物油或石蜡、沥青物质、有机促进剂或防老剂时,这个值是不真实的。当制品所含橡胶仅由推荐品级的天然胶组成,则丙酮抽出物不应超过橡胶的5%。更高的抽出物可能表明有劣等胶或再生胶的存在或添加了油、石蜡或沥青物或大量的有机促进剂或防老剂。对于少量的防老剂或促进剂无法进行校正,因为至今还没有分离和鉴别所有这些物质的方法。根据GB/T 4499可以用于硫化胶制品的丙酮抽出物中防老剂的定性测定。丙酮抽出物以丙酮抽出物的百分数减去由4.9.4中丙酮抽出所测定的硫磺百分数。丙酮抽出物根据4.8.3测定。

4.8.2.2 氢氧化钾-乙醇抽提

本抽提的目的是测定橡胶代用品的存在。氢氧化钾-乙醇抽提按4.8.6进行。

4.8.2.3 三氯甲烷抽提

三氯甲烷抽出物可抽出部分沥青物质,这可作为它们存在的一种指示。三氯甲烷抽提也可以包括其他物质,如少量的橡胶,但对此无法作校正。三氯甲烷抽提按4.8.4测定。

4.8.2.4 矿物油

橡胶制品中的矿物油是不皂化丙酮抽出物的一部分,它可溶于−5 ℃的无水乙醇和四氯化碳中。它不受浓硫酸的腐蚀。矿物油按4.8.9测定。

4.8.2.5 快速回流抽提

4.8.2.5.1 结合态抽提

由丁酮快速回流抽提可抽提出结合态的物质,包括部分沥青物质、硫化油、高分子量烃和未与橡胶结合的皂。其测定按4.8.10进行。丙酮快速回流抽提不能抽提出结合态的物质。

4.8.2.5.2 全抽提

用丁酮快速回流抽提硫化胶制品可以抽提出所有的可溶于溶剂且未与橡胶化学结合的有机物质。它包括橡胶用树脂、游离硫、增塑剂、加工助剂、防老剂和有机促进剂或它们的分解产物、沥青物质、脂肪酸、皂和部分硫化油。其测定按4.8.10进行。

4.8.2.5.3 游离态抽提

用丙酮快速回流抽提硫化胶制品可以抽提出大部分可溶于溶剂且未与橡胶结合的有机物质。它包括橡胶用树脂、游离硫、增塑剂、加工助剂、防老剂和有机促进剂或它们的分解产物和脂肪酸,以及部分沥青、硫化油、高分子量烃和皂。游离态抽提的测定按4.8.10进行。

4.8.2.6 总抽出物

用丙酮-三氯甲烷混合溶剂($32V+68V$)抽提橡胶制品,至少抽提8 h,所抽出的物质即为总抽出物。

总抽出物也近似地等于丙酮抽出物和三氯甲烷抽出物的总和。总抽出物按4.8.5测定。

4.8.2.7 不皂化的丙酮抽提

不皂化的丙酮抽提是丙酮抽出物中不能被 c(KOH=1 mol/L)的氢氧化钾-乙醇溶液所皂化的部分。它按4.8.7测定。

4.8.2.8 石蜡烃

石蜡烃是不皂化的丙酮抽出物中可用无水乙醇抽提的部分,它可用盐和冰的混合物冷却至−5 ℃而与乙醇溶液分离。石蜡烃按4.8.8测定。

4.8.3 丙酮抽提

4.8.3.1 范围

本方法包括丙酮抽提物的测定(见4.8.3)。也可应用于以下任何物质的定量分析:未皂化的丙酮抽出(4.8.7)、石蜡烃(4.8.8)、矿物油(4.8.9)、丙酮抽提的硫(4.9.4)以及对样品要求作丙酮抽提的地方。它可用于生胶、未硫化胶、再生胶或NR、SBR、BR和IR类型的硫化胶制品。

4.8.3.2 抽提装置

4.8.3.2.1 所用抽提装置为通用型的,其尺寸如图2、图3及图4所示。

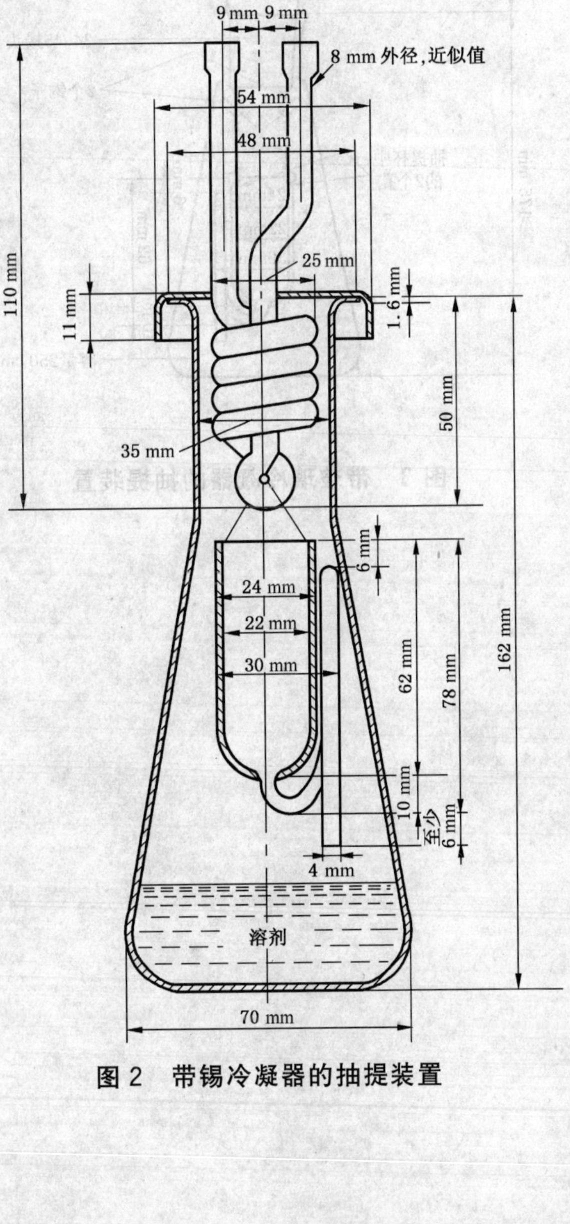

图2 带锡冷凝器的抽提装置

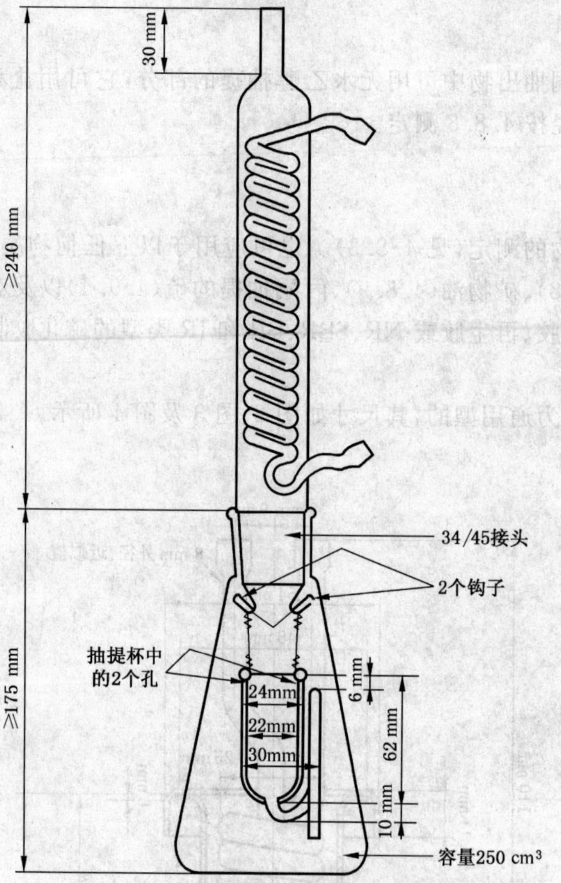

图 3　带玻璃冷凝器的抽提装置

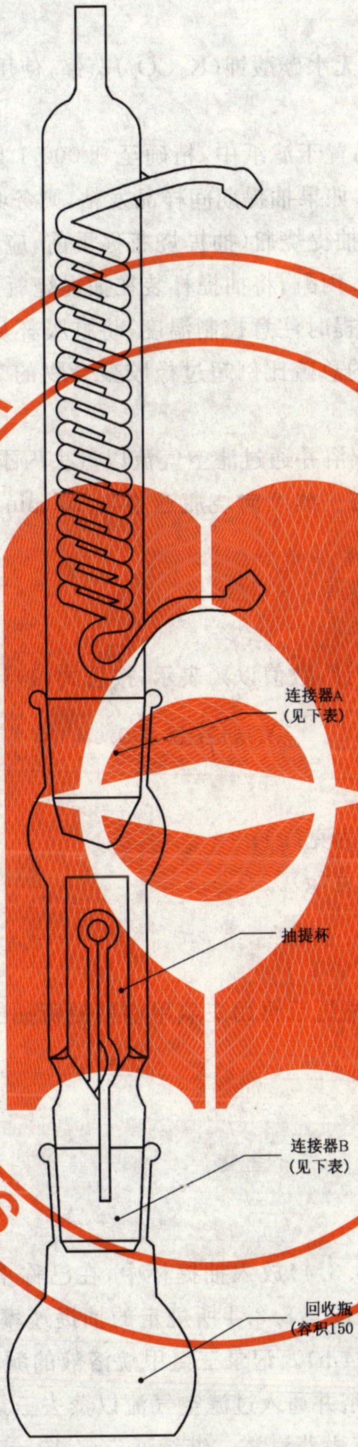

抽提杯容积/mL	连接器[a]		回收瓶容积/mL
	A	B	
15～30	34/35	24/29	150
50～80	45/40	34/35	250
[a] 见 ISO 383。			

图 4　全玻璃抽提装置

4.8.3.2.2 图 2 的装置由一个玻璃形烧瓶、玻璃抽提杯和锡制冷凝器组成。图 3 的装置全是玻璃的。

4.8.3.3 **溶剂**

丙酮:在使用前不超过 10 天内加无水碳酸钾(K_2CO_3)蒸馏,使用馏分沸点在 56 ℃～57 ℃。

4.8.3.4 **分析步骤**

4.8.3.4.1 称取约 2 g 已称重的样品置于滤纸中,精确至 0.000 1 g。若样品为薄片状(见 4.2.2),用剪刀剪成宽为 3 mm～5 mm 的小条。如果抽提期间样品发粘,则务必使邻近的部分用纸隔开。折叠滤纸,将滤纸放在抽提杯里,在已称重的抽提烧瓶(抽提烧瓶称重前,应在 70 ℃±5 ℃下干燥 2 h,并在干燥器中冷却至室温,加 50 mL～75 mL 丙酮,将抽提杯装在抽提烧瓶上。

4.8.3.4.2 将样品连续抽提 16 h,抽提时注意控制温度,将虹吸杯从充满溶剂到抽空所需时间控制在 2.5 min～3.5 min 之间,若橡胶制品的总硫比例超过橡胶聚合物的 10%,则应抽提 72 h。应仔细注意抽出物在热和冷时的一切现象。

4.8.3.4.3 在水浴锅上以温和的蒸汽浴并通过滤空气流以蒸去丙酮以防沸腾。为防止抽提物的损失,应在最终溶剂痕迹消失前,移去蒸汽浴。继续向烧瓶通空气 10 min 以除去剩余的溶剂,并在 70 ℃±5 ℃ 的空气浴中干燥 2 h。

4.8.3.4.4 在干燥器中冷至室温并称重。

4.8.3.4.5 **计算**

丙酮抽提物的含量以质量分数 X 计,数值以%表示,按公式(1)计算:

$$X = \frac{A}{B} \times 100 \qquad \cdots\cdots (11)$$

式中:

A——抽提物的质量的数值,单位为克(g);

B——样品的质量的数值,单位为克(g)。

4.8.4 **三氯甲烷抽提**

4.8.4.1 **范围**

本方法适用于硫化胶制品被丙酮抽提后再用三氯甲烷抽提所抽出物质的质量的测定。它的应用限于 NR、SBR、BR 和 IR 型的硫化胶。

4.8.4.2 **装置**

抽提装置如 4.8.3.2 所述。

4.8.4.3 溶剂:三氯甲烷(GB/T 682)。

4.8.4.4 **方法**

4.8.4.4.1 将经丙酮抽提的样品(4.8.3.4)放入抽提杯中,在已称重的抽提烧瓶中加 50 mL～75 mL 三氯甲烷,将抽提杯装在抽提烧瓶上。按 4.8.3.4 所规定的抽提速率抽提 4 h(若橡胶制品中的总硫与橡胶聚合物之比超过 10%,则应抽提 24 h)。记录三氯甲烷溶液的颜色。

4.8.4.4.2 在水浴锅上用温和的蒸汽浴并通入过滤空气流以蒸去三氯甲烷以防沸腾。为防止抽提物的损失,在溶剂的最终痕迹临消失之前,移去蒸汽浴。继续通空气 10 min 以除去剩余的溶剂。在 70 ℃±5 ℃ 的空气浴中干燥 2 h。

4.8.4.4.3 在干燥器中冷却至室温,并称重。抽提过的样品可用于氢氧化钾-乙醇溶液抽提之用(4.8.6)。

4.8.4.4.4 **计算**

三氯甲烷抽提物得含量以质量分数 X 计,数值以%表示(公式(12)):

$$X = \frac{A}{B} \times 100 \qquad \cdots\cdots (12)$$

式中：

A——抽出物的质量的数值，单位为克(g)；

B——样品的质量的数值，单位为克(g)。

4.8.5 总抽提物

4.8.5.1 范围

当分析抽提过的样品或按 4.4.3 测定橡胶聚合物时，总抽提物可以用来代替丙酮和三氯甲烷抽提物的总和。本方法仅适用于 NR、SBR、BR 和 IR(见 GB/T 7359)的硫化胶制品。

4.8.5.2 装置

抽提装置如 4.8.3.2 所述。

4.8.5.3 试剂

4.8.5.3.1 丙酮：在使用前不超过 10 天内加无水碳酸钾(K_2CO_3)蒸馏，使用沸点在 56 ℃～57 ℃的馏分。

4.8.5.3.2 三氯甲烷(GB/T 682)。

4.8.5.4 分析步骤

4.8.5.4.1 称约 2 g(精确至 0.000 1 g)样品置于滤纸中。如样品为薄片状，则应剪成 3 mm～5 mm 宽的小条。抽提期间若样品发粘，则应用纸把相连部分隔离。折叠滤纸，并把它放在抽提杯中。将杯悬挂在一个装有 50 mL～75 mL 丙酮-三氯甲烷混合溶剂(32V+68V)并已称重的抽提瓶中。处理过量的溶剂混合物应特别小心，因丙酮—三氯甲烷混合溶剂可以和碱反应形成爆炸性的混合物。(抽提烧瓶称重前应在 70 ℃±5 ℃下干燥 2 h，并在干燥器中冷却至室温。)

4.8.5.4.2 将样品连续抽提 16 h，抽提时注意控制温度，将虹吸杯从充满溶剂到抽空所需时间控制在 2.5 min～3.5 min 之间，若橡胶制品中的总硫含量与橡胶聚合物含量之比超过 10%，则应抽提 72 h。应仔细观察抽出物在热和冷时的一切现象。如果颜色为黑色，就要如 4.8.4 所述作三氯甲烷抽提，并将该值与所得结果相加作为总抽提物。

4.8.5.4.3 在水浴锅上，用温和的蒸汽浴蒸干溶剂以防止沸腾。为防止抽提物的损失，应正好在最终溶剂痕迹消失前，将烧瓶从气浴移开。继续向烧瓶通空气 10 min，除去剩余的溶剂，并在 70 ℃±5 ℃的空气浴中干燥 2 h。

4.8.5.4.4 在干燥器中冷却至室温后称重。保存被抽提过的样品以供进一步需用抽提过的样品的试验使用。

4.8.5.5 计算

总抽提物以质量分数 X 计，数值以%表示，按公式(13)计算：

$$X = \frac{A}{B} \times 100 \qquad \cdots\cdots(13)$$

式中：

A——抽出物的质量的数值，单位为克(g)；

B——所用样品的质量的数值，单位为克(g)。

4.8.6 氢氧化钾-乙醇抽提

4.8.6.1 范围

本方法规定了对预先被丙酮和三氯甲烷抽提过的橡胶样品进行氢氧化钾-乙醇抽提物测定。本方法适用于 NR、SBR、BR 和 IR 的硫化胶制品。

4.8.6.2 试剂

4.8.6.2.1 $c(KOH)=1$ mol/L 的氢氧化钾-乙醇溶液的制备：在无水乙醇中溶解所需量的氢氧化钾(KOH)。无水乙醇净化方法：在 3 mL 的水中溶解 1.5 g 硝酸银($AgNO_3$)，并把它加于 1 L 的乙醇中。

溶解 3 g 氢氧化钾(KOH)于尽可能少的热水中，冷却后加于硝酸银($AgNO_3$)溶液中，并充分振荡。让溶液停放至少 24 h。过滤并蒸馏。

4.8.6.2.2 刚果红试纸。

4.8.6.2.3 乙醇(95%)。

4.8.6.2.4 乙醚(GB/T 12591)。

4.8.6.3 分析步骤

4.8.6.3.1 将三氯甲烷抽提(4.8.4)或总抽提(4.8.5)后保留的样品，在其还带溶剂时从包裹它的材料中移出。在 70 ℃±5 ℃下干燥以除去溶剂。

4.8.6.3.2 把样品转移到 200 mL 锥形瓶中。加 50 mL 氢氧化钾-乙醇溶液。装上回流冷凝器后，回流 4 h。硬橡胶应继续加热 16 h 以上。

4.8.6.3.3 过滤。滤液用 250 mL 烧杯接收，用沸腾乙醇洗涤两次，每次用量为 25 mL；再用沸水洗三次，每次用量为 25 mL；蒸发滤液至恰好至干。用约 75 mL 的水把干燥的滤渣转移到分液漏斗中。用稀盐酸溶液(1*V*+3*V*)酸化至刚果红试纸变色。

4.8.6.3.4 用 25 mL 的乙醚进行萃取，重复该步骤，直至乙醚萃取液无色为止。合并乙醚萃取液，并彻底用水洗涤至无酸为止(通常洗涤两次就足够了)。

4.8.6.3.5 用一个预先洗过的脱脂棉孔塞过滤乙醚萃取液。滤液收集在已被称量的烧瓶中，并用乙醚洗涤分液漏斗和棉孔塞。在蒸汽浴上以温和的过滤气流蒸发乙醚以防沸腾。在溶剂最终痕迹消失前将烧瓶从蒸汽浴上移走。并继续通空气 10 min，在 100 ℃±5 ℃下干燥烧瓶至恒重。冷却并称重。

4.8.6.3.6 计算

氢氧化钾-乙醇抽出物得含量以质量分数 X 计，数值以%表示，按公式(14)计算：

$$X=\frac{A}{B}\times 100 \qquad (14)$$

式中：

A——抽提物的质量的数值，单位为克(g)；

B——样品的质量的数值，单位为克(g)。

4.8.7 未皂化的丙酮抽出物

4.8.7.1 范围

本方法规定了测定橡胶制品丙酮抽出物中不能被氢氧化钾-乙醇溶液皂化的未皂化的丙酮抽出物的方法。

4.8.7.2 试剂

4.8.7.2.1 氢氧化钾-乙醇溶液：见 4.8.6.2.1。

4.8.7.2.2 乙醚(GB/T 12591)。

4.8.7.2.3 酚酞指示剂溶液

称取 0.5 g 酚酞溶解于 100 mL 乙醇中。

4.8.7.3 分析步骤

4.8.7.3.1 在从约 2 g 试样得到的丙酮抽提物中(见 4.8.3.4)，加入 50 mL $c(KOH)=1$ mol/L 的氢氧化钾-乙醇溶液，回流 2 h。除去溶剂，并蒸发至干。

4.8.7.3.2 用约 100 mL 的水将蒸干物转移至分液漏斗中。用 25 mL 的乙醚萃取。彻底分层后收集水层。用新鲜的乙醚继续萃取水层，包括冲洗原先烧瓶的一部分，直到全部未皂化物质被除去为止。通常要求洗 4 次。合并乙醚层，并用水洗涤，直至洗涤液不呈碱性为止(用酚酞溶液检验)。

4.8.7.3.3 转移乙醚层至已称重的烧瓶中。并在蒸汽浴上以温和的过滤气流蒸干乙醚以防沸腾。乙醚蒸干后，继续通空气流 5 min，在 100 ℃±5 ℃下干燥萃取物至恒重，并称重。保留残余物以待测定石蜡烃(4.8.8)和矿物油(4.8.9)。

4.8.7.4 计算

未皂化的丙酮抽出物的含量以质量分数 X 计，数值以%表示，按公式(15)计算：

$$X=\frac{A}{B}\times 100 \qquad \cdots\cdots(15)$$

式中：

A——抽提物的质量的数值，单位为克(g)；

B——样品的质量的数值，单位为克(g)。

4.8.8 石蜡烃

4.8.8.1 范围

本方法规定了测定未皂化的丙酮抽提物中所含石蜡烃含量的方法，未皂化的丙酮抽提物中所含的石蜡烃可溶于乙醇，且在－5 ℃下可与乙醇溶液分离。

4.8.8.2 试剂

4.8.8.2.1 三氯甲烷(GB/T 682)。

4.8.8.2.2 无水乙醇(GB/T 678)。

4.8.8.2.3 乙醇(95%)。

4.8.8.3 分析步骤

4.8.8.3.1 加 50 mL 无水乙醇于 4.8.7.3.3 中所获的未皂化物中，并在蒸汽浴上加热 30 min。把烧瓶放于－5 ℃的冰盐混合物中至少 1 h。用缓缓抽气的方法，在滤纸上滤掉石蜡烃，但漏斗应被－5 ℃或－5 ℃以下的冰盐混合物所保护。用不超过－5 ℃的乙醇(4.8.8.2.3)洗涤沉淀物，保留滤液和洗涤液以供测定矿物油(4.8.9)。

4.8.8.3.2 用热的三氯甲烷溶解滤纸上的沉淀。溶液收集于已称重的 100 mL～150 mL 烧杯中。用热的三氯甲烷洗涤烧瓶，并把洗液合于烧杯的溶液中，以便洗下粘附于烧瓶壁的任何不溶物。在蒸汽浴上蒸发溶剂。在溶剂基本蒸发后用温和的过滤气流通过残余物 5 min。在 100 ℃±5 ℃下干燥至恒重，并称重。

4.8.8.3.3 计算

石蜡烃的含量以质量分数 X 计，数值以%表示，按公式(16)计算：

$$X=\frac{A}{B}\times 100 \qquad \cdots\cdots(16)$$

式中：

A——石蜡烃的质量的数值，单位为克(g)；

B——样品的质量的数值，单位为克(g)。

4.8.9 矿物油

4.8.9.1 范围

本方法规定了测定橡胶制品丙酮抽出物中矿物油含量的方法。被测定矿物油是饱和烃，它可溶于－5 ℃乙醇和四氯化碳(CCl_4)中，但不和硫酸反应。

4.8.9.2 试剂

4.8.9.2.1 四氯化碳(CCl_4)(GB/T 688)。

4.8.9.2.2 乙醚(GB/T 12591)。

4.8.9.2.3 硫酸(H_2SO_4)。

4.8.9.2.4 甲基红指示剂溶液。

4.8.9.3 分析步骤

为防止沸腾，用温和的过滤气流蒸发由石蜡烃测定所得的乙醇溶液。加 25 mL 四氯化碳，并转移至分液漏斗中。用硫酸振荡。弃去带色的酸。并用新鲜的硫酸重复振荡。排出,直至不再带色为止。弃去所有的硫酸后,加一部分水和足够的乙醚,在水层上面形成乙醚-四氯化碳层。并用水重复洗涤,直至所有痕迹量的酸被除去。这可用甲基红指示剂鉴定水层颜色来鉴别。转移乙醚-四氯化碳层于已称重的烧瓶中,并在蒸汽浴上蒸发溶剂。为防止沸腾,可用一过滤气流,并在最终溶剂痕迹临消失前,将其从蒸汽浴上移开。并继续通空气 10 min。在 100 ℃±5 ℃的空气浴中干燥至恒重。冷却,称重。

4.8.9.4 计算

矿物油的含量以质量分数 X 计,数值以%表示,按公式(17)计算:

$$X = \frac{A}{B} \times 100 \qquad \cdots\cdots(17)$$

式中:

A——残余物的质量的数值,单位为克(g);

B——样品的质量的数值,单位为克(g)。

4.8.10 快速回流抽提

4.8.10.1 范围

本方法规定了用特殊的溶剂以快速回流抽提法测定硫化橡胶制品中可抽提物质的量,或是要作进一步分析的橡胶制品中(见 4.8.2.5)可抽提物质的量的方法。本方法仅适用于 NR、SBR、BR、IR 和 IIR 的硫化胶制品,并用于当抽提物本身不做进一步分析的时候。所得的数值不一定等于 4.8.3、4.8.4 及 4.8.5 连续抽提法所获得的数值。

4.8.10.2 试剂

4.8.10.2.1 丙酮(GB/T 686)。

4.8.10.2.2 丁酮。

4.8.10.3 分析步骤

将样品研磨成厚度不超过 0.75 mm 的均匀试片,将 90 mg～110 mg 重的样品切成许多不同形状的小块,并准确称量至 0.1 mg。对于全抽提,每个样品加 25 mL 丁酮。对于游离抽提,每个样品加 25 mL 丙酮,样品数不超过 6 个,将溶剂和样品加到 250 mL 锥形瓶中,接上冷凝器,回流 60 min。取下锥形瓶并从水浴上移开,用 100 目(150 μm)的滤网过滤,回收抽提的试样(滤网上的小颗粒表示样品损失的部分)。用纸巾缓缓地吸干抽提液,以除去过量溶剂。在 105 ℃下干燥试样 15 min。冷却试样 10 min,并准确称重至 0.1 mg。

4.8.10.4 计算

硫化胶中全抽提物的含量以质量分数 X_1 计,数值以%表示,按公式(18)计算:

$$X_1 = \frac{m_1}{m_2} \times 100 \qquad \cdots\cdots(18)$$

式中:

m_1——用丁酮抽提所损失的质量的数值,单位为克(g);

m_2——样品的质量的数值,单位为克(g)。

硫化胶中游离态抽提物的含量以质量分数 X_2 计,数值以%表示,按公式(19)计算:

$$X_2 = \frac{m_3}{m_4} \times 100 \qquad \cdots\cdots(19)$$

式中:

m_3——用丙酮抽提所损失的质量的数值,单位为克(g);

m_4——样品的质量的数值,单位为克(g)。

硫化胶中结合态抽提物的含量以质量分数 X_3 计,数值以%表示,按公式(20)计算:

$$X_3 = m_5 - m_6 \quad \cdots\cdots(20)$$

式中：

m_5——全抽提物的质量分数，%；

m_6——游离抽提物的质量分数，%。

4.9 硫的分析

4.9.1 范围

本系列方法规定了测定橡胶制品中各种形式的硫含量的方法。不同的试验方法均给出了其适用范围。

4.9.2 术语和定义

下列术语和定义适用于本标准。

4.9.2.1

结合硫(不能抽提的有机结合硫)　combined sulfur(nonextractable organically)

结合硫指在胶料中，通过硫化过程已与橡胶或其他有机组分发生化学结合，并且不能用溶剂萃取的任何来源的硫。

4.9.2.2

游离硫　free sulfur

游离硫在胶料中可进一步硫化的硫和能被亚硫酸钠抽提的硫。

4.9.2.3

丙酮抽出硫　sulfur acetone extract

指可用丙酮(4.8.3)或丙酮-三氯甲烷混合溶剂(4.8.5)从胶中抽提出的硫。

4.9.2.4

总硫　total sulfur

指存在于胶料中的所有的硫。

4.9.3 游离硫

4.9.3.1 范围

本方法规定了橡胶制品中游离硫含量的测定方法。本方法适用于 NR、SBR、BR、NBR、CR 和 IR 的制品。

4.9.3.2 装置

4.9.3.2.1 过滤坩埚

过滤坩埚须能耐着火温度，这在某些特别用途中需要。

4.9.3.3 试剂和材料

4.9.3.3.1 乙酸镉溶液(30 g/L)。

4.9.3.3.2 乙酸镉溶液(1.2 g/L)。

4.9.3.3.3 甲醛溶液(40%)(GB/T 685)。

4.9.3.3.4 冰乙酸(40%)(GB/T 1628.1)。

4.9.3.3.5 碘标准滴定溶液$\left[c\left(\frac{1}{2}I_2\right)=0.05\ \text{mol/L}\right]$：

加 6.35 g 碘(I_2)和 20 g 碘化钾(KI)于烧杯中，用水正好没过它。停放并不时搅拌，直至溶解。如果需要，可再加少量水。溶解后稀释至 1 L。通过过滤坩埚过滤，溶液储存在带塞棕色玻璃瓶中。

标定方法见 GB/T 601。

4.9.3.3.6 石蜡。

4.9.3.3.7 硬脂酸钠水悬浮体(1 g/L)。

4.9.3.3.8 亚硫酸钠溶液(50 g/L)。

4.9.3.3.9 淀粉溶液(10 g/L)。

4.9.3.3.10 氯化锶溶液(5 g/L)。

4.9.3.4 分析步骤

4.9.3.4.1 放 2 g(精度 0.000 1 g)厚度为 0.5 mm～0.75 mm 的薄片样品到 400 mL 耐化学、薄壁玻璃烧瓶(硼硅玻璃、石英玻璃或类似的耐化学物质都可满足此要求)中。加 100 mL 亚硫酸钠(Na_2SO_3)溶液、5 mL 硬脂酸钠悬浮液和约 1 g 石蜡。用一个小表面皿盖烧瓶。加热。保持微沸 4 h 或正好在其沸点以下蒸煮 16 h。移开烧瓶。加 100 mL 氯化锶($SrCl_2$)溶液(4.9.3.3.10)和 10 mL 乙酸镉溶液(4.9.3.3.1)。用一个抽气布氏漏斗过滤。分离橡胶和沉淀。用两份 75 mL～100 mL 乙酸镉洗液(4.9.3.3.2)洗涤。

4.9.3.4.2 一边搅拌一边往滤液中加 10 mL 甲醛、10 mL 冰乙酸和 5 mL 淀粉溶液。加入足够量的碎冰,使溶液温度降到 15 ℃以下。用碘标准滴定溶液(4.9.3.3.5)滴定至蓝色终点。

4.9.3.5 空白

对试剂的空白测定通常不应超过 0.3 mL。

4.9.3.6 计算

游离硫含量以质量分数 X 计,数值以%表示,按公式(21)计算:

$$X=\frac{0.032(A-B)c}{m}\times 100 \qquad (21)$$

式中:

A——滴定样品所需碘标准滴定溶液(4.9.3.3.5)的体积的数值,单位为毫升(mL);

B——滴定空白所需碘标准滴定溶液(4.9.3.3.5)的体积的数值,单位为毫升(mL);

m——样品的质量的数值,单位为克(g);

c——碘标准滴定溶液(4.9.3.3.5)的浓度的数值,单位为摩尔/升(mol/L)。

4.9.4 丙酮抽出的硫

4.9.4.1 范围

本方法规定了丙酮抽出物中硫含量的测定方法。它适用于 NR、SBR、BR、IR 和 CR 的制品。对于 IIR 制品,抽提液要用丁酮代替丙酮。分析时按 4.8.3 所述的方法进行丙酮抽出。

4.9.4.2 试剂

4.9.4.2.1 溴(GB/T 1281)。

4.9.4.2.2 发烟硝酸。

4.9.4.2.3 锌-硝酸溶液

缓慢、小心地把 200 g 氧化锌加到 1 L 硝酸中。对手和脸要加以保护。

4.9.4.3 分析步骤

加 10 mL 锌-硝酸溶液和 2 mL～3 mL 溴于含有丙酮抽出液的烧瓶中,盖上表面皿。将烧瓶放在加热装置(或其他适宜的加热装置)附近加热 30 min。然后在蒸汽平板上加热到起泡沫。加 10 mL 发烟硝酸。去掉表面皿。继续加热直到所有的溴赶尽。继续参见附录 A.3.3～A.3.5 所述方法测定。

4.9.5 用氧瓶燃烧法测定橡胶制品中的硫

4.9.5.1 范围

本方法规定了用氧瓶燃烧法测定橡胶制品中的除硫酸钡以外的硫含量的测定方法。

本方法适用于 NR、CR、SBR、BR、IR、IIR、EPDM 和 NBR 的制品。

在铅化合物存在时本方法得出的结果不可靠(通常偏低)。锑盐和钡盐对本方法有干扰。

4.9.5.2 方法概要

试样以铂丝为催化剂在氧气中燃烧,其中烃类化合物的碳、氢及硫的氧化物被氧化。硫的氧化物被过氧化氢溶液吸收转化成硫酸。以钍试剂为指示剂，用氯化钡溶液滴定。

4.9.5.3 装置

4.9.5.3.1 氧燃烧瓶

为1 000 mL耐化学药品的厚壁氧燃烧瓶。带有35/35球形连接塞，铂样品夹子。

4.9.5.3.2 红外安全点火器，带有盒和红外灯（电点火器也同样适用）。

4.9.5.3.3 微量滴定管：容积为5 mL或10 mL，带有0.01 mL刻度。

4.9.5.3.4 磁搅拌棒，涂有耐化学涂层。约25 mm长。没有环绕中心的环带。

4.9.5.3.5 磁搅拌器

4.9.5.3.6 可调的高强度灯（有用的，但不是绝对必要。）。

4.9.5.3.7 滤纸，30 mm×30 mm，带有35 mm的延长部分。使用红外点火时用黑色的滤纸；使用电点火时，用白色的滤纸。

4.9.5.3.8 色谱柱，小的干燥管或其他装置（可装5 g树脂）作为离子交换柱。

4.9.5.3.9 烧杯，250 mL。

4.9.5.4 试剂

4.9.5.4.1 高氯酸钡标准滴定溶液（$c[Ba(ClO_4)_2]=0.01$ mol/L）

准确称取3.363 g高氯酸钡$[Ba(ClO_4)_2]$，溶解于水中，稀释至1 L。

高氯酸钡标准滴定溶液的标定：称取约0.1 g无水硫酸钠（Na_2SO_4），准确至±0.000 1 g。溶解于10 mL水中，转移至100 mL容量瓶中，稀释至刻度。混匀后吸取10 mL溶液，置于小烧杯中。按4.9.5.7.11至4.9.5.7.14操作。其中

$$c[Ba(ClO_4)_2]=\frac{(0.1\times A\times 1\,000)}{142.06\times B}$$

式中：

A——无水硫酸钠的质量的数值，单位为克（g）；

B——滴定所消耗的高氯酸钡标准滴定溶液（4.9.5.4.1）的体积，单位为毫升（mL）。

重新标定时常常可检出0.000 5 mol/L的变化。

4.9.5.4.2 阳离子交换树脂，强酸型。

注：把10 mL的$c(HCl)=2$ mol/L的盐酸溶液以每秒2滴～3滴的速度通过5 g树脂层，使树脂再生成酸型。然后用20 mL的水以较快的速度冲洗树脂层（因为树脂有很强的再生能力，每次再生可使用5次～10次。），用钍溶液测定洗液，直至不存在硫酸盐为止。使用前应将干树脂浸泡在有水的烧杯中，使其膨胀。

4.9.5.4.3 氯膦酸盐Ⅲ指示剂（3，6-二-邻-膦羧基偶氮苯-4，5-二羧基-2，7-萘二磺酸）溶液：0.5 mg/mL。

4.9.5.4.4 $c(HCl)=2$ mol/L的盐酸溶液。

4.9.5.4.5 过氧化氢（1%）：

用水稀释1体积的30%的过氧化氢（H_2O_2）至30体积（**警告：30%过氧化氢对皮肤有很大腐蚀性，处理时要带橡胶或塑料手套和墨镜。**）。

4.9.5.4.6 异丙醇。

4.9.5.4.7 氧气。

4.9.5.4.8 钍指示剂溶液（邻-2-羟基-3，6-二磺酸-1-萘偶氮苯砷酸，0.2%）。

4.9.5.5 样品的制备和处理

4.9.5.5.1 橡胶样品称量前应破碎并混合均匀。

4.9.5.5.2 由于样品量少。所以胶样和滤纸应避免污染。所有燃烧前的操作应戴上塑料手套。

4.9.5.6 安全预防措施

4.9.5.6.1 在橡胶样品燃烧过程中应注意安全预防措施。

4.9.5.6.1.1 烧瓶一定不能含有残余的有机溶剂或蒸汽，它能引起爆炸。如为清洗烧瓶使用了任何这样的溶剂都应反复用水冲洗烧瓶。

4.9.5.6.1.2 迅速燃烧产生的压力能引起烧瓶爆炸。因此燃烧应在把门锁好的安全箱里或在防护板或防护罩后面进行(推荐是安全箱本身前带有防护板)。总之手和脸应在燃烧到样品前从防护板撤回。燃烧期间应戴上目镜或面罩。

4.9.5.6.1.3 待燃烧火花最后全部熄灭后，才能从安全箱里取出烧瓶。由于形成轻微的真空，因此要继续戴目镜或防护脸罩。

4.9.5.7 分析步骤

4.9.5.7.1 在氧燃烧瓶中加入 10 mL 过氧化氢吸收液(1%)，磁力搅拌棒。

4.9.5.7.2 放一张滤纸在天平中 5 min 以使其平衡到天平的湿度。然后按照图 5 的方法，折叠滤纸二次，使形成一个 U 形的样品舟。

4.9.5.7.3 样品：当样品硫含量(质量分数)为 1.2%～1.9%时，称取 40 mg～80 mg 样品。在任何情况下，样品中的含硫量不超过 0.1 mmol。将样品放在滤纸舟中，称量，称准至 0.1 mg。

4.9.5.7.4 按图 5 方法折叠滤纸。牢固地把折叠好的滤纸夹在塞子钩上的铂样品夹上。使滤纸的末端突出在外。

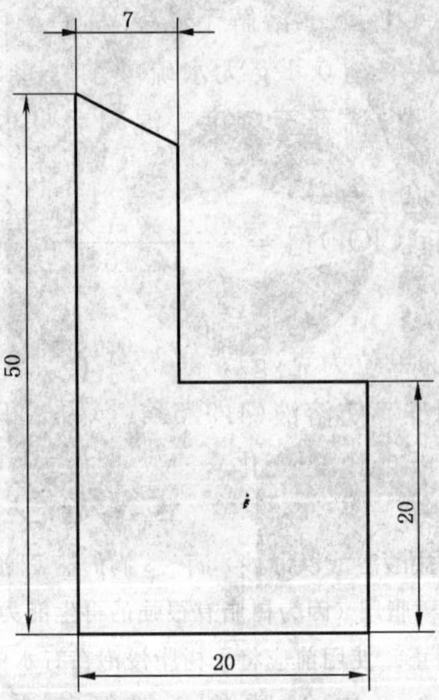

图 5 包试样纸的形状

4.9.5.7.5 按图 6，从氧气钢瓶引出管子插到烧瓶底部，强烈地吹氧至少 0.5 min。

4.9.5.7.6 轻轻地取出氧气管，盖上塞子，不让铂载体接触到液体。

4.9.5.7.7 由于要垂直，要用夹子轻轻地把塞子夹紧。

4.9.5.7.8 将烧瓶移入红外点火箱中，使纸的末端与红外线成一直线，并近似成直角。关上箱门打开电点火器直到滤纸点着。

4.9.5.7.9 燃烧完成后，将密封烧瓶置于磁力搅拌器上，剧烈搅拌 1 h，或静置 2 h。

4.9.5.7.10 取去塞子夹钳，翘起塞子以释放真空，打开烧瓶。

4.9.5.7.11 若估计或已知样品中有大量的锌化合物或其他阳离子存在，需将溶液通过离子交换柱。

4.9.5.7.11.1 用夹钳将离子交换柱垂直固定在铁架台上，在离子交换柱底部放一个直径约 13 mm 的玻璃棉，装入 5 g 强酸型阳离子交换树脂(4.9.5.4.2)，用 250 mL 烧杯收集滤液。

4.9.5.7.11.2 将烧瓶内容物注入离子交换柱，保持滴入烧杯的速度为 2 滴/s～3 滴/s(必要时可轻微加压或抽真空)。

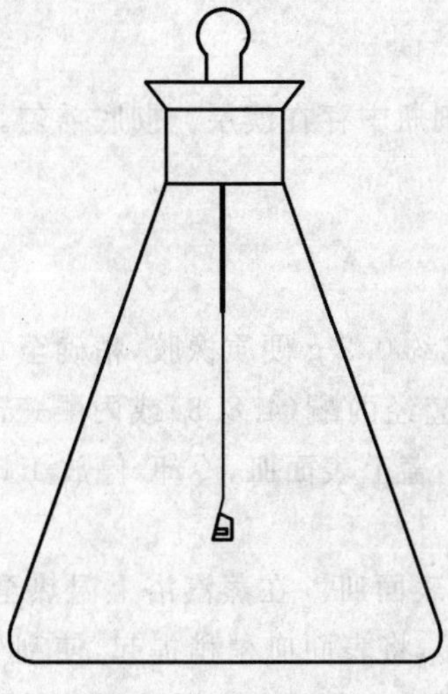

图6　氧燃烧瓶

4.9.5.7.11.3　若样品中不存在阳离子，把烧杯内容物转移到 250 mL 烧杯中。用 5 mL 水洗涤烧瓶、塞子钩和铂夹三次。将洗液注入烧杯。按 4.9.5.7.13 操作。

4.9.5.7.12　每次用 5 mL 的水洗涤烧瓶壁、塞子钩和铂夹，共洗三次。将洗涤液注入到离子交换柱中，收集在烧杯中.然后施加适度真空或压力迫使最后的液体从柱子中流出。

4.9.5.7.13　在烧杯中加入 100 mL 异丙醇(或使溶液中的异丙醇按体积计达 80%)、2 滴钍试剂溶液、磁力搅拌棒，置于磁力搅拌器上。如需要，可将烧杯放在高强度灯下。使用微量滴定管(4.9.5.3.3)，用 $c[Ba(ClO_4)_2]=0.01$ mol/L 的高氯酸钡标准滴定溶液(4.9.5.4.1)滴定，滴定时逐滴加入，磁力搅拌，滴定至溶液由黄色变成粉红色，且至少保持 30 s 为终点。或者用 1 mL 氯膦酸盐Ⅲ(4.9.5.4.3)为指示剂，滴定至溶液由淡紫红色变成蓝绿色为终点。如需要，可使用高强度灯。记录滴定管读数，准确至 0.01 mL。

4.9.5.7.14　不加样品，进行空白试验。用空白值修正样品测定值。

4.9.5.8　计算

总硫含量以质量分数 X 计，数值以%表示，按公式(22)计算：

$$X=\frac{3.206(A-B)M}{W} \qquad \cdots\cdots(22)$$

式中：

A——滴定样品所需的高氯酸钡标准滴定溶液(4.9.5.4.1)的体积的数值，单位为毫升(mL)；

B——滴定空白所需的高氯酸钡标准滴定溶液(4.9.5.4.1)的体积的数值，单位为毫升(mL)；

M——高氯酸钡标准滴定溶液(4.9.5.4.1)的浓度的准确数值，单位为摩尔每升(mol/L)；

W——所用样品的质量的数值，单位为克(g)。

4.9.5.9　精密度

有关术语、其他试验和统计学概念的解释请参考 GB/T 14838。

4.9.6　熔融法测定硫的含量

4.9.6.1　范围

本方法适用于当橡胶制品中存在可溶于酸的钡盐、硫化锑或无机铅化合物时，测定样品中总硫、无机硫、结合硫加无机硫含量。本方法能测定样品中所有的硫包括硫酸钡中的硫。当硫酸钡存在时，测定总硫含量应使用本方法。当用本方法测定结合硫加无机硫含量时，无机硫含量也应使用本方法(4.9.6)测定。总硫含量适用于测定未被抽提的样品。结合硫加无机硫含量适用于测定抽提过的样品。

本方法适用于 NR、SBR、BR、IR、CR、NBR 等橡胶制品中总硫含量的测定。

4.9.6.2 **试剂**

4.9.6.2.1 硝酸-溴混合溶液

加过量的溴到硝酸溶液中，使试剂瓶中存在溴层。彻底摇匀。使用前停放 24 h。

4.9.6.2.2 碳酸钠（Na_2CO_3）。

4.9.6.2.3 碳酸钠溶液（50 g/L）。

4.9.6.3 **分析步骤**

4.9.6.3.1 称取约 0.5 g 软质橡胶或约 0.2 g 硬质橡胶，精确至 0.000 1 g，置于 100 mL 的低型瓷坩埚中。若测定结合硫加无机硫，则样品应经丙酮（4.8.3）或丙酮-三氯甲烷混合溶液（4.8.5）抽提过。加 15 mL 硝酸-溴混合溶液（4.9.6.2.1），盖上表面皿，冷却，停放 1 h。然后在蒸汽浴上加热 1 h。取下表面皿，用少量水洗涤，蒸发至干。

4.9.6.3.2 加 3 mL 硝酸溶液，盖上表面皿。在蒸汽浴上温热至溶解，冷却。用玻璃刮勺小心地一点一点地加入 5 g 碳酸钠（精确至 0.5 g），将表面皿稍稍提起，使刮勺恰能伸入坩埚中。使碳酸钠沿坩埚壁滑入，以免碳酸钠直接掉到酸中。用 2 mL～3 mL 热水洗涤表面皿。用玻璃棒彻底搅拌混合物。消化几分钟。将混合物往上涂布至坩埚的一半处，以促使其干燥。在蒸汽浴上干燥。在无硫的火焰上加热熔融混合物。

4.9.6.3.3 将坩埚倾斜放在铁三角架上，开始时用小火加热，为防止有机物质燃烧得太快，可用搅拌棒来控制，用搅拌棒使燃烧部分与其他部分分开，当一部分燃烧变白后，再用搅拌棒移入其他部分，操作时注意用坩埚钳夹住坩埚，待有机物质燃尽后，改用大火加热，但不必将坩埚加热至通红。如小心使用，坩埚至少能用 10 次～12 次。

4.9.6.3.4 熔融后，冷却，将坩埚置于 600 mL 烧杯中，加足量的水（约 125 mL）覆盖坩埚，在蒸汽浴或电热板上至少消化 2 h。

4.9.6.3.5 过滤，用盛有 5 mL 盐酸溶液且带盖的 400 mL 烧杯接受滤液，用热的碳酸钠溶液（4.9.6.2.3）充分洗涤残渣，残渣可用作钡的定性试验。除非要求详细分析灰分成分，否则，不必进行钡的分析和校正。用盐酸溶液酸化滤液至 pH 试纸变红，再多加 2 mL 盐酸溶液，使硫酸钡沉淀，参见附录 A 3.5 所述方法进行测定。

4.9.6.4 **计算**

硫含量以质量分数 D 计，数值以％表示，按公式（23）计算：

$$D=\frac{0.137\,3A}{B}\times 100 \qquad \cdots\cdots(23)$$

式中：

A——硫酸钡的质量的数值，单位为克（g）；

B——样品的质量的数值，单位为克（g）。

4.9.7 **锑不存在时无机硫的测定**

4.9.7.1 **范围**

本方法适用于当锑不存在时橡胶制品中无机硫含量的测定。先将样品灰化，当存在可溶于酸的钡盐或铅时，用熔融法（4.9.6）测定灰分中的硫；当不存在可溶于酸的钡盐时，用锌-硝酸法（附录 A）测定。测定结合硫加无机硫含量和测定无机硫含量应使用相同的方法。使用附录 A 测定无机硫含量的最后一步不能用于测定硫酸钡中的硫含量。本方法的意义在于测定无机硫含量时将硫酸钡中的硫扣除。一般只有当存在某些组分按 4.9.6 测定或测定总硫量时才需要计算硫酸钡中的硫。

本方法适用于 NR、SBR、BR、IR、CR、NBR、IIR、EPDM 等橡胶制品中无机硫含量的测定。

4.9.7.2 **试剂**

硝酸-溴混合溶液：加过量的溴到硝酸溶液中，使试剂瓶中存在溴层。彻底摇匀。使用前停放 24 h。

4.9.7.3 **分析步骤**

称取约 1.0 g 样品，精确至 0.000 1 g，用丙酮(4.8.3)或丙酮-三氯甲烷混溶剂(4.8.5)抽提，干燥，将抽提后的样品置于 100 mL 瓷坩埚中，在最高温度不超过 450 ℃的马福炉中干馏。如果样品不允许着火，可使用煤气炉灰化，在坩埚下放金属网有助于防止着火，燃烧时碳不必完全燃尽。若没有溶于酸的钡盐和铅，则加 3 mL 硝酸－溴混合溶液到灰份中。盖上表面皿。加热 1 h。用洗涤的方法转移坩埚内容物到 500 mL 耐化学材料制的锥形烧瓶中。蒸发至干。参见附录 A.3.3 至附录 A.3.5 所述方法测定硫。在存在有可溶性钡盐和铅盐时，按 4.9.6.3.2、4.9.6.3.4 和 4.9.6.3.5 所述方法处理灰分，进行硫的测定。

4.9.7.4 **计算**

无机硫含量以质量分数 D 计，数值以%表示，按公式(24)计算：

$$D=\frac{0.137\,3A}{B}\times 100 \qquad \cdots\cdots(24)$$

式中：

A——硫酸钡的质量的数值，单位为克(g)；

B——所用样品的质量的数值，单位为克(g)。

4.10 **填料分析**

4.10.1 **范围**

4.10.1.1 橡胶制品中的填料是指除加到制品中的游离硫和炭黑以外的其他无机物质。若不存在灰化温度下分解的物质，则填料的近似量可用鉴定灰分的方法来测定。

本方法适用于橡胶制品中的填料含量的测定。除本方法范围(4.10.1)规定外，适用于所有橡胶和橡胶制品。

4.10.1.2 本方法可测定 4.6.1 中表 2 所列第 18 项～28 项无机配合剂的含量，包括二氧化硅和不溶性物质、二氧化硅、氧化铅、铁和铝的氧化物、氧化钙、氧化镁、氧化锌、碳酸钡、硫酸钡、硫酸锑、二氧化钛等物质的含量。报告中所列物质的形式与它们在橡胶制品中存在的形式不必一致。当存在大量的二氧化硅和其他不溶性的物质以及铁和铝的氧化物时，由于在这种情况下可能存在粘土、石棉或滑石棉，但它们的量只能估计，因此，测定结果很难确切地解释。当应分析无机填料时，应按 4.10 进行。

4.10.2 **填料含量的测定，灰分仲裁法**

4.10.2.1 **范围**

4.10.2.1.1 本方法规定了测定橡胶制品填料含量的灰分仲裁分析方法，当用不同的灰化方法测定的填料含量不一致时，以本方法测定结果为准。它也适用于在无锑化合物存在情况下由灰化橡胶制品来测定无机硫(4.9.7)或用于灰分的分析(4.11)。

4.10.2.1.2 对于含有卤素的橡胶，当与锌或其他金属化合物形成挥发性的卤化物时，本方法测定结果不准确。因此，本方法不适用于含有卤素的橡胶。若需要分析灰分中的这些金属含量时，建议不采用本方法。

4.10.2.1.3 本方法可用于制备不含卤素或硫化锑的橡胶制品灰分分析所用样品。但当样品中存在 550 ℃时可分解的碳酸盐、粘土或在该温度下将失去水分的硅酸盐时，测定的灰分含量不是非常准确的，不能代表样品中原来存在的无机填料的量。

4.10.2.2 **方法概要**

将样品放在坩埚中，在 550 ℃±25 ℃的马福炉中灰化。根据坩埚中残渣的量计算灰分含量。

4.10.2.3 **仪器**

4.10.2.3.1 坩埚。瓷的或石英的，容积为 50 mL 左右。

4.10.2.3.2 马福炉。应将温度控制在 550 ℃±25 ℃。

4.10.2.3.3 校正过的热电偶和温度显示装置。

4.10.2.4 分析步骤

4.10.2.4.1 称取约 1 g 样品，精确至 0.000 1 g，置于经灼烧并称重过的坩埚中。

4.10.2.4.2 低温灰化后，调节马福炉的温度至 550 ℃±25 ℃。把坩埚放入炉中，关紧炉门。炉门应立即关上。1 h 内不能打开。1 h 后打开炉门 3 cm～5 cm。继续加热 30 min 或直至所有含碳物质烧尽。

注：若需进行灰分仲裁实验，将校正过的热电偶置于大约炉腔几何中心的位置来测定温度。炉温应调节在特定范围内，炉中每次不应放置两个以上坩埚，并且它们应直接放置在热电偶下面。

4.10.2.4.3 从炉中取出坩埚。在干燥器中冷却，称重。

4.10.2.5 计算

灰分含量以质量分数 D 计，数值以%表示，按公式(25)计算：

$$D=\frac{A-B}{C}\times 100 \quad\cdots\cdots\cdots\cdots(25)$$

式中：

A——灰分加坩埚的质量的数值，单位为克(g)；

B——坩埚的质量的数值，单位为克(g)；

C——样品的质量的数值，单位为克(g)。

4.10.2.6 精密度

有关术语、其他试验和统计学概念的解释请参考 GB/T 14838。

4.10.3 填料含量的测定，干法灰分法(可选)

4.10.3.1 范围

本方法规定了在没有马福炉的情况下测定橡胶制品中灰分的方法。因缺少温度控制，本方法测定的填料含量不如马福炉方法(4.10.2)准确。本方法所测灰分含量供 4.10.2.1.1 分析、比较填料含量用。

4.10.3.2 方法概述

称取一定量的样品，放在已恒重的坩埚中，用气体燃烧器使其慢慢炭化，最后充分加热至所有含碳物质烧尽。根据坩埚的残渣量计算灰分的含量。

4.10.3.3 仪器

4.10.3.3.1 坩埚。瓷的或石英的，容积为 30 mL。

4.10.3.3.2 泥三角架。

4.10.3.4 分析步骤

称取约 1 g 样品，精确至 0.000 1 g，放入灼烧并恒重的坩埚中。将坩埚放在石棉板的孔上，用小火加热直至赶尽挥发的裂解产物。当样品被炭化完全后，逐渐加大火焰使含碳物质烧尽。最后把坩埚放在代替带孔石棉板的泥三角上加热。任何时候样品不允许着火。否则应报废。加热直至所有碳物质烧尽。在干燥器中冷却坩埚，称重。

4.10.3.5 计算

灰分含量以质量分数 D 计，数值以%表示，按公式(26)计算：

$$D=\frac{A-B}{C}\times 100 \quad\cdots\cdots\cdots\cdots(26)$$

式中：

A——坩埚加灰分的质量的数值，单位为克(g)；

B——坩埚的质量的数值，单位为克(g)；

C——样品的质量的数值，单位为克(g)。

4.10.4 硫酸盐法测定灰分

4.10.4.1 范围

4.10.4.1.1 本方法适用于近似测定含卤素的硫化或未硫化胶中灰分的含量。所获得的灰分与干法灰化所获得的灰分很少有相似的组分，它经常不表示填料的含量。因此橡胶若用本方法灰化时在报告中应说明灰分是用本方法测定的。

4.10.4.1.2 若在灰分中含有易挥发的卤化锌或其他金属卤化物，这种含卤素橡胶灰分的测定只允许采用本方法。

4.10.4.2 **方法概述**

已知重量的样品放在恒重过的坩埚中，在有硫酸存在下加热。用小火加热至炭化完全。赶尽硫酸。用强火焰或在马福炉中烧尽含碳物质。

4.10.4.3 **仪器**

4.10.4.3.1 坩埚。瓷的或石英的。容积 30 cm^3。

4.10.4.3.2 三角架。

4.10.4.3.3 马福炉。带热电偶和继电器控温。

4.10.4.4 **分析步骤**

4.10.4.4.1 称取 1 g 胶样，精确至 0.000 1 g，切成小片，放在灼烧恒重过的坩埚中。在坩埚中加5 mL硫酸(H_2SO_4)，使所有胶样湿润。

4.10.4.4.2 将坩埚放在三角架上，用小火小心加热。若发现过度膨胀或起泡现象，则将火焰移开使反应温和，然后继续加热。逐步加快加热速度，直至赶尽所有的硫酸。加热时应调节加热速率，使坩埚内物质没有飞溅和损失。

4.10.4.4.3 在 950 ℃～980 ℃的马福炉中加热约 1 h，以烧尽碳物质。若不需要测定灰分含量，含碳物质的赶尽可用火焰或低温马福炉来完成。

4.10.4.4.4 坩埚在干燥器中冷却并称重。

4.10.4.5 **计算**

灰分含量以质量分数 D 计，数值以%表示，按公式(27)计算：

$$D = \frac{A-B}{C} \times 100 \qquad \cdots\cdots(27)$$

式中：

A——坩埚加灰分的质量的数值，单位为克(g)；

B——坩埚的质量的数值，单位为克(g)；

C——样品的质量的数值，单位为克(g)。

4.10.5 **炭黑含量的测定。方法 A：硝酸消化法**

4.10.5.1 **范围**

4.10.5.1.1 本方法规定了用硝酸消化法测定橡胶制品中炭黑含量的方法。本方法适用于含不饱和碳链的"R"系橡胶。

4.10.5.1.2 本方法也适用于可被硝酸降解成可溶解于水、丙酮或三氯甲烷中碎片的其他橡胶。对已知的橡胶样品，除试验已证明本方法是不合适的外，均可适用于本方法。

4.10.5.2 **方法概述**

将抽提过的样品用热的硝酸消化。橡胶样品被氧化成可溶碎片。碳和不溶于酸的填料被过滤掉。洗涤，干燥，称重，燃尽碳，失去的重量表示炭黑含量。

4.10.5.3 **试剂**

4.10.5.3.1 丙酮。

4.10.5.3.2 三氯甲烷。

4.10.5.3.3 铬酸钠溶液(100 gNa_2CrO_4/L)。

4.10.5.3.4 氢氧化钠溶液(175 gNaOH/L)。

4.10.5.3.5 氢氧化钠溶液(300 gNaOH/L)。

4.10.5.4 **分析步骤**

4.10.5.4.1 抽提约 0.5 g 样品，对硫化胶样品，按 4.8.5.4 规定用丙酮-三氯甲烷混合溶剂抽提；对未硫化胶样品，则按 4.8.3.4 规定仅用丙酮抽提。

4.10.5.4.2 将样品转移到 250 mL 烧杯中，在蒸汽浴上加热除去三氯甲烷，加几毫升硝酸，停放约 10 min。小心加入至少 50 mL 硝酸，同时冲洗烧杯壁。在蒸汽浴上至少加热 1 h。在加热最后阶段表面应没有较多气泡和泡沫。趁热把液体倒入古氏坩埚中，小心倾倒，尽可能地将不溶物保留在烧杯中。用抽气法慢慢过滤。用热硝酸以倾析法很好地洗涤（**警告——在此时倒空吸滤瓶**）。用丙酮和丙酮-三氯甲烷混合溶剂（$1V+1V$）洗涤，直至滤液无色为止。在烧杯中加入 35 mL 氢氧化钠溶液（4.10.5.3.5），在蒸汽浴上消化 10 min。若不存在硅酸盐，可以省略用碱处理的步骤。用热水将溶液稀释至 60 mL，在蒸汽浴上加热，过滤，用热的氢氧化钠溶液（4.10.5.3.4）充分洗涤。（**警告——尤其对某些合成胶制品，用氨水部分或全部中和硝酸可大大有利于过滤。若炭黑颗粒过分分散难以过滤，用氨水部分中和且同时加三价阳离子或阴离子同样有利于炭黑粒子的成团。**）

4.10.5.4.3 用热盐酸溶液将残渣洗入古氏坩埚中，必要时可用橡胶淀帚。若有必要，最后可用温的盐酸溶液（$1V+7V$）转移，用氨水中和最后的洗涤液，并用铬酸钠溶液（4.10.5.3.3）检验是否存在铅，若存在铅，继续用热盐酸溶液洗涤。最后用温的盐酸溶液（$1V+7V$）洗涤，取下坩埚，注意应小心地拿外壁，要求保持绝对干净。在 110 ℃的空气浴上干燥 1.5 h，冷却。称重，记为 a。在 550 ℃～600 ℃的马福炉中赶尽碳，再称重，记为 b。这二个质量的差值近似等于样品中以炭黑形式存在的碳的质量的 105%。

4.10.5.5 **计算**

炭黑含量以质量分数 D 计，数值以%表示，按公式(28)计算：

$$D=\frac{a-b}{1.05c}\times 100 \qquad \cdots\cdots(28)$$

式中：

a——灼烧前坩埚和剩余物的质量的数值，单位为克(g)；

b——灼烧后坩埚和灰分的质量的数值，单位为克(g)；

c——样品的质量数值，单位为克(g)。

4.10.6 **炭黑含量的测定。方法 B：热解法**

4.10.6.1 **范围**

本方法规定了用热解法测定硫化橡胶或未硫化橡胶中炭黑含量的方法。本方法适用于所有除含卤素或氮的橡胶或含铅盐或作为添加剂的酚醛树脂外的“R”系橡胶和“M”系橡胶（定义见 GB/T 5576）。若在热解条件下不形成含碳残渣，本方法也可适用于其他橡胶。对已知的橡胶样品，除试验已证明本方法是不合适的外，均可适用于本方法。

4.10.6.2 **方法概要**

称取一定量抽提过的橡胶样品，置于石英舟中，在 800 ℃～900 ℃的氮气流中进行热解。含有非挥发性残渣的石英舟被冷却、称重。然后在空气中烧尽炭黑。再称舟和其中的物质的质量。失去的质量表示炭黑的质量。

4.10.6.3 **试剂**

4.10.6.3.1 氮气。干燥且不含氧。

4.10.6.3.2 丙酮。

4.10.6.3.3 三氯甲烷。

4.10.6.4 **装置**

4.10.6.4.1 石英舟。

4.10.6.4.2 电热管式炉。能加热到 800 ℃～900 ℃。在推进和撤回燃烧舟时不允许氧气进入管子。

4.10.6.4.3 流量计。需对 100 mL/min 和 200 mL/min 的氮气流量校准。

4.10.6.4.4 马福炉。能保持在 800 ℃～900 ℃。

4.10.6.4.5 抽提装置

见 4.8.3。

4.10.6.5 **分析步骤**

4.10.6.5.1 称取约 0.2 g 样品,精确到 0.1 mg。用滤纸包好,按 4.8.3.4 规定用丙酮抽提约 4 h。若存在沥青或其他丙酮不溶物时,除未硫化胶外,均用三氯甲烷(4.10.6.3.3)抽提 4 h(注 1)。在空气中或 70 ℃烘箱中干燥。

注 1:不含油和增塑剂的未被硫化的炭黑母炼胶不需要抽提。

注 2:未被硫化的胶在干燥前应从滤纸上拿开,放入燃石英舟中。

4.10.6.5.2 将干燥后的样品置于石英舟中,将石英舟放到燃烧管的冷区,用一密封接头关闭入口。通过流量计到密闭接头把无氧的氮气接通。以约 200 mL/min 的速度通氮气 5 min,然后将氮气流速减小至 100 mL/min,在 5 min 内慢慢将石英舟移至燃烧管的中心加热区,保持 5 min。然后将舟移至燃烧管的冷端(或推进它到冷出口端),继续通氮气,冷却 10 min。将舟从燃烧管内取出。在干燥器中冷却。称重,精确至 0.1 mg。

4.10.6.5.3 把舟放在 800 ℃～900 ℃马福炉中(或放在供给空气的管式炉中)。直到所有碳被烧尽。在干燥器中冷却。称重。精确至 0.1 mg。

注:热解应在通风橱中完成。若不可能,要从管子出口端引导挥发气体进入排风橱或冷凝阀。二甲苯或其他烃类溶剂也可用来吸收热解产物。

4.10.6.6 **计算**

炭黑含量以质量分数 D 计,数值以%表示,按公式(29)计算:

$$D=\frac{A-B}{C}\times 100 \qquad (29)$$

式中:

A——在氮气流中热解后燃烧舟和残渣的质量的数值,单位为克(g);

B——在空气中灼烧后燃烧舟和残渣的质量的数值,单位为克(g);

C——样品的质量的数值,单位为克(g)。

4.10.7 **氮含量,以蛋白质计**

4.10.7.1 **范围**

本方法规定了测定除 NBR 以外的橡胶制品中按填料计算的蛋白质含量的方法。本方法也可用于测定 NBR 制品中的氮含量(见 5.4.1)。本节的计算是设想测定 NR 制品中的蛋白质。在没有其他含氮物质时,本方法可用于不必修正橡胶中的氮含量的合成胶制品。抽提后所存在的防老剂和促进剂的氮含量将产生轻微的误差。若发现天然橡胶中存在有蛋白质,可用本方法从氮含量计算来确定蛋白质的含量。在天然橡胶中的天然蛋白质应按 4.10.7.4.2 的计算进行修正。它由近似法进行修正。混合胶的计算(4.4.3)是通过蛋白质中总氮量来测定的。随后蛋白质含量是假定混合用橡胶含有 0.4%蛋白质进行校正的。这个值是用于计算更准确的橡胶聚合物含量。

4.10.7.2 **试剂**

4.10.7.2.1 硫酸铜($CuSO_4$)。

4.10.7.2.2 石蜡。

4.10.7.2.3 氢氧化钠溶液(750 gNaOH/L)。

4.10.7.2.4 氢氧化钠标准滴定溶液[c(NaOH)=0.1 mol/L]:按 GB/T 601 中 4.1 规定的方法配制和标定。

4.10.7.2.5 硫酸钠(Na_2SO_4)。

4.10.7.2.6 硫酸标准滴定溶液[$c(1/2H_2SO_4)=0.1$ mol/L]:按 GB/T 601 中 4.3 规定的方法配制和标定。

4.10.7.2.7 锌粒。

4.10.7.3 分析步骤

准确称取约 2 g 样品(精确至 0.000 1 g),按 4.8.3 规定的方法用丙酮抽提 8h,除去丙酮。将样品从滤纸上转移到 750 mL 的凯氏烧瓶中。加 25 mL～30 mL 硫酸、10 g～12 g 硫酸钠和约 1 g 硫酸铜,慢慢加热直至产生第一个气泡,然后渐渐升温直到液体沸腾,继续煮沸至溶液澄清。冷却。用 150 mL 水小心稀释。冷却。小心地沿烧瓶壁加入 100 mL 氢氧化钠溶液(4.10.7.2.3),使其不立即与酸溶液混合,加约 1 g 锌粒,以防暴沸,加一片约豌豆大的石蜡,以减少起泡。在 500 mL 锥形烧瓶中,加 50 mL 硫酸标准滴定溶液(4.10.7.2.6),用水稀释至 100 mL。迅速地将烧瓶与冷凝器连接,将冷凝器的导管插入 500 mL 锥形烧瓶中。小心地摇动烧瓶以混合内容物。开始慢慢地加热。当起泡的危险减小时,加大火焰。一直煮沸至约一半液体被蒸入吸收器中。加入甲基红指示剂溶液。用氢氧化钠标准滴定溶液(4.10.7.2.4)滴定至溶液呈亮黄色为终点。

4.10.7.4 计算

4.10.7.4.1 总氮含量(以蛋白质计)以质量分数 X 计,数值以%表示,按公式(30)计算:

$$X=\frac{0.014(AN-BN')6.5}{C}\times 100 \qquad (30)$$

式中:

A——硫酸标准滴定溶液(4.10.7.2.6)的体积的数值,单位为毫升(mL);

N——硫酸标准滴定溶液的浓度的准确数值,单位为摩尔每升(mol/L);

B——氢氧化钠标准滴定溶液(4.10.7.2.4)的体积的数值,单位为毫升(mL);

N'——氢氧化钠标准滴定溶液的浓度的准确数值,单位为摩尔每升(mol/L);

C——样品的质量的数值,单位为克(g)。

4.10.7.4.2 在 4.4.3 计算橡胶聚合物含量和混合胶含量时,用修正后的蛋白质含量代替总氮含量。修正后的蛋白质含量以质量分数 X 计,数值以%表示,按公式(31)计算:

$$X=A-B\times 0.004\times 6.5 \qquad (31)$$

式中:

A——以蛋白质表示的总氮含量的数值,%;

B——混合胶的质量分数的数值,%。

使用修正后的蛋白质含量可准确计算橡胶聚合物含量。

4.11 灰分的分析

4.11.1 一般方法

按 4.10.2 或 4.10.3 规定制备样品,供灰分分析用。按 4.11.2～4.11.6 所述的方法分析灰分中的二氧化硅(SiO_2)、不溶性物质、氧化铅、氧化铁加氧化铝($Fe_2O_3+Al_2O_3$)、氧化钙(CaO)和氧化镁(MgO)。软橡胶制品取样 1 g,硬橡胶制品取样 2 g,按 4.11.7～4.11.11 的规定进行氧化锌(ZnO)、总硫酸钡($BaSO_4$)、碳酸钡($BaCO_3$)、总锑和二氧化钛(TiO_2)的分析和样品的制备。

4.11.2 二氧化硅和不溶性物质的含量

4.11.2.1 分析步骤

用 10 mL 盐酸溶液(1V+1V)溶解灰分样品,将坩埚彻底冲洗干净,稀释至 100 mL,用把皿蒸发至干。在 110 ℃下干燥 1 h。用 10 mL 盐酸溶液(1V+1V)和 3 滴硝酸溶液润湿,在蒸气浴上消化15 min。加 100 mL 水,煮沸、过滤、用热水洗涤。将沉淀转移至瓷坩埚中,干燥,灼烧。将滤液保留供测定氧化铅(4.11.3)用。称重,测定二氧化硅和不溶性物质的量。若残渣量可达到测定二氧化硅含量所需样品量,则将其转移到铂坩埚中,加 2 mL～3 mL 氢氟酸和几滴硫酸,蒸发至干,在低赤热温度下小心灼烧,失去的质量就是二氧化硅的量。

4.11.2.2 **计算**

4.11.2.2.1 二氧化硅和不溶性物质的含量以质量分数 F 计，数值以%表示；二氧化硅含量以质量分数 H 计，数值以%表示；分别按公式(32)和公式(33)计算：

$$F=\frac{A-B}{C}\times 100 \qquad \cdots\cdots(32)$$

$$H=\frac{(A-B)-(C-D)}{C}\times 100 \qquad \cdots\cdots(33)$$

式中：

A——灼烧后残渣和瓷坩埚的质量的数值，单位为克(g)；

B——瓷坩埚的质量的数值，单位为克(g)；

C——原样品的质量的数值，即残渣和铂坩埚的质量，单位为克(g)；

D——经氢氟酸处理、灼烧后残渣和铂坩埚的质量的数值，单位为克(g)；

E——铂坩埚的质量的数值，单位为克(g)。

4.11.2.2.2 经氢氟酸处理后的大量残渣可能是硫酸钡($BaSO_4$)、硫酸铅($PbSO_4$)或二氧化钛(TiO_2)，可用显微镜来鉴别。若残渣中存在少量的氧化铝(Al_2O_3)和三氧化二铁(Fe_2O_3)，可用焦硫酸钾($K_2S_2O_7$)熔融后溶解，用氨水再沉淀后，合并到 R_2O_3 沉淀(4.11.4 节)中去，如果不存在二氧化钛，可以准确分析氧化铝、三氧化二铁的含量或其混合物的含量。

4.11.3 **氧化铅的含量**

4.11.3.1 **试剂**

4.11.3.1.1 乙醇(95%)。

4.11.3.1.2 乙醇(50%)。

4.11.3.1.3 硫化氢(H_2S)。

4.11.3.1.4 硝酸溶液($1V+1V$)。

4.11.3.2 **分析步骤**

用氨水中和测定二氧化硅和不溶性物质时得到的滤液，加 1 mL 盐酸溶液($1V+1V$)，迅速地向溶液中通入硫化氢气体，将溶液稀释至 50 mL ~100 mL。继续通入硫化氢气体直至沉淀完全，过滤，并用硫化氢饱和溶液洗涤。将滤液保留供 4.11.4 测定氧化铝和三氧化二铁用。若存在锑，在该条件下它将被沉淀；锌也能被沉淀，但两者都不干扰铅的测定。将硫化铅(PbS)沉淀溶解在硝酸溶液(4.11.3.1.4)中；煮沸至完全溶解。若存在锑，在该步骤中不溶解。过滤、冷却滤液。加 10 mL 硫酸，蒸发至出现硫酸白色浓烟，冷却，用 50 mL 水稀释，加等体积的乙醇(4.11.3.1.1)，停放过夜。用已恒重的古氏坩埚过滤，用乙醇(4.11.3.1.2)洗涤，在 105 ℃下干燥，称重。

4.11.3.3 **计算**

氧化铅含量以质量分数 D 计，数值以%表示，按公式(34)计算：

$$D=\frac{0.736(A-B)}{C}\times 100 \qquad \cdots\cdots(34)$$

式中：

A——坩埚和硫酸铅的质量的数值，单位为克(g)；

B——坩埚的质量的数值，单位为克(g)；

C——原样品的质量的数值，单位为克(g)；

0.736——$PbSO_4$ 转化为 PbO 的换算系数。

4.11.4 **铁和铝的氧化物(R_2O_3)的含量**

4.11.4.1 **试剂**

4.11.4.1.1 氯化铵(NH_4Cl)，固体。

4.11.4.1.2　氯化铵溶液(20 g/L):将 20 g 氯化铵溶解到 1 000 mL 的水中。

4.11.4.1.3　甲基红指示剂溶液(1 g/L):称取 0.1 g 甲基红,溶于乙醇(95%),用乙醇(95%)稀释至 100 mL。

4.11.4.1.4　铁氰化钾指示剂[$K_3Fe(CN)_6$]。

4.11.4.1.5　焦硫酸钾($K_2S_2O_7$)。

4.11.4.2　步骤

煮沸 4.11.3.2 过滤硫化铅沉淀所得的滤液,以除去硫化氢,将溶液体积调节至 100 mL～150 mL。加几滴硝酸,煮沸,在点滴板上用铁氰化钾指示剂(4.11.4.1.4)作指示剂测试亚铁盐,若存在亚铁盐,继续加硝酸,重复上述操作,直至所有的亚铁离子被氧化。加 5 g 氯化铵固体,加氨水至甲基红变成稳定的黄色,但不要过量。加热至沸腾,煮沸 5 min。静置,过滤,用氯化铵溶液(4.11.4.1.2)洗涤,若沉淀量较大,可使用水泵抽滤。将滤液保留供 4.11.5 测定氧化钙用。在低温下炭化,在空气中灼烧。

4.11.4.3　计算

铁和铝的氧化物(R_2O_3)含量以质量分数 D 计,数值以%表示,按公式(35)计算:

$$D=\frac{A-B}{C}\times 100 \qquad (35)$$

式中:

A——坩埚和 R_2O_3($Fe_2O_3+Al_2O_3$)的质量的数值,单位为克(g);

B——坩埚的质量的数值,单位为克(g);

C——原样的质量的数值,单位为克(g)。

4.11.4.4　若有需要,R_2O_3 残渣中的铁含量可用焦硫酸钾($K_2S_2O_7$)熔融法来测定。把熔融物溶解在硫酸溶液(1+5)中,用锌汞齐还原,用高锰酸钾标准滴定溶液(4.11.5.1.9)滴定。

4.11.5　氧化钙

4.11.5.1　试剂

4.11.5.1.1　草酸铵饱和溶液。

4.11.5.1.2　硫化铵[$(NH_4)_2S$]。

4.11.5.1.3　甲酸混合溶液

将 200 mL 甲酸(HCOOH,密度 1.22),770 mL 水与 30 mL 氨水混合在一起(**警告——当打开未开封的甲酸瓶盖时,可能有很大压力引起爆炸。当第一次开瓶时,应采用防护罩或挡板。不能让甲酸与皮肤接触**)。

4.11.5.1.4　甲酸洗液

稀释 30 mL 的甲酸混合溶液(4.11.5.1.3)至 1 L,通硫化氢气体使之饱和。

4.11.5.1.5　硫化氢(H_2S)。

4.11.5.1.6　甲基红指示剂溶液(1 g/L):称取 0.1 g 甲基红,溶于乙醇(95%),用乙醇(95%)稀释至 100 mL。

4.11.5.1.7　草酸溶液(100 g/L)

4.11.5.1.8　草酸溶液,含 2 g 草酸铵和 1 g 草酸/L。

4.11.5.1.9　高锰酸钾标准滴定溶液[$c(1/5\ KMnO_4)=0.1$ mol/L]

按 GB/T 601 规定的方法配制和标定。

4.11.5.2　仪器

4.11.5.2.1　坩埚

坩埚能经受应用时所需要的燃烧温度。

4.11.5.3 **分析步骤**

4.11.5.3.1 如不存在可溶于酸的钡盐(4.3.5),稀释测定 R_2O_3 所得到的滤液至200 mL,加甲基红指示剂,用硫酸溶液(1V+36V)中和至指示剂变红,加 25 mL 甲酸混合溶液(4.11.5.1.3)。

4.11.5.3.2 如有溶于酸的钡盐存在,按以下方法除去钡:把测定 R_2O_3 所得的滤液稀释至 200 mL,用盐酸(1V+1V)中和,过量 10 mL。加热至沸腾。加过量硫酸溶液(1V+36V)以沉淀钡,但要避免过量过多的硫酸溶液。加热至沉淀沉降。按沉淀的完全程度,至少加热 2 h 或直到沉淀能过滤。过滤,洗涤,弃去沉淀。浓缩滤液至 200 mL,用氨水中和,甲基红作指示剂。用硫酸溶液(1V+36V)中和,加 25 mL 的甲酸混合溶液(4.11.5.1.3)。

4.11.5.3.3 把从 4.11.4 得到的溶液加热至 60 ℃,通入硫化氢(4.11.5.1.5)气体约 20 min 以除去锌。在 60 ℃加热 1 h,过滤,用甲酸洗液(4.11.5.1.4)洗涤。在碱性溶液中用硫酸铵以测试除去锌的完全程度。若有必要则再过滤。用盐酸溶液(1V+1V)调节滤液至刚显酸性,蒸发至 150 mL 过滤以除去硫。加甲基红指示剂,加热到 50 ℃,用氨水中和,再多加 1 mL 氨水。用草酸溶液(4.11.5.1.8)调节溶液至刚显酸性,再多加 12 mL,激烈搅拌下煮沸 2 min。加约 50 mL 的饱和草酸铵溶液,若溶液仍显酸性则要多加。稀释溶液至 250 mL~300 mL,煮沸 2 min,在蒸汽浴上消化 1 h。冷却,过滤,用草酸溶液(4.11.5.1.8)洗涤。

4.11.5.3.4 将沉淀溶解在 50 mL 温盐酸溶液(1V+3V)中,按以上步骤再次沉淀,把滤液和洗液与第一次的滤液和洗液合并。保存所有滤液和洗液以备 4.11.6 氧化镁的测定使用。再沉淀所用的草酸和草酸铵的量可以是第一次沉淀所用量的二分之一或四分之一。

4.11.5.3.5 若用容量法测定氧化钙(CaO),则最后用水洗涤草酸钙沉淀(CaC_2O_4)。用热的硫酸溶液(1V+5V)将沉淀从滤纸上溶解下来,用高锰酸钾标准滴定溶液(4.11.5.1.9)趁热滴定,最后将滤纸放入混合溶液,迅速完成滴定。用一个 G2 的多孔玻璃坩埚代替滤纸更方便。

4.11.5.3.6 若用重量分析法来测定氧化钙,则要干燥、灼烧加盖瓷坩埚中的沉淀。灼烧温度是 1 000 ℃~1 200 ℃。

4.11.5.4 **计算**

氧化钙的含量以质量分数 E 计,数值以%表示,按公式(36)、(37)计算:

4.11.5.4.1 **容量法**

$$E=\frac{0.028AN}{C}\times 100 \qquad (36)$$

式中:

A——高锰酸钾标准滴定溶液(4.11.5.1.9)的体积的数值,单位为毫升(mL);

N——高锰酸钾标准滴定溶液的浓度的准确数值,单位为摩尔每升(mol/L);

C——原样品的质量的数值,单位为克(g);

0.028——每毫升 $c\left(\frac{1}{5}KMnO_4\right)=0.1$ mol/L 高锰酸钾标准滴定溶液(4.11.5.1.9)相当于 CaO 的克数。

4.11.5.4.2 **重量法**

$$E=\frac{A-D}{C}\times 100 \qquad (37)$$

式中:

A——沉淀和坩埚的质量的数值,单位为克(g);

D——坩埚的质量的数值,单位为克(g);

C——原样品的质量的数值,单位为克(g)。

4.11.6 **氧化镁**

4.11.6.1 **试剂**

磷酸铵溶液(100 g/L)。在水中溶解 100 g 磷酸氢二铵[$(NH_4)_2HPO_4$],稀释至 1 L。

4.11.6.2 分析步骤

4.11.6.2.1 将测定钙的滤液和洗液蒸发至干，加 50 mL 盐酸溶液，盖上盖，温热直至放出气体减弱下来。打开盖，蒸发至干，要避免飞溅。在加热板上将残余物加热 2 h～3 h，条件允许的话放置过夜。将残渣溶解在 100 mL 水中，用盐酸酸化，加 25 mL 磷酸铵溶液（4.11.6.1.1）。冷却至 15 ℃（用冰浴更好），在不断搅拌下，慢慢用氨水中和，用甲基红作指示剂，再加 10 mL 过量的氨水。静置过夜，不转移沉淀进行过滤，用氨水（1*V*＋14*V*）洗涤。

4.11.6.2.2 在装沉淀的烧杯中，加温热的盐酸溶液（1*V*＋3*V*），将沉淀溶解，稀释至 100 mL，加 5 mL 磷酸铵溶液（4.11.6.1.1）。不断搅拌下用氨水缓慢中和，再多加 5 mL 过量的氨水。至少停放 4 h。用滤纸过滤。滤纸应不容易受碱性磷酸盐灼烧的影响。在低温下炭化以防滤纸着火。在 1 000 ℃～1 200 ℃灼烧焦磷酸镁（$Mg_2P_2O_7$）60 min，称重。

4.11.6.3 计算

氧化镁的含量以质量分数 *D* 计，数值以％表示，按公式（38）计算：

$$D=\frac{0.362\,1(A-B)}{C}\times 100 \qquad \cdots\cdots(38)$$

式中：

A——坩埚和沉淀的质量的数值，单位为克（g）；

B——坩埚的质量的数值，单位为克（g）；

C——原样品的质量的数值，单位为克（g）；

0.362 1——$Mg_2P_2O_7$ 折算成 MgO 的换算系数。

4.11.7 氧化锌

4.11.7.1 范围

4.11.7.1.1 本方法规定了橡胶制品中氧化锌含量的测定方法。钙、镁、铁、钛、铝、锑、二氧化硅不干扰测定。按常规方法铅和钴有干扰。铅的干扰可通过选用 4.11.7.5.5 操作步骤来避免。

4.11.7.1.2 样品中的锌的总含量是以氧化锌形式进行测定和计算。

4.11.7.2 方法概述

灰化样品。再将灰分溶解在盐酸中。加入铝和氟化物使钙和镁作为六氟化铝盐形式沉淀下来。氟化物络合铁、钛和过量的铝。若存在大量的铁，可进一步用 2,4-戊二酮来掩蔽。调节 pH 值为 4.5，用 EDTA 来滴定锌。

4.11.7.3 仪器

4.11.7.3.1 马福炉，可加热到 550 ℃±25 ℃。

4.11.7.3.2 滴定管，10 mL，以 0.02 mL 为刻度。

4.11.7.3.3 滴定管，50 mL，以 0.1 mL 为刻度。

4.11.7.4 试剂

4.11.7.4.1 丙酮

4.11.7.4.2 氯化铝溶液［$c(AlCl_3)=0.1$ mol/L］

称取 2.42 g 六水合氯化铝（$AlCl_3\cdot 6H_2O$），溶解在水中，用水稀释至 100 mL。

4.11.7.4.3 氟化铵溶液［$c(NH_4F)=3$ mol/L］

称取 55.5 g 氟化铵（NH_4F），溶解于水中，用水稀释至 500 mL，贮存在用聚乙烯瓶或蜡封的瓶中。

4.11.7.4.4 缓冲溶液

称取 60 g 乙酸（CH_3COOH）和 77 g 乙酸铵（CH_3COONH_4），溶解于水中。用水稀释到 1 L。

4.11.7.4.5 双硫腙指示剂溶液

称取 0.01 g 双硫腙，溶解于 10 mL 丙酮中。

注：每隔 48 h 需重新配制。

4.11.7.4.6 **EDTA 标准滴定溶液[c(EDTA)=0.01 mol/L]**

在水中溶解 3.72 g 乙二胺四乙酸二钠盐二水合物，稀释至 1L。

标定方法：参见 GB/T 601。

4.11.7.4.7 **甲基橙指示剂(1 g/L)**

称取 0.1 g 甲基橙，溶于 70 ℃的水中，冷却，稀释至 1 000 mL。

4.11.7.4.8 **2,4-戊二酮溶液**

在 90 mL 丙酮中溶解 10 mL 的 2,4-戊二酮。

4.11.7.4.9 **氯化镁溶液[$c(MgCl_2)$=0.1 mol/L]**

在水中溶解 2.03 g 氯化镁的六水合物($MgCl_2 \cdot 6H_2O$)。用水稀释至 100 mL。

4.11.7.5 **分析步骤**

4.11.7.5.1 称取约 1 g 样品，精确至 0.000 1 g，置于 50 mL 瓷坩埚中。若样品中不含 CR 或其他含卤素的橡胶，则按 4.10.2.4.2 或 4.10.3.4 灰化样品。若是含卤素橡胶要按 4.10.4 灰化样品。

4.11.7.5.2 冷却坩埚，用水将灰分转移到 250 mL 的烧杯中，加 5 mL 盐酸到坩埚中，在加热板上加热至刚沸。把洗涤液倒入烧杯，用 5 mL 盐酸再一次冲洗坩埚。把洗涤液再倒入烧杯。不要过滤此溶液。然后加 10 mL 盐酸到烧杯中，用玻璃棒打碎大的灰块，把溶液蒸发至 10 mL。若存在大量沉淀，可能发生碰撞和飞溅。在沸腾前持续搅拌溶液可减少上述飞溅及碰撞。将溶液转移到 100 mL 容量瓶中，用水稀释至刻度。

4.11.7.5.3 从下表 3 按估计氧化锌的含量选择合适的试液量，把它转移到 250 mL 容量瓶中，取样前要很好的处理混合溶液和悬浮的固体。继续 4.11.7.5.4 或 4.10.11.7.5 操作。

表 3 试液量选取

估计氧化锌的含量(质量分数)/%	试液量/mL	所使用滴定管的容量/mL
0～3	25	10
3～8	10	10
>8	10	50

4.11.7.5.4 **不存在铅**

稀释试液至 25 mL，加 1 mL 盐酸溶液、2 mL 氯化铝溶液(4.11.7.4.2)、5 mL 氯化镁溶液(4.11.7.4.9)、10 mL 氟化铵溶液(4.11.7.4.3)和一滴甲基橙指示剂(4.11.7.4.7)。加氨水至甲基橙指示剂呈纯黄色，再加 0.5 mL 以上氨水，若已知样品中锌和钙的含量高，则煮沸 30 s，再冷却至室温，加 10 mL 缓冲溶液(4.11.7.4.4)、60 mL 丙酮和 5 滴双硫腙指示剂溶液(4.11.7.4.5)，若铁的含量等于或大于锌的含量，则加 5 mL 2,4-戊二酮溶液(4.11.7.4.8)。通过表 3 选择合适的滴定管，用 EDTA 标准滴定溶液(4.11.7.4.6)滴定至黄绿色为终点。

4.11.7.5.5 **存在铅**

将试液稀释至 25 mL，加 2 mL 氯化铝溶液(4.11.7.4.2)、10 mL 氟化铵溶液(4.11.7.4.3)，加一滴甲基橙指示剂溶液。加氨水直至甲基橙指示剂变成橙黄色，加 1 mL 盐酸溶液，加热至沸腾。冷却。加氨水直至甲基橙指示剂转变成黄色。按 4.11.7.5.4 继续操作。滴定前在冰水浴中冷却该溶液。然后滴定冷的溶液。

4.11.7.6 **计算**

4.11.7.6.1 **标定**

$$C = \frac{W}{V_1 \times 40} \qquad \cdots\cdots(39)$$

4.11.7.6.2 计算

$$ZnO(\%) = \frac{V_2 c \times 100 \times 100}{SA} \quad \cdots\cdots (40)$$

式中：

c——EDTA 标准滴定溶液的浓度，单位为每毫升含氧化锌的克数(g/mL)；

W——氧化锌质量的数值，单位为克(g)；

V_1——滴定氧化锌所消耗的 EDTA 标准滴定溶液(4.11.7.4.6)的体积的数值，单位为毫升(mL)；

V_2——滴定试样所消耗 EDTA 标准滴定溶液(4.11.7.4.6)的体积的数值，单位为毫升(mL)；

S——样品的质量的数值，单位为克(g)；

A——每次所取试液体积的数值，单位为毫升(mL)。

4.11.8 总钡含量(以硫酸钡形式计算)

4.11.8.1 试剂

4.11.8.1.1 硫化氢(H_2S)。

4.11.8.1.2 碳酸钠(Na_2CO_3)固体。

4.11.8.1.3 碳酸钠溶液(50 g Na_2CO_3/L)

4.11.8.1.4 硝酸钠($NaNO_3$)

4.11.8.2 分析步骤

在 50 mL 坩埚中加入灰化样品，分析方法如下：

加 5 g 碳酸钠和硝酸钠混合物熔融样品。在熔融期间要很好的搅拌。冷却坩埚，把坩埚放在装有 125 mL 水的 400 mL 烧杯中，在蒸汽平板上或蒸汽浴上消化过夜。过滤，用热的碳酸钠溶液(4.11.8.1.3)仔细的洗涤残渣。用热水把残渣洗入原烧杯中，用盐酸溶液把残渣和滤纸上的痕迹溶解在烧杯中。在蒸汽浴上加热熔解。过滤并用热水彻底洗涤沉淀。用氨水($2V+3V$)和盐酸($1V+1V$)调节酸度至每 100 mL 溶液中存在 4 mL～5 mL 的过量的盐酸溶液($1V+1V$)。冷却，溶液用硫化氢气体至饱和，当硫化铅(PbS)沉淀后，过滤到 400 mL 烧杯中，彻底洗涤。溶液的总体积不应超过 200 mL。用硫酸溶液($1V+16V$)沉淀钡，以通常测定硫的方法处理硫酸钡沉淀。本方法所测定的硫酸钡的含量通常要比初始工业硫酸钡的含量低，若碳酸钡($BaCO_3$)存在，要按 4.11.9 测定以修正硫酸钡的值。

4.11.8.3 计算

总钡(以 $BaSO_4$ 计)含量以质量分数 D 计，数值以%表示；修正后硫酸钡含量以质量分数 E 计，数值以%表示；分别按公式(41)、(42)计算：

$$D = 66\left(\frac{A}{B}\right) \times 100 \quad \cdots\cdots (41)$$

$$E = D - C \quad \cdots\cdots (42)$$

式中：

A——硫酸钡的质量的数值，单位为克(g)；

B——样品的质量的数值，单位为克(g)；

C——按 $BaSO_4$ 计算的 $BaCO_3$ 的质量分数(4.11.9)，数值以%表示。

4.11.9 碳酸钡

4.11.9.1 范围

若初步实验(见 4.3.5)表示有可溶酸的钡盐存在，并且不溶酸的灰分的存在同样表示 $BaSO_4$ 的存在。不溶于酸的灰分用 Na_2CO_3 熔融。不溶于水的熔融残渣用稀硫酸 H_2SO_4 处理以测定钡，除硫酸钡 $BaSO_4$ 以外的钡盐(通常是 $BaCO_3$)必须测出。

4.11.9.2 试剂

4.11.9.2.1 碳酸铵[$(NH_4)_2CO_3$]。

4.11.9.2.2 二氧化碳(CO_2)。

4.11.9.2.3 硫化氢(H_2S)。

4.11.9.3 **分析步骤**

将1 g样品(精确至0.000 1 g)放在瓷舟中，把它放入燃烧管，向管中通入CO_2。在管子中灰化样品。灼烧后在二氧化碳气流中冷却，取出瓷舟，在玛瑙研体中仔细捣碎残渣，将残渣转移到250 mL烧杯中，加5 g～10 g碳酸铵、15 mL～20 mL氨水和约50 mL水，将混合物煮沸20 min，过滤，彻底洗涤沉淀以除去所有可溶性硫酸盐。再将滤纸上残渣洗入原烧杯中，加入约10 mL冰乙酸，用水调至总体积约100 mL。加热至沸。用前面所述同一张滤纸过滤，通入硫化氢气体使铅沉淀。过滤，洗涤，弃去沉淀。用硫酸溶液(1V+16V)沉淀钡，按常用方法测定。

4.11.9.4 **计算**

碳酸钡的含量以质量分数D计，数值以%表示；相当于碳酸钡的硫酸钡的含量以质量分数E计，数值以%表示；分别按公式(43)、(44)计算：

$$D=\frac{0.845\,8A}{B}\times 100 \qquad \cdots\cdots(43)$$

$$E=\frac{A}{B}\times 100 \qquad \cdots\cdots(44)$$

式中：

A——硫酸钡的质量的数值，单位为克(g)；

B——样品的质量的数值，单位为克(g)。

4.11.10 **总锑含量**

4.11.10.1 试剂

4.11.10.1.1 硫化氢(H_2S)

4.11.10.1.2 甲基红指示剂溶液(1 g/L)：称取0.1 g甲基红，溶于乙醇(95%)，用乙醇(95%)稀释至100 mL。

4.11.10.1.3 溴酸钾标准滴定溶液$\left[c\left(\frac{1}{6}KBrO_3\right)=0.1\ mol/L\right]$

称取约2.79g溴酸钾($KBrO_3$)溶于1 L水中(见本条注)。配制过程见GB/T 601。

用三氧化二砷(As_2O_3)基准试剂按以下方法标定该溶液，将0.1 g～0.2 g三氧化二砷溶解在氢氧化钾溶液中，用盐酸溶液中和后再过量15 mL。稀释至100 mL，温热至60 ℃，用溴酸钾标准滴定溶液(4.11.10.1.3)滴定，加2滴甲基红溶液(0.2%)作指示剂。当指示剂褪色时，慢慢滴加溴酸钾标准滴定溶液(4.11.10.1.3)。根据需要可增加指示剂的量。达到终点时溶液变成无色。再多加一滴指示剂应立即被褪色。

与1 mL溴酸钾标准滴定溶液(4.11.10.1.3)相当的锑的克数用T表示，按公式(45)计算：

$$T=\frac{A}{B}\times 1.23 \qquad \cdots\cdots(45)$$

式中：

A——三氧化二砷的质量的数值，单位为克(g)；

B——溴酸钾标准滴定溶液(4.11.10.1.3)的数值，单位为毫升(mL)。

注：已知纯度的溴酸钾可以用作制备此溶液的基准物。溴酸钾固体和溶液都非常稳定，若用溴酸钾作为基准物，1 mL的溴酸钾标准滴定溶液(4.11.10.1.3)$\left[c\left(\frac{1}{6}KBrO_3\right)=0.1\ mol/L\right]$相当于0.006 089 g锑。

4.11.10.1.4 硫酸钾(K_2SO_4)。

4.11.10.1.5 亚硫酸钠(Na_2SO_3)。

4.11.10.1.6 淀粉碘酸钾试纸

称取 2 g 淀粉(精确至 0.000 1 g),加 100 mL 水,加热溶解。溶解后加入 5 mL 碘酸钾溶液(0.2 g 溶于 5 mL 水中)。用该溶液浸渍滤纸。

4.11.10.2 **分析步骤**

4.11.10.2.1 当定性试验证实存在锑(4.3.3)时,称取 0.5 g 样品(精确至 0.000 1 g),放入长颈烧瓶中,加 25 mL 硫酸溶液和 10 g ～12 g 硫酸钾,在长颈烧瓶口放一漏斗,加热至溶液呈无色。

4.11.10.2.2 冷却,洗涤漏斗,用水将溶液稀释至 100 mL,将溶液转移到 400 mL 烧杯中,用热水稀释至 250 mL,通硫化氢气体沉淀锑,过滤,将沉淀转移到长颈烧瓶中。加 15 mL 硫酸溶液和 10 g ～12 g 硫酸钾,重复上述操作,加热至溶液呈无色。

4.11.10.2.3 洗涤漏斗,稀释溶液至 100 mL,加 1 g～2 g 亚硫酸钠,煮沸直至所有二氧化硫(SO_2)被赶出。这可用淀粉碘酸钾试纸不呈蓝色来指示。加 25 mL 的盐酸溶液,稀释至 200 mL,调节温度至约 60 ℃,加 2 滴 0.2%的甲基红溶液,用 0.1 mol/L 溴酸钾标准滴定溶液(4.11.10.1.3)滴定至溶液无色。

4.11.10.2.4 当指示剂开始褪色时,缓慢滴加溴酸钾标准滴定溶液(4.11.10.1.3)。根据需要可加一滴指示剂。在终点时所滴加的指示剂应变成无色。若不存在铁,则不需要用硫化氢气体沉淀锑,可省略在长颈烧瓶中的第二次加热。

4.11.10.3 **计算**

锑[以硫化锑(Sb_2S_3)计]的含量以质量分数 D 计,数值以%表示,按公式(46)计算:

$$D = \frac{0.084\,9AN}{B} \times 100 \qquad \cdots\cdots(46)$$

式中:

A——溴酸钾标准滴定溶液(4.11.10.1.3)的体积,单位为毫升(mL);

N——溴酸钾标准滴定溶液的浓度的准确数值,单位为摩尔每升(mol/L);

B——样品的质量的数值,单位为克(g)。

因工业硫化锑中通常存在一些过量硫或其他不纯物,故锑[以硫化锑(Sb_2S_3)计]含量通常不能表示样品中锑化合物的准确含量。

4.11.11 **二氧化钛含量**

4.11.11.1 **范围**

本方法规定了橡胶制品中二氧化钛(TiO_2)含量的测定方法。

本方法也适用于橡胶制品灰分中二氧化钛的定性检测,用焦硫酸钾将橡胶制品的灰分熔融,将熔融混合物溶解在稀硫酸溶液中,可与过氧化氢形成有色的钛络合物。

4.11.11.2 **试剂**

4.11.11.2.1 过氧化氢溶液(3%)(H_2O_2)

4.11.11.2.2 磷酸(H_3PO_4)

4.11.11.2.3 焦硫酸钾($K_2S_2O_7$)。粉末状。

4.11.11.2.4 二氧化钛(TiO_2)

4.11.11.3 **仪器**

4.11.11.3.1 分光光度计(见 GB/T 8322)

分光光度计或滤色光度计适用于在波长约为 416 nm 时吸光度的测定。它配有厚度为 1 cm～3 cm 的吸收池。

4.11.11.4 **光电电度计的校准**

4.11.11.4.1 准确称取 0.125 g 二氧化钛放入 30 mL 铂坩埚中,加 6 g 粉末状熔融的 $K_2S_2O_7$、2 滴～3 滴硫酸溶液,缓慢加热坩埚至焦硫酸盐熔融,渐渐增加热量至坩埚底部暗红,并继续加热至二氧化钛完全熔化。冷却,同时小心的沿坩埚壁碾碎熔融物以促进熔融物的溶解。将坩埚和内容物一起放入盛有 50 mL 水的 150 mL 烧杯中,保持搅拌,小心加入 25 mL 硫酸溶液,盖上烧杯,慢慢煮沸直到完全溶解,除去热源,用玻璃棒将坩埚从烧杯中取出,用硫酸溶液(6V+100V)洗涤,冷却,将溶液转移到250 mL容量瓶中,用硫酸溶液(6V+100V)冲洗,用水稀释至刻度,混匀。按相同操作做空白实验。

4.11.11.4.2 若用吸收池为1 cm的光电光度计来测定吸光度,操作按4.11.11.4.2.1和4.11.11.4.2.2。若这个测定用滤色光度计,操作按4.11.11.4.2.3。

4.11.11.4.2.1 吸取15 mL的标准钛溶液到50 mL容量瓶中,加入2 mL磷酸(4.11.11.2.2)和5 mL的过氧化氢溶液(4.11.11.2.1),用硫酸溶液(6V+100V)稀释至刻度,停放5 min,用1 cm吸收池在416 nm下测定吸光度,参比池用硫酸溶液(6V+100V)作参比溶液。以同样方法稀释空白试液,测定它的吸光度。

4.11.11.4.2.2 二氧化钛吸光度用a表示,按公式(47)计算:

$$a=\frac{50(A_A-A_B)}{C\cdot D} \qquad (47)$$

式中:

A_A——含钛稀释液的吸光度;

A_B——稀释后空白液的吸光度;

C——溶液的体积的数值,单位为毫升(mL);

D——每毫升原始溶液二氧化钛的质量,单位为毫克(mg)。

4.11.11.4.2.3 校准曲线:在加了2 mL磷酸溶液(H_3PO_4)和5 mL过氧化氢(H_2O_2)(3%)后,用硫酸溶液(6V+100V)稀释每一份液和空白液至50 mL,用滤色光度计测定它们的吸收率,以硫酸溶液(6V+100V)作参比,所用滤波器在416 nm或附近具有最大透射率。以每立方厘米溶液所含二氧化钛的毫克数与溶液的吸收率和以同样方式稀释的空白液吸收率的差作校准曲线,只能用在0.15~1.5之间的吸收率值。

4.11.11.5 分析步骤

4.11.11.5.1 准确称量50 mg~60 mg橡胶制品的胶样,放入铂坩埚中,若已知二氧化钛大概含量,选择合适的样品以保证吸收率值0.15~1.3之间。将坩埚和样品放在冷的马福炉中,加热至550 ℃,继续加热至没有含碳物质为止。从马福炉中取出坩埚,冷却,在灰化样品上和空白坩埚里各加1.3 g~2.0 g熔融的焦硫酸钾粉末和2滴~3滴硫酸。慢慢加热直至焦硫酸盐熔融。渐渐增加热量直至坩埚底部暗红,继续加热10 min~15 min。这时所有残渣是二氧化硅或黏土。冷却坩埚同时小心的沿坩埚内壁旋转熔融物。

4.11.11.5.2 将坩埚和坩埚中的物质放在50 mL烧杯中,用硫酸溶液(6V+100V)覆盖。用表面皿盖上烧杯,慢慢煮沸这混合物直到除粘土和二氧化硅以外物质完全溶解,除去热源,用玻璃棒从烧杯中拿出坩埚,用硫酸溶液(6V+100V)洗涤,若这溶液不完全澄清,用滤纸或过滤坩埚过滤,用硫酸溶液(6V+100V)冲洗烧杯和滤纸,定量地转移液到50 mL容量瓶中。加2 mL磷酸溶液和5 mL过氧化氢(3%)到容量瓶中,用硫酸溶液(6V+100V)稀释到刻度,混匀,让容量瓶停放5 min。

4.11.11.5.3 测定未知溶液和空白溶液在波长416 nm时的吸收率,以硫酸溶液(6V+100V)作为分光光度计或滤色光度计的参比液。若吸收率大于1.500,则加2 mL过氧化氢(3%)到每份溶液中,用硫酸溶液(6V+100V)稀释至已知体积。在416 nm下测定吸收率。若吸收率低于0.150,则要称取更大的样品进行测定。

4.11.11.6 计算

4.11.11.6.1 若用分光光度计测定吸收率,样品中二氧化钛的含量以质量分数D计,数值以%表示,按公式(48)计算:

$$D=\frac{100(A_S-A_B)}{aE} \qquad (48)$$

式中：

A_S——样品溶液的吸收率；

A_B——空白试液的吸收率；

a——二氧化钛的吸收率；

E——1毫升吸收率为 A_S 的溶液所相当的样品毫克数。

4.11.11.6.2 若用滤色光度计测定吸收率，测出样品吸收率减空白吸收率的值，从校准曲线(4.11.11.4.2.3)查得每立方厘米溶液所相当的二氧化钛毫克数。二氧化钛的含量以质量分数 D 计，数值以%表示，按公式(49)计算：

$$D = \frac{A}{B} \times 100 \quad \cdots\cdots\cdots\cdots (49)$$

式中：

A——每毫升溶液相当的二氧化钛的质量，单位为毫克(mg)；

B——每毫升相同的溶液所相当的样品质量，单位为毫克(mg)。

4.11.11.7 再现性

同一操作者所得到的重复结果，根据样品的重量计算应在0.6%以内。

5 橡胶聚合物的测定

5.1 范围

5.1.1 本系列方法规定了橡胶制品中橡胶聚合物含量的测定方法。本系列方法适用于测定含有IR、CR、NR、IIR、NBR和SBR的生胶、未硫化橡胶、硫化橡胶和再生胶。由于本系列方法的测定依据是官能团或元素，因此，只有当测定的橡胶聚合物含量与聚合物或共聚物组分间的关系是已知的，本系列方法才是一个直接测定的方法。若被测定的官能团或元素存在于混合物的多个组分中，则本系列方法通常不能区分这些混合物的组分。在范围中给出了本系列方法的适用范围和局限性。

5.2 天然胶和合成聚异戊二烯橡胶聚合物的直接测定

5.2.1 范围

本方法规定了测定橡胶制品中以天然胶、异戊二烯胶或巴拉塔树胶形式存在的异戊二烯含量的测定方法，本方法的局限性见表4和表5。

表4 混炼胶配合剂的干扰程度

配料的配合剂	干扰
结合硫	在正常的非模型硫化中没有干扰
炭黑	在所测试的胎面胶中没干扰
纤维素	可忽略不计。不超过它的质量的2%会像橡胶聚合物似的起作用
沥青烃(矿物胶)	可用丙酮和三氯甲烷抽提除去。若不抽提，它的质量的45%会像橡胶聚合物似的起作用
棕色油膏	在丙酮和三氯甲烷抽提后可忽略不计
聚异丁烯	实质上不起化学反应

本方法的原理是：用铬酸溶液消化橡胶聚合物使之定量氧化，将生成的乙酸蒸馏出来，在通风除去二氧化碳后，滴定馏出液中的乙酸。

本方法也适用于再生胶，但异戊二烯含量的测定值总是低于预先所估算的值。

5.2.2 常量方法

5.2.2.1 仪器

5.2.2.1.1 消化和蒸馏装置

图7a)所示的消化和蒸馏装置可很方便的安装在环状三脚架上。应避免在可能与消化混合液接触的地方使用橡胶连接件。使用气体喷灯加热蒸馏和消化混和物。如图7b)所示的全玻璃小尺寸的装置也可使用。可用加热罩加热蒸馏器和消化烧瓶。

表 5　弱酸氧化下列橡胶物质的特性

物　质	获　得　值
硬质 NR 或 IR 制品	大约 50%的量会像聚异戊二烯似的起作用
NR(巴拉塔树胶)	近似等于聚异戊二烯
TR	大约 18%的量会像聚异戊二烯似的起作用
NBR	大约 1.5%～2%的量会像聚异戊二烯似的起作用
SBR	大约 3%的量会像聚异戊二烯似的起作用
CR	若采用一个改进后的方法避免氯的干扰,大约 3%的量会像聚异戊二烯似的起作用(见表注)
IIR	实质上不起化学作用,但由于阻止 NR 或 IR 完全起作用而有干扰

注：可作如下改进—在用氢氧化钠[c(NaOH)＝0.1 000 mol/L]标准滴定溶液滴定前,在通气后的蒸馏液中加中性碘化钾(KI)溶液,用中性硫代硫酸钠($Na_2S_2O_3$)溶液滴定可能释放出的碘。

A——蒸汽发生瓶,1 000 mL;
B——蒸汽管,24/40 接口;
C——消化烧瓶,300 mL;
D——连接管,24/40 接口;
E——连接球管,24/40 接口;
F——冷凝器;
G——调节器;
H——接收烧瓶,100 mL;
I——通气装置;
J——毛细管。

a) 使用喷灯直接测定异戊二烯聚合物含量装置

图 7　消化和蒸馏装置

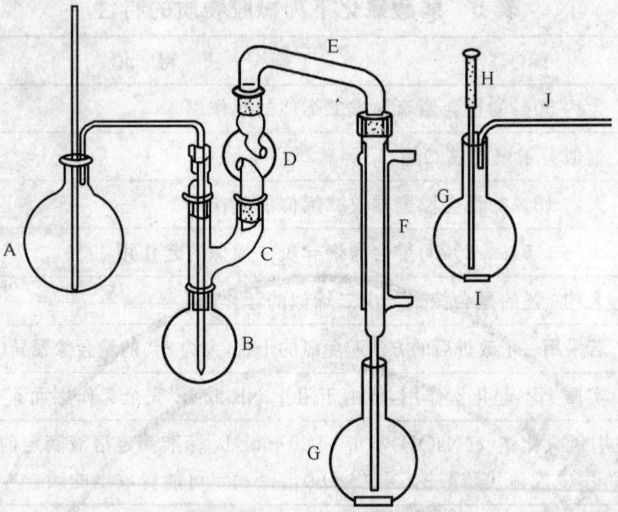

A——蒸汽发生器，500 mL；
B——消化烧瓶，100 mL；
C——克莱森调节器；
D——蒸馏装置；
E——调节器；
F——冷凝器；
G——接收烧瓶，500 mL；
H——干燥管；
I——通气装置；
J——毛细管；
(G，H，J 三部分组成 I)。

b) 用加热罩直接测定异戊二烯聚合物含量装置

图 7（续）

5.2.2.1.2 充气装置

充气装置包括毛细管 J(图 7a)和 I(图 7b)，当其接真空时将保持约 2 L/min 的空气流通过接收瓶。若真空度低于 4.0 kPa，用长约 10 cm 内径为 0.75 mm 的毛细管可保持所需要的空气流。因为充气的速率应保持在 2 L/min 的 10%～20%范围内，因此每根毛细管在使用前应进行测试。可以采用下面的方法进行测试：将量杯倒置在充满水的烧杯上，通过毛细管和延伸到量杯中的管子抽出空气。空气通过的速率与水充满量杯的速率相同。

5.2.2.2 试剂

5.2.2.2.1 酚酞乙醇指示剂溶液(10 g/L)

将 10 g 酚酞溶解在 500 mL 的乙醇中，稀释至 1 L。

5.2.2.2.2 铬酸消化混合液

将 200 g 三氧化铬(CrO_3)溶解于 500 mL 水中，加 150 mL 硫酸溶液，混匀。

5.2.2.2.3 氢氧化钠标准滴定溶液[c(NaOH)＝0.1 mol/L]

按 GB/T601 中 4.1 的规定制备和标定。

5.2.2.3 分析步骤

5.2.2.3.1 硫化橡胶制品

称取足够量的样品，切成 0.5 mm 厚，使之含有约 0.3 g 异戊二烯。把样品松散的包裹在滤纸里，按 4.8.5 所述总抽出物测定操作进行抽提，或称取约 0.1 g 样品(精确至 0.000 1 g)，不用滤纸包，按丁酮快速回流加热操作(见 4.8.10.3)进行抽提。抽提后在 100 ℃烘箱中干燥样品 1 h。

注：样品应切成不大于 0.5 mm 厚的片，因为有些物质例如未硫化的 NR 或 IR 胶切的太厚就不可能被氧化混合物完全氧化或硝化。

5.2.2.3.2 **未硫化胶或再生胶制品**

称取足够量的样品，切成 0.5 mm 厚，使之含大约 0.2 g 异戊二烯。若怀疑材料含有矿物橡胶或油膏，按简单的已知配方硫化该材料，按总抽出物的操作(4.8.5)或丁酮快速回流操作(见 4.8.10.3)来抽提硫化胶样。在 100 ℃烘箱中干燥样品 1 h。

注：欠硫的橡胶制品不应用三氯甲烷抽提。未硫化的生胶或生胶制品应按 4.8.3.4 或 4.8.10.3 所述方法用丙酮抽提。未硫化橡胶或橡胶制品应压成所需要的厚度，在这种情况下就不会产生由于橡胶聚合物的过分破碎而引起的发粘现象，推荐使用相等或几乎相等速度的炼胶机滚筒。应小心测定消化后的反应混合物以探查未反应样品的存在。反应 1 h 后若仍存在未反应的样品，则要进行重复测定。

5.2.2.3.3 加 700 mL～900 mL 水在蒸汽发生瓶 A(图 7a))中，放少量水使足以浸没接收瓶中迎接管 H 的末端。在消化烧瓶 C 外面刻一个指明瓶内装 75 mL 液体时液面的标记，在消化烧瓶中加 50 mL±1 mL 的铬酸消化混和液。提起蒸汽管 B，投入按 5.2.2.3.1 或 5.2.2.3.2 抽提过的样品到消化烧瓶中，放回蒸汽管，上紧接头。把消化瓶外面烧杯中的水加热至沸，继续煮沸 1 h，移开喷灯和烧杯。

注：在把样品转移到消化烧瓶中以前没必要除去定量滤纸，因为少量纤维素的干扰是微不足道的。

5.2.2.3.4 在消化期间，除去塞子，加热蒸汽发生烧瓶 A，直到水沸腾，在消化结束时，盖上塞子和蒸汽发生烧瓶嘴上的导出管，调整燃烧器至最大火焰，通蒸汽到消化烧瓶 C 中，当消化烧瓶内的液体体积增加至约 75 mL，减小烧瓶下的火焰，以保持消化烧瓶内液体体积为 75 mL。继续蒸馏直至在接收烧瓶 H 中收集有 500 mL 液体，移去加热器，立刻移开收集烧瓶和应接管 G，通过洗瓶用水冲洗应接管，洗液收集在接收瓶中。

5.2.2.3.5 调节接收瓶中液体温度至 25 ℃±5 ℃，如图 7a 所示，把充气装置 J 装入接收瓶 H 中，同时连接到真空管中，以约 2 L/min 的抽气速度抽真空 30 min，除去橡胶管，松开两孔塞，用洗瓶中的水冲洗塞子和玻璃管，洗液收集在接收瓶中。把酚酞乙醇指示液加到接收瓶中，用氢氧化钠标准滴定溶液(5.2.2.2.3)溶液滴定。

警告：所推荐的温度范围，仪器类型和空气流速下，已经研究了抽气期间二氧化碳和乙酸的损耗率，这些因素的任何变化可导致分析结果的误差。

5.2.2.3.6 **空白试验**

按 5.2.2.3.3～5.2.2.3.5 所述试验步骤，使用同样量的所有试剂进行一个空白实验，空白值不应超过 0.2 mL ～0.3 mL。

5.2.2.4 **计算**

异戊二烯烃含量以质量分数 D 计，数值以%表示，按公式(50)计算：

$$D=\frac{9.08(A-B)M}{C} \quad \cdots\cdots\cdots\cdots(50)$$

式中：

A——氢氧化钠标准滴定溶液(5.2.2.2.3)的体积的数值，单位为毫升(mL)；

B——空白试验氢氧化钠标准滴定溶液(5.2.2.2.3)的体积的数值，单位为毫升(mL)；

M——氢氧化钠标准滴定溶液的浓度的准确数值，单位为摩尔每升(mol/L)；

C——样品的质量的数值，单位为克(g)。

注：这个计算是基于观察到纯天然胶在以下反应时总是获得 75%回收率：$(C_5H_8)_n+O \rightarrow CH_3COOH$，将这个结果转化成配方中所混的橡胶量，对于生胶的非胶组分应做一个合适的修正(见 4.4.3)。

5.2.2.5 **偏差**

根据样品的质量误差应在 2%以内，通常不超过 0.5%。

5.2.3 小量方法

5.2.3.1 装置

小型的橡胶聚合物装置(见图7a))。

5.2.3.2 试剂

见5.2.2.2。

5.2.3.3 分析步骤

5.2.3.3.1 称取0.15 g～0.25 g精确至0.000 1 g按5.2.2.3.1或5.2.2.3.2所制备的混炼样品。

5.2.3.3.2 将抽提过并干燥过的样品放入图7a烧瓶B中,加入25 mL消化混合液(5.2.2.2.2),连接除蒸汽发生瓶A外的所有配件,消化0.5 h(混合液应缓慢煮沸)。同时将蒸汽发生瓶A中水加热至沸。

5.2.3.3.3 消化结束时,连接蒸汽发生瓶A,在接收瓶G中收集150 mL蒸馏液,在接收瓶G瓶中加入足够量水没过导出管末端。

5.2.3.3.4 按5.2.2.3.5进行通气,0.5 h后,移开烧瓶,加酚酞乙醇指示剂,用氢氧化钠标准滴定溶液[c(NaOH)=0.05 mol/L]滴定。

5.2.3.3.5 空白实验

对每一组新试剂进行空白实验。

5.2.3.4 计算

见5.2.2.4。

5.2.3.5 准确度

见5.2.2.5。

5.3 氧瓶燃烧法测定氯含量

5.3.1 范围

5.3.1.1 本方法规定了氯含量(质量分数)为0.2%～25%的橡胶制品中氯含量的测定方法。本方法适用于测定NR、SBR、BR、IR、IIR、EPDM和CR产品。当不存在其他含氯物质时,本方法也可用于测定CR橡胶。

5.3.1.2 溴化物和碘化物对测定有干扰,但其他普通物质(例如:Zn^{2+},S,CN^-,CO_3^{2-})不干扰测定。

5.3.2 方法概述

将样品包在滤纸中,在氧燃烧瓶中燃烧,有机物中的碳和氢被氧化。含氯胶料中的氯转化成氯化物,用硝酸银乙醇标准滴定溶液滴定。

5.3.3 仪器

5.3.3.1 氧燃烧瓶(索氏)

1 000 mL耐化学性、厚壁氧燃烧瓶。带35/25球节塞子,铂样品载体和弹簧夹。

5.3.3.2 红外安全点火装置,带盒和红外灯(电点火装置同样也是满足要求的)

5.3.3.3 滴定管,容积25 mL带有0.1 mL刻度。

5.3.3.4 磁搅拌棒,覆盖有耐化学镀层,约25 mm长,没有环绕着中心的环带。

5.3.3.5 磁搅拌器。

5.3.3.6 滤纸,30 mm×30 mm,带有一个35 mm长的延长部分,使用时,红外点火用黑色滤纸,时用电点火时用白色滤纸。

5.3.3.7 pH计:配备有一个短条形的银电极和一个甘汞电极,在甘汞电极中用饱和硝酸钾溶液代替饱和氯化钾溶液;或采用等效的自动电位滴定器。

5.3.4 试剂

按试验需要的量配制试剂以保证试剂新鲜,若试剂便于保存则可用于以后的试验。

5.3.4.1 酸化的硝酸银乙醇标准滴定溶液[$c(AgNO_3)$=0.01 mol/L]

吸取100 mL硝酸银标准滴定溶液[$c(AgNO_3)$=0.1 mol/L](见本条注),置于装有约500 mL无水乙醇的容积为1 L的容量瓶中，加2.0 mL硝酸溶液(1V+1V)，冷至室温，用乙醇稀释至刻度。要避光放置。按5.3.7.12滴定准确称重的氯化钾基准试剂(KCl)或氯化钠基准试剂(NaCl)样品。

硝酸银标准滴定溶液物质的量浓度用 N 表示，单位为摩尔每升(mol/L)，按公式(51)计算：

$$N=\frac{1\,000A}{BC} \qquad \cdots\cdots(51)$$

式中：

A——氯化物的质量的数值，单位为克(g)；

B——氯化物的摩尔质量的数值，单位为克每摩尔(g/mol)；

C——硝酸银乙醇标准滴定溶液(5.3.4.1)的体积的数值，单位为毫升(mL)。

注：按GB/T 601规定进行配制和标定。

5.3.4.2 过氧化氢溶液(30%)

警告——30%的过氧化氢溶液对皮肤有很大的腐蚀性，使用时要戴橡胶或塑料手套和护目镜。

5.3.4.3 硝酸(1V+1V)

将相同体积的硝酸(密度：1.40 g/mL)和水混合。

5.3.4.4 氢氧化钾溶液[c(KOH)=2 mol/L]

称取112 g粒状氢氧化钾(KOH)，溶解在水中，稀释至1 L。

5.3.4.5 氧气：压缩在氧气瓶中。

5.3.5 样品的制备和处理

5.3.5.1 橡胶样品在称量前应在实验室开炼机上很好混匀。

5.3.5.2 由于样品量小，橡胶和滤纸应避免污染，燃烧以前的所有操作应带塑料手套完成。

5.3.6 安全预防措施：在燃烧橡胶样品时应遵守下列安全措施：

5.3.6.1 烧瓶应不含残余有机溶剂或蒸汽，因为它们会引起爆炸。若清洁烧瓶时使用了任何这样的溶剂，应反复的用水冲洗干净。

5.3.6.2 迅速燃烧所形成的压力可能会引起烧瓶爆炸。因此燃烧应在带可锁门的安全室或防护板或防护罩后面进行(推荐安全室设在防护板后面)。在火焰燃烧到样品以前手和脸应撤到防护板后面，在燃烧期间应该戴墨镜和防护脸罩。

5.3.6.3 直到最后的火花熄灭为止，烧瓶才能离开安全室，在这时由于形成轻微的真空，还应继续戴防护镜和脸罩。

5.3.7 分析步骤

5.3.7.1 在1 000 mL燃烧瓶中加10 mL水、2.0 mL氢氧化钾溶液(5.3.4.4)和磁搅拌棒，用医用滴定管滴加3滴30%过氧化氢溶液。

5.3.7.2 把滤纸叠成U形样品舟。

5.3.7.3 称取30 mg～60 mg样品，称准至0.01 mg，其中氯的物质的量不应超过0.5 mmol。将样品放在样品舟中。

5.3.7.4 折叠滤纸，把折叠好的样品牢固地夹在悬挂塞子钩上的铂样品载体上，把滤纸的末端突出在外面。

5.3.7.5 把从氧气钢瓶引出的管子插入到烧瓶底部，充分通氧气至少5 min。

5.3.7.6 平稳的除去通氧管，盖上塞子不要让铂载体掉入液体中。

5.3.7.7 使塞子垂直，用夹钳牢固的夹紧塞子。

5.3.7.8 把烧瓶放在红外点火室中，使滤纸的末端在红外射线束中，并与红外射线束大致垂直。关好安全室门，打开红外灯(或电点火器)直到滤纸点燃。

5.3.7.9 燃烧结束后，将密封的烧瓶用磁力搅拌器剧烈搅拌1 h或静止停放2 h。

5.3.7.10 除去夹塞子的夹钳，翘起塞子释放真空，打开烧瓶。

5.3.7.11　把烧瓶中的物质(除铂载体外)转移至 250 mL 烧杯中,烧杯要避光。用 6 份 15 mL 乙醇冲洗样品载体和燃烧瓶,洗液合并至烧杯中,加 2 mL 硝酸(5.3.4.3)。

5.3.7.12　采用前面所述的 pH 计或等效自动滴定器用硝酸银乙醇标准滴定溶液(5.3.4.1)滴定,按每次加入 0.1 mL 硝酸银乙醇标准滴定溶液滴加。电动势增值的最大变化点是终点。

5.3.7.13　同时做空白实验。采用该值来修正试剂中的氯化物含量。

5.3.7.14　在滴定前加已知量的氯化物到溶液中,可得到更好的终点,然后从总的滴定液中扣除这个量。

5.3.8　计算

5.3.8.1　氯含量以质量分数 D 计,数值以%表示,按公式(52)计算:

$$D=\frac{3.55(A-B)M}{W} \qquad (52)$$

式中:

A——硝酸银乙醇标准滴定溶液(5.3.4.1)的体积的数值,单位为毫升(mL);

B——空白试验硝酸银乙醇标准滴定溶液(5.3.4.1)的体积的数值,单位为毫升(mL);

M——硝酸银乙醇标准滴定溶液的浓度的准确数值,单位为摩尔/升(mol/L);

W——试样的质量的数值,单位为克(g)。

5.3.8.2　配方中 CR 聚合物的含量以质量分数 D 计,数值以%表示,按公式(53)计算:

$$D=\frac{A}{0.37} \qquad (53)$$

式中:

A——样品的氯含量的数值,以质量分数计,数值以%表示。

5.3.9　精密度:

有关术语、其他试验和统计学概念的解释请参考 GB/T 14838。

5.4　NBR 聚合物含量的估算

5.4.1　范围

本方法规定了橡胶制品中 NBR 聚合物含量的估算方法。当样品中不存在其他含氮物质或所含的含氮物质是已知的且可加以修正时,可从样品的含氮量来估算 NBR 聚合物含量。本方法适用于所有橡胶制品。

5.4.2　分析步骤

样品可按 4.2.2 或 4.2.3 制备,也可以切成边长约 2 mm 的小块。称取 0.5 g～1 g 样品(精确至 0.000 1 g),按 4.10.7.3 测定氮含量,但不需要测定丙酮抽出物。含氮的防老剂和促进剂按丙酮抽出物的方法(见 4.8.3.4)用甲醇抽提,至少有部分可被除去。

5.4.3　计算

5.4.3.1　当按 4.10.7.3 测定氮含量时,氮含量以质量分数 D 计,数值以%表示,按公式(54)计算:

$$D=\frac{AN-BN'}{C}\times 1.4 \qquad (54)$$

式中:

A——硫酸标准滴定溶液(4.10.7.2.6)的体积的数值,单位为毫升(mL);

N——硫酸标准滴定溶液的浓度的准确数值,单位为摩尔每升(mol/L);

B——氢氧化钠标准滴定溶液(4.10.7.2.4)的体积的数值,单位为毫升(mL);

N'——氢氧化钠标准滴定溶液的浓度的准确数值,单位为摩尔每升(mol/L);

C——样品的质量的数值,单位为克(g)。

5.4.3.2　若橡胶制品中所用共聚物的组分是已知的,则可以计算样品中 NBR 聚合物的含量(质量分数,以%表示)。

5.5 IIR 聚合物的直接测定

5.5.1 范围

本方法规定了橡胶制品中 IIR 或聚异丁烯含量的测定方法。本方法特别适用于含有少量 IIR 的橡胶制品中 IIR 含量的测定。

本方法也适用于含有 BR、CR、IR、NR、NBR 和 SBR 的橡胶制品。对含其他聚合物的产品,则应使用与已知组成类似的对比样品加以检验。

5.5.2 方法概述

用硝酸消化样品,具有不饱和碳链的橡胶能被消化,IIR 聚合物和聚异丁烯不能被消化。过滤,将残渣加到叔丁基-过氧化物溶液中,加热使 IIR 溶解。过滤除去残余的填料,用乙醇沉淀 IIR 或聚异丁烯,干燥并称重。

5.5.3 仪器和材料

5.5.3.1 蒸汽板或加热板:能保持 140 ℃的温度,配备温度计测定表面温度。放在通风橱中。

5.5.3.2 霍普金斯型回流冷凝管,带 24/40 标准锥形接口。

5.5.3.3 锥形烧瓶,250 mL,带标准锥形接口。

5.5.3.4 瓷沸石。

5.5.3.5 布氏漏斗 A

在 G1 布氏漏斗中依次铺上玻璃纤维盘、厚约 3 mm 的石棉纤维、厚约 3 mm 的硅藻土助滤剂(它是由悬浮在丙酮中的硅藻土所得),总厚度约为 6 mm。用抽气法除去丙酮,在使用前至少陈化 24 h。(见 5.5.3.6 注)

5.5.3.6 布氏漏斗 B

在 No.1 布氏漏斗中依次铺上圆形滤纸、厚约 3 mm 的石棉纤维、厚约 3 mm 的硅藻土助滤剂(它是由悬浮在丙酮中的硅藻土所得),总厚度约 6 mm。用抽气法除去丙酮,用三氯甲烷-石油醚(沸程为 30 ℃～60 ℃)混合溶剂(1*V*+1*V*)洗涤,用抽气法除去混合溶剂,使用前至少陈化 24 h。(见下注)

注:上述过滤漏斗的制备方法对本方法的成功是至关重要的。使用相同性质的其他材料制备漏斗时,应对已知组分样品进行实验。

5.5.3.7 硅藻土助滤剂

5.5.3.8 过滤纤维石棉。

5.5.4 试剂

5.5.4.1 丙酮:在使用前不超过十天内加无水碳酸钾(K_2CO_3)蒸馏,使用沸点在 56 ℃～57 ℃的馏分。

5.5.4.2 三氯甲烷。

5.5.4.3 三氯甲烷-石油醚混合溶剂(1*V*+1*V*)。

5.5.4.4 无水乙醇。

5.5.4.5 石油醚,沸程 30 ℃～60 ℃。

5.5.4.6 叔丁基过氧化物:工业试剂。

5.5.4.7 二甲苯。

5.5.5 分析步骤

5.5.5.1 用小辊距橡胶开炼机将样品均匀的压成厚为 0.5 mm 的薄片。精确称重大小合适的样品,使含聚异丁烯的质量在 0.05g 和 0.20g 之间。样品质量不要超过 5 g。取 1 g 未知样品,若测得结果小于 0.05 g 或大于 0.20 g 时则调整样品大小,进行重复测定。加 200 mL 丙酮于 250 mL 的锥形烧瓶中,接上回流冷凝器,回流 1 h,取出样品,用滤纸吸干丙酮,在 105 ℃～110 ℃烘箱中干燥 10 min。

5.5.5.2 将样品切成 5 mm×10 mm 或更小的片。放入 250 mL 烧杯中,加 10 mL 硝酸,操作应在通风橱中进行,在室温下停放,直到起初的泡沫反应平静为止。如果反应缓慢,可在 140 ℃的加热板上加热烧杯,直到刚开始发烟为止,然后立即从加热板上移开。如果在 140 ℃的加热板上加热 5 min 后仍不反应，则无论如何也得移开。当整个反应停止，烧杯已冷却到室温时加 50 mL 硝酸和 10 mL 二甲苯，置于 140 ℃的加热板上，盖上表面皿，消化 30 min。移去表面皿，至少再消化 30 min 以上。直到二甲苯完全挥发为止。

5.5.5.3　加一瓶茶匙过滤剂，用玻璃棒搅拌，趁热用已经过陈化制备好的布氏漏斗过滤到装有 100 mL 水的 500 mL 烧瓶中，在通风橱中低或中速抽滤。每次用 20 mL 的硝酸在室温下洗涤烧杯和过滤器，洗两次。用至少 300 mL 热水洗涤，洗至滤液无色，洗去滤液，用水冲洗烧瓶（**警告——硝酸和乙醇间存在发生剧烈反应的危险**。）。把滤纸贴到干净的过滤烧瓶，用 50 mL 的乙醇洗涤，并用连续抽气的办法干燥滤纸。

5.5.5.4　借助匙和刮勺的帮助，小心地将漏斗内容物转移至干燥的 250 mL 锥形烧瓶中，使用三氯甲烷湿润的滤纸清洗漏斗中最后的残余物，加 6～10 粒金刚砂沸石、100 mL 三氯甲烷、100 mL 石油醚和 5 mL～7 mL 的叔丁基过氧化物(5.5.4.6)。连接霍普金斯冷凝管(5.5.3.2)，至少快速回流 4 h。用三氯甲烷－石油醚混合溶剂(1V+1V)代替任何蒸发溶剂。

5.5.5.5　过滤已回流样品，加热至温热。通过一个早已制备好的布氏漏斗 B，用中等抽吸速度（太大的抽气可能引起某些炭黑穿透滤纸，这就应重新过滤）将其导入进 500 mL 的清洁干燥的过滤烧瓶中。用洗瓶洗涤烧杯和滤纸 5 次，每次用 20 mL 温热的三氯甲烷-石油醚混合溶剂(5.5.4.5)，一定要用洗瓶里的水流洗好漏斗的边和壁。

5.5.5.6　加 2 个 No.6 金刚砂沸石到干净的 250 mL 烧杯中。在 250 mL 烧杯中蒸发 5.5.5.5 的滤液使之减少至很小的体积，用三氯甲烷-石油醚混合液(1V+1V)仔细的洗涤过滤烧瓶。将这些洗涤液合并到烧杯中，蒸发至约 20 mL。将该溶液转移到精确称量过的，干燥洁净的 50 mL 锥形烧瓶中。烧瓶中有 2 个 No.6 金刚砂沸石，用三氯甲烷－石油醚混合溶剂(1V+1V)仔细的洗烧杯。在 140 ℃加热板上小心蒸发到 1 mL ～3 mL，不要蒸发干，让烧瓶冷却至室温然后加 25 mL 乙醇。（在这时若没有沉淀或浑浊物，则不存在聚异丁烯，分析可以结束了。）。在 140 ℃的加热板上渐渐煮沸至少 15 min，直至乙醇层澄清，所有的异丁烯凝聚体粘附在烧瓶上。若仍有浑浊物存在，蒸发至约 2 mL～3 mL，冷却至室温，加 25 mL 丙酮。

5.5.5.7　冷却至室温，小心倾析出乙醇（或丙酮）。在室温下用 25 mL 丙酮轻轻地离心洗涤被沉淀的聚异丁烯并倾析出丙酮，在 105 ℃～110 ℃烘箱中干燥烧瓶和聚异丁烯 2 h，在干燥器中冷却，称重。

5.5.6　计算

聚异丁烯的含量以质量分数 A 计，数值以%表示；IIR 的含量以质量分数 D 计，数值以%表示；按公式(55)、(56)计算：

$$A = \frac{B - C}{D} \times 100 \quad \cdots\cdots(55)$$

$$D = 1.03A \quad \cdots\cdots(56)$$

式中：

B——烧瓶和聚异丁烯沉淀的质量的数值，单位为克(g)；

C——烧瓶的质量的数值，单位为克(g)；

D——样品的质量的数值，单位为克(g)。

5.6　SBR 聚合物的估计

5.6.1　范围

5.6.1.1　本方法规定了测定 SBR 或含有 SBR 的橡胶制品中结合苯乙烯含量的方法。本方法适用于含炭黑、充油 SBR、无机填料、NR、IR 和 CR 的橡胶制品。本方法也可用于含有其他聚合物的橡胶制品，但需用已知的且组分类似的样品进行验证。本方法可提供估计的 SBR 含量，因为样品的结合苯乙烯含量是可测定的。SBR 含量可按橡胶制品中所含 SBR 结合苯乙烯的含量来估计。

5.6.1.2 本方法为常规方法，可应用于无需校准分光光度计的场合。同样也可以应用于分光光度计校准的具有较高准确度的方法。

5.6.2 **方法概要**

结合苯乙烯被消化和氧化成硝基苯甲酸，用抽提方法分离硝基苯甲酸，并通过测定在波长 265 nm、273.75 nm 和 285 nm 下紫外光吸收进行定量测定，预抽提可除去干扰物。

5.6.3 **仪器**

5.6.3.1 **分光光度计**

分光光度计将用于测定 260 nm～290 nm 波长范围的吸光度。

5.6.3.2 石英吸收池，1 cm 厚。

5.6.3.3 抽提装置

索氏抽提装置或 4.8.3.2 节的抽提装置。

5.6.3.4 长颈烧瓶，125 mL，带标准锥形接口。

5.6.3.5 冷凝器。

5.6.3.6 金刚砂沸石。

5.6.4 **试剂**

5.6.4.1 二乙基醚，无过氧化物。

5.6.4.2 乙醇-甲苯共沸混合液(ETA)

70 体积的无水乙醇和 30 体积的甲苯混合，在氧化钙(CaO)存在下回流混合 4 h，并蒸馏而得。弃去最初和最后部分，只保留在 1 ℃范围内的馏出物。若使用无水乙醇，可省去蒸馏。

5.6.4.3 硝酸

5.6.4.4 饱和氯化钠溶液

制备饱和氯化钠(NaCl)水溶液。

5.6.4.5 氢氧化钠溶液(200 g/L)

称取 200 g 氢氧化钠(NaOH)，溶解于水中，稀释至 1 L。

5.6.4.6 氢氧化钠溶液(4 g/L)

称取 4 g 氢氧化钠(NaOH)，溶解于水中，稀释至 1 L。

5.6.4.7 无水硫酸钠(Na_2SO_4)。

5.6.4.8 丁酮。

5.6.5 **样品的制备**

在开炼机上滚压聚合物或橡胶制品，压成厚度小于 0.5 mm 薄片。

5.6.6 **分光光度计的校准**

5.6.6.1 虽然操作中所用分光光度计并不总需要进行校正，为了得到更精确的结果，校准是必要的。校准时，用一个与未知胶样中共聚物具有大致相同的结合苯乙烯含量的标准样品。为精确测定结合苯乙烯含量(质量分数)在 9%～45% 的含 SBR 的橡胶制品，推荐用含结合苯乙烯(质量分数)为 23.5% 的 SBR 样品进行校准。在有其他橡胶存在时，为得到最大精确度的校准可能需要用已知的 SBR 胶和已知量的任一橡胶一起以便获得对其他橡胶硝化产物吸光度的修正值。

5.6.6.2 参照标样的结合苯乙烯含量的测定应进行三次以上。若想有更大把握，则应测定更多次数，并以所获平均值代之。

注：为了更精确的校准，用热聚丁苯胶样，推荐用合成橡胶和胶乳(国际合成橡胶工作者协会)说明书规定的 1006 型，结合苯乙烯为 23.5%。也可用其他属 1 000 系列的样品，但它们应是脂肪酸乳化剂，盐酸凝结聚合物。

5.6.6.3 按 5.6.7 给出的消化步骤，重复处理已干燥并在两个箔片之间加压过的试样至少三次。以 5.6.6.2 的折光指数法测定结合苯乙烯含量，在每个波长下硝化苯乙烯平均吸光度的计算如下：

$$\alpha_S = \frac{(A_P/c) - \alpha_b(1-X)}{X} \quad \cdots\cdots(57)$$

式中：

α_S——硝化苯乙烯吸光度；

A_p——溶液的吸光度；

c——样品在欲测其吸光度溶液中的浓度，单位为克每升(g/L)；

X——按5.6.6.2测定的聚合物结合苯乙烯的平均值；

α_b——硝化丁二烯的吸光度，在265 nm时为0.373，在273.75 nm时为0.310，在285 nm时为0.265。

5.6.6.4 记下在测定上述吸光度时所用的狭缝宽度，然后采用大致相同的狭缝宽度按5.6.7进行未知样的分析。若在校准和测定时所用的最后溶液约等于操作中所规定浓度的一半，可改进其精确度。那时吸光度的值将在0.4～0.7范围内。

5.6.7 操作步骤

5.6.7.1 精确称取所要求尺寸(见注)的样品，用ETA(5.6.4.2)或丁酮(仅用于硫化胶)在索氏抽提装置或4.6.2.2中所述抽提装置抽提16 h～18 h。另外样品也可用其中任一溶剂按4.8.10所述快速回流法抽提。若采用本法，样品应按操作所描述的那样切细，每0.1 g样品用25 mL溶剂。在100 ℃真空烘箱中干燥抽提过的样品1 h。

注：估计样品质量如下：

$$样品质量(g)=\frac{4.5}{估计样品中苯乙烯的质量百分数} \quad\cdots\cdots(58)$$

5.6.7.2 移出干的抽出物到125 mL带标准口的烧瓶中，加20 mL的硝酸和少量金刚砂沸石片。把烧瓶放在一个冷的热板上，加热热板，并在水冷的冷凝器下煮沸回流过夜(16 h～18 h)。停止加热从冷凝器顶端注入10 mL～20 mL的水。让水流入烧瓶以使其冷却至室温。

5.6.7.3 将它移至400 mL烧杯中，用洗瓶水冲洗烧瓶和标准磨口塞。将洗涤液并入烧杯，冷却烧杯至室温。加50 mL氢氧化钠溶液(5.6.4.5)到原烧杯中，再用水洗入烧杯，用pH试纸试验烧杯中的溶液。这时若溶液不是强酸性。应用硝酸调节溶液呈强酸性。冷却至室温，将溶液移到500 mL的分液漏斗中，用水冲洗烧杯，将洗液倒入分液漏斗中。(**警告：转移和萃取技术的熟练程度将决定分析的精度**)。

5.6.7.4 加50 mL乙醚，振荡，使其分层。将水层转移到原烧杯中，在乙醚层中加入25 mL的饱和氯化钠(5.6.4.4)溶液。排除几毫升水层到原烧杯中以洗涤分液漏斗的管颈，振摇，让其分层。收集盐溶液到同一烧杯中。放出醚层到250 mL含4 g～5 g无水硫酸钠的烧杯中，加50 mL乙醚到分液漏斗中，排除少量到含乙醚抽提液的250 mL烧杯中，以洗涤分液漏斗的管颈，搅拌烧杯中的醚层，转移醚层到另一个分液漏斗中。

5.6.7.5 以同样方式再重复抽提三次，每次乙醚抽出液用原来的无水硫酸钠干燥，并收集在第二个分液漏斗中。

5.6.7.6 用50 mL氢氧化钠溶液(5.6.4.6)萃取混合的乙醚萃取液四次。收集水萃取液在250 mL容量瓶中。每次萃取后，振荡前放出少量NaOH溶液以冲洗分液漏斗的管颈。将排除物并入容量瓶中。用氢氧化钠溶液(5.6.4.6)稀释至刻度，混匀。吸取25 mL到第二个250 mL容量瓶中，用氢氧化钠溶液(5.6.4.6)稀释至刻度，混匀。

5.6.7.7 将氢氧化钠溶液(5.6.4.6)放在空的比色池中，抽提物放在与之相匹配的石英吸收池中，用分光光度计在265、273.75 nm和285 nm下测定吸光度A_{265}、$A_{273.75}$、A_{285}。在每次读数前后要调节暗电流。若在读数期间发现无照电流有偏移，应重新读数。

5.6.8 计算

5.6.8.1 若分光光度计没经过校准，结合苯乙烯的表观含量以质量分数S计，数值以%表示；在265 nm、273.75 nm和285 nm时结合苯乙烯的的表观含量分别以质量分数S_1、S_2、S_3计，数值以%表示；按公式(59)、(60)、(61)、(62)计算(注 1)：

$$S_1 = \frac{A_{265} \times 3.829}{B} - 0.57Y \quad \cdots\cdots(59)$$

$$S_2 = \frac{A_{273.75} \times 3.611}{B} - 0.45Y \quad \cdots\cdots(60)$$

$$S_3 = \frac{A_{285} \times 4.018}{B} - 0.43Y \quad \cdots\cdots(61)$$

$$\text{结合苯乙烯}(\%) = \frac{S_1 + S_2 + S_3}{3} \quad \cdots\cdots(62)$$

式中：

A——在特定波长下的吸光度；

B——样品的质量的数值，单位为克(g)；

Y——样品含苯乙烯聚合物的份数(注 4)。

5.6.8.2 若分光光度计已按 5.6.6 校准过，结合苯乙烯的含量以质量分数 S 计，数值以%表示；在 265 nm、273.75 nm 和 285 nm 时结合苯乙烯的的含量分别以质量分数 S_1、S_2、S_3 计，数值以%表示；按公式(63)～公式(66)计算(注 1)：

$$\text{结合苯乙烯},\% = \frac{S_1 + S_2 + S_3}{3} \quad \cdots\cdots(63)$$

$$S_1 = \frac{(100A_{X265}/C_X) - 37.3Y}{\alpha_{S265} - 0.373} \quad \cdots\cdots(64)$$

$$S_2 = \frac{(100A_{X273.75}/C_X) - 31.0Y}{\alpha_{S273.75} - 0.310} \quad \cdots\cdots(65)$$

$$S_3 = \frac{(100A_{X285}/C_X) - 26.5Y}{\alpha_{S285} - 0.265} \quad \cdots\cdots(66)$$

式中：

C_X——测定吸光度用的样品溶液浓度的准确数值，单位为克每升(g/L)；

A_X——在特定波长下溶液的吸光度；

α_S——在特定波长下按 5.6.6.3 测定的吸光度；

Y——样品中含苯乙烯聚合物的份数(注 2)。

注 1：利用在三个波长下的吸收系数，用来修止由十微小十扰所造成的背景。SBR 生胶的未知样品其结合苯乙烯含量接近于用于校准用的 SBR，则应给出 5.6.8.2 中的 S_1、S_2 和 S_3 值，其差异不大于千分之几。其他样品可能得出 S_1、S_2 和 S_3 值，由于干扰，其误差可达 1%，但是由于利用 5.6.8.1 中的公式，其 S_1、S_2 和 S_3 值可大 2%，其原因是分光光度计的波长校准不合理。对特定分光光度计而言，公式中的常数可能没有校准。超过 2%的结果应认为是由于干扰所致。

注 2：样品中聚合物所含苯乙烯量不可能总是已知的。但通过常数可以很精确的估算。对于含苯乙烯的共聚物的量为未知的，而结合苯乙烯百分含量为近似已知的样品，其结合苯乙烯的最终精确值可按如下获得：假定 $Y=1$ 来计算 S_1、S_2 和 S_3，对于 Y 值的计算是基于这些表观结合苯乙烯质量分数百分含量和重复计算 S_1、S_2 和 S_3 值进行的。

5.7 用仪器方法鉴别橡胶

5.7.1 裂解产物的气相色谱法(见 ISO 7270)

采用热裂解气相色谱可分析橡胶(生胶、硫化胶或最后产品)。

5.7.2 红外光谱法(见 GB/T 7764)

采用裂解或浇注膜法的红外光谱法可鉴别牛胶、硫化胶或最后产品制品。该技术限于单胶和某些并用橡胶。

附 录 A
（资料性附录）
锌-硝酸法测硫含量

A.1 范围

本方法规定了在橡胶制品或其填料中，除硫酸钡（$BaSO_4$）中的硫之外的所有硫含量的测定方法。若存在可溶于酸的钡盐、硫化锑或铅的化合物，本方法将得出错误的结果。此时应采用熔融法（4.9.6）。在符合上述条件的情况下，本方法也可用于测定在抽提样品中的结合硫含量和无机硫含量、在未抽提样品中的总硫含量或按4.9.7测定的灰分中的无机硫含量。若本方法测定结合硫和无机硫的含量，则测定无机硫含量也应使用本方法。本方法可用于测定NR、SBR、BR、IR和CR产品以及在NBR产品中总硫含量。本方法不适用于测定含硫酸钡胶料中的总硫含量。

A.2 试剂

A.2.1 氯化钡溶液（100 g$BaCl_2 \cdot 2H_2O$/L）

称取100 g氯化钡（$BaCl_2 \cdot 2H_2O$）溶解于水中，加2～3滴盐酸溶液（1V+1V），稀释至1 L。若有任何不溶解物质或浑浊，在蒸汽浴上加热过夜。然后过滤。

A.2.2 饱和溴水试剂：溴水2 mL～3 mL置于用凡士林涂塞的棕色玻璃瓶中，加水100 mL使成为饱和溶液，置于暗处保存。

A.2.3 发烟硝酸。

A.2.4 饱和苦味酸溶液。

A.2.5 氯酸钾（$KClO_3$）。

A.2.6 锌-硝酸溶液

见4.9.4.2.3。

A.3 分析步骤

A.3.1 称取0.5 g软橡胶或0.2 g硬橡胶（若有机硫是已测定了，则用丙酮（4.8.3）或丙酮-三氯甲烷混合溶剂（4.8.5）抽提该样品），放在一个耐化学物质破坏的锥形烧瓶中。加10 mL的锌-硝酸溶液（4.9.4.2.3），完全润湿样品。至少让其停放1 h。若方便则放置过夜，这样样品就部分分解了。这时允许添加发烟硝酸，这不会由于样品灼热而带来危险。加15 mL发烟硝酸。迅速旋转烧瓶，使样品浸没以避免发热。某些样品可能要用流水冷却烧瓶。

A.3.2 当橡胶溶解完全，加5 mL溴饱和水溶液。慢慢蒸发混合液至糊状。（为测定未硫化混炼胶中的硫可用3 mL溴代替溴水。）

A.3.3 若这时还有有机物或碳，加少量发烟硝酸和少量结晶氯酸钾（注意安全！）。煮沸蒸发。重复该操作直至所有的碳消失，溶液变成清亮、无色或淡黄色。

A.3.4 可采取以下任一操作方法进行：

A.3.4.1 操作A

将烧瓶放在电炉的石棉网上，蒸发混合物至干。在炉子的最高温度下焙干混合物。直至所有的硝酸盐分解，不再放出氮的氧化物的烟为止。随后应使烧瓶和它里面的物质在渐减的火焰上小心退火，或把烧瓶放在一个逐步冷却的热源上。

A.3.4.2 操作B

蒸发混合溶液。冷却。加10 mL的盐酸溶液（1V+1V）。蒸发至干，应避免飞溅。重复该操作。

直至不再放出氮的氧化物为止。

A.3.5 冷却烧瓶。加 50 mL 的盐酸溶液(1V+6V)。加热消化直至溶解尽量完全。趁热过滤。洗涤滤纸。稀释滤液和洗涤液至约 300 mL。加 10 mL 饱和苦味酸溶液(A2.4)。加热至 90 ℃。在剧烈搅拌下逐滴加入 10 mL 的氯化钡溶液(A2.1)以沉淀硫酸盐。盖上表面皿,消化过夜。推荐在 60 ℃~80 ℃ 下进行。过滤。用水洗至滤液无色,干燥,灰化。最后在 650 ℃~900 ℃下灼烧沉淀至恒重。在干燥器中冷却。称重。

A.4 计算

硫含量以质量分数 D 表示,数值以%计,按公式(A.1)计算:

$$D = \frac{0.137\,3A}{B} \times 100 \qquad \cdots\cdots(A.1)$$

式中:

A——硫酸钡($BaSO_4$)的质量数值,质量为克(g)。

B——样品的的质量数值,质量为克(g)。

附　录　B
（资料性附录）
橡胶聚合物的鉴定　化学方法

B.1　范围

本方法规定了橡胶或橡胶制品中橡胶聚合物的化学定性鉴定方法。

本方法适用于鉴别单独存在的或存在于橡胶制品中的天然橡胶(NR)和异戊橡胶(IR)、丁苯橡胶(SBR)、氯丁橡胶(CR)、丁腈橡胶(NBR)、丁基橡胶(IIR)等橡胶聚合物。对于并用橡胶建议不采用本方法，除非已用已知并用橡胶对本方法的可靠性进行确认后才可采用。

B.2　试剂和材料

分析过程中应使用分析纯试剂和蒸馏水或同等纯度的水。

B.2.1　甲醇(GB/T 683)。

B.2.2　盐酸，ρ=1.19 g/mL (GB/T 622)。

B.2.3　硝酸，ρ=1.40 g/mL (GB/T 626)。

B.2.4　三氯甲烷(GB/T 682)。

B.2.5　溴(GB/T 1281)。

B.2.6　苯酚。

B.2.7　石油醚：沸点 30 ℃～60 ℃(GB/T 15894)。

B.2.8　锌粒。

B.2.9　乙酸汞。

B.2.10　乙醚(GB/T 12591)。

B.2.11　氢氧化钠溶液(50 g/L)。

B.2.12　饱和的β萘酚的氢氧化钠(50 g/L)溶液：量取 500 mL，氢氧化钠溶液(B.2.11)，慢慢加入β萘酚，边加边搅拌，使其溶解，直至其不再溶解为止。然后再过量加入 5 g～ 10 g。

B.2.13　氢氧化钠溶液(200 g/L)。

B.2.14　亚硝酸钠溶液(18 g/L)。

B.2.15　硫酸亚铁($FeSO_4 \cdot 7H_2O$)溶液(50 g/L)：称取 5.0 g 硫酸亚铁($FeSO_4 \cdot 7H_2O$)，溶于适量水中，加 10 mL 硫酸(ρ=1.84 g/mL)，稀释至 100 mL。

B.2.16　盐酸溶液[10%(m/m)]：量取 24 mL 盐酸(B.2.2)，稀释至 100 mL。

B.2.17　碘的四氯化碳溶液(0.2 g/L)：称取 0.2 g 碘，溶于四氯化碳中，并用四氯化碳稀释至 1 000 mL。

B.2.18　溶液Ⅰ：称取 1.0 g 对二甲氨基苯甲醛和 0.01 g 对苯二酚，溶于 100 mL 甲醇中，加 5 mL 盐酸、10 mL 乙二醇。用适量的甲醇或乙二醇调节其密度为 0.851 g/mL (25/4 ℃)。该溶液贮存在棕色瓶中可保存数月。

B.2.19　溶液Ⅱ：称取 2.00 g 柠檬酸钠($2Na_3C_6H_5O_7 \cdot 11H_2O$)、0.2 g 柠檬酸、0.03 g 溴甲酚绿和 0.03 g 间胺黄，溶于 500 mL 水中。

B.2.20　CR-NBR 斑点试验试纸：移取 2.0 g 乙酸铜和 0.2 g 间胺黄，溶于 500 mL 甲醇中。用此溶液浸湿滤纸，干燥后切成条状。

B.2.21　CR-NBR 斑点试验试液：称取 2.5 g 盐酸联苯胺，溶于 500 mL 甲醇和 500 mL 水的混合液中，加 10 mL 0.1%(m/m)的对苯二酚的水溶液。贮存在棕色瓶中。

注：在贮存过程中如形成沉淀，不影响溶液的性能。若溶液避光、隔绝空气，能保存数月。

B.2.22 IIR 斑点试验试纸：空白滤纸条。

B.2.23 IIR 斑点试验试液：称取 5.0 g 黄色氧化汞于 15 mL 硫酸(ρ=1.84 g/mL)和 80 mL 水的混合液中，加热煮沸，直至氧化物全部溶解，冷却，用水稀释到 100 mL。

B.2.24 SBR-NR-IR 斑点试验试纸：称取 3 g 对二甲氨基苯甲醛和 0.05 g 对苯二酚，溶于 100 mL 乙醚中，用此溶液浸湿滤纸，干燥后切成条状。

注：试纸在棕色瓶中能保存数周，若见光存放易失效。

B.2.25 SBR-NR-IR 斑点试验试液：称取 30 g 三氯乙酸，溶于异丙醇中，并用异丙醇稀释至 100 mL。

注意：勿使皮肤接触试剂。

B.3 仪器

实验室常用仪器及下列仪器。

B.3.1 热解装置：一根长约 120 mm，外径为 4 mm 的玻璃管，距一端约 20 mm 弯成 90°角，并用软木塞与一支 10 mm×75 mm 的试管相连(图 B.1)。

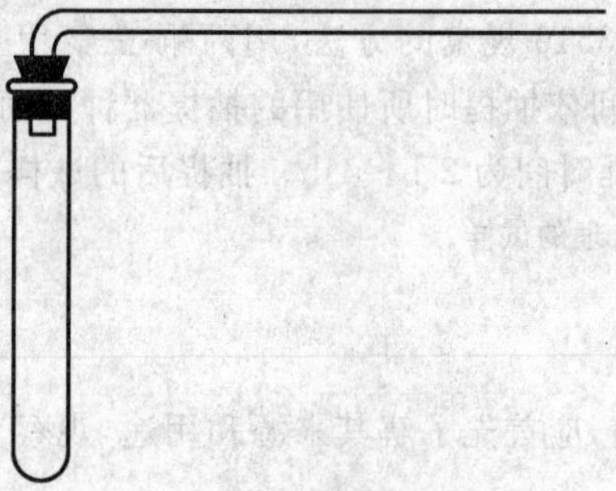

图 B.1 热解装置

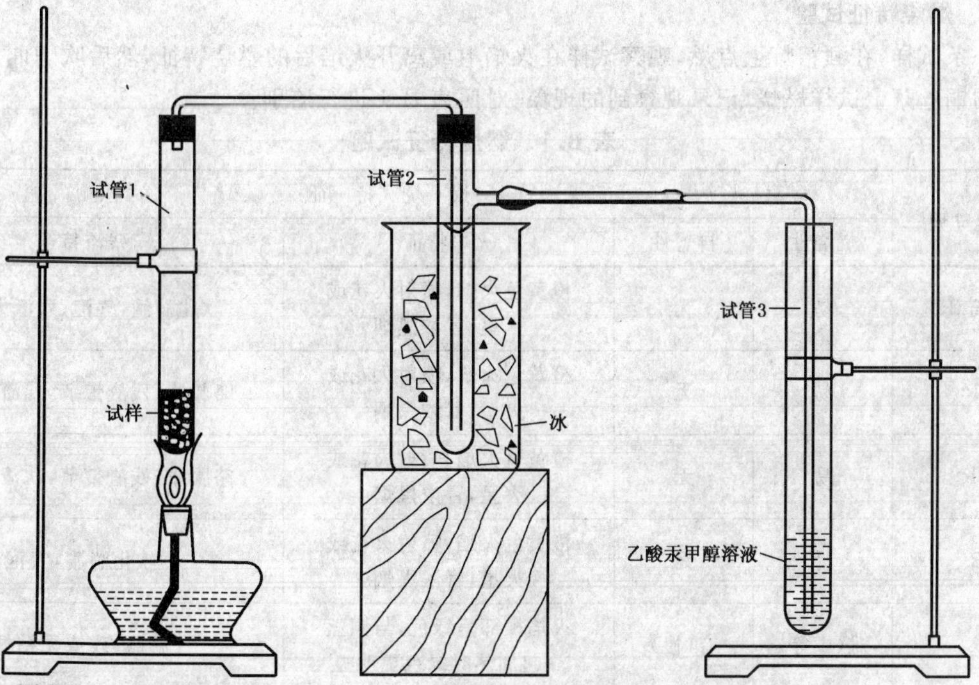

图 B.2 丁基橡胶证实试验装置

B.3.2 接收器：10 mm×75 mm 的试管，供收集热解产物用。

B.3.3 试管：16 mm×160 mm。

B.3.4 丁基橡胶证实试验装置：如图B.2所示，试管1规格为16 mm×160 mm；试管2为具支试管，其规格为16 mm×160 mm；试管3规格为20 mm×200 mm；烧杯为高型烧杯，其规格为250 mL。

B.4 样品

B.4.1 采样和制样

B.4.1.1 生胶：按GB/T 15340采样和制样。

B.4.1.2 混炼胶：按GB/T 17783规定的硫化橡胶的采样和制样方法采样和制样。

B.4.1.3 硫化橡胶：按GB/T 17783采样和制样。

B.4.2 样品处理

B.4.2.1 生胶和混炼胶：采用GB/T 3516规定的方法，用丙酮抽提，如试样发生溶解现象或抽提效果不好，可依次改用乙醇—甲苯混合溶剂、异丙醇抽提，抽提时间依抽提时所使用的抽提器种类而定，如使用索氏抽提器，抽提时间为4 h～8 h，如使用快速抽提器，抽提时间为2 h～4 h。抽提后的试样加热干燥后备用。

B.4.2.2 硫化橡胶：采用GB/T 3516规定的方法，用丙酮-三氯甲烷抽提，如试样抽提效果不好，可依次改用甲醇、异丙醇抽提，抽提时间依抽提时所使用的抽提器种类而定，如使用索氏抽提器，抽提时间为4 h～8 h，如使用快速抽提器，抽提时间为2 h～4 h。抽提后的试样加热干燥后备用。

注：以下所提到的试样均指经过处理的试样。

B.5 分析步骤

对于一个样品，在未鉴定之前，应首先了解其来源和用途，观察其外观，以便对其胶种进行预测，从而简化试验步骤。

B.5.1 初步试验

B.5.1.1 燃烧特征试验

取一条试样，在酒精灯上点燃，观察试样在火焰上或离开火焰后的燃烧特征，然后吹熄闻其气味；另用洁净的铜丝蘸上试样燃烧，记录观察到的现象，对照表B.1进行鉴别。

表B.1 燃烧特征试验

橡胶聚合物	燃烧特征			
	燃烧性	自熄性	火焰特征	残渣特征
NR或IR	易	无	橙黄色火焰，喷射火花或火星，冒浓黑烟	软化淌滴，气泡、残渣无粘性
SBR	易	无	橙黄色火焰，喷射火花或火星，冒浓黑烟	略膨胀，残渣带节，残渣无粘性
NBR	易	无	橙黄色火焰，喷射火花或火星，冒浓黑烟	略膨胀，残渣带节，残渣无粘性
IIR	易	无	橙黄色火焰，喷射火花或火星，冒浓黑烟	软化淌滴，气泡
CR	难(中等)	有(慢)	火焰根部呈绿色，与铜丝一起加热时绿色更明显	膨胀，残渣无粘性

B.5.1.2 热解产物溶液显色试验

称取0.5 g～1 g剪细的试样，置于热解装置(B.3.1)的试管中，连上玻璃导管，用酒精灯加热至试样分解，当玻璃导管口开始出现蒸气时，将其末端浸没在盛有约1.5 mL溶液Ⅱ的接收器(B.3.2)的液面下，等热解产物明显进入溶液Ⅱ出现液珠后，不管溶液颜色是否发生变化，都将玻璃导管移到另一支盛有约1.5 mL溶液Ⅰ的接收器(B.3.2)中，玻璃导管末端应浸没在液面下，继续加热至试样完全分解。取下接收器，停止加热(**注意：如先停止加热，然后取下接受器，接受器中溶液可能会倒流！**)，冷却接收器并摇匀，观察溶液Ⅰ和溶液Ⅱ的颜色变化及热解产物的液珠在溶液中的沉浮情况。再将溶液Ⅰ转移到一支试管(B.3.3)中并加入5 mL甲醇，在100 ℃的水浴上加热3 min，观察颜色变化，记录所有观察到的现象。并根据表B.2对材料进行分类。

表B.2　热解产物溶液显色试验

橡胶聚合物	溶液Ⅰ		溶液Ⅱ
	初始颜色	加热后颜色	颜色
空白	浅黄色	浅黄色	绿色
NR或IR	棕色	蓝紫色	绿色
SBR	黄绿色	绿色	绿色
NBR	红色	深红色	绿色
IIR	黄色(液珠漂浮)	浅蓝色	绿色
CR	黄色	浅绿色	红色

B.5.1.3　纸上斑点试验

可以从B.5.1.3.1或B.5.1.3.2中任选一种方法进行试验。

B.5.1.3.1　称取1 g～2 g剪细的试样，置于热解装置(B.3.1)的试管中，连上玻璃导管，然后剧烈加热试验管，当玻璃导管口开始出现蒸气时，把分别在相应的试液中润湿的CR-NBR斑点试验试纸、IIR斑点试验试纸和SBR-NR-IR斑点试验试纸，依次放在玻璃导管口，观察并记录试纸的变色情况，然后根据表B.3进行鉴别。

B.5.1.3.2　把CR-NBR斑点试验试纸、IIR斑点试验试纸和SBR-NR-IR斑点试验试纸分别在相应的试液中润湿，然后按顺序平行地排在离压在样品上的加热器件表面5 mm以上的位置上，观察并记录试纸的变色情况，然后根据表B.3进行鉴别。

加热器件可以是电加热刀或电烙铁、熨斗或用火焰加热的锉刀，它的热量足以能够生成热解产物的浓烟，但是却不足以点燃橡胶，由于浓烟能迅速散发，试验应在4 s～6 s内完成。应仔细观察试纸对着烟的那一面颜色的变化。注意不得烤焦试纸和浸渍物质。

表B.3　纸上斑点试验

橡胶聚合物	CR-NBR试验	IIR试验	SBR-NR-IR试验
NR或IR	无特征颜色	棕色	蓝色
SBR	无特征颜色	棕色	蓝绿色
NBR	绿色	浅棕色	黄绿色
IIR	无特征颜色	黄色	浅紫色
CR	紫红色	无特征颜色	绿色

B.5.2　证实试验

用下面的证实试验来证实通过初步试验所获得的橡胶定性结果。

B.5.2.1　天然橡胶或异戊橡胶的证实试验

取几毫克试样置于蒸发皿中，加少许三氯甲烷使其溶胀，加几滴溴，停放2 min，加1 g苯酚，在水浴上加热除去三氯甲烷，若出现蓝至红紫色，则表示是天然橡胶或异戊橡胶。

注：试样中含有大量铁盐时，会出现深褐色，干扰观察，可以加少量水，如试样是天然橡胶或异戊橡胶，紫色产物不溶于水而被分离。

B.5.2.2 丁苯橡胶的证实试验

称取1 g～2 g剪细的试样，置于带回流冷凝管的磨口三角瓶中，加入20 mL硝酸，煮沸，并回流1 h。加100 mL水。然后将溶液全部转移到分液漏斗中，分别用50 mL、25 mL、25 mL，乙醚萃取三次，合并乙醚萃取液，用15 mL水洗涤两次，弃去水洗涤液，醚层用氢氧化钠溶液(B.2.11)萃取三次，每次用15 mL，然后用20 mL水洗涤一次，弃去醚层。合并碱萃取液和水洗涤液，用盐酸(B.2.2)中和并过量20 mL。在水浴上加热，加入5 g锌粒，以还原反应所产生的硝基苯甲酸。待锌粒完全溶解后，用氢氧化钠溶液(B.2.13)中和，并过量至生成的沉淀刚刚溶解为止。用15 mL乙醚萃取两次，弃去醚层。用盐酸(B.2.2)酸化水溶液至弱酸性，冷却至室温，加2 mL亚硝酸钠溶液，将该重氮化的溶液倒入到饱和的*β*-萘酚的氢氧化钠溶液中，如果溶液出现红色，并且加入过量的氢氧化钠溶液(B.2.13)后，溶液颜色加深，则表示有丁苯橡胶存在。

注意：试验应在通风橱中进行。

B.5.2.3 丁腈橡胶的证实试验

称取0.5 g～1 g剪细的试样，置于热解装置(B.3.1)的试管中，连上玻璃导管，用酒精灯加热至试样分解，当玻璃导管口开始出现蒸气时，将其末端浸没在盛有约3 mL甲醇的接收器(B.3.2)的液面下，待试样完全分解后，取下接受器，停止加热(**注意：如先停止加热，然后取下接受器，接受器中溶液可能会倒流！**)。将接受器中的溶液转移到另一只试管(B.3.3)中，然后加一滴氢氧化钠溶液(B.2.13)，再加1 mL硫酸亚铁溶液，在水浴上加热片刻，用盐酸溶液(B.2.16)酸化至弱酸性，如有绿色沉淀生成，表示有丁腈橡胶存在。

B.5.2.4 丁基橡胶的证实试验

B.5.2.4.1 丁基橡胶干馏时产生一种难于冷凝的白色蒸气和一种浅黄色油。

B.5.2.4.2 称取1 g～2 g剪细的试样，置于丁基橡胶证实试验装置(B.3.4)的试管1中，将0.5 g乙酸汞和10 mL～15 mL甲醇加入试管3中，按图B.2连接，并用冰块冷却试管2，然后剧烈加热试管1，使试样全部分解，逸出的分解产物被试管3中溶液吸收，当试样完全分解后，取下试管3，停止加热试管1(**注意：如先停止加热，然后取下试管3，试管3中溶液可能会倒流！**)。弃去试管2中收集的液体，将试管3在水浴上加热蒸发，除去甲醇，注意在快蒸干时不能过热。往残留物中加入25 mL石油醚，并加热煮沸，过滤出不溶物，将滤液浓缩，用冰冷却，摩擦容器壁以促使结晶。将此汞衍生物在30 ℃～40 ℃时干燥，测定其熔点(约55 ℃)。若将此汞衍生物与用丁基橡胶以相同方法制得的汞衍生物作混熔试验，结果将会更准确。此化合物是由丁基橡胶干馏生成的异丁烯转化而成的甲氧基异丁基乙酸汞[$CH_3OC(CH_3)_2CH_2HgOCOCH_3$]。

B.5.2.5 氯丁橡胶的证实试验

用洁净的铜丝蘸上试样燃烧，有持续的绿色火焰表明有氯存在。

取0.2 g试样与2 mL碘的四氯化碳溶液一起振荡，如果在2 min～3 min中内紫色明显褪去，表示是氯丁橡胶。

ICS 71.100.01;87.060.10
G 55

中华人民共和国国家标准

GB/T 7771—2008
代替 GB/T 7771—1987

特殊同色异谱指数的测定　改变照明体

Measurement of special metamerism index—Change in illuminant

2008-09-18 发布　　　　2009-05-01 实施

中华人民共和国国家质量监督检验检疫总局
中国国家标准化管理委员会　发布

前　言

本标准代替 GB/T 7771—1987《特殊同色异谱指数的测定　改变照明体》。

本标准与 GB/T 7771—1987 相比主要变化如下：

——增加了"术语和定义"一章(本版的第 3 章)；

——删除了原标准 4.2 中的表 1 F 照明体相对光谱功率分布数据和表 2 F 照明体和 CIE 1964 补充标准色度观察者色匹配函数的加权系数(1987 年版的 4.2)；

——增加了试验报告内容(本版的第 8 章)。

本标准由中国石油和化学工业协会提出。

本标准由全国染料标准化技术委员会(SAC/TC 134)归口。

本标准起草单位:沈阳化工研究院、沈阳彩普科技有限公司。

本标准主要起草人：姬兰琴、李勤。

本标准所代替标准的历次版本发布情况为：

——GB/T 7771—1987。

特殊同色异谱指数的测定　改变照明体

1　范围

本标准规定了预测评价拼混染料色样与标准色样当改变照明体时的颜色相符效果的方法。

本标准适用于预测评价拼混染料色样与标准色样当改变照明体时的颜色相符效果。

本标准不适用于改变照明体时，单一色样产生的色差或三刺激值 X、Y、Z 的变化问题。

本标准也不适用于由于改变色度观察者使等色性受到影响的问题。

2　规范性引用文件

下列文件中的条款通过本标准的引用而成为本标准的条款。凡是注日期的引用文件，其随后所有的修改单(不包括勘误的内容)或修订版均不适用于本标准，然而，鼓励根据本标准达成协议的各方研究是否可使用这些文件的最新版本。凡是不注日期的引用文件，其最新版本适用于本标准。

GB/T 3979—2008　物体色的测量方法

GB/T 6688—2008　染料　相对强度和色差的测定　仪器法

3　术语和定义

下列术语和定义适用于本标准。

3.1

同色异谱刺激　metameric color stimuli

在规定的观测条件下，虽然光谱组成不同，但颜色感知相同的二个色刺激。[GB/T 5698—2001 中的 4.21]

注：规定的观测条件，是指观察者和视场大小。对于物体色情况，是指照明光的光谱功率分布等。

3.2

特殊同色异谱指数　special metamerism index

在测试条件下同色异谱对之间的整体色差。

4　原理

如果两个色样在可见光谱内的光谱辐亮度分布不同，而对给定的参比照明体和参比观察者具有相同的三刺激值($X_1=X_2$，$Y_1=Y_2$，$Z_1=Z_2$)，两个色样的颜色就是同色异谱色。

对于参比照明体和参比观察者具有相同的三刺激值的两个色样，同色异谱指数 M_t 就等于在待测照明体 t 计算的两个色样的色差值 ΔE，也即不同反射率函数的两个色样在一给定的照明体和给定的色度观察者条件下具有相同的三刺激值，改变照明体时其色差越大，同色异谱效应也越明显。本标准中 M_t 可以定量表示同色异谱效应的程度。

5　一般规定

5.1　一般采用国际照明委员会 CIE 标准照明体 D_{65} 为参比照明体。如采用其他照明体应予以说明。

5.2　采用 CIE 标准照明体 A 或其他照明体为待测照明体。

5.3　采用 GB/T 3979—2008 中规定的 CIE 1964 标准色度观察者。

6　色样的测量

6.1　色样的准备按 GB/T 6688—2008 中 5.2.1 的规定执行。

6.2 色样的测量按 GB/T 6688—2008 和 GB/T 3979—2008 的规定执行。计算出色样的三刺激值 X_{10}、Y_{10}、Z_{10}（本标准中简称 X、Y、Z）。

7 同色异谱指数的计算

7.1 在规定的参比照明体下标准色样与待测色样无色差时，同色异谱指数 M_t 为在待测照明体下两色样的差值 ΔE，色差计算方法按 GB/T 6688—2008 的规定执行。色差所用单位为 CIELAB 单位。

7.2 在规定的参比照明体下，标准色样的三刺激值 X_1、Y_1、Z_1 与待测色样的三刺激值 X_2、Y_2、Z_2 不相等时（$X_1 \neq X_2$、$Y_1 \neq Y_2$、$Z_1 \neq Z_2$）应采取适当措施（例如，改变染料的配方），以产生精确的匹配。否则，要进行乘法修正并注明原色差大小。修正方法如下：先用校正系数乘以待测照明体下待测色样的三刺激值（用 X_{2t}、Y_{2t}、Z_{2t} 表示），相乘用校正系数为：

$$f_x = \frac{X_1}{X_2};f_y = \frac{Y_1}{Y_2};f_z = \frac{Z_1}{Z_2}$$

然后计算出标准色样在待测照明体下的三刺激值（用 X_{1t}、Y_{1t}、Z_{1t} 表示）与 $f_x \cdot X_{2t}$、$f_y \cdot Y_{2t}$、$f_z \cdot Z_{2t}$ 之间的色差值。色差计算方法按 GB/T 6688—2008 中的规定进行。色差所用单位为 CIELAB 单位。

8 试验报告

试验报告包括以下内容：

a） 被测试样的名称；

b） 测定项目；

c） 本标准编号；

d） 使用仪器的名称、型号；

e） 测试结果；

f） 在参比照明体下的色差值；

g） 在测试过程中的特殊情况；

h） 与本方法的差异；

i） 试验日期。

参 考 文 献

[1] GB/T 5698—2001 颜色术语

ICS 71.100.45
G 17

GB

中华人民共和国国家标准

GB/T 7778—2008
代替 GB/T 7778—2001

制冷剂编号方法和安全性分类

Number designation and safety classification of refrigerants

2008-11-12 发布　　2009-05-01 实施

中华人民共和国国家质量监督检验检疫总局
中国国家标准化管理委员会　发布

前 言

本标准修订 GB/T 7778—2001《制冷剂编号方法和安全性分类》，与 GB/T 7778—2001 相比主要变化如下：

——增加了制冷剂数量；

——安全分类的方法中增加急性毒性的指标；

——采用综合评估方法来评估制冷剂对环境影响；

——本标准附录 B 给出了旧、新标准安全性分类对照表。

本标准自实施之日起代替 GB/T 7778—2001。

本标准的附录 A 是规范性附录，附录 B、附录 C 是资料性附录。

本标准由中国机械工业联合会提出。

本标准由全国冷冻空调设备标准化技术委员会(SAC/TC 238)归口。

本标准起草单位：特灵空调系统(中国)有限公司、合肥通用机械研究院。

本标准主要起草人：余中海、任金禄、张维加、潘莉。

本标准由全国冷冻空调设备标准化技术委员会负责解释。

本标准所代替标准的历次版本发布情况为：

——GB 7778—1987、GB/T 7778—2001。

制冷剂编号方法和安全性分类

1 范围

本标准规定了制冷剂的编号表示方法，以代替化学名称、分子式或商品名称。使用本标准规定的制冷剂编号表示方法时，并不排除化学名称和分子式的使用。

本标准还按制冷剂的毒性危害和燃烧性危险程度规定其安全性分类，并按制冷剂的臭氧层消耗潜值、全球变暖潜值等环保指标评估其环境友好性。

本标准适用于制冷空调设备及装置使用的制冷剂。

2 规范性引用文件

下列文件中的条款通过本标准的引用而成为本标准的条款。凡是注日期的引用文件，其随后所有的修改单(不包括勘误的内容)或修订版均不适用于本标准，然而，鼓励根据本标准达成协议的各方研究是否可使用这些文件的最新版本。凡是不注日期的引用文件，其最新版本适用于本标准。

JB/T 7249—1994 制冷设备术语

3 术语和定义

下列术语和定义适用于本标准。

3.1

卤代烃 halocarbon

一种烃的衍生物，含有一个或多个卤族元素：溴、氯或氟，氢也可能存在。

3.2

共沸混合物制冷剂和非共沸混合物制冷剂 azeotropic mixture and non-azeotropic mixture

分别见 JB/T 7249—1994 中 4.69 和 4.70。

3.3

近共沸混合物制冷剂 near azeotropic

一种温度滑移足够小的非共沸混合物制冷剂，在某些特定情况下，忽略这个温度差也不会产生明显误差。

3.4

温度滑移 temperature glide

制冷系统中制冷剂定压相变过程开始和终了温度差的绝对值，但不包括过冷和过热。

3.5

浓度滑移 value glide

制冷剂混合物中由于较易挥发组分先蒸发，不易挥发组分先冷凝而产生的混合物汽液相组分浓度的变化。

3.6

毒性 toxicity

由于短时间高浓度或长时间低浓度曝露面通过呼吸道吸入，经口摄入和经皮肤接触制冷剂的作用所致工作人员有害或致命的能力。

3.7

致命浓度　Lethal concentration（LC_{50}）

物质在空气中的浓度，在此浓度的环境下持续曝露 4 h 可导致实验动物有 50%死亡，表示方式 $LC_{50(4\text{-}hr)}$。

3.8

最高允许浓度　threshold limit values(TLVs)

物质在空气中的浓度，在这种环境条件下可以认为几乎全部工作人员可以反复的每天曝露其中而无损健康的影响。

3.9

最高允许浓度时间加权平均值　threshold limit value-time-weighted average(TLV-TWA)

以正常 8 h 工作日和 40 h 工作周的时间加权平均最高允许浓度，在此条件下，几乎所有工作人员可以反复的每日曝露其中而无有损健康的影响。

3.10

燃烧最小浓度值　lower flammability limit (LFL)

在大气压力为 101 Pa，干球温度 21 ℃、相对湿度为 50%并于容积为 0.012 m^3(12 L)的玻璃烧瓶中采用电火花点燃火柴头作为点燃火源的实验条件下，能够在制冷剂和空气组成的均匀混合物中足以使火焰开始蔓延的制冷剂最小浓度。

3.11

相对分子质量　relative molecular mass

一个分子的质量与碳-12 分子质量的 1/12 的比值，相对分子质量与摩尔质量(单位：g/mol)数量是相等的，但它没有单位。

3.12

全球变暖潜值　global warming potential(GWP)

一种温室气体排放相对于等量二氧化碳排放所产生的气候影响的比较指标。GWP 被定义为在固定时间范围内 1 kg 物质与 1 kg CO_2 的脉冲排放引起的时间累积(如：100 年)的辐射力的比率。

3.13

消耗臭氧层潜值　ozone depletion potential(ODP)

一种 ODS 气体排放相对于 CFC-11 排放所产生的臭氧层消耗的比较指标。

3.14

大气寿命　atmospheric life

任何物质排放到大气层被分解一半(数量)时所需的时间(年)。

3.15

环境友好　environmental

综合考虑制冷剂的 ODP、GWP、大气寿命，评估其排放到大气层后对环境的影响符合国际认可的条件。

4　制冷剂编号方法

对每种制冷剂规定的识别编号如第 8 章所示，其规则如下。

4.1　甲烷、乙烷、丙烷和环丁烷系的卤代烃以及碳氢化合物

规定的识别编号要使化合物的结构可以从制冷剂的编号推导出来，且不致产生模棱两可的判断。

4.1.1　自右向左的第一位数字是化合物中氟(F)原子数。

4.1.2　自右向左的第二位数字是化合物中氢(H)原子数加 1 的数。

4.1.3　自右向左的第三位数字是化合物中碳(C)原子数减 1 的数。当该数字为零时，则不写。

4.1.4 自右向左的第四位数字是化合物中非饱和碳键的个数。当该数字为零时，则不写。

4.1.5 在溴部分和全部代替氯的情况下，仍然采用同样的规则，但要在原来氯-氟化合物的识别编号后面加字母B以表示溴(Br)的存在，字母B后的数字表示溴的原子个数。

4.1.6 化合物中氯(Cl)原子数，是从能够与碳(C)原子结合的原子总数中减去氟(F)、溴(Br)和氢(H)原子数的和后求得的。

对于饱和的制冷剂，连接的原子总数是$2n+2$，其中n是碳原子数。对于单个不饱和的制冷剂和环状饱和制冷剂，连接的原子总数是$2n$。

4.1.7 环状衍生物，在制冷剂的识别编号之前使用字母C。

4.1.8 乙烷系同分异构体都具有相同的编号，但最对称的一种用编号后面不带任何字母来表示。随着同分异构体变得越来越不对称时，就应附加a、b、c等字母。对称度是把连接到每个碳原子的卤素原子和氢原子的质量相加，并用一个质量总和减去所得的差值来确定，其差值绝对值越小，生成物就越对称，该体系的例子见附录A。

4.1.9 丙烷系的同分异构体都是具有相同编号，它们通过后面加上两个小写字母的区别，加的第一个字母表示中间碳原子(C2)上的取代基：

——CCl_2-a

——CClF-b

——CF_2-c

——CClH-d

——CFH-e

——CH_2-f

对环丙烷的卤代衍生物，用所连接原子的质量总和为最大的碳原子作为中心碳原子，对这些化合物，舍去第一个后缀字母。

加的第二个字母表示两端碳原子(C1和C3)取代基的相对对称性，对称性取决于与"C1"和"C3"碳原子分别相连的卤素原子和氢原子质量总和，两个和之差绝对值越小，这个同分异构体越对称。但与乙烷系列不同，最对称的同分异构体具有第二个附加字母a(乙烷系列同分异构体不加字母)，按不对称顺序再附加字母(b、c等)；如果没有同分异构体时，则省略附加字母，这时仅用制冷剂编号就明确地表示出分子结构；例如，$CF_3CF_2CF_3$编号为R218，而不是R218ca，该体系的例子见附录A。

4.1.10 含溴的丙烷系的同分异构体不能由这个体系唯一命名。

4.2 混合物

非共沸混合物和共沸混合物由制冷剂编号和组成的质量分数来表示。制冷剂应按其组分的标准沸点增高次序来标注。例如制冷剂R22和R12按质量百分比90/10组成混合物时，可表示为R22/12(90/10)；92%的R502(R22和R115的共沸混合物)和8%的R290(丙烷)的混合物表示为R290/22/115(8/45/47)。

4.2.1 已经编号的非共沸混合物，依应用先后在400序号中顺次地规定其识别编号。该编号指明混合物的组分而没有各组分的量，各组分的量应按4.2所述来表示，例如质量百分比为90/10的R12和R114混合物应该是R400(90/10)。

4.2.2 已经编号的共沸混合物，依应用先后在500序号中顺次地规定其识别编号。当编号确定后，就没有必要用括号附带说明其组成质量百分比。

4.2.3 为区别组分相同而比例不同(质量百分比)的混合物，应在识别编号之后加上大写字母A、B、C……等后缀。

4.3 其他化合物

其他各种有机化合物规定按600序号编号，无机化合物按700序号编号。

4.3.1 在有机化合物的600序号中，其编号按表2的规定。

4.3.2 在无机化合物的700序号中，化合物的相对分子质量加上700就得出制冷剂的识别编号。

4.3.3 当两种或多种无机制冷剂具有相同的相对分子质量时，用A、B、C等字母予以区别。

5 表示方法

5.1 概述

为促进理解，对制冷剂编号前添加前缀符号规定了统一性原则；对技术性和非技术性的前缀符号都做了规定，可以根据应用的目的和读者对象进行选择。

5.2 前缀符号表示方法

制冷剂编号前添加前缀符号应按5.2.1和5.2.2规定的方法进行。

5.2.1 技术性前缀符号

a) 应用范围：本条规定的前缀符号主要应用在技术出版物中(为了国际统一性和保持档案的一致性)、设备标牌、样本以及使用维护说明书中。

b) 前缀符号：在第4章规定的制冷剂编号前面应加字母R。例如：R12、R500、R22/152a/114(36/24/40)和R717。在设备标牌上、样本以及使用维护说明书中应不使用商标和商品名表示制冷剂。

c) 其他有机和无机化合物应采用本条规定的前缀符号。

5.2.2 非技术性前缀符号——成分标识前缀符号

a) 应用范围：本条规定的前缀符号主要应用在有关保护臭氧层的限制与替代制冷剂化合物或混合物的非技术性的、科普读物类的以及有关宣传类出版物中。

b) 单一组分非技术性前缀符号：在第4章规定的制冷剂编号前面加“C”表示有碳，加“B”、“C”、“F”或他们的组合已说明含有溴、氯、氟元素。对于还含有氢的化合物应再加上字母“H”，以表明到达平流层前增长的分解潜力。例如“CFC-11、BCFC-12B1、HCFC-22、HC-50；CFC-113、HCFC-123、HFC-134a、HC-170和FC-C318。

c) 有编号或无编号的混合物(共沸、近共沸和非共沸混合物)的非技术性前缀符号：有编号的可用符合每个组分成分的前缀符号连接起来表示，例如：CFC/HFC-500。无编号的可用符合每个组分成分的前缀符号来表示，例如：HCFC-22/HFC-152a/CFC-114(36/24/40)。但应不使用连接起来的前缀符号，例如：HCFC/HFC/CFC-22/152a/114(36/24/40)和具有组合成分含意的前缀，例如：HCFC-500或HCFC-22/152a/114(36/24/40)等。

5.2.3 成分标识前缀符号一般仅在保护臭氧层有关的非技术出版物中使用。

当5.2.1中规定的前缀符号应用在非技术出版物中时，若有必要可以按5.4加以扩展。当混合物用指明组分成分前缀符号不方便时，例如：含有三种以上组分的混合物(四种或五种)则应采用5.2.1中的规定。

5.3 其他前缀符号

不应采用ACFC表示“氟氯烃的替代物”和用HFC表示“氢氟烃替代物”的前缀符号，同样亦不应采用FC和CFC分别表示“氟碳烃化合物”和“氯氟烃化合物”系列制冷剂的通用前缀符号(该规定与5.2.2规定不同)。

5.4 扩展前缀符号的应用

在技术交流中，采用5.2.1规定前缀符号代替成分表示前缀符号是可以采用补充有关数据加以说明。例如：在讨论保护臭氧层的出版物中首次提到R12时，可写作“R12，一种CFC”，或“R12(ODP=1.0)”。同样，在讨论有关温室效应的文件中可以列举“R22(GWP=1780，100年时间累积)”。在讨论燃烧性问题时可以应用“R152a(LFL=4.1%)”来表示。

6 安全性分类

6.1 分类

制冷剂安全性分类由一个字母和一个数字两个符号(如 A1、B1、C1 等)组成,大写字母表示按 6.2 规定的毒性危害分类,阿拉伯数字表示按 6.3 规定的燃烧性危险程度分类。

6.2 毒性危害分类

急性和慢性允许曝露量,制冷剂毒性危害分为 A、B、C 三类。

A 类:根据已经确定的 $LC_{50\,(4\text{-hr})}$ 和 TLV-TWA 值,制冷剂的 $LC_{50\,(4\text{-hr})} \geqslant 0.1\%$ (V/V) 和 TLV-TWA$\geqslant 0.04\%$ (V/V)。

B 类:按已经确定的 $LC_{50\,(4\text{-hr})}$ 和 TLV-TWA 值,制冷剂的 $LC_{50\,(4\text{-hr})} \geqslant 0.1\%$ (V/V) 和 TLV-TWA $< 0.04\%$ (V/V)。

C 类:按已经确定的 $LC_{50\,(4\text{-hr})}$ 和 TLV-TWA 值,制冷剂的 $LC_{50\,(4\text{-hr})} < 0.1\%$ (V/V) 和 TLV-TWA $< 0.04\%$ (V/V)。

6.3 燃烧性危险程度分类

按制冷剂的燃烧性危险程度,制冷剂的燃烧性分为 1、2、3 三类。对卤代烃制冷剂燃烧性测试应按 3.10 中叙述的方法进行。

6.3.1 分类原则

制冷剂按以下原则分类:

第 1 类:在 101 kPa 和 18 ℃大气中实验时,无火焰蔓延的制冷剂,即不可燃。

第 2 类:在 101 kPa、21 ℃和相对湿度为 50%的条件下,制冷剂 LFL$>0.1\ kg/m^3$,且燃烧产生热量小于 19 000 kJ/kg 者,即有燃烧性。

第 3 类:在 101 kPa、21 ℃和相对湿度为 50%的条件下,制冷剂 LFL$\leqslant 0.1\ kg/m^3$,且燃烧产生热量大于等于 19 000 kJ/kg 者为有很高的燃烧性,即有爆炸性。

6.3.2 单位换算

LFL 通常表示为制冷剂的体积百分比,在 25 ℃和 101 kPa 条件下,体积百分比×0.000 414×分子质量,可得到单位为 kg/m^3 的值。

6.3.3 燃烧热量计算

计算制冷剂燃烧产生热量时,假设燃烧产物都是气相,且它们处在最稳定状态。如 C、N、S 燃烧生成 CO_2、N_2、SO_3;F 和 Cl 则生成 HF 和 HCl(假设分子中有足够的氢),否则生成 F_2 和 Cl_2;H 过多将生成 H_2O。

6.4 安全性分类

按 6.1、6.2 和 6.3 的分类原则,把制冷剂分为 9 种安全分组类型,如表 1 所示。附录 B 将 GB/T 7778—2001 的分组类型与本标准的分组类型进行了对比。

表 1 制冷剂安全性分类

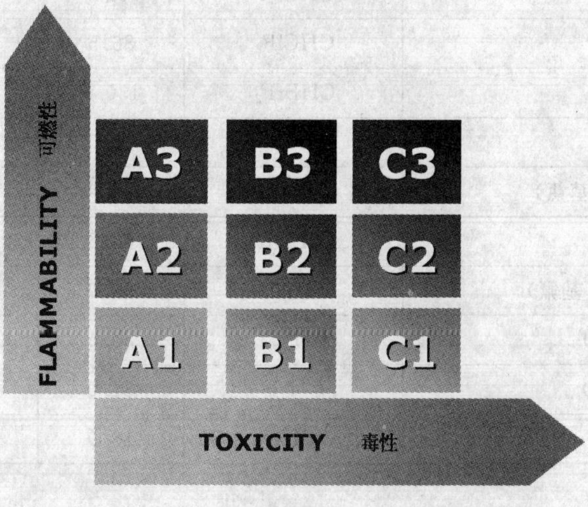

6.5 混合物制冷剂的安全性分类

混合物在浓度滑移时其组分的浓度发生变化，其燃烧性和毒性也可能变化。因此它应该有两个安全性分组类型，这两个类型使用一个斜杠(/)分开。每个类型都是根据相同的分类原则按单组分制冷剂进行的(见6.2和6.3)。第一个类型是混合物在规定组分浓度下进行分类。第二个类型是混合物在最大浓度滑移的组分浓度下进行分类。

对燃烧性的“最大浓度滑移”是指在该百分比组成下，汽相或液相的燃烧性组分浓度最高。对毒性的“最大浓度滑移”是指在该百分比组成下，在汽相或液相的 $LC_{50\ (1\text{-}hr)}$ 和 TLV-TWA 的体积浓度分别小于0.1%和0.04%的组分浓度最高。一种混合物的 $LC_{50\ (1\text{-}hr)}$ 和 TLV-TWA 应该由各组分的 $LC_{50\ (1\text{-}hr)}$ 和 TLV-TWA 按组分浓度百分比进行计算。

7 制冷剂环境友好性

制冷剂对大气环境的影响，可以通过制冷剂的ODP、GWP、大气寿命等现有数据，按附录C规定的计算方法进行评估，以确定其排放到大气层后对环境的综合影响，其环境友好性见表2～表4。

8 制冷剂编号和安全性分类

纯组分制冷剂和混合物制冷剂编号、安全性分类及环境友好性分别见表2、表3和表4。

表2 制冷剂编号、安全性分类及环境友好评估

制冷剂编号	化学名称[a,b]	化学分子式[a]	相对分子量[a]	标准沸点[a]/℃	安全分类[c,d]	环境友好(是/否)[f]
	甲烷系列					
10	四氯甲烷(四氯化碳)	CCl_4	153.8	77	C1	否
11	三氯-氟甲烷	CCl_3F	137.4	24	A1	否
12	二氯二氟甲烷	CCl_2F_2	120.9	−30	A1	否
12B1	溴氯二氟甲烷	$CBrClF_2$	165.4	−4		否
12B2	二溴二氟甲烷	CBr_2F_2	209.8	25		
13	氯三氟甲烷	$CClF_3$	104.5	−81	A1	否
13B1	溴三氟甲烷	$CBrF_3$	148.9	−58	A1	否
14	四氟甲烷(四氟化碳)	CF_4	88.0	−128	A1	否
20	三氯甲烷(氯仿)	$CHCl_3$	119.4	61		是
21	二氯氟甲烷	$CHCl_2F$	102.9	9	C1	是
22	氯二氟甲烷	$CHClF_2$	86.5	−41	A1	否
22B1	溴二氟甲烷	$CHBrF_2$	130.9	−15		否
23	三氟甲烷	CHF_3	70.0	−82		否
30	二氯甲烷(亚甲基氯)	CH_2Cl_2	84.9	40		是
31	氯氟甲烷	CH_2ClF	68.5	−9		
32	二氟甲烷(亚甲基氟)	CH_2F_2	52.0	−52	A2	是
40	氯甲烷(甲基氯)	CH_3Cl	50.5	−24	C2	否
41	氟甲烷(甲基氟)	CH_3F	34.0	−78		是
50	甲烷	CH_4	16.0	−161	A3	是

表 2（续）

制冷剂编号	化学名称[a,b]	化学分子式[a]	相对分子量[a]	标准沸点[a]/℃	安全分类[c,d]	环境友好（是/否）[f]
	乙烷系列					
110	六氯乙烷	CCl_3CCl_3	236.8	185		
111	五氯氟乙烷	CCl_3CCl_2F	220.3	135		
112	1,1,2,2-四氯-1,2-二氟乙烷	CCl_2FCCl_2F	203.8	93		
112a	1,1,1,2-四氯-2,2-二氟乙烷	CCl_3CClF_2	203.8	91		
113	1,1,2-三氯-1,2,2-三氟乙烷	CCl_2FCClF_2	187.4	48	A1	否
113a	1,1,1-三氯-2,2,2-三氟乙烷	CCl_3CF_3	187.4	46		
114	1,2-二氯-1,1,2,2-四氟乙烷	$CClF_2CClF_2$	170.9	4	A1	否
114a	1,1-二氯-1,2,2,2-四氟乙烷	CCl_2FCF_3	170.9	3		
114B2	1,2-二溴-1,1,2,2-四氟乙烷	$CBrF_2CBrF_2$	259.9	47		
115	氯五氟乙烷	$CClF_2CF_3$	154.5	−39	A1	否
116	六氟乙烷	CF_3CF_3	138.0	−79		否
120	五氯乙烷	$CHCl_2CCl_3$	202.3	162		
123	2,2-二氯-1,1,1-三氟乙烷	$CHCl_2CF_3$	153.0	27	B1	是
123a	1,2-二氯-1,1,2-三氟乙烷	$CHClFCClF_2$	153.0	28		
124	2-氯-1,1,1,2-四氟乙烷	$CHClFCF_3$	136.5	−12	A1	否
124a	1-氯-1,1,2,2-四氟乙烷	$CClF_2CHF_2$	136.5	−10		
125	五氟乙烷	CHF_2CF_3	120.0	−49	A1	否
133a	2-氯-1,1,1-三氟乙烷	CH_2ClCF_3	118.5	6		
134a	1,1,1,2-四氟乙烷	CH_2FCF_3	102.0	−26	A1	是
140a	1,1,1-三氯乙烷(甲基氯仿)	CH_3CCl_3	133.4	74		否
141b	1,1-二氯-1-氟代乙烷	CH_3CCl_2F	117.0	32		否
142b	1-氯-1,1-二氟乙烷	CH_3CClF_2	100.5	−10	A2	否
143a	1,1,1-三氟乙烷	CH_3CF_3	84.0	−47	A2	否
150a	1,1-二氯乙烷	CH_3CHCl_2	99.0	57		
152a	1,1-二氟乙烷	CH_3CHF_2	66.0	−25	A2	是
160	氯乙烷(乙基氯)	CH_3CH_2Cl	64.5	12		
170	乙烷	CH_3CH_3	30.0	−89		是
	丙烷系列					
216ca	1,3-二氯-1,1,2,2,3,3 六氟丙烷	$CClF_2CF_2CClF_2$	221.0	36		
218	八氟丙烷	$CF_3CF_2CF_3$	188.0	−37	A1	否
227ea	1,1,1,2,3,3,3-七氟乙烷	CF_3CHFCF_3	170	−15.6		否
236fa	1,1,1,3,3,3-六氟乙烷	$CF_3CH_2CF_3$	152	−1.4	A1	否
245CB	1,1,1,2,2-五氟丙烷	$CF_3CF_2CH_3$	134.0	−18		

表 2（续）

制冷剂编号	化学名称[a,b]	化学分子式[a]	相对分子量[a]	标准沸点[a]/℃	安全分类[c,d]	环境友好(是/否)[f]
245fa	1,1,1,3,3-五氟丙烷	$CHF_2CH_2CF_3$	134.0	15	B1	是
290	丙烷	$CH_3CH_2CH_3$	44.0	−42	A3	是
	环状有机化合物					
C316	1,2-二氯-1,2,3,3,4,4-六氟环丁烷	$C_4Cl_2F_6$	233.0	60		
C317	氯七氟环丁烷	C_4ClF_7	216.5	26		
C318	八氟环丁烷	C_4F_8	200.0	−6		否
混合物 400、500 分别见表 3、表 4						
	有机化合物					
	烃类					
600	丁烷	$CH_3CH_2CH_2CH_3$	58.1	0	A3	是
600a	2-甲基丙烷(异丁烷)	$CH(CH_3)_3$	58.1	−12	A3	是
601	戊烷	$CH_3CH_2CH_2CH_2CH_3$	72.1	36.1		
601a	异戊烷	$(CH_3)_2CHCH_2CH_3$	72.1	27.8		
	氧化合物					
610	乙醚	$C_2H_5OC_2H_3$	74.1	35		
611	甲酸甲酯	$HCOOCH_3$	60.0	32	B2	
	硫化合物					
620	(为将来编号使用)					
	氮化合物					
630	甲胺	CH_3NH_2	31.1	−7		
631	乙胺	$C_2H_5NH_2$	45.1	17		
	无机化合物					
702	氢	H_2	2	−253	A3	
704	氦	He	4	−269	A1	是
717	氨	NH_3	17.0	−33	B2	是
718	水	H_2O	18.0	100	A1	是
720	氖	Ne	20.2	−246	A1	
728	氮	N_2	28.1	−196	A1	
729	空气	—	29.0	−194	A1	是
732	氧	O_2	32	−183		
744	二氧化碳[e]	CO_2	44.0	−78	A1	是
744A	氧化亚氮	N_2O	4.0	−91		是
764	二氧化硫	SO_2	64.1	−10	B1	否
	不饱和有机化合物					
1112a	1,1-二氯-2,2-二氟乙烯	$CCl_2=CF_2$	133.0	19		
1113	1-氯-1,2,2-三氟乙烯	$CClF=CF_2$	116.5	−28		
1114	四氟乙烯	$CF_2=CF_2$	100.0	−76		是

表 2（续）

制冷剂编号	化学名称[a,b]	化学分子式[a]	相对分子量[a]	标准沸点[a]/℃	安全分类[c,d]	环境友好(是/否)[f]
1120	三氯乙烯	$CHCl=CCl_2$	131.4	87		
1130	1,2-二氯乙烯(反式)	$CHCl=CHCl$	96.9	48		
1132a	1,1-二氟乙烯(亚乙烯基氟)	$CH_2=CF_2$	64.0	−82		
1140	1-氯乙烯(氯乙烯)	$CH_2=CHCl$	62.5	−14		
1141	1-氟乙烯(氟乙烯)	$CH_2=CHF$	46.0	−72		
1150	乙烯	$CH_2=CH_2$	28.1	−103	A3	
1270	丙烯	$CH_2CH=CH_2$	42.1	−48	A3	是
E170	二甲醚	CH_3OCH_3	46	−24.8	A3	是

a 化学名称、化学分子式、分子量和标准沸点为参考的内容。

b 推荐的化学名称后面括号中的是通俗名称。

c 未分类的制冷剂表明没有足够的数据或未到达分类的正式要求。

d 毒性分类是根据已经确定的急性和慢性允许暴露量为基础的。

e 升华。

f 参考性指标，未评估的制冷剂表明没有足够的数据，资料来源包括相关标准、联合国臭氧层科学评估报告1998/2002。

表 3 非共沸混合物制冷剂编号、安全性分类及环境友好性评估

制冷剂编号	组成质量/%	平均分子量[a]	泡点[a]	露点[a]	安全分类	环境友好(是/否)
			℃			
400	R12/114(应作出规定)					否
401A	R22/152a/124(53/13/34)[b]	94.4	−34.4	−28.8	A1/A1[c]	否
401B	R22/152a/124(61/11/28)[b]	92.8	−35.7	−30.8	A1/A1[c]	否
401C	R22/152a/124(33/15/52)[b]	101.0	−30.5	−23.8	A1/A1[c]	否
402A	R125/290/22(60/2/38)[d]	101.6	−49.2	−47.0	A1/A1[c]	否
402B	R125/290/22(38/2/60)[d]	94.7	−47.2	−44.9	A1/A1[c]	否
403A	R290/22/218(5/75/20)[e]	92	−44.0	−42.3	A1/A1	否
403B	R290/22/218(5/56/39)[e]	103.3	−43.8	−42.3	A1/A1	否
404A	R125/143a/134a(44/52/4)[d]	97.6	−46.6	−45.8	A1/A1[c]	否
405A	R22/152a/142b/C318(45/7/5.5/42.5)[f]	111.9	−32.9	−24.5	A1/A1	否
406A	R22/600a/142b(55/4/41)[g]	89.9	−32.7	−23.5	A1/A1	否
407A	R32/125/134a(20/40/40)[h]	90.1	−45.2	−38.7	A1/A1	否
407B	R32/125/134a(10/70/20)[h]	102.9	−46.8	−42.4	A1/A1	否
407C	R32/125/134a(23/25/52)[h]	86.2	−43.8	−36.7	A1/A1	否
407D	R32/125/134a(15/15/70)[h]	91.0	−39.4	−32.7	A1/A1	否
408A	R125/143a/22(7/46/47)[d]	87.0	−45.5	−45.0	A1/A1	否
409A	R22/124/142b(60/25/15)[i]	97.4	−35.4	−27.5	A1/A1	否

表 3（续）

制冷剂编号	组成质量/%	平均分子量[a]	泡点[a] ℃	露点[a] ℃	安全分类	环境友好（是/否）
409B	R22/124/142b(65/25/10)[i]	96.7	−36.5	−29.7	A1/A1	否
410A	R32/125(50/50)[j]	72.6	−51.6	−51.5	A1/A1	否
410B	R32/125(45/55)[k]	75.6	−51.5	−51.4	A1/A1	否
411A	R1270/22/152a(1.5/87.5/11.0)[l]	82.4	−39.7	−37.2	A1/A2	否
411B	R1270/22/152a(3/94/3)[l]	83.1	−41.6	−41.3	A1/A2	否
412A	R22/218/143b(70/5/25)[i]	92.2	−36.4	−28.8	A1/A2	否
413A	R218/134a/600a(9/88/3)[m]	104.0	−29.3	−27.6	A1/A2	否
414A	R22/124/600a/142b(51/28.5/4/16.5)[n]	96.9	−34.0	−25.8		否
414B	R22/124/600a/142b(50/39/1.5/9.5)[n]	101.6	−34.4	−26.1		否
415A	R22/152a(82/18)[k]	81.9	−37.5	−34.7		
415B	R22/152a(25/75)[k]	70.2	−23.4	−21.8		
416A	R134a/124/600(59/39.5/1.5)[o]	111.9	−38.0	−32.9		是
417A	R125/134a/600(46.6/50/3.4)[p]	106.7	−41.2	−40.1		否
418A	R290/22/152a(1.5/96/2.5)[q]	84.6	−42.6	−36.0		
419A	R125/134a/170(77/19/4)[r]	109.3	−25.0	−24.2		
420A	R134a/142b(88/12)[s]	101.8	−34.4	−28.8		

a 平均分子量、泡点、露点为参考值。

b 组分浓度允差为(±2/+0.5,−1.5/±1)。

c 毒性分类是根据化学品供应商所推荐的曝露限度为基础。用毒理学试验对其测定和修正。

d 组分浓度允差为(±2/±1/±2)。

e 组分浓度允差为(+0.2,−2/±2/±2)。

f 组分浓度允差对个别组分为(±2/±1/±1/±2)；对 R152a 和 R142b 之和为(+0,−2)。

g 组分浓度允差为(±2/±1/±1)。

h 组分浓度允差为(±2/±2/±2)。

i 组分浓度允差为(±2/±2/±2)。

j 组分浓度允差为(+0.5,−1.5/+1.5,−0.5)。

k 组分浓度允差为(±1/±1)。

l 组分浓度允差为(+0,−1/+2,−0/+0,−1)。

m 组分浓度允差为(±1/±2/+0,−1)。

n 组分浓度允差为(±2/±2/±0.5/+0.5,−1)。

o 组分浓度允差为(+0.5,−1/+1,−0.5/+1,−0.2)。

p 组分浓度允差为(±1.1/±1/+0.1,−0.4)。

q 组分浓度允差为(±0.5/±1.0/±0.5)。

r 组分浓度允差为(±1.0/±1.0/±1.0)。

s 组分浓度允差为(+1.0,−0.0/+0.0,−1.0)。

表 4 共沸混合物制冷剂编号、安全性分类及环境友好性评估

制冷剂编号	组成质量/%	平均分子量[a]	共沸温度[a]	标准沸点[a]	安全分类	环境友好(是/否)
			℃			
500	R12/152a(73.8/26.2)	99.3	0	−33	A1	否
501	R22/12(75.0/25.0)[b]	93.1	−41	−41	A1	否
502	R22/115(48.8/51.2)[b]	112.0	19	−45	A1	否
503	R23/13(40.1/59.9)	87.5	88	−88		否
504	R32/115(48.2/51.8)	79.2	17	−57		否
505	R12/31(78.0/22.0)[b]	103.5	115	−30		
506	R31/114(55.1/44.9)	93.7	18	−12		
507A[c]	R125/143a(50.0/50.0)	98.9	−40	−46.7	A1	否
508A[c]	R23/116(39/61)	100.1	−86	−86	A1	否
508B	R23/116(46/54)	95.4	−45.6	−88.3	A1/A1	否
509A[c]	R22/218(44/56)	124.0	0	−47	A1	否

[a] 平均分子量、共沸温度、标准沸点为参考值。

[b] 对这种共沸混合物精确的组分浓度人们仍有争议，需进一步研究试验。

[c] 在 R500 至 R509 的编号确定后，由于标识的改变，原 R507、R508 和 R509 可分别用 R507A、R508A 和 R509A 等替代标识，但 R500 至 R506 的编号无类似的改变。

注：所有的共沸混合物在与规定配置不同的温度和压力条件下，会出现某些组分的浓度滑移现象。滑移的程度取决于该共沸混合物和设备系统的组合情况。

附 录 A
（规范性附录）
制冷剂中同分异构体的编号表示方法

A.1 乙烷系中二氯三氟乙烷的三种同分异构体的编号方法见表 A.1。

表 A.1 乙烷系同分异构体

同分异构体	化学分子式	附属原子团质量		|W1－W2|
		W1(C1)	W2(C2)	
R123	$CHCl_2F_3$	71.9	57.0	14.9
R123a	$CHClFCClF_2$	55.5	73.4	17.9
R123b	CCl_2FCHF_2	89.9	39.0	50.9

注：W1 和 W2＝附属在碳原子 C1 和 C2 上卤素和氢原子质量总和。

A.2 丙烷系中二氯五氟丙烷的九个同分异构体的编号方法见表 A.2。

表 A.2 丙烷系同分异构体

同分异构体	化学分子式	附属原子团质量			|W1－W3|
		C2 组	W1(C1)	W3(C3)	
R225aa	$CF_3CCl_2CHF_2$	Cl_2	57.0	39.0	18.0
R225ba	$CHClFCClFCF_3$	CClF	55.5	57.0	1.5
R225bb	$CClF_2CClFCHF_2$	CClF	73.4	39.0	34.4
R225ca	$CHCl_2CF_2CF_3$	CF_2	71.9	57.0	14.9
R225cb	$CHClFCF_2CClF_2$	CF_2	55.5	73.0	17.9
R225cc	$CCl_2FCF_2CHF_2$	CF_2	89.9	39.0	50.9
R225da	$CClF_2CHClCF_3$	CHCl	73.4	57.0	16.4
R225ea	$CClF_2CHFCClF_2$	CHF	73.4	73.4	0.0
R225ed	$CCl_2FCHFCF_3$	CHF	89.0	57.0	32.9

注：C2＝指中间(第二个)碳原子。

W1 和 W3＝分别附属在碳原子 C1 和 C3 上卤素和氢原子质量总和。

附 录 B
（资料性附录）
旧、新标准安全性分类对照表

表 B.1 是本标准制冷剂安全性分类与原旧标准（GB/T 7778—2001）的对照表。

表 B.1 安全性分类对照表

制冷剂编号	化学分子式	安全性分类	
		GB/T 7778—2001	本标准
10	CCl_4	—	C1
11	CCl_3F	A1	A1
12	CCl_2F_2	A1	A1
12B1	$CBrClF_2$		
12B2	CBr_2F_2		
13	$CClF_3$	A1	A1
13B1	$CBrF_3$	A1	A1
14	CF_4	A1	A1
20	$CHCl_3$		
21	$CHCl_2F$	B1	C1
22	$CHClF_2$	A1	A1
22B1	$CHBrF_2$		
23	CHF_2	A1	
30	CH_2Cl_2	B2	
31	CH_2ClF		
32	CH_2F_2	A2	A2
40	CH_3Cl	B2	C2
41	CH_2F		
50	CH_4	A3	
110	CCl_3CCl_3		
111	CCl_3CCl_2F		
112	CCl_2FCCl_2F		
112a	CCl_3CClF_2		
113	CCl_2FCClF_2	A1	A1
113a	CCl_3CF_3		
114	$CClF_2CClF_2$	A1	A1
114a	CCl_2FCF_3		
114R2	$CBrF_2CBrF_2$		
115	$CClF_2CF_3$	A1	A1

表 B.1（续）

制冷剂编号	化学分子式	安全性分类	
		GB/T 7778—2001	本标准
116	CF_3CF_3	A1	
120	$CHCl_2CCl_3$		
123	$CHCl_2CF_3$	B1	B1
123a	$CHClFCClF_2$		
124	$CHClFCF_3$	A1	A1
124a	$CClF_2CHF_2$		
125	CHF_2CF_3	A1	A1
133a	CH_2ClCF_3		
134a	CH_2FCF_3	A1	A1
140a	CH_3CCl_3		
141b	CH_3CCl_2F		
142b	CH_3CClF_2	A2	A2
143a	CH_3CF_3	A2	A2
150a	CH_3CHCl_2		
152a	CH_3CHF_2	A2	A2
160	CH_3CH_2Cl		
170	CH_3CH_3	A3	
216ca	$CClF_2CF_2CClF_2$		
218	$CF_3CF_2CF_3$	A1	A1
227ea	CF_3CHFCF_3		
236fa	$CF_3CH_2CF_3$		A1
245CB	$CF_3CF_2CH_3$		
245fa	$CHF_2CH_2CF_3$		B1
290	$CH_3CH_2CH_3$	A3	A3
C316	$C_4Cl_2F_6$		
C317	C_4ClF_7		
C318	C_4F_8	A1	
600	$CH_3CH_2CH_2CH_3$	A3	A3
600a	$CH(CH_3)_3$	A3	A3
610	$C_2H_5OC_2H_3$		
601	$CH_3CH_2CH_2CH_2CH_3$		
601a	$(CH_3)_2CHCH_2CH_3$		
611	$HCOOCH_3$	B2	B2
630	CH_3NH_2		C3

表 B.1（续）

制冷剂编号	化学分子式	安全性分类	
		GB/T 7778—2001	本标准
631	$C_2H_5NH_2$		
704	He		A1
717	NH_3	B2	B2
718	H_2O	A1	A1
729	—	A1	A1
740	Ar		A1
744	CO_2	A1	A1
744A	N_2O		
764	SO_2	B1	B1
1112a	$CCl_2=CF_2$		
1113	$CClF=CF_2$		
1114	$CF_2=CF_2$		
1120	$CHCl=CCl_2$		
1130	$CHCl=CHCl$		
1132a	$CH_2=CF_2$		
1140	$CH_2=CHCl$	B3	
1141	$CH_2=CHF$		
1150	$CH_2=CH_2$	A3	A3
1270	$CH_3CH=CH_2$	A3	A3
E170	CH_3OCH_3		A3

附 录 C
（资料性附录）
制冷剂对环境综合影响的评估

C.1 说明

C.1.1 本附录补充第7章关于制冷剂对环境综合影响的评估。

C.1.2 本附录环境数据引自联合国臭氧层科学评估报告1998/2002。

C.2 评估方法

C.2.1 表2和表3中"环境相容"参考性指标的计算公式引自美国绿色建筑协会的LEED-NC标准2.2版中，第四评分项《加强制冷剂管理》，认可的条件为：

$$LCGWI_d + LCODI \times 100\,000 \leqslant 100$$

$$LCGWI_d = [GWP_r \times (L_r \times life + M_r) \times R_c] / Life$$

$$LCODI = [ODP_r \times (L_r \times life + M_r) \times R_c] / Life$$

式中：

$LCGWI_d$——寿命周期直接全球变暖潜值指数 Lifecycle Direct Global Warming Index；

LCODI——寿命周期臭氧层消耗潜值指数 Lifecycle Ozone Depletion Index；

GWP_r——制冷剂的全球变暖潜值；

ODP_r——制冷剂的臭氧层消耗潜值；

L_r——制冷剂年泄漏率（占制冷剂充注量的百分比，默认值为2%）；

M_r——寿命终止时的制冷剂损耗率（占制冷剂充注量的百分比，默认值为10%）；

R_c——单位制冷量制冷剂充注量（默认值为2.5）；

Life——设备寿命（默认值为10年）。

C.2.2 上述公式用于评估低温制冷剂时，R_c 的默认值需要调高至8.8，而认可的条件则为：

$$LCGWI_d + LCODI \times 100\,000 \leqslant 352$$

ICS 23.080
J 71

GB

中华人民共和国国家标准

GB/T 7782—2008
代替 GB/T 7782—1996

计　量　泵

Metering pump

2008-07-01 发布　　　　2009-02-01 实施

中华人民共和国国家质量监督检验检疫总局
中国国家标准化管理委员会　发布

前　言

本标准是对 GB/T 7782—1996《计量泵》的修订。

与 GB/T 7782—1996 相比，主要有如下变化：

——测量不确定度的计算采用 GB/T 7784；

——删除部分产品设计过程上的技术要求；

——增加了信息确认和交付准备的要求；

——部分参数的数据处理采用 GB/T 7784。

本标准的附录 A、附录 B、附录 C、附录 D 为资料性附录。

本标准自实施之日起代替 GB/T 7782—1996。

本标准由全国泵标准化技术委员会(SAC/TC 211)提出并归口。

本标准起草单位：合肥通用机械研究院

本标准主要起草人：潘政广、刘广兵。

本标准所代替标准的历次版本发布情况为：

——GB/T 7782—1987、GB/T 7782—1996。

计 量 泵

1 范围

本标准规定了计量泵(以下简称“泵”)的信息确认、要求、试验和检验、交付准备、标志、包装及贮存。

本标准适用于输送温度为−30 ℃~150 ℃、黏度为0.3 mm^2/s~2 000 mm^2/s的液体的柱塞计量泵和隔膜计量泵。输送含固体颗粒液体的柱塞计量泵不适用于本标准。

2 规范性引用文件

下列文件中的条款通过本标准的引用而成为本标准的条款。凡是注日期的引用文件,其随后所有的修改单(不包括勘误的内容)或修订版均不适用于本标准,然而,鼓励根据本标准达成协议的各方研究是否可使用这些文件的最新版本。凡是不注日期的引用文件,其最新版本适用于本标准。

GB/T 197 普通螺纹 公差(GB/T 197—2003,ISO 965-1:1998,MOD)

GB 1922 油漆及清洗用溶剂油

GB 2536 变压器油(GB 2536—1990,neq IEC 296:1982)

GB/T 6003.1 金属丝编织网试验筛(GB/T 6003.1—1997,eqv ISO 3301-1:1990)

GB/T 7784 机动往复泵 试验方法

GB/T 7785 往复泵分类和名词术语

GB/T 9069 往复泵噪声声功率级的测定 工程法

GB/T 9234 机动往复泵

GB/T 9877.1 旋转轴唇形密封圈结构尺寸系列 第1部分:内包骨架旋转轴唇形密封圈

GB/T 11118.1 矿物油型和合成烃型液压油

GB/T 13306 标牌

GB/T 13384 机电产品包装通用技术条件

SH/T 0094 蜗轮蜗杆油

3 术语和定义

GB/T 7785确立的以及下列术语和定义适用于本标准。

3.1

液压腔 hydraulic cylinder

液压腔是指与柱塞(或活塞)工作腔连通的工作腔。通过该腔中的液压介质可把柱塞(或活塞)的行程容积转化成隔膜的挠曲容积。

4 信息确认

4.1 买方信息

买方向卖方采购泵时,应向卖方提供必要的信息供卖方选型,可以采用附录A提供的数据单以便于该项工作。应当考虑所有的相关信息,包括使用要求、环境要求、操作要求等。卖方应要求买方提供这些信息,因为这些信息可能影响泵的使用和寿命。

4.2 备选条目

买方可以提出本标准规定范围之外的特殊要求。具体内容可以按协议或订货单,也可参见附录A。

4.3 卖方信息

卖方至少应提供以下信息：

——外形尺寸；

——装配尺寸；

——轴尺寸；

——进口联结尺寸；

——出口联结尺寸。

卖方也可提供包括流量、压力、泵速等参数的数据单，其中应包括买方的要求。

5 要求

5.1 泵应符合本标准的规定，并按经规定程序批准的图样和技术文件制造。常用泵的型式与基本参数参见附录B。

5.2 泵在额定条件下的实际流量值应不低于泵的额定流量值。

5.3 泵应保证在0%～100%相对行程长度下、允许的流量调节范围内正常运转。

5.4 泵在额定条件下和最大相对行程长度处的流量计量精度应不低于1%。

5.5 调节螺纹中径公差应符合GB/T 197的规定。

5.6 泵密封件的技术要求应符合GB/T 9877.1的相应规定。

5.7 隔膜计量泵中的三阀阀组和液压腔内用油应选用GB/T 11118.1规定的液压油或GB 2536规定的变压器油，油中应含有消泡、防锈、防腐剂。

注：三阀阀组是指隔膜计量泵液压腔配套的包括补偿、放气、安全保护等三种功能的装置或装置的组合体。本标准中，分别用补偿阀、放气阀、液压腔安全阀代表这三种功能装置。

5.8 传动部件用润滑油应符合SH/T 0094的规定。

5.9 调量表或调节手轮的零位(或100%)与柱塞(活塞)行程零点应作对零(或100%)调整。柱塞(活塞)行程零点误差要求：

——最大行程长度不超过50 mm时，应少于0.5%；

——最大行程长度超过50 mm时，应少于0.3%。

5.10 调量表的行程调节误差在±0.1%范围内；重复误差在±0.2%范围内；外壳移动最小角度不超过3°36′时，长针应转动。调节手轮刻度的精度应不低于±0.1%的指示精度。

5.11 进、出口阀的阀座与阀球或阀座与阀芯的配合面应作煤油渗漏试验，3 min内无渗漏。

5.12 隔膜泵用液压腔安全阀和补偿阀的动作应灵敏、稳定可靠。液压腔安全阀的开启压力按表1的规定，排放压力为1.05～1.15倍的开启压力。回座压力应大于或等于0.8倍的开启压力。如液压腔安全阀不能保证排放时，应加管路安全阀。补偿阀应在大于或等于80%真空度下动作。

表1 液压腔安全阀的开启压力 单位为兆帕

隔膜泵额定排出压力 p_{dr}	0.2～1.2	1.2～4.5	4.5～9.0	9.0～20
液压腔安全阀开启压力 p_k	$p_{dr}+0.3$	1.3 p_{dr}	1.2 p_{dr}	1.15 p_{dr}

5.13 泵承受压力的零、部件应进行水压试验，试验压力值按表2规定，保压时间应不少于30 min，受压表面和密封处不应冒汗渗漏。

表2 水压试验压力值 单位为兆帕

额定排出压力 p_{dr}	试验压力
≤16	泵额定排出压力的1.5倍
>16	泵额定排出压力的1.3倍

5.14 泵在额定排出压力并输送常温清水的条件下，柱塞(活塞杆)填料密封的泄漏(柱塞泵为水，隔膜泵为油)量应不超过表3的规定(填料可多次调整)。

表3 柱塞填料密封的泄漏量

单位为升每小时

泵额定流量 Q_r	泄漏量≤
≤1	0.1%Q_r
>1~10	0.05%Q_r
>10	0.01%Q_r

5.15 泵的主要易损件的最短工作时间应不低于表4的规定。

表4 易损件的最短工作时间

易损件名称	介质	额定排出压力/MPa		
		<20	20~32	>32~50
		最短工作时间/h		
柱塞与柱塞衬套	清水	4 200	3 800	3 500
	其他介质[a]	3 800	3 500	3 000
填料	清水	2 000	1 500	1 200
	其他介质[a]	1 500	1 000	800
进、出口阀	—	4 500	4 000	3 500
隔膜		5 000		—

[a] 其他介质是指比清水条件恶劣的介质。

5.16 泵清洁度值应符合表5的规定。

表5 泵清洁度值

机座代号	0.4	1.6	5	12.5	25	50
清洁度值/mg	<100	<200	<500	<800		<1 000

5.17 在遵守运行规则的条件下，自泵投入运行至首次大修(可以更换易损件)的累计运行寿命应不少于13 000 h。

5.18 连杆大、小头滑动轴承接触斑点面积应不低于60%。泵作空载和负荷试验时，传动与调节机构工作平稳、润滑油温不高于70 ℃、轴承温度应不高于80 ℃；传动端和液力端各部件的密封应无泄漏、动力端应无异声响并工作可靠。泵噪声值不大于表6的规定。

表6 泵噪声值

额定输入功率/kW	排出压力/MPa		
	≤16	>16~32	>32~50
	泵噪声值/dB(A)		
≥11~22	80	83	—
≥2.2~7.5	78	82	85
≤1.5	72	70	80

5.19 成套供应的泵应包括：

——泵和原动机。

——安装维修所必须的专用工具。

——随机备件(按单联泵计算)见表 7,也可按订货合同供应。

——随机文件资料,应包括:

- 产品合格证;
- 装箱单;
- 产品使用说明书;
- 抽样检验或出厂检验文件(其中包括流量标定曲线和计量精度分布及调节范围区域图)。

表 7 随机备件清单

零件名称	数量
进、出口阀座	各 1 件
阀球或阀芯	1/2 套
柱塞衬套	1 个
填料	1/2 套
十字头密封圈	1 件

6 试验和检验

6.1 试验装置

6.1.1 试验装置的一般要求应符合 GB/T 7784 的规定。

6.1.2 试验介质应为 0 ℃～40 ℃的常温清水。同一台泵的同一组性能试验过程中的水温差为±2 ℃,此时,清水的密度为平均温度时的值。

6.1.3 试验系统管件、阀门等的通径均应等于或大于试验泵的进、出口通径,但不应大于试验泵口径的 1.25 倍。

6.1.4 泵的汽蚀试验采用真空容器法或深井法,其试验装置示意图参见附录 C。

6.1.4.1 真空容器法

在泵的进口管路设置真空容器,用节流阀和真空泵来改变进口真空度。试验时调节节流阀和真空泵,保证泵进口真空度稳定。

6.1.4.2 深井法

泵的进口管路安装在深度超过 10 m 的与地下水隔绝的深井内,用改变井内液位高度来调节泵进口的真空度。在测量同一组试验点时,井内液位应保持近似不变。

6.1.5 在试验带有强制开启补油机构的隔膜泵时,泵的进口需要 0.015 MPa～0.02 MPa 的静吸入压头。

6.1.6 泵的排出管路应设置管路安全阀,安全阀的开启压力按表 8 的规定。

表 8 管路安全阀的开启压力

单位为兆帕

泵额定排出压力 p_{dr}	0.2～5.0	5.0～20	20～50
管路安全阀开启压力 p_k	1.2 p_{dr}	1.15 p_{dr}	1.1 p_{dr}

6.1.7 测量不确定度按 GB/T 7784 规定计算。

6.2 试验项目

6.2.1 运转试验

运转试验包括空载试验、升载试验和连续运转试验。试验过程中泵的噪声、振动、润滑、温升、泄漏和所有保护装置应正常。

6.2.1.1 **空载试验**

6.2.1.1.1 空载试验包括零流量试验和调量试验。

6.2.1.1.2 运行前应将进、出口管路阀门全开，调量表(或调节手轮刻度)对准零，零流量运转试验不少于0.5 h，检查调量表(或调节手轮刻度)应在零点。

6.2.1.1.3 调量试验应在进、出口管路阀门全开时进行，逐渐增大行程长度(或减小行程长度)，直至调到100%的相对行程长度后，运转不少于0.5 h，应无异常声响和振动，行程调节应平稳，调节手轮应牢固。

6.2.1.2 **升载试验**

6.2.1.2.1 升载试验应在额定泵速、最大行程长度下进行，排出压力从常压逐渐上升到额定排出压力。根据额定排出压力的不同，有如下几种升压情形：

——额定排出压力超过5 MPa的泵，应将压力分为25%、50%、75%、100%四个等级逐渐加大，每个压力工况均应运转不少于15 min，满载时运转不少于2 h；

——额定排出压力范围在1 MPa～5 MPa内的泵，在1 MPa时运转不少于0.5 h后，即可升压至额定排出压力运转不少于2 h；

——额定排出压力低于1 MPa的泵，常压运行不少于0.5 h后，可直接升压至额定排出压力运转不少于2 h。

6.2.1.2.2 隔膜计量泵应在额定排出压力下对三阀阀组进行动作调试，安全阀、补偿阀等的动作合格后方可进行性能试验。

6.2.1.3 **连续运转试验**

按照GB/T 7784规定进行。

6.2.2 **隔膜泵安全阀开启试验**

隔膜泵在额定条件运行时，关闭出口管路阀门，提高排出压力，在表1规定的开启压力下，安全阀应正确动作。开启后，再调节出口管路阀门，观察其回座动作的灵敏度。试验应不少于三次。

6.2.3 **性能试验**

6.2.3.1 性能试验按GB/T 7784规定进行。

6.2.3.2 试验结果应满足以下要求：

——流量应符合5.2的规定；

——密封泄漏量应符合5.14的规定；

——容积系数由合同或协议规定，也可参考GB/T 9234有关要求。

6.2.4 **流量标定试验和计量精度试验**

6.2.4.1 流量稳定性精度试验应在额定条件下测定，相对行程长度在100%、75%、50%、30%、10%处，依次测定五组流量数据，各相对行程长度处取单个流量测量值应不小于三个。

6.2.4.2 复现性精度试验还应分别在以下行程长度时非连续测取流量值：

——在行程长度的100%处，测量不少于三个流量值；

——在行程长度的75%和50%处，测量不小于二个流量值；

——在行程长度的30%和10%处，测量不少于一个流量值。

6.2.4.3 流量标定和线性度是将稳定性精度试验和复现性精度试验中测取的所有数据进行数理统计和计算得出。

6.2.4.4 当泵在小的相对行程长度处无流量或流量不正常时，则应从开始有正常流量的相对行程长度下依次测定若干组流量数据。

6.2.4.5 流量计量精度应符合5.4规定的要求。

6.2.5 汽蚀性能试验

6.2.5.1 汽蚀性能试验应在额定条件及最大行程长度下进行。

6.2.5.2 在保持压差不低于额定压差的情况下，逐渐降低泵吸入压力(增加泵的吸上真空高度)至流量比正常流量低5%～10%为止，试验点应不少于8点，在泵接近汽蚀时，试验点的间隔应适当减小。在每个吸入压力试验点，同时测量并记录介质温度、泵速、流量、吸入压力、排出压力的值。

6.2.5.3 泵的流量下降3%时为临界汽蚀工况点，此刻的NPSH值确定为泵的$NPSH_r$值。

6.2.6 特殊试验

通常是指超压试验、实际介质试验和实际温度试验。可根据要求选做一种或全部。

6.2.6.1 超压试验时泵应在最大行程长度、试验泵速下运行，运转不少于5 min，泵的运转情况应符合5.18的规定。排出压力试验值按表9的规定(对隔膜泵进行超压试验时，液压腔安全阀的开启压力须重新调整)。

表9 超压试验排出压力试验值

单位为兆帕

额定排出压力值 p_{dr}	排出压力试验值
≤16	120% p_{dr}
>16	110% p_{dr}

6.2.6.2 实际介质试验是指采用泵输送的实际介质进行试验。

6.2.6.3 实际温度试验是指在泵输送介质的实际温度的条件下进行试验。

6.2.7 噪声试验

按照GB/T 7784或GB/T 9069规定进行，其结果应符合5.18规定的要求。

6.2.8 清洁度测量

将泵解体，用GB 1922规定的1号普通型油漆及清洗用溶剂油清洗机身内部和接触润滑油的各部件及运动部件，用符合GB/T 6003.1规定的ϕ300×75-0.045/0.030型金属丝编织网试验筛过滤，网上残留物待溶剂油挥发后放入75 ℃～85 ℃烘箱内烘1 h后取出，置于干燥容器中冷却30 min，将污物用精度不低于7级的普通天平称量，所得质量为清洁度值，其结果应符合5.16规定的要求。

6.3 参数测量及仪表

按照GB/T 7784规定进行。

6.4 数据处理

6.4.1 流量

按照GB/T 7784规定进行。

6.4.2 压力和真空度

按照GB/T 7784规定进行。

6.4.3 容积系数

按照GB/T 7784规定进行。

6.4.4 泵的效率

按照GB/T 7784规定进行。

6.4.5 有效净正吸入压头

按照GB/T 7784规定进行。

6.4.6 最大吸上高度

当$\left(\frac{p_a}{\rho g}\times 10^3 - h_L\right) > \left(NPSH_r + \frac{p_v}{\rho g}\times 10^3 + h_f + h_a\right)$时，按式(1)计算：

$$h_{Lmax} = \frac{p_a - p_v}{\rho g}\times 10^3 - (NPSH_r + h_f + h_a) \qquad (1)$$

式中：

p_a——泵安装运行处的大气压(绝对压力)，单位为兆帕(MPa)；

ρ——介质的密度，单位为千克每立方米(kg/m^3)；

g——重力加速度，单位为米每二次方秒(m/s^2)；

h_L——静吸上高度，单位为米(m)；

$NPSH_r$——必须的净正吸入压头，单位为米(m)；

p_v——介质在输送温度下的饱和蒸汽压(绝对压力)，单位为兆帕(MPa)；

h_f——液体摩擦阻力损失压头，单位为米(m)；

h_a——加速度头，单位为米(m)；

h_{Lmax}——最大吸上高度，单位为米(m)。

最大吸上高度按 6.2.5 测定，泵的临界汽蚀点按式(2)确定：

$$Q = Q_m \times (1 - 3\%) \quad \cdots\cdots(2)$$

式中：

Q——不同吸上高度测定的泵流量，单位为升每小时(L/h)；

Q_m——在额定条件下各个流量单个测量的算术平均值，单位为升每小时(L/h)。

6.4.7 最小静吸入压头

当$\left(\frac{p_a}{\rho g}\times 10^3\right) < \left(NPSH_r + \frac{p_v}{\rho g}\times 10^3 + h_f + h_a\right)$时应实行入口倒灌，其最小吸入压头按式(3)计算：

$$h_{s\,min} = (NPSH_r + h_f + h_a) - \frac{p_a - p_v}{\rho g}\times 10^3 \quad \cdots\cdots(3)$$

式中：

$h_{s\,min}$——最小静吸入压头，单位为米(m)。

6.4.8 流量标定

流量标定是根据 6.2.4 试验测得的所有单个流量测量值按式(4)计算：

$$Q_c = K_c S_{re} + Q_{cs} \quad \cdots\cdots(4)$$

式中：

Q_c——在流量标定曲线上对应于相对行程的流量值，单位为升每小时(L/h)；

S_{re}——相对行程长度；

Q_{cs}——流量标定曲线在纵坐标上的截距，单位为升每小时(L/h)，由式(5)求得：

$$Q_{cs} = \overline{Q} - K_c \overline{S}_{re} \quad \cdots\cdots(5)$$

K_c——流量标定曲线的斜率，由式(6)计算：

$$K_c = \frac{\sum_{i=1}^{N} S_{rei} Q_i - \overline{S}_{re} \sum_{i=1}^{N} Q_i}{\sum_{i=1}^{N} S_{rei}^2 - \overline{S}_{re} \sum_{i=1}^{N} S_{rei}} \quad \cdots\cdots(6)$$

式中：

S_{rei}——i 相对行程长度；

Q_i——i 相对行程长度单个流量测量值，单位为升每小时(L/h)；

$\overline{S}_{re}$——N 个相对行程长度平均值；

$\overline{Q}$——N 个相对行程长度单个流量测量值的算术平均值，单位为升每小时(L/h)；

N——所测相对行程长度的个数。

6.4.9 计量精度

6.4.9.1 稳定性精度

稳定性精度 E_s 是根据 6.2.4 试验，在某一相对行程位置连续测得一组流量测量值对最大流量的相对极限误差，按式(7)计算，用百分数表示。

$$E_s = \frac{Q_{s\,max} - Q_{s\,min}}{2Q_{max}} \times 100\% \qquad \cdots\cdots(7)$$

式中：

$Q_{s\,max}$——一组流量数据的最大值，单位为升每小时(L/h)；

$Q_{s\,min}$——一组流量数据的最小值，单位为升每小时(L/h)；

Q_{max}——泵的最大流量，是指泵在最大相对行程长度(100%)处所测得的单个流量测量值的算术平均值，由式(8)计算：

$$Q_{max} = \frac{1}{K}\sum_{i=1}^{K} Q_{Lmi} \qquad \cdots\cdots(8)$$

式中：

K——单个流量测量值的次数；

Q_{Lmi}——在额定条件下，最大行程长度处测得的单个流量测量值，单位为升每小时(L/h)。

6.4.9.2 复现性精度

复现性精度 E_{ra} 是根据 6.2.4 试验，间断测得的一组流量测量值连同稳定性精度试验测得的一组流量值，同时对最大流量的相对极限误差值，按式(9)计算，用百分数表示。

$$E_{ra} = \frac{Q_{R\,max} - Q_{R\,min}}{2Q_{max}} \times 100\% \qquad \cdots\cdots(9)$$

式中：

Q_{Rmax}——同一行程位置不连续测得的一组包括稳定性精度测得的单个流量测量值的最大值，单位为升每小时(L/h)；

Q_{Rmin}——同一行程位置不连续测得的一组包括稳定性精度测得的单个流量测量值的最小值，单位为升每小时(L/h)。

6.4.9.3 线性度

线性度 E_L 是根据 6.2.4 试验，在已测量过的某一相对行程长度处测得的任何一个单个流量测量值和对应的标定流量值之差相对最大流量之比值，按式(10)计算，用百分数表示。

$$E_L = \frac{Q_{ic} - Q_c}{Q_{max}} \times 100\% \qquad \cdots\cdots(10)$$

式中：

Q_{ic}——稳定性精度和复现性精度试验，在同一 S_{re} 行程处测得的一组单个流量的任一测量值。在计算时，以偏离 Q_c 最远的值，单位为升每小时(L/h)。

6.4.9.4 调节范围的判定

根据计算得各自相对行程长度处的 E_L、E_{ra}、E_s 值，从相对行程长度 100%开始逐个向 10%考核。如 S_{re} 在某一相对行程长度处发现 E_L、E_{ra}、E_s 的任一个值超过±1%，则判定该相对行程长度处的上一个 S_{re}～100%为该泵的调节范围。若 E_L、E_{ra}、E_s 值均无超过±1%值，则判定泵的调节范围为10%～100%。

6.5 曲线绘制

6.5.1 性能曲线

以横坐标表示压差，以纵坐标分别表示流量 Q_m，输入功率 P_{in}、容积系数 K_v 及泵的效率 η(见图 1)。

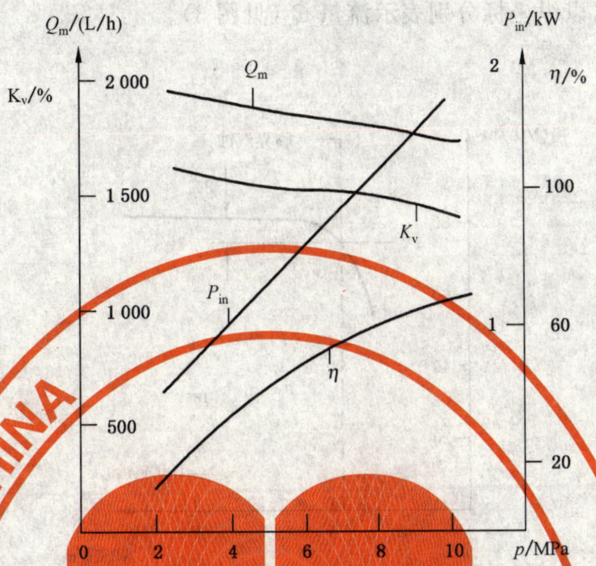

图 1 计量泵性能曲线示意图

6.5.2 流量标定曲线和计量精度分布及调节范围区域图

以横坐标表示相对行程长度 S_{re}，以纵坐标分别表示标定流量 Q_c 和流量的计算精度(E_{ra}、E_s、E_L)并以▽表示 E_{ra}、☆表示 E_s、○表示 E_L，各行程处的计量精度以折线联起来，以虚线在某一相对行程长度 S_{re} 处，并用尺寸线标明调节范围的区域(见图 2)。

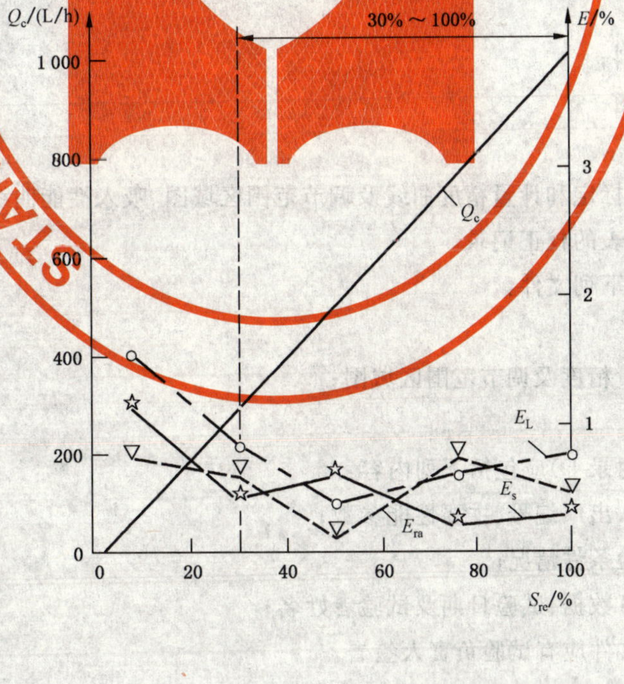

图 2 流量标定曲线和调节范围区域示意图

6.5.3 **汽蚀性能曲线**

以横坐标表示 NPSH，以纵坐标分别表示流量 Q（见图 3）。

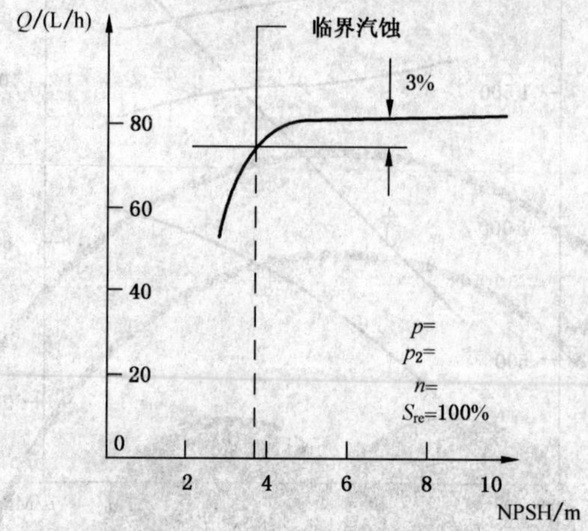

图 3 汽蚀性能曲线示意图

6.6 **试验结果文件**

6.6.1 型式检验应作出下列文件：

——试验前泵的装配情况及有关关键零、部件的检验等资料；

——试验后泵的检查结果和主要零件检验记录；

——泵的工作结论；

——试验用介质材料；

——试验装置系统图；

——试验记录；

——性能曲线、流量标定和计量精度曲线及调节范围区域图、吸入性能曲线；

——试验用仪器、仪表的校正记录。

6.6.2 出厂检验应作出下列文件：

——试验记录；

——流量标定和计量精度及调节范围区域图；

——泵试验结论。

6.6.3 试验记录（参见附录 D）应包括下列内容：

——泵的型号、规格、出厂编号、主要性能参数；

——试验装置及试验条件情况；

——所有测量及计算数据、试验日期及试验者姓名；

——所有试验结果文件应有试验负责人签署。

6.7 **检验规则**

6.7.1 每台泵均应检验合格，并附有产品合格证方可出厂。

6.7.2 泵的各类检验应按表 10 的规定项目进行。

表 10　不同种类检验的试验项目规定

<table>
<tr><th colspan="2" rowspan="2">试验项目</th><th colspan="3">检验种类</th></tr>
<tr><th>型式检验</th><th>抽样检验</th><th>出厂检验</th></tr>
<tr><td colspan="2">空载试验</td><td rowspan="11">√</td><td colspan="2" rowspan="2">√</td></tr>
<tr><td colspan="2">升载试验</td></tr>
<tr><td colspan="2">连续运转试验</td><td colspan="2">×</td></tr>
<tr><td colspan="2">隔膜泵安全阀开启试验</td><td colspan="2">√</td></tr>
<tr><td colspan="2">性能试验</td><td rowspan="5">√</td><td>×</td></tr>
<tr><td rowspan="4">流量标定和计量精度试验</td><td>调节范围</td><td rowspan="2">○</td></tr>
<tr><td>线性度</td></tr>
<tr><td>稳定性精度</td><td rowspan="2">√</td></tr>
<tr><td>复现性精度</td></tr>
<tr><td colspan="2">汽蚀性能试验</td><td rowspan="4">○</td><td>×</td></tr>
<tr><td colspan="2">特殊试验</td><td>×</td><td>○</td></tr>
<tr><td colspan="2">噪声试验</td><td rowspan="2">√</td><td rowspan="2">×</td></tr>
<tr><td colspan="2">清洁度试验</td></tr>
<tr><td colspan="5">注：√表示应做的内容；○表示根据特殊情况或生产厂与用户商定；×表示不做试验。</td></tr>
</table>

6.7.3　下列情况下应进行型式检验：

a)　新产品首制样机应进行型式检验(系列新产品只对该系列的样机进行型式检验。检验合格后，同一机座范围内，比该样机功率小、排出压力低的新产品样机可不再作型式检验)；

b)　成批生产的老产品在设计、工艺和材料有重大变化时，应进行型式检验；

c)　转厂产品样机应进行型式检验；

d)　国家质量监督提出要求时应进行型式检验。

6.7.4　每台泵均应进行出厂检验。

6.7.5　抽样检验应符合下列要求：

6.7.5.1　成批生产的产品均应定期进行抽样检验，以检验产品制造过程的质量稳定性。

6.7.5.2　抽样检验按表 11 规定的一次抽样方案。若在样本中发现的不合格品数小于或等于判定数 Ac 时，则判定该批合格；若在样本中发现的不合格品数大于或等于判定数 Re 时，则判定该批不合格。

表 11　抽样检验数量及判定数

机座代号	批量	抽样数量	合格判定数 Ac	不合格判定数 Re
0.4、25	≤20	2	0	1
	>20～100	5	1	2
12.5	≤40	2	0	1
	>40～250	5	1	2
1.6、5	≤50	2	0	1
	>50～500	5	1	2
50	≤10	2	0	1
	>10～50	5	1	2

6.7.6 检验完毕的泵应进行清洗和防锈处理。

7 交付准备

7.1 防锈保护

泵在交付前应进行全部的防锈处理。必要时应在合适的位置给出确切的警示。相关的维护信息应及时提供给买方。

7.2 开口

所有的开口均应采取适当的措施,防止异物进入泵机组内部。

7.3 管件、辅助件、备件

设备的小管件、辅助件和备件应预先加以保护,以防在运输和储存期间的损坏。

7.4 安装和操作规程

除非买方有特殊的要求,卖方应将安装和操作规程及其他买方需要的文件和泵机组包装在一起。

8 标志、包装和贮存

8.1 标志

8.1.1 泵的铭牌应固定在泵的明显部位;铭牌尺寸的技术要求应符合 GB/T 13306 的规定;铭牌和它的紧固件的材料应按泵工作环境选择。铭牌应包括下列内容:

——生产单位名称。

——泵型号和名称。

——主要技术规格:额定流量,L/h;额定排出压力,MPa;泵速,min^{-1};配带功率,kW;质量,kg。

——出厂编号。

——出厂年月。

8.1.2 泵的重要外购配套设备上亦应有铭牌。

8.1.3 泵应有明显的电动机旋转方向标志,其他重要的单方向旋转设备上亦应有旋转方向指示。

8.2 包装

8.2.1 泵的包装应符合 GB/T 13384 的规定。

8.2.2 泵的配件、专用工具和附属设备如放置在箱内应固定,以免在运输和保管中发生机械损伤。

8.2.3 随机文件和装箱单应包装在防潮袋中,封好后装在主机箱中。

8.3 贮存

在正常储存条件下,卖方应保证在泵的发运之日起的 6 个月内产品不锈蚀。

附 录 A
（资料性附录）
计量泵数据表

工号________设备号________________定货单号________________

请购单号________________________询价单号________________

填表人____________日期____________第____________版　第1页共2页

适用○建议书○采办○竣工日期____________　修订____________

客户____________　单位____________

现场____________　系列号____________

服务项目____________　所需泵的数量____________

设备编号____________　所需马达数____________

制造厂家____________　机型尺寸____________

供货商____________　型号____________

注：资料填写人　○买主　□制造厂家

操作条件

○　输送介质____________

○　泵送时温度（℃）：正常________最高________

○　泵送温度下的比重____________

○　泵送温度下的蒸汽压力____________

○　泵送温度下的运动黏度（mm^2/s）____________

○　腐蚀/腐蚀的原因____________

○　加速度头（m）____________

○　电气危险区划分：

级________组________类________

位置：____________

○　室内　○　加热

○　室外　○　不加热

○　流量（L/h）（泵送温度下）：

最高________最低________额定________

○　排出压力（MPa 表压）：

最高________最低________额定________

○　吸入压力（MPa 表压）：

最高________最低________额定________

○　压差（MPa）：

最高________最低________额定________

有效汽蚀余量 $NPSH_a$（m）____________

加速度头________现场数据________

○　温度（℃）　最高　最低

建造特性

接管口	公称尺寸	压力等级	端面密封形式	方位
吸入口				
排出口				
冲洗口				

液力端

类型：○　隔膜式　○　柱塞式

隔膜直径（mm）________所需数量________

附注：____________

□ 阀	吸入	排出
型式		
单联数量		

材　料

液力端____________

限制板____________

动力边隔膜____________

介质边隔膜____________

柱塞____________

柱塞衬套____________

填料压盖____________

附注：____________

填料____________

阀球（芯）____________

阀座____________

阀导向套____________

阀体____________

阀垫____________

阀套____________

填表人______ 日期______ 第______版 第2页共2页

制造厂家的数据

性能：
□ 额定流量(L/h)______
□ 需要汽蚀余量 $NPSH_r$(m)______
□ 配带功率(kW)______
附注：

□ 泵速(min^{-1})
柱塞直径(mm)______ 行程长度(mm)______
□ 泵压头
最大排出压力(MPa 表压)______
水压试验压力(MPa 表压)______

车 间 测 试

	非见证	见证
水压试验	○	○
稳定性精度	○	○
复现性精度	○	○
线性度	○	○

○ 车间检验
○ 测试后拆卸和检验
○ 其他______
______
______

附注：______

驱 动 机

○ 马达
□ 制造厂家______
□ 型式______
□ 机座号______
○ 恒速______ □ 变速______
□ 功率(kW)______ □ 使用系数______
○ 电压(V)______ ○ 转速(r/min)______
○ 频率(Hz)______ ○ 相数______
○ 防护等级______

○ 其他
○ 气驱动______
○ 蒸汽驱动______
○ 电磁驱动______
○ 其他______
附注：______
______
______
______

质 量

□ 泵、底座和驱动机(kg) 附注：______

润 滑 油

□ 曲轴箱______
□ 液压油______

□ 中间油______
附注：______

控 制

类型：
○ 手动 ○ 遥控
○ 自动 ○ 现场
信号：○ 气动 ○ 电子的

行程控制：
气动的(Pa 表压)
最低______ 最高______
电子的(mA)：最低______ 最高______

附 件

□ 减速器制造厂家______
______
○ 组合的 ○ 分开的
型号______
传动比______
□ 下底板
联轴器制造厂家______
类型______

○ 供货及供应的安全阀
○ 内部的 ○ 外部的
安全阀的开启压力(MPa)______
○ 供货及供应的背压阀
附注：______
______
______
______

补充资料

______

附 录 B
（资料性附录）
型式与基本参数

B.1 型式

泵按柱塞力的大小(kN)分为6个机座，各机座的型式按表B.1的规定。

表B.1 计量泵机座的型式

<table>
<tr><th>机座代号</th><th>驱动方式</th><th>液力端型式</th><th>联数</th><th>布置方式</th><th>调节控制方式</th></tr>
<tr><td>0.4</td><td rowspan="2">机动、液动、气动、电磁力</td><td rowspan="6">单作用柱塞式
单作用隔膜式</td><td rowspan="6">单联
双联
三联
多联</td><td rowspan="6">卧式
立式
对置式</td><td rowspan="6">手动
电控
气控</td></tr>
<tr><td>1.6</td></tr>
<tr><td>5</td><td rowspan="4">机动
液动
气动</td></tr>
<tr><td>12.5</td></tr>
<tr><td>25</td></tr>
<tr><td>50</td></tr>
</table>

B.2 基本参数(按表B.2的规定)

B.2.1 表B.2仅列出单联泵参数，双联、三联以及多联泵可在表列参数范围内任意组合。

B.2.2 单联泵的水力性能方框图见图B.1。

表 B.2　计量泵基本参数

0.4 机座			1.6 机座			5.0 机座			12.5 机座			25 机座			50 机座		
额定流量 Q_r/(L/h)	额定排出压力 p_{dr}/MPa		额定流量 Q_r/(L/h)	额定排出压力 p_{dr}/MPa		额定流量 Q_r/(L/h)	额定排出压力 p_{dr}/MPa		额定流量 Q_r/(L/h)	额定排出压力 p_{dr}/MPa		额定流量 Q_r/(L/h)	额定排出压力 p_{dr}/MPa		额定流量 Q_r/(L/h)	额定排出压力 p_{dr}/MPa	
			0.8	32.0		8	40.0		—						500	50.0	—
—			1.0	25.0		10	32.0		32	50.0	—	—			630	40.0	50.0
			1.3	20.0	50.0	12.5	25.0	50.0	40	40.0		160	50.0	—	800	32.0	
			1.6	16.0		16	20.0		50	32.0	50.0	200	40.0		1 000	25.0	40.0
0.2	10.0	50.0	2.0	12.5		19	16.0	40.0	63	25.0		250	32.0	50.0	1 250	20.0	32.0
0.25	8.0	40.0	2.5	10.0	40.0	24	12.5	32.0	80	20.0	40.0	320	25.0		1 600	16.0	25.0
0.32	6.3	32.0	3.8	8.0	32.0	32	10.0	25.0	100	16.0	32.0	400	20.0	40.0	2 000	12.5	20.0
0.4	5.0	25.0	5.0	6.3	25.0	40	8.0	20.0	125	12.5	25.0	500	16.0	32.0	2 500	10.0	16.0
0.5	4.0	20.0	6.3	5.0	20.0	50	6.3	16.0	160	10.0	20.0	630	12.5	25.0	3 200	8.0	12.5
0.63	3.2	16.0	8.0	4.0	16.0	63	5.0	12.5	200	8.0	16.0	800	10.0	20.0	4 000	6.3	10.0
0.8	2.5	12.5	10	3.2	12.5	80	4.0	10.0	250	6.3	12.5	1 000	8.0	16.0	5 000	5.0	8.0
1.0	2.0	10.0	12.5	2.5	10.0	100	3.2	8.0	320	5.0	10.0	1 250	6.3	12.5	6 300	4.0	6.3
1.3	1.6	8.0	16	2.0	8.0	125	2.5	6.3	400	4.0	8.0	1 600	5.0	10.0	8 000	3.2	5.0
1.6	1.3	6.3	20	1.6	6.3	160	2.0	5.0	500	3.2	6.3	2 000	4.0	8.0	10 000	2.5	4.0
2	1.0	5.0	25	1.3	5.0	200	1.6	4.0	630	2.5	5.0	2 500	3.2	6.3	12 500	2.0	3.2
2.5	0.8	4.0	32	1.0	4.0	250	1.3	3.2	800	2.0	4.0	3 200	2.5	5.0	16 000	1.6	2.5
3.2	0.63	3.2	40	0.8	3.2	320	1.0	2.5	1 000	1.6	3.2	4 000	2.0	4.0	20 000	1.3	2.0
4.5	0.5	2.5	50	0.63	2.5	400	0.8	2.0	1 250	1.3	2.5	5 000	1.6	3.2	25 000	1.0	1.6
6.3	0.4	2.0	63	0.5	2.0	500	0.63	1.6	1 600	1.0	2.0	6 300	1.3	2.5	32 000	0.8	1.3

表 B.2（续）

0.4 机座			1.6 机座			5.0 机座			12.5 机座			25 机座			50 机座		
额定流量 Q_r/(L/h)	额定排出压力 p_{dr}/MPa		额定流量 Q_r/(L/h)	额定排出压力 p_{dr}/MPa		额定流量 Q_r/(L/h)	额定排出压力 p_{dr}/MPa		额定流量 Q_r/(L/h)	额定排出压力 p_{dr}/MPa		额定流量 Q_r/(L/h)	额定排出压力 p_{dr}/MPa		额定流量 Q_r/(L/h)	额定排出压力 p_{dr}/MPa	
8	0.32	1.6	80	0.4	1.6	630	0.5	1.3	2 000	0.8	1.6	8 000	1.0	2.0	40 000	0.63	1.0
10	0.25	1.3	100	0.32	1.3	800	0.4	1.0	2 500	0.63	1.3	10 000	0.8	1.6	50 000	0.5	0.8
12	0.2	1.0	125	0.25	1.0	1 000	0.32	0.8	3 200	0.5	1.0	12 500	0.63	1.3	—		
16	—	0.8	160	—	0.8	1 250	0.25	0.63	4 000	0.4	0.8	16 000	0.5	1.0			
20		0.63	200		0.63	1 600	0.2	0.5	5 000	0.32	0.63	20 000	0.4	0.8			

注 1：泵的机座代号均用其额定柱塞力值(kN)表示。

注 2：表中粗黑线以下的数值为柱塞泵与隔膜泵的通用参数，而粗黑线以上数值为柱塞泵参数。

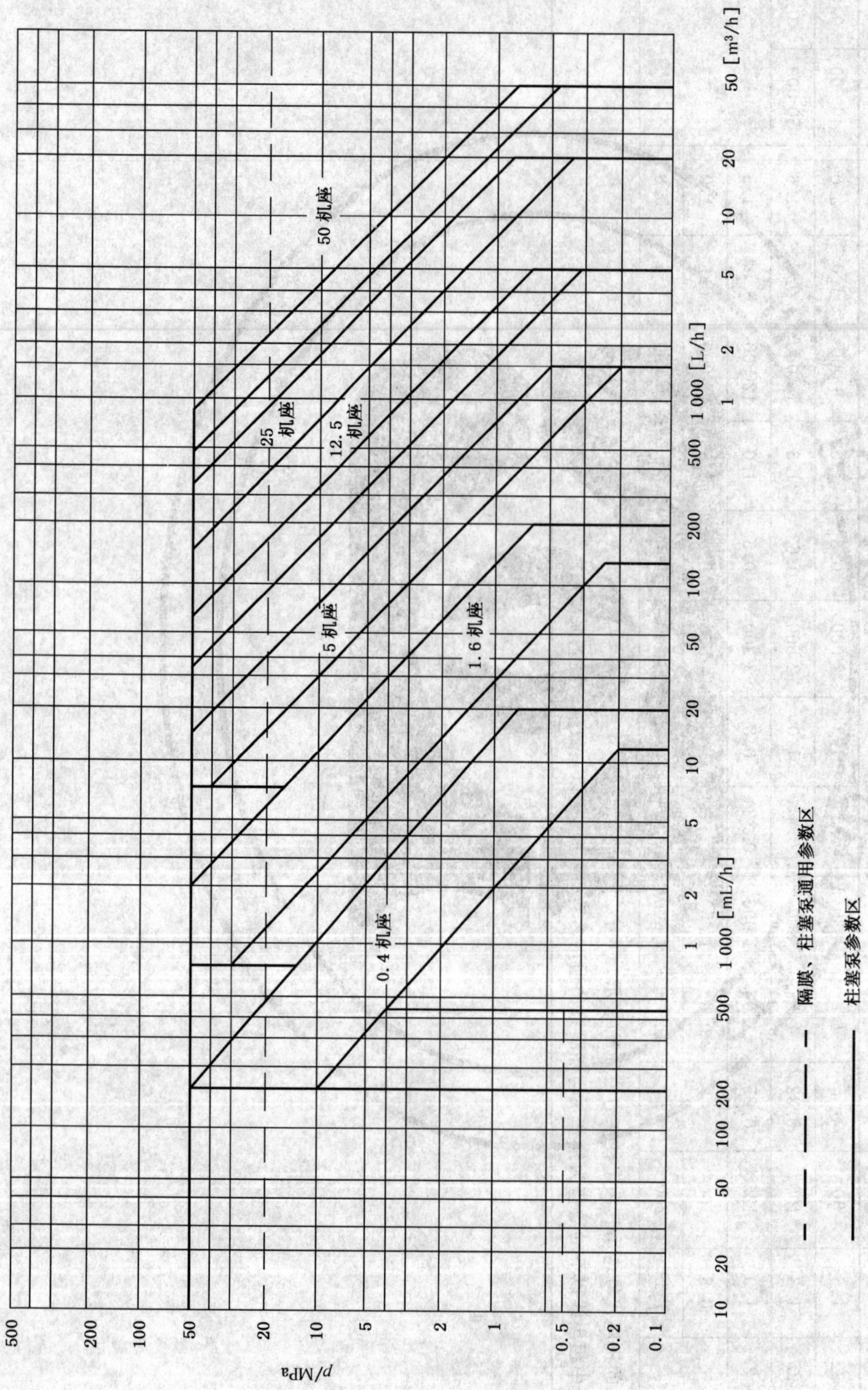

图 B.1 单联计量泵水力性能方框图

B.3 泵的柱塞直径(按表 B.3 选取)

表 B.3 柱塞直径推荐值

单位为毫米

3.2	4	5	6.3	8	10	12	16	20	25
32	36	40	45	50	56	63	71	80	90
100	125	125	140	160	180	200	224	250	—

附　录　C
（资料性附录）
泵的汽蚀试验装置示意图

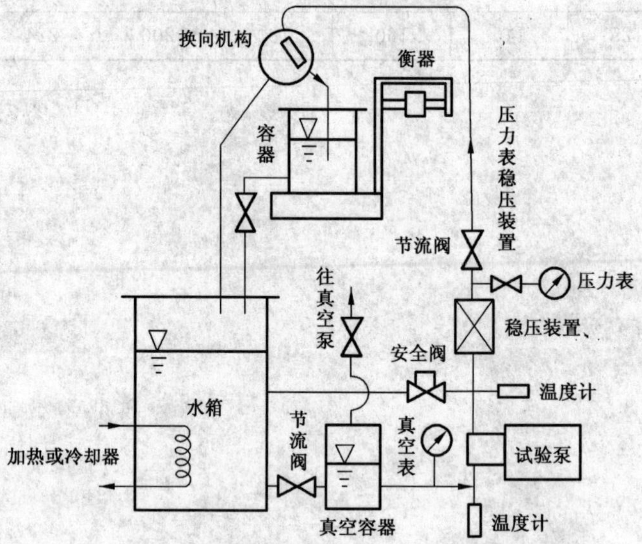

图 C.1　真空容器法汽蚀性能试验装置示意图

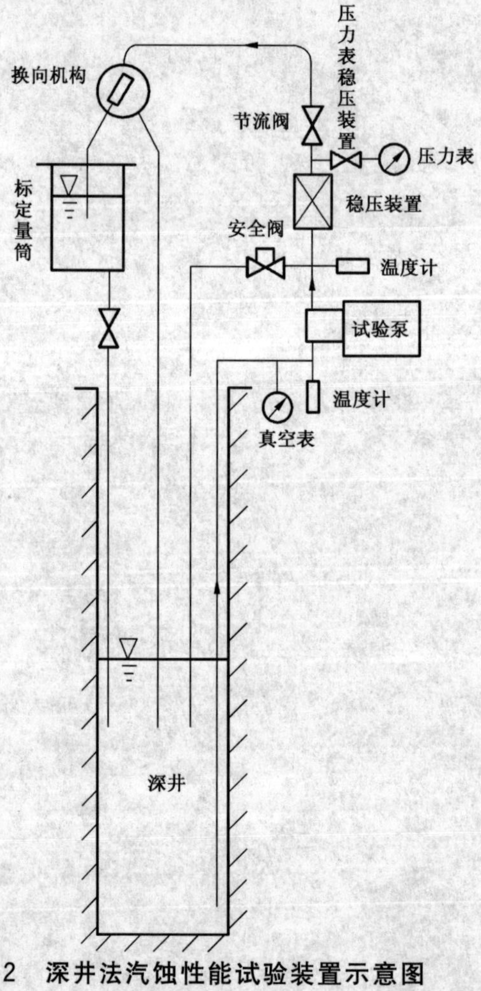

图 C.2　深井法汽蚀性能试验装置示意图

附　录　D
（资料性附录）
计量泵产品试验记录

泵型号：________　制造厂：________　出厂编号：________　试验编号：____________

柱塞直径：____mm　行程长度：____mm　测试介质：______　试验日期：___年___月___日

介质温度：____℃　传动比：________　采样时间：________　测试人员：____________

试验项目	相对行程/%	泵速/min^{-1}	实测流量/(L/h) 测量次数					平均流量	理论流量	排出压力/MPa	换算到额定泵速下的值				容积系数/%	计量精度/%		
			1	2	3	4	5				标定流量/(L/h)	输入功率 kW	输出功率 kW	效率/%		E_{ra}	E_s	E_L
性能试验	100																	
流量标定和计量精度试验	100																	
	75																	
	50																	
	30																	
	10																	
	100																	
	75										结构：							
	50																	
	100																	
	50																	
	30																	
	100																	
	75																	
	10																	
泵泄漏量/(L/h)					清洁度值/mg						测试负责人：　年　月　日							

ICS 47.020.05
U 05

中华人民共和国国家标准

GB/T 7790—2008
代替 GB/T 7790—1996

色漆和清漆　暴露在海水中的涂层耐阴极剥离性能的测定

Paints and varnishes—Determination of resistance to cathodic disbonding of coatings exposed to sea water

(ISO 15711:2003,MOD)

2008-07-30 发布　　2009-02-01 实施

中华人民共和国国家质量监督检验检疫总局
中国国家标准化管理委员会　发布

前　言

本标准修改采用 ISO 15711:2003《色漆和清漆　暴露在海水中的涂层耐阴极剥离性能的测定》(英文版)。

本标准根据 ISO 15711:2003 重新起草。

考虑到我国国情,本标准与 ISO 15711:2003 相比,主要有下列差异:

——将 ISO 15711:2003 中引用的 ISO 标准,改为相应的国家标准;

——本标准的章、条编号及其内容与 ISO 15711:2003 有顺序上的变化;

——本标准对 ISO 15711:2003 中"典型阴极保护电路图 1 和图 2"进行了修正;

——本标准将 ISO 15711:2003 的附录 B《牺牲阳极——锌合金的组成成分》移到正文以表 3 的形式列出并将其中的"钙"修正为"铬";

——本标准未采用 ISO 15711:2003 中" 精确度"章节和附录 A《所需要的补充资料》。

本标准代替 GB/T 7790—1996《防锈漆耐阴极剥离性试验方法》。

本标准与 GB/T 7790—1996 相比,主要有下列变化:

——更改了标准名称;

——修订了耐阴极剥离试验方法,原标准仅规定采用镁合金阳极的试验方法,修订后采用外加电流和牺牲阳极两种试验方法。

本标准由中国船舶重工集团公司提出。

本标准由全国海洋船标准化技术委员会船用材料应用工艺分技术委员会归口。

本标准起草单位:中国船舶重工集团公司第七二五研究所。

本标准主要起草人:黄淑珍、陶乃旺。

本标准所代替标准的历次版本发布情况为:

——GB 7790—1987、GB/T 7790—1996。

色漆和清漆　暴露在海水中的涂层耐阴极剥离性能的测定

1　范围

本标准规定了暴露在海水中的涂层耐阴极剥离性能测定的试验方法，包括：方法原理、试验溶液、试验装置、试样及其制备、试验步骤、涂层的检查及试验结果评价、试验报告等。

本标准适用于船舶及海洋工程结构物等暴露在海水中的金属基材上的涂层。

本标准不适用于评估陆地结构物上的涂层。

本标准规定的试验方法包括以下两种：

a)　方法 A：外加电流法；

b)　方法 B：牺牲阳极法。

2　规范性引用文件

下列文件中的条款通过本标准的引用而成为本标准的条款。凡是注日期的引用文件，其随后所有的修改单（不包括勘误的内容）或修订版均不适用于本标准，然而，鼓励根据本标准达成协议的各方研究是否可使用这些文件的最新版本。凡是不注日期的引用文件，其最新版本适用于本标准。

GB 712　船体用结构钢

GB/T 1765　测定耐湿热、耐盐雾、耐候性（人工加速）的漆膜制备法

GB/T 1766　色漆和清漆　涂层老化的评级方法（GB/T 1766—1995，neq ISO 4628-1：1980）

GB/T 3097　海水水质标准

GB/T 3186　色漆、清漆和色漆与清漆用原材料　取样（GB/T 3186—2006，ISO 15528：2000，IDT）

GB/T 6682　分析实验室用水规格和试验方法（GB/T 6682—2008，ISO 3696：1987，MOD）

GB/T 8923—1988　涂装前钢板表面锈蚀等级和除锈等级（ISO 8501-1：1988，EQV）

GB/T 9278　涂料试样状态调节和试验的温湿度（GB/T 9278—2008，ISO 3270：1984，IDT）

GB/T 13288　涂装前钢材表面粗糙度等级的评定（比较样块法）（GB/T 13288—1991，neq ISO 8503-2：1988）

GB/T 13452.2　色漆和清漆　漆膜厚度的测定（GB/T 13452.2—2008，ISO 2808：2007，IDT）

3　术语和定义

下列术语和定义适用于本标准。

3.1

阴极剥离　cathodic disbonding

由阴极保护引起的涂层与金属表面之间的附着失效。常起始于涂层体系中的某个缺陷，如涂层的意外损伤、施工缺陷或涂层的渗透性过度等。

4　方法原理

4.1　方法 A

采用阴极保护电路控制试验电位。

按本标准规定的方法在已涂覆的试样上制备人造漏涂孔，然后将其分别暴露于试验溶液中，其中两块试样与阴极保护电路连接，另外两块试样不与阴极保护电路连接作为对照试样。

试验结束后取出试样，立即检查人造漏涂孔周围涂层起泡及涂层下渗透情况。按本标准规定的方法评定起泡、剥离等级，通过对比经阴极保护和未经阴极保护的试样，评估涂层在阴极保护条件下的性能。

4.2 方法 B

按本标准规定的方法将金属牺牲阳极与已涂覆的试样连接，按此方法连接起来的两种金属，其固有的电化学性质便确定了试验电位。

在已涂覆的试样上制备人造漏涂孔，然后将其分别暴露于试验溶液中，其中两块试样与牺牲阳极连接，另外两块试样不与牺牲阳极连接作为对照试样。

试验结束后取出试样，立即检查人造漏涂孔周围涂层起泡及涂层下渗透情况。按本标准规定的方法评定起泡、剥离等级，通过对比连接牺牲阳极和未连接牺牲阳极的试样，评估涂层在阴极保护条件下的性能。

5 试验溶液

5.1 人造海水

人造海水配方见表 1。

配制所需的水应符合 GB/T 6682 中 2 级水要求，所需试剂均为分析纯。

表 1 人造海水配方

组　分	浓度/(g/L)
NaCl	23.0
$MgCl_2 \cdot 6H_2O$	9.8
$Na_2SO_4 \cdot 10H_2O$	8.9
$CaCl_2$	1.2

5.2 天然海水

天然海水应符合 GB/T 3097 中第一类经过滤的天然海水。

6 试验装置

6.1 方法 A

6.1.1 试验容器

试验容器由玻璃或不会影响到试验溶液 pH 值的其他惰性材料制成。圆形容器的直径不小于 700 mm，矩形容器最小边长不小于 700 mm，且深度不小于 200 mm，并配有温度控制器和试验溶液鼓气装置及水循环系统。

6.1.2 阳极

采用长度不小于 200 mm、直径不小于 10 mm 的石墨阳极，或采用铂丝、铂网、镀铂钛等在海水中有足够的抗阳极极化性的其他材料。

6.1.3 参比电极

采用饱和甘汞电极或 Ag/AgCl 电极。若采用 Ag/AgCl 电极则需经饱和甘汞电极校验，测量电位也应按表 2 校正。

表 2 参比电极相对于标准氢电极电位(25 ℃)

电 极	电位/V
$Cu/CuSO_4$	+0.32
Ag/AgCl/饱和 KCl 溶液	+0.20
Ag/AgCl 海水	+0.25(大约)
甘汞(普通 KCl 溶液)	+0.28
甘汞(饱和 KCl 溶液)	+0.25

6.1.4 直流电压表

直流电压表测量范围 0 V～2 V,最小精度 1 mV,电阻大于 10 MΩ。

6.1.5 阴极保护电路

典型阴极保护电路见图 1、图 2。

采用恒电位仪提供阴极保护电位,若无恒电位仪,则可使用恒电流仪。试验中保持试样与饱和甘汞参比电极间的电位为(−1 050±5)mV。

6.1.6 涂层检漏仪

涂层检漏仪电压为 10 kV,最大短路电流不超过 8 mA。若检漏仪不能显示电压,则将它设置在钢板上方 12 mm 产生火花。

检漏仪应配备有长约 75 mm、宽 6 mm、毛长 6 mm 的金属软毛刷。

6.1.7 其他仪器及工具

方法 A 试验装置还包括磁性漆膜测厚仪、小刀等其他仪器及工具。

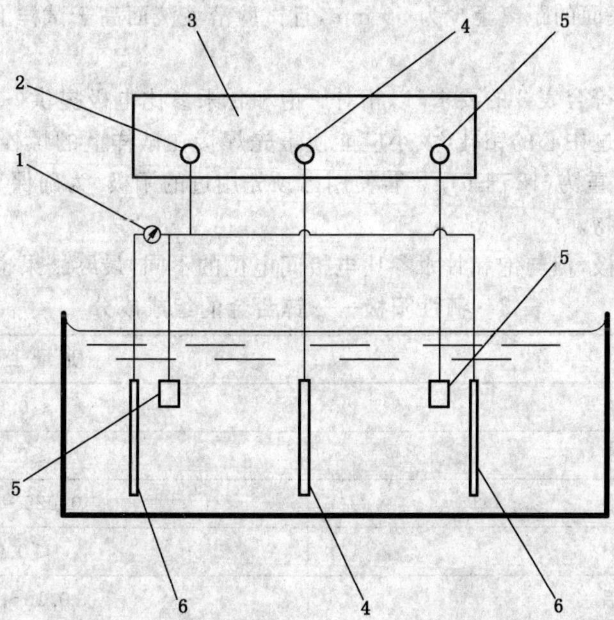

1——直流电压表;
2——工作电极;
3——恒电位仪;
4——阳极;
5——参比电极;
6——试样。

图 1 恒电位控制阴极保护电路

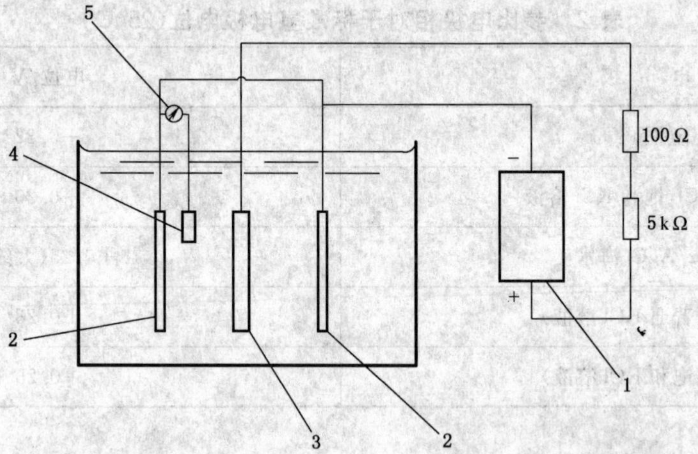

1——直流电源；
2——试样；
3——阳极；
4——参比电极；
5——直流电压表。

图 2 恒电流控制阴极保护电路

6.2 方法 B

6.2.1 试验容器

试验容器由玻璃或增强塑料制成，并配备温度控制器和试验溶液鼓气装置及水循环系统。

6.2.2 试样架

试样架应由绝缘材料制成。试样放置在试样架上与垂直向的倾角不大于 20°，试样间距大于 30 mm，试样与容器壁和底面的距离至少为 50 mm，且试验溶液液面高于试样上端 50 mm。

6.2.3 阳极

锌阳极的组成成分应符合表 3 的要求，以相对于饱和甘汞参比电极提供(−1 040±10)mV 的电极电位。阳极上应有一个穿过中心的钻孔(大小应能使事先焊接在试样上的螺栓穿过)，阳极块尺寸约为 50 mm×40 mm×10 mm，重为(125±5)g。若使用已预先用过的阳极，为确保其活性，应通过采用适当方法予以清理去除腐蚀产物。

也可使用其他金属阳极，但与饱和甘汞参比电极间电位的不同，最终结果也不同。

表 3 牺牲阳极——锌合金的组成成分

成分名称	质量百分比
铅	≤0.006
铁	≤0.005
镉	0.025～0.070
铜	≤0.005
铝	0.10～0.50
其他	≤0.10
锌(纯度 99.99%)	余下部分

6.2.4 涂层检漏仪

检漏仪电压为 10 kV，最大短路电流应不超过 8 mA。若检漏仪不能显示电压，则将其设置在钢板上方 12 mm 产生火花。

检漏仪应配备有长约 75 mm、宽 6 mm、毛长 6 mm 的金属软毛刷。

6.2.5 其他仪器及工具

方法B的试验装置还包括磁性漆膜测厚仪、锯齿镀锌低碳钢锁紧垫圈、螺母等其他仪器及工具。

7 试样及其制备

7.1 试样的基材及其制作

7.1.1 方法A

7.1.1.1 试样基材应采用GB 712中的热轧普通碳素钢。

7.1.1.2 试样最小尺寸为150 mm×70 mm×2 mm,试样数量四块。

7.1.1.3 用自攻螺钉在每块试样上连接一条绝缘导线。也可采用小螺栓和螺母,或通过软焊、或夹子、或其他导电性良好且不受腐蚀影响的其他连接方式。

7.1.2 方法B

7.1.2.1 试样基材应采用GB 712中的热轧普通碳素钢。

7.1.2.2 试样尺寸为300 mm×150 mm×2 mm,试样数量四块。若用到其他尺寸的样板,则人造漏涂孔的尺寸应遵循以上推荐试验面积与人造漏涂孔面积的比例相应地予以缩小或放大,试验面积包括试样的正反两面。

7.1.2.3 将镀锌低碳钢螺栓点焊到两块热轧普通碳素钢试板的一个长边上,见图3。

7.1.2.4 螺栓的螺纹用耐溶剂的塑料保护套包裹,见图4。

1——试验钢板;

2——焊缝;

3——镀锌螺栓;

4——样板的长边。

图3 镀锌螺栓结构图(方法B)

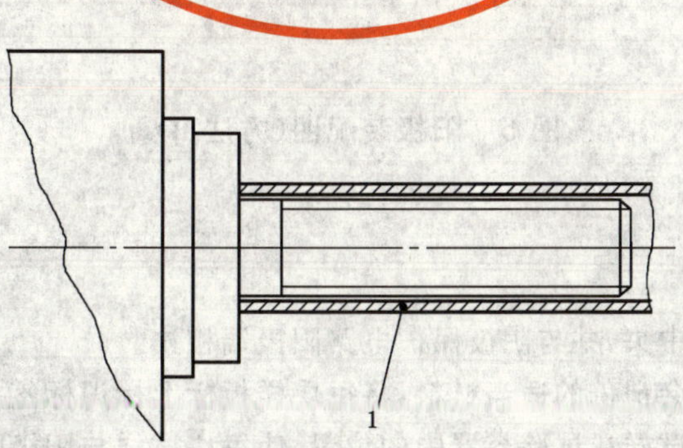

1——塑料保护套。

图4 喷涂前镀锌螺栓的保护(方法B)

7.2 取样

按 GB/T 3186 规定抽取试验用涂料样品。

7.3 涂装

7.3.1 试样基材表面处理应采用喷砂或抛丸，处理后钢板表面清洁度应达到 GB/T 8923—1988 规定的 Sa2.5 级，表面粗糙度按 GB/T 13288 规定方法检测应达到 Ra30 μm～75 μm。

7.3.2 按 GB/T 1765 的规定，采用刷涂或喷涂方式进行涂装。涂层的配套体系、涂装道数、涂装厚度应符合相关产品技术或涂料生产商要求。试样背面及边缘也应一同涂装，试样边缘应作封边处理。

7.3.3 采用石蜡，或无溶剂环氧树脂等其他合适涂料，将试样与绝缘导线的连接处封闭。

7.4 试样干燥

试样应按 GB/T 9278 规定条件干燥 7 d 以上，方可投入试验。

7.5 涂层厚度测量

涂层厚度按 GB/T 13452.2 规定的方法进行测量。

7.6 意外漏点检查

用涂层检漏仪检测试样涂层的完整性。检漏仪在钢板上方约 6 mm 处检测，忽略边缘效应。若涂层有意外漏涂点等缺陷应进行修补。

7.7 人造漏涂孔的制备

试验前，在每块试样的正面涂层上的中心位置，采用适当方法制备一个圆形人造漏涂孔，清除孔内所有涂层露出平滑钢板表面。人造漏涂孔的尺寸：方法 A 为 $\phi(10\pm1)$mm；方法 B 为 ϕ3 mm。

7.8 阳极装配(方法 B)

除去螺纹上的塑料保护套，洁净螺纹，用锯齿镀锌低碳钢锁紧垫圈、螺母将阳极安装在试样上，紧固螺母。阳极装配见图 5。

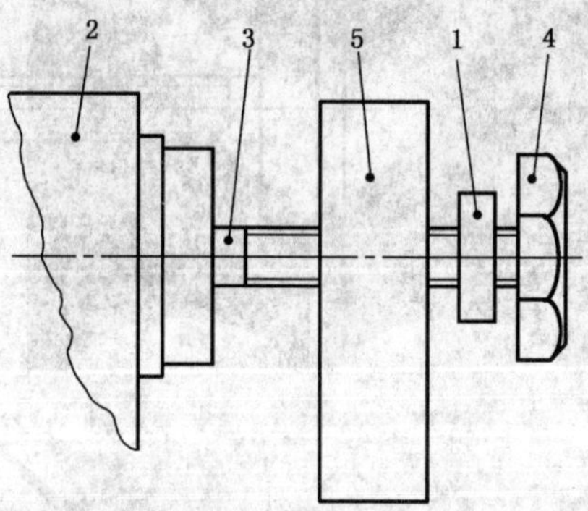

1——镀锌垫片；
2——试样；
3——镀锌螺杆；
4——镀锌螺帽；
5——锌阳极。

图 5 阳极装配图(方法 B)

8 试验步骤

8.1 方法 A

8.1.1 将阳极置于试验容器中央，并与阴极保护电路阳极端相连。

8.1.2 采用在试验过程中不会褪色的适当材料，将每块样板标上标识标签并拍摄照片。将试样固定在试验容器中的试样架上，调整试样在试验容器中的位置，使每块试样与阳极距离相等且不小于300 mm，距离试验容器底部不小于 50 mm，试验容器加满试验溶液后试样应完全浸没在溶液中。试验过程中，试样间应不相互接触、不与试验容器壁相接触，试样上的人造漏涂孔应不被障碍物(包括另一试样)遮住，且槽内试验溶液流通顺畅。

8.1.3 用绝缘导线将两块试样连接到阴极保护电路的阴极端。

8.1.4 把参比电极尽量放在试样附近，但不要遮挡人造漏涂孔。

8.1.5 将对照试样以同样的方式但不附加阳极及阴极保护电路放置于另一个试验槽中。

8.1.6 在试验容器中添加深度至少200 mm的试验溶液，鼓气并校正溶液温度为(23±2)℃。若所使用溶液为天然海水，则应每隔一段时间监测海水温度，并将监测结果记录在试验报告中。

8.1.7 通过在试验容器底部注入经充气的新鲜试验溶液并让其溢流，使试验溶液连续流经试验容器。调节溶液流速而使试验容器内溶液不超过3 d便更换一次，或者不超过7 d全部更换一次。将更换试验溶液所采用的程序及更换频率记录在试验报告中。

8.1.8 接通阴极保护电路并通过调节电位(电流)仪，使试样相对于参比电极的电极电位保持在(−1 050±5)mV。每24 h至少校正一次试验电位。

注：若电路电流突然出现变化，则有可能暗示试验体系失效，试验可提前终止。

8.1.9 试验应至少连续进行26周。

8.2 方法B

8.2.1 采用在试验过程中不会褪色的适当材料将每块样板标上标识标签并拍摄照片。其中有阴极保护的试样放置于一个单独的试验容器，而无阴极保护的对照试样放置于另一试验容器，两个试验容器试验条件相同。

8.2.2 将试样置于试样架上并完全浸入试验溶液中，使阳极处在试样溶液的底部。

8.2.3 鼓气并校正使溶液温度保持在(23±2)℃。

8.2.4 通过在试验容器底部注入经充气的新鲜试验溶液，并让其溢流，使试验溶液连续流经试验容器。调整溶液流速使试验容器内溶液不超过7 d便更换一次，或者不超过28 d试验溶液全部更换一次。将更换试验溶液所用的程序及更换频率记录在试验报告中。

8.2.5 试验应至少连续进行26周。

9 涂层的检查及试验结果评价

9.1 中间检查

在试验过程中每月应进行一次中间检查。检查时依次取下试样放入自来水中漂洗，注意不要破坏涂层和覆盖在人造漏涂孔上的钙沉淀物。检查过程应越快越好，不应使漆膜变干。

按GB/T 1766规定的评级标准，记录试样正反两面的起泡等级及泡与人造漏涂孔之间的距离。将试样的情况与对照试样进行比较。若涂层变化明显，则应拍摄照片。

检查结束后，将所有试样放回试验容器中继续试验。

9.2 试验结束时的检查

试验结束时，将试样放入自来水中彻底漂洗，注意不应破坏涂层。

按GB/T 1766规定的评级标准，记录样板的起泡等级及泡与人造漏涂孔之间的距离。应区分因人造漏涂孔所致的起泡及人造漏涂孔之外的起泡。

将起泡位置与测量的原始干膜厚度进行对比，以确定起泡是否与漆膜厚度相关联。

用锋利的小刀划刻，制作两个透过涂层直达基材的切口(交叉于人造漏涂孔中点)，以评估人造漏涂孔处涂层附着力的降低情况，用刀尖尽可能地挑起并剥离人造孔周围的涂层。记录被剥离涂层距人造漏涂孔外缘的最大、最小距离[单位为毫米(mm)]。

将试样的情况与对照试样进行比较。

对所有试样的试验结果进行记录并拍摄照片。

10 试验报告

试验报告应至少包括下列内容：

a) 试验涂料体系的类型、名称和代号；
b) 注明本标准号及所采用方法(A 或 B)；
c) 试验所用的试验溶液及其更换频率；
d) 试验时间和试验过程中出现的任何中断,包括中间检查；
e) 涂层的平均厚度；
f) 试样涂层起泡的等级；
g) 试验结果,包括被剥离涂层距人造漏涂孔的最大、最小距离及剥离面积；
h) 对照试样的起泡和剥离的等级和状况；
i) 每块试样中间检查和剥离涂层后的照片；
j) 与规定试验方法的任何不同之处；
k) 试验日期。

ICS 21.100.20
J 11

中华人民共和国国家标准

GB/T 7813—2008
代替 GB/T 7813—1998

滚动轴承
剖分立式轴承座　外形尺寸

Rolling bearings—Split type plummer block housings—Boundary dimensions

(ISO 113:1999,NEQ)

2008-02-28 发布　　2008-08-01 实施

中华人民共和国国家质量监督检验检疫总局
中国国家标准化管理委员会　发布

前　言

本标准对应于 ISO 113:1999《滚动轴承　立式轴承座　外形尺寸》，本标准与 ISO 113:1999 的一致性程度为非等效。

本标准与 ISO 113:1999 的主要差异如下：

——按照汉语习惯对一些编排格式进行了修改；

——将一些适用于国际标准的表述改为适用于我国标准的表述；

——增加了轴承座型号、适用的轴承型号和紧定套型号；

——增加了部分外形尺寸；

——增加了轴承座用止推环的结构型式和外形尺寸。

本标准代替 GB/T 7813—1998《滚动轴承附件　轴承座　外形尺寸》。

本标准与 GB/T 7813—1998 相比，主要变化如下：

——修改了标准名称(1998 年版和本版的标准名称)；

——增加了二螺柱轴承座和四螺柱轴承座的定义(见第 2 章)；

——修改了部分外形尺寸(1998 年版的表 1～表 7；本版的表 1～表 5)；

——将等径孔和异径孔二螺柱轴承座的外形尺寸表及结构示意图合并(1998 年版的表 3～表 6 和图 2、图 3；本版的表 3、表 4 和图 2)；

——增加了部分轴承座型号的螺栓孔尺寸(见表 A.1、表 A.2)；

——修改了四螺柱轴承座的型号(1998 年版的表 7；本版的表 5)。

本标准的附录 A 和附录 B 为规范性附录。

本标准由中国机械工业联合会提出。

本标准由全国滚动轴承标准化技术委员会(SAC/TC 98)归口。

本标准起草单位：洛阳轴承研究所、洛阳轴研科技股份有限公司。

本标准主要起草人：宋玉聪。

本标准所代替标准的历次版本发布情况为：

——GB 7813—87、GB/T 7813—1998。

滚动轴承
剖分立式轴承座　外形尺寸

1　范围

本标准规定了二螺柱和四螺柱剖分立式轴承座(以下简称轴承座)的外形尺寸。

本标准适用于调心球轴承和调心滚子轴承,供制造厂设计和用户选型。

2　术语和定义

下列术语和定义适用于本标准。

2.1

二螺柱立式轴承座　two bolt plummer block housings

轴承盖上有两个螺栓、底座上有两个螺栓孔的轴承座。

见图 1 和图 2。

2.2

四螺柱立式轴承座　four bolt plummer block housings

轴承盖上有四个螺栓、底座上有四个螺栓孔的轴承座。

见图 3。

3　符号和缩略语(见图 1～图 3)

下列符号适用于本标准。

除另有说明外,图中所示符号和表中所示数值均表示公称尺寸。

A:轴承座总宽度

A_1:轴承座底座宽度

D_a:轴承座内孔直径

d:轴承内径

d_1,d_2:适用轴径

G:固定轴承座用螺栓直径

g:轴承座内孔宽度

H:安装面到轴承座内孔直径中心线的距离

H_1:轴承座底座高度

J:螺栓孔中心距离(长度)

J_1:螺栓孔中心距离(宽度)

L:轴承座总长度

N:螺栓孔宽度

N_1:螺栓孔长度

4　结构型式及外形尺寸

4.1　二螺柱立式轴承座

4.1.1　等径孔型

SN 5 系列和 SN 6 系列适用于圆锥孔带紧定套的调心轴承,其结构型式见图 1,外形尺寸应符合

表 1和表 2 的规定。

SN 2 系列和 SN 3 系列适用于圆柱孔的调心轴承，其结构型式见图 2，外形尺寸应符合表 3 和表 4 的规定。

注：等径孔型为轴承座两端孔径相同。

4.1.2 异径孔型

SNK 2 系列和 SNK 3 系列适用于圆柱孔的调心轴承，其结构型式见图 2，外形尺寸应符合表 3 和表 4 的规定。

注：异径孔型为轴承座两端孔径不同。

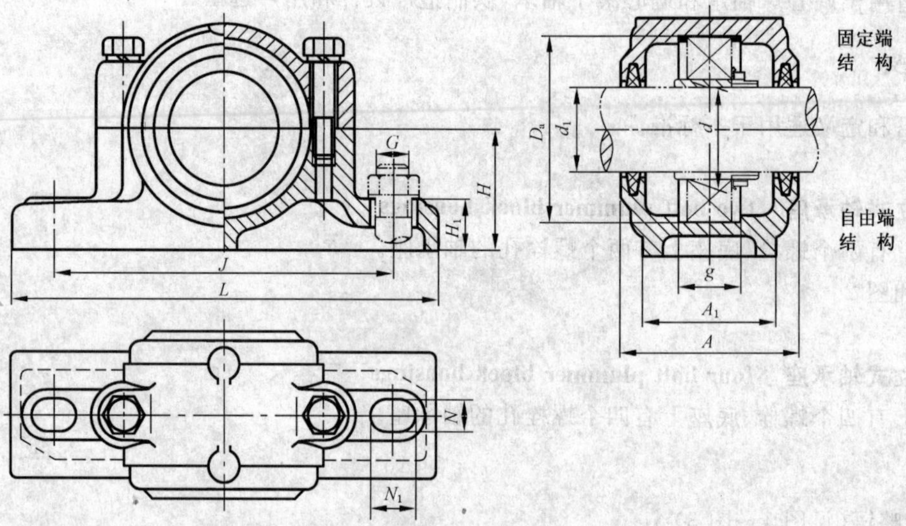

图 1　SN 5 系列和 SN 6 系列

表 1　SN 5 系列

单位为毫米

轴承座型号	外形尺寸													适用轴承及附件		
	d_1	d	D_a	g	A max	A_1	H	H_1 max	L max	J	G	N	N_1 min	调心球轴承	调心滚子轴承	紧定套
SN 505	20	25	52	25	72	46	40	22	170	130	M12	15	15	1205 K 2205 K	— —	H 205 H 305
SN 506	25	30	62	30	82	52	50	22	190	150	M12	15	15	1206 K 2206 K	— —	H 206 H 306
SN 507	30	35	72	33	85	52	50	22	190	150	M12	15	15	1207 K 2207 K	— —	H 207 H 307
SN 508	35	40	80	33	92	60	60	25	210	170	M12	15	15	1208 K 2208 K	— 22208 CK	H 208 H 308
SN 509	40	45	85	31	92	60	60	25	210	170	M12	15	15	1209 K 2209 K	— 22209 CK	H 209 H 309
SN 510	45	50	90	33	100	60	60	25	210	170	M12	15	15	1210 K 2210 K	— 22210 CK	H 210 H 310
SN 511	50	55	100	33	105	70	70	28	270	210	M16	18	18	1211 K 2211 K	— 22211 CK	H 211 H 311
SN 512	55	60	110	38	115	70	70	30	270	210	M16	18	18	1212 K 2212 K	— 22212 CK	H 212 H 312

表 1（续）

单位为毫米

轴承座型号	外形尺寸													适用轴承及附件		
	d_1	d	D_a	g	A max	A_1	H	H_1 max	L max	J	G	N	N_1 min	调心球轴承	调心滚子轴承	紧定套
SN 513	60	65	120	43	120	80	80	30	290	230	M16	18	18	1213 K	—	H 213
														2213 K	22213 CK	H 313
SN 515	65	75	130	41	125	80	80	30	290	230	M16	18	18	1215 K	—	H 215
														2215 K	22215 CK	H 315
SN 516	70	80	140	43	135	90	95	32	330	260	M20	22	22	1216 K	—	H 216
														2216 K	22216 CK	H 316
SN 517	75	85	150	46	140	90	95	32	330	260	M20	22	22	1217 K	—	H 217
														2217 K	22217 CK	H 317
SN 518	80	90	160	62.4	145	100	100	35	360	290	M20	22	22	1218 K	—	H 218
														2218 K	22218 CK	H 318
														—	23218 CK	H 2318
SN 520	90	100	180	70.3	165	110	112	40	400	320	M24	26	26	1220 K	—	H 220
														2220 K	22220 CK	H 320
														—	23220 CK	H 2320
SN 522	100	110	200	80	177	120	125	45	420	350	M24	26	26	1222 K	—	H 222
														2222 K	22222 CK	H 322
														—	23222 CK	H 2322
SN 524	110	120	215	86	187	120	140	45	420	350	M24	26	26	—	22224 CK	H 3124
															23224 CK	H 2324
SN 526	115	130	230	90	192	130	150	50	450	380	M24	28	28	—	22226 CK	H 3126
															23226 CK	H 2326
SN 528	125	140	250	98	207	150	150	50	510	420	M30	35	35	—	22228 CK	H 3128
															23228 CK	H 2328
SN 530	135	150	270	106	224	160	160	60	540	450	M30	35	35	—	22230 CK	H 3130
															23230 CK	H 2330
SN 532	140	160	290	114	237	160	170	60	560	470	M30	35	35	—	22232 CK	H 3132
															23232 CK	H 2332

注：SN 524～SN 532 应装有吊环螺钉。

表 2　SN 6 系列

单位为毫米

轴承座型号	外形尺寸													适用轴承及附件		
	d_1	d	D_a	g	A max	A_1	H	H_1 max	L max	J	G	N	N_1 min	调心球轴承	调心滚子轴承	紧定套
SN 605	20	25	62	34	82	52	50	22	190	150	M12	15	15	1305 K	—	H 305
														2305 K	—	H 2305
SN 606	25	30	72	37	85	52	50	22	190	150	M12	15	15	1306 K	—	H 306
														2306 K	—	H 2306

表 2（续）

单位为毫米

轴承座型号	外形尺寸													适用轴承及附件		
	d_1	d	D_a	g	A max	A_1	H	H_1 max	L max	J	G	N	N_1 min	调心球轴承	调心滚子轴承	紧定套
SN 607	30	35	80	41	92	60	60	25	210	170	M12	15	15	1307 K 2307 K	— —	H 307 H 2307
SN 608	35	40	90	43	100	60	60	25	210	170	M12	15	15	1308 K 2308 K	— 22308 CK	H 308 H 2308
SN 609	40	45	100	46	105	70	70	28	270	210	M16	18	18	1309 K 2309 K	— 22309 CK	H 309 H 2309
SN 610	45	50	110	50	115	70	70	30	270	210	M16	18	18	1310 K 2310 K	— 22310 CK	H 310 H 2310
SN 611	50	55	120	53	120	80	80	30	290	230	M16	18	18	1311 K 2311 K	— 22311 CK	H 311 H 2311
SN 612	55	60	130	56	125	80	80	30	290	230	M16	18	18	1312 K 2312 K	— 22312 CK	H 312 H 2312
SN 613	60	65	140	58	135	90	95	32	330	260	M20	22	22	1313 K 2313 K	— 22313 CK	H 313 H 2313
SN 615	65	75	160	65	145	100	100	35	360	290	M20	22	22	1315 K 2315 K	— 22315 CK	H 315 H 2315
SN 616	70	80	170	68	150	100	112	35	360	290	M20	22	22	1316 K 2316 K	— 22316 CK	H 316 H 2316
SN 617	75	85	180	70	165	110	112	40	400	320	M24	26	26	1317 K 2317 K	— 22317 CK	H 317 H 2317
SN 618	80	90	190	74	165	110	112	40	405	320	M24	26	26	1318 K 2318 K	— 22318 CK	H 318 H 2318
SN 619	85	95	200	77	117	120	125	45	420	350	M24	26	26	1319 K 2319 K	— 22319 CK	H 319 H 2319
SN 620	90	100	215	83	187	120	140	45	420	350	M24	26	26	1320 K 2320 K	— 22320 CK	H 320 H 2320
SN 622	100	110	240	90	195	130	150	50	475	390	M24	28	28	1322 K 2322 K	— 22322 CK	H 322 H 2322
SN 624	110	120	260	96	210	160	160	60	545	450	M30	35	35	—	22324 CK	H 2324
SN 626	115	130	280	103	225	160	170	60	565	470	M30	35	35	—	22326 CK	H 2326
SN 628	125	140	300	112	237	170	180	65	630	520	M30	35	35	—	22328 CK	H 2328
SN 630	135	150	320	118	245	180	190	65	680	560	M30	35	35	—	22330 CK	H 2330
SN 632	140	160	340	124	260	190	200	70	710	580	M36	42	42	—	22332 CK	H 2332

注：SN 624～SN 632 应装有吊环螺钉。

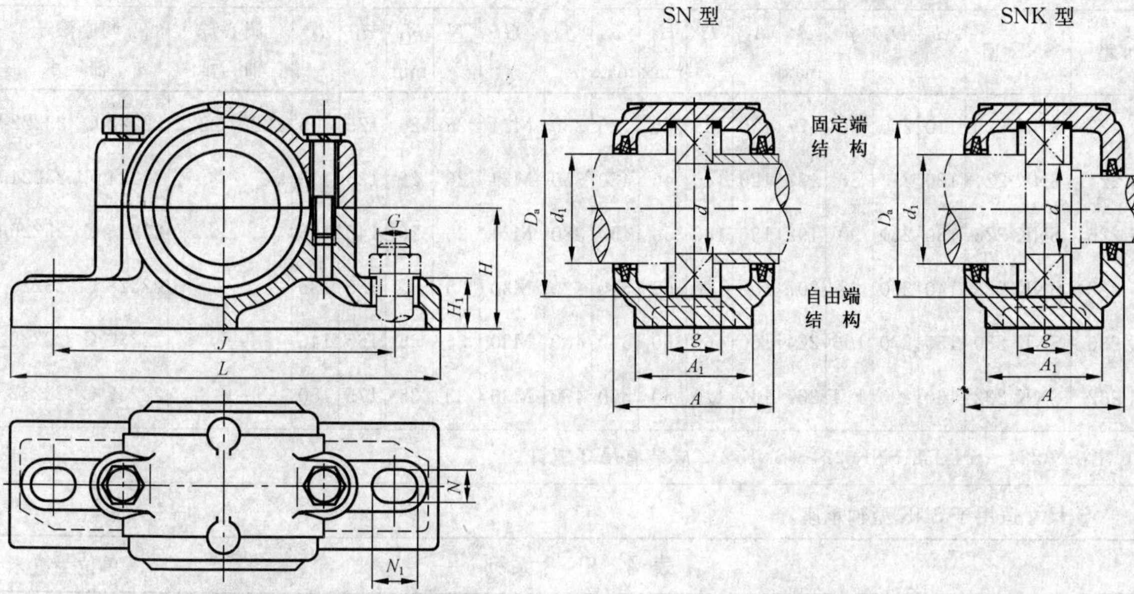

图 2 SN 2 系列、SN 3 系列、SNK 2 系列和 SNK 3 系列

表 3 SN 2 系列

单位为毫米

轴承座型号		外形尺寸														适用轴承	
SN 型	SNK 型	d	D_a	g	A max	A_1	H	H_1 max	L max	J	G	N	N_1 min	d_1	d_2[a]	调心球轴承	调心滚子轴承
SN 205	SNK 205	25	52	25	72	46	40	22	170	130	M12	15	15	30	20	1205 2205	22205 C —
SN 206	SNK 206	30	62	30	82	52	50	22	190	150	M12	15	15	35	25	1206 2206	22206 C —
SN 207	SNK 207	35	72	33	85	52	50	22	190	150	M12	15	15	45	30	1207 2207	22207 C —
SN 208	SNK 208	40	80	33	92	60	60	25	210	170	M12	15	15	50	35	1208 2208	22208 C —
SN 209	SNK 209	45	85	31	92	60	60	25	210	170	M12	15	15	55	40	1209 2209	22209 C —
SN 210	SNK 210	50	90	33	100	60	60	25	210	170	M12	15	15	60	45	1210 2210	22210 C —
SN 211	SNK 211	55	100	33	105	70	70	28	270	210	M16	18	18	65	50	1211 2211	22211 C —
SN 212	SNK 212	60	110	38	115	70	70	30	270	210	M16	18	18	70	55	1212 2212	22212 C —
SN 213	SNK 213	65	120	43	120	80	80	30	290	230	M16	18	18	75	60	1213 2213	22213 C —
SN 214	SNK 214	70	125	44	120	80	80	30	290	230	M16	18	18	80	65	1214 2214	2214 C —
SN 215	SNK 215	75	130	41	125	80	80	30	290	230	M16	18	18	85	70	1215 2215	22215 C —
SN 216	SNK 216	80	140	43	135	90	95	32	330	260	M20	22	22	90	75	1216 2216	22216 C —
SN 217	SNK 217	85	150	46	140	90	95	32	330	260	M20	22	22	95	80	1217 2217	22217 C —
SN 218	SNK 218	90	160	62.4	145	100	100	35	360	290	M20	22	22	100	85	1218 2218	22218 C —
SN 220	SNK 220	100	180	70.3	165	110	112	40	400	320	M24	26	26	115	95	1220 2220	22220 C 23220 C

表 3（续） 单位为毫米

轴承座型号		外形尺寸														适用轴承			
SN 型	SNK 型	d	D_a	g	A max	A_1	H	H_1 max	L max	J	G	N	N_1 min	d_1	d_2[a]	调心球轴承		调心滚子轴承	
SN 222	SNK 222	110	200	80	177	120	125	45	420	350	M24	26	26	125	105	1222	2222	22222 C	23222 C
SN 224	SNK 224	120	215	86	187	120	140	45	420	350	M24	26	26	135	115	—		22224 C	23224 C
SN 226	SNK 226	130	230	90	192	130	150	50	450	380	M24	26	26	145	125	—		22226 C	23226 C
SN 228	SNK 228	140	250	98	207	150	150	50	510	420	M30	35	35	155	135	—		22228 C	23228 C
SN 230	SNK 230	150	270	106	224	160	160	60	540	450	M30	35	35	165	145	—		22230 C	23230 C
SN 232	SNK 232	160	290	114	237	160	170	60	560	470	M30	35	35	175	150	—		22232 C	23232 C

注：SN 224～SN 232、SNK 224～SNK 232 应装有吊环螺钉。

[a] 该尺寸适用于 SNK 型轴承座。

表 4 SN 3 系列 单位为毫米

轴承座型号		外形尺寸														适用轴承			
SN 型	SNK 型	d	D_a	g	A max	A_1	H	H_1 max	L max	J	G	N	N_1 min	d_1	d_2[a]	调心球轴承		调心滚子轴承	
SN 305	SNK 305	25	62	34	82	52	50	22	185	150	M12	15	20	30	20	1305	2305	—	
SN 306	SNK 306	30	72	37	85	52	50	22	185	150	M12	15	20	35	25	1306	2306	—	
SN 307	SNK 307	35	80	41	92	60	60	25	205	170	M12	15	20	45	30	1307	2307	—	
SN 308	SNK 308	40	90	43	100	60	60	25	205	170	M12	15	20	50	35	1308	2308	22308 C	21308 C
SN 309	SNK 309	45	100	46	105	70	70	28	255	210	M16	18	23	55	40	1309	2309	22309 C	21309 C
SN 310	SNK 310	50	110	50	115	70	70	30	255	210	M16	18	23	60	45	1310	2310	22310 C	21310 C
SN 311	SNK 311	55	120	53	120	80	80	30	275	230	M16	18	23	65	50	1311	2311	22311 C	21311 C
SN 312	SNK 312	60	130	56	125	80	80	30	280	230	M16	18	23	70	55	1312	2312	22312 C	21312 C
SN 313	SNK 313	65	140	58	135	90	95	32	315	260	M20	22	27	75	60	1313	2313	22313 C	21313 C
SN 314	SNK 314	70	150	61	140	90	95	32	320	260	M20	22	27	80	65	1314	2314	22314 C	21314 C
SN 315	SNK 315	75	160	65	145	100	100	35	345	290	M20	22	27	85	70	1315	2315	22315 C	21315 C
SN 316	SNK 316	80	170	68	150	100	112	35	345	290	M20	22	27	90	75	1316	2316	22316 C	21316 C
SN 317	SNK 317	85	180	70	165	110	112	40	380	320	M24	26	32	95	80	1317	2317	22317 C	21317 C

[a] 该尺寸适用于 SNK 型轴承座。

4.2 四螺柱立式轴承座（适用于圆锥孔带紧定套的调心轴承）

SD 31 TS 系列的结构型式见图 3，外形尺寸应符合表 5 的规定。

SD 5 系列和 SD 6 系列的结构型式见图 3，外形尺寸见附录 A。

注：TS 表示轴承座带迷宫式密封圈。

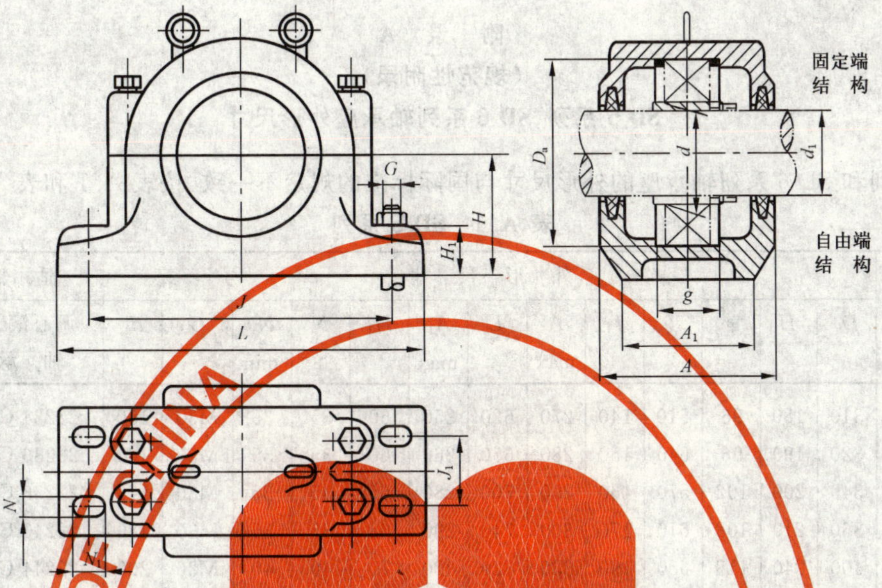

图 3　SD 31 TS 系列、SD 5 系列和 SD 6 系列

表 5　SD 31 TS 系列

单位为毫米

轴承座型号	外形尺寸 D_a	H	g^a	J	J_1	A max	L max	A_1	H_1 max	G	d_1	N	N_1 min	适用轴承及附件 调心滚子轴承	紧定套
SD 3134 TS	280	170	108	430	100	235	515	180	70	M24	150	28	28	23134 CK	H 3134
SD 3136 TS	300	180	116	450	110	245	535	190	75	M24	160	28	28	23136 CK	H 3136
SD 3138 TS	320	190	124	480	120	265	565	210	80	M24	170	28	28	23138 CK	H 3138
SD 3140 TS	340	210	132	510	130	285	615	230	85	M30	180	35	35	23140 CK	H 3140
SD 3144 TS	370	220	140	540	140	295	645	240	90	M30	200	35	35	23144 CK	H 3144
SD 3148 TS	400	240	148	600	150	315	705	260	95	M30	220	35	35	23148 CK	H 3148
SD 3152 TS	440	260	164	650	160	325	775	280	100	M36	240	42	42	23152 CAK	H 3152
SD 3156 TS	460	280	166	670	160	325	795	280	105	M36	260	42	42	23156 CAK	H 3156
SD 3160 TS	500	300	180	710	190	355	835	310	110	M36	280	42	42	23160 CAK	H 3160
SD 3164 TS	540	320	196	750	200	375	885	330	115	M36	300	42	42	23164 CAK	H 3164

a 不利用止推环使轴承在轴承座内固定时，该值减小 20 mm。

4.3　止推环

止推环的结构型式及外形尺寸见附录 B。

附 录 A
（规范性附录）
SD 5 系列、SD 6 系列轴承座外形尺寸

SD 5 系列和 SD 6 系列轴承座的外形尺寸与国际标准的规定不一致，按表 A.1 和表 A.2 的规定。

表 A.1 SD 5 系列

单位为毫米

轴承座型号	外形尺寸													适用轴承及附件	
	D_a	H	g^a	J	J_1	A max	L	A_1 max	H_1	N	N_1 min	G	d_1	调心滚子轴承	紧定套
SD 534	310	180	96	510	140	270	620	250	60	35	35	M30	150	22234 CK	H 3134
SD 536	320	190	96	540	150	280	650	260	60	35	35	M30	160	22236 CK	H 3136
SD 538	340	200	102	570	160	290	700	280	65	35	35	M30	170	22238 CK	H 3138
SD 540	360	210	108	610	170	300	740	290	65	35	35	M30	180	22240 CK	H 3140
SD 544	400	240	118	680	190	330	820	320	70	40	40	M36	200	22244 CK	H 3144
SD 548	440	260	132	740	200	340	880	330	85	42	42	M36	220	22248 CK	H 3148
SD 552	480	280	140	790	210	370	940	360	85	42	42	M36	240	22252 CAK	H 3152
SD 556	500	300	140	830	230	390	990	380	100	50	50	M42	260	22256 CAK	H 3156
SD 560	540	325	150	890	250	410	1060	400	100	50	50	M42	280	22260 CAK	H 3160
SD 564	580	355	160	930	270	440	1110	430	110	57	57	M48	300	22264 CAK	H 3164

[a] 不利用止推环使轴承在轴承座内固定时，该值减小 10 mm。

表 A.2 SD 6 系列

单位为毫米

轴承座型号	外形尺寸													适用轴承及附件	
	D_a	H	g^a	J	J_1	A max	L	A_1 max	H_1	N	N_1 min	G	d_1	调心滚子轴承	紧定套
SD 634	360	210	130	610	170	300	740	290	65	35	35	M30	150	22334 CK	H 2334
SD 636	380	225	136	640	180	320	780	310	70	40	40	M36	160	22336 CK	H 2336
SD 638	400	240	142	680	190	330	820	320	70	40	40	M36	170	22338 CK	H 2338
SD 640	420	250	148	710	200	350	860	340	85	42	42	M36	180	22340 CK	H 2340
SD 644	460	280	155	770	210	360	920	350	85	42	42	M36	200	22344 CK	H 2344
SD 648	500	300	165	830	230	390	990	380	100	50	50	M42	220	22348 CK	H 2348
SD 652	540	325	175	890	250	410	1060	400	100	50	50	M42	240	22352 CAK	H 2352
SD 656	580	355	185	930	270	440	1110	430	110	57	57	M48	260	22336 CAK	H 2356

[a] 不利用止推环使轴承在轴承座内固定时，该值减小 10 mm。

附 录 B
（规范性附录）
止 推 环

B.1 结构型式和外形尺寸

止推环的结构型式见图 B.1，外形尺寸按表 B.1。

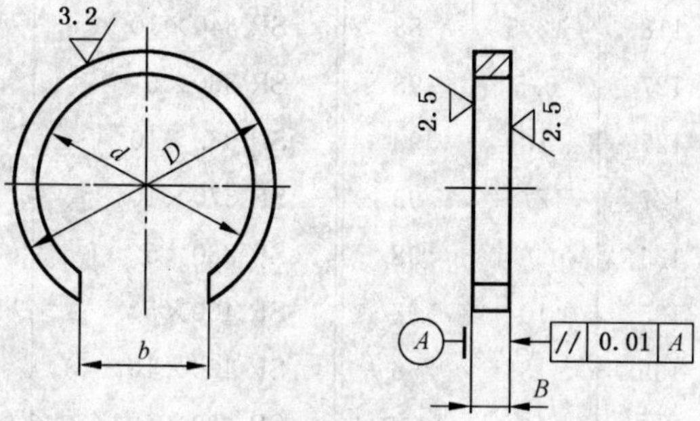

图 B.1

表 B.1 止推环

单位为毫米

型号	外形尺寸 D	d	B	b	型号	外形尺寸 D	d	B	b
SR 52×5	52	45	5	32	SR 190×10	190	173	10	130
SR 52×7	52	45	7	32	SR 190×15.5	190	173	15.5	130
SR 62×7	62	54	7	38	SR 200×10	200	180	10	130
SR 62×8.5	62	54	8.5	38	SR 200×13.5	200	180	13.5	130
SR 62×10	62	54	10	38	SR 200×16	200	180	16	130
SR 72×8	72	64	8	47	SR 200×21	200	180	21	130
SR 72×9	72	64	9	47	SR 215×10	215	195	10	140
SR 72×10	72	64	10	47	SR 215×14	215	195	14	140
SR 80×7.5	80	70	7.5	52	SR 215×18	215	195	18	140
SR 80×10	80	70	10	52	SR 230×10	230	210	10	150
SR 85×6	85	75	6	57	SR 230×13	230	210	13	150
SR 85×8	85	75	8	57	SR 240×10	240	218	10	150
SR 90×6.5	90	80	6.5	62	SR 240×20	240	218	20	150
SR 90×10	90	80	10	62	SR 250×10	250	230	10	160
SR 100×6	100	90	6	68	SR 250×15	250	230	15	160
SR 100×8	100	90	8	68	SR 260×10	260	238	10	170
SR 100×10	100	90	10	68	SR 270×10	270	248	10	170
SR 100×10.5	100	90	10.5	68	SR 270×16.5	270	248	16.5	170
SR 110×8	110	99	8	73	SR 280×10	280	255	10	170
SR 110×10	110	99	10	73	SR 290×10	290	268	10	180
SR 110×11.5	110	99	11.5	73	SR 290×17	290	268	17	180

表 B.1（续） 单位为毫米

型号	外形尺寸				型号	外形尺寸			
	D	d	B	b		D	d	B	b
SR 120×10	120	108	10	78	SR 300×10	300	275	10	190
SR 120×12	120	108	12	78	SR 310×5	310	285	5	190
SR 125×10	125	113	10	84	SR 310×10	310	285	10	190
SR 125×13	125	113	13	84	SR 320×5	320	296	5	200
SR 130×8	130	118	8	88	SR 320×10	320	296	10	200
SR 130×10	130	118	10	88	SR 340×5	340	314	5	210
SR 130×12.5	130	118	12.5	88	SR 340×10	340	314	10	210
SR 140×8.5	140	127	8.5	93	SR 360×5	360	332	5	210
SR 140×10	140	127	10	93	SR 360×10	360	332	10	210
SR 140×12.5	140	127	12.5	93	SR 370×10	370	337	10	210
SR 150×9	150	135	9	98	SR 380×5	380	342	5	210
SR 150×10	150	135	10	98	SR 400×5	400	369	5	210
SR 150×13	150	135	13	98	SR 400×10	400	369	10	210
SR 160×10	160	144	10	105	SR 420×5	420	379	5	220
SR 160×11.2	160	144	11.2	105	SR 440×5	440	420	5	220
SR 160×14	160	144	14	105	SR 440×10	440	420	10	220
SR 160×16.2	160	144	16.2	105	SR 460×5	460	430	5	200
SR 170×10	170	154	10	112	SR 460×10	460	430	10	200
SR 170×10.5	170	154	10.5	112	SR 480×5	480	451	5	240
SR 170×14.5	170	154	14.5	112	SR 500×5	500	461	5	220
SR 180×10	180	163	10	120	SR 500×10	500	461	10	220
SR 180×12.1	180	163	12.1	120	SR 540×5	540	487	5	240
SR 180×14.5	180	163	14.5	120	SR 540×10	540	487	10	240
SR 180×18.1	180	163	18.1	120	SR 580×5	580	524	5	260

B.2 代号方法

止推环的代号构成如下：

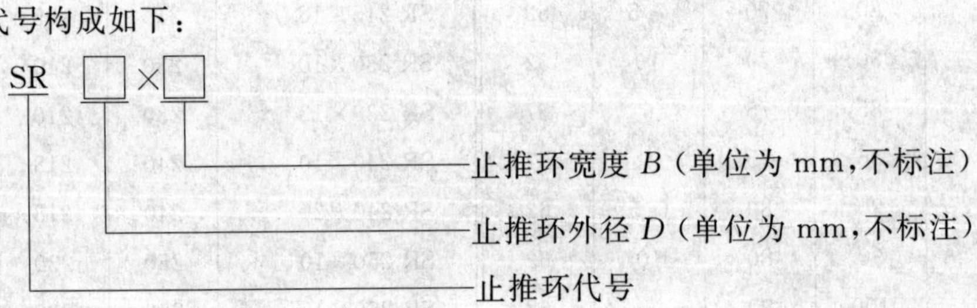

代号示例：

SR 52×7

表示外径为 52 mm，宽度为 7 mm 的止推环。

ICS 71.080.60
G 17

GB

中华人民共和国国家标准

GB/T 7814—2008
代替 GB/T 7814—1987

工业用异丙醇

Isopropyl alcohol for industrial use

2008-06-04 发布　　　　2008-12-01 实施

中华人民共和国国家质量监督检验检疫总局
中国国家标准化管理委员会　发布

前　言

本标准修改采用美国试验与材料协会标准 ASTM D 770—2005《标准规格　异丙醇》(英文版)。

本标准根据美国试验与材料协会标准 ASTM D 770—2005《标准规格　异丙醇》重新起草。在附录 A 中列出了本标准章条编号与 ASTM D 770—2005 章条编号的对照一览表。

考虑到我国国情，在采用 ASTM D 770—2005 标准时，本标准做了一些修改。本标准与 ASTM D 770—2005 标准的主要差异如下：

——增加了异丙醇含量、羰基含量、硫化物含量项目和试验方法，未设置沸程、气味项目(本标准的 3.2、4.4、4.11、4.12)，这是为了符合我国国情；

——指标与 ASTM D 770—2005 比较，比重指标 d_{20}^{20} 0.785～0.787 修改为密度指标 ρ_{20} 0.784～0.786(g/cm³)，蒸发残渣指标由≤5 mg/100 mL 修改为≤0.002%(本标准的 3.2)；

——密度试验方法增加密度计法，数字密度计法(U 型振动管法)为仲裁法(本标准的 4.6)；

——水分试验方法增加卡尔·费休法—库仑电量法，卡尔·费休法—容量法为仲裁法(本标准的 4.8)。

本标准代替 GB/T 7814—1987《异丙醇》。

本标准与 GB/T 7814—1987 相比主要变化如下：

——技术要求中取消产品等级划分，只设一个等级(1987 年版的第 1 章，本版的 3.2)；

——取消了沸程项目(1987 年版的第 1 章，本版的 3.2)；

——指标与 GB/T 7814—1987 优级品比较，色度(铂-钴色号)由≤5 修改为≤10；水分由≤0.15% 修改为≤0.20%；硫化物质量分数由≤1 mg/kg 修改为≤2 mg/kg(1987 年版的第 1 章，本版的 3.2)；

——密度试验方法增加数字密度计法(U 型振动管法)，作为仲裁法(1987 年版的 2.2，本版的 4.6)；

——水分试验方法由气相色谱法改为卡尔·费休法—容量法(仲裁法)和卡尔·费休法—库仑电量法(1987 年版的 2.6，本版的 4.8)；

——异丙醇含量的试验方法由填充柱气相色谱法修改为毛细管柱气相色谱法(1987 年版的 2.4，本版的 4.4)；

——增加了检验分类，规定了出厂检验项目(见 5.1)；

——增加了资料性附录 A、附录 B(见附录 A、附录 B)。

本标准的附录 A、附录 B 为资料性附录。

本标准由中国石油和化学工业协会提出。

本标准由全国化学标准化技术委员会有机分会(SAC/TC 63/SC 2)归口。

本标准起草单位：中国石油天然气股份有限公司锦州石化分公司。

本标准参加起草单位：东营市海科新源化工有限责任公司。

本标准主要起草人：孔春华、蒋晨、方宝云、张丽霞、尹国彬、王保路、张云烽。

本标准于 1987 年 6 月首次发布。

工业用异丙醇

1 范围

本标准规定了工业用异丙醇的要求、试验方法、检验规则以及标志、包装、运输和贮存等。

本标准适用于工业用异丙醇的生产、检验和销售。

分子式：$(CH_3)_2CHOH$

相对分子质量：60.09(按2005年国际相对原子质量)

2 规范性引用文件

下列文件中的条款通过本标准的引用而成为本标准的条款。凡是注日期的引用文件，其随后所有的修改单(不包括勘误的内容)或修订版均不适用于本标准，然而，鼓励根据本标准达成协议的各方研究是否可使用这些文件的最新版本。凡是不注日期的引用文件，其最新版本适用于本标准。

GB 190—1990　危险货物包装标志

GB/T 325　包装容器　钢桶

GB/T 601—2002　化学试剂　标准滴定溶液的制备

GB/T 603—2002　化学试剂　试验方法中所用制剂及制品的制备(ISO 6353-1:1982，NEQ)

GB/T 1250　极限数值的表示方法和判定方法

GB/T 3143　液体化学产品颜色测定法(Hazen单位——铂-钴色号)

GB/T 4472—1984　化工产品密度、相对密度测定通则

GB/T 6283—1986　化工产品中水分含量的测定　卡尔·费休法(通用方法)(eqv ISO 760:1978)

GB/T 6324.1—2004　有机化工产品试验方法　第1部分：液体有机化工产品水混溶性试验(GB/T 6324.1—2004，mod ASTM D 1722—1998)

GB/T 6324.2—2004　有机化工产品试验方法　第2部分：挥发性有机液体水浴上蒸发后干残渣的测定(GB/T 6324.2—2004，mod ISO 759:1981)

GB/T 6324.4　有机化工产品试验方法　第4部分：有机液体产品微量硫的测定　微库仑法

GB/T 6324.5　有机化工产品试验方法　第5部分：有机化工产品中羰基化合物含量的测定

GB/T 6678—2003　化工产品采样通则

GB/T 6680—2003　液体化工产品采样通则

GB/T 6682—2008　分析实验室用水规格和试验方法(ISO 3696:1987，MOD)

GB/T 9722—2006　化学试剂　气相色谱法通则

SH/T 0604　原油和石油产品密度测定法(U型振动管法)(SH/T 0604—2000，eqv ISO 12185:1996)

3 要求

3.1　外观：透明液体。

3.2　工业用异丙醇应符合表1所示的技术要求。

表 1 技术要求

项目		指标
异丙醇含量的质量分数/%	≥	99.7
色度/Hazen 单位(铂-钴色号)	≤	10
ρ_{20}/(g/cm^3)		0.784～0.786
水混溶性试验		通过试验
水的质量分数/%	≤	0.20
酸(以乙酸计)含量的质量分数/%	≤	0.002
蒸发残渣的质量分数/%	≤	0.002
羰基(以丙酮计)的质量分数/%	≤	0.02
硫化物(以 S 计)的质量分数/(mg/kg)	≤	2

4 试验方法

4.1 警示

试验方法规定的一些试验过程可能导致危险情况,操作者应采取适当的安全和防护措施。

4.2 一般规定

除非另有说明,在分析中仅使用确认为分析纯的试剂和符合 GB/T 6682—1992 中规定的三级水。

分析中所用标准滴定溶液、制剂和制品,在没有注明其他要求时,均按 GB/T 601—2002、GB/T 603—2002 之规定制备。

4.3 外观

将 50 mL 实验室样品加入比色管中,室温,在日光灯或日光下轴向目测。

4.4 异丙醇含量的测定

4.4.1 方法提要

采用毛细管柱气相色谱法。在选定的工作条件下,样品经气化通过色谱柱,使其中的各组分分离,用火焰离子化检测器(FID)检测,采用校正面积归一化法定量,得到异丙醇的含量。

4.4.2 试剂

4.4.2.1 氮气:体积分数大于 99.99%;

4.4.2.2 氢气:体积分数大于 99.99%;

4.4.2.3 空气:经硅胶或 5A 分子筛干燥和净化。

4.4.3 仪器与设备

4.4.3.1 气相色谱仪:配有火焰离子化检测器(FID),灵敏度和稳定性应符合 GB/T 9722—2006 中有关规定;

4.4.3.2 色谱数据处理机或积分仪;

4.4.3.3 微量注射器:1 μL,10 μL。

4.4.4 色谱柱及典型操作条件

本标准推荐的色谱柱和色谱操作条件见表 2。典型色谱图及各组分相对保留值参见附录 B 图 B.1 和表 B.1。本方法适用于测定 C_6 组分、异丙醚、丙酮、叔丁醇、仲丁醇、正丙醇等杂质浓度范围为(0.01～0.30)%的异丙醇。其他能达到同等分离程度的色谱柱及色谱操作条件也可使用。

应证实注入样品量是否会使 FID 信号产生饱和现象,调节进样量和分流比,用预测浓度范围内的标样作出异丙醇浓度-峰面积曲线,以确定线性进样量范围和其他色谱操作参数。

表 2 推荐的色谱柱和色谱操作条件

毛细管色谱柱	30 m×250 μm×0.25 μm（柱长×柱内径×液膜厚度）
固定相	键合交联聚乙二醇-20M
柱温/℃	65
气化室温度/℃	150
检测器温度/℃	200
载气（N_2）流量/（mL/min）	0.8～1.0
氢气流量/（mL/min）	30～50
空气流量/（mL/min）	350～400
辅助气（N_2）流量/（mL/min）	30
进样量/μL	0.5～0.8
分流比	100∶1

4.4.5 分析步骤

根据仪器说明书，调节仪器至表 2 所示的操作条件，待仪器稳定后即可开始测定。注入适量试样，以保证质量分数 0.01％以上的组分能够得到准确定量，用校正面积归一化法定量。

相对校正因子的测定参见附录 B 的 B.3。

4.4.6 结果计算

异丙醇的质量分数 w_1，数值以％表示，按公式（1）计算：

$$w_1 = (100 - w_{2w}) \times \frac{A_1}{\sum f_i A_i} \qquad \cdots\cdots(1)$$

式中：

w_{2w}——试样中水的质量分数的数值；

A_1——异丙醇色谱峰的面积；

A_i——组分 i 色谱峰的面积；

f_i——组分 i 相对异丙醇的校正因子。

注：试样中未知组分的相对校正因子取值为 1。

4.4.7 允许差

取两次平行测定结果的算术平均值为测定结果。

异丙醇含量两次平行测定结果的绝对差值不大于 0.05％。

杂质组分 i 含量两次平行测定结果的绝对差值不大于这两个测定值的算术平均值的 10％。

4.5 色度的测定

按 GB/T 3143 的规定进行。

4.6 密度的测定

4.6.1 密度计法

按 GB/T 4472—1984 的规定进行。使用经检定合格的合适的密度计，在 20℃下测定密度。

4.6.2 U 型振动管法（仲裁法）

按 SH/T 0604 的规定进行。

4.7 水混溶性试验

按 GB/T 6324.1—2004 的规定进行。异丙醇与水的体积比为 1∶9。

4.8 水分的测定

4.8.1 卡尔·费休法——容量法（仲裁法）

按 GB/T 6283—1986 的规定进行。

4.8.2 卡尔·费休法——库仑电量法

4.8.2.1 方法提要

试样中的水分与电解液中的碘进行定量反应，反应式为：

$H_2O+I_2+SO_2 \rightarrow 2HI+SO_3$

$2I-2e \rightarrow I_2$

参加反应的碘的分子数等于水的分子数，而电解生成的碘与所消耗的电量成正比，依据法拉第定律，在仪器上直接读出被测试样中的水含量。

4.8.2.2 仪器

4.8.2.2.1 库仑电量水分测定仪：检测灵敏度 0.1 μg 水。或其他能满足分析要求的微量水分测定仪也可使用。

4.8.2.2.2 玻璃注射器：1 mL，以体积定量时应检定。

4.8.2.3 试剂

与库仑电量水分测定仪配套的电解液(市售试剂)。

4.8.2.4 分析步骤

4.8.2.4.1 仪器标定

应定期向电解池中注入一定量纯水对仪器进行标定，仪器显示数值与理论值的相对误差不应大于5%。

4.8.2.4.2 样品测定

加入电解液，调节库仑电量水分测定仪，使电解池内达到无水状态。

用玻璃注射器进样，按实验室样品含水量的多少，调节进样量。进样结束后，进行电量滴定，在库仑电量水分测定仪显示屏上直接读取水的质量。

进样量以实验室样品的质量表示时，按公式(2)计算。

进样量以实验室样品的体积表示时，按公式(3)计算。

4.8.2.5 结果计算

试样中水的质量分数，数值以%表示，按公式(2)或公式(3)计算：

$$w_2=\frac{m}{m_1-m_2}\times 100 \qquad \cdots\cdots(2)$$

$$w_2=\frac{m}{(V_1-V_2)\cdot\rho_{20}}\times 100 \qquad \cdots\cdots(3)$$

式中：

m——从仪器读取的水质量的数值，单位为克(g)；

m_1——进样前注射器和试料质量的数值，单位为克(g)；

m_2——进样后注射器和试料质量的数值，单位为克(g)；

V_1——进样前注射器内试料体积的数值，单位为毫升(mL)；

V_2——进样后注射器内试料体积的数值，单位为毫升(mL)；

ρ_{20}——20℃下试料密度的数值，单位为克每毫升(g/mL)。

取两次平行测定结果的算术平均值为测定结果。两次平行测定结果的绝对差值不大于这两个测定值的算术平均值的5%。

4.9 酸含量的测定

4.9.1 方法提要

样品与等体积的水混合后，用氢氧化钠标准滴定溶液滴定，以酚酞指示剂指示终点，通过消耗氢氧化钠标准滴定溶液的体积计算出试样中酸的含量。

4.9.2 试剂

4.9.2.1 氢氧化钠标准滴定溶液：$c(NaOH)=0.05$ mol/L；

4.9.2.2 酚酞指示液:10 g/L。

4.9.3 仪器

微量滴定管:2 mL 或 3 mL,分度值 0.01 mL。

4.9.4 分析步骤

用量筒取 50 mL 水于 250 mL 锥形瓶中,加入 0.5 mL 酚酞指示液,用氢氧化钠标准滴定溶液滴定到粉红色。用移液管吸取 50 mL 试样加入上述锥形瓶中,混匀,用氢氧化钠标准滴定溶液滴定至同样的粉红色。记录滴定样品所消耗的氢氧化钠标准滴定溶液的体积。

4.9.5 结果计算

酸含量(以乙酸计)的质量分数 w_2,数值以%表示,按公式(4)计算:

$$w_2 = \frac{(V/1\,000)cM}{50 \times \rho_{20}} \times 100 \qquad \cdots\cdots(4)$$

式中:

V——试料消耗氢氧化钠标准滴定溶液(4.9.2.1)的体积的数值,单位为毫升(mL);

c——氢氧化钠标准滴定溶液浓度的准确数值,单位为摩尔每升(mol/L);

50——试料的体积的数值,单位为毫升(mL);

ρ_{20}——20℃下试样密度的数值,单位为克每毫升(g/mL);

M——乙酸($C_2H_4O_2$)的摩尔质量的数值,单位为克每摩尔(g/mol)[M=60.05]。

取两次平行测定结果的算术平均值为测定结果。两次平行测定结果的绝对差值不大于 0.000 5%。

4.10 蒸发残渣的测定

按 GB/T 6324.2—2004 的规定进行。

4.11 羰基含量的测定

按 GB/T 6324.5 的规定进行。

4.12 硫化物含量的测定

按 GB/T 6324.4 的规定进行。

5 检验规则

5.1 检验分类

5.1.1 型式检验

型式检验项目为外观和表 1 中规定的所有项目,正常情况三个月至少进行一次型式检验。当遇到下列情况之一时,应进行型式检验:

a) 主要原料有变化;

b) 工艺等有较大改变,可能影响产品性能时;

c) 产品长期停产后,恢复生产时;

d) 出厂检验结果与上次型式检验有较大差异时;

e) 合同规定。

5.1.2 出厂检验

出厂检验项目为外观及表 1 中的异丙醇含量、色度、密度、水混溶性试验、水分、酸含量和硫化物,应逐批进行检验。

5.2 组批

产品装在贮罐内,以每一贮罐为一批。桶装产品以一次包装量为一批。槽车装产品以每组槽车为一批。

5.3 采样

工业用异丙醇采样单元数按 GB/T 6678—2003 中 7.6.1 的规定确定。采样方法按 GB/T 6680—

2003 的规定进行。采样量不少于 2 L,分装在两个清洁干燥的密封玻璃瓶中,贴上标签,注明产品名称、批号、取样日期、取样地点、取样者姓名。一瓶供检验用,一瓶保存备查。

5.4 判定规则与复验

检验结果的判定按 GB/T 1250 的规定进行。检验结果如果有一项指标不符合本标准要求时,则应重新自两倍数量的包装单元中采样进行检验,重新检验的结果即使只有一项指标不符合本标准要求,则整批产品为不合格。

5.5 检验

工业用异丙醇应由生产厂的质量监督检验部门进行检验。生产厂应保证每批出厂的产品符合本标准要求。每批出厂的产品都应附有一定格式的质量证明书,内容包括:生产厂名称、产品名称、生产日期或者批号、产品等级和本标准编号等。

6 标志、包装、运输和贮存

6.1 工业用异丙醇的包装容器上应有牢固的标志,其内容包括:产品名称、生产厂名称、厂址、商标、批号或生产日期、净含量、本标准编号及 GB 190—1990 中规定的"易燃液体"标志。

6.2 工业用异丙醇在采用符合 GB/T 325 要求的钢桶包装时,每桶净含量为 140 kg。或按照用户要求包装。

6.3 工业用异丙醇运输时应避免日晒及碰撞。灌装时应注意流速(不超过 3 m/s),且有接地装置。

6.4 工业用异丙醇应贮存于干燥、清洁、通风的仓库内,不得露天堆放和靠近火源、热源、氧化剂。

7 安全

7.1 工业用异丙醇为透明液体,有类似乙醇、丙酮的混合气味,闪点 12℃,自燃温度 399℃,爆炸极限为 2.0%～12.7%(体积分数)。能与氧化剂发生剧烈反应。其蒸气比空气重,能在较低处扩散到相当远的地方。若遇高热,容器内压增大,有开裂和爆炸的危险。

7.2 接触高浓度异丙醇蒸气可使人出现头痛、倦睡以及眼、鼻、喉刺激等症状。口服可致恶心、呕吐、腹痛、腹泻、倦睡、昏迷甚至死亡。长期皮肤接触可致皮肤干燥、皲裂。

7.3 皮肤接触异丙醇时,脱去污染的衣物,用肥皂水及清水彻底清洗;眼睛接触时立即翻开上下眼睑,用流动清水或生理盐水冲洗 15 min,就医;吸入异丙醇应迅速脱离现场至空气新鲜处,保持呼吸道通畅;呼吸困难时给输氧;呼吸停止时,立即进行人工呼吸,就医;误服异丙醇者应立即漱口,饮用足量温水,催吐,就医。

附 录 A
（资料性附录）
本标准章条编号与 ASTM D 770—2005 章条编号对照

表 A.1 给出了本标准章条编号与 ASTM D 770—2005 章条编号对照一览表。

表 A.1 本标准章条编号与 ASTM D 770—2005 章条编号对照

本标准章条编号	对应 ASTM D 770—2005 章条编号
1	1.1
2	2
3	3
4	5
5.3	4
6	6
7	—
—	7

附 录 B
（资料性附录）
异丙醇含量测定的典型色谱图、各组分相对保留值和相对校正因子的测定方法

B.1 异丙醇含量测定的典型色谱图

典型色谱图见图 B.1。

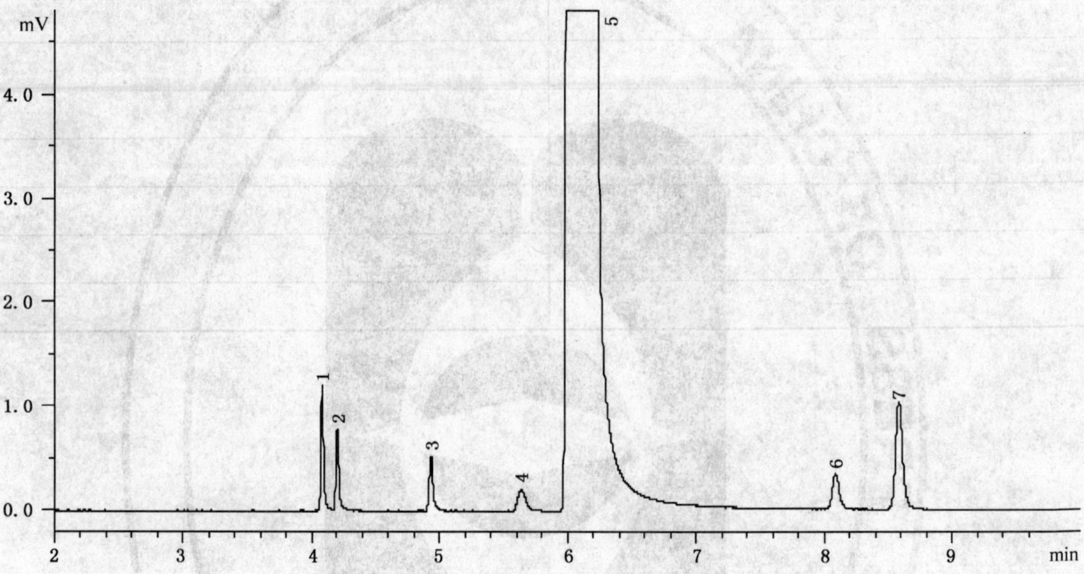

1——C_6 组分；
2——异丙醚；
3——丙酮；
4——叔丁醇；
5——异丙醇；
6——仲丁醇；
7——正丙醇。

图 B.1 异丙醇典型色谱图

B.2 各组分相对保留值和相对校正因子

各组分相对保留值和相对校正因子见表 B.1。

表 B.1 各组分相对保留值和相对校正因子

序号	组分名称	相对保留值	归一化法相对校正因子
1	C_6 组分	0.25	0.372
2	异丙醚	0.30	0.401
3	丙酮	0.56	0.645
4	叔丁醇	0.81	0.422
5	异丙醇	1	1
6	仲丁醇	1.70	0.492
7	正丙醇	1.89	0.536

B.3 相对校正因子的测定

B.3.1 试剂

B.3.1.1 异丙醇：质量分数大于 99.9%；

B.3.1.2 校准用标准物质：正己烷、异丙醚、丙酮、叔丁醇、异丙醇、仲丁醇、正丙醇等，色谱纯试剂。

B.3.2 分析步骤

用称量法配制异丙醇(B.3.1.1)加欲测杂质的校准混合物。各组分的称量精确至 0.000 1 g，各组分含量的质量分数计算精确至 0.001%。所配制的校准混合物杂质含量应与待测试样相近。

用于配制校准混合物的异丙醇(B.3.1.1)中被测杂质组分含量大于 0.001%时，校准混合物中的被测杂质组分含量应予以修正。

在与测定样品相同的色谱操作条件下，将配制的校准混合物注入色谱仪。平行测定 3 次，取 3 次测定的峰面积的算术平均值为测定结果。依据所得的峰面积及杂质组分含量，计算各组分的相对校正因子 f_i。

B.3.3 相对校正因子的计算

各组分相对异丙醇的校正因子 f_i 按公式(B.1)计算：

$$f_i = \frac{A_1 m_i}{A_i m_1} \qquad \text{(B.1)}$$

式中：

A_1——异丙醇的峰面积；

A_i——组分 i 的峰面积；

m_1——校准混合物中异丙醇的质量分数，以百分数(%)表示；

m_i——校准混合物中组分 i 的质量分数，以百分数(%)表示。

ICS 71.080.60
G 17

GB

中华人民共和国国家标准

GB/T 7815—2008
代替 GB/T 7815—1995

工业用季戊四醇

Pentaerythritol for industrial use

2008-05-14 发布　　　　2008-10-01 实施

中华人民共和国国家质量监督检验检疫总局
中国国家标准化管理委员会　发布

前　言

本标准代替 GB/T 7815—1995《工业用季戊四醇》。

本标准与 GB/T 7815—1995 相比主要变化如下：

——“范围”由“本标准适用于除炸药用以外的工业季戊四醇”修改为“本标准适用于以甲醛和乙醛为原料，氢氧化钠或氢氧化钙为催化剂生产的工业用季戊四醇的生产、检验和销售”(见第 1 章)；

——增加“分类和命名”一章(见第 3 章)；

——技术要求中增加外观(见 4.1)；

——将工业用季戊四醇产品分级优等品、一等品、合格品修改为按工业用季戊四醇的纯度分型(1995 年版的第 3 章，本版的 4.2)；

——增加终熔点项目(见 4.2)；

——技术要求中单季戊四醇含量由优等品≥93%、一等品≥86%、合格品不控制修改为季戊四醇的含量 98 级≥98.0%、季戊四醇[以 $C(CH_2OH)_4$ 计]的含量 95 级≥95.0%、90 级≥90.0%、86 级≥86.0%，羟基含量由优等品≥47%、一等品≥47%、合格品≥46%修改为 98 级≥48.5%、95 级≥47.5%、90 级≥47.0%、86 级≥46.0%，干燥减量由优等品、一等品≤0.5%、合格品≤0.7%修改为 98 级≤0.20%、95 级、90 级、86 级≤0.50%，灼烧残渣由优等品、一等品、合格品≤0.1 %修改为 98 级≤0.05%、95 级、90 级和 86 级≤0.10%，邻苯二甲酸树脂着色度(Fe、Co 、Cu 标准比色液号)由优等品≤2、一等品≤4、合格品≤6 修改为 98 级≤1、95 级、90 级≤2、86 级≤4，终熔点 98 级≥250℃，其他级不控制(1995 年版的第 3 章，本版的 4.2)；

——季戊四醇含量测定的试验方法增加了气相色谱法，并作为 98 级的仲裁法(见 5.3.2)；

——终熔点测定方法采用熔点仪法(见 5.8)；

——增加了“检验规则”一章(见第 6 章)。

本标准的附录 A 为资料性附录。

本标准由中国石油和化学工业协会提出。

本标准由全国化学标准化技术委员会有机分会(SAC/TC 63/SC 2)归口。

本标准负责起草单位：湖北宜化集团有限责任公司。

本标准参加起草单位：濮阳市鹏鑫化工有限公司、江苏溧阳瑞阳化工有限公司。

本标准主要起草人：蒋远华、杨晓勤、何涛、卞平官、张业祥、董雁如、刘启东。

本标准于 1987 年 5 月首次发布，于 1995 年 12 月第一次修订。

工业用季戊四醇

1 范围

本标准规定了工业用季戊四醇的要求、试验方法、检验规则以及标志、包装、运输和贮存等。

本标准适用于以甲醛和乙醛为原料，氢氧化钠或氢氧化钙为催化剂生产的工业用季戊四醇的生产、检验和销售。

分子式：$C(CH_2OH)_4$

相对分子质量：136.14(按 2005 年国际相对原子质量)

2 规范性引用文件

下列文件中的条款通过本标准的引用而成为本标准的条款。凡是注日期的引用文件，其随后所有的修改单(不包括勘误的内容)或修订版均不适用于本标准，然而，鼓励根据本标准达成协议的各方研究是否可使用这些文件的最新版本。凡是不注日期的引用文件，其最新版本适用于本标准。

GB/T 191—2008 包装储运图示标志 (ISO 780:1997 MOD)

GB/T 601—2002 化学试剂 标准滴定溶液的制备

GB/T 603—2002 化学试剂 试验方法中所用制剂及制品的制备(ISO 6353-1:1982,NEQ)

GB/T 617—2006 化学试剂 熔点范围测定通用方法(ISO 6353-1:1982,NEQ)

GB/T 1250 极限数值的表示方法和判定方法

GB/T 6678—2003 化工产品采样总则

GB/T 6679—2003 固体化工产品采样通则

GB/T 6682—1992 分析实验室用水规格和试验方法(ISO 3696:1987,NEQ)

GB/T 7531—1987 有机化工产品灰分的测定(ISO 6353-1:1982,NEQ)

3 分类和命名

按工业用季戊四醇的纯度 98%、95%、90%、86%以上分为四型，命名为 98 级、95 级、90 级、86 级。

4 要求

4.1 外观：白色结晶。

4.2 工业用季戊四醇应符合表 1 所示的技术要求。

表 1 技术要求

项目		指标			
		98 级	95 级	90 级	86 级
季戊四醇的质量分数/%	≥	98.0	—	—	—
季戊四醇(以 $C(CH_2OH)_4$ 计)[a] 的质量分数/%	≥	—	95.0	90.0	86.0
羟基的质量分数/%	≥	48.5	47.5	47.0	46.0
干燥减量的质量分数/%	≤	0.20	0.50		
灼烧残渣的质量分数/%	≤	0.05	0.10		
邻苯二甲酸树脂着色度/(Fe、Co、Cu 标准比色液)号	≤	1	2		4
终熔点/℃	≥	250	—	—	—

[a] 季戊四醇和季戊四醇环状缩甲醛的含量折算为 $C(CH_2OH)_4$ 计入。

5 试验方法

除非另有说明，在分析中仅使用确认为分析纯的试剂和符合 GB/T 6682—1992 中规定的三级水。

分析中所用标准滴定溶液、制剂和制品，在没有注明其他要求时，均按 GB/T 601—2002、GB/T 603—2002 之规定制备。

5.1 样品制备

称取 10 g 实验室样品，研磨至能全部通过 74 μm 筛，得到试样。

5.2 外观

在自然光或荧光灯光照之下，将(5～10)g 实验室样品平摊在清洁的白纸上，目视观察。

5.3 季戊四醇含量的测定

5.3.1 二苄叉法

5.3.1.1 方法提要

在试样的热溶液中加入苯甲醛-甲醇溶液及盐酸，与试样中的季戊四醇和季戊四醇环状缩甲醛反应生成季戊四醇-二苄叉沉淀物，将沉淀物经过滤、洗净、干燥，称量，计算得到季戊四醇含量，季戊四醇环状缩甲醛也折算为季戊四醇计入。

季戊四醇反应式为：$C(CH_2OH)_4+2C_6H_5CHO=C(CH_2O)_4(CH\cdot C_6H_5)_2+2H_2O$

季戊四醇环状缩甲醛反应式为：$C(CH_2OHCH_2O)_2(CH_2)+C_6H_5CHO=C(CH_2O)_4(CH_2)(CH\cdot C_6H_5)+H_2O$

5.3.1.2 试剂

5.3.1.2.1 盐酸；

5.3.1.2.2 苯甲醛-甲醇溶液：15+100；

5.3.1.2.3 甲醇水溶液：1+1。

5.3.1.3 仪器

多孔玻璃坩埚：G3。

5.3.1.4 分析步骤

称取 5.1 已制备好的试样 0.5 g，精确至 0.000 2 g。置于具塞锥形瓶中，加 5 mL 的水，轻轻加盖，在水浴上或直接加热，使试样迅速溶解，加热时不应使溶液沸腾。趁热向溶液中加入 20.00 mL 苯甲醛-甲醇溶液和 12 mL 盐酸，加盖，室温下放置(15～30)min。放置期间应时常摇动锥形瓶，结晶析出后继续摇动。将锥形瓶放置于(0～2)℃的冰水浴中 1 h，使结晶完全析出，取出锥形瓶，立即用多孔玻璃坩埚抽滤，用(20～25)℃的甲醇水溶液 20 mL 洗涤锥形瓶，将洗液并入多孔玻璃坩埚内，用一头扁平的玻璃棒搅拌沉淀物，再抽滤，此操作反复进行三次，再用(20～25)℃甲醇水溶液 20 mL 洗涤锥形瓶内壁、玻璃棒及多孔玻璃坩埚内壁，再次抽滤。洗涤所用甲醇水溶液总量为 100 mL。沉淀物在(105±2)℃的条件下干燥 2 h，在干燥器中冷却至室温，称量。

5.3.1.5 结果计算

季戊四醇[以 $C(CH_2OH)_4$ 计]的质量分数 w_1，数值以%表示，按式(1)计算：

$$w_1=\frac{(m_1+0.026\,9)\times 0.435\,9}{m}\times 100 \qquad (1)$$

式中：

m_1——沉淀物的质量的数值，单位为克(g)；

m——试料的质量的数值，单位为克(g)；

0.435 9——季戊四醇与季戊四醇-二苄叉化合物的摩尔质量之比；

0.026 9——沉淀物溶解部分的校正质量的数值，单位为克(g)。

取两次平行测定结果的算术平均值为测定结果，两次平行测定结果的绝对差值不大于 0.4%。

5.3.2 气相色谱法(98 级仲裁法)

5.3.2.1 方法提要

试样中的季戊四醇及杂质组分与硅烷化试剂反应生成相应的硅烷化衍生物。在选定的色谱工作条件下,硅烷化衍生物经汽化通过色谱柱,使其中的各组分分离,用氢火焰离子化检测器检测,用面积归一化法定量。

5.3.2.2 试剂

5.3.2.2.1 氮气:体积分数大于99.995%;

5.3.2.2.2 氢气:体积分数大于99.995%;

5.3.2.2.3 空气:经硅胶或分子筛干燥、净化;

5.3.2.2.4 N,N-二甲基甲酰胺[$HCON(CH_3)_2$]:保存在冰箱冷藏室中;

5.3.2.2.5 N,O-(三甲基硅基)三氟乙酰胺($C_8H_{18}F_3NOSi_2$):保存在冰箱冷藏室中。

5.3.2.3 仪器

5.3.2.3.1 气相色谱仪:配有氢火焰离子化检测器(FID)。以苯为样品,整机灵敏度的检测限 $D \leqslant 1\times10^{-11}$ g/s;

5.3.2.3.2 记录仪:色谱数据处理机或色谱工作站;

5.3.2.3.3 制样瓶:带橡胶隔垫的旋塞,容积 2 mL;

5.3.2.3.4 进样器:10 μL 玻璃注射器或自动进样阀。

5.3.2.4 色谱柱及典型操作条件

本标准推荐的色谱柱和色谱操作条件见表 2。典型色谱图及各组分相对保留值参见附录 A 图 A.1 和表 A.1。其它能达到同等分离程度的色谱柱及色谱操作条件也可使用。

色谱柱在首次使用前应进行老化处理。在载气(N_2)流量为 10 mL/min 的情况下,柱温起始温度 120℃保持 2 h,然后升温至 260℃保持 2 h,再升温至 290℃保持 12 h。

表 2 推荐的色谱柱和色谱操作条件

色谱柱固定相	固定液 10%OV-101 担体 Chromosorb G-AWDMCS 180 μm～250 μm
色谱柱管材质	不锈钢
色谱柱长/m	2
色谱柱内径/mm	3
柱箱温度/℃	初始温度 120℃,以 12℃/min 升温到 270℃保持 10 min
气化室温度/℃	270
检测器温度/℃	280
载气(N_2)流量/(mL/min)	30
空气流量/(mL/min)	300
氢气流量/(mL/min)	30
进样量/μL	1

5.3.2.5 分析步骤

按表 2 所列色谱操作条件调试仪器,使仪器稳定。

称取 5.1 已制备好的试样(5～6)mg,置于 2 mL 制样瓶中,依次加入 0.1 mL N,N-二甲基甲酰胺,0.05 mL N,O-(三甲基硅基)三氟乙酰胺,盖上瓶塞摇匀,在(70～80)℃的烘箱中加热 10 min,得到制备好的硅烷化衍生物。

用 10 μL 玻璃注射器吸取 1 μL 进样分析或用自动进样器进样。以面积归一化法定量。

5.3.2.6 结果计算

季戊四醇的质量分数 w_2，数值以%表示，按式(2)计算：

$$w_2 = \frac{A}{\sum A_i} \times (100 - w_5) \qquad \cdots\cdots(2)$$

式中：

A——季戊四醇硅烷化衍生物色谱峰的面积；

A_i——某组分硅烷化衍生物色谱峰的面积；

w_5——5.5 测得的干燥减量的质量分数，数值以%表示。

取两次平行测定结果的算术平均值为测定结果。两次平行测定结果的绝对差值不大于0.20%。

5.4 羟基含量的测定

5.4.1 乙酸酐-吡啶法(仲裁法)

5.4.1.1 方法提要

在吡啶催化下，在(90～100)℃季戊四醇与乙酰化试剂定量发生乙酰化反应，生成酯和乙酸，同样条件进行空白试验，空白试验与试样消耗氢氧化钠标准溶液体积之差值得到反应掉的乙酰化试剂的量，从而求得羟基含量。

5.4.1.2 试剂

5.4.1.2.1 吡啶：水含量(质量分数)0.3%～0.45%；

注：每升吡啶中需加入的水的毫升数 V=4.0－9A，式中 A 为所用吡啶试剂的水含量(以%表示)。

5.4.1.2.2 氢氧化钠标准滴定溶液：$c(NaOH)=1$ mol/L；

5.4.1.2.3 乙酰化试剂：10 mL 乙酸酐和 90 mL 吡啶混匀，装入密闭瓶中，避光保存。此试剂在不变色的情况下保存期为一周；

5.4.1.2.4 酚酞指示液：10 g/L。

5.4.1.3 仪器

5.4.1.3.1 带磨口的平底烧瓶：200 mL；

5.4.1.3.2 直形玻璃冷凝管：具磨口，长度(750～1 000)mm；

5.4.1.3.3 热浴：油浴或水浴，控制温度在(90～100)℃。

5.4.1.4 分析步骤

称取5.1已制备好的试样约0.4 g，精确至0.000 2 g，置于平底烧瓶中，用移液管准确加入20.00 mL乙酰化试剂，安装上直形玻璃冷凝管，用(1～2)滴吡啶密封连接处，将平底烧瓶半浸入至(90～100)℃的热浴中，在时常摇动下加热回流1 h。

从热浴中取出平底烧瓶，用20 mL水冲洗冷凝器，与平底烧瓶中的溶液混匀，随即在5℃以下的冰水浴中冷却至室温，加入(2～3)滴酚酞指示液，以氢氧化钠标准滴定溶液滴定。当溶液呈浅红色时为终点。

在测定的同时，按与测定相同的步骤，对不加试料而使用相同数量的试剂溶液做空白试验。

5.4.1.5 结果计算

羟基的质量分数 w_3，数值以%表示，按式(3)计算：

$$w_3 = \frac{[(V_1 - V_2)/1\,000]cM}{m} \times 100 \qquad \cdots\cdots(3)$$

式中：

V_1——空白试验消耗氢氧化钠标准滴定溶液(5.4.1.2.2)的体积的数值，单位为毫升(mL)；

V_2——试料消耗氢氧化钠标准滴定溶液(5.4.1.2.2)的体积的数值，单位为毫升(mL)；

c——氢氧化钠标准滴定溶液的浓度的数值，单位为摩尔每升(mol/L)；

m——试料的质量的数值，单位为克(g)；

M——羟基的摩尔质量的数值,单位为克每摩尔(g/mol)(M=17.01)。

取两次平行测定结果的算术平均值为测定结果,两次平行测定结果的绝对差值不大于0.2%。

5.4.2 乙酸酐-乙酸钠法

5.4.2.1 方法提要

在加热条件下,季戊四醇与乙酰化试剂定量发生乙酰化反应,生成酯和乙酸,用碱中和生成的酸和剩余的乙酰化试剂;再加入定量的碱与生成的酯发生皂化反应还原羟基,用硫酸标准滴定溶液滴定多余的碱,同样条件进行空白试验,空白与试样消耗硫酸标准溶液之差值,即为酯发生皂化反应所消耗的碱值,求得羟基含量。

5.4.2.2 试剂

5.4.2.2.1 无水乙酸钠;

5.4.2.2.2 乙酸酐;

5.4.2.2.3 硫酸标准滴定溶液:$c(1/2H_2SO_4)=1.0$ mol/L;

5.4.2.2.4 氢氧化钠标准滴定溶液:$c(NaOH)=1.0$ mol/L;

5.4.2.2.5 酚酞指示液:10 g/L。

5.4.2.3 分析步骤

称取5.1已制备好的试样0.8 g,精确至0.000 2 g,置于500 mL干燥洁净的锥形瓶中,加入1 g无水乙酸钠、5.00 mL乙酸酐,摇匀。在电炉上缓慢加热并不时摇动,溶液微沸(1~2)min,使锥形瓶3/4处有回流液,取下锥形瓶,稍冷,以旋转方式加入25 mL水继续加热至沸腾,使溶液清亮,取下锥形瓶自然冷却至室温,加入8滴酚酞指示液,用氢氧化钠标准滴定溶液中和至浅红色(加碱速度不应太快),然后加入50.00 mL氢氧化钠标准滴定溶液,在电炉上加热沸腾10 min(为防止爆沸,可加入数粒玻璃球),取下锥形瓶,装上碱石灰管,急速冷却至室温,加入8滴酚酞指示液,用硫酸标准滴定溶液滴定至浅红色为终点。

在测定的同时,按与测定相同的步骤,对不加实验室样品而使用相同数量的试剂溶液做空白试验。

5.4.2.4 结果计算

羟基的质量分数w_4,数值以%表示,按式(4)计算:

$$w_4=\frac{[(V_1-V_2)/1\,000]cM}{m}\times 100 \qquad \cdots\cdots(4)$$

式中:

V_1——空白试验消耗硫酸标准滴定溶液(5.4.2.2.3)的体积的数值,单位为毫升(mL);

V_2——试料消耗硫酸标准滴定溶液(5.4.2.2.3)的体积的数值,单位为毫升(mL);

c——硫酸标准滴定溶液的浓度的数值,单位为摩尔每升(mol/L);

m——试料的质量的数值,单位为克(g);

M——羟基的摩尔质量的数值,单位为克每摩尔(g/mol)(M=17.01)。

取两次平行测定结果的算术平均值为测定结果,两次平行测定结果的绝对差值不大于0.2%。

5.5 干燥减量的测定

5.5.1 仪器

5.5.1.1 称量瓶:扁平,直径ϕ70 mm;

5.5.1.2 烘箱:控制温度在(105±2)℃。

5.5.2 分析步骤

称取约5 g实验室样品,精确至0.000 2 g,置于预先在(105±2)℃干燥至质量恒定的称量瓶中,于(105±2)℃烘箱中干燥3 h,置于干燥器中冷却至室温,称量。

5.5.3 结果计算

干燥减量的质量分数w_5,数值以%表示,按式(5)计算:

$$w_5 = \frac{m_1 - m_2}{m} \times 100 \quad \cdots\cdots (5)$$

式中：

m_1——干燥前试料和称量瓶的质量的数值，单位为克(g)；

m_2——干燥后试料和称量瓶的质量的数值，单位为克(g)；

m——试料的质量的数值，单位为克(g)。

取两次平行测定结果的算术平均值为测定结果，两次平行测定结果的绝对差值不大于0.04%。

5.6 灼烧残渣的测定

称取约(5～20)g实验室样品(称样量根据灼烧残渣的量确定)，精确至0.000 2 g。灼烧温度(850±25)℃。其他按GB/T 7531—1987的规定进行。

取两次平行测定结果的算术平均值为测定结果，两次平行测定结果的绝对差值不大于0.02%。

5.7 邻苯二甲酸树脂着色度的测定

5.7.1 方法提要

在实验室样品中加入邻苯二甲酸酐，加热后生成物的颜色与标准比色液进行比色。

5.7.2 试剂

邻苯二甲酸酐：取8 g邻苯二甲酸酐，按5.7.5的方法加热，所得邻苯二甲酸酐的色度应在30号(铂-钴色号Hazen单位)以下。

5.7.3 仪器

5.7.3.1 油浴：控制温度在(260～265)℃；

5.7.3.2 比色管：无色透明、同质、同厚度、同形，容积25 mL。

5.7.4 标准比色溶液的配制

5.7.4.1 标准比色贮备液的配制：按体积比2∶5∶1的比例，取下述氯化钴、氯化铁、硫酸铜溶液混合，得到标准比色贮备液：

5.7.4.1.1 氯化钴溶液：称取59.5 g氯化钴($CoCl_2 \cdot 6H_2O$)，用(1+39)盐酸溶解，稀释至1 000 mL；

5.7.4.1.2 氯化铁溶液：称取45.0 g氯化铁($FeCl_3 \cdot 6H_2O$)，用(1+39)盐酸溶解，稀释至1 000 mL；

5.7.4.1.3 硫酸铜溶液：称取62.4 g硫酸铜($CuSO_4 \cdot 5H_2O$)，用(1+39)盐酸溶解，稀释至1 000 mL；

5.7.4.2 标准比色溶液：将标准比色贮备液按表3的要求稀释，置于比色管中，密封、暗处保存、备用。

表3 标准比色溶液

标准比色号	贮备液体积/mL	水体积/mL	总体积/mL
1	1	9	10
2	2	8	10
3	3	7	10
4	4	6	10
5	5	5	10
6	6	4	10
7	7	3	10
8	8	2	10
9	9	1	10
10	10	0	10

5.7.5 分析步骤

称取3.00 g实验室样品和5.40 g邻苯二甲酸酐，精确至0.01 g，置于25 mL比色管中，将比色管置于(260～265)℃的油浴(浴液可使用甲基硅油)中，边振荡边加热 5 min，趁热与标准比色液色阶管在白色背景的散射光下，横向透视比色，得到比色结果。

5.8 终熔点的测定

按 GB/T 617—2006 中 4.2 的规定进行。先将仪器快速升温，当距熔点 20℃左右时，降低升温速度，继续升温，当距熔点 10℃时，严格控制升温速度在(1～1.5)℃/min。

取两次平行测定结果的算术平均值为测定结果，两次平行测定结果的绝对差值不大于 1℃。

6 检验规则

6.1 本标准采用型式检验和出厂检验。

6.1.1 本标准表 1 技术要求中的全部项目均为型式检验项目。在正常情况下，每两周至少进行一次型式检验。有下列情况之一时，也应进行型式检验。

a) 更新关键生产工艺；

b) 主要原料有变化；

c) 停产又恢复生产；

d) 出厂检验结果与上次型式检验有较大差异；

e) 合同规定。

6.1.2 本标准表 1 技术要求中的季戊四醇含量、羟基含量、干燥减量、灼烧残渣为出厂检验项目。出厂检验每批进行一次。

6.2 以同等质量的产品为一批，每批量不大于 60 t。

6.3 工业用季戊四醇的采样单元数按 GB/T 6678—2003 中 7.6.1 的规定确定。

6.4 工业用季戊四醇采样方法按 GB/T 6679—2003 的规定进行。用开口采样管取样，样品混合均匀，用四分法缩分到约 250 g，平均分装在两个清洁干燥的磨口瓶中，贴上标签，注明产品名称、批号、取样日期、取样地点、取样者姓名。一瓶供检验用，一瓶保存作为留样备查。留样保存期三个月。

6.5 工业用季戊四醇应由生产厂的质量监督检验部门进行检验。生产厂应保证每批出厂的产品符合本标准要求。每批出厂的产品都应附有一定格式的质量证明书，内容包括：生产厂名称、产品名称、生产日期或者批号、产品型号、净含量和本标准编号等。

6.6 检验结果的判定按 GB/T 1250 中规定的修约值比较法进行。检验结果如果有一项指标不符合本标准要求时，则应重新自两倍数量的包装单元中采样进行检验，重新检验的结果即使只有一项指标不符合本标准要求，则整批产品应做降级或不合格处理。

7 标志、包装、运输、贮存

7.1 工业用季戊四醇的包装容器上应有牢固的标志，其内容包括：产品名称、生产厂名称、厂址、商标、批号或生产日期、产品型号、净含量、本标准编号及 GB/T 191—2008 中规定的"怕雨"标志。

7.2 工业用季戊四醇应用复合塑料编织袋、纸塑复合袋或其他适用的包装材料包装。每袋净含量为 25 kg、500 kg、750 kg，或按用户要求包装。

7.3 工业用季戊四醇运输时应避免日晒雨淋。

7.4 工业用季戊四醇应贮存于干燥、清洁、通风的仓库内，不得露天堆放和靠近火源、热源。

附 录 A
（资料性附录）
季戊四醇含量测定的典型色谱图和各组分相对保留值

A.1 季戊四醇含量测定的典型色谱图

典型色谱图见图 A.1。

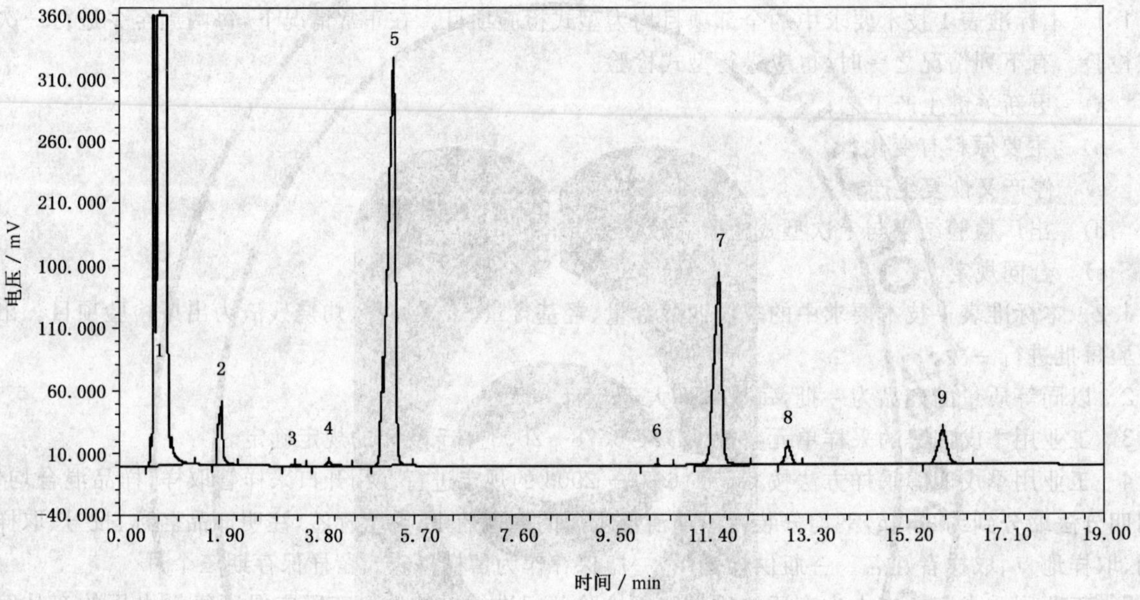

1——溶剂；
2——硅烷化试剂；
3——未知峰；
4——未知峰；
5——季戊四醇；
6——未知峰；
7——双季戊四醇；
8——季戊四醇环状缩甲醛；
9——三季戊四醇。

图 A.1 季戊四醇典型色谱图

A.2 各组分相对保留值

各组分相对保留值见表 A.1。

表 A.1 各组分相对保留值

峰号	峰名	相对保留值
1	溶剂	0.075
2	硅烷化试剂	0.381
3	未知峰	0.644
4	未知峰	0.762

表 A.1（续）

峰号	峰名	相对保留值
5	季戊四醇	1
6	未知峰	1.935
7	双季戊四醇	2.154
8	季戊四醇环状缩甲醛	2.395
9	三季戊四醇	2.943

ICS 73.080
Q 65

中华人民共和国国家标准

GB/T 7895—2008
代替 GB/T 7895—1987

人造光学石英晶体

Optical grade synthetic quartz crystal

2008-06-30 发布

2009-04-01 实施

中华人民共和国国家质量监督检验检疫总局
中国国家标准化管理委员会 发布

前言

本标准代替 GB/T 7895—1987《人造光学石英晶体》。

本标准与 GB/T 7895—1987 相比主要有下列变化：

——增加了范围、规范性引用文件和试验方法三个章节；

——增加了“3.2　单面生长人造石英晶体”；

——增加了“3.3　左旋石英和右旋石英”；

——增加了“3.5　双晶”；

——增加了“3.9　条纹”；

——增加了“4.8　条纹指标”；

——删除了“产品品种规格”(原标准第 2 章)；

——删除了“人造光学晶体的尺寸”(原标准 1.3)；

——删除了“生长层”(原标准 1.5)；

——删除了“折射率”(原标准 1.6)；

——删除了“光谱透射比”(原标准 1.9)；

——删除了“生长层内容”(原标准 3.8)；

——合并了技术要求“取向”(原标准 3.1)、“籽晶尺寸”(原标准 3.3)、“人造光学晶体的尺寸”(原标准 3.4)，作为“4.1　人造光学石英晶体及籽晶的取向与尺寸”；

——对“包裹体”指标(原标准 3.7)进行了重大修改(本标准 4.5)；

——在“6　检验规则”，“7　标志、包装”中对原标准进行了文字编辑性修改；

——本次修订修改了原标准中名词“光谱透射比”为“光谱透过率”。

本标准由中国建筑材料联合会提出并归口。

本标准起草单位：烁光特晶科技有限公司、浙江水晶光电科技股份有限公司。

本标准主要起草人：王晓刚、华大辰、尹利君、孙志文、张绍锋、徐川、盛永江。

本标准为首次修订。

人造光学石英晶体

1 范围

本标准规定了人造光学石英晶体的术语定义、要求、试验方法、检验规则、标志包装。

本标准适用于制作棱镜、透镜、光学窗口片、旋光片、偏光片、波片、光学低通滤波器等光学元件用人造光学石英晶体。

2 规范性引用文件

下列文件中的条款通过本标准的引用而成为本部分的条款。凡是注日期的引用文件，其随后所有的修改单(不包括勘误的内容)或修订版均不适用于本部分。然而，鼓励根据本部分达成协议的各方研究是否可使用这些文件的最新版本。凡是不注日期的引用文件，其最新版本适用于本部分。

GB/T 7896—2008 人造光学石英晶体试验方法

3 术语和定义

3.1

人造光学石英晶体 optical grade synthetic quartz crystal

采用水热法生长用于光学元件的α石英晶体。

3.2

单面生长人造光学石英晶体 unilaterally grown optical grade synthetic quartz crystal

水热法生长石英晶体时，把籽晶生长面一面遮挡起来，另一生长面对向液流上升的方向培育出的石英晶体。

3.3

左旋石英和右旋石英 right-handed quartz and left-handed quartz

晶体的旋光性通过在偏光下观测到的光旋转方向而确定。顺时针旋转的晶体是右旋晶体，逆时针旋转的晶体是左旋晶体。

3.4

籽晶 seed

晶体生长作晶核用的晶片。

3.5

双晶 twins

双晶服从结晶学的规律，它与特定的面和轴的对称性有关。

人造石英晶体中有以下两类双晶：

3.5.1

电双晶 electrical twins

在区域内沿共同的 Z 轴存在另一个极性相反的 X 轴(电轴)的晶体。

3.5.2

光双晶 optical twins

在区域内沿共同的 Z 轴存在另一个相反旋光性的 Z 轴(光轴)的晶体。

3.6

包裹体　inclusions

将晶体浸在折射率匹配的液体中，有光源的散射光来观测人造石英晶体中可见的外来物质。最普遍的包裹体为锥辉石。

3.7

光学均匀性　homogeneity

在同一块石英晶体中沿光轴方向所出现的折射率分布不均匀程度。

3.8

条纹　striae

人造石英晶体中，晶体局部区域因折射率发生变化观察到的线条状缺陷。

3.9

旋光率　rotat

某种波长的线偏振光沿光轴方向通过 1 mm 厚的晶体，偏振面转动的角度。

4　要求

4.1　人造光学石英晶体及籽晶的取向与尺寸

4.1.1　人造光学石英晶体的取向及沿 x,y,z 方向的尺寸

由供需双方协商。

4.1.2　人造光学石英晶体的籽晶取向及尺寸

根据不同的应用要求，选用对应取向和尺寸的籽晶。籽晶的角度偏差应小于 15′，除非另有规定，籽晶的厚度应不大于 2 mm。

4.2　旋光性

晶体应标明旋向，说明是左旋石英还是右旋石英。

4.3　双晶

在适用于制造光学元件的使用区域内，应无双晶。

4.4　裂纹

在适用于制造光学元件的使用区域内，应无裂纹。

4.5　包裹体

人造光学石英晶体距籽晶 2 mm 以外可用部分不允许有大于 50 μm 的包裹体，(10～50)μm 的包裹体数量应符合表 1 要求：

表 1　人造光学石英晶体包裹体数量及尺寸

包裹体级别	单块晶体平均每 40 cm³ 中(10～50)μm 包裹体数量 n/个
Ⅰa	$n \leqslant 1$
Ⅰ	$1 < n \leqslant 3$
Ⅱ	$3 < n \leqslant 10$
Ⅲ	$10 < n \leqslant 20$

4.6　折射率与色散

人造光学石英晶体在 20 ℃时的折射率与色散符合表 2。

表 2 人造光学石英晶体的折射率与色散

	折射率(允许偏差为$\pm 5\times 10^{-5}$)			色散
	n_C	n_D	n_F	$n_F - n_C$
o光	1.541 87	1.544 23	1.549 66	779×10^{-5}
e光	1.550 89	1.553 33	1.558 95	806×10^{-5}

4.7 光学均匀性

人造光学石英晶体的光学均匀性,沿光轴方向按晶体折射率的微差分为三级,见表 3:

表 3 光学石英晶体的光学均匀性级别

级　别	折射率微差值 Δn
A	$\leqslant 2\times 10^{-6}$
B	$\leqslant 5\times 10^{-6}$
C	$\leqslant 1\times 10^{-5}$

4.8 条纹

光学晶体中条纹的级别见表 4:

表 4 光学石英晶体的条纹级别

级　别	条纹缺陷面积占检测面积的比例 s/%
1	0
2	$s\leqslant 1$
3	$1<s\leqslant 2$
4	$2<s\leqslant 5$
5	$5<s\leqslant 10$

4.9 旋光率

人造光学石英晶体对 D 光的旋光率在 20 ℃时为 21.736°/mm,允许偏差为±0.050°/mm。

4.10 光谱透过率

每厘米厚度的人造光学石英晶体的光谱透过率见表 5。

表 5 光学石英晶体的光谱透过率

波长/nm	200～400	400～800	800～2 500
光谱透过率/%	≥80	>85	>90

5 试验方法

5.1 人造光学石英晶体及籽晶的取向与尺寸

按照 GB/T 7896—2008 中 3.1.1、3.1.2 试验;

5.2 旋光性

按照 GB/T 7896—2008 中 3.1.3 试验;

5.3 双晶

按照 GB/T 7896—2008 中 3.2 试验;

5.4 裂纹

按照 GB/T 7896—2008 中 3.3 试验;

5.5 包裹体

按照 GB/T 7896—2008 中 3.4 试验；

5.6 折射率

按照 GB/T 7896—2008 中 3.5 试验；

5.7 光学均匀性

按照 GB/T 7896—2008 中 3.6 试验；

5.8 条纹

按照 GB/T 7896—2008 中 3.7 试验；

5.9 旋光率

按照 GB/T 7896—2008 中 3.8 试验；

5.10 光谱透过率

按照 GB/T 7896—2008 中 3.9 试验。

6 检验规则

6.1 出厂时按照人造光学晶体及籽晶取向与尺寸、旋光性、裂纹、包裹体、条纹的各项技术要求对晶体逐块进行检验，并按照第 4 章要求进行分级，剔除不合格产品；

6.2 当客户有特殊要求时，可以对晶体的双晶、折射率、光学均匀性、旋光率、光谱透过率的指标进行检验。

7 标志、包装

7.1 标志

7.1.1 每块人造光学石英晶体上应标明生产厂名或商标、晶体编号。

7.1.2 每个包装箱内附有晶体的合格证书，内容包括出厂编号、执行标准、产品品种、规格、切型、单面或双面生长、左旋或右旋、检验项目级别、检验人。

7.2 包装

人造光学石英晶体出厂时，每块晶体用柔软材料裹装后装入填有软材料的包装箱中。包装上应标明“易碎”标志。

ICS 73.080
Q 65

中华人民共和国国家标准

GB/T 7896—2008
代替 GB/T 7896—1987

人造光学石英晶体试验方法

Test method for optical grade synthetic quartz crystal

2008-06-30 发布

2009-04-01 实施

中华人民共和国国家质量监督检验检疫总局
中国国家标准化管理委员会 发布

前言

本标准代替GB/T 7896—1987《人造光学石英晶体试验方法》。

本标准与GB/T 7896—1987相比主要有下列变化：

——增加了“1 范围”；

——增加了“2 规范性引用文件”；

——增加了“3 人造光学石英晶体的尺寸、取向和旋向”；

——增加了“4 双晶”；

——增加了“5 裂纹”；

——增加了“9 条纹”；

——删除了“试样采取”(原标准第1章)；

——修改了“包裹体的试验方法”(原标准第2章、本标准第6章)；

——修改了“光学均匀性的试验方法”(原标准第4章、本标准第8章)；

——修改了原标准中名词“光谱透射比”为“光谱透过率”。

本标准由中国建筑材料联合会提出并归口。

本标准起草单位：烁光特晶科技有限公司、浙江水晶光电科技股份有限公司。

本部分主要起草人：王晓刚、华大辰、尹利君、孙志文、张绍锋、徐川、盛永江。

本标准于1987年首次发布。

人造光学石英晶体试验方法

1 范围

本标准规定了人造光学石英晶体的试验方法。

本标准适用于人造光学石英晶体的性能检验。

2 规范性引用文件

下列文件中的条款通过本标准的引用而成为本标准的条款。凡是注日期的引用文件，其随后所有的修改单(不包括勘误的内容)或修订版均不适用于本标准。然而，鼓励根据本标准达成协议的各方研究是否可使用这些文件的最新版本。凡是不注日期的引用文件，其最新版本适用于本标准。

GB/T 7895—2008 人造光学石英晶体

3 人造光学石英晶体的尺寸、取向和旋向

3.1 人造光学石英晶体和籽晶的尺寸

使用精度为0.02 mm的游标卡尺测量人造石英晶体的各方向尺寸。

3.2 人造光学石英晶体籽晶的取向

人造光学石英晶体籽晶的取向应使用X光定向仪进行检测。

3.2.1 仪器及用具

X光定向仪，定向精度±30″。

3.2.2 试验步骤

校准定向仪，分别将计数管调至相应角度(2θ)，将相对应的标准片放至样品台上，并用真空泵吸附，将手轮向前或向后摇动寻找峰值，使显示角度为θ即可。将被测籽晶样品放置在样品台上，测量三次。

3.2.3 结果

计算三次测量结果的平均值。

3.3 旋向

3.3.1 原晶按照图1进行旋向判定。

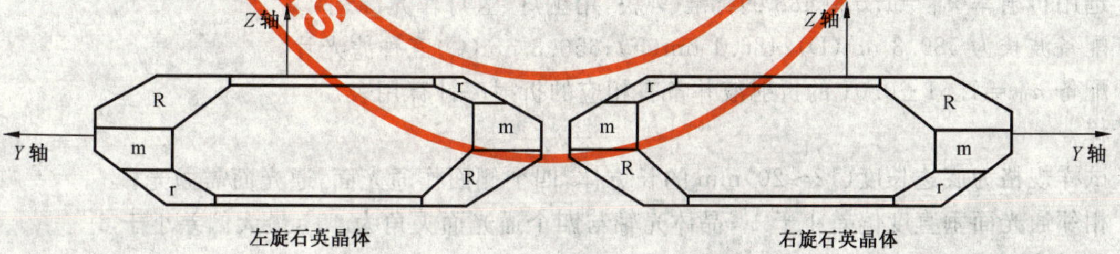

图1 人造光学石英晶体的旋向

3.3.2 当结晶面被破坏时，判别方法见表1。

表1 用仪器判别晶体旋向方法

测量仪器	左旋石英晶体	右旋石英晶体
锥光偏光仪	呈收缩环(目镜顺时针旋转)	呈发散环(目镜顺时针旋转)
偏光仪	偏振镜逆时针旋转	偏振镜顺时针旋转

4 双晶

双晶采用在常温下、40%浓度的氢氟酸(HF)溶液中腐蚀 1 h,目测检查双晶界面。

5 裂纹

目测检查裂纹。

6 包裹体

包裹体的测量方法有比对法和显微镜法。

6.1 比对法

采用与相应级别范围对应的参考样本进行对比的方法。为增加透明度可将样品浸在折射率匹配液(n 大约是 1.55)中,或将溶液涂在晶体表面。参考样本应是用户与供应商协商认定的。

6.2 显微镜法

使用放大倍数(30×～40×)的立体双筒显微镜测量。

6.2.1 抽样

抽样方式和试样规格由供应商和用户协商确定。

6.2.2 仪器及用具

配有能确定包裹体尺寸的方格刻度尺的立体双筒显微镜(30×～40×);强侧光光源(例如卤灯)。

6.2.3 实验步骤

将试样放在黑色背景上,用强侧光照明,为增加透明度可使用折射率匹配的溶液(n 大约是 1.55)。在标记好的矩形内,在显微镜可调深度范围内,垂直地扫描,对测量范围内所有可见包裹体计数并分类。对下一个取样位置重复上述步骤,反复进行。

6.2.4 结果

统计试样中的各类包裹体,折算出每 40 cm^3 体积中包裹体数目,按照 GB/T 7895—2008 中 4.5 的规定分级。

7 折射率

7.1 仪器及用具

7.1.1 采用 V 棱镜折光仪,折射率精度为 $\pm 5\times 10^{-5}$。

7.1.2 选用折射率 n_{0D}=1.510 488 的标准 V 块,用钠灯、氢灯作光源。

7.1.3 配备波长为 589.3 nm(D);486.1 nm(F);656.3 nm(C)三种滤光片。

7.1.4 配备 $n_{0D}=1.51\pm 0.01$ 的折射液并备有相应的折射率计算用表。

7.2 试样

7.2.1 试样规格为底边长度(12～20)mm 的长方体,四个侧面作通光面,通光面需抛光。

7.2.2 相邻通光面垂直度偏差小于 1′;晶体光轴与四个通光面夹角为 45°,最大偏差小于 8′。

7.2.3 试样取两块。

7.3 试验步骤

7.3.1 室温恒定在(20±1)℃,试样、仪器及用具要在该温度下放置 50 min 以上。

7.3.2 开启仪器,打开钠灯,预燃 10 min,然后加 589.3 nm(D)滤光片,校正零点。

7.3.3 用脱脂棉或脱脂纱布蘸少许无水乙醇将试样通光面擦拭干净,然后滴上少许折射液,以晶体光轴垂直通光方向放入 V 棱镜中,接触面应无气泡。

7.3.4 从望远镜中观察到两条分开的光折线,瞄准下方光折线,读出光线偏折角 θ 值,反复瞄准,读数三次,取算术平均值,记为 θ_{o1}。再瞄准上方光折线读出光线偏折角 θ 值,反复瞄准,读数三次,取算术平均值，记为 θ_{e1}。

7.3.5　将试样以垂直通光方向为轴旋转 90°，滴上少许折射液，放入 V 棱镜中，接触面应无气泡，此时晶体光轴平行通光方向，将不产生双折射。

7.3.6　从望远镜中瞄准光折线，读出光线偏折角 θ 值，反复瞄准，读数三次，取算术平均值，记为 θ_{o2}。

7.3.7　重复 7.3.3～7.3.6 步骤，作试样其余两直角的测量，顺次得到 θ_{o3}，θ_{e2}，θ_{o4}。

7.3.8　重复 7.3.3～7.3.4 测量另一块试样，得到 θ_{o5}，θ_{e3}。

7.3.9　更换光源和滤光片，重复 7.3.3～7.3.8 步骤，进行其他谱线测量。

7.4　结果

7.4.1　在折射率计算用表中查出 θ 值对应的 δ_{nD} 值，再通过公式(1)计算出折射率值。

$$n_\lambda = n_{0\lambda} + \delta_{nD} + g_\lambda \qquad \cdots\cdots (1)$$

式中：

n_λ——被测试样对波长 λ 之折射率；

$n_{0\lambda}$——V 块对不同波长 λ 之固有折射率；

δ_{nD}——对 D 光而言，不同色散角 θ 相应之折射率系数；

g_λ——使用非 D 光时对不同色散角 θ 之相应修正项系数。

7.4.2　给出试样 $n_{0\lambda}$ 及 $n_{e\lambda}$ 的算术平均值及标准差。

7.4.3　给出试样中部色散值；见式(2)：

$$\Delta n_{F\text{-}C} = n_{0F} - n_{0C} \qquad \cdots\cdots (2)$$

式中：

$\Delta n_{F\text{-}C}$——试样中部色散值；

n_{0F}——试样对 F 光而言的寻常光折射率；

n_{0C}——试样对 C 光而言的寻常光折射率。

7.4.4　按照 GB/T 7895—2008 中 4.6 的规定分级。

8　光学均匀性

8.1　仪器及用具

8.1.1　采用数字式相位移菲索干涉仪，仪器精度为 $\lambda/100$，$\lambda=632.8$ nm。

8.1.2　干涉仪专用光学均匀性分析软件。

8.1.3　标准镜和反射镜采用平面标准镜，精度 $\lambda/20$，$\lambda=632.8$ nm。

8.1.4　反射镜和试样夹持具均采用两轴(或以上)可调夹持具。

8.2　试样

8.2.1　试样为圆型窗口片，直径不小于 50 mm，两通光面呈(5～10)′夹角，中心厚度为(10±0.2)mm。

8.2.2　晶体光轴垂直于干涉仪一侧的通光面，垂直度偏差小于 30′。

8.2.3　通光面抛光，表面疵病等级达到 B/3×0.63，面型偏差 $N \leqslant 2$。

8.3　实验步骤

8.3.1　室温恒定在(20±0.5)℃，试样、仪器及用具在该温度下放置 12 h 以上。

8.3.2　开启仪器使各项参数达到仪器工作要求，并安装好标准镜。

8.3.3　打开干涉仪专用软件，启动其中内部均匀性测量功能。

8.3.4　用游标卡尺测量试样厚度，计为 i。

8.3.5　向分析软件输入试样的厚度和折射率。

8.3.6　按照图 2 所示摆放反射镜以及试样，使反射镜光点和试样前后表面光点出现在视野内，并在保证光路上各个组件不互相干扰的情况下，尽量减少整个光学系统长度，以减少引入误差。

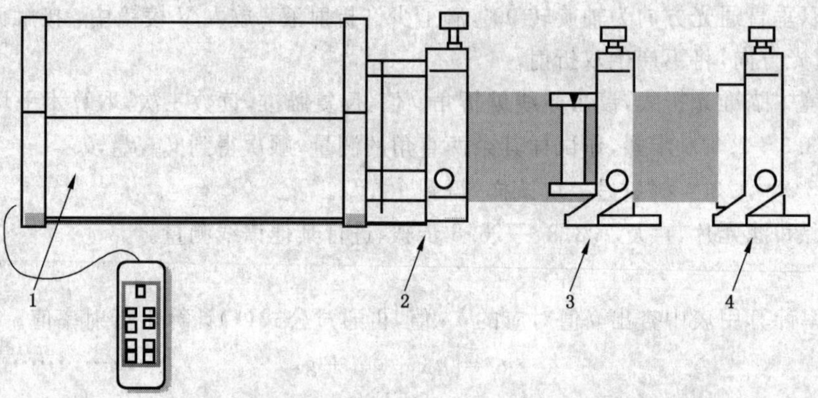

1——数字式相位移干涉仪；

2——标准镜；

3——试样；

4——反射镜。

图 2　数字式相位移菲索干涉仪检测示意图

8.3.7　调整干涉仪摄像镜头的焦距和光程差，使试样清晰成像于视野中心。

8.3.8　调整镜头缩放的倍数使试样图像充满屏幕。

8.3.9　在保证反射镜光点偏离标准镜光点不能成像的情况下，分别调整试样前后表面与标准镜成像，并将结果输入分析软件。

8.3.10　在保证试样光点偏离标准镜光点不能成像的情况下，调整反射镜表面与标准镜成像，并将结果作为试样透过参数输入分析软件。

8.3.11　从光路中取下试样和夹持具，调整反射镜表面与标准镜成像，并将结果作为谐振腔参数输入分析软件。

8.4　结果

启动软件分析功能开始计算，并得出光学均匀性数值，按照 GB/T 7895—2008 中 4.7 的规定分级。

9　条纹

9.1　仪器

采用圆偏光法条纹检测仪，偏振片的消光系数 450 nm 在 400 以上、550 nm 在 10 000 以上、700 nm 在 14 000 以上。

9.2　试样

Z 方向厚度小于 40 mm 的光学石英晶体。

9.3　试验步骤

9.3.1　对石英晶体 *Z* 面以平方厘米为单位进行测量标注，对于石英晶面收角不能填满 1 cm^2 的部分，按照 1 cm^2 计算。

9.3.2　将晶体放入由无应力玻璃制成的透明容器中，并浸泡在与石英晶体折射率相同的折射率液中，石英晶体光轴方向对准仪器光源。

9.3.3　将容器放在仪器的检测台上，打开条纹检测仪电源，观测晶体 *Z* 面，对条纹缺陷进行检验。

9.3.4　对观测到的条纹图像按照每平方厘米面积进行标注，小于 1 cm^2 的缺陷，按照 1 cm^2 计算。具体参见图 3。

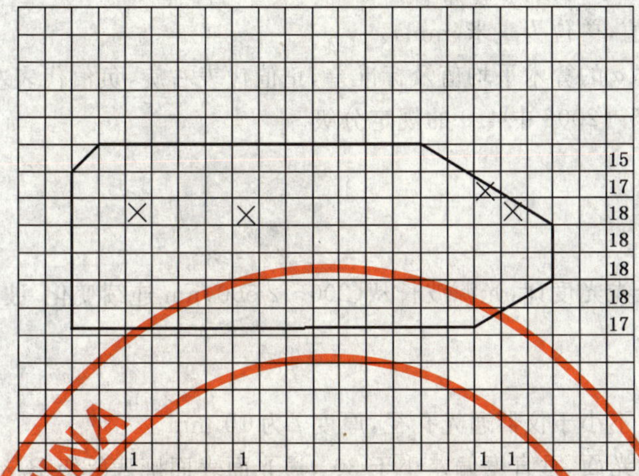

图中检测面积 121 cm^2(15+17+18+18+18+18+17),缺陷面积 4 cm^2(1+1+1+1)

图 3 晶体面积和条纹缺陷的标定

9.4 结果

9.4.1 对试样中条纹缺陷按照平方厘米面积进行累加,最后计算条纹面积与石英晶体 Z 面检测面积的比例。缺陷面积/检测面积×100%=4/121×100%=3.3%

9.4.2 按照 GB/T 7895—2008 中 4.8 的规定分级。例如:图 3 种样品定为 4 级。

10 旋光率

10.1 仪器及用具

采用数字式自动旋光仪,光源波长为 589.44 nm,精度 0.01°;配备刻度值为 0.01 mm 的外径千分尺。

10.2 试样

10.2.1 试样通光面尺寸为(15×15) mm,厚度 t 为(10.0±0.2) mm,两通光面平行差小于 1′,晶体光轴垂直通光面,垂直度偏差小于 5′,通光面表面疵病为 B/3×0.63,面形偏差 $N \leqslant 2$,$\Delta N \leqslant 0.2$。

10.2.2 试样至少取三块。

10.3 试验步骤

10.3.1 室温恒定在(20±0.5)℃,试样、仪器及用具在该温度下放置 50 min 以上。

10.3.2 用千分尺测定试样厚度,均匀地测 5 点,取算术平均值记为 t。

10.3.3 开启仪器,稳定 20 min。

10.3.4 用脱脂棉或脱脂纱布蘸少许无水乙醇将试样擦拭干净,然后放入仪器试样座上,不得用力压紧,以免产生应力。

10.3.5 从数字显示窗上读出光偏振面偏转角 ϕ_1。

10.3.6 将试样以平行通光方向为轴沿顺时针方向旋转 90°,从数字显示窗上读出光偏振面偏转角 ϕ_2。

10.3.7 重复 3.8.3.6 步骤两次,依次得到旋转角 ϕ_3,ϕ_4。

10.4 结果

10.4.1 计算出光偏振面旋转角的算术平均值,记为 ϕ。

10.4.2 由公式(3)计算出旋光率值:

$$\alpha = \phi / t \qquad \cdots\cdots (3)$$

式中:

α——试样旋光率,单位为度每毫米[(°)/mm];

ϕ——光偏振面旋转角平均值，单位为度(°)；

t——试样厚度平均值，单位为毫米(mm)。

10.4.3 给出试样旋光率 α 的算术平均值及标准差，正值代表右旋，负值代表左旋。

10.4.4 按照 GB/T 7895—2008 中 4.9 的规定分级。

11 光谱透过率

11.1 仪器

采用双光束全自动分光光度计，光源波长从(200～2 500)nm 连续变化，波长精度为±0.7 nm，光谱透过率精度为±0.5%。

11.2 试样

11.2.1 试样通光面尺寸不小于仪器通光孔径，厚度 t 为 10 mm。

11.2.2 晶体光轴垂直通光面，垂直度偏差小于 30′，通光面表面疵病等级 B/3×0.63，两通光面平行差小于 2′。

11.2.3 试样最少取 3 块。

11.3 试验步骤

11.3.1 开启仪器，稳定 20 min。

11.3.2 调整仪器，使各项参数达到要求。

11.3.3 用脱脂棉或脱脂纱布蘸少许无水乙醇将试样通光面擦拭干净，然后以通光面垂直入射光方向放在仪器样品架上。

11.3.4 按所需波段范围记录试样光谱透过率曲线。

11.4 结果

11.4.1 给出式样光谱透过率曲线。

11.4.2 分别给出试样在(200～400)nm，(400～800)nm，(800～2 500)nm 三个波段区域中光谱透过率最小值的平均值。

11.4.3 按照 GB/T 7895—2008 中 4.10 的规定分级。

ICS 91.100.30
Q 14

中华人民共和国国家标准

GB/T 7897—2008
代替 GB/T 7897.1～7897.4—1987,GB/T 7897.5～7897.8—1990

钢丝网水泥用砂浆力学性能试验方法

Test methods of mechanical properties of mortar for ferrocement

2008-07-30 发布　　2009-03-01 实施

中华人民共和国国家质量监督检验检疫总局
中国国家标准化管理委员会　发布

前　言

本标准代替GB/T 7897.1～7897.4—1987和GB/T 7897.5～7897.8—1990《钢丝网水泥用砂浆力学性能试验方法》。

本标准与GB/T 7897.1～7897.4—1987和GB/T 7897.5～7897.8—1990相比主要变化如下：

——原标准的总则内容修改调整为范围、规范性引用文件、试件制备、试验设备和试验报告，删除了总则条目；

——修改了抗折强度、抗压强度公式符号，与GB/T 17671计算公式符号一致；

——修改了劈裂抗拉强度、轴心抗压强度公式符号，与GB/T 50081计算公式符号一致；

——修改了部分计算评定要求；

——删除了部分仪器设备条款，相应要求直接按有关标准要求。

本标准附录A、附录B、附录C和附录D为资料性附录。

本标准由中国建筑材料联合会提出。

本标准由全国水泥制品标准化技术委员会(SAC/TC 197)归口。

本标准负责起草单位：苏州混凝土水泥制品研究院。

本标准主要起草人：钱明、吴昌旭、王希哲、吴汝洁。

本标准委托苏州混凝土水泥制品研究院负责解释。

本标准所代替标准的历次版本发布情况：

——GB/T 7897.1—1987；

——GB/T 7897.2—1987；

——GB/T 7897.3—1987；

——GB/T 7897.4—1987；

——GB/T 7897.5—1990；

——GB/T 7897.6—1990；

——GB/T 7897.7—1990；

——GB/T 7897.8—1990。

钢丝网水泥用砂浆力学性能试验方法

1 范围

本标准规定了钢丝网水泥用砂浆抗折强度试验、抗压强度试验、劈裂抗拉强度试验、轴心抗压强度试验、静力受压弹性模量试验、泊松比试验、粘结力试验采用的试件、仪器设备、试验步骤、结果计算与评定。

本标准适用于钢丝网水泥用砂浆力学性能的检验。

2 规范性引用文件

下列文件中的条款通过本标准的引用而成为本标准的条款。凡是注日期的引用文件，其随后所有的修改单(不包括勘误的内容)或修订版均不适用于本标准，然而，鼓励根据本标准达成协议的各方研究是否可使用这些文件的最新版本。凡是不注日期的引用文件，其最新版本适用于本标准。

GB/T 17671—1999 水泥胶砂强度检验方法(ISO法)

JC/T 681 行星式水泥胶砂搅拌机

JC/T 682 行星式水泥胶砂试体成型振实台

JC/T 683 40 mm×40 mm 水泥抗压夹具

JC/T 726 水泥胶砂试模

3 试件制备

3.1 每组试件所用的砂浆应根据不同试验目的取样。确定砂浆设计特征值、强度等级时，砂浆应在试验室用机械拌制，并由同一次搅拌的拌合物中取出；测定现场构件用砂浆性能时，砂浆也应由同一次拌合物或同一盛器取出，其试件分组与取样原则，应符合有关产品施工及验收规范的规定。

3.2 试验室制作砂浆试件时，其材料用量应以质量计，称量的精度为：水泥、水和外加剂为±0.5%；砂为±1%。

3.3 所有试件在取样后应立即制作，并应在初凝前完成。确定砂浆设计特征值、强度等级时，试件的成型方法应根据砂浆的稠度而定。稠度不大于 90 mm 的砂浆，采用振动台振实 30 s～45 s；大于 90 mm 时采用捣棒人工捣实。人工捣实时，用直径 16 mm 钢棒分两层插捣，每层插捣 12 次。用于测定现场构件用砂浆性能时，试件成型方法应与实际施工采用的方法相同。

采用离心法、注浆法、振动模压法、振动真空作业法及喷浆法等方法成型的砂浆，其试件制作按相应的规定进行。

3.4 根据试验目的不同，试件可采用标准养护或与构件同条件养护。

确定砂浆特征值、强度等级时应采用标准养护；测定现场构件砂浆性能时，试件应采用同条件养护。

试件一般养护到 28 d 龄期(由成型时算起)进行试验。但也可以按要求(如需确定拆模、起吊、施加预应力或承受施工荷载等时的性能)养护到所需的龄期。

3.5 采用标准养护的试件成型后应用塑料薄膜覆盖表面，以防止水分蒸发。试件连模一起在养护箱或雾室中养护 24 h，然后脱模在水中养护至强度试验。

试件成型及养护按 GB/T 17671 相关要求执行。

同条件养护试件成型后试件养护条件应与实际构件养护条件相同。

4 试验设备

4.1 搅拌机

搅拌机应符合 JC/T 681 的要求，并符合 GB/T 17671—1999 中 4.2.3 要求。

4.2 试模

试模应符合 JC/T 726 的要求，并符合 GB/T 17671—1999 中 4.2.4 要求。

4.3 振实台

振实台应符合 JC/T 682 的要求，并符合 GB/T 17671—1999 中 4.2.5 要求。

4.4 抗折强度试验机

抗折强度试验机应符合 GB/T 17671—1999 中 4.2.6 要求。

4.5 抗压强度试验机

抗压强度试验机应符合 GB/T 17671—1999 中 4.2.7 要求。

4.6 抗压强度试验机用夹具

抗压强度试验机用夹具应符合 JC/T 683 的要求，并应符合 GB/T 17671—1999 中 4.2.8 要求。

5 试验报告内容

试验报告应包括以下内容：

a) 试验名称；

b) 试件编号及规格尺寸；

c) 原材料名称、规格、砂浆配合比及制备条件；

d) 试件成型日期、试验日期及试验环境条件；

e) 仪器设备的名称、型号及编号；

f) 试验结果；

g) 委托单位、试验单位及试验人员；

h) 要说明的其他内容。

6 抗折强度试验

6.1 试件

6.1.1 试件形状、尺寸

砂浆抗折强度试验采用 40 mm×40 mm×160 mm 棱柱形试件。

6.1.2 试件数量

砂浆抗折强度试件为每组三个。

6.1.3 试件制备

试件制备按本标准第 3 章试件制备的规定进行。

6.2 仪器设备

6.2.1 试模

试模采用符合 JC/T 726 的要求，并符合 GB/T 17671—1999 中 4.2.4 要求规定的可装卸的三联试模。其允许尺寸应符合 GB/T 17671—1999 中图 2 的要求。

6.2.2 试验机

抗折试验机应符合 GB/T 17671—1999 中 4.2.6 要求。

6.3 试验步骤

6.3.1 先将试件擦拭干净，测量尺寸，并检查其外观。在试件中部 30 mm 范围内测量试件尺寸，取其三次平均值，精确至 1 mm，并据此计算试件截面几何特征。如实测尺寸与公称尺寸之差不超过 1 mm，可按公称尺寸进行计算。

试件承压面的不平度应为每 100 mm 不超过 0.05 mm，承压面与相邻面的不垂直度不应超过±1°。

试件不得有明显缺损。如其中一个试件中部 30 mm 范围内有直径大于 5 mm，深度大于 2 mm 的表面孔洞，该组试件即作废。在特殊情况下，决定采用这组试件进行试验时，应按 6.3.2 中规定进行。

6.3.2 将试件一个侧面放在抗折试验机支撑圆柱上，应使加荷圆柱、支撑圆柱与试件成型时侧面接触，并应居中放置。

当试件中部有孔洞并决定用其进行试验时，应将有孔洞面朝向上面，并应尽可能避免孔洞在跨中放置。

6.3.3 抗折试验应以每秒 50 N±10 N 的加荷速度，连续而均匀的加荷，直至试件破坏，记录破坏荷载及破坏位置。保持两个半截棱柱体处于潮湿状态直至抗压试验。

6.4 计算与评定

6.4.1 砂浆抗折强度按公式(1)计算。当采用公称尺寸时，则可按公式(2)计算。精确至 0.1 MPa。

$$R_f = \frac{1.5F_fL}{b^3} \quad \cdots\cdots(1)$$

$$R_f = 0.234\times10^{-2}F_f \quad \cdots\cdots(2)$$

式中：

R_f——砂浆抗折强度，单位为兆帕(MPa)；

F_f——折断时施加于棱柱体中部的荷载，单位为牛(N)；

L——支撑圆柱之间的距离，即为 100 mm；

b——棱柱体正方形截面的边长，公称尺寸为 40 mm。

6.4.2 砂浆抗折强度试验结果按每组三个试件算术平均值评定。当三个测值中有一个超过中间值10%时，取中间值作为抗折强度试验结果，如果三个测值中有二个超过中间值 10%时，则该组抗折强度试验结果无效。

7 抗压强度试验

7.1 试件

采用每组抗折强度试验折断后的一半试件，其受压面为 40 mm×40 mm，试件数量为进行完抗折强度试验后的一组三个分属于三个棱柱体上得到的试件。

7.2 仪器设备

7.2.1 试验机及夹具

7.2.1.1 试验机应符合 GB/T 17671—1999 中 4.2.7 的要求。

7.2.1.2 抗压强度试验机用夹具应符合 JC/T 683 的要求，并应符合 GB/T 17671—1999 中 4.2.8 要求。

7.3 试验步骤

7.3.1 抗折试验后的试件应立即进行抗压试验。抗压试验宜采用抗压夹具进行，试验时以试件成型时的侧面作为受压面，并使夹具对准试验机压板中心，并与压力机处于同一轴线，加荷前应清除试件受压面与加压板间的砂粒或杂物。

7.3.2 试验时，应先将试件擦拭干净。测量尺寸，并检查外观。试件承压面的不平度应为每 100 mm 不超过±0.05 mm，承压面与相邻面的不垂直度不超过±1°。

7.3.3 抗压试验机在较大的五分之四量程范围内使用时记录的荷载应有±1%精度，加荷速度为每秒 2 400 N±200 N，连续而均匀地加荷直至试件破坏，记录破坏时最大荷载。

7.4 计算与评定

7.4.1 砂浆抗压强度按式(3)计算，精确至 0.1 MPa。

$$R_c = \frac{F_c}{A} \quad \cdots\cdots(3)$$

式中：

R_c——砂浆抗压强度，单位为兆帕(MPa)；

F_c——破坏时的最大荷载，单位为牛(N)；

A——受压部分面积，单位为平方毫米(mm^2)，40 mm×40 mm=1 600 mm^2。

7.4.2 砂浆抗压强度试验结果按每组三个试件算术平均值评定。当三个测值中有一个超过中间值10%时，取中间值作为抗压强度试验结果，如果三个测值中有二个超过中间值10%时，则该组抗压强度试验结果无效。

8 劈裂抗拉强度试验

8.1 试件

采用每组抗折强度试验折断后的另外三个试件。

8.2 仪器设备

8.2.1 试验机、夹具及垫条

8.2.1.1 试验机应符合本标准7.2.1.1要求规定。

8.2.1.2 劈裂抗拉夹具应符合附录A(资料性附录)要求规定。

8.2.1.3 采用直径4 mm±0.1 mm钢丝作为垫条，垫条长度大于40 mm。

8.3 试验步骤

8.3.1 抗折试验后立即进行劈裂抗拉试验。

8.3.2 劈裂抗拉试验须采用劈裂抗拉夹具进行，试验时应使垫条与试件成型时的顶面垂直，在上、下垫条与试件接触面各垫以垫层一个，见图1。

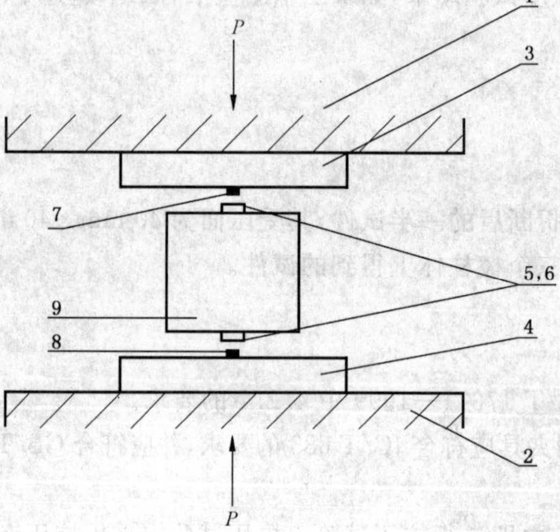

1——试验机上压板；
2——试验机下压板；
3——劈拉夹具上压板；
4——劈拉夹具下压板；
5,6——上、下垫层；
7,8——上、下垫条；
9——试件。

图1 劈裂抗拉试验

8.3.3 试验时，开动试验机后，当试验机的上压板与劈裂抗拉夹具接近时，调整球座，使接触均衡，然后连续均匀的加荷，使压力通过垫条、垫层均匀地传到试件上，加荷速度为每秒500 N±50 N，连续均匀加荷直至试件破坏，记录破坏荷载。

8.4 计算与评定

8.4.1 砂浆劈裂抗拉强度按公式(4)计算，当采用公称尺寸时，则可按公式(5)计算。精确至0.01 MPa。

$$f_{ts} = \frac{2F}{\pi A} \quad \cdots\cdots(4)$$

$$f_{ts} = 0.0004F \qquad (5)$$

式中：

f_{ts}——砂浆劈裂抗拉强度，单位为兆帕(MPa)；

F——破坏荷载，单位为牛(N)；

A——试件劈裂面积，单位为平方毫米(mm^2)。

8.4.2　砂浆劈裂抗拉强度试验结果按每组三个试件算术平均值评定。当三个测值中有一个超过中间值10%时，取中间值作为抗折强度试验结果，如果三个测值中有二个超过中间值10%时，则该组劈裂抗拉强度试验结果无效。

9　轴心抗压强度试验

9.1　试件

采用40 mm×40 mm×160 mm棱柱形试件，每组试件三个。

9.2　仪器设备

9.2.1　试模

按本标准6.2.1规定。

9.2.2　试验机

按本标准7.2.1.1规定。

9.3　试验步骤

9.3.1　试件尺寸测量及外观检查

将试件从养护室中取出擦拭干净、测量尺寸，并检查外观，试件尺寸测量精确至1 mm，并据此计算试件的承压面积，如实测尺寸与公称尺寸之差不超过1 mm，可按公称尺寸进行计算。

试件承压面的不平度应不超过边长的0.05%。承压面与相邻面的不垂直度不超过±1°，如不满足上述要求时，允许用细砂纸磨平端面，满足要求方可试验。

9.3.2　轴心抗压强度测定

试件竖放在试验机上，并使试件的中心对准上下压板中心，开动试验机，当上压板与试件接近时，先调整球座，使接触均衡，然后连续均匀地加荷，加荷速度为1 kN/s。当试件接近破坏而开始迅速变形时，严格控制试验机油门，直至试件破坏，然后记录破坏荷载。

9.4　结果计算与评定

9.4.1　砂浆轴心抗压强度按式(6)计算，取值至0.1 MPa。

$$f_{cp} = \frac{F}{A} \qquad (6)$$

式中：

f_{cp}——砂浆轴心抗压强度，单位为兆帕(MPa)；

F——试件破坏荷载，单位为牛(N)；

A——试件承压面积，单位为平方毫米(mm^2)。

9.4.2　砂浆轴心抗压强度试验结果按每组三个算术平均值评定。当三个测值中有一个超过中间值10%时，取中间值作为抗折强度试验结果，如果三个测值中有二个超过中间值10%时，则该组轴心抗压强度试验结果无效。

10　静力受压弹性模量

本方法测定的砂浆弹性模量是指应力为轴心抗压强度40%时的加荷割线模量。

10.1 试件

采用 40 mm×40 mm×160 mm 棱柱形试件，每组试件六个，其中 3 个用于测定轴心抗压强度。

10.2 仪器设备

10.2.1 试模

按本标准 6.2.1 规定。

10.2.2 试验机

按本标准 7.2.1.1 规定。

10.2.3 仪表

10.2.3.1 砂浆变形调偏仪(简称调偏仪)参见附录 B。

10.2.3.2 测量变形用砂浆变形测定仪或静态电阻应变仪，砂浆变形测定仪参见附录 C。

10.3 试验步骤

10.3.1 试件尺寸测量与外观检查

按 9.3.1 规定。

10.3.2 弹性模量测定

10.3.2.1 取 3 个试件，按 9.3.2 规定，测定砂浆轴心抗压强度(f_{cp})。

10.3.2.2 采用砂浆变形测定仪测定变形时，仪表安装在试件成型时两侧面的中线上，对称于试件的两端，砂浆变形测定仪标距为 80 mm，采用静态电阻应变仪测量变形时，电阻应变片粘贴在试件相对两面或四个侧面的中线中点上，电阻应变片标距不小于 20 mm 及集料最大粒径的四倍，且不大于试件高度的二分之一。

10.3.2.3 采用调偏仪进行弹性模量试验，调偏仪中心应和试验机上下压板中心对准，将安装好仪表或贴好电阻应变片的试件放在调偏夹具上，仔细调整试件位置，使其轴心与调偏仪中心对准。开动试验机，当上压板与试件接近时调整球座，使其接触均衡。应连续均匀地对试件加荷至轴心抗压强度至的 40%，即为弹性模量试验的控制荷载值，加荷速度为 1 kN/s。然后以同样的速度卸荷至零，如此反复预压三次，见图 2。

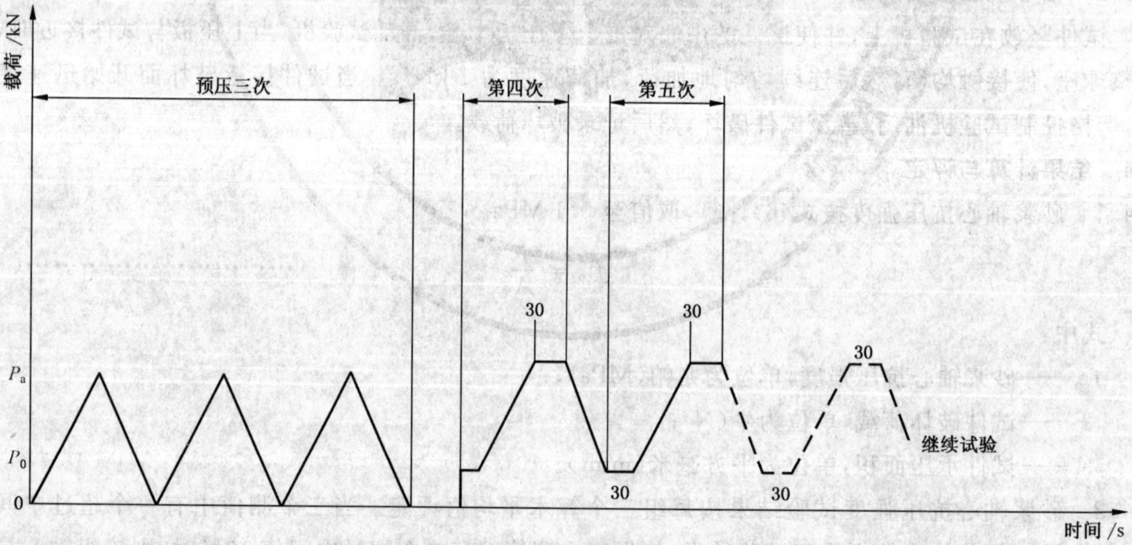

图 2 弹性模量试验加荷制度示意图

在预压过程中，观察试验机和测量仪表是否正常，并应根据两侧或四侧变形读数调整试件位置，使变形最大差值不大于变形平均值的 20%。当调整试件位置满足不了上述要求时，采用调偏仪调节。

10.3.2.4 预压三次后，用上述同样速度进行第四次加荷，先施加 0.8 kN 的初始荷载值，保持 30s 后读取仪表的初始读数。然后加荷到控制荷载保持 30 s 后读取仪表读数，两侧或四侧读数增值的平均值即为该次试验的变形值。

按上述速度卸荷至初始荷载，30 s 后再读取仪表读数，并按上述方法继续进行第五次加荷、持荷、读数并计算出该次试验的变形值，前后两次试验的应变差值不大于 $20\times10^{-6}\varepsilon$。否则，应重复上述过程，直到两次相邻加荷的变形值相差符合上述要求为止。

10.3.2.5　卸除仪表、调偏仪，按上述同样速度加荷至破坏，取得试件的轴心抗压强度（f'_{cp}）。

10.4　结果计算与评定

10.4.1　砂浆的弹性模量按式(7)计算，取值至 0.1 GPa。

$$E_m=\frac{P_a-P_0}{A(\varepsilon_a-\varepsilon_0)} \quad \cdots\cdots\cdots\cdots(7)$$

式中：

E_m——砂浆的弹性模量，单位为吉帕(GPa)；

P_a——控制荷载，单位为千牛(kN)；

P_0——初始荷载，取 $P_0=0.8$ kN；

ε_a——控制荷载下的应变；

ε_0——初始荷载下的应变；

A——试件承压面积，公称面积为 1 600 mm^2。

注：当采用砂浆变形测定仪测量时上式中 $\varepsilon_a-\varepsilon_0=\Delta n/L$，其中 Δn 为最后一次从 P_0 加荷到 P_a 时试件两侧或四侧变形差的平均值(mm)；L 为测量标距(mm)。

10.4.2　砂浆弹性模量试验结果按每组 3 个试件测值的算术平均值评定，如果其中一个试件在测定弹性模量后测得的轴心抗压强度 f'_{cp} 与 f_{cp} 的差值超过 f_{cp} 的 20%时，则弹性模量值按另两个试件测得的算术平均值计算，如有两个试件超过上述规定时，则试验结果无效。

11　泊松比试验

本方法测定的砂浆泊松比是指应力为轴心抗压强度 40%时横向应变与纵向应变之比值。

11.1　试件

采用 40 mm×40 mm×160 mm 棱柱形试件，每组试件六个，其中 3 个用于测定轴心抗压强度。

11.2　仪器设备

11.2.1　试模

按本标准 6.2.1 规定。

11.2.2　试验机

按本标准 7.2.1.1 规定。

11.2.3　仪表

11.2.3.1　砂浆变形调偏仪(简称调偏仪)参见附录 B。

11.2.3.2　应变采用静态电阻应变仪测量精确至 $1\times10^{-6}\varepsilon$，纵向电阻片标距不得小于 20 mm 及集料最大粒径的四倍，且不大于试件高度的二分之一；横向电阻片标距为 20 mm。

11.3　试验步骤

11.3.1　试件尺寸测量与外观检查

按本标准 9.3.1 规定。

11.3.2　泊松比测定

11.3.2.1　取 3 个试件在每个试件的相对两个或四个侧面中线的中点位置粘贴纵向电阻应变片，上方粘贴横向电阻应变片；取另外 3 个试件，按 9.3.2 规定测定砂浆轴心抗压强度（f_{cp}）。

11.3.2.2 按附录B(资料性附录)调偏仪进行调偏,调偏仪中心应和试验机下压板中心对准,将试件放在调偏仪上,仔细调整试件位置,使其轴心与调偏仪中心对准,将电阻应变片的线接好后,校核仪表的工作情况,开动试验机,当上压板与试件接近时调整球座,使其接触均衡。

应连续均匀地对试件加荷至轴心抗压强度值的40%,即为测量泊松比的控制荷载值 P_a,加荷速度为1 kN/s,然后以同样的速度卸荷至零,如此反复预压三次。

在预压过程中,观察试验机和应变仪是否正常,并应根据纵向应变读数调整试件位置,使纵向应变最大差值不大于应变平均值的20%,当调整试件位置不能满足上述要求时,可采用调偏仪调节。

11.3.2.3 预压三次后,用上述同样速度进行第四次加荷,先施加800 N的初始荷载值 P_0,保持30 s后分别读取仪表的初始读数,然后加荷到控制荷载值,保持30 s后读取仪表读数。读数增值的平均值即为该次试验的应变值。

按上述速度卸荷至初始荷载,30 s后再读取仪表读数并按上述方法继续进行第五次加荷、持荷、读数并计算出该次试验的应变值。前后两次试验的纵向应变差值不应大于 $20\times10^{-6}\varepsilon$,否则应重复上述过程,直到两次相邻加荷的应变差值符合上述要求为止。

11.3.2.4 卸除仪表、调偏仪,以上述同样速度加荷至破坏,取得该试件的轴心抗压强度(f'_{cp})。

11.4 结果计算与评定

11.4.1 砂浆泊松比按式(8)计算,取值至 $1\times10^{-6}\varepsilon$。

$$\nu=\frac{\Delta\varepsilon_t}{\Delta\varepsilon_L} \qquad \cdots\cdots\cdots\cdots(8)$$

式中:

ν——砂浆的泊松比;

$\Delta\varepsilon_t$——最后一次从 P_0 加荷到 P_a 时试件横向应变差的平均值;

$\Delta\varepsilon_L$——最后一次从 P_0 加荷到 P_a 时试件纵向应变差的平均值。

11.4.2 砂浆泊松比试验结果按每组3个算术平均值评定,如果其中一个试件在测定泊松比后测得的轴心抗压强度 f'_{cp} 与 f_{cp} 的差值超过 f_{cp} 的20%时,则泊松比按另两个试件所测值的算术平均值评定,如有两个试件超过上述规定时,则试验结果无效。

12 粘结力试验

本方法适用于测定钢丝网水泥用砂浆与钢筋(或钢丝、网丝)间的粘结力,通常用砂浆与钢筋(或钢丝、网丝)的粘结强度(简称粘结强度)来评定。

12.1 试件

12.1.1 试件形状、尺寸、数量

砂浆与直径为5 mm～10 mm钢筋(或钢丝)粘结力试验,采用埋有钢筋(或钢丝)的边长为70.7 mm的立方体试件;砂浆与直径为2 mm～4 mm的钢丝粘结力试验,采用埋有钢丝的边长为30 mm立方体试件;砂浆与网丝粘结力试验采用埋有网丝的边长为20 mm立方体试件(见图3)。每组试件为6个。

12.1.2 试件制备

12.1.2.1 钢筋(或钢丝、网丝)应根据试验目的的要求取样,测量其直径,端头应磨平,不允许有油渍。

12.1.2.2 砂浆试件的制备按第3章规定。脱模和养护时应避免碰动埋设的钢筋(或钢丝、网丝)。

12.2 仪器设备

12.2.1 试模

砂浆与钢筋(或钢丝、网丝)粘结力试验采用卧式试模,在长度方向的一端中央留有一孔,另一端中央设有深度为3 mm～5 mm浅孔供固定埋设钢筋(或钢丝,网丝)用。

单位为毫米

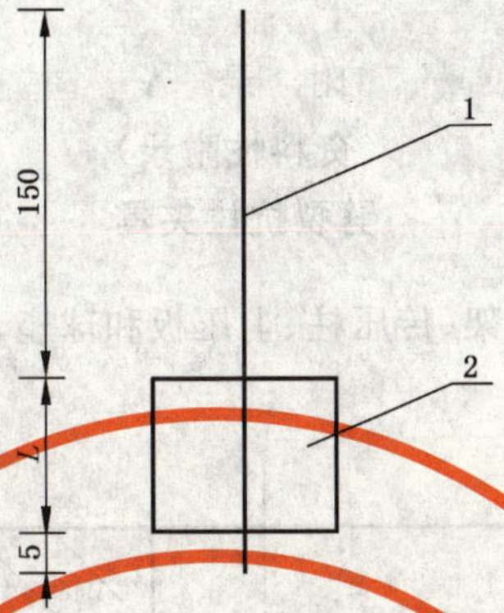

1——钢筋(或钢丝、网丝);

2——砂浆试件;

L——钢筋(或钢丝、网丝)埋入砂浆的长度。

图 3 粘结力试验

12.2.2 **试验机及夹具**

12.2.2.1 直径不大于 4 mm 钢丝或网丝的粘结力试验,宜采用 5 000 N 拉力试验机,直径 5 mm～10 mm 的钢筋(或钢丝)的粘结力试验,宜采用 50 kN 拉力试验机,也可采用其他拉力试验机或万能试验机。

12.2.2.2 测定砂浆与钢筋(或钢丝、网丝)粘结力的试验装置及夹具参见附录 D。

12.3 **试验步骤**

12.3.1 **试件尺寸测量与外观检查**

将试件从养护室中取出擦拭干净,测量尺寸并检查外观,试件尺寸测量精确至 1 mm。检查钢筋(或钢丝、网丝)是否松动及承压面是否平整,如钢筋(或钢丝、网丝)有松动现象的试件数量超过 2 个时,则该组试件应重新制备,试件承压面的不平度应不超过边长的 0.05%,并应与钢筋(或钢丝、网丝)的纵轴线相垂直。

12.3.2 **粘结力测定**

12.3.2.1 将试验装置安装在试验机上,使拉力机上夹头与拉杆夹牢并调整试验装置使其轴线与拉力机轴线一致,将装有夹具的试件安放在试验装置上,使下钢板呈水平状态并用水准尺校准,调整试件位置,使其与拉力机轴线相一致,并使试验机的下夹头与试件的钢筋(或钢丝、网丝)夹牢。

12.3.2.2 检查量表与钢筋(或钢丝、网丝)顶面接触是否良好,并进行适当调整,使量表有一初始读数,开动拉力试验机,以 2.5 MPa/s 的加荷速度,连续而均匀的加荷。测定钢筋(或钢丝、网丝)拔出时的最大荷载。

12.4 **结果计算与评定**

12.4.1 粘结强度按式(9)计算,取值至 0.1 MPa。

$$R_b = \frac{P}{\pi d L} \qquad \cdots\cdots(9)$$

式中:

R_b——粘结强度,单位为兆帕(MPa);

P——钢筋(或钢丝、网丝)拔出时的最大荷载,单位为牛(N);

d——钢筋(或钢丝、网丝)的实测直径,单位为毫米(mm);

L——钢筋(或钢丝、网丝)埋入砂浆的长度,单位为毫米(mm)。

12.4.2 粘结强度按 6 个试件中 4 个大的实测值的算术平均值评定。

附 录 A
（资料性附录）
劈裂抗拉夹具

劈裂抗拉夹具如图 A.1 所示。框架、传压柱、上压板和球座、铜套、吊簧、定向销等技术要求应符合 JC/T 683 的规定。

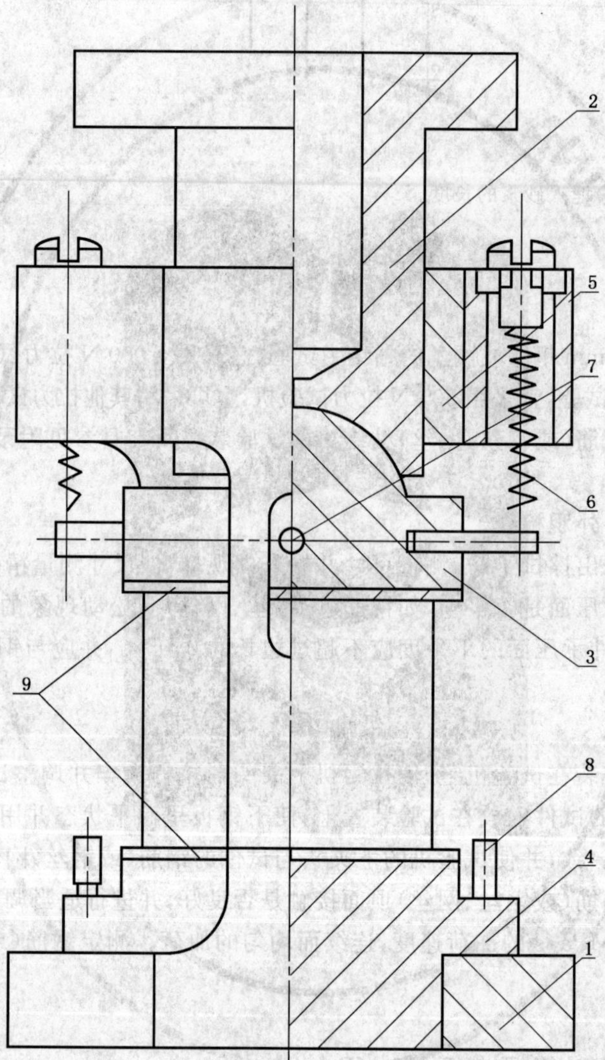

1——框架；
2——传压柱；
3——上压板和球座；
4——下压板；
5——铜套；
6——吊簧；
7,8——定向销；
9——垫条。

图 A.1 劈裂抗拉夹具示意图

附　录　B
（资料性附录）
砂浆变形调偏仪

砂浆变形调偏仪如图 B.1 所示。

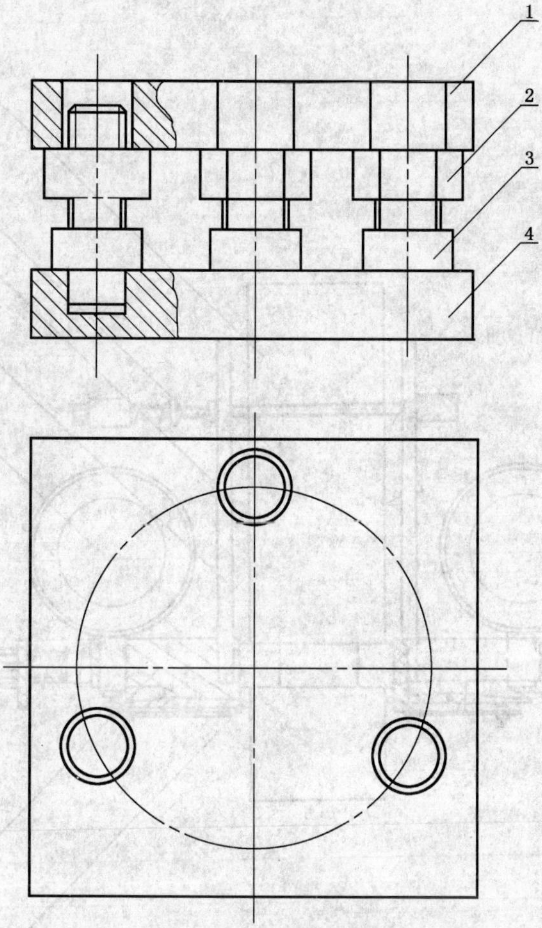

1——上钢板；
2——调节螺母；
3——螺杆；
4——下钢板。

图 B.1　砂浆变形调偏仪示意图

附 录 C
(资料性附录)
砂浆变形测定仪

砂浆变形测定仪如图 C.1 所示。

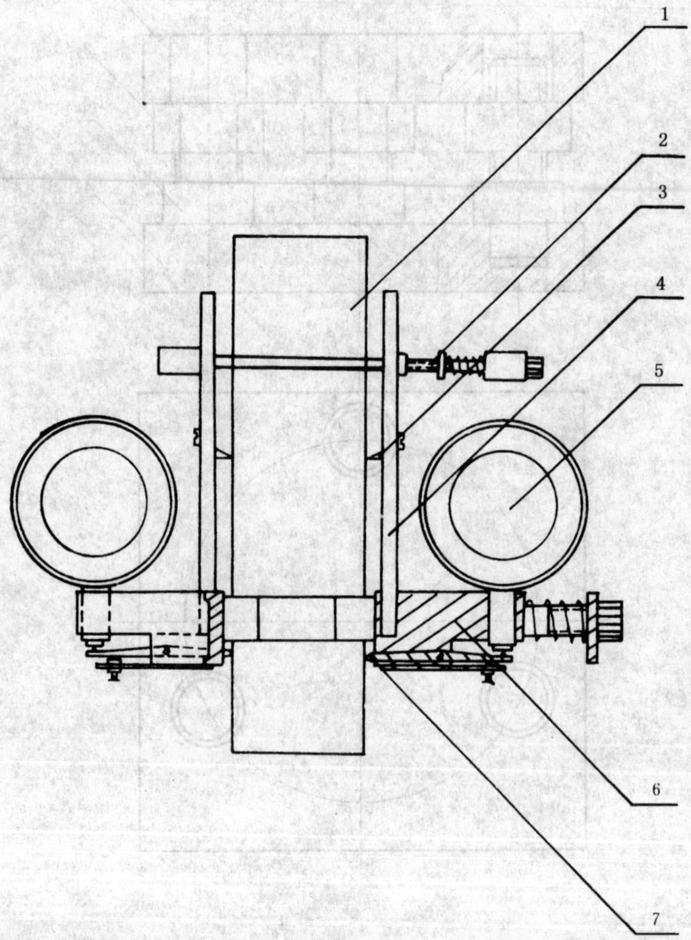

1——试件；
2——夹紧架；
3——上刀口；
4——右标杆；
5——千分表；
6——右主体；
7——活动下刀口。

图 C.1 砂浆变形测定仪示意图

附 录 D
（资料性附录）
测定砂浆与钢筋（或钢丝、网丝）的粘结力试验装置及夹具

测定砂浆与钢筋（或钢丝、网丝）的粘结力试验装置及夹具如图 D.1 所示。

1——拉杆；
2——钢杆；
3——螺母；
4——上端钢板；
5——量表；
6——螺栓；
7——夹具；
8——试件；
9——垫板；
10——下端钢板；
11——钢筋；
12——螺栓。

图 D.1 粘结力试验装置及夹具示意图